W9-ABR-792

DIE GRUNDLEHREN DER

MATHEMATISCHEN WISSENSCHAFTEN

IN EINZELDARSTELLUNGEN MIT BESONDERER BERÜCKSICHTIGUNG DER ANWENDUNGSGEBIETE

BAND 100

PRAXIS DER KONFORMEN ABBILDUNG

VON
W. VON KOPPENFELS † UND F. STALLMANN

SPRINGER-VERLAG
BERLIN · GÖTTINGEN · HEIDELBERG
1959

PRAXIS DER KONFORMEN ABBILDUNG

VON

DR. WERNER VON KOPPENFELS †
BIS 1945 O. PROFESSOR
AN DER DEUTSCHEN TECHNISCHEN HOCHSCHULE
IN BRÜNN (MÄHREN)

UND

DR. FRIEDEMANN STALLMANN
DOZENT AN DER UNIVERSITÄT GIESSEN

MIT 251 ABBILDUNGEN

SPRINGER-VERLAG
BERLIN · GÖTTINGEN · HEIDELBERG
1959

8/1/59
Slip in file

Werner von Koppenfels

geb. 1904, gest. 1945 in russ. Gefangenschaft in Astrachan

PRINTED IN GERMANY

BRÜHLSCHE UNIVERSITÄTSDRUCKEREI GIESSEN

MEINEM SOHN
GEORG VON KOPPENFELS
GEWIDMET

Vorwort

Die Entstehungsgeschichte dieses Buches reicht bis in den zweiten Weltkrieg zurück. Damals plante ein Kreis von Funktionentheoretikern, dem u. a. v. KOPPENFELS, KRAMES, ULLRICH und WEGNER angehörten, ein umfassendes Sammelwerk über die konforme Abbildung aufzustellen, und als ein erstes Teilergebnis konnte v. KOPPENFELS gegen Kriegsende ein Manuskript über die „Systematik der Polygonabbildungen" abschließen. Die Wirren der Nachkriegszeit und vor allem der allzufrühe, tragische Tod von v. KOPPENFELS unterbrachen die Arbeiten für lange Zeit. Im Jahre 1953 übernahmen dann E. ULLRICH und ich durch Vertrag mit dem Springer-Verlag die Aufgabe, das v. Koppenfelssche Manuskript zusammen mit eigenen Beiträgen zu einem Buch über die Praxis der konformen Abbildung auszugestalten. Durch den Tod von E. ULLRICH im Jahre 1957 ging diese Aufgabe an mich alleine über und das Ergebnis ist das vorliegende Buch.

Nach dem ursprünglichen Plan sollte ein reines Nachschlagewerk geschaffen werden, etwa in der Art von Kamkes Buch über Differentialgleichungen. Demgegenüber hat schon das v. Koppenfelssche Manuskript und später auch der eigene Beitrag einen mehr lehrbuchartigen Charakter angenommen. Dies liegt wohl hauptsächlich daran, daß das Gebiet der konformen Abbildung (und insbesondere das der „Praxis" der konformen Abbildung) stofflich viel enger begrenzt ist als das der Differentialgleichungen, so daß es hier viel mehr auf die vertiefte Einsicht in die Zusammenhänge ankommt als auf die Kenntnis einer großen Zahl von Sätzen und Methoden. Das Buch enthält daher auch nur wenige Literaturangaben. Mein Ziel war, den Leser vom Studium der Spezialliteratur möglichst unabhängig zu machen, so daß nur solche Arbeiten zitiert wurden, die über den Rahmen des Buches wesentlich hinausgehen.

An mathematischen Vorkenntnissen wird beim Leser ungefähr das vorausgesetzt, was als mathematische Grundvorlesung an Universitäten und technischen Hochschulen für Physiker und Ingenieure gebracht wird. Demgemäß wurde die Darstellung der allgemeinen Theorie in Teil A §§ 1, 2, 4, 9 und 10 ziemlich knapp gehalten; es ist gedacht, daß diese Ausführungen hauptsächlich zur Wiederauffrischung und Vertiefung des bereits Bekannten dienen sollen. In §§ 11—15 wird die Polygonabbildung behandelt. Da es sich hier um ein Hauptarbeitsgebiet des Verfassers handelt, ist dieser Teil vielleicht allzu breit geraten. Im

Hinblick auf das v. Koppenfelssche Manuskript schien es mir jedoch auch objektiv gerechtfertigt, diese Dinge in den Mittelpunkt zu rücken.

Nicht fehlen durfte eine Darstellung der wichtigsten Näherungsverfahren der konformen Abbildung. Leider fehlen dem Verfasser auf diesem Gebiet ausreichende praktische Erfahrungen, so daß er sich eine eigene kritische Stellungnahme versagen mußte. Aus dem gleichen Grunde fehlen auch Zahlenbeispiele, die ja sinnvoll nur aus praktisch vorkommenden Anwendungen hervorgehen können. Überhaupt sind spezielle Anwendungen der konformen Abbildung fast ganz beiseite gelassen. Wer sich hier näher orientieren möchte, möge zu dem ausgezeichneten Buch von BETZ greifen.

Das zu Beginn erwähnte v. Koppenfelssche Manuskript ist in Teil B §§ 1—5 abgedruckt. Umgearbeitet wurde nur das einleitende Kapitel, das, wesentlich erweitert, in A §§ 13 und 14 erscheint. Der Abschnitt B 6.1 enthält ebenfalls v. Koppenfelssches Gedankengut. Die Aufnahme dieses Abschnitts in sein Manuskript wurde nur durch die Zeitumstände verhindert, ich konnte mich jedoch auf die Veröffentlichung in Crelles Journal Bd. 181 stützen. Die folgenden Abschnitte von Teil B sind eigene Zusätze. Was sachlich noch zu diesem Katalog zu sagen ist, findet sich in der besonderen Einleitung zum Teil B, die in enger Anlehnung an die ursprüngliche v. Koppenfelssche Einleitung abgefaßt wurde.

Ich kann dieses Vorwort nicht abschließen, ohne meines verehrten Lehrers, Professor Dr.

EGON ULLRICH

zu gedenken. Es ist tief bedauerlich, daß seine Absicht, aktiv an diesem Buch mitzuarbeiten, infolge Arbeitsüberlastung immer wieder aufgeschoben und durch seinen plötzlichen Tod dann ganz zunichte gemacht wurde. Auch so sind dem Buch noch zahlreiche seiner Anregungen zugute gekommen, ganz abgesehen davon, daß die Wiederaufnahme der Arbeit an dem Buch wesentlich seiner Initiative zu verdanken ist.

Großen Dank schulde ich weiterhin Herrn Professor Dr. LUDWIG BIEBERBACH für seine zahlreichen wertvollen Bemerkungen bei den Korrekturen. Tatkräftig unterstützt bei der Herstellung der Abbildungen und des Sachverzeichnisses und beim Lesen der Korrekturen hat mich Herr Dr. GÜNTER BACH. Die Bogenkorrekturen mitgelesen haben außerdem Fräulein FRIEDEL ULLRICH und die Herren Dr. KURT ENDL, EUGEN GAUSS und Professor Dr. HANS WITTICH. Ihnen allen gilt mein herzlicher Dank!

Als besondere Ehre empfinde ich es, daß Herr Professor Dr. F. K. SCHMIDT das Buch in die gelbe Sammlung des Springer-Verlags aufgenommen hat, so daß es die vorbildliche Ausstattung der Bücher dieser Reihe erhalten konnte. Daß es hierin noch die Jubiläumsnummer 100 bekam, ist eine unverdiente Belohnung meiner Säumigkeit, die mich die gesetzten Termine mehrfach überschreiten ließ.

Gießen, im März 1959 F. STALLMANN

Inhaltsverzeichnis

A. Theorie der konformen Abbildung 1

Komplexe Zahlen und Funktionen in geometrischer Deutung 1

§ 1. Komplexe Zahlen 1
1.1. Komplexe Zahlen und ebene Geometrie 1
1.2. Vektoren 3
1.3. Drehstreckungen 4

§ 2. Komplexe Funktionen 7
2.1. Grundbegriffe 7
2.2. Vektorfelder 11
2.3. Das Newtonsche Potential 17
2.4. Abbildungen 19

§ 3. Beispiele zur Lösung physikalisch-technischer Probleme mit Hilfe der konformen Abbildung 22
3.1. Elektrische Strömungsfelder 22
3.2. Hydrodynamische Strömungsfelder 26
3.3. Der Hodograph 29
3.4. Torsionsprobleme 33

§ 4. Konforme Abbildung gekrümmter Flächen 35
4.1. Allgemeine Überlegungen 35
4.2. Kugelabbildungen 38
4.3. Torusabbildungen 42

Konforme Abbildung durch spezielle Funktionen 44

§ 5. Der Logarithmus 44
5.1. Die Riemannsche Fläche 44
5.2. Spezielle Figuren 46

§ 6. Die allgemeine Potenz 48
6.1. Allgemeine Überlegungen 48
6.2. $w = z^2$ 50
6.3. $w = z^{-1}$ 53
6.4. $w = z^{-2}$ 59

§ 7. Die linearen Funktionen 59
7.1. Ganz lineare Funktionen 59
7.2. Gebrochen lineare Funktionen 61
7.3. Abbildung eines Kreises auf einen anderen 65
7.4. Kugeldrehungen 70
7.5. Abbildung zweier Kreise auf zwei andere 71

§ 8. Die trigonometrischen Funktionen 77

8.1. $w = \cos z$ 77

8.2. $w = \frac{1}{2}\left(t + \frac{1}{t}\right)$ 79

8.3. $w = \operatorname{tg} z$ 81

Einige grundlegende Sätze aus der Potentialtheorie und Funktionentheorie 84

§ 9. Der Mittelwertsatz 84

9.1. Der Mittelwertsatz 84
9.2. Randwertaufgaben 88
9.3. Reihenentwicklungen 92
9.4. Analytische Fortsetzung 95
9.5. Das Schwarzsche Lemma 98

§ 10. Abbildungssätze 99

10.1. Der Riemannsche Abbildungssatz 99
10.2. Mehrfach zusammenhängende Gebiete 100
10.3. Randwertaufgaben bei zweifach zusammenhängenden Gebieten 104

Theorie und Praxis der Polygonabbildungen 109

§ 11. Das Schwarzsche Spiegelungsprinzip 109

11.1. Automorphismen 109
11.2. Das Schwarzsche Spiegelungsprinzip 112

§ 12. Abbildung von Kreisbogenpolygonen 114

12.1. Die Schwarzsche Differentialgleichung 114
12.2. Die Integration der Differentialgleichung 121
12.3. Das Parameterproblem 126
12.4. Die asymptotische Integration 129
12.5. Bemerkungen zur numerischen Integration 138

§ 13. Abbildung von Geradenpolygonen 141

13.1. Das Schwarz-Christoffelsche Integral 141
13.2. Das Parameterproblem 145
13.3. Außengebiete 149
13.4. Polygone mit inneren Windungspunkten 151
13.5. Bemerkungen zur numerischen Behandlung des Schwarz-Christoffelschen Integrals 154

§ 14. Polygone in Isothermennetzen 162

14.1. Polygone in Kreisnetzen 162
14.2. Polygone in Kegelschnittnetzen 166

§ 15. Zweifach zusammenhängende Polygone 171

15.1. Die Schwarzsche Differentialgleichung bei zweifach zusammenhängenden Polygonen 171
15.2. Das Schwarz-Christoffelsche Integral bei zweifach zusammenhängenden Polygonen 175
15.3. Spezialfälle 179

Näherungsverfahren der konformen Abbildung 180

§ 16. Die eigentlichen Näherungsverfahren 181
16.1. Das Schmiegungsverfahren 181
16.2. Extremalverfahren 184
16.3. Graphische Verfahren 187

§ 17. Die Integralgleichungsverfahren 188
17.1. Das Verfahren von THEODORSEN und GARRICK 188
17.2. Die Integralgleichung von GERSCHGORIN und LICHTENSTEIN . . 191
17.3. Das alternierende Verfahren von SCHWARZ 196
17.4. Das Verfahren von NEUMANN für Durchschnitte von Gebieten 198

B. Katalog der konformen Abbildung 202

§ 1. Zweiecke 203
1.1. Getrennte Ecken. Allgemeine Abbildung 203
1.2. Sonderfälle 205
1.3. Zusammenfallende Ecken 206

§ 2. Geraden-Dreiecke 207
2.1. Einteilige Geraden-Dreiecke 207
2.2. Zweiteilige Geraden-Dreiecke 213

§ 3. Kreisbogen-Dreiecke 216
3.1. Lösungen in geschlossener Form 217
3.2. Analytische Fortsetzung der hypergeometrischen Reihe 223
3.3. Darstellung der Abbildungsfunktion im allgemeinen Fall 228
3.4. Kreisbogendreieck mit zwei gestreckten Winkeln, das den unendlich fernen Punkt enthält 232

§ 4. Einteilige Geraden-Vierecke 234
4.1. Lösung des Parameterproblems 234
4.2. Auswertung der Abbildungsfunktion in Einzelfällen: Elliptische Integrale 241
4.3. Auswertung der Abbildungsfunktion in Einzelfällen: Elementare Funktionen 253

§ 5. Zweiteilige Geraden-Vierecke 258
5.1. Lösung des Parameterproblems 258
5.2. Auswertung der Abbildungsfunktion in Einzelfällen: Elementare Funktionen 266
5.3. Auswertung der Abbildungsfunktion in Einzelfällen: Elliptische Integrale 279
5.4. Auswertung der Abbildungsfunktion in Einzelfällen: Polygone mit Schlitzen 288

§ 6. Andere Polygone, deren Abbildungsfunktion vollständig angegeben werden kann 299
6.1. Kreisbogenvierecke in Kreisnetzen 299
6.2. Sternpolygone 311

§ 7. Polygone, die von Kegelschnittbögen berandet sind 315
7.1. Äußeres und Inneres von Ellipse, Hyperbel und Parabel 315
7.2. Kegelschnittschlitze 324

§ 8. Zweifach zusammenhängende Polygone 336
8.1. Polygone, deren Randkurven auf parallelen Geraden liegen . . . 337
8.2. Polygone, deren Randkurven auf Geraden durch den Nullpunkt liegen 354
8.3. Polygone, deren Randkurven auf konzentrischen Kreisen liegen 361

Verzeichnis der Abbildungen 366

Literatur 371

Namen- und Sachverzeichnis 372

PRAXIS DER KONFORMEN ABBILDUNG

A. Theorie der konformen Abbildung

Komplexe Zahlen und Funktionen in geometrischer Deutung

§ 1. Komplexe Zahlen

1.1. Komplexe Zahlen und ebene Geometrie. Gegeben sei in der Ebene ein kartesisches Koordinatensystem. Wir ordnen jedem Punkt mit den Koordinaten x, y (die Koordinatenachsen mögen so liegen, wie es in Abb. 1 angegeben ist) die komplexe Zahl

$$z = x + iy$$

zu. Die Gesamtheit der so bezeichneten Punkte heißt komplexe Zahlenebene; die x-Achse wird als *reelle*, die *y-Achse* als *imaginäre z-Achse* bezeichnet.

Wie üblich nennen wir

$$\bar{z} = x - iy$$

die zu z *konjugiert komplexe* Zahl,

$$x = \frac{z + \bar{z}}{2} = \Re(z)$$

den *Realteil* und

$$y = \frac{z - \bar{z}}{2i} = \Im(z)$$

den *Imaginärteil* von z. Die Größe

$$|z| = \sqrt{z\bar{z}} = \sqrt{x^2 + y^2}$$

heißt *Betrag* von z.

Die Rechenoperationen der *Addition, Multiplikation* und *Division* werden auf Grund der gewöhnlichen Rechenregeln und der Beziehung $i^2 = -1$ folgendermaßen für komplexe Zahlen erklärt: Sei

$$z_1 = x_1 + iy_1, \quad z_2 = x_2 + iy_2 .$$

Dann ist

$$\begin{aligned} z_1 + z_2 &= (x_1 + x_2) + i(y_1 + y_2), \\ z_1 z_2 &= (x_1 x_2 - y_1 y_2) + i(x_1 y_2 + x_2 y_1), \\ \frac{z_1}{z_2} = \frac{z_1 \bar{z}_2}{z_2 \bar{z}_2} &= \frac{(x_1 x_2 + y_1 y_2) + i(x_2 y_1 - x_1 y_2)}{x_2^2 + y_2^2}. \end{aligned} \tag{1.1.1}$$

Durch die oben eingeführte *Zuordnung von Punkten zu komplexen Zahlen* wird es möglich, Beziehungen zwischen komplexen Zahlen geometrisch zu deuten und andrerseits geometrische Sachverhalte durch komplexe Zahlen darzustellen. So bedeutet z. B. die *Addition* zweier komplexer Zahlen z_1, z_2 geometrisch die *Verschiebung* des einen Punktes z_1 um den Vektor $\overrightarrow{o z_2}$. Diese Operation ist also geometrisch wie die *Vektoraddition* erklärt, wenn man den Punkten z die „*Ortsvektoren*“ $\overrightarrow{o z}$ zuordnet. (Vgl. Abb. 1.)

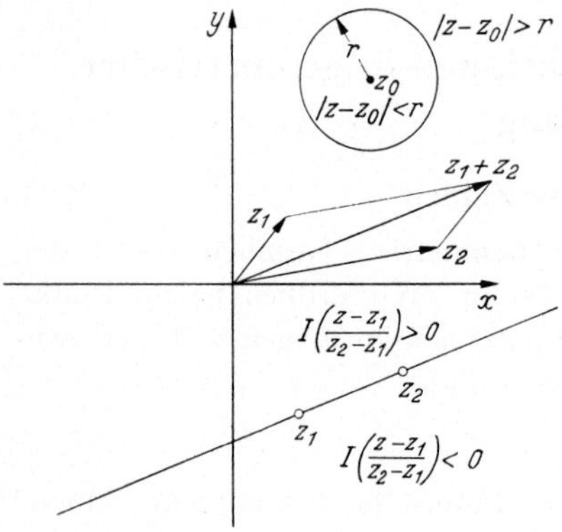

Abb. 1

Der *Betrag* einer komplexen Zahl z bedeutet geometrisch den *Abstand* des Punktes z vom Koordinatenursprung; die Größe $|z_1 - z_2|$ bezeichnet also den Abstand der beiden Punkte z_1 und z_2. Die *Gleichung eines Kreises* mit dem Mittelpunkt in z_0 und dem Radius r lautet demnach:

$$|z - z_0| = r\,, \tag{1.1.2}$$

oder anders geschrieben

$$(z - z_0)\,\overline{(z - z_0)} = z\bar{z} - z\bar{z}_0 - \bar{z}z_0 + z_0\bar{z}_0 = r^2\,. \tag{1.1.3}$$

Die Bedingungen

$$|z - z_0| < r \quad \text{bzw.} \quad |z - z_0| > r$$

kennzeichnen dann die Punkte innerhalb und außerhalb des Kreises.

Zur Darstellung einer *Geraden* in komplexen Zahlen gehen wir zweckmäßig von einer Parameterdarstellung aus. Ist λ ein reeller Parameter, der die Werte $-\infty < \lambda < +\infty$ durchläuft, so durchläuft

$$z = \lambda z_0 \tag{1.1.4}$$

alle Punkte der Geraden durch den Ursprung und z_0. Die Gleichung

$$z = z_1 + \lambda z_0 \tag{1.1.5}$$

stellt dann die um den Vektor $\overrightarrow{o z_1}$ *parallelverschobene* Gerade und

$$z = z_1 + \lambda (z_2 - z_1) \tag{1.1.6}$$

die Gerade durch z_1 und z_2 dar. Eine andere Form der Geradengleichungen erhalten wir, wenn wir die Gleichungen (1.1.4) bis (1.1.6) nach λ *auflösen* und — da λ als reell vorausgesetzt war — $\mathfrak{I}(\lambda) = 0$ setzen. Das ergibt z. B. für die Gleichung einer Geraden durch z_1 und z_2

$$\mathfrak{I}\left(\frac{z - z_1}{z_2 - z_1}\right) = 0\,. \tag{1.1.7}$$

Allgemeiner stellt die Gleichung

$$\Im\left(\frac{z-z_1}{z_2-z_1}\right)=a\,, \qquad a \text{ beliebig reell,} \tag{1.1.8}$$

eine *Schar paralleler Geraden* dar. Die Punkte

$$\Im\left(\frac{z-z_1}{z_2-z_1}\right)<0 \qquad \text{bzw.} \qquad >0 \tag{1.1.9}$$

liegen rechts bzw. links von der Geraden durch $z_1 z_2$, von einem Betrachter aus gerechnet, der in z_1 mit Blickrichtung auf z_2 steht. Die Gesamtheit dieser Punkte bilden die beiden, durch die Gerade getrennten *Halbebenen.* Speziell bilden die Punkte mit

$$\Im(z)<0 \qquad \text{und} \qquad \Im(z)>0$$

die *untere* und *obere,* mit

$$\Re(z)<0 \qquad \text{und} \qquad \Re(z)>0$$

die *linke* und *rechte Halbebene.*

In gleicher Weise können natürlich auch kompliziertere Figuren und Relationen in der komplexen Zahlenebene dargestellt werden. Zahlreiche Beispiele hierzu werden wir weiter unten kennenlernen.

1.2. Vektoren. Genau wie die Punkte der Ebene lassen sich auch ebene Vektoren durch komplexe Zahlen repräsentieren. Neben den „*Ortsvektoren*" $\overrightarrow{oz}$ betrachten wir „*freie*" *Vektoren* mit den rechtwinkligen Komponenten u, v und ordnen ihnen die komplexen Zahlen

$$w=u+iv$$

zu. Wie wir oben gezeigt haben, stimmt die Vektoraddition mit der Addition komplexer Zahlen überein. Auch die Betragsdefinition ist für Vektoren und komplexe Zahlen die gleiche. Die Operationen des *skalaren* und des *Vektorprodukts*[1] können folgendermaßen als komplexe Rechenoperationen erklärt werden:

Skalares Produkt

$$(w_1 w_2)=u_1 u_2+v_1 v_2=\Re(\overline{w}_1 w_2)\,. \tag{1.2.1}$$

Vektorprodukt

$$[w_1 w_2]=u_1 v_2-u_2 v_1=\Im(\overline{w}_1 w_2)\,. \tag{1.2.2}$$

Es entsprechen also skalares und Vektorprodukt dem Real- und Imaginärteil des komplexen Produkts

$$\overline{w}_1 w_2=(w_1 w_2)+i\,[w_1 w_2]\,. \tag{1.2.3}$$

[1] Vektorprodukt hier im Sinne des äußeren Produkts GRASSMANNS verstanden, das in der Ebene ein Skalar ist. Faßt man die hier betrachteten Vektoren als Vektoren im Raum auf, so gibt die hier definierte Größe die einzige von Null verschiedene räumliche Komponente des Vektorprodukts im Raum. Vgl. hierzu etwa E. SPERNER: Einführung in die analytische Geometrie. S. 175ff. Göttingen 1948.

Dieses Produkt ist — im Gegensatz zum gewöhnlichen Produkt $w_1 w_2$ — *invariant gegenüber Drehungen des Koordinatensystems.* (Vgl. den folgenden Abschnitt 1.3.)

1.3. Drehstreckungen. Wir betrachten *lineare Koordinatentransformationen*

$$\begin{aligned} \bar{x} &= a_{11} x + a_{12} y \,, \\ \bar{y} &= a_{21} x + a_{22} y \,, \end{aligned} \tag{1.3.1}$$

oder in *Matrixschreibweise*

$$\begin{pmatrix} \bar{x} \\ \bar{y} \end{pmatrix} = \begin{pmatrix} a_{11} & a_{12} \\ a_{21} & a_{22} \end{pmatrix} \begin{pmatrix} x \\ y \end{pmatrix} = (a_{ik}) \begin{pmatrix} x \\ y \end{pmatrix}. \tag{1.3.2}$$

Diese Transformationen können wir als Abbildungen der x-y-Ebene auf eine $\bar{x}$-$\bar{y}$-Ebene deuten; durch die Gleichung (1.3.1) wird jedem Punkt x, y ein Punkt $\bar{x}, \bar{y}$ zugeordnet, und jede Figur in der x-y-Ebene geht dabei in eine irgendwie verschobene und verzerrte Figur in der $\bar{x}$-$\bar{y}$-Ebene über.

Die Abbildung ist eine *Ähnlichkeitstransformation* oder *Drehstreckung*, wenn die zugehörige Matrix (a_{ik}) die Form hat

$$(a_{ik}) = \begin{pmatrix} \varrho \cos \varphi, & \varrho \sin \varphi \\ -\varrho \sin \varphi, & \varrho \cos \varphi \end{pmatrix} = (\varrho, \varphi) \,, \qquad \varrho > 0 \,. \tag{1.3.3}$$

Bei dieser Abbildung geht jede Figur in eine ähnliche über, die gegenüber der ursprünglichen um den „*Maßstabsfaktor*“ ϱ vergrößert oder verkleinert und um den *Winkel* φ gedreht ist.

Den Matrizen von der Form (1.3.3) können wir in umkehrbar eindeutiger Weise von Null verschiedene komplexe Zahlen $\zeta = \xi + i\eta$ zuordnen. Setzen wir nämlich

$$\zeta = \varrho(\cos \varphi + i \sin \varphi) \,, \tag{1.3.4}$$

so wird

$$(\varrho, \varphi) = \begin{pmatrix} \xi & \eta \\ -\eta & \xi \end{pmatrix} = (\zeta) \,. \tag{1.3.5}$$

Umgekehrt entspricht jeder von Null verschiedenen komplexen Zahl ζ ein Wertepaar ϱ, φ, das aus den Gleichungen

$$\varrho = |\zeta| \,, \quad \cos \varphi = \frac{\Re(\zeta)}{|\zeta|} \,, \quad \sin \varphi = \frac{\Im(\zeta)}{|\zeta|} \tag{1.3.6}$$

bestimmt werden kann.

Das Bemerkenswerte an dieser Darstellung ist, daß hier die *Matrizenmultiplikation* mit der gewöhnlichen Multiplikation der komplexen Zahlen übereinstimmt. Dabei ist die Matrizenmultiplikation folgendermaßen definiert: Sei — in der Schreibweise von (1.3.2) —

$$\begin{pmatrix} \hat{x} \\ \hat{y} \end{pmatrix} = (a_{ik}) \begin{pmatrix} \bar{x} \\ \bar{y} \end{pmatrix}, \qquad \begin{pmatrix} \bar{x} \\ \bar{y} \end{pmatrix} = (b_{ik}) \begin{pmatrix} x \\ y \end{pmatrix},$$

dann ergibt die Verbindung der beiden Transformationen (a_{ik}) und (b_{ik}) die ebenfalls lineare Transformation

$$\begin{pmatrix} \hat{x} \\ \hat{y} \end{pmatrix} = (a_{ik})\,(b_{ik}) \begin{pmatrix} x \\ y \end{pmatrix} = (c_{ik}) \begin{pmatrix} x \\ y \end{pmatrix}. \tag{1.3.7}$$

Diese Verbindung, in Matrixschreibweise

$$(c_{ik}) = (a_{ik})\,(b_{ik}) \tag{1.3.8}$$

oder explizit für das einzelne Matrixelement

$$c_{ik} = \sum_{l=1}^{2} a_{il}\, b_{lk} \tag{1.3.9}$$

geschrieben, heißt das Produkt der beiden Matrizen (a_{ik}) und (b_{ik}). Vergleicht man für Matrizen der Form (1.3.5) das in (1.3.9) erklärte Matrizenprodukt mit dem in (1.1.1) erklärten Produkt komplexer Zahlen, so ergibt sich die erwähnte Übereinstimmung der beiden Produktformen:

$$(\zeta_1)\,(\zeta_2) = (\zeta_1 \zeta_2)\,. \tag{1.3.10}$$

Geometrisch bedeutet diese Multiplikation, daß die beiden Drehstreckungen hintereinander ausgeführt werden. Dabei *multiplizieren sich die beiden Maßstabsfaktoren und die Drehwinkel addieren* sich. Es gilt also

$$(\varrho_1, \varphi_1)\,(\varrho_2, \varphi_2) = (\varrho_1 \varrho_2, \varphi_1 + \varphi_2)\,. \tag{1.3.11}$$

Von der Matrixdarstellung (1.3.5) gelangen wir zu der in 1.1 erklärten Punktdarstellung der komplexen Zahlen, indem wir die Drehstreckung auf den speziellen Punkt $x = 1$, $y = 0$ ausüben. Es ist dann

$$\zeta = (\zeta) \begin{pmatrix} 1 \\ 0 \end{pmatrix}; \tag{1.3.12}$$

hier soll ζ ohne Klammern den Punkt ζ der komplexen Zahlenebene darstellen. Für den Punkt ζ bedeutet dann also ϱ das Verhältnis der Strecken $\overline{0\zeta} : \overline{01}$, d. h. einfach die Länge von $\overline{0\zeta}$ oder auch $|\zeta|$; der Winkel φ ist dann gleich dem Winkel zwischen den Strecken $\overline{0\zeta}$ und $\overline{01}$. Dieser Winkel, der hierdurch — und natürlich auch durch (1.3.6) — bis auf Vielfache von 2π eindeutig bestimmt ist, wird das Argument von ζ

$$\varphi = \arg \zeta$$

genannt.

Üben wir die Drehstreckung (ζ) auf einen beliebigen Punkt z der komplexen Zahlenebene aus, so erhalten wir als Ergebnis

$$(\zeta)\, z = (\zeta)\,(z) \begin{pmatrix} 1 \\ 0 \end{pmatrix} = (\zeta z) \begin{pmatrix} 1 \\ 0 \end{pmatrix} = \zeta z\,. \tag{1.3.13}$$

Das Produkt zweier komplexer Zahlen bedeutet also in der Zahlenebene eine durch den einen Faktor repräsentierte Drehstreckung angewandt auf den anderen Faktor[1]. Nach (1.3.11) multiplizieren sich hierbei die Beträge der beiden Faktoren und addieren sich die Argumente. (Vgl. Abb. 2.)

Die Eigenschaft der komplexen Zahlen, Drehstreckungen unter Erhaltung der Multiplikation zu repräsentieren, bildet den tieferen Grund für die weitreichende und in der Praxis so bequeme Anwendung der komplexen Zahlen in der konformen Abbildung. Es läßt sich hieraus auch erklären, warum es nichts Analoges zu den komplexen Zahlen im drei- oder mehrdimensionalen Raum gibt. Damit jene Repräsentation möglich ist, müssen für die Matrizenmultiplikation dieselben Rechengesetze gültig sein wie für gewöhnliche Zahlen. Dies trifft für die speziellen Matrizen (1.3.3) zu, nicht jedoch im allgemeinen Fall; es gilt dann nicht das *kommutative Gesetz der Multiplikation*, d. h. die für Zahlen gültige Beziehung $ab = ba$ gilt nicht für Matrizen, es ist $(a_{ik})\,(b_{ik}) \neq (b_{ik})\,(a_{ik})$ im allgemeinen Fall[2]. Das kommutative Gesetz gilt auch nicht für Drehstreckungen im drei- und mehrdimensionalen Raum, und daher gibt es auch keine zahlenähnliche Gebilde, die diese repräsentieren können[3].

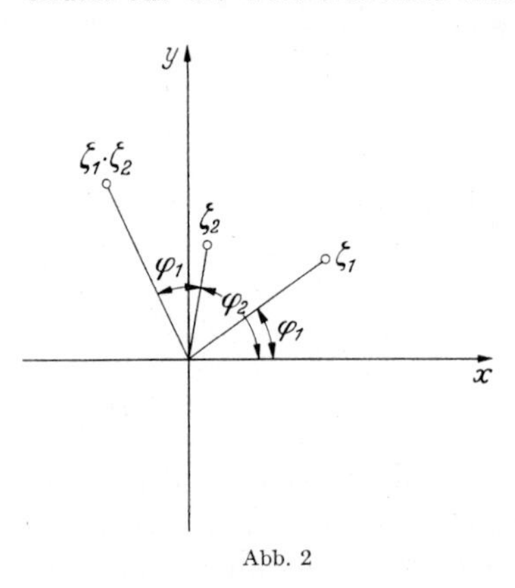

Abb. 2

---

[1] Es sei noch bemerkt, daß die Deutung der Multiplikation komplexer Zahlen als Drehstreckung invariant gegenüber orthogonalen Transformationen (Drehungen) des Koordinatensystems ist; aufgefaßt als Relation zwischen Punkten hat sie diese Eigenschaft nicht. (Vgl. auch die Bemerkungen am Schluß von 1.2.)

[2] Man setze etwa

$$(a_{ik}) = \begin{pmatrix} 1 & 0 \\ 1 & 1 \end{pmatrix}, \quad (b_{ik}) = \begin{pmatrix} 1 & 1 \\ 0 & 1 \end{pmatrix}.$$

Es ist dann

$$\begin{pmatrix} 1 & 0 \\ 1 & 1 \end{pmatrix}\begin{pmatrix} 1 & 1 \\ 0 & 1 \end{pmatrix} = \begin{pmatrix} 1 & 1 \\ 1 & 2 \end{pmatrix} \quad \text{und} \quad \begin{pmatrix} 1 & 1 \\ 0 & 1 \end{pmatrix}\begin{pmatrix} 1 & 0 \\ 1 & 1 \end{pmatrix} = \begin{pmatrix} 2 & 1 \\ 1 & 1 \end{pmatrix}.$$

[3] Gewisse Analogien zu den komplexen Zahlen zeigen in diesem Sinne die Quaternionen Hamiltons. In der Tat lassen sich diese, ähnlich wie die komplexen Zahlen in der Ebene, zum Aufbau der Potentialtheorie des Raumes benutzen. Da bei ihnen das kommutative Gesetz der Multiplikation nicht gilt, werden die Rechnungen so kompliziert, daß sich hieraus für die Anwendungen kein Vorteil ergibt.

§ 2. Komplexe Funktionen

2.1. Grundbegriffe. Eine Funktion $w(z)$, bei der sowohl $z = x + iy$ als auch $w = u + iv$ komplexe Zahlen sind, heiße *komplexe Funktion.* Die Trennung in Real- und Imaginärteil gibt zwei reelle Funktionen zweier reeller Variabler

$$w(z) = u(x,y) + iv(x,y), \tag{2.1.1}$$

und umgekehrt läßt sich jedes *Paar reeller Funktionen* $u(x,y)$, $v(x,y)$ zu einer komplexen Funktion zusammenfassen. Sinnvoll ist indessen eine solche Zusammenfassung nur dann, wenn bei der Analysis dieser Funktionen die Rechenoperationen und Rechenregeln für komplexe Zahlen angewandt werden können. Wie wir weiter unten sehen werden, gilt dies vor allem für die analytischen Funktionen, mit denen wir uns ausschließlich beschäftigen.

Um die Eigenschaften komplexer Funktionen bequem beschreiben zu können, benötigen wir einige Grundbegriffe aus der *Theorie der Punktmengen,* die wir im Folgenden zunächst erläutern wollen. Wir betrachten hierzu gewisse Mengen komplexer Zahlen, die wir als Punkte in der Zahlenebene deuten; wir sprechen daher kurz von Punktmengen. Sei $\mathfrak{M}$ eine solche, so bedeutet das Zeichen

$z \in \mathfrak{M}$: der Punkt *z gehört der Menge $\mathfrak{M}$ an*

und entsprechend

$z \notin \mathfrak{M}$: der Punkt *z gehört der Menge $\mathfrak{M}$ nicht an.*

Eine Menge $\mathfrak{M}_2$ ist in einer anderen $\mathfrak{M}_1$ *enthalten,* $\mathfrak{M}_2 \subset \mathfrak{M}_1$, wenn alle Punkte, die $\mathfrak{M}_2$ angehören, auch $\mathfrak{M}_1$ angehören.

Die Menge $\mathfrak{V}$ heißt *Vereinigung* von $\mathfrak{M}_1$ und $\mathfrak{M}_2$, $\mathfrak{V} = \mathfrak{M}_1 \cup \mathfrak{M}_2$, wenn $\mathfrak{V}$ aus allen Punkten besteht, die zu $\mathfrak{M}_1$ oder $\mathfrak{M}_2$ gehören.

Die Menge $\mathfrak{D}$ heißt *Durchschnitt* von $\mathfrak{M}_1$ und $\mathfrak{M}_2$, $\mathfrak{M}_1 \cap \mathfrak{M}_2$, wenn $\mathfrak{D}$ genau aus den Punkten besteht, die beiden Mengen $\mathfrak{M}_1$ und $\mathfrak{M}_2$ angehören.

Die Kreisscheibe (vgl. (1.1.2))

$$|z - z_0| < \varepsilon \tag{2.1.2}$$

bildet eine *Umgebung* des Punktes z_0. Hierbei kann ε beliebig klein, muß aber natürlich von Null verschieden sein. Die Sprechweise: „In einer Umgebung von z_0 gilt ...“ bedeutet dann immer: „Wenn ε genügend klein gewählt wird, dann gibt es eine Kreisscheibe (2.1.2), in der gilt ...“.

Mit Hilfe des Umgebungsbegriffs lassen sich *innere, äußere* und *Randpunkte* einer Menge $\mathfrak{M}$ folgendermaßen definieren:

Ein Punkt z_0 heißt *innerer Punkt* von $\mathfrak{M}$, wenn eine Umgebung von z_0 ganz in $\mathfrak{M}$ enthalten ist.

z_0 heißt *Randpunkt,* wenn jede Umgebung von z_0 sowohl Punkte von $\mathfrak{M}$ als auch solche Punkte enthält, die nicht zu $\mathfrak{M}$ gehören.

z_0 heißt *äußerer Punkt,* wenn eine Umgebung von z_0 keine Punkte aus $\mathfrak{M}$ enthält.

Diese Definitionen entsprechen dem gewöhnlichen Sprachgebrauch; man veranschauliche sich das am Beispiel des Einheitskreises (Abb. 3): Für den Kreis $|z| \leqq 1$ sind die Punkte des Kreisinneren ohne die Peripherie $|z| < 1$ innere Punkte. Die Kreisperipherie $|z| = 1$ besteht aus Randpunkten und das Äußere des Kreises $|z| > 1$ aus äußeren Punkten nach der oben gegebenen Definition.

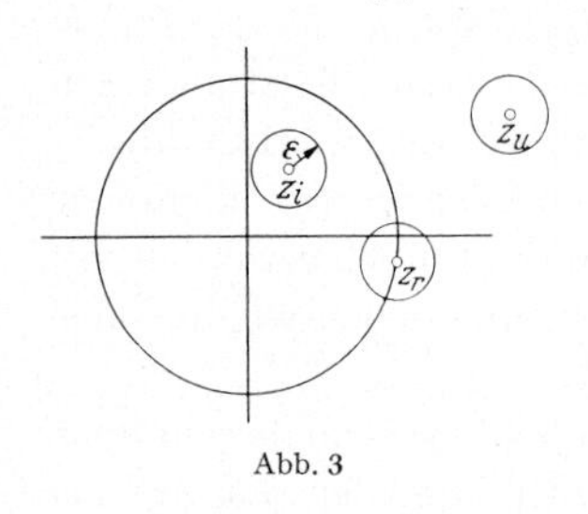

Abb. 3

Eine Punktmenge heißt *offen,* wenn sie nur aus inneren Punkten besteht; sie heißt *abgeschlossen,* wenn alle Randpunkte mit zur Menge gehören.

Insbesondere ist die Menge aller inneren Punkte einer beliebigen Menge $\mathfrak{M}$ eine offene Menge; wir nennen sie den *offenen Kern* von $\mathfrak{M}$. Die Menge aller inneren und Randpunkte von $\mathfrak{M}$ ist abgeschlossen und wird *abgeschlossene Hülle* von $\mathfrak{M}$ genannt.

Weiter brauchen wir für unsere späteren Betrachtungen den Begriff einer *Kurve* in der komplexen Zahlenebene. Wir gehen hierzu von der *Parameterdarstellung* der Kurven aus und definieren folgendermaßen: Es seien im Intervall $a \leqq t \leqq b$ die Funktionen $x(t)$ und $y(t)$ stetige reelle Funktionen; dann stellt die Funktion $z(t) = x(t) + i\,y(t)$ eine Kurve in der komplexen Zahlenebene dar. Jedem Punkt t aus dem Intervall $a \leqq t \leqq b$ entspricht also eindeutig ein Punkt $z(t)$ und die Kurve kann daher auch als ein *stetiges Bild* dieses Intervalls auf die komplexe Zahlenebene aufgefaßt werden. $z(a)$ heißt der *Anfangspunkt,* $z(b)$ der *Endpunkt* der Kurve.

Eine Kurve heißt *glatt,* wenn die Funktionen $x(t)$ und $y(t)$ nicht nur stetig, sondern auch überall *stetig differenzierbar* sind, wobei die Ableitungen $\dot{x}(t)$ und $\dot{y}(t)$ nicht gleichzeitig verschwinden sollen. Die Kurve hat dann überall eine *stetige Tangente.*

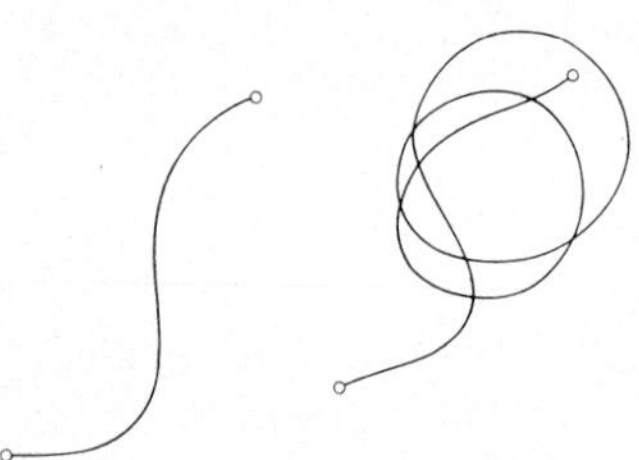
Abb. 4. Links einfache Kurve, rechts Kurve mit mehrfachen Punkten

Eine Kurve heißt *einfach,* wenn zu verschiedenen t-Werten auch verschiedene z-Werte gehören, wenn die Abbildung $z(t)$ also umkehrbar eindeutig ist. Punkte der Kurve, zu denen mehrere t-Werte gehören, in denen sich die Kurve also selbst überschneidet oder berührt, heißen *mehrfache Punkte* der Kurve, alle übrigen heißen *einfache Punkte.*

Eine Kurve heißt *geschlossen*, wenn Anfangs- und Endpunkt übereinstimmen. Dabei gilt dieser Punkt als einfach, wenn er nicht mit einem weiteren Punkt der Kurve übereinstimmt.

Eine geschlossene Kurve $z(t)$ läßt sich in einer Punktmenge $\mathfrak{M}$ *stetig auf einen Punkt zusammenziehen*, wenn es eine Funktion $z(t, \alpha)$ gibt mit folgenden Eigenschaften:

1. Für $\alpha = 1$ ist $z(t,\alpha) = z(t)$, für $\alpha = 0$ ist $z(t,\alpha) = z_0 =$ const, wo z_0 ein beliebiger Punkt von $\mathfrak{M}$ ist.

2. Für jedes α aus dem Intervall $0 \leqq \alpha \leqq 1$ stellt $z(t, \alpha)$ eine geschlossene Kurve dar, die ganz in $\mathfrak{M}$ liegt.

3. Für jedes t und α aus $a \leqq t \leqq b$, $0 \leqq \alpha \leqq 1$ ist $z(t,\alpha)$ stetig in α.
Es gibt also eine stetige Folge von geschlossenen Kurven, die alle in $\mathfrak{M}$ liegen und die von der Ausgangskurve zu einer Kurve hinführen, welche nur aus dem einzigen Punkt z_0 besteht. Ist insbesondere die Ausgangskurve eine einfache, geschlossene Kurve, so läßt sie sich genau dann auf einen Punkt zusammenziehen, wenn sie nur Punkte von $\mathfrak{M}$ umschließt.

Eine Punktmenge $\mathfrak{M}$ heißt *zusammenhängend*, wenn sich irgend zwei Punkte, die beide in $\mathfrak{M}$ liegen, durch eine ganz in $\mathfrak{M}$ liegende Kurve miteinander verbinden lassen.

Eine offene und zusammenhängende Punktmenge heißt ein *Gebiet*. Die *abgeschlossene Hülle* eines Gebiets möge *Bereich* heißen. Man beachte, daß nach dieser Definition ein Bereich immer durch ein Gebiet erzeugt wird, so daß nicht jede abgeschlossene zusammenhängende Punktmenge ein Bereich ist. In diesem Sinne wollen wir auch unter dem Rand eines Bereichs immer den Rand des Gebiets verstehen, welches den Bereich erzeugt, auch wenn diese Punkte nicht alle Randpunkte des Bereichs nach der oben gegebenen Definition sind. Wir betrachten hierzu als Beispiel etwa das Gebiet, welches aus dem Einheitskreis $|z| < 1$ dadurch entsteht, daß wir das Stück der reellen Achse zwischen $z = 0$ und $z = 1$ daraus entfernen (Abb. 5). Der zugehörige Bereich ist die abgeschlossene Kreisscheibe $|z| \leqq 1$ und stimmt mit dem Bereich überein, der zum Gebiet des offenen Einheitskreises $|z| < 1$ gehört. Der Rand des Bereichs ist jedoch in beiden Fällen verschieden, nämlich im ersten Fall gehört das Stück der reellen Achse noch dazu, im zweiten Fall nicht.

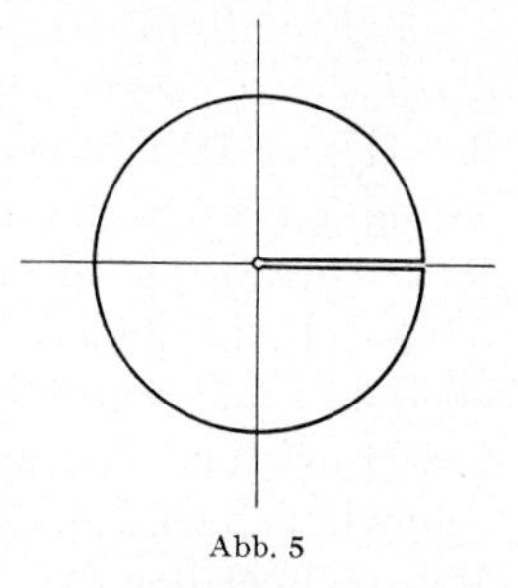
Abb. 5

Wir unterscheiden deshalb so scharf zwischen Gebiet und Bereich, um klarzustellen, ob gewisse Eigenschaften einer Funktion noch auf dem Rand gelten oder nicht. In diesem Zusammenhang wollen wir uns der Sprechweise bedienen: „*In* einem Gebiet ...“, aber „*Auf* einem Bereich ...“.

Ein Gebiet ist *einfach zusammenhängend*, wenn sich jede geschlossene Kurve in diesem Gebiet stetig auf einen Punkt zusammenziehen läßt. Es gilt dabei der Satz: Jedes Gebiet, dessen Rand aus einer einzigen geschlossenen Kurve besteht, ist einfach zusammenhängend.

Entsprechend ist ein Gebiet *n-fach zusammenhängend*, wenn sein Rand aus n getrennten Kurven (d. h. Kurven ohne gemeinsame Punkte) besteht[1]. Ein solches Gebiet läßt sich durch genau $n-1$ einfache Kurven (*Querschnitte*), welche die Randkurven miteinander verbinden, zu einem einfach zusammenhängenden Gebiet machen. (Vgl. hierzu die Abb. 6, in der das dargestellte, dreifach zusammenhängende Gebiet durch Aufschneiden längs der beiden Querschnitte Q_1 und Q_2 zu einem einfach zusammenhängenden gemacht wird.)

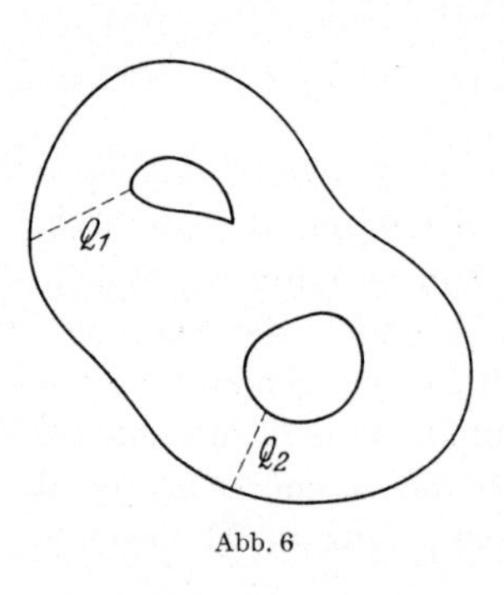

Abb. 6

Schließlich gebe ich noch die folgenden Definitionen, die das *Verhalten einer Funktion in der Umgebung eines Punktes* charakterisieren sollen:

1. Eine Funktion $w(z)$ besitzt im Punkt z_0 den *Grenzwert* w_0, wenn es zu jedem $\varepsilon > 0$ eine Umgebung $\mathfrak{U}_\delta$: $|z - z_0| < \delta$ gibt, so daß $|w(z) - w_0| < \varepsilon$ ist für alle z aus $\mathfrak{U}_\delta$.

2. Eine Funktion $w(z)$ besitzt im Endpunkt z_0 der Kurve $\mathfrak{C}$ einen *Zielwert* w_0, wenn $|w(z) - w_0| < \varepsilon$ ist für alle z aus dem Durchschnitt $\mathfrak{C} \cap \mathfrak{U}_\delta$.

3. Eine Funktion $w(z)$ besitzt im Randpunkt z_0 des Gebiets $\mathfrak{G}$ einen *Randwert* w_0, wenn $|w(z) - w_0| < \varepsilon$ ist für alle z aus dem Durchschnitt $\mathfrak{G} \cap \mathfrak{U}_\delta$; zerfällt dieser Durchschnitt in mehrere getrennte Teilgebiete, so genügt es, wenn $|w(z) - w_0| < \varepsilon$ in einem dieser Teilgebiete gilt. (Wir betrachten hierzu z. B. den Randpunkt $z_0 = 1/2$ des in Abb. 5 dargestellten Gebiets. Jeder Durchschnitt $\mathfrak{G} \cap \mathfrak{U}_\delta$ zerfällt hier in ein oberhalb und ein unterhalb der reellen Achse gelegenes Teilgebiet. Eine Funktion $w(z)$ kann somit in z_0 zwei verschiedene Randwerte annehmen, je nachdem, ob man von oben oder von unten her gegen z_0 geht. Man rechnet den Rand von $\mathfrak{G}$ an dieser Stelle doppelt, da er ja auch — aufgefaßt als geschlossene Randkurve — dort doppelte Punkte hat.)

Eine Funktion ist in z_0 *stetig*, wenn dort der Funktionswert mit dem Grenzwert übereinstimmt. Sie ist *auf einem Bereich stetig*, wenn ihre

---

[1] Um Mißverständnisse zu vermeiden sei bemerkt, daß der Rand eines Gebietes nicht notwendig aus Kurven zusammengesetzt sein muß, vielmehr sind wesentlich kompliziertere Ränder denkbar. Für die Praxis sind jedoch nur die durch Kurven berandeten Gebiete interessant und ich habe daher die Definition des n-fachen Zusammenhangs nur für diesen Fall angegeben.

Funktionswerte in jedem inneren Punkt mit dem Grenzwert, in jedem Randpunkt mit dem Randwert übereinstimmen.

2.2. Vektorfelder. Deuten wir bei einer komplexen Funktion $w(z)$ die unabhängige Variable z als Punkt der Zahlenebene, die abhängige Variable w als Vektor, so stellt diese Funktion ein *ebenes Vektorfeld* dar. Solche Vektorfelder treten in vielen Gebieten der Physik auf. Man kann so z. B. Flüssigkeits- oder Gasströmungen darstellen, indem man jedem Punkt innerhalb der strömenden Materie den Vektor der dort herrschenden Strömungsgeschwindigkeit zuordnet. Der Vektor kann aber auch eine von Ort zu Ort wechselnde (z. B. elektrische) Kraft bedeuten, die auf einen Probekörper ausgeübt wird; man spricht dann von einem Kraftfeld. Bei den Anwendungen ist allerdings zu beachten, daß die hier betrachteten Vektorfelder ebene Felder sind. Durch komplexe Funktionen können also nur solche Felder dargestellt werden, deren Vektoren alle in einer Ebene liegen und die sich zudem in Richtung senkrecht zu dieser Ebene nicht ändern. In der Praxis sind diese Forderungen nie ganz exakt erfüllt, doch lassen sich sehr viele interessante Probleme in hinreichend genauer Annäherung als ebene Probleme behandeln. Einige Beispiele werden in § 3 besprochen.

Zur Vereinfachung der Rechnung ist es zweckmäßig, die Koordinatenachsen für die Punkte z und die Vektoren w so anzunehmen, daß die x- und die u-Richtung *übereinstimmen*, die y- aber zur v-Richtung *entgegengesetzt* ist. Es hat also z. B. der Vektor $w = i$ die Richtung der negativen y-Achse.

Wir wollen annehmen, daß bei einer Zerlegung von $w(z)$ gemäß (2.1.1) in reelle Funktionen $u(x, y), v(x, y)$ in einem Gebiet der z-Ebene die partiellen Ableitungen u_x, u_y, v_x, v_y alle vorhanden und stetig sind. Wegen

$$x = \frac{1}{2}(z + \bar{z}), \quad y = \frac{1}{2i}(z - \bar{z})$$

können wir u und v formal auch als Funktionen von z und $\bar{z}$ auffassen (obwohl diese durch z allein schon eindeutig bestimmt sind) und die partiellen Ableitungen nach diesen Variablen bilden. Mit den gewöhnlichen Differentiationsregeln wird dann

$$\frac{\partial}{\partial z} = \frac{1}{2}\left(\frac{\partial}{\partial x} - i\frac{\partial}{\partial y}\right), \quad \frac{\partial}{\partial \bar{z}} = \frac{1}{2}\left(\frac{\partial}{\partial x} + i\frac{\partial}{\partial y}\right). \tag{2.2.1}$$

Auf Grund dieser Beziehung kann die Operation der *Divergenz* und der *Rotation*[1] folgendermaßen in komplexen Zahlen ausgedrückt werden:

$$\begin{aligned} \operatorname{div} w &= u_x - v_y = w_{\bar{z}} + \overline{w}_z, \\ \operatorname{rot} w &= u_y + v_x = \frac{1}{i}(w_{\bar{z}} - \overline{w}_z); \end{aligned} \tag{2.2.2}$$

[1] Die Rotation sei hier in demselben Sinne als skalare Größe aufgefaßt wie das Vektorprodukt (1.2.2). Vgl. die Fußnote 1, S. 3.

oder anders geschrieben

$$w_{\bar{z}} = \frac{1}{2} (\operatorname{div} w + i \operatorname{rot} w) . \tag{2.2.3}$$

Weiter betrachten wir gewisse *Linienintegrale* im Vektorfeld $w(z)$. Als Integrationsweg wählen wir eine glatte Kurve $\mathfrak{C}$ mit der Parameterdarstellung $z(t) = x(t) + iy(t)$, $a \leqq t \leqq b$, und integrieren vom Anfangspunkt $z(a)$ zum Endpunkt $z(b)$ der Kurve. Da die Ableitungen nach t existieren, können wir die Differentiale durch[1]

$$dx = \dot{x}\,dt, \quad dy = \dot{y}\,dt, \quad dz = (\dot{x} + i\dot{y})\,dt \tag{2.2.4}$$

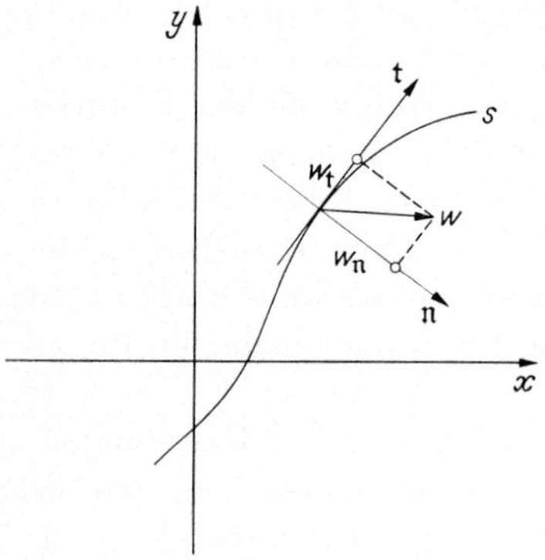

und das Linienelement durch

$$ds = |dz| = \sqrt{\dot{x}^2 + \dot{y}^2}\,dt \tag{2.2.5}$$

erklären.

Wir zerlegen jetzt die Vektoren $w(z)$ in jedem Punkt der Kurve in eine tangentiale Komponente w_t und eine normale w_n, wobei wir als Tangentenrichtung die Integrationsrichtung, als Normalenrichtung die nach rechts weisende Richtung wählen wollen (vgl. Abb. 7). Mit unseren Festsetzungen über die u- und v-Richtung wird dann

Abb. 7

$$w_t = u\frac{dx}{ds} - v\frac{dy}{ds}, \qquad w_n = u\frac{dy}{ds} + v\frac{dx}{ds} . \tag{2.2.6}$$

Mit diesen Größen bilden wir die folgenden Linienintegrale:

$$\int\limits_{\mathfrak{C}} w_t\,ds = \int\limits_{\mathfrak{C}} (u\,dx - v\,dy) \tag{2.2.7}$$

und

$$\int\limits_{\mathfrak{C}} w_n\,ds = \int\limits_{\mathfrak{C}} (u\,dy + v\,dx) . \tag{2.2.8}$$

Das erste Integral (2.2.7) stellt die Energie dar, die bei einer Verschiebung längs der Kurve $\mathfrak{C}$ in einem Kraftfeld $w(z)$ gewonnen oder verloren wird. Wir bezeichnen es deshalb als *Arbeitsintegral*.

In einem Strömungsfeld $w(z)$ ist w_t der an der Kurve $\mathfrak{C}$ vorbeifließende, w_n der in Normalenrichtung durch die Kurve hindurchtretende Anteil der Strömung. Das Integral (2.2.8) gibt also die durch die Kurve hindurchfließende Strommenge an und möge deshalb als *Stromintegral* bezeichnet werden.

[1] Durch den Punkt über der Variablen wird wie üblich die Ableitung nach t bezeichnet.

Die beiden Integrale können als Real- und Imaginärteil eines *komplexen Linienintegrals* aufgefaßt werden. Wie man leicht nachrechnet, ist nämlich

$$\int_{\mathfrak{C}} w\, dz = \int_{\mathfrak{C}} (w_t + i\, w_n)\, ds\,. \tag{2.2.9}$$

Es sei jetzt $\mathfrak{C}$ eine einfache geschlossene Kurve. Diese Kurve bildet den Rand eines einfach zusammenhängenden Bereichs $\mathfrak{B}$, und auf diesem Bereich möge $w(z)$ und div w und rot w überall erklärt und stetig sein. Dann gelten die Integralsätze von GAUSS und STOKES:

$$\oint_{\mathfrak{C}} w_n\, ds = \iint_{\mathfrak{B}} \operatorname{div} w\, dx\, dy\,, \tag{2.2.10}$$

$$\oint_{\mathfrak{C}} w_t\, ds = -\iint_{\mathfrak{B}} \operatorname{rot} w\, dx\, dy\,. \tag{2.2.11}$$

Hierbei haben wir vorausgesetzt, daß die Kurve $\mathfrak{C}$ in mathematisch positivem Sinne, d. h. entgegengesetzt zum Uhrzeigersinn, durchlaufen wird. Die Normale weist dann von $\mathfrak{B}$ her nach außen.

Faßt man die beiden Integrale wie in (2.2.9) zusammen und berücksichtigt (2.2.3), so ergibt sich die folgende einfache Formel:

$$\oint_{\mathfrak{C}} w\, dz = 2i \iint_{\mathfrak{B}} w_{\bar{z}}\, dx\, dy\,. \tag{2.2.12}$$

Diese zunächst nur formale Vereinfachung wird in dem Fall praktisch bedeutungsvoll, in dem $w_{\bar{z}} = 0$ auf $\mathfrak{B}$, d. h. div w = rot $w = 0$ wird; das betrachtete Vektorfeld heißt dann quellen- und wirbelfrei. In diesem Fall verschwindet das Integral

$$\int_{\mathfrak{C}} w\, dz$$

über jede geschlossene Kurve, die ganz in $\mathfrak{B}$ liegt, und das Integral über einen offenen Weg hängt nur vom Anfangs- und Endpunkt des Integrationsweges und nicht von der Form des Weges ab[1]. Das Integral

$$\int_{z_0}^{z} w\, dz = W(z) = U(z) + i\, V(z) \tag{2.2.13}$$

ist also auf $\mathfrak{B}$ eindeutig bestimmt und definiert bei fester unterer Grenze z_0 und variabler oberer Grenze z eine eindeutige komplexe Funktion $W(z)$.

---

[1] Hierbei ist wesentlich vorausgesetzt, daß der betrachtete Bereich einfach zusammenhängend ist. Mehrfach zusammenhängende Bereiche müssen, wie in 2.1 gezeigt wurde, durch Querschnitte zu einem einfach zusammenhängenden Bereich gemacht werden. Der Integrationsweg darf dann die Querschnitte nicht überschreiten.

Der hier besprochene Sachverhalt wird in der Funktionentheorie als Cauchyscher Integralsatz bezeichnet.

Real- und Imaginärteil dieser Funktion stellen das jetzt ebenfalls vom Weg unabhängige Arbeits- und Stromintegral zwischen z_0 und z dar; wir wollen $U(z)$ als *Potentialfunktion*, $V(z)$ als *Stromfunktion* und $W(z)$ als *komplexe Potentialfunktion* bezeichnen.

Die *praktische Bedeutung* dieser Überlegungen liegt darin, daß das Integral (2.2.13) nicht nur formal einem reellen Integral gleich sieht, sondern auch in den weitaus meisten Fällen wie ein reelles Integral behandelt werden kann. Insbesondere gilt wie im Reellen, daß die Integration als Umkehrung der Differentiation aufgefaßt werden kann. Definieren wir wie im Reellen

$$W'(z_0) = \lim_{z \to z_0} \frac{W(z) - W(z_0)}{z - z_0}, \tag{2.2.14}$$

so existiert für eine Funktion $W(z)$, die aus einem Integral (2.2.13) hervorgeht, dieser Grenzwert im Sinne der Definition in 2.1. Wie im Reellen ist dann

$$W'(z) = w(z)\,. \tag{2.2.15}$$

Hat umgekehrt eine komplexe Funktion $W(z)$ in einem einfach zusammenhängenden Gebiet $\mathfrak{G}$ überall eine Ableitung $W'(z) = w(z)$, d. h. existiert der Grenzwert (2.2.14), so gilt die Beziehung

$$\int_{z_0}^{z} w\,dz = W(z) - W(z_0) \tag{2.2.16}$$

und das Integral ist vom Weg unabhängig, sofern dieser ganz in $\mathfrak{G}$ verläuft. Eine Funktion $W(z)$ mit diesen Eigenschaften heißt *regulär analytisch* in $\mathfrak{G}$[1].

Jede regulär analytische Funktion — und auch nur eine solche — kann also ein quellen- und wirbelfreies Vektorfeld darstellen. Da nun Summe, Produkt und Quotient, aber auch Umkehrung und mittelbare Funktionen von regulär analytischen Funktionen selber regulär analytisch sind, lassen sich durch einfache Rechnungen im Komplexen eine ungeheure Vielfalt solcher Vektorfelder herstellen, was mit anderen Mitteln keineswegs so einfach ist. Dazu kommt noch, daß alle gebräuchlichen reellen Funktionen sich ohne Schwierigkeiten im Komplexen erklären lassen und regulär analytisch sind. (Vgl. den Schluß von 9.4.)

Die Trennung des Integrals (2.2.13) in Real- und Imaginärteil ergibt

$$U(z) = \int_{z_0}^{z} u\,dx - v\,dy\,, \quad V(z) = \int_{z_0}^{z} u\,dy + v\,dx\,. \tag{2.2.17}$$

[1] Ausführliche Beweise der hier — und im folgenden — angedeuteten Sätze aus der Theorie der analytischen Funktionen findet man in den Lehrbüchern der Funktionentheorie. Siehe hierzu das Literaturverzeichnis am Schluß des Buches.

Daraus folgt

$$u = U_x = V_y, \quad v = -U_y = V_x. \tag{2.2.18}$$

Diese Gleichungen werden als Cauchy-Riemannsche *Differentialgleichungen* bezeichnet. Sind für ein Paar von Funktionen $U(x, y)$, $V(x, y)$ mit stetigen Ableitungen diese Differentialgleichungen erfüllt, so ist die komplexe Funktion $W(z) = U(x,y) + iV(x,y)$ dort regulär analytisch. Nun folgt aus div w = rot $w = 0$

$$u_x = v_y, \quad -u_y = v_x; \tag{2.2.19}$$

mit $W(z)$ ist also auch $w(z)$ eine regulär analytische Funktion.

Weiter ergibt (2.2.18) in Verbindung mit (2.2.2)

$$\operatorname{div} w = U_{xx} + U_{yy} = 0, \quad \operatorname{rot} w = V_{xx} + V_{yy} = 0. \tag{2.2.20}$$

Dies ist die Potentialgleichung; Funktionen $F(x, y)$, die der Gleichung $F_{xx} + F_{yy} = 0$ genügen, heißen *harmonische Funktionen*. Real- und Imaginärteil von regulär analytischen Funktionen sind also harmonische Funktionen. Es können aber nicht beliebige Paare harmonischer Funktionen zu einer analytischen Funktion zusammengefügt werden, vielmehr ist $V(x,y)$ durch $U(x,y)$ bis auf eine additive Konstante schon eindeutig bestimmt. Aus den Cauchy-Riemannschen Differentialgleichungen bzw. den Gleichungen (2.2.17) folgt nämlich

$$V(z) - V(z_0) = \int_{z_0}^{z} U_x dy - U_y dx. \tag{2.2.21}$$

Ist diese Bedingung erfüllt, so heißt $V(x,y)$ die zu $U(x,y)$ *konjugiert harmonische Funktion*. Es ist dann umgekehrt $-U(x,y)$ zu $V(x,y)$ konjugiert harmonisch.

Eine etwas andere Form der Cauchy-Riemannschen Differentialgleichungen und der Gleichung (2.2.21) erhält man aus der Überlegung, daß die Normalkomponente w_n des Vektors w gleich der partiellen Ableitung von U in Richtung der Normalen ist. Bezeichnen wir diese Ableitung mit $\frac{\partial U}{\partial n}$, so ergibt sich aus (2.2.8)

$$V(z) - V(z_0) = \int_{z_0}^{z} \frac{\partial U}{\partial n} ds, \tag{2.2.22}$$

oder auch

$$\frac{\partial U}{\partial n} = \frac{\partial V}{\partial s}, \tag{2.2.23}$$

wo $\frac{\partial V}{\partial s}$ die Ableitung von $V(x, y)$ in der Tangentenrichtung kennzeichnen soll. Man überzeugt sich leicht, daß die Gleichungen (2.2.18) Spezialfälle von (2.2.23) sind, bei denen die Tangente einmal in die y- und einmal in die x-Richtung zeigt.

Von besonderem Interesse sind die Kurven, auf denen entweder die Potentialfunktion $U(z)$ oder die Stromfunktion $V(z)$ konstant ist. Auf diesen Linien muß das Arbeitsintegral (2.2.7) oder das Stromintegral (2.2.8) verschwinden, d. h. $w_t = 0$ oder $w_n = 0$ sein. Betrachten wir zunächst die Linien $V(z) = \text{const}$. Auf ihnen verschwindet die Normalkomponente w_n, d. h. aber, daß der Vektor w auf diesen Kurven überall *parallel zur Tangente* verläuft. In einem Strömungsfeld geben also die Kurven $V = \text{const}$ überall die Richtung der Strömung an, sie bilden gewissermaßen feste, für die Strömung undurchlässige Wände. Diese Kurven werden *Stromlinien* genannt.

Auf den Kurven $U = \text{const}$ muß die Tangentialkomponente w_t verschwinden. Diese Kurven müssen also überall *senkrecht* auf dem Vektor w und damit auch senkrecht auf den Linien $V = \text{const}$ stehen[1]. Da auf ihnen das Arbeitsintegral verschwindet, ist in einem Kraftfeld eine Verschiebung längs $U = \text{const}$ ohne Arbeitsleistung möglich. Diese Linien heißen *Äquipotential-* oder auch einfach *Potentiallinien.*

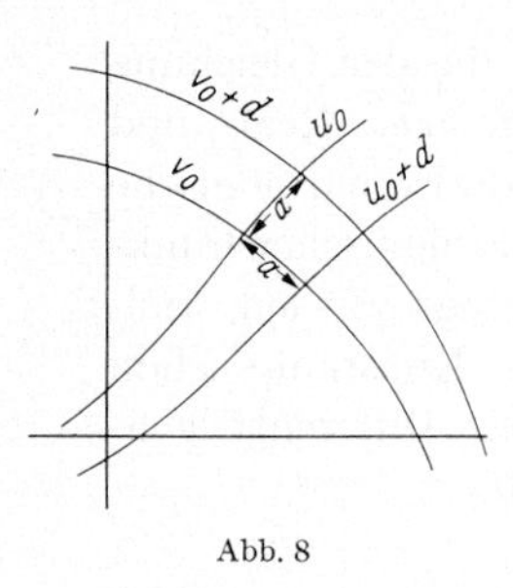

Abb. 8

Wir denken uns jetzt die Potential- und Stromlinien eines Vektorfeldes aufgezeichnet, wobei die Linien ausgewählt sein mögen, die zu einem System äquidistanter U- und V-Werte gehören. Es entsteht so in der z-Ebene ein Netz aufeinander senkrecht stehender Linien, wir sagen ein *orthogonales* Netz. Es läßt sich nun zeigen, daß dieses Netz darüber hinaus „im Kleinen" ein *Quadratnetz* ist, d. h. die Netzmaschen sind näherungsweise Quadrate, und zwar um so genauer, je kleiner sie gewählt werden. Man kann das folgendermaßen einsehen: Wir greifen einen Punkt z_0 heraus, in dem sich die Linien $U = U_0$ und $V = V_0$ kreuzen mögen; wir fragen dann nach der Lage der Linien $U = U_0 + d$ und $V = V_0 + d$. Sei etwa der senkrecht gemessene Abstand der Linien $U = U_0$ und $U = U_0 + d$ gleich a; dann muß angenähert gelten

$$d \cong a \frac{\partial U}{\partial n},$$

und zwar um so genauer, je kleiner a ist. Andererseits gilt aber nach (2.2.23)

$$\frac{\partial U}{\partial n} = \frac{\partial V}{\partial s}.$$

---

[1] Diese Aussage verliert ihren Sinn, wenn der Feldvektor w verschwindet. In der Tat stehen dann Potential- und Stromlinien nicht mehr aufeinander senkrecht. Indessen kann diese Erscheinung nur in einzelnen, isolierten Punkten auftreten und ist daher für unsere grundsätzlichen Überlegungen ohne Bedeutung.

Wenn wir also auf der Linie $U = U_0$ von der Stelle $V = V_0$ aus um a weitergehen, so wird V ebenfalls ungefähr um d zugenommen haben und natürlich auch wieder um so genauer, je kleiner a war. Die Linien

$$U = U_0\,, \quad U = U_0 + d\,, \quad V = V_0\,, \quad V = V_0 + d$$

bilden also eine annähernd quadratische Masche mit der Seitenlänge a. Ein orthogonales Netz, das in diesem Sinne ein Quadratnetz ist, wird — nach gewissen Anwendungen aus der Theorie der Wärmeströmung — ein *Isothermennetz* genannt.

Wir bemerken noch, daß auf den Linien $U = \text{const}$ die Größe $\left|\frac{\partial U}{\partial n}\right| = \left|\frac{\partial V}{\partial s}\right|$ gleich dem *Betrag des Vektors* w ist. Denn da auf diesen Linien die tangentiale Komponente w_t verschwindet, muß w_n bis auf das Vorzeichen gleich dem Betrag des Vektors w sein

$$\left|\frac{\partial U}{\partial n}\right| = |w_n| = |w|\,.$$

Aus dem Netz der U-V-Linien läßt sich also nicht nur die Richtung, sondern auch die Größe des Feldvektors w herauslesen: Je enger das Netz, um so größer, je weiter, um so kleiner ist der Feldvektor.

2.3. Beispiel: Das Newtonsche Potential. Das Vektorfeld einer Newtonschen Zentralkraft in der Ebene kann durch die komplexe Funktion

$$w(z) = \frac{1}{z} = \frac{x - i y}{x^2 + y^2} \tag{2.3.1}$$

dargestellt werden. Der Feldvektor $w(z)$ hat hier die Richtung des Ortsvektors[1], sein Betrag ist umgekehrt proportional zur Entfernung vom Ursprung.

Das Vektorfeld ist überall, mit Ausnahme des Punktes $z = 0$ quellen- und wirbelfrei, und das Integral (2.2.12) verschwindet daher über jede einfache geschlossene Kurve, die den Nullpunkt nicht im Innern enthält. Das Integral (2.2.13) läßt sich sofort auswerten, wenn man Polarkoordinaten einführt. Setzen wir

$$z = \varrho(\cos\varphi + i\sin\varphi)\,, \tag{2.3.2}$$

so wird

$$dz = (\cos\varphi + i\sin\varphi)\,d\varrho + \varrho(-\sin\varphi + i\cos\varphi)\,d\varphi \tag{2.3.3}$$

und

$$w(z) = \frac{\cos\varphi - i\sin\varphi}{\varrho}\,. \tag{2.3.4}$$

Hieraus ergibt sich — wenn wir etwa $z_0 = 1$ setzen —

$$W(z) = \int_1^z w(z)\,dz = \int_1^z \frac{d\varrho}{\varrho} + i\,d\varphi = \log\varrho + i\varphi = \log z\,. \tag{2.3.5}$$

[1] Man beachte die Festsetzung der u—v-Richtungen zu Beginn von 2.2.

Diese Funktion definiert den *Logarithmus für komplexe Zahlen*, wobei die fundamentale *Funktionalgleichung* des Logarithmus im Reellen

$$\log z_1 z_2 = \log z_1 + \log z_2 \tag{2.3.6}$$

auch für komplexe Zahlen gilt. Man stellt dies leicht anhand der geometrischen Deutung der Multiplikation im Komplexen (vgl. (1.3.13)) fest. Durch Vergleich von (2.3.2) mit

$$z = e^{\log z} = \varrho\, e^{i\varphi} \tag{2.3.7}$$

erhalten wir ferner die *Eulersche Formel*

$$e^{i\varphi} = \cos\varphi + i \sin\varphi\,. \tag{2.3.8}$$

Die Potential- und Stromlinien sind hier die Kurven $\log\varrho = \text{const}$ und $\varphi = \text{const}$, d. h. Kreise um und Geraden durch den Nullpunkt. Da $\log\varrho$ für $\varrho \to 0$ gegen $-\infty$ geht, liegen die Potentiallinien — bei

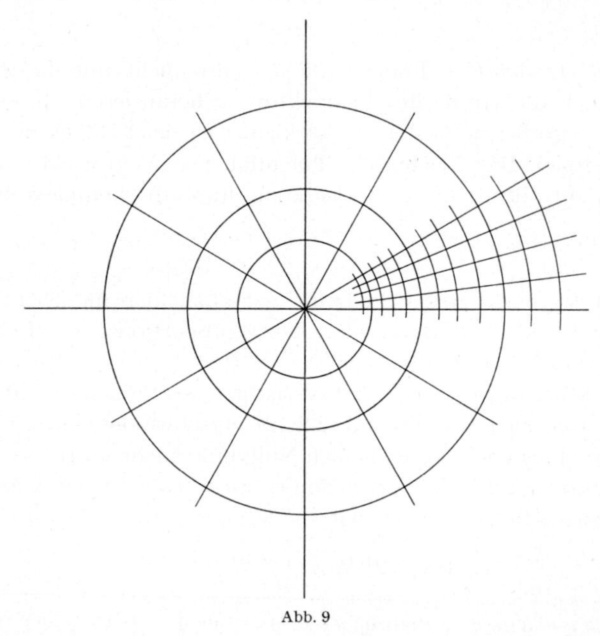

Abb. 9

gleicher Schrittweite — in der Umgebung des Nullpunkts sehr eng, weiter draußen entfernen sie sich zunehmend voneinander entsprechend der Tatsache, daß $\log\varrho$ sehr viel langsamer anwächst als ϱ selbst. Hierdurch entsteht das „im Kleinen quadratische" Netz, das wir in 2.2 betrachtet haben, da ja die Linien $V = \varphi = \text{const}$ zum Nullpunkt hin zusammenlaufen. Wir wollen dieses Netz *Polarnetz* nennen.

Als Strömung aufgefaßt stellt das hier betrachtete Feld eine *Quellströmung* dar, das ist eine vom Nullpunkt aus nach allen Richtungen hin gleichmäßig abfließende Strömung. Da die Stromfunktion die Strommenge bestimmt, fließt in unserm Fall durch einen Sektor mit dem Öffnungswinkel φ die Strommenge φ, die gesamte, vom Nullpunkt ausgehende Strommenge beträgt also 2π.

Bildet man das Integral (2.3.5) auf einem geschlossenen Kreis, der den Nullpunkt in mathematisch positivem Sinne einmal umläuft, so erhält man den Wert $2\pi i$. Die Funktion $\log z$ ist also in einem Gebiet, das den Nullpunkt enthält, *nicht mehr eindeutig*, sondern der Funktionswert nimmt bei jeder Umkreisung des Nullpunkts um $2\pi i$ zu. Wenn wir also den komplexen Logarithmus allgemein erklären wollen, so können wir nur angeben

$$\log z = \log \varrho + i\,\varphi + 2n\,\pi\,i\,, \tag{2.3.9}$$

wo n jede ganze positive oder negative Zahl sein kann. Gewöhnlich schränkt man bei dieser Bestimmung die Größe φ auf ein Intervall der Größe 2π ein, etwa $-\pi < \varphi \leqq +\pi$, und nennt unter dieser Einschränkung die Größe

$$\log \varrho + i\,\varphi = \log z \tag{2.3.10}$$

den *Hauptwert* des komplexen Logarithmus. Es sei noch bemerkt, daß die Potentialfunktion als der Realteil von $\log z$ von dieser Vieldeutigkeit nicht betroffen ist; sie ist eindeutig in der ganzen z-Ebene.

2.4. Abbildungen. Um eine komplexe Funktion $w(z)$ geometrisch zu deuten, können wir auch annehmen, daß beide Variable z und auch w Punkte der Zahlenebene sind. Dann bedeutet $w(z)$ eine *Zuordnung von Punkten zu Punkten*, die wir als *Abbildung* der z-Ebene auf die w-Ebene auffassen können. Geometrische Figuren in der z-Ebene werden dabei in irgendwie verzerrte Figuren in der w-Ebene übergehen, und es wird das Ziel der folgenden Untersuchung sein, die geometrische Struktur der Abbildungen mit der analytischen Struktur der Abbildungsfunktionen in Verbindung zu bringen.

Wir werden uns im folgenden auf solche Abbildungen beschränken, die durch regulär analytische Funktionen erzeugt werden. Eine spezielle Form solcher Abbildungen haben wir bereits in 2.2 kennengelernt: Die Potential- und Stromlinien sind ja nichts anderes als die Koordinatenlinien der W-Ebene $\Re(W) = \text{const}$ und $\Im(W) = \text{const}$, die durch $W(z)$ — genauer durch die Umkehrfunktion $z(W)$ — auf die z-Ebene abgebildet werden. Wir haben dort festgestellt, daß diese Linien ein Isothermennetz bilden; es wird also ein Quadratnetz, gebildet aus den Koordinatenlinien des kartesischen U-V-Koordinatensystems — wir wollen ein solches Quadratnetz kurz als *kartesisches Netz* bezeichnen — durch $z(W)$ in ein Netz übergeführt, das „im Kleinen“ ein Quadratnetz ist.

Fassen wir zunächst einmal den Fall ins Auge, daß das kartesische Netz exakt in ein Quadratnetz übergeführt wird. Es ist leicht einzusehen, daß bei einer solchen Abbildung nicht nur das kartesische Netz, sondern überhaupt jede Figur in eine *ähnliche* übergeführt wird. Insbesondere werden dabei alle Strecken um einen bestimmten Faktor vergrößert oder verkleinert, und die Winkel zwischen zwei Linien bleiben erhalten. Wenn nun das kartesische Netz in ein allgemeineres Isothermennetz abgebildet wird, so dürfen wir vermuten, daß dann die Abbildung zwar nicht mehr im strengen Sinne, wohl aber „*im Kleinen*" *ähnlich* sein wird, d. h. Urbild und Abbild werden um so ähnlicher, je kleiner die betrachteten Figuren sind. Die Annäherung an eine im strengen Sinne ähnliche Abbildung ist hier natürlich um so besser, je genauer das Isothermennetz in dem betrachteten Bereich durch ein exaktes Quadratnetz angenähert werden kann. Bei einer solchen, im Kleinen ähnlichen Abbildung werden dann zwar nicht die endlichen Strecken, wohl aber die Linienelemente um einen Faktor vergrößert oder verkleinert, der nur vom Ort, nicht aber von der Richtung des Linienelements abhängt, und die Winkel zwischen zwei Kurven bleiben auch hier erhalten.

Diese mehr heuristische Betrachtung läßt sich leicht auch analytisch untermauern. Wir untersuchen zu diesem Zweck die Abbildung einer regulär analytischen Funktion $w(z)$ in der Umgebung eines Punktes z_0 und benutzen die Tatsache, daß $w(z)$ dort eine Ableitung $w'(z)$ besitzt. Es möge außerdem $w'(z_0) \neq 0$ an der Stelle z_0 sein[1]. Wir können dann (2.2.14) in der folgenden Form schreiben

$$w(z) - w(z_0) = w'(z_0)\,(z - z_0) + o(1)\,(z - z_0)\,, \tag{2.4.1}$$

wo $o(1)$ eine Größe ist, die gegen Null strebt, wenn z auf irgendeinem Weg gegen z_0 geht. Mit den Linienelementen (vgl. (2.2.4)) dz und dw können wir (2.4.1) auch in der Form

$$dw = w'(z_0)\,dz \tag{2.4.2}$$

schreiben.

Nach unseren Überlegungen zu (1.3.13) besagt die Gleichung (2.4.1), daß die Abbildung $w(z)$ in der Umgebung von z_0 näherungsweise eine Drehstreckung ist. Abgesehen von dem Glied mit $o(1)$, geht jede Strecke $\overline{z_0 z}$ in die Strecke $\overline{w_0 w}$ über (mit $w_0 = w(z_0)$), die aus $\overline{z_0 z}$ durch Vergrößerung oder Verkleinerung um den Faktor $|w'(z_0)|$ und durch Drehung um $\arg w'(z_0)$ hervorgeht. Insbesondere werden alle Linienelemente dz um den gleichen Winkel gedreht, so daß die Winkel zwischen zwei Kurven erhalten bleiben. Man bezeichnet daher diese Abbildung als *winkeltreu* oder *konform*.

Bei der Abbildung durch eine analytische Funktion bleibt aber nicht nur der Winkel erhalten, sondern auch der Umlaufsinn. Ein hin-

[1] Die Besonderheiten, die an den Stellen mit $w'(z) = 0$ auftreten, werden wir an speziellen Beispielen studieren (vgl. § 6). Im übrigen gelten die in Fußnote 1, S. 16 gemachten Bemerkungen.

reichend kleiner Kreis um z_0 wird durch $w(z)$ auf eine kreisähnliche Kurve um w_0 abgebildet, und wenn wir den Kreis um z_0 im mathematisch positiven Sinne durchlaufen, so umläuft die Bildkurve w_0 im gleichen Sinn. Es läßt sich zeigen, daß diese Eigenschaft auch für beliebig große Kurven gilt: Wird eine beliebige einfache geschlossene Kurve $\mathfrak{C}_z$ durch $w(z)$ auf eine gleichfalls einfache geschlossene Kurve $\mathfrak{C}_w$ abgebildet und geht dabei das von $\mathfrak{C}_z$ eingeschlossene Gebiet $\mathfrak{G}_z$ in das von $\mathfrak{C}_w$ eingeschlossene Gebiet $\mathfrak{G}_w$ über, so umlaufen die Bildpunkte $\mathfrak{C}_w$ das Gebiet $\mathfrak{G}_w$ im gleichen Sinne wie die Urbilder $\mathfrak{C}_z$ das Gebiet $\mathfrak{G}_z$.

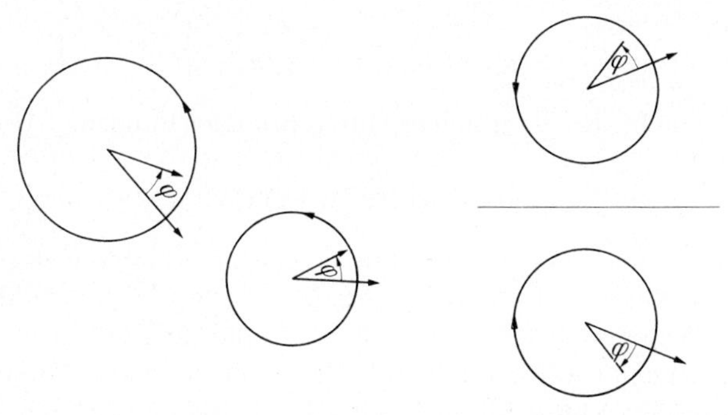

Abb. 10. Zuordnung von Winkel und Umlaufsinn bei konformer (links) und antikonformer Abbildung (rechts)

Diese Eigenschaft gilt nicht mehr für eine Klasse von Abbildungen, die zwar noch winkeltreu sind, bei denen sich aber der Umlaufsinn umkehrt. Das einfachste Beispiel hierfür bildet die Spiegelung an der reellen Achse, wie sie durch die Funktion

$$w = \bar{z} \tag{2.4.3}$$

dargestellt wird. Wir wollen Abbildungen, die wie diese winkeltreu mit Umkehrung des Umlaufsinns sind, als *antikonform* bezeichnen. Führt man zwei antikonforme Abbildungen nacheinander aus, so entsteht wieder eine konforme. Man kann also jede antikonforme Abbildung durch Kombination mit (2.4.3) zu einer konformen machen und daher jede antikonforme Abbildung in der Form $w(\bar{z})$ oder auch $\bar{w}(z)$ darstellen, wo $w(z)$ konform ist.

Man kann im übrigen zeigen, daß nicht nur jede analytische Funktion eine konforme Abbildung vermittelt, sondern daß auch jede konforme Abbildung, d. h. eine Abbildung, die winkeltreu mit Erhaltung des Umlaufsinns ist, durch eine analytische Funktion hergestellt werden kann. Wir betrachten hierzu eine stetige und stetig differenzierbare Abbildung mit nichtverschwindender Funktionaldeterminante der Form

$$u = u(x, y), \quad v = v(x, y), \quad \begin{vmatrix} u_x & u_y \\ v_x & v_y \end{vmatrix} \neq 0. \tag{2.4.4}$$

Dann werden die Differentiale linear transformiert, was wir in Matrixschreibweise (vgl. (1.3.2)) so ausdrücken können:

$$\begin{pmatrix} du \\ dv \end{pmatrix} = \begin{pmatrix} u_x & u_y \\ v_x & v_y \end{pmatrix} \begin{pmatrix} dx \\ dy \end{pmatrix}. \tag{2.4.5}$$

Hier stellen die Größen $\begin{pmatrix} du \\ dv \end{pmatrix}$ und $\begin{pmatrix} dx \\ dy \end{pmatrix}$ die Linienelemente dw und dz in Matrixform dar. Damit die Abbildung konform ist, müssen die Linienelemente einer Drehstreckung unterworfen werden, d. h. die Transformationsmatrix von (2.4.5) muß die Form (1.3.3) haben. Daraus erhält man

$$u_x = v_y, \qquad v_x = -u_y, \tag{2.4.6}$$

d. h. die Cauchy-Riemannschen Differentialgleichungen. Also ist die Funktion

$$w(z) = u(x, y) + i\,v(x, y)$$

regulär analytisch. Da die Abbildung eines Isothermennetzes auf ein kartesisches Netz konform ist, kann jedes Isothermennetz durch die Linien $u = \text{const}$ und $v = \text{const}$ einer regulär analytischen Funktion $w = u + iv$ erzeugt werden und stellt daher ein Netz von Potential- und Stromlinien dar. Nun geht auch jedes Isothermennetz durch konforme Abbildung wieder in ein Isothermennetz über. Es geht also auch ein Netz von Potential- und Stromlinien wieder in ein Netz von Potential- und Stromlinien über. Analytisch ausgedrückt heißt das: Ist $W(z) = U(z) + i\,V(z)$ eine komplexe Potentialfunktion, so ist auch

$$W(z(\zeta)) = W^*(\zeta) = U^*(\zeta) + i\,V^*(\zeta) \tag{2.4.7}$$

eine solche, wenn $z(\zeta)$ eine regulär analytische Funktion ist. Dies ergibt sich auch unmittelbar daraus, daß durch Einsetzen einer analytischen Funktion in eine andere wieder eine analytische Funktion entsteht. Auf Grund dieser Tatsache lassen sich schwierige potentialtheoretische Aufgaben mit Hilfe der konformen Abbildung auf einfache zurückführen. Wir werden im nächsten Paragraphen einige Beispiele hierfür kennenlernen.

§ 3. Beispiele zur Lösung physikalisch-technischer Probleme mit Hilfe der konformen Abbildung

3.1. Elektrische Strömungsfelder. Wir betrachten eine ebene Platte beliebiger Form aus elektrisch leitendem Material. Der Rand der Platte sei in vier Bogen $\alpha, \beta, \gamma, \delta$ unterteilt (vgl. Abb. 11), und wir legen an den Bogen α die konstante Spannung 0, an den Bogen γ die konstante Spannung 1 an. Gefragt ist nach dem elektrischen Strömungsfeld im Innern der Platte.

Wir denken uns hierzu die Platte als Bereich in der komplexen z-Ebene gegeben und das Strömungsfeld durch eine komplexe Potentialfunktion $W(z)$, d. h. durch die Potentiallinien $U(z) = \text{const}$ und die Stromlinien $V(z) = \text{const}$ dargestellt. Nach Voraussetzung sind die Bogen α und γ Potentiallinien zum Potential $U(\alpha) = 0$ und $U(\gamma) = 1$. Die Bogen β und δ müssen Stromlinien sein, da die Ränder für den Strom undurchlässig sind. Wenn wir etwa auf dem Bogen δ die Stromfunktion gleich Null setzen, $V(\delta) = 0$, so wird sie auf β einen konstanten positiven Wert $V(\beta) = V^*$ annehmen, der proportional zum Gesamtstrom I ist

$$V^* = c\,I\,. \qquad (3.1.1)$$

Durch die Stromlinien wird die Platte zwischen β und δ in einzelne Streifen aufgeteilt, die von α nach γ laufen und sich unterwegs natürlich nicht überkreuzen dürfen. Durch jeden dieser Streifen[1] fließt ein Teil dI des Gesamtstroms, und zwar so, als ob die Stromlinien isolierende Wände wären; wir können daher jeden

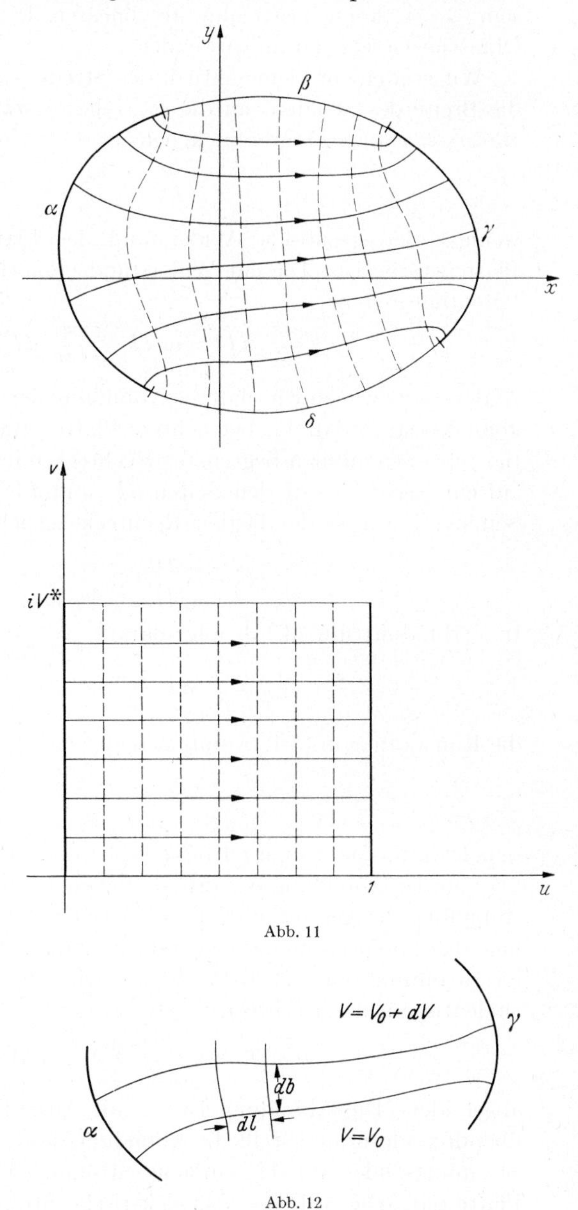

Abb. 11

Abb. 12

[1] Man bezeichnet solche von Stromlinien eingeschlossene Streifen gelegentlich als Stromröhren.

Streifen für sich betrachten. Ist er hinreichend schmal — die begrenzenden Stromlinien mögen etwa die Kurven $V(z) = V_0$ und $V(z) = V_0 + dV$ sein —, so können wir ihn als linearen Leiter betrachten und das Ohmsche Gesetz darauf anwenden.

Wir greifen ein kleines Stück des Streifens von der Länge dl heraus, die Breite des Streifens an dieser Stelle sei db. Dann ist der Ohmsche *Widerstand* dieses Leiterstückchens

$$\omega = \frac{\varkappa\, dl}{s\, db}, \tag{3.1.2}$$

wenn $\varkappa$ der spezifische Widerstand des Plattenmaterials und s die Plattenstärke ist. Diesem Widerstand entspricht beim Strom dI eine Potentialdifferenz

$$dU = \omega\, dI = \frac{\varkappa\, dl}{s\, db}\, dI\,. \tag{3.1.3}$$

Andererseits wissen wir, daß die Abbildung der z-Ebene auf die W-Ebene konform ist, so daß das betrachtete Plattenstückchen — ein von Potential- und Stromlinien begrenztes Rechteck mit den Seiten dl und db — auf ein Rechteck mit den Seiten dU und dV abgebildet wird und die Seitenverhältnisse der beiden Rechtecke gleich sind:

$$\frac{dU}{dV} = \frac{dl}{db}\,. \tag{3.1.4}$$

In Verbindung mit (3.1.3) folgt daraus

$$dV = \frac{\varkappa}{s}\, dI\,; \tag{3.1.5}$$

die Konstante c in (3.1.1) muß also gleich

$$c = \frac{\varkappa}{s} \tag{3.1.6}$$

sein. Damit ist der Gesamtstrom I explizit bekannt, sobald V bestimmt ist.

Von der Abbildung der differentiellen Rechtecke gehen wir jetzt zur Abbildung der gesamten Platte durch $W(z)$ über. Da auf jeder Stromlinie das Potential monoton von 0 bis 1 wächst, auf jeder Potentiallinie die Stromfunktion von 0 bis V^*, so wird die ganze Platte umkehrbar eindeutig auf das Rechteck

$$0 \leqq \Re(W) \leqq 1\,, \qquad 0 \leqq \Im(W) \leqq V^*$$

abgebildet. Die Abbildung ist — mit Ausnahme evtl. des Randes — überall konform und stellt die Abbildung des betrachteten komplizierten Strömungsfeldes auf das einfache Strömungsfeld in einer rechteckigen Platte dar. Die Aufgabe, das elektrische Strömungsfeld in einer Platte unter den gegebenen Randbedingungen zu bestimmen, läßt sich also durch die konforme Abbildung der Platte auf ein Rechteck lösen.

Bemerkenswert ist dabei, daß das Seitenverhältnis des Rechtecks nicht beliebig ist, sondern sich aus der Form der Platte und der Verteilung der Randbögen ergibt. Aus diesem Seitenverhältnis läßt sich auf Grund von (3.1.1) und (3.1.6) der Gesamtwiderstand der Platte bestimmen.

Man kann nun auch umgekehrt das elektrische Feld einer Platte experimentell bestimmen, um dadurch die konforme Abbildung der Platte auf ein Rechteck zu gewinnen. Es lassen sich damit dann schwierigere, experimentell kaum noch angreifbare physikalische und technische Probleme lösen. Da elektrische Potentiale leicht zu messen sind, bestimmt man zunächst die Potentiallinien. Als „Platte" nimmt man eine dünne Schicht schwach leitender Flüssigkeit und benutzt für die Randbögen α und γ Metallstreifen, für die Bögen β und δ Isoliermaterial. Zwischen α und γ wird eine konstante Spannung gelegt; mit einem beweglichen Stift läßt sich dann das Potential in jedem Punkt des Bereichs bestimmen.

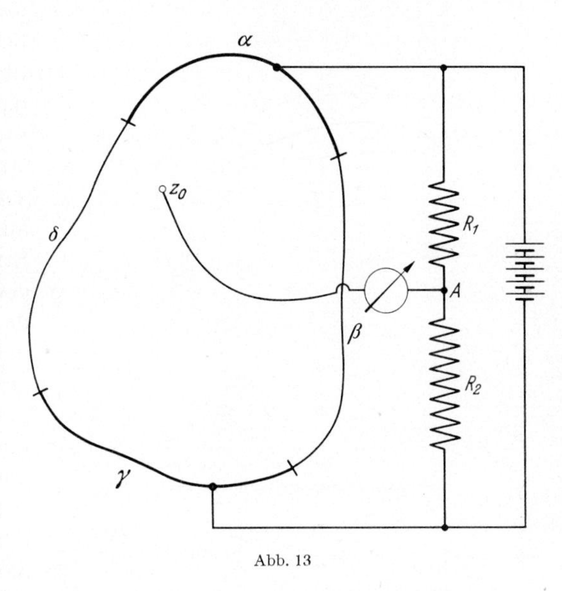

Abb. 13

Am genauesten geschieht dies durch eine Brückenschaltung, wie sie in Abb. 13 schematisch dargestellt ist. Im Punkt A herrscht ein Potential U_A, das aus der Formel

$$\frac{U_A - U_\alpha}{U_\gamma - U_\alpha} = \frac{R_1}{R_1 + R_2} \tag{3.1.7}$$

bestimmt werden kann, wo U_α und U_γ die Potentiale auf den Randbögen sind. Die Widerstände R_1 und R_2 können so eingestellt werden, daß U_A jeden Wert zwischen U_α und U_γ annehmen kann. Man bewegt nun den Fahrstift so lange in der Flüssigkeit, bis das Nullinstrument keinen Ausschlag zeigt; an dieser Stelle muß dann ebenfalls das Potential U_A herrschen. Man kann so leicht die Potentiallinie, die zu U_A gehört, mit dem Fahrstift nachzeichnen.

Die zugehörigen Stromlinien kann man auf die gleiche Art bestimmen, wenn man die leitenden und die isolierenden Ränder miteinander vertauscht. Es vertauschen dann auch die Potential- und Stromlinien ihre

Rollen. Mathematisch kommt das darauf hinaus, daß man statt der komplexen Funktion $W = U + iV$ die Funktion $iW = -V + iU$ betrachtet, die ja gleichfalls eine komplexe Potentialfunktion ist.

3.2. Hydrodynamische Strömungsfelder. Flüssigkeits- und Gasströmungen sind in vielen praktisch interessanten Fällen ganz, oder doch in großer Annäherung quellen- und wirbelfrei, so daß wir die Überlegungen von § 2 auf diese Fälle anwenden können. Aus der Fülle der Anwendungen greifen wir hier die besonders eingehend untersuchte *Umströmung von Profilen* heraus. Wir betrachten ein solches Profil — etwa das in Abb. 14 dargestellte Tragflügelprofil — in einer Parallelströmung[1]. Es sei in der Tiefenrichtung unendlich ausgedehnt, so daß das Strömungsfeld wie ein ebenes behandelt werden darf. Ferner sei es als quellen- und wirbelfrei angenommen.

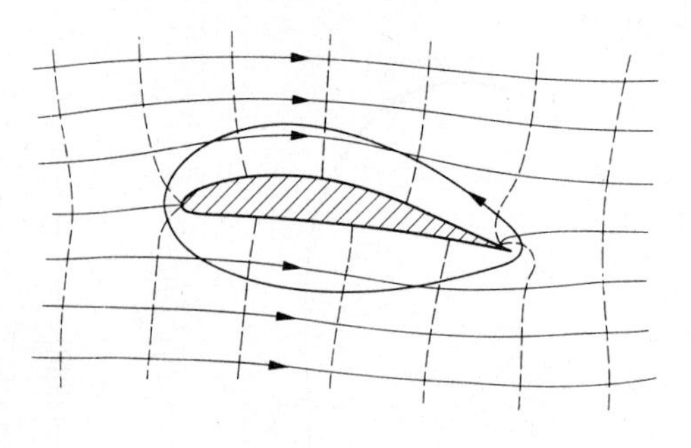

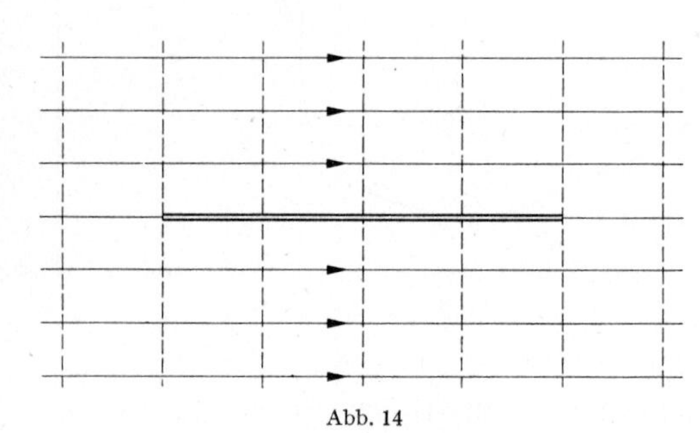

Abb. 14

Wir wollen das Strömungsfeld wieder durch die komplexe Potentialfunktion $W(z) = U(z) + iV(z)$ darstellen. Das Profil ist dann eine Stromlinie, $V(z)$ nimmt dort also einen konstanten Wert an. Zu dieser Randbedingung kommt dann noch die Forderung, daß das Strömungsfeld in großer Entfernung in eine Parallelströmung übergeht, daß also der Strömungsvektor $w(z)$ für $|z| \to \infty$ gegen den konstanten Wert w_∞ strebt.

Eine dritte Bedingung ergibt sich aus dem Verhalten des Integrals

$$\oint_{\mathfrak{C}} w\, dz$$

bei Integration über eine geschlossene Kurve, die das Profil umschließt. Dieses Integral braucht nicht notwendig zu verschwinden, weil die Kurve einen Bereich umschließt, in dessen Innern das Strömungsfeld

[1] Hierbei ist auch der Fall miterfaßt, daß das Profil mit gleichbleibender Geschwindigkeit geradlinig in einer ruhenden Flüssigkeit bewegt wird. Man führt dann ein Koordinatensystem ein, das mit dem Profil mitbewegt wird.

nicht überall erklärt ist. Nur das Stromintegral muß gleich Null sein, weil offenbar aus dem Innern des Profils keine Flüssigkeit heraustreten oder in ihm verschwinden kann. Das Arbeitsintegral kann dagegen einen von Null verschiedenen Wert haben, der dann von der speziell gewählten Kurve unabhängig ist. Er wird als *Zirkulation* Γ bezeichnet. Durch Vorgabe von Γ ist das Strömungsfeld eindeutig bestimmt.

Wir betrachten zunächst den Fall, daß $\Gamma = 0$ ist. Dann ist $U(z)$ eine eindeutige Funktion. Auf dem Profil ist sie überdies stetig, sie muß dort also ein Maximum und ein Minimum haben. Dort liegen *Staupunkte* der Strömung, d. h. dort muß $w(z) = 0$ sein, weil dann auf der Profilkontur sowohl $\frac{\partial U}{\partial s} = w_t = 0$ als auch — wegen $V = \text{const}$ — $\frac{\partial V}{\partial s} = w_n = 0$ ist. Zwischen den beiden Staupunkten wächst $U(z)$ auf beiden Seiten der Profilkontur monoton an, so daß $U(z)$ — und damit auch $W(z)$ — in jeweils zwei gegenüberliegenden Punkten den gleichen Wert annimmt. Betrachten wir daraufhin die konforme Abbildung durch $W(z)$, so gehen die beiden Seiten des Profils in der z-Ebene in dieselbe Strecke parallel zur U-Achse in der W-Ebene über; das Profil wird also durch diese Abbildung in einen Schlitz zusammengedrückt. Das ganze Strömungsfeld geht bei dieser Abbildung in die einfache Strömung um einen Schlitz, d. h. in die ungestörte Parallelströmung über. Umgekehrt kann wieder die Umströmung eines Profils bestimmt werden, wenn eine umkehrbar eindeutige Abbildung des Profiläußeren auf das Äußere eines Geradenschlitzes bekannt ist.

Durch diesen Ansatz wird die Lage der Staupunkte eindeutig bestimmt. Aus physikalischen Gründen muß aber gefordert werden, daß der hintere Staupunkt an der Profilhinterkante liegt. Dies läßt sich nur dadurch erreichen, daß man auch Strömungen zuläßt, bei denen die Zirkulation Γ von Null verschieden ist. Wir können eine solche Strömung gewinnen, wenn wir der bisher betrachteten eine Strömung $W_\Gamma(z)$ überlagern, bei der Γ den gewünschten, von Null verschiedenen Wert hat und deren Strömungsvektor im Unendlichen verschwindet,

$$w_\Gamma \to 0 \quad \text{für} \quad |z| \to \infty .$$

Um eine solche Strömung zu gewinnen, betrachten wir zunächst einen Spezialfall. In einer ζ-Ebene, $\zeta = \xi + i\eta$, sei als Profilkontur der Kreis $|\zeta| = r$ gegeben. Dann läßt sich $W_\Gamma(\zeta)$ sofort explizit angeben. Es ist

$$W_\Gamma(\zeta) = \frac{\Gamma}{2\pi i} \log \zeta . \tag{3.2.1}$$

Dies ist im wesentlichen das in 2.3 betrachtete Feld, nur sind hier die Potential- und Stromlinien miteinander vertauscht. Insbesondere ist die Profilkontur $|\zeta| = r$ eine Stromlinie, die Umströmungsbedingung ist also erfüllt. Auch die Zirkulation hat den richtigen Wert, da $\log\zeta$ bei einer Umkreisung um $2\pi i$ zunimmt. Schließlich ist

$$w_\Gamma(\zeta) = \frac{\Gamma}{2\pi i}\,\frac{1}{\zeta}, \tag{3.2.2}$$

der Strömungsvektor verschwindet also für $|\zeta| \to \infty$.

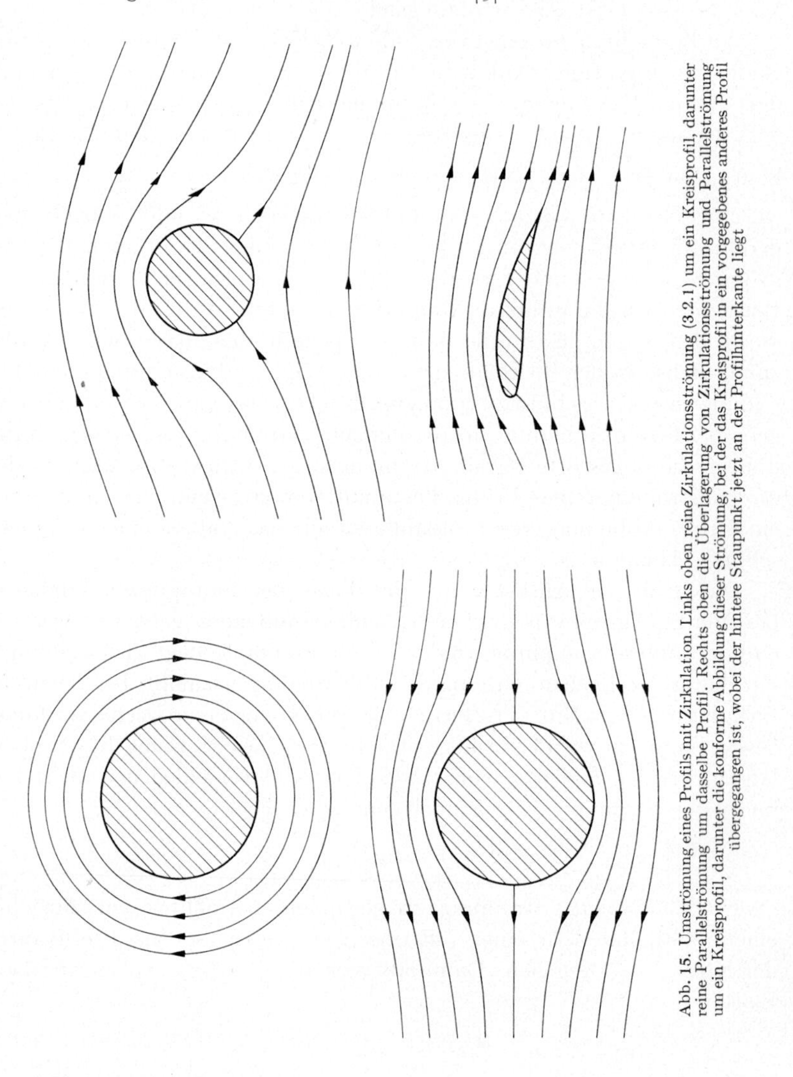

Abb. 15. Umströmung eines Profils mit Zirkulation. Links oben reine Zirkulationsströmung (3.2.1) um ein Kreisprofil, darunter reine Parallelströmung um dasselbe Profil. Rechts oben die Überlagerung von Zirkulationsströmung und Parallelströmung um ein Kreisprofil, darunter die konforme Abbildung dieser Strömung, bei der das Kreisprofil in ein vorgegebenes anderes Profil übergegangen ist, wobei der hintere Staupunkt jetzt an der Profilhinterkante liegt

Um $W_\Gamma(z)$ im allgemeinen Fall zu erhalten, muß man das Polarnetz von (3.2.1) durch eine Funktion $z(\zeta)$ in der Weise konform abbilden, daß dabei das Äußere des Kreises $|\zeta| = r$ umkehrbar eindeutig in das Äußere des allgemeinen Profils übergeht. Dies ist nach den allgemeinen Abbildungssätzen (vgl. 10.1) möglich. Das Strömungspotential W_Γ hat dann die Form

$$W_\Gamma(z) = \frac{\Gamma}{2\pi i} \log \zeta(z) \,. \tag{3.2.3}$$

Der Wert Γ ändert sich bei der Abbildung offenbar nicht. Durch geeignete Wahl dieses Wertes kann der hintere Staupunkt dann an jede beliebige Stelle des Profils gebracht werden. Liegt er an der Hinterkante, so gibt Γ ein Maß für den *Auftrieb des Profils.*

Diese Überlegungen können auch auf den Fall ausgedehnt werden, daß mehr als ein Profil angeströmt wird. Wir geben hier die Ergebnisse für den Fall zweier Profile; bei mehr Profilen sind die Verhältnisse analog. Die Aufgabe wird wieder durch die folgenden Bedingungen eindeutig bestimmt:

1. Die Profilkonturen sind Stromlinien, $V(z) = V_1$ und $V(z) = V_2$.
2. Für $|z| \to \infty$ geht die Strömung in eine Parallelströmung über, $w(z) \to w_\infty$.
3. Die Zirkulationen um die Profile haben die Größe Γ_1 und Γ_2.

Der Fall $\Gamma_1 = \Gamma_2 = 0$ entspricht wieder der Abbildung des Profiläußeren auf das Äußere von Schlitzen. Die Schlitze liegen auf den Geraden $V = V_1$ und $V = V_2$, ihre Länge und Lage zueinander hängt von der Form und Lage der Profilkonturen und der Anströmrichtung ab (vgl. Abb. 16a der folgenden Seite).

Dieser Strömung überlagern wir zwei weitere W_{Γ_1} und W_{Γ_2}, für die Γ_1 bzw. Γ_2 von Null verschieden ist und deren Strömungsvektoren im Unendlichen verschwinden. Ein solches Strömungsfeld erhalten wir mit Hilfe einer konformen Abbildung $\zeta(z)$, welche das eine Profil auf den Vollkreis, das andere auf einen hierzu konzentrischen Kreisschlitz so abbildet, daß das Äußere der beiden Profile umkehrbar eindeutig in das Äußere von Vollkreis und Kreisschlitz übergeht (Abb. 16b). In der ζ-Ebene ist dann wieder (3.2.1) die gesuchte Strömung, wobei Γ gleich der Zirkulation um das Profil ist, das in den Vollkreis übergeht; die Zirkulation um das andere Profil ist Null. Das Strömungsfeld im allgemeinen Fall wird wieder durch Abbildung auf die z-Ebene, d. h. durch (3.2.3) gegeben.

3.3. Der Hodograph. In manchen Fällen ist es zweckmäßig, in einem Strömungsfeld nicht die Abbildung durch die komplexe Potentialfunktion $W(z)$, sondern durch den Feldvektor $w(z) = W'(z)$ zu betrachten. Es soll etwa die Strömung in dem in Abb. 17 gezeigten Kanal untersucht werden. In großer Entfernung beiderseits vom Knick geht die Strömung in eine Parallelströmung über, wobei die Strömungsgeschwindigkeiten umgekehrt proportional zur jeweiligen Breite des Kanals sind.

$$w_{1\infty} b_1 = w_{2\infty} b_2 \,. \tag{3.3.1}$$

Die Wände des Kanals müssen Stromlinien sein, etwa $V(z) = 0$ und $V(z) = V^*$, so daß bei Abbildung durch $W(z)$ der Kanal in einen Parallelstreifen übergeht, der geknickte Kanal also in einen geraden abgebildet wird.

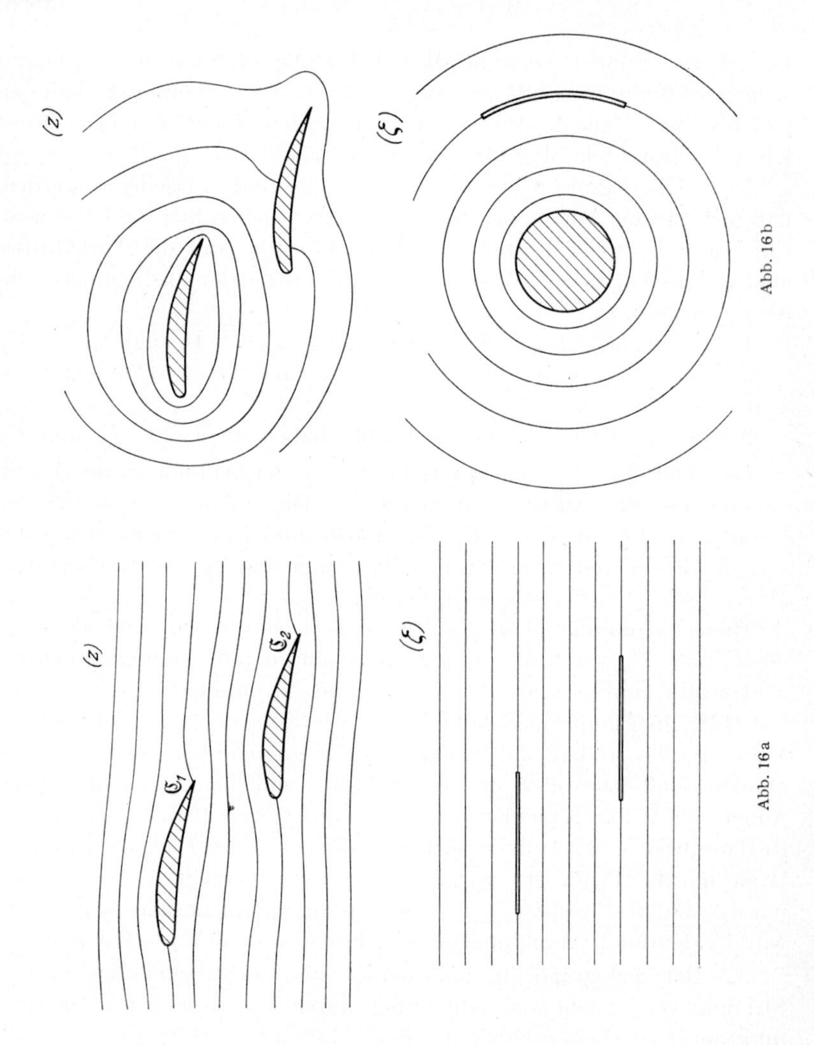

Abb. 16b

Abb. 16a

Diese Abbildungsfunktion direkt zu bestimmen ist nicht einfach, doch kommt man verhältnismäßig leicht zum Ziel, wenn man die Abbildung durch $w(z)$ betrachtet. Wir wollen das in der Weise machen, daß wir in der w-Ebene jeweils die Punkte markieren, die zu einer Stromlinie gehören. Der Schar der Stromlinien in der z-Ebene entspricht dann in der w-Ebene eine gewisse Kurvenschar, die als der *Hodograph* der Strömung bezeichnet wird.

Speziell greifen wir jetzt die Stromlinien heraus, die den Kanalwänden entsprechen. Da haben wir zunächst für $z \to \infty$ die Punkte $w_{1\infty}$ und $w_{2\infty}$[1] zu markieren, die ja bekannt sind. An den Wänden muß der Stromvektor seine Richtung beibehalten, die Bilder der Wände in der w-Ebene müssen also auf den Geraden durch 0 und $w_{1\infty}$ bzw. $w_{2\infty}$ liegen. Wir haben uns dann noch zu überlegen, wie die Größe der Geschwindigkeit an den Wänden variiert. Nun ist es so, daß sich an der äußeren Seite des Knicks die Geschwindigkeit verlangsamt, bis sie am Knick selbst zum Stillstand kommt, um dann wieder bis auf $w_{2\infty}$ anzuwachsen. Das Bild dieser Wand in der w-Ebene ist also das Dreieck ($w_{1\infty}$, 0, $w_{2\infty}$). Auf der anderen Seite wächst die Geschwindigkeit zum Knick hin an und wird dort selbst — theoretisch — unendlich[2], um dann wieder auf $w_{2\infty}$ abzunehmen. Der ganze Kanal wird daher durch $w(z)$ auf den in Abb. 17 dargestellten Winkelraum abgebildet, wobei die Hodographenlinien in diesem Raum von $w_{1\infty}$ nach $w_{2\infty}$ laufen.

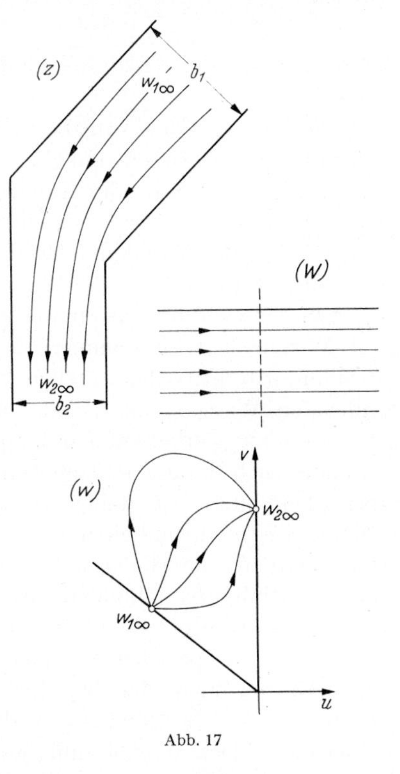

Abb. 17

Die Abbildung eines solchen Winkelraumes auf den Streifen in der W-Ebene, wobei $w_{1\infty}$ und $w_{2\infty}$ den beiden unendlichen fernen Punkten des Streifens entsprechen, läßt sich mit elementaren Funktionen

[1] Man beachte in Abb. 17, daß nach unseren Festsetzungen zu Beginn von 2.2 der Vektor w und der Punkt w spiegelbildlich bezüglich der reellen Achse liegen müssen. Nur dann ist $w(z)$ regulär analytisch und gleich der Ableitung $W'(z)$.

[2] Man kann sich das Verhalten der Strömung an diesen Stellen ganz grob etwa so veranschaulichen: Die Potentiallinien müssen senkrecht auf den Wänden stehen; an der Innenseite des Knicks laufen sie daher zusammen, an der Außenseite auseinander. Dadurch wird das Isothermennetz auf der einen Seite zunehmend eng, auf der andern zunehmend weitmaschig, und nach unsern Überlegungen am Schluß von 2.2 geht daher der Betrag des Strömungsvektors auf der einen Seite gegen Null, auf der andern gegen Unendlich.

durchführen. Ich werde die Mittel hierzu in den §§ 5—8 bereitstellen[1]. Damit ist die Funktion $W(w)$ bzw. $w(W)$ bestimmt. Wegen

$$\frac{dW}{dz} = w(W) \tag{3.3.2}$$

wird nun

$$z(W) = \int_{W_0}^{W} \frac{dW}{w(W)}, \tag{3.3.3}$$

und daraus läßt sich durch Umkehrung die gesuchte Funktion $W(z)$ berechnen.

Diese Lösung der Aufgabe ist insofern noch unbefriedigend, als eine unendlich große Geschwindigkeit natürlich physikalisch undenkbar ist. Auf der anderen Seite des Kanals wird es nicht zum völligen Stillstand der Strömung kommen, vielmehr wird sich die Strömung unter Wirbelbildung von den Wänden ablösen. Die Voraussetzung einer wirbelfreien Strömung trifft also für die Wirklichkeit nicht zu.

Um dennoch mit unsern Methoden zu einer besseren Annäherung an die Wirklichkeit zu kommen, nehmen wir mit HELMHOLTZ[2] an, daß sich an den kritischen Stellen ein *Totwasser* bildet, d. h. eine Zone ruhenden Wassers, an der die übrige Strömung ohne Reibung und Vermischung vorbeiströmen kann. Die Grenzen des Totwassers bestimmen sich daraus, daß im Innern des Totwassers konstanter Druck herrschen muß, und daher nach der Gleichung von BERNOULLI[3] der Betrag der Geschwindigkeit an der Grenze überall der gleiche ist. Hieraus folgt, daß sich im Hodographen die Grenzen des Totwassers als Kreise um den Nullpunkt abbilden. Es ist daher zweckmäßig, zum Studium von Totwasserproblemen vom Hodographen auszugehen.

In unserm speziellen Beispiel werden wir die Lösung des Problems dadurch gewinnen, daß wir die physikalisch „anstößigen" Stellen im Hodographen $w = 0$ und $w = \infty$ durch Kreise vom übrigen Winkelraum abtrennen. Der Winkelraum des Hodographen geht dadurch in den Sektor eines Kreisrings über, der dann ebenfalls durch explizit bekannte — allerdings wesentlich kompliziertere — Funktionen auf den Parallelstreifen abgebildet werden kann (vgl. B 4.2, 1. Beispiel und S. 309). Durch Integration nach (3.3.3) gewinnt man hieraus das Strömungsfeld und insbesondere — als Bilder der Kreise im Hodographen — die Grenzen des Totwassers.

[1] In § 13 werden wir eine Methode kennenlernen, um den Kanal direkt auf den Streifen abzubilden. Mathematisch sind natürlich beide Methoden völlig äquivalent.

[2] HELMHOLTZ, H.: Über diskontinuierliche Flüssigkeitsbewegungen, M. B. Preußische Akademie 1868, 215—228; abgedruckt in OSTWALDs Klassikern Nr. 79.

[3] Siehe etwa A. SOMMERFELD: Vorlesungen über theoretische Physik. II. S. 82. Wiesbaden 1947.

Wir müssen uns jetzt noch überlegen, wie groß die Kreise im Hodographen zu wählen sind, damit ein physikalisch sinnvolles Strömungsbild herauskommt. Die Radien der Kreise bestimmen die Drucke im Totwasser und damit vor allem auch die Stellen, an denen sich die Strömung von den Wänden ablöst. Bei dem Totwasser an der Außenseite des Knicks ist diese Ablösestelle von vornherein nicht bekannt; sie muß — auf Grund von theoretischen und experimentellen Untersuchungen über das Verhalten von Grenzschichten[1] — vorgegeben werden. Auf der anderen Seite des Kanals ist die Ablösestelle bekannt — sie muß mit dem Knick zusammenfallen. Da die Strömungsrichtung nur zwischen der von $w_{1\infty}$ und der von $w_{2\infty}$ variiert, kann die einmal abgelöste Strömung auf dieser Seite nicht wieder zur Wand zurück, dieses Totwasser muß sich also bis ins Unendliche erstrecken[2]. Hierdurch wird die zur Verfügung stehende Breite b_2 auf eine kleinere wirksame Breite b_2^* eingeengt und entsprechend steigt die Geschwindigkeit $w_{2\infty}$ auf $w_{2\infty}^*$; im Hodographen ist dies gerade die rechte obere Ecke, und dieser Punkt muß bei der Abbildung auf die W-Ebene in den rechten unendlich fernen Punkt des Streifens übergehen. Wenn der äußere Kreis des Hodographen richtig gewählt war, fällt jetzt die Ablösestelle mit dem Knick zusammen; war er zu klein oder zu groß, so liegt die Ablösestelle zu weit nach hinten oder nach vorne. Dies entspricht Totwasserströmungen in Kanälen mit größerer oder kleinerer Breite b_2.

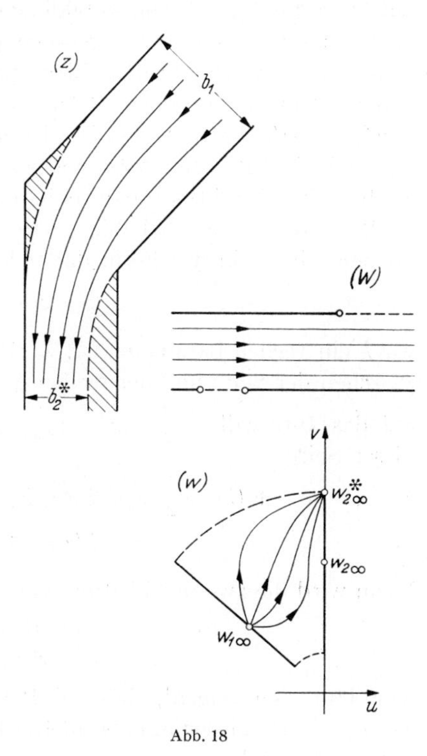

Abb. 18

3.4. Torsionsprobleme. In der Elastizitätstheorie tritt bei der Behandlung der Torsion zylindrischer Stäbe das folgende Randwertproblem auf: Gesucht ist in einem Gebiet $\mathfrak{G}_z$ in der z-Ebene — dem

[1] Siehe etwa A. SOMMERFELD: a. a. O. S. 231ff.

[2] In Wirklichkeit vermischt sich das Totwasser nach einiger Zeit mit der Strömung, so daß die Verhältnisse nur in der Nähe der Ablösungsstelle einigermaßen richtig wiedergegeben werden.

Querschnitt des tordierten Stabes — eine regulär analytische Funktion $W(z) = U(z) + iV(z)$, deren Imaginärteil bei Annäherung an den Rand $\mathfrak{C}$ gegen die Werte

$$V(\mathfrak{C}) = \frac{z\bar{z}}{2} \tag{3.4.1}$$

strebt. Wie wir in § 9 sehen werden, lassen sich solche Randwertaufgaben durch konforme Abbildung des Gebiets $\mathfrak{G}_z$ auf den Kreis lösen.

Ist das Gebiet nur von geraden Linien begrenzt, also ein Polygon, so läßt sich das Randwertproblem direkt als Abbildungsaufgabe formulieren, wenn man neben $W(z)$ die zweite Ableitung $W''(z) = \omega(z) = \chi(z) + i\psi(z)$ betrachtet. Diese ist ebenfalls eine analytische Funktion, da nach (2.2.19) die erste und damit jede weitere Ableitung einer analytischen Funktion analytisch ist.

Wir greifen eine beliebige Seite des Polygons heraus; nach (1.1.5) können wir sie in der Form darstellen

$$z = z_1 + \lambda e^{i\alpha}, \tag{3.4.2}$$

wo λ ein reeller Parameter ist, $\lambda_1 \leqq \lambda \leqq \lambda_2$. Es ist dann α der Winkel zwischen der Seite und der reellen Achse und wir können diesen Winkel auf das Intervall $-\frac{\pi}{2} < \alpha \leqq +\frac{\pi}{2}$ einschränken. Nach (3.4.1) ist auf dieser Seite

$$V(\lambda) = \frac{1}{2}(z_1 + \lambda e^{i\alpha})(\bar{z}_1 + \lambda e^{-i\alpha}) = \frac{1}{2}(z_1\bar{z}_1 + \\ + \lambda(z_1 e^{-i\alpha} + \bar{z}_1 e^{i\alpha}) + \lambda^2). \tag{3.4.3}$$

Dann wird die zweite Ableitung von $V(\lambda)$ nach λ:

$$\frac{d^2 V(\lambda)}{d\lambda^2} = 1. \tag{3.4.4}$$

Nun läßt sich zeigen[1], daß bei Polygongebieten die Funktion $W(z)$, welche die Randwertaufgabe (3.4.1) löst, nicht nur im Innern, sondern auch noch auf den Seiten regulär analytisch ist. Es ist also auf der Seite auch $U(\lambda)$ erklärt und es gilt einerseits

$$\frac{d^2 W(\lambda)}{d\lambda^2} = \frac{d^2 U(\lambda)}{d\lambda^2} + i\frac{d^2 V(\lambda)}{d\lambda^2}, \tag{3.4.5}$$

d. h.

$$\frac{d^2 V(\lambda)}{d\lambda^2} = \Im\left(\frac{d^2 W(\lambda)}{d\lambda^2}\right), \tag{3.4.6}$$

andererseits aber auch wie im Reellen

$$\frac{d^2 W}{d\lambda^2} = \frac{d^2 W}{dz^2}\left(\frac{dz}{d\lambda}\right)^2 + \frac{dW}{dz}\cdot\frac{d^2 z}{d\lambda^2}. \tag{3.4.7}$$

Wegen

$$\frac{dz}{d\lambda} = e^{i\alpha}, \quad \frac{d^2 z}{d\lambda^2} = 0 \tag{3.4.8}$$

[1] Ich führe dies in 13.4 noch näher aus. Vgl. auch 11.5.

ist dann

$$\frac{d^2 W}{d\lambda^2} = e^{2i\alpha} \frac{d^2 W}{dz^2} = e^{2i\alpha}\, \omega(z)\,. \tag{3.4.9}$$

Zusammen mit (3.4.4) und (3.4.6) folgt daraus:

$$\mathfrak{J}(e^{2i\alpha}\,\omega) = 1\,. \tag{3.4.10}$$

Diese Gleichung stellt eine Gerade in der ω-Ebene dar, und zwar ist dies die Gerade, die aus $\mathfrak{J}(\omega) = 1$ durch Drehung um -2α hervorgeht (vgl. Abb. 19). Sie hat also vom Nullpunkt den Abstand 1 und schließt mit der reellen Achse den Winkel -2α ein. Bei der konformen Abbildung durch $\omega(z)$ muß also die Seite (3.4.2) in ein Stück der Geraden (3.4.10) übergehen und damit — da die Überlegung für jede Seite gilt — das ganze Polygon $\mathfrak{G}_z$ in ein ebenfalls geradlinig begrenztes Gebiet $\mathfrak{G}_\omega$, das sich nur insofern von einem gewöhnlichen Polygon unterscheidet, als sich seine Fläche teilweise selbst überdecken kann[1] und auch Seiten ins Unendliche reichen dürfen. Abgesehen von den Ecken muß aber $\mathfrak{G}_\omega$ ganz im Endlichen liegen, da $\omega(z)$ als analytische Funktion jedenfalls stetig[2] ist. Mit der Berechnung der Funktionen $\omega(z)$ werden wir uns in 13.5 beschäftigen. Durch zweimalige Integration erhält man hieraus die gesuchte Funktion $W(z)$.

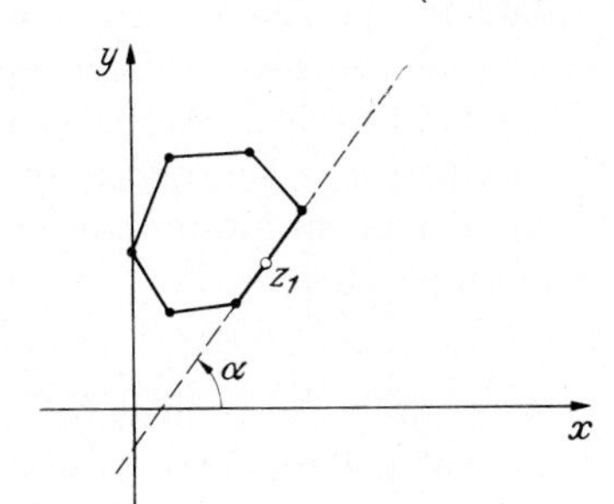

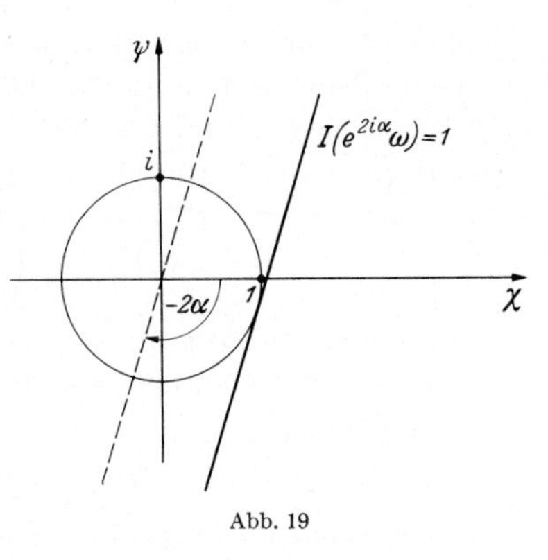

Abb. 19

§ 4. Konforme Abbildung gekrümmter Flächen

4.1. Allgemeine Überlegungen. Konforme Abbildungen sind keineswegs nur auf die Ebene beschränkt, sondern können ebenso auch auf gekrümmten Flächen durchgeführt werden. Diese sind in mancher Hinsicht sogar noch interessanter, weil sie über die potentialtheoretischen Anwendungen hinaus auch als „Abbildungen" im eigentlichen Sinne des Wortes Bedeutung haben. Hierher gehört insbesondere die konforme Abbildung der Kugelfläche auf die Ebene bei der Herstellung von

[1] Es handelt sich hier um Polygone mit inneren Windungspunkten. Näheres siehe 13.4. Vgl. auch 5.1.

[2] In den Ecken des Polygons wird $\omega(z)$ im allgemeinen nicht mehr regulär analytisch sein.

Land- und *Himmelskarten,* die überhaupt die erste Anwendung der konformen Abbildung darstellt.

Wie bei der konformen Abbildung in der Ebene besteht auch hier die wesentliche Aufgabe darin, auf der Fläche ein *Isothermennetz* herzustellen. Bezieht man zwei verschiedene Isothermennetze so aufeinander, daß die Netzlinien des einen den Netzlinien des anderen Netzes entsprechen, so gehen die „im Kleinen" quadratischen Netzmaschen wieder in quadratische Netzmaschen über, und die Abbildung ist damit konform. Um diese Betrachtungen analytisch zu fassen, denken wir uns zunächst die Fläche im Raum durch eine Parameterdarstellung der folgenden Form gegeben:

$$x = x(\xi,\eta)\,, \quad y = y(\xi,\eta)\,, \quad z = z(\xi,\eta)\,.$$

Hier sind x, y, z die kartesischen Koordinaten des Raumes, ξ, η die laufenden Parameter. Diese Darstellung kann als Abbildung der Fläche auf eine Ebene mit kartesischem ξ-η-Koordinatensystem gedeutet werden. Wir wollen annehmen, daß in einem Gebiet die Abbildung umkehrbar eindeutig und differenzierbar ist, d. h., die partiellen Ableitungen erster Ordnung nach ξ und η sollen stetig sein. Ferner sollen dort die Unterdeterminanten zweiter Ordnung der Funktionalmatrix

$$\begin{pmatrix} x_\xi & y_\xi & z_\xi \\ x_\eta & y_\eta & z_\eta \end{pmatrix}$$

nicht alle gleichzeitig verschwinden.

Das gesuchte Isothermennetz möge in dem betrachteten Gebiet durch die Funktionen

$$u = u(\xi, \eta)\,, \quad v = v(\xi, \eta)$$

gegeben sein. Die Netzlinien sind also die Kurven $u(\xi, \eta) = \text{const}$ und $v(\xi, \eta) = \text{const}$.

Um ein Isothermennetz analytisch zu charakterisieren, gehen wir von der Cauchy-Riemannschen Differentialgleichung in der Form (2.2.23) aus. Die Überlegungen, die wir dort an diese Gleichung geknüpft hatten, um die isotherme Struktur des u-v-Netzes darzulegen, gelten für gekrümmte Flächen genauso wie für ebene. Es soll also für jede glatte Kurve auf der betrachteten Fläche gelten:

$$\frac{\partial u}{\partial n} = \frac{\partial v}{\partial s}\,, \tag{4.1.1}$$

wobei $\frac{\partial}{\partial s}$ die Ableitung in Richtung der Kurve, $\frac{\partial}{\partial n}$ die Ableitung in Richtung der nach rechts zeigenden Normalen ist.

Um diese Ableitungen explizit ausdrücken zu können, geben wir die Kurve, auf der die Ableitungen gebildet werden sollen, in Parameterform

$$\xi = \xi(t)\,, \quad \eta = \eta(t)\,. \tag{4.1.2}$$

Die Ableitung $\frac{\partial}{\partial n}$ werde auf einer zweiten Kurve gebildet,

$$\xi = \xi(\tau), \quad \eta = \eta(\tau), \tag{4.1.3}$$

welche die erste an der betrachteten Stelle senkrecht schneidet. Die Linienelemente auf diesen Kurven bezeichnen wir mit ds und $d\sigma$; dann ist mit den in der Flächentheorie üblichen Bezeichnungen

$$E = x_\xi^2 + y_\xi^2 + z_\xi^2, \quad F = x_\xi x_\eta + y_\xi y_\eta + z_\xi z_\eta, \quad G = x_\eta^2 + y_\eta^2 + z_\eta^2$$

$$\begin{aligned} ds^2 &= (E\,\xi_t^2 + 2F\,\xi_t\eta_t + G\,\eta_t^2)\,dt^2, \\ d\sigma^2 &= (E\,\xi_\tau^2 + 2F\,\xi_\tau\eta_\tau + G\,\eta_\tau^2)\,d_\tau^2, \end{aligned} \tag{4.1.4}$$

wobei die unteren Indizes bei ξ, η die totale Ableitung nach dem betreffenden Parameter bedeuten soll. Für die Ableitungen von ξ und η nach s und σ folgt aus (4.1.4) durch Division mit ds^2 bzw. $d\sigma^2$

$$\begin{aligned} E\,\xi_s^2 + 2F\,\xi_s\eta_s + G\,\eta_s^2 &= 1, \\ E\,\xi_\sigma^2 + 2F\,\xi_\sigma\eta_\sigma + G\,\eta_\sigma^2 &= 1. \end{aligned} \tag{4.1.5}$$

Damit die beiden Kurven aufeinander senkrecht stehen, muß sein

$$E\,\xi_s\xi_\sigma + F(\xi_s\eta_\sigma + \eta_s\xi_\sigma) + G\,\eta_s\eta_\sigma = 0. \tag{4.1.6}$$

Schreiben wir diese Gleichung in der Form

$$\xi_\sigma(E\,\xi_s + F\,\eta_s) + \eta_\sigma\,(F\xi_s + G\,\eta_s) = 0, \tag{4.1.7}$$

so folgt daraus

$$\xi_\sigma = \mu(F\,\xi_s + G\,\eta_s), \quad \eta_\sigma = -\mu(E\,\xi_s + F\,\eta_s). \tag{4.1.8}$$

Um μ zu bestimmen, setzen wir diese Ausdrücke für ξ_σ und η_σ in die zweite Gleichung (4.1.4) ein; unter Berücksichtigung der ersten Gleichung (4.1.4) ergibt sich dann

$$\mu^2(EG - F^2) = 1, \tag{4.1.9}$$

oder, wenn wir wie üblich

$$\sqrt{EG - F^2} = W$$

setzen

$$\mu = \frac{1}{W}. \tag{4.1.10}$$

Kehren wir jetzt zu der Gleichung (4.1.1) zurück. Es ist auf der betrachteten Kurve

$$\frac{\partial v}{\partial s} = v_s = v_\xi\,\xi_s + v_\eta\,\eta_s \tag{4.1.11}$$

und

$$\frac{\partial u}{\partial n} = u_\sigma = u_\xi\,\xi_\sigma + u_\eta\,\eta_\sigma. \tag{4.1.12}$$

Unter Berücksichtigung von (4.1.8) und (4.1.10) wird aus (4.1.1)

$$\frac{1}{W}\,[(F\,u_\xi - E\,u_\eta)\,\xi_s + (G\,u_\xi - F\,u_\eta)\,\eta_s] = v_\xi\,\xi_s + v_\eta\eta_s. \tag{4.1.13}$$

Da das Verhältnis $\xi_s : \eta_s$ beliebig gewählt werden kann, muß das folgende System von Differentialgleichungen für $u(\xi, \eta)$ und $v(\xi, \eta)$ gelten, das eine Verallgemeinerung der Cauchy-Riemannschen Differentialgleichungen (2.2.18) für gekrümmte Flächen darstellt:

$$\frac{G\,u_\xi - F\,u_\eta}{W} = v_\eta\,, \qquad -\frac{E\,u_\eta - F\,u_\xi}{W} = v_\xi\,. \tag{4.1.14}$$

Die Aufgabe, ein Isothermennetz auf einer Fläche zu konstruieren, ist also gleichbedeutend mit der Lösung des Differentialgleichungssystems (4.1.14)[1]. Haben wir in einem Gebiet der Fläche eine Lösung gefunden, so können wir u und v als neue Parameter der Fläche einführen[2]; diese werden als isotherme Parameter bezeichnet. Wir fassen jetzt diese beiden reellen Parameter zu einem komplexen

$$w = u + i v$$

zusammen und ordnen damit den Punkten der gekrümmten Fläche in ähnlicher Weise komplexe Zahlen zu wie in 1.1 den Punkten der Ebene. Die in 2.4 angestellten Betrachtungen lassen sich dann für gekrümmte Flächen folgendermaßen verallgemeinern: Sind $w = u + iv$ und $\omega = \chi + i\psi$ komplexe isotherme Parameter zweier Flächen[3], so ist die Abbildung $\omega(w)$ dann und nur dann konform, wenn $\omega(w)$ eine regulär analytische Funktion ist.

In den beiden folgenden Abschnitten wollen wir diese Überlegungen etwas genauer für die Flächen der Kugel und des Torus durchführen.

4.2. Kugelabbildungen. Wir gehen aus von einem „geographischen" Koordinatensystem auf der Kugel. Bezeichnen wir die geographische Länge mit λ, die Breite mit ϑ, so lautet die Parameterdarstellung der Kugel für ein kartesisches x-y-z-Koordinatensystem im Raum

$$x = R\cos\lambda\cos\vartheta\,, \quad y = R\sin\lambda\cos\vartheta\,, \quad z = R\sin\vartheta\,, \tag{4.2.1}$$

wenn R der Radius der Kugel ist. Das Linienelement auf der Kugel erhält dann die Form

$$ds^2 = R^2\cos^2\vartheta\,d\lambda^2 + R^2 d\vartheta^2. \tag{4.2.2}$$

---

[1] Gauss (Werke **4**, 189) hat gezeigt, daß das System (4.1.14) auf eine gewöhnliche Differentialgleichung zurückgeführt werden kann, wenn die Fläche analytisch ist, d. h. für ihre Parameterdarstellung analytische Funktionen gewählt werden können. Über die Lösbarkeit nur unter Differenzierbarkeitsvoraussetzungen s. L. Lichtenstein, Bull. Acad. Cracovie 1916, 192—217.

[2] Hierzu ist allerdings notwendig, daß die Zuordnung der Wertepaare u, v zu den Punkten der Fläche umkehrbar eindeutig ist. Für ein hinreichend kleines Teilgebiet der Fläche läßt sich das immer erreichen.

[3] Es kann sich dabei um die gleichen oder auch um zwei verschiedene Flächen handeln.

Es ist also

$$E = R^2 \cos^2\vartheta\,, \quad F = 0\,, \quad G = R^2, \quad W = R^2 \cos\vartheta\,. \tag{4.2.3}$$

Die Differentialgleichungen (4.1.14) für isotherme Parameter u, v erhalten hier die Form

$$\cos\vartheta\, v_\vartheta = u_\lambda\,, \quad -\cos\vartheta\, u_\vartheta = v_\lambda\,. \tag{4.2.4}$$

Eine Lösung dieser Differentialgleichungen erhalten wir sofort, wenn wir $u = \lambda$ setzen[1]. Dann muß wegen $v_\lambda = 0$, v eine Funktion von ϑ allein sein. Aus $\cos\vartheta\, v_\vartheta = 1$ folgt

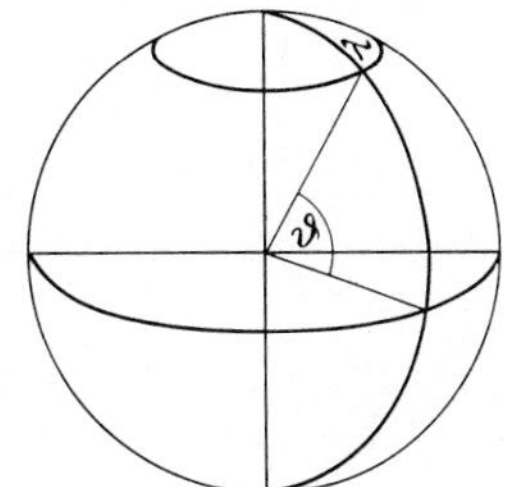

$$v(\vartheta) = \int \frac{d\vartheta}{\cos\vartheta} = \log \operatorname{tg}\left(\frac{\pi}{4} + \frac{\vartheta}{2}\right). \tag{4.2.5}$$

Bilden wir auf Grund dieser Gleichung die Kugel auf die komplexe w-Ebene ab, so gehen dabei die Längen- und Breitenkreise in die Parallelen zu den Achsen $u = \text{const}$ und $v = \text{const}$ über und die ganze Kugel in einen senkrechten Streifen, etwa

$$-\pi < u \leqq +\pi\,, \quad -\infty < v < +\infty\,.$$

Diese Abbildung ist als Merkatorprojektion bekannt. Die Gegend in der Nähe des Äquators wird hierbei verhältnismäßig verzerrungsfrei dargestellt, nach den Polen hin nimmt die Verzerrung sehr stark zu und den Polen selbst entspricht überhaupt kein endlicher Punkt der w-Ebene mehr (vgl. Abb. 20). Dies hängt damit zusammen, daß in dem u-v-Isothermennetz auf der Kugel die Linien $u = \text{const}$ in den Polen zusammenlaufen und sich daher die Linien $v = \text{const}$ dort zunehmend verengen müssen, ähnlich wie in dem in 2.3 betrachteten Polarnetz. Man wird daher dieses Isothermennetz zweckmäßig nicht auf ein kartesisches, sondern auf ein Polarnetz in der Ebene beziehen, wenn man wenigstens einen Pol mit abbilden will. Sei in der ζ-Ebene durch $\zeta = \varrho e^{i\varphi}$ ein solches Polarnetz gegeben; dann haben wir zu setzen[2]

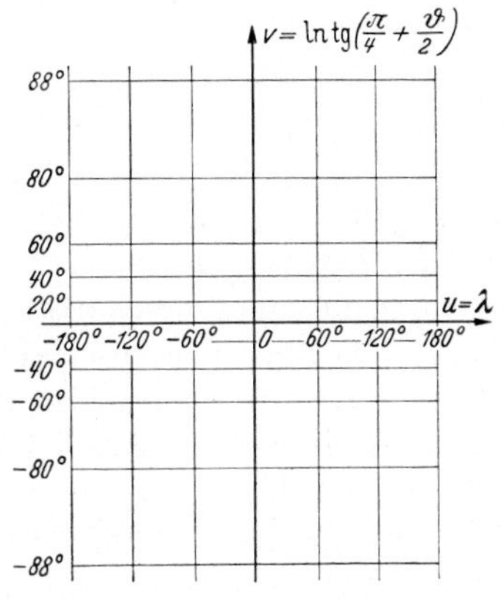

Abb. 20. Merkatorprojektion

$$u = \varphi\,, \quad v = -\log\varrho\,, \tag{4.2.6}$$

[1] Es genügt, eine Lösung u, v dieser Differentialgleichungen zu bestimmen. Alle weiteren sind dann analytische Funktionen dieser speziellen Lösung $w = u + iv$.

[2] Man beachte, daß zu der harmonischen Funktion $\varphi(z)$ die Funktion $-\log\varrho$ konjugiert ist.

oder bezogen auf die Kugelkoordinaten λ und ϑ

$$\varphi = \lambda\,, \qquad \varrho = \operatorname{tg}\left(\frac{\pi}{4} - \frac{\vartheta}{2}\right). \tag{4.2.7}$$

Diese Darstellung wird als *stereographische Projektion* bezeichnet. Sie läßt sich auch rein geometrisch durch Projektion der Kugelpunkte auf die Ebene herstellen. Der Einfachheit halber nehmen wir an, daß die Kugel den Radius $R = 1$ hat. Wir legen dann die Ebene durch den Äquator und projizieren die Kugelpunkte vom Südpol aus (vgl. Abb. 21). Es ist klar, daß bei dieser Projektion λ mit φ übereinstimmen muß. Weiter ist der Winkel bei S gleich $\frac{\pi}{4} - \frac{\vartheta}{2}$, so daß die Strecke $M\,Q = \varrho = \operatorname{tg}\left(\frac{\pi}{4} - \frac{\vartheta}{2}\right)$ wird, so daß die geometrische Konstruktion die Gleichungen (4.2.7) erfüllt. Daß diese Abbildung konform ist, läßt sich ebenfalls aus der geometrischen Konstruktion entnehmen. Man braucht sich hierzu nur zu überlegen, daß in Abb. 21 das Dreieck $P\,A\,Q$ gleichschenklig ist, so daß der Projektionsstrahl $S\,Q\,P$ die ζ-Ebene $A\,Q$ und die Tangentialebene $A\,P$ unter gleichen Winkeln schneidet.

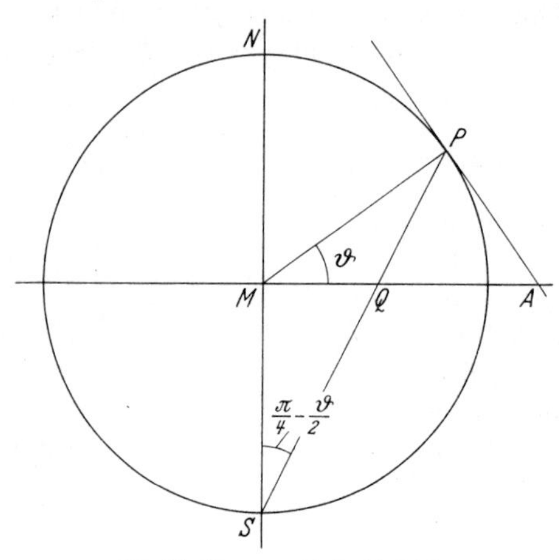

Abb. 21. Stereographische Projektion

Die stereographische Projektion ist nicht nur konform, sondern auch eine *Kreisverwandtschaft*, d. h. Kreise und Gerade in der ζ-Ebene gehen in Kreise auf der Kugel über und umgekehrt. Um dies zu zeigen, schreiben wir die Parameterdarstellung der Kugel (4.2.1) auf den komplexen Parameter um; dann wird

$$x = \frac{\zeta + \bar{\zeta}}{1 + \zeta\bar{\zeta}}\,, \qquad y = -i\,\frac{\zeta - \bar{\zeta}}{1 + \zeta\bar{\zeta}}\,, \qquad z = \frac{1 - \zeta\bar{\zeta}}{1 + \zeta\bar{\zeta}}\,. \tag{4.2.8}$$

Ein Kreis auf der Kugel läßt sich als Schnitt der Kugel mit einer Ebene

$$a\,x + b\,y + c\,z + d = 0 \tag{4.2.9}$$

darstellen. Setzt man hierin die Größen (4.2.8) ein, so wird daraus

$$(d - c)\,\zeta\bar{\zeta} + (a - i\,b)\,\zeta + (a + i\,b)\,\bar{\zeta} + (d + c) = 0\,; \tag{4.2.10}$$

dies ist im wesentlichen die Kreisgleichung (1.1.3), die in dem Spezialfall $c = d$ in eine Geradengleichung ausartet. In (4.2.9) ist dies eine Ebene durch den Südpol $x = 0$, $y = 0$, $z = -1$, was ja auch aus Abb. 21 unmittelbar hervorgeht.

Im Unterschied zur Merkatorprojektion gibt die stereographische Projektion eine umkehrbar eindeutige Zuordnung der ganzen Ebene zur Kugelfläche. Eine Ausnahmestellung nimmt hierbei nur der Südpol ein, dem kein Punkt der Ebene entspricht. Diese Ausnahmestellung läßt sich dadurch beseitigen, daß man zu eigentlichen Punkten der Ebene noch einen „*uneigentlichen*" oder unendlich fernen Punkt[1] $\zeta = \infty$ hinzufügt und diesem Punkt den Punkt S der Kugel zuordnet. Dem uneigentlichen Punkt der Ebene entspricht keine komplexe Zahl, weil es nicht möglich ist, den Bereich der komplexen Zahlen durch Einführung einer solchen „uneigentlichen Zahl" zu erweitern, ohne mit den Rechenregeln in Konflikt zu geraten[2]. Dagegen können sehr wohl Kugelabbildungen erklärt werden, die auch im Südpol noch konform sind oder bei denen umgekehrt irgendein Punkt der Kugel konform auf den Südpol abgebildet wird. Es erscheint daher sinnvoll, den Abbildungsfunktionen in diesen Fällen für den Punkt ∞ bestimmte Werte zuzuschreiben oder umgekehrt den Wert ∞ als Funktionswert zuzulassen. Wir schreiben dann etwa $w(\infty) = a$, $w(a) = \infty$ oder auch $w(\infty) = \infty$.

Als Beispiel einer solchen konformen Abbildung der Umgebung des Südpols betrachten wir die folgende Kugelabbildung

$$\lambda^* = -\lambda, \quad \vartheta^* = -\vartheta. \tag{4.2.11}$$

Geometrisch bedeutet diese Abbildung eine *Drehung* um die beiden gegenüberliegenden Punkte des Äquators $\vartheta = 0$, $\lambda = 0$ und π, wobei Nord- und Südpol miteinander vertauscht werden. Diese Abbildung ist zweifellos auf der ganzen Kugel umkehrbar eindeutig und überall konform, da es sich ja um eine reine Drehung ohne Verzerrung handelt. Die zugehörige Abbildung in der ζ-Ebene wird durch die analytische Funktion

$$\zeta^* = \frac{1}{\zeta} \tag{4.2.12}$$

hergestellt. Damit diese Funktion auch die Kugelabbildung (4.2.11) vollständig beschreibt, müssen wir Definitions- und Wertbereich dieser Funktion noch um die Stelle $\zeta = \infty$ bzw. $\zeta^* = \infty$ erweitern. Wir setzen fest

$$\begin{aligned} \zeta^* &= \infty \quad \text{für} \quad \zeta = 0\,, \\ \zeta^* &= 0 \quad \text{für} \quad \zeta = \infty\,. \end{aligned} \tag{4.2.13}$$

---

[1] Unendlich fern deshalb, weil der Punkt Q der Ebene um so weiter vom Nullpunkt entfernt ist, je näher P am Südpol liegt.

[2] Man denke etwa an die Größen $0 \cdot \infty$, $\frac{\infty}{\infty}$, die nicht eindeutig definiert werden können.

Auf Grund dieser Festsetzung können wir jetzt auch das Verhalten anderer komplexer Funktionen im Punkt ∞ unabhängig von den Kugelabbildungen untersuchen. Wir definieren:

1. Eine Funktion $w(z)$ bildet eine Umgebung des — endlichen — Punktes $z = z_0$ konform auf eine Umgebung[1] der Stelle $w = \infty$ ab, wenn die Funktion $w^*(z) = \frac{1}{w(z)}$ eine Umgebung von z_0 konform auf eine Umgebung des Nullpunktes abbildet.

2. $w(z)$ bildet die Umgebung von $z = \infty$ konform auf die Umgebung einer endlichen Stelle $w = w_0$ ab, wenn die Funktion $\hat{w}(z^*) = w\left(\frac{1}{z^*}\right)$ die Umgebung konform von $z^* = 0$ auf die Umgebung von $\hat{w} = w_0$ abbildet.

3. $w(z)$ bildet die Umgebung von $z = \infty$ konform auf die Umgebung von $w = \infty$ ab, wenn $w^*(z^*) = \frac{1}{w\left(\frac{1}{z^*}\right)}$ die Umgebung von $z^* = 0$ konform auf die Umgebung von $w^* = 0$ abbildet.

In gleicher Weise kann auch ein singuläres Verhalten einer Funktion im Unendlichen definiert werden. Auch lassen sich alle in 2.1 eingeführten Grundbegriffe auf Punktmengen ausdehnen, die den Punkt ∞ enthalten, indem man diese Punktmengen durch eine konforme Abbildung ins Endliche bringt.

Bemerkenswert ist, daß wir durch die Kugelabbildungen dazu geführt werden, das Unendliche in der Zahlenebene in *einem Punkt* zusammenzufassen, im Gegensatz etwa zur projektiven Ebene, wo die unendlich fernen Elemente eine Gerade bilden. Eine derartige Festsetzung ist natürlich immer in gewisser Weise willkürlich. Die hier benutzte des einen unendlich fernen Punktes hat den Vorteil, daß damit die Ebene, wie die Kugelfläche, zu einer geschlossenen Fläche wird und damit eine besonders einfache topologische Struktur erhält[2].

4.3. Torusabbildungen. Ein Torus oder Wulst entsteht durch Rotation eines Kreises um eine außerhalb liegende Achse (vgl. Abb. 22). Nennen wir den Radius des Kreises r, den Abstand des Kreismittelpunkts von der Achse R, die Bogenlänge des Kreises ϑ und den Rotationswinkel λ, so ergibt sich die folgende Parameterdarstellung

$$x = (R + r\cos\vartheta)\cos\lambda, \quad y = (R + r\cos\vartheta)\sin\lambda, \quad z = r\sin\vartheta\,. \tag{4.3.1}$$

[1] Umgebung soll hier in dem etwas erweiterten Sinne verstanden werden, daß nicht nur die Kreisscheiben (2.1.2), sondern jede Punktmenge, die mindestens eine solche Kreisscheibe enthält, eine Umgebung darstellt.

[2] Man kann auch von vornherein statt den Punkten der Ebene den Punkten der Kugel nach (4.2.7) umkehrbar eindeutig komplexe Zahlen (einschl. ∞) zuordnen. Man spricht dann von der Zahlenkugel im Gegensatz zu der in 1.1 eingeführten Zahlenebene. Auf ihr lassen sich viele Sätze der geometrischen Funktionentheorie besonders einfach aussprechen und veranschaulichen, da hier die oft lästige Sonderstellung des Punktes ∞ fortfällt.

Das Linienelement wird

$$ds^2 = (R + r\cos\vartheta)^2\, d\lambda^2 + r^2 d\vartheta^2, \tag{4.3.2}$$

d. h.

$$E = (R + r\cos\vartheta)^2, \quad F = 0, \quad G = r^2, \quad W = r(R + r\cos\vartheta)\,.$$

Die Differentialgleichungen (4.1.14) erhalten hier also die Form

$$\left(\frac{R}{r} + \cos\vartheta\right) v_\vartheta = u_\lambda, \qquad -\left(\frac{R}{r} + \cos\vartheta\right) u_\vartheta = v_\lambda\,. \tag{4.3.3}$$

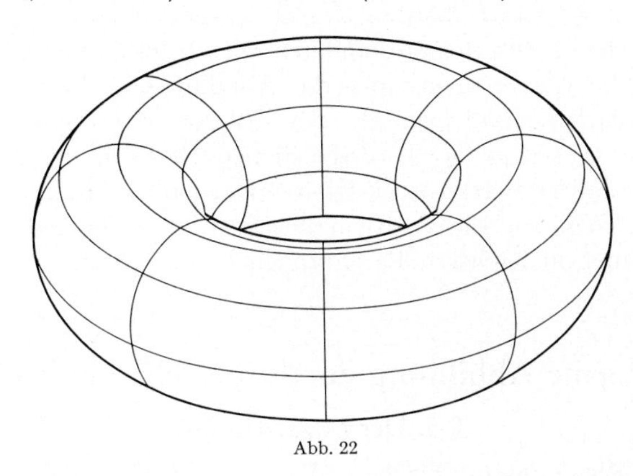

Abb. 22

Wie in 4.2 können wir $u = \lambda$ setzen, wodurch v eine Funktion von ϑ allein wird. Aus der ersten Gleichung (4.3.3) ergibt sich

$$v(\vartheta) = \int \frac{r\, d\vartheta}{R + r\cos\vartheta} = \frac{r}{\sqrt{R^2 - r^2}} \operatorname{arc\,tg} \sqrt{\frac{R - r}{R + r}} \operatorname{tg}\frac{\vartheta}{2}\,. \tag{4.3.4}$$

Lassen wir ϑ von Null bis 2π wachsen, so wächst $v(\vartheta)$ um

$$\omega = \frac{\pi r}{\sqrt{R^2 - r^2}}\,. \tag{4.3.5}$$

Die gesamte Fläche des Torus geht bei Abbildung auf die w-Ebene in ein Rechteck über:

$$0 < u \leqq 2\pi\,, \quad 0 < v \leqq \omega\,.$$

Die Zuordnung von den Punkten des Torus zu den Punkten der w-Ebene ist also nicht eindeutig, sondern $u(\lambda)$ nimmt um 2π zu bei einem vollen Umlauf einer Linie $v = \text{const}$ und entsprechend $v(\vartheta)$ um ω bei einem Umlauf auf $u = \text{const}$. Zu jedem Punkt des Torus gehören also die zweifach unendlich vielen Werte $w + n\omega + 2m\pi$, wo n und m ganze Zahlen sind. Es stellt sich die Frage, ob es auch *eindeutige Zuordnungen* von Punkten des Torus zu komplexen Zahlen gibt. Wir können eine solche Zuordnung immer durch eine komplexe Funktion $z(w)$ darstellen.

Damit sie eindeutig ist, muß für das ganze System von w-Werten, das zu einem Punkt des Torus gehört, ein und derselbe Funktionswert z gehören, d. h. es muß sein

$$z(w + n\omega + 2\,m\,\pi) = z(w)\,. \tag{4.3.6}$$

Dies sind doppelt periodische Funktionen mit den Perioden ω und 2π. Die Aufgabe, eine eindeutige konforme Abbildung des Torus zu finden, wird also durch doppelt periodische analytische Funktionen gelöst. Diese Abbildung kann allerdings *nicht umkehrbar eindeutig* sein, weil die Fläche des Torus in ganz anderer Weise zusammenhängt als die Zahlenebene[1]. Wir können aber die Abbildung dadurch umkehrbar eindeutig machen, daß wir gleiche z-Werte, die zu verschiedenen Punkten des Torus gehören, verschiedenen Blättern der Zahlenebene zuordnen und diese Blätter in geeigneter Weise miteinander verknüpfen. Mit solchen Gebilden, die als Riemannsche Flächen bezeichnet werden, wollen wir uns im nächsten Paragraphen beschäftigen.

Konforme Abbildung durch spezielle Funktionen

§ 5. Der Logarithmus

5.1. Die Riemannsche Fläche. Wie wir in 2.3 festgestellt haben, bildet die Funktion $w = \log z$, genauer ihre Umkehrung $z = e^w$ ein kartesisches Netz in der w-Ebene auf ein Polarnetz in der z-Ebene ab. Mit

$$z = \varrho(\cos\varphi + i\sin\varphi), \qquad w = u + iv$$

wird

$$u = \log\varrho\,, \qquad v = \varphi\,. \tag{5.1.1}$$

Insbesondere geht bei dieser Abbildung ein Rechteck

$$u_1 \leqq u \leqq u_2\,, \qquad v_1 \leqq v \leqq v_2 \tag{5.1.2}$$

in den *Kreisringsektor* (vgl. Abb. 23)

$$e^{u_1} \leqq \varrho \leqq e^{u_2}, \qquad v_1 \leqq \varphi \leqq v_2 \tag{5.1.3}$$

über. Lassen wir u_1 gegen $-\infty$ gehen, so wird aus dem Rechteck ein Halbstreifen und der Kreisringsektor geht in einen Kreissektor über. Geht auch noch u_2 gegen $+\infty$, so daß aus dem Halbstreifen ein voller Horizontalstreifen wird, so wird aus dem Sektor der volle Winkelraum.

Nicht ganz so übersichtlich wird die Abbildung, wenn wir v_1 und v_2 entsprechend wachsen lassen. Hierbei wächst zunächst der von dem

---

[1] Auf dem Torus läßt sich nicht jede einfache geschlossene Kurve auf einen Punkt zusammenziehen, z. B. nicht die Kurven $u = \text{const.}$ und $v = \text{const.}$

Kreisringsektor eingeschlossene Winkel, was aber nur so lange möglich ist, wie die Differenz $v_2 - v_1 < 2\pi$ ist. Wird sie größer, so kommen wir in der z-Ebene wieder zu den Ausgangswerten zurück und die Abbildung wird mehrdeutig; wie wir in (2.3.9) gesehen haben, gehören zu w-Werten, die sich um ganzzahlige Vielfache von $2\pi i$ unterscheiden, die gleichen z-Werte.

Man kann nun trotzdem zu einer umkehrbar eindeutigen Abbildung kommen, wenn man diese nicht auf der einfachen z-Ebene betrachtet, sondern auf einer komplizierteren Fläche, welche die z-Ebene mehrfach überdeckt. Es gehört dann zu jeder komplexen Zahl nicht ein einziger Punkt, sondern eine ganze Schar von Punkten, die alle über *derselben Stelle* der z-Ebene, aber in *verschiedenen Blättern* der Fläche liegen. Die Punkte dieser Fläche werden nun den Punkten der w-Ebene so zugeordnet, daß die verschiedenen Punkte der Schar $w + 2n\pi i$ in lauter verschiedene Punkte der Fläche übergehen, die zwar alle über derselben Stelle $z = e^w$, aber in verschiedenen Blättern liegen.

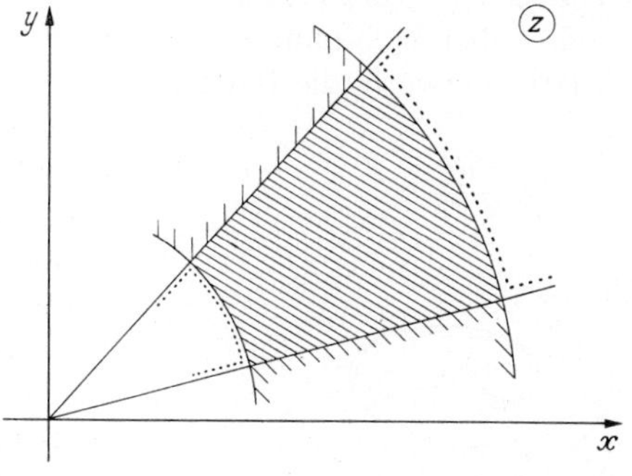

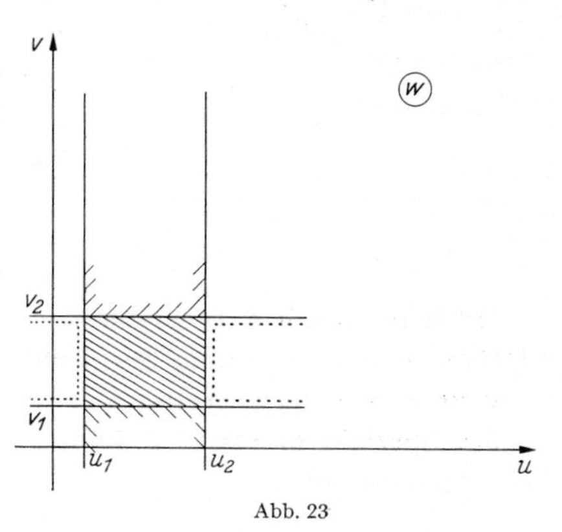

Abb. 23

Die genaue Struktur dieser Fläche über der z-Ebene — man bezeichnet sie als die zu der Funktion log z gehörige *Riemannsche Fläche* — ergibt sich aus der Forderung, daß die Abbildung konform und damit jedenfalls stetig sein muß. Auf Grund dieser Forderung können wir die Riemannsche Fläche folgendermaßen aufbauen: Wir gehen aus von dem Rechteck (5.1.2) und legen den zugehörigen Kreisringsektor in ein bestimmtes Blatt der Fläche, dem wir etwa die Nummer 0 zuordnen können. Wir vergrößern jetzt das Rechteck über v_2 hinaus, indem wir weitere Rechtecke ansetzen, etwa mit $v_2 \leqq v \leqq v_3$, $v_3 \leqq v \leqq v_4$ usw., wobei stets $v_\nu - v_{\nu-1} < 2\pi$ sein soll. Jedem dieser Rechtecke entspricht eindeutig ein Kreisringsektor der Form (5.1.3) und — damit die Stetigkeit der Abbildung gewahrt bleibt — haben wir die Kreisringsektoren so aneinander zu fügen wie die Rechtecke in der w-Ebene. Wenn wir das Verfahren genügend lange fortsetzen, wird nach einiger Zeit der erste

Kreisringsektor von einem der folgenden überdeckt und wir haben damit das nächste Blatt der Riemannschen Fläche — sagen wir das Blatt Nr. 1 — erreicht. Fahren wir weiter fort, so kommen wir zu immer neuen Überdeckungen und zu den folgenden Blättern der Riemannschen Fläche, die sich wie bei einer Schraubenfläche übereinander anordnen. Das gleiche Bild ergibt sich, wenn wir das Rechteck nach der anderen Seite über v_1 hinaus erweitern. Wir kommen dann in wieder andere Blätter, etwa in die Blätter Nr. —1, —2, usw.

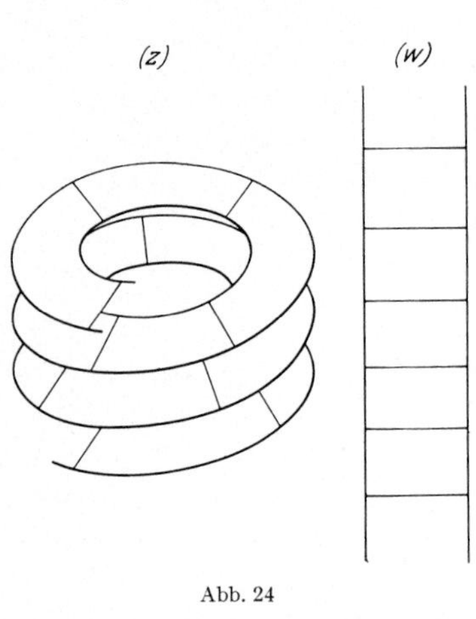

Abb. 24

Erweitern wir noch die Kreisringsektoren, wie zu Anfang besprochen, zu vollen Winkelräumen, so kommen wir zur vollen Riemannschen Fläche der Funktion $\log z$, die ein Abbild der vollen w-Ebene ist. Sie windet sich nach Art einer Schraubenfläche nach beiden Richtungen unendlich oft um den Nullpunkt herum, so daß wir ihre Punkte zwar nicht durch kartesische, wohl aber durch Polarkoordinaten eindeutig kennzeichnen können, wenn wir für den Winkel φ alle reellen Werte $-\infty < \varphi < +\infty$ zulassen. Wir wollen die Fläche deshalb auch als Polarkoordinatenfläche bezeichnen.

Mit dem angedeuteten Verfahren lassen sich auch die Riemannschen Flächen anderer mehrdeutiger Funktionen konstruieren. Auf das allgemeine Konstruktionsprinzip werde ich noch in 9.4 näher eingehen.

5.2. Spezielle Figuren. Wir betrachten zunächst die Abbildung einer beliebigen Geraden

$$w = w_0 + \lambda w_1$$

durch $z = e^w$. Wir erhalten

$$z = e^{u_0 + \lambda u_1} e^{i(v_0 + \lambda v_1)}, \tag{5.2.1}$$

d. h.

$$\varrho = e^{u_0 + \lambda u_1}, \quad \varphi = v_0 + \lambda v_1 .$$

Dies ist eine *logarithmische Spirale;* Spezialfälle sind für $u_1 = 0$ Kreise und für $v_1 = 0$ Geraden durch den Nullpunkt. Ein in der w-Ebene gegen das u-v-Achsenkreuz gedrehtes kartesisches Netz geht also bei dieser Abbildung in ein Netz von logarithmischen Spiralen über. Als Strömungsbild aufgefaßt stellt dies Netz die Überlagerung einer *Quelle* und eines *Wirbels* dar, man spricht von einer *Wirbelquelle* oder einem *Strudel.* Greifen wir zwei Stromlinien aus diesem Netz heraus, so erhalten wir einen von logarithmischen Spiralen begrenzten Trichter, der als Kreiselverdichter in der Technik eine Rolle spielt. (Abb. 25.)

Eine Gerade in der z-Ebene können wir in der folgenden Form darstellen

$$\mathfrak{I}(z e^{-i\varphi_0}) = r\,. \tag{5.2.2}$$

Hierbei ist r der Abstand der Geraden vom Nullpunkt und φ_0 ihr Winkel mit der reellen z-Achse. In Polarkoordinaten schreibt sich diese Gleichung

$$\varrho \sin(\varphi - \varphi_0) = r\,. \tag{5.2.3}$$

In der w-Ebene wird daraus

$$e^u \sin(v - \varphi_0) = r \tag{5.2.4}$$

oder

$$u = \log r - \log \sin(v - \varphi_0)\,. \tag{5.2.5}$$

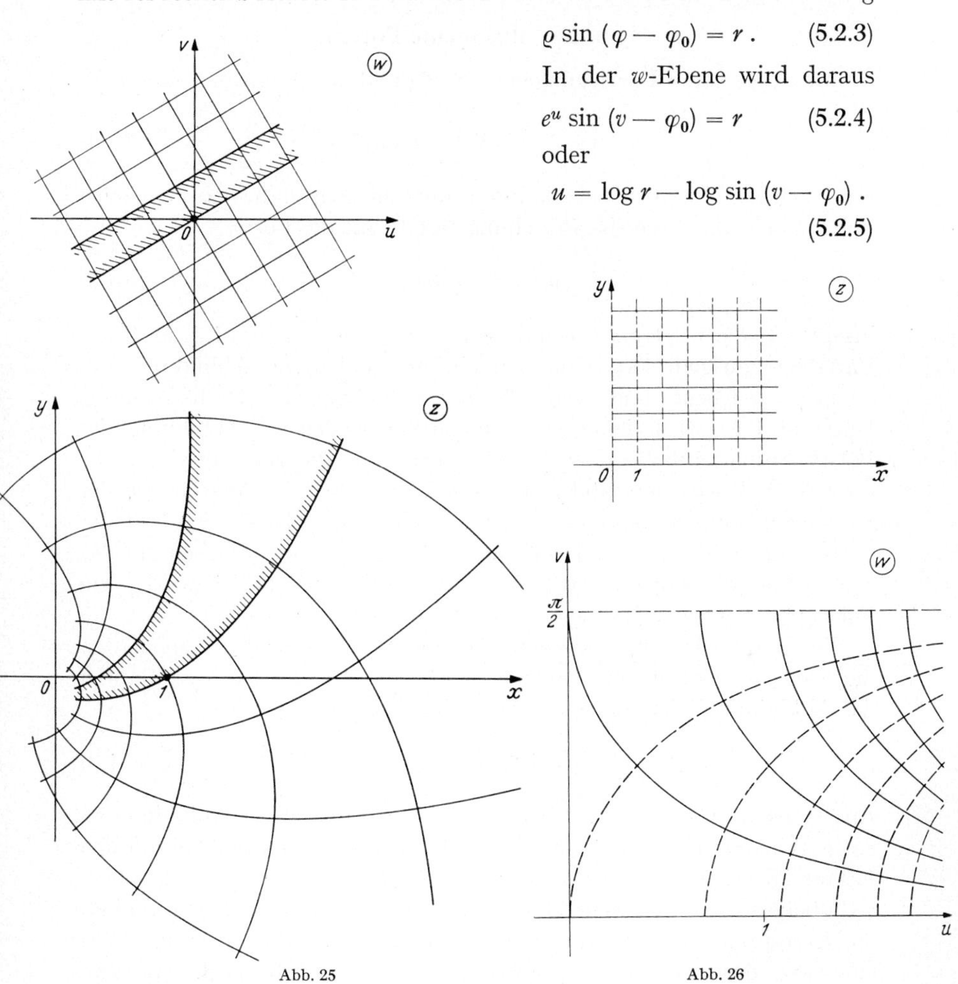

Abb. 25

Abb. 26

Für die verschiedenen Werte r und φ_0 gehen diese Kurven durch Parallelverschiebung in der w-Ebene auseinander hervor. Eine Ausnahme bilden die Kurven für $r = 0$; hier sind es die Kurven $v = \varphi_0$, d. h. die Parallelen zur u-Achse. Auf Grund dieser Ableitung können wir leicht das Bild eines kartesischen Netzes der z-Ebene in der w-Ebene zeichnen. Es ist in Abb. 26 dargestellt, wobei wir uns auf den Winkelraum $0 \leqq \varphi \leqq \frac{\pi}{2}$ beschränken durften. Die weitere Fortsetzung auf der Polarkoordinatenfläche ergibt eine periodische Wiederholung des Netzes in der w-Ebene.

§ 6. Die allgemeine Potenz

6.1. Allgemeine Überlegungen. Die Abbildung durch die *allgemeine Potenz*

$$w = z^{\alpha}, \quad \alpha \text{ beliebig komplex,} \tag{6.1.1}$$

läßt sich am bequemsten dadurch untersuchen, daß man zunächst durch Logarithmieren die Beziehung (6.1.1) auf die Form

$$\log w = \alpha \log z \tag{6.1.2}$$

bringt. Setzen wir $\log z = t$ und $\log w = \tau$, so bedeutet (6.1.2) in diesen Variablen ausgedrückt eine umkehrbar eindeutige Abbildung der t- auf die τ-Ebene, und zwar ist diese Abbildung eine Drehstreckung. Durch (6.1.1.) wird daher eine umkehrbar eindeutige Abbildung der Polarkoordinatenfläche über der z-Ebene auf die Polarkoordinatenfläche über der w-Ebene hergestellt. Genauer geht dabei ein Polarnetz in der z-Ebene in ein kartesisches in der t-Ebene über. Dieses wird in der τ-Ebene gedreht und verstreckt und geht dann in der w-Ebene in das Netz einer Wirbelquelle (vgl. 5.2) über. Dieses Netz ist wieder ein Polarnetz, wenn der Exponent α reell oder rein imaginär ist.

Für praktische Anwendungen sind Potenzen mit reellen Exponenten die weitaus wichtigsten. Setzen wir $z = \varrho\, e^{i\varphi}$, $w = r\, e^{i\vartheta}$, so lauten die Abbildungsgleichungen in diesen Variablen

$$r = \varrho^{\alpha}, \quad \vartheta = \alpha\, \varphi\,. \tag{6.1.3}$$

Ein Winkelraum in der z-Ebene geht also durch diese Abbildung in einen Winkelraum in der w-Ebene über, dessen Öffnungswinkel um den Faktor $|\alpha|$ vergrößert oder verkleinert ist. Insbesondere geht die obere z-Halbebene in einen Winkelraum mit dem Öffnungswinkel $\alpha\,\pi$ über, das kartesische Netz — aufgefaßt als Netz der Parallelströmung — in ein Netz, das der *Strömung um eine Ecke* entspricht (vgl. Abb. 28). Hierbei zeigt es sich, daß die Abbildung im Punkt $z = 0$ bzw. $w = 0$ nicht mehr konform sein kann, weil dort alle Winkel mit dem Faktor α multipliziert werden.

Ist der Exponent eine rationale Zahl $\alpha = \frac{p}{q}$, so ist in der z- und w-Ebene nicht mehr die volle Polarkoordinatenfläche nötig, um die Eindeutigkeit der Abbildung zu erzwingen. Vermehren wir nämlich

φ um $2\pi q$, so wird ϑ um $2\pi p$ vermehrt, d. h. q volle Umläufe um $z = 0$ entsprechen p vollen Umläufen um $w = 0$, wir sind also nach diesen Umläufen sowohl in der z- wie in der w-Ebene wieder zum Ausgangspunkt zurückgekehrt. Wir können daher das q-te Blatt über der z-Ebene wieder mit dem ersten verbinden[1] und entsprechend das p-te Blatt über der w-Ebene und erhalten so eine umkehrbar eindeutige Abbildung der *q-blättrigen Fläche* über der z-Ebene auf die *p-blättrige Fläche* über der w-Ebene. Insbesondere wird durch die Funktion $w = z^n$ bei positiv ganzzahligem n die gewöhnliche z-Ebene auf eine n-blättrige Fläche des eben besprochenen Typus abgebildet. In diesem Fall ist $w(z)$ auch noch bei $z = 0$ regulär analytisch. Da die Ableitung aber an dieser Stelle

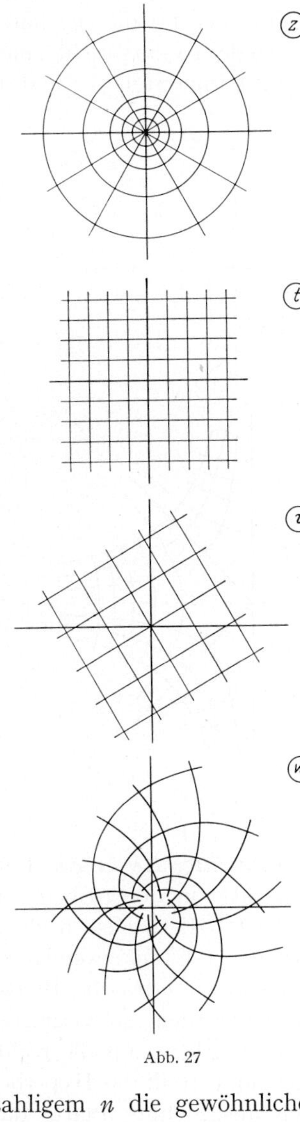

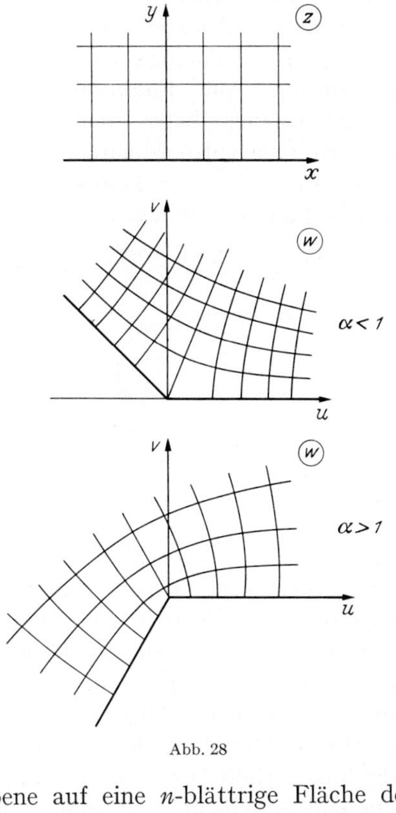

Abb. 27

Abb. 28

[1] Diese Verbindung muß alle übrigen Blätter durchdringen (vgl. Abb. 29).

verschwindet, ist die Abbildung dort nicht mehr konform, sondern alle Winkel werden mit n multipliziert. Dies Verhalten zeigt sich ganz allgemein bei regulär analytischen Funktionen in der Umgebung einer Stelle, an der die n-te Ableitung von Null verschieden ist, alle Ableitungen niederer Ordnung aber verschwinden. Dies gilt auch für die zugehörige Riemannsche Fläche; ist z_0 die betrachtete Stelle, so entspricht einem Umlauf um z_0 ein n-facher Umlauf um die zugehörige Stelle w_0 und die Riemannsche Fläche in der Umgebung von w_0 besteht aus n Blättern, die in w_0 zusammenhängen und sich um diesen Punkt herumwinden. Die Stelle w_0 heißt daher *n-blättriger Windungspunkt* der Fläche.

6.2. $w = z^2$. Als Spezialfall der allgemeinen Potenz wollen wir zunächst die Funktion $w = z^2$ genauer betrachten. In kartesischen Koordinaten $z = x + iy$, $w = u + iv$ lauten die Abbildungsgleichungen

$$u = x^2 - y^2, \quad v = 2xy. \qquad (6.2.1)$$

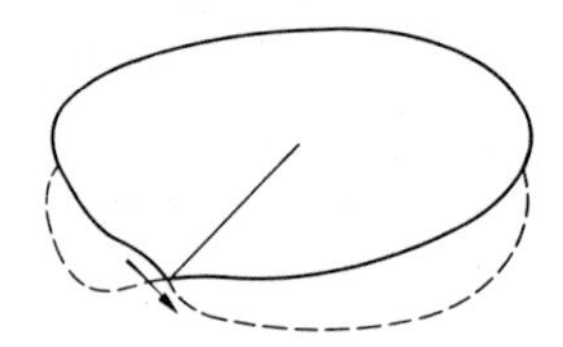

Abb. 29 Riemannsche Fläche von z^2

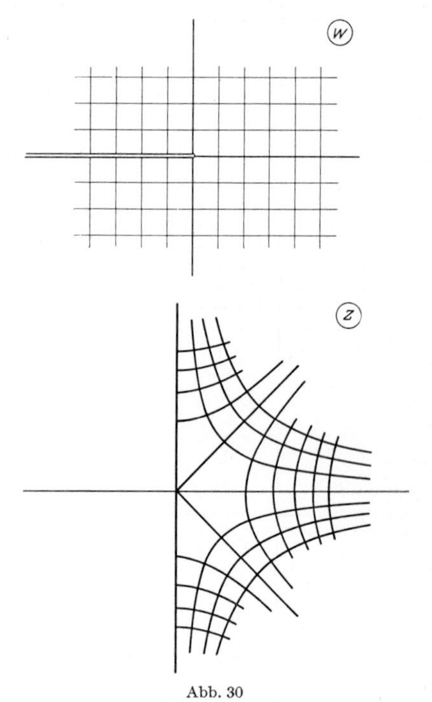

Abb. 30

Die Kurven $u = \text{const}$ und $v = \text{const}$ sind *gleichseitige Hyperbeln*. Dem kartesischen Netz in der w-Ebene entspricht also in der z-Ebene ein Hyperbelnetz, wie es in Abb. 30 dargestellt ist. Hierbei ist noch zu überlegen, daß die Riemannsche Fläche über der w-Ebene zweiblättrig ist; betrachten wir jedes Blatt für sich, indem wir etwa die Blätter längs der negativ reellen Achse auseinanderschneiden, so vermittelt $w = z^2$ eine Abbildung der so aufgeschnittenen w-Ebene auf die rechte oder linke z-Halbebene. Als Strömungsbild gedeutet, stellt das Hyperbelnetz eine senkrecht angeströmte, unendlich ausgedehnte Platte dar. Der Punkt $z = 0$ ist *Staupunkt* der Strömung, von hier aus wird sie nach beiden Seiten in Richtung der Platte abgelenkt. Ferner bemerken wir, daß eine Drehung des kartesischen Netzes in der w-Ebene wegen

(6.1.3) eine doppelt so große Drehung des Hyperbelnetzes in der z-Ebene bewirkt, das Netz selbst ändert sich hierbei nicht. Es wird also jede Gerade der w-Ebene in eine gleichseitige Hyperbel der z-Ebene abgebildet.

Die Kurven $x = \text{const}$ in der w-Ebene sind Parabeln, deren Achse die reelle w-Achse ist und deren Brennpunkt bei $w = 0$ liegt (konfokale Parabeln). Wir erhalten diese Kurven aus (6.2.1), wenn wir dort x als eine Konstante, y als laufenden Parameter auffassen. Vertauschen wir x mit y, so erhalten wir das Spiegelbild der ursprünglichen Parabel an der imaginären w-Achse. Diese beiden Scharen konfokaler Parabeln erzeugen ein *Parabelnetz,* in welches das kartesische Netz der z-Ebene durch $w = z^2$ übergeht. Als Ausartung der Parabeln ergibt $y = 0$ die doppelt durchlaufene positiv reelle w-Achse und entsprechend $x = 0$ die negativ reelle w-Achse. Die reelle z-Achse wird also in einen Schlitz abgebildet, der längs der positiv reellen w-Achse von 0 nach $+\infty$ reicht, dem Äußeren dieses Schlitzes entspricht eine Halbebene. Durch Drehung kann man im übrigen wieder nachweisen, daß jede Gerade der z-Ebene in eine Parabel bzw. einen Schlitz in der w-Ebene übergeht.

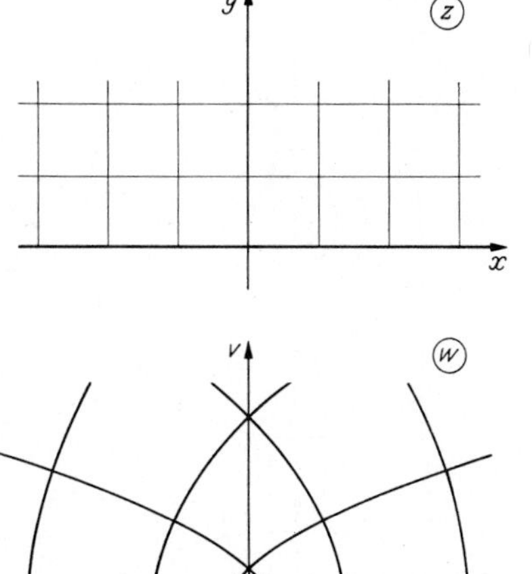

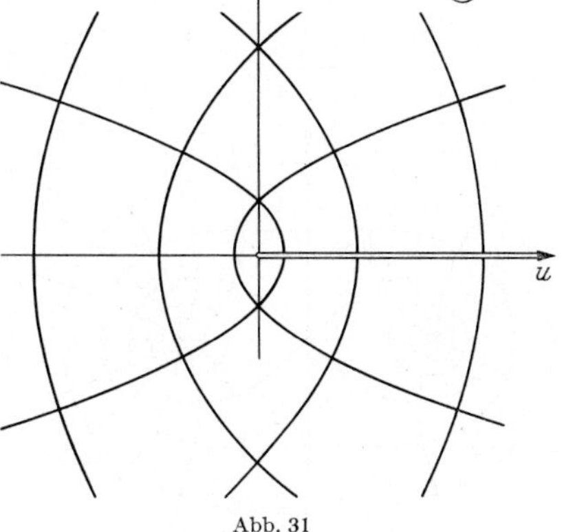

Abb. 31

Nach (6.1.3) geht ein Polarnetz in der z-Ebene in ein Polarnetz in der w-Ebene über. Hierbei ist natürlich vorausgesetzt, daß der Ursprung der Polarnetze jeweils der Nullpunkt ist. Wir wollen jetzt die Abbildung von Polarnetzen untersuchen, deren Ursprung an anderen Stellen der z- bzw. w-Ebene liegt. Deuten wir das Polarnetz als *Quellströmung,* so wird dieses Netz auch nach der Abbildung den Charakter einer Quellströmung zeigen. Da die Abbildung konform ist, gilt dies besonders für die Abbildung in der Nähe der Quelle, während die weiter entfernt liegenden Potential- und Stromlinien durch die Abbildung gegenüber dem ursprünglichen Netz zunehmend deformiert werden. Man kann dann ein solches Netz als Quellströmung deuten, die durch *äußere Bedingungen gestört* ist.

Betrachten wir zunächst den Fall, daß das Polarnetz in der w-Ebene bei $w = 1$ liegt. Diesem Punkt entsprechen in der z-Ebene die beiden

Punkte $z = +1$ und $z = -1$, so daß wir vermuten dürfen, daß das Bild dieses Polarnetzes in der z-Ebene einer Strömung entspricht, die durch Überlagerung zweier Quellströmungen bei $z = +1$ und -1 erzeugt wird. Dies läßt sich leicht verifizieren. Das Potential der „ungestörten" Quellströmung in der w-Ebene ist

$$W = \log (w - 1) . \tag{6.2.2}$$

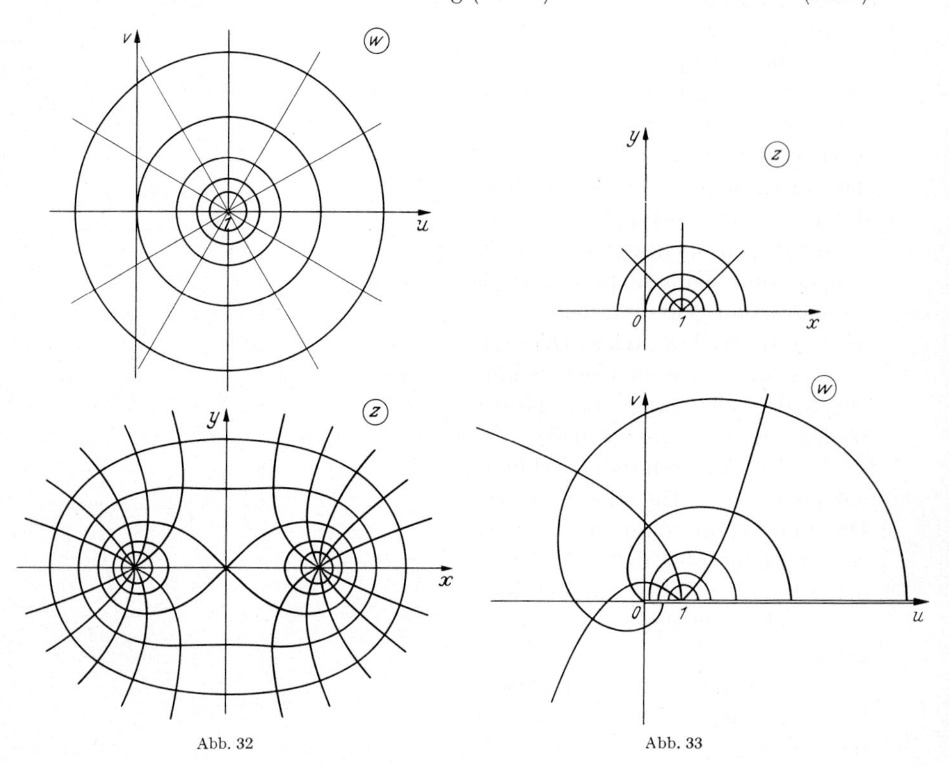

Abb. 32 Abb. 33

Die Abbildung $w = z^2$ macht daraus

$$W = \log (z^2 - 1) = \log (z - 1) + \log (z + 1) , \tag{6.2.3}$$

also in der Tat die Überlagerung zweier Quellströmungen. Die Potentiallinien dieser Strömung $U(z) = \text{const}$ sind gekennzeichnet durch die Gleichung

$$e^U = |z - 1| \, |z + 1| = \text{const} . \tag{6.2.4}$$

Es ist hier also das Produkt der Abstände von den Punkten $z = \pm 1$ konstant. Diese Kurven bilden ein Gegenstück zu den Ellipsen, bei denen die Summe der Abstände konstant ist, und heißen *Cassinische*

Kurven. Speziell ist

$$|z-1|\,|z+1| = 1 \tag{6.2.5}$$

die Bernoullische *Lemniskate*. Sie ist das Bild des Kreises durch $w = 0$. Die Stromlinien $V =$ const von (6.2.3) sind als Bilder von Geraden der w-Ebene gleichseitige Hyperbeln, die sich in den Punkten $z = +1$ bzw. $z = -1$ schneiden (Abb. 32).

Um in ähnlicher Weise die Abbildung einer Quellströmung bei $z = 1$ auf die w-Ebene zu deuten, muß man sich überlegen, daß die volle z-Ebene in eine zweiblättrige Riemannsche Fläche über der w-Ebene übergeht. Wir erhalten also durch diese Abbildung eine Quellströmung in dieser zweiblättrigen Fläche, wobei die Quelle nur in einem Blatt liegt und die ausströmende Flüssigkeit sich daher auch in das zweite ergießen kann. Um die Potential- und Stromlinien dieser Strömung zu bestimmen, können wir uns zunächst überlegen, daß die Stromlinien als Bilder von Geraden der z-Ebene Parabeln sein müssen. Die Potentiallinien sind Bilder der Kreise

$$z = 1 + R e^{i\gamma}, \tag{6.2.6}$$

wo R der Radius des Kreises und γ ein laufender Parameter ist (der Winkel des Radiusvektors mit der reellen z-Achse). Dann ist

$$w = z^2 = 1 + 2R e^{i\gamma} + R^2 e^{2i\gamma} \tag{6.2.7}$$

eine Parameterdarstellung der Potentiallinien in der w-Ebene. Für $R = 1$ ist dies die *Kardioide* (Abb. 33).

6.3. $\boldsymbol{w = z^{-1}}$. Wie wir in 4.2 festgestellt haben, kann diese Abbildung als Kugeldrehung gedeutet werden. In der Ebene stellt sie eine umkehrbar eindeutige Abbildung der durch $z = \infty$ und $w = \infty$ vervollständigten Ebenen aufeinander dar, die Riemannschen Flächen sind hier also beiderseits die einfachen Ebenen. Unter den Potenzabbildungen hat nur noch $w = z$ diese Eigenschaft.

Die Abbildungsformel (6.1.3) hat hier die Form

$$r = \frac{1}{\varrho}, \quad \vartheta = -\varphi. \tag{6.3.1}$$

Betrachtet man jede der beiden Gleichungen (6.3.1) für sich und läßt die andere Variable jeweils ungeändert, so erhält man die beiden einfachen antikonformen Abbildungen (Spiegelungen, vgl. 2.4.)

$$r = \varrho^*, \quad \vartheta = -\varphi^*; \quad w = \bar{z}^*, \tag{6.3.2}$$

und

$$\varrho^* = \frac{1}{\varrho}, \quad \varphi^* = \varphi; \quad z^* = \frac{1}{\bar{z}}, \tag{6.3.3}$$

aus denen sich die Abbildung (6.3.1) zusammensetzt. Es bedeutet hier (6.3.2) den Übergang zur konjugiert komplexen Zahl, diese Abbildung stellt also eine *Spiegelung an der reellen Achse* dar. Auch (6.3.3) kann als Spiegelung gedeutet werden, allerdings nicht direkt in der Ebene, sondern auf der Kugel. Wie man aus (4.2.7) und auch aus der zweiten Gleichung (4.2.11) entnehmen kann, bedeutet nämlich (6.3.3) eine Vertauschung von nördlicher mit südlicher geographischer Breite, d. h. eine *Spiegelung an der Äquatorialebene*. Es ist daher sinnvoll, die Abbildung (6.3.3) in der Ebene als *Spiegelung am Einheitskreis* (dem Kreis $\varrho = 1$) zu bezeichnen.

Diese Spiegelung läßt sich auch in der Ebene rein geometrisch charakterisieren. Wir gehen davon aus, daß auf der Kugel jede Ebene durch zwei Spiegelpunkte auf der Äquatorialebene senkrecht steht. Diese Ebenen schneiden daher auf der Kugel Kreise aus, die den Äquator senkrecht schneiden. Da die stereographische Projektion (4.2.7) konform und eine Kreisverwandtschaft ist, schneiden auch in der Ebene alle Kreise durch zwei Spiegelpunkte den Einheitskreis senkrecht, wir sagen, sie sind Orthokreise zum Einheitskreis. Auf Grund dieser Eigenschaft können wir jetzt die Spiegelung an einem beliebigen Kreis definieren: Zwei Punkte liegen spiegelbildlich zu einem Kreis $\mathfrak{K}$, wenn alle Kreise durch die beiden Punkte Orthokreise zu $\mathfrak{K}$ sind. Die gewöhnliche Spiegelung an einer Geraden ordnet sich hier als Spezialfall unter.

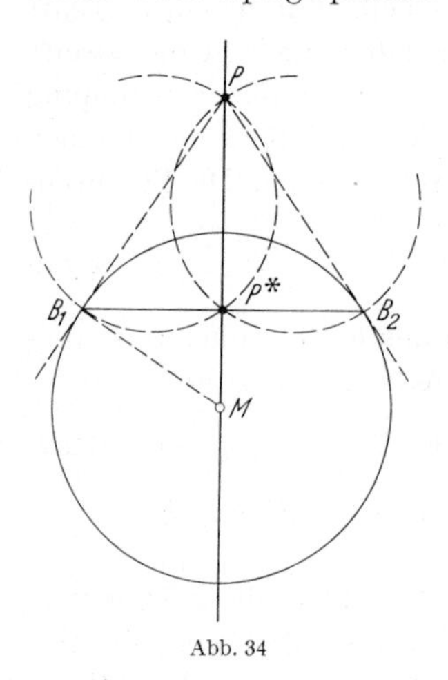

Abb. 34

Will man nach dieser Definition den Spiegelpunkt P^* zu einem vorgegebenen Punkt P finden, so hat man durch P zwei Orthokreise zu legen. Diese beiden Orthokreise haben außer P noch einen weiteren Schnittpunkt und das ist der gesuchte Punkt P^*. Ein „Orthokreis" läßt sich stets leicht bestimmen; es ist dies die Gerade durch P und den Mittelpunkt des Spiegelkreises $\mathfrak{K}$. Liegt P außerhalb des Kreises $\mathfrak{K}$, so läßt sich ein zweiter Orthokreis dadurch finden, daß man von P aus die Tangenten an $\mathfrak{K}$ legt. Der Mittelpunkt eines Orthokreises ist dann die Mitte der Strecke zwischen P und dem Berührungspunkt B (vgl. Abb. 34). Anhand dieser Konstruktion stellt man fest, daß sich die Orthokreise auf der Verbindungslinie der beiden Berührungspunkte schneiden. Man kann also P^* auch mit Hilfe dieser Verbindungslinie bestimmen und auch durch Umkehrung dieser Konstruktion den Spiegelpunkt zu einem im Innern von $\mathfrak{K}$ gelegenen Punkt finden. Aus dieser Konstruktion ergibt sich auch die Gleichung

$$\overline{MP} \cdot \overline{MP^*} = \overline{MB}^2 = R^2, \tag{6.3.4}$$

wo R der Radius des Kreises $\mathfrak{K}$ ist. Mit $R = 1$ kommen wir so zu der Formel (6.3.3) zurück.

Wollen wir die Spiegelung an einem Kreis als Abbildung näher charakterisieren, so stellen wir zunächst fest, daß sie *antikonform* und eine *Kreisverwandtschaft* ist. Beides ergibt sich aus der Deutung als Kugelspiegelung und aus der Kreisverwandtschaft der stereographischen Projektion. Weiter vertauscht die Spiegelung das Innere des Kreises mit dem Äußeren, wobei insbesondere der Mittelpunkt in den unendlich fernen Punkt übergeht. Die Punkte des Spiegelkreises selbst bleiben fest. Damit geht jeder Kreis, der den Spiegelkreis in zwei Punkten

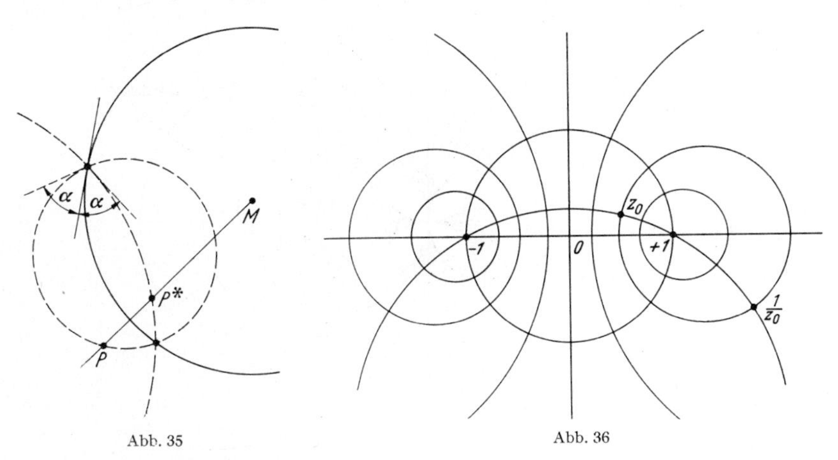

Abb. 35 Abb. 36

schneidet, in einen Kreis durch dieselben Punkte über. Da die Abbildung antikonform ist, muß dieser Kreis mit dem Spiegelkreis dieselben Winkel einschließen wie der ursprüngliche, nur daß diese — wie bei der Spiegelung an einer Geraden — nach der entgegengesetzten Seite hin abzutragen sind (vgl. Abb. 35). Insbesondere geht jeder Orthokreis bei der Spiegelung in sich über.

Wir kehren jetzt zu der Abbildung $w = z^{-1}$ zurück. Wie wir oben festgestellt haben, läßt sie sich durch aufeinanderfolgende Spiegelung am Einheitskreis und an der reellen Achse herstellen. Sie ist also eine Kreisverwandtschaft und vertauscht sowohl das Innere des Einheitskreises mit dem Äußeren als auch die obere mit der unteren Halbebene. Der Einheitskreis und die reelle Achse gehen bei dieser Abbildung in sich über[1], ebenso alle Kreise, die sowohl den Einheitskreis wie die reelle Achse senkrecht schneiden. Diese Kreise bilden ein Büschel[2], welches die

[1] Jedoch nur als Ganzes genommen, nicht Punkt für Punkt wie bei der Spiegelung.

[2] Als Kreisbüschel wird in der analytischen Geometrie die Gesamtheit von Kreisen bezeichnet, die auf zwei voneinander verschiedenen Kreisen (bzw. Geraden) senkrecht stehen. Vgl. CARATHEODORY, Funktionentheorie I, S. 46ff, Basel 1950.

Punkte $+1$ und -1 voneinander trennt (s. Abb. 36); die Punkte $+1$ und -1 gehen in sich über, sie sind sogenannte *Fixpunkte* der Abbildung. Jeder Kreis durch diese Punkte geht also wieder in einen Kreis durch diese Punkte über. Nun bedeutet die aufeinanderfolgende Spiegelung am Einheitskreis und an der reellen Achse für die Umgebung der Punkte ± 1 eine Drehung um 180°[1]; damit gehen auch die Kreise durch ± 1

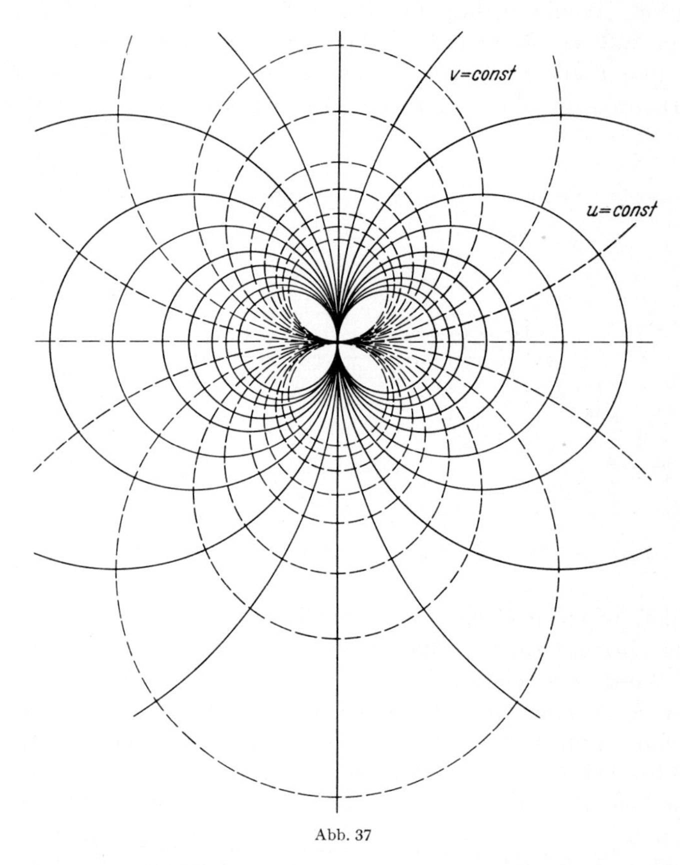

Abb. 37

in sich über. Dieses Kreisbüschel bildet mit dem vorhin betrachteten Büschel von Orthokreisen ein Kreisnetz[2]. Jeder Kreis des einen Büschels schneidet jeden des anderen rechtwinklig in zwei Punkten. Diese beiden Punkte sind durch $w = z^{-1}$ einander zugeordnet.

[1] Auf der Kugel bedeutet ja, wie wir gesehen haben, $w = z^{-1}$ eine Drehung um 180° um diese beiden Punkte.

[2] Auf der Kugel stellt dieses Kreisnetz ein geographisches Koordinatennetz mit den Polen bei ± 1 dar. Die Orthokreise sind auf der Kugel Breitenkreise, die Kreise durch ± 1 die Meridiane dieses Systems.

Das kartesische Netz in der w-Ebene muß wegen der Kreisverwandtschaft der Abbildung $w = z^{-1}$ in ein Netz von Kreisen übergehen. Betrachten wir zunächst die Linien $u = \text{const}$, so sind die zugehörigen Kreise durch folgende Bedingungen gekennzeichnet:

1. Alle Kreise gehen durch den Nullpunkt, da alle Geraden in der w-Ebene durch $w = \infty$ hindurchgehen.

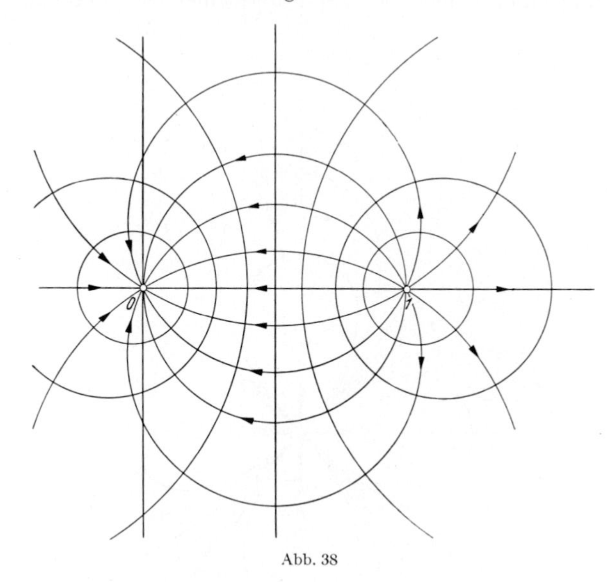

Abb. 38

2. Alle Kreise stehen senkrecht auf der reellen Achse, da diese bei der Abbildung in sich übergeht und die Linien $u = \text{const}$ auf ihr senkrecht stehen.

Die Bilder der Linien $u = \text{const}$ sind also Kreise, welche die imaginäre Achse im Nullpunkt berühren. Ihre genaue Lage bestimmt man aus dem zweiten Schnittpunkt mit der reellen Achse; der Bildkreis zu $u = u_0$ schneidet die reelle Achse im Punkt $\frac{1}{u_0}$. Dreht man dieses Kreisbüschel um 90°, so erhält man die Bilder der Linien $v = \text{const}$. Beide Kreisscharen bilden zusammen ein isothermes Kreisnetz (Abb. 37).

Physikalisch stellt dieses Kreisnetz ein *Dipolfeld* dar. Läßt man eine *Quelle* bei $z = -s$ mit dem Potential $W = \log(z+s)$ und eine Senke bei $z = +s$ mit $W = -\log(z-s)$ im Nullpunkt zusammenrücken bei gleichzeitiger Vergrößerung der Quell- und Senkenstärke um $(2s)^{-1}$, so ergibt sich der Grenzwert

$$W_{\text{Dipol}} = \lim_{s\to 0} \frac{1}{2s}\left(\log(z+s) - \log(z-s)\right) = \frac{1}{z}. \tag{6.3.5}$$

Es ist also $W_{\text{Dipol}} = w = z^{-1}$.

Wie in (6.2.2) fragen wir noch nach der Abbildung eines Quellnetzes bei $w = 1$. Hier ergibt sich zunächst aus $W = \log(w - 1)$

$$W = \log\left(\frac{1}{z} - 1\right) = \log(z - 1) - \log z + i\pi\,, \tag{6.3.6}$$

d. h. abgesehen von der unwesentlichen additiven Konstante[1] $i\pi$ die Überlagerung einer Quelle bei $z = 1$ und einer Senke bei $z = 0$[2]; das

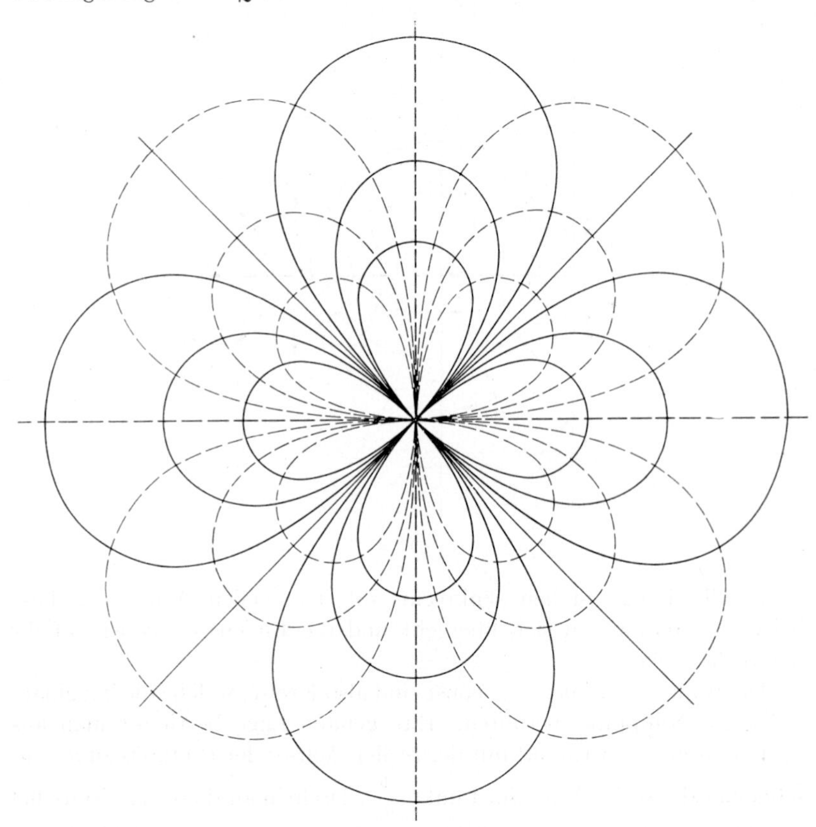

Abb. 39. Quadrupolnetz

zugehörige Netz von Potential- und Stromlinien möge Quell-Senken-Netz genannt werden. Dies ist wieder ein Kreisnetz, und zwar müssen die Stromlinien Kreise durch die Punkte $z = 0$ und $z = 1$ sein. Die

[1] Eine additive Konstante bedeutet für das Potential $W(z)$ nur eine Änderung des Ausgangspunktes z_0 im Integral (2.2.13).

[2] Auf der Kugel bedeutet bereits die einfache Quellströmung $W = \log z$ eine Quellsenkenströmung; da die Flüssigkeit sich nicht im Unendlichen verlieren kann, muß sie dort im Südpol wieder zusammenströmen. Ebenso läßt sich die Parallelströmung auf der Kugel als Dipolströmung im Südpol auffassen.

Potentiallinien sind dann die Orthokreise zu den Stromlinien (vgl. Abb. 38). Dieses Kreisnetz gleicht im übrigen — abgesehen von seiner Lage — völlig dem in Abb. 36 gezeigten, das also auch ein Isothermennetz darstellt.

6.4. $w = z^{-2}$. Die Potenzabbildungen mit negativ reellen Exponenten lassen sich durch eine Zwischenabbildung mit $w = z^{-1}$ auf solche mit positiven Exponenten zurückführen. Insbesondere sind die zugehörigen Riemannschen Flächen die gleichen wie bei den entsprechenden positiven Exponenten. Wir betrachten noch kurz den Fall $w = z^{-2}$. Das kartesische Netz in der w-Ebene geht durch die Hilfsabbildung $w = t^{-1}$ in das Dipolnetz von Abb. 37 über. Aus der in Abb. 32 dargestellten Abbildung entnehmen wir, daß bei der weiteren Abbildung durch $t = z^2$ jeder Kreis durch den Nullpunkt der t-Ebene in eine *Lemniskate* übergeht. Das Dipolnetz der t-Ebene — und damit das kartesische Netz der w-Ebene — geht also bei dieser Abbildung in ein Netz von Lemniskaten[1] in der z-Ebene über. Dieses Netz stellt physikalisch das Netz von Potential- und Stromlinien eines *Quadrupols* dar. Das Potential eines Quadrupols, $W = z^{-2}$, gewinnt man aus dem Zusammenrücken zweier entgegengesetzter Dipole durch einen Grenzübergang der Form (6.3.5) (Abb. 39).

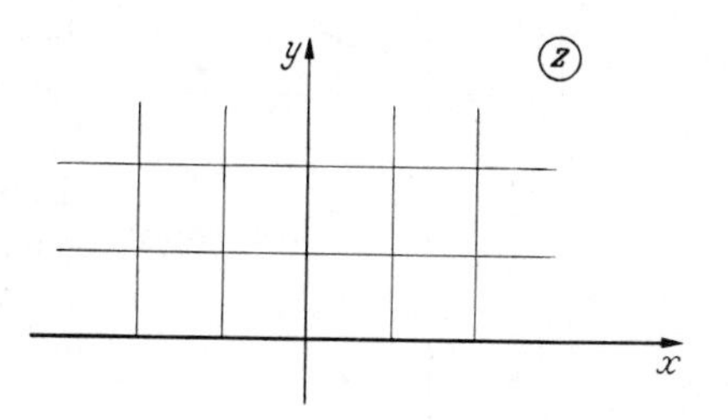

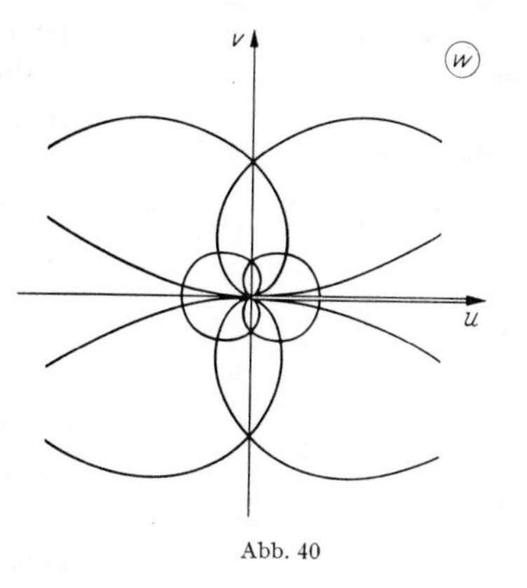

Abb. 40

Die Abbildung des kartesischen Netzes der z-Ebene auf die w-Ebene untersuchen wir mit Hilfe der Zwischenabbildungen $\tau = z^{-1}$, $w = \tau^2$. Wie aus Abb. 33 hervorgeht, wird aus dem Dipolnetz in der τ-Ebene ein Netz von Kardioiden in der w-Ebene[2] (Abb. 40).

§ 7. Die linearen Funktionen

7.1. Ganz lineare Funktionen. Die geometrisch einfachsten Abbildungen vermitteln die ganz linearen Funktionen $w = az + b$ und die

[1] Die Reihenfolge der Hilfsabbildungen kann natürlich auch vertauscht werden, $w = \tau^2$, $\tau = z^{-1}$. Hieraus erkennt man, daß die in Abb. 30 dargestellten gleichseitigen Hyperbeln bei der Abbildung $\tau = z^{-1}$ in Lemniskaten übergehen.

[2] Wie in Fußnote [1] läßt sich durch Änderung der Reihenfolge der Hilfsabbildungen zeigen, daß die Parabeln von Abb. 31 durch die Abbildung $w = t^{-1}$ in Kardioiden übergehen.

gebrochen linearen Funktionen $w = \frac{a z + b}{c z + d}$. Wir beginnen mit der Untersuchung der Abbildung

$$w = z + b \,. \tag{7.1.1}$$

Nach der geometrischen Deutung der Addition komplexer Zahlen stellt diese Abbildung eine *Verschiebung* (Translation) der Zahlenebene um den Vektor b dar. Alle Geraden, die parallel zum Vektor b sind, gehen bei dieser Abbildung in sich über. Wir können diese Linien als *Bahnlinien* der Verschiebung auffassen. Die hierzu senkrechten Linien, die mit den Bahnlinien ein kartesisches Netz bilden, mögen *Niveaulinien* genannt werden.

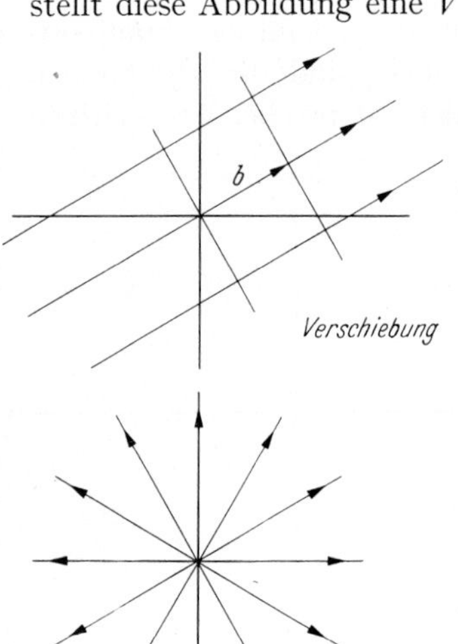

Als nächstes untersuchen wir die Abbildung

$$w = s z \,. \tag{7.1.2}$$

Hier können wir den Fall $s = 0$ ausschließen; unter dieser Voraussetzung läßt sich die Abbildung durch Logarithmieren

$$\log w = \log z + \log s \tag{7.1.3}$$

auf die Form (7.1.1) bringen. Hierdurch sind Bahn- und Niveaulinien der Abbildung (7.1.2) als kartesisches Netz in der $\log z$- bzw. $\log w$-Ebene bestimmt. Gehen wir wieder zur z- und w-Ebene zurück, so haben wir drei Fälle zu unterscheiden:

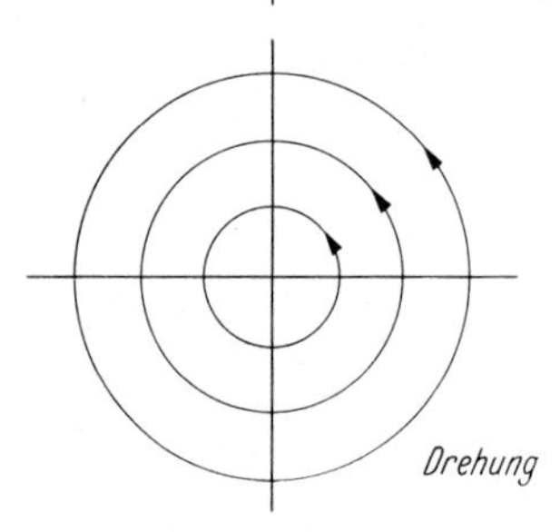

1. $\log s$ ist *reell,* d. h. s ist positiv reell. *Bahnlinien sind die Geraden durch den Nullpunkt.* Die Abbildung ist eine reine *Streckung.*

2. $\log s$ ist *rein imaginär,* d. h. $|s| = 1$. *Bahnlinien sind konzentrische Kreise* um den Nullpunkt. Die Abbildung ist eine reine *Drehung* (und damit eine kongruente Abbildung).

3. $\log s$ ist *beliebig komplex.* Die *Bahnlinien sind logarithmische Spiralen* (vgl. 5.2., Abb. 25). Die Abbildung ist eine *Drehstreckung* (vgl. 1.3).

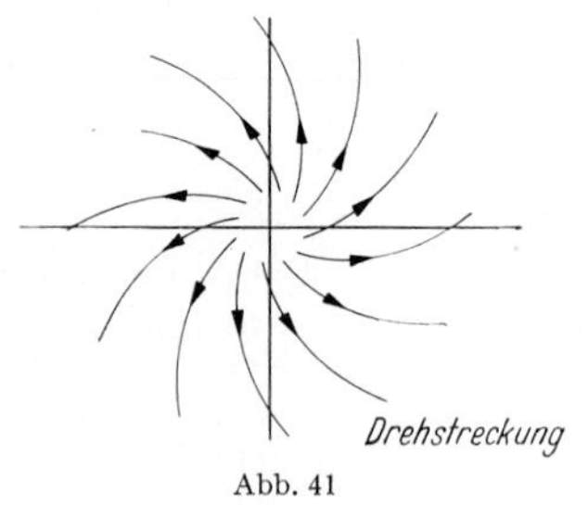

Abb. 41

Schließlich betrachten wir den allgemeinen Fall

$$w = s z + b \,. \tag{7.1.4}$$

Den Fall $s = 0$ können wir wieder ausschließen, den Fall $s = 1$ haben wir schon in (7.1.1) untersucht. Ist $s \neq 1$, so hat die Abbildung (7.1.4) einen *Fixpunkt*, d. h. einen Punkt, der bei der Abbildung in sich übergeht. Dies ist der Punkt

$$w = z = \zeta = \frac{b}{1 - s}. \tag{7.1.5}$$

Wir können dann (7.1.4) in der Form schreiben:

$$(w - \zeta) = s(z - \zeta). \tag{7.1.6}$$

Damit hat die Abbildung die Form (7.1.2), nur tritt an die Stelle des Nullpunkts hier der Fixpunkt ζ. Die Abbildung ist eine Drehstreckung (evtl. auch reine Drehung oder reine Streckung) um den Fixpunkt ζ.

Die ganz linearen Funktionen liefern eine umkehrbar eindeutige und überall konforme (sogar überall „im großen" ähnliche) Abbildung der Zahlenebene auf sich selbst. Auch auf der Kugel bzw. der um den Punkt ∞ ergänzten Zahlenebene ist diese Abbildung umkehrbar eindeutig und überall konform. Mit $w^* = \frac{1}{w}$, $z^* = \frac{1}{z}$ wird nämlich[1]

$$w^* = \frac{z^*}{bz^* + s}. \tag{7.1.7}$$

Danach geht $w = \infty$ in $z = \infty$ über und die Abbildung ist dort konform. $w = z = \zeta_2 = \infty$ ist damit ein zweiter Fixpunkt der Abbildung (7.1.4). Da die Abbildung ähnlich ist, bleiben die *Streckenverhältnisse* und Winkel erhalten. Gehen drei Punkte z_1, z_2, z_3 in drei Punkte w_1, w_2, w_3 über, so muß daher gelten

$$\frac{w_1 - w_3}{w_2 - w_3} = \frac{z_1 - z_3}{z_2 - z_3}. \tag{7.1.8}$$

Hiernach kann man für eine ganz lineare Abbildung vorschreiben, daß zwei verschiedene Punkte z_1 und z_2 in zwei — ebenfalls verschiedene — Punkte w_1 und w_2 übergehen sollen. Dadurch ist die Abbildung eindeutig bestimmt und die Abbildungsfunktion läßt sich durch Auflösen der Gleichung

$$\frac{w - w_1}{w_2 - w_1} = \frac{z - z_1}{z_2 - z_1} \tag{7.1.9}$$

explizite angeben.

7.2. Gebrochen lineare Funktionen. Wir können voraussetzen, daß in der gebrochen linearen Funktion

$$w = \frac{az + b}{cz + d}, \quad c \neq 0 \tag{7.2.1}$$

die Koeffizientendeterminante

$$D = ad - bc \tag{7.2.2}$$

[1] Vgl. die Überlegungen am Schluß von 4.2.

von Null verschieden ist, weil sonst die rechte Seite von (7.2.1) gleich einer Konstanten wäre. Wir können dann durch Multiplikation aller Koeffizienten a, b, c, d mit einem gemeinsamen Faktor erreichen, daß $D = 1$ wird. Dies wollen wir zur Vereinfachung der Rechnung im folgenden immer voraussetzen. Wir können dann (7.2.1) in der Form schreiben

$$w = \frac{a}{c} - \frac{1}{c(cz + d)}. \tag{7.2.3}$$

Jede gebrochen lineare Abbildung läßt sich also aus folgenden Teilabbildungen zusammensetzen[1]:

$$w = \frac{a}{c} - z_1, \quad z_1 = \frac{1}{z_2}, \quad z_2 = c(cz + d). \tag{7.2.4}$$

Dies sind ganz lineare Funktionen und die in 6.3 betrachtete Funktion $w = z^{-1}$. Alle diese Funktionen — und damit alle gebrochen linearen Funktionen — haben die folgenden Abbildungseigenschaften:

1. Sie bilden *umkehrbar eindeutig und überall konform die Kugel* bzw. die durch den Punkt ∞ vervollständigte Zahlenebene *auf sich ab.*

2. Sie sind *Kreisverwandtschaften,* d. h. Kreise und Geraden werden auf Kreise oder Geraden abgebildet.

Aus 1. und 2. folgt, daß *orthogonale Kreise wieder in orthogonale Kreise übergehen.* Auf Grund der in 6.3 gegebenen Definition der Spiegelung an einem Kreis (die auch für die Spiegelung an einer Geraden gilt) müssen daher *Spiegelpunkte* bezüglich eines Kreises wieder in Spiegelpunkte bezüglich des Bildkreises übergehen. Weiter folgt, daß jedes isotherme Kreisnetz wieder in ein isothermes Kreisnetz übergeht. Genauer gehen kartesische und Dipolnetze wieder in kartesische oder Dipolnetze, Polarnetze und Quell-Senken-Netze wieder in Polarnetze oder Quell-Senken-Netze über.

Genauere Aussagen über die Struktur der Abbildung ergeben sich aus dem Verhalten der Abbildung in der Umgebung der Fixpunkte. Setzen wir in Gleichung (7.2.1) $w = z = \zeta$, so ergibt sich unter Berücksichtigung von $D = 1$

$$c\,\zeta^2 - (a - d)\,\zeta - b = 0, \tag{7.2.5}$$

d. h.

$$\zeta_{1,2} = \frac{1}{2c}\left(a - d \pm \sqrt{(a + d)^2 - 4}\right). \tag{7.2.6}$$

Ist $a + d \neq 2$, so erhalten wir zwei verschiedene Fixpunkte ζ_1 und ζ_2 und können die Gleichung (7.2.1) in der Form

$$\frac{w - \zeta_1}{w - \zeta_2} = s\,\frac{z - \zeta_1}{z - \zeta_2} \tag{7.2.7}$$

[1] Der hier auszuschließende Fall $c = 0$ stellt eine ganz lineare Abbildung dar.

schreiben. Hieraus berechnet sich s zu[1]

$$s = \frac{c\zeta_2 + d}{c\zeta_1 + d} = (c\,\zeta_2 + d)^2 = \left[\frac{a+d}{2} - \sqrt{\frac{(a+d)^2}{4} - 1}\,\right]^2. \qquad (7.2.8)$$

Setzen wir jetzt $W = \frac{w - \zeta_1}{w - \zeta_2}$, $Z = \frac{z - \zeta_1}{z - \zeta_2}$, so schreibt sich (7.2.7)

$$W = s\,Z, \qquad (7.2.9)$$

d. h. die Gleichung nimmt die Form (7.1.2) an. Hiermit können wir auch für gebrochen lineare Abbildungen Bahnlinien bestimmen. Wir haben uns hierzu zu überlegen, daß ein Polarnetz in der Z- bzw. W-Ebene in ein Quell-Senken-Netz in der z- bzw. w-Ebene mit ζ_1 und ζ_2 als Quell- und Senkenpunkt übergeht. Die drei Fälle, die wir zu (7.1.2) unterschieden haben, erzeugen jetzt die folgenden Bahnlinien in der z- bzw. w-Ebene:

1. s ist positiv reell. Dann sind die Bahnlinien Kreise durch die beiden Fixpunkte ζ_1 und ζ_2. In diesem Fall sprechen wir von einer *hyperbolischen*[2] Abbildung. Ist $s > 1$, so entfernen sich bei der Abbildung alle Punkte von ζ_1 *(abstoßender Fixpunkt)* und nähern sich ζ_2 *(anziehender Fixpunkt)*. Ist $s < 1$, so ist es umgekehrt.

2. $|s| = 1$. Die Bahnlinien stehen senkrecht auf den Kreisen durch ζ_1 und ζ_2. Wir nennen die Abbildung *elliptisch*.

3. s ist beliebig komplex, jedoch außerhalb der Fälle 1. und 2. Dann sind die Bahnlinien gewisse Kurven, die durch Abbildung logarithmischer Spiralen der Z-Ebene auf die z-Ebene entstehen, wir nennen sie *Loxodrome*. Diese schneiden die Kreise durch ζ_1 und ζ_2 alle unter dem gleichen Winkel. Wir nennen die Abbildung *loxodromisch*.

Um zu entscheiden, welcher der drei Fälle vorliegt, brauchen wir nicht den Wurzelausdruck in (7.2.8) zu berechnen; es ist nämlich

$$a + d = \sqrt{s} + \frac{1}{\sqrt{s}}. \qquad (7.2.10)$$

Damit ist die Abbildung

hyperbolisch,	wenn $a + d$ reell und $\lvert a + d\rvert > 2$ ist,
elliptisch,	wenn $a + d$ reell und $\lvert a + d\rvert < 2$ ist,
loxodromisch,	wenn $a + d$ beliebig komplex ist.

Ist $a + d = \pm 2$, so hat die Abbildung nur einen Fixpunkt ζ. Die Funktion (7.2.1) kann dann in der Form geschrieben werden

$$\frac{1}{w - \zeta} = \frac{1}{z - \zeta} + c\,. \qquad (7.2.11)$$

---

[1] Man setze $z = -\frac{d}{c}$, $w = \infty$.

[2] Die Bezeichnungen hyperbolisch, elliptisch und parabolisch sollen gewisse Analogien zu den quadratischen Gleichungen zum Ausdruck bringen, die Hyperbeln, Ellipsen und Parabeln in der Ebene darstellen.

Dies ist eine Gleichung der Form (7.1.1). Die Bahn- und Niveaulinien dieser Abbildung bilden ein Dipolnetz in der z- bzw. w-Ebene. Wir bezeichnen diese Abbildung als *parabolisch.*

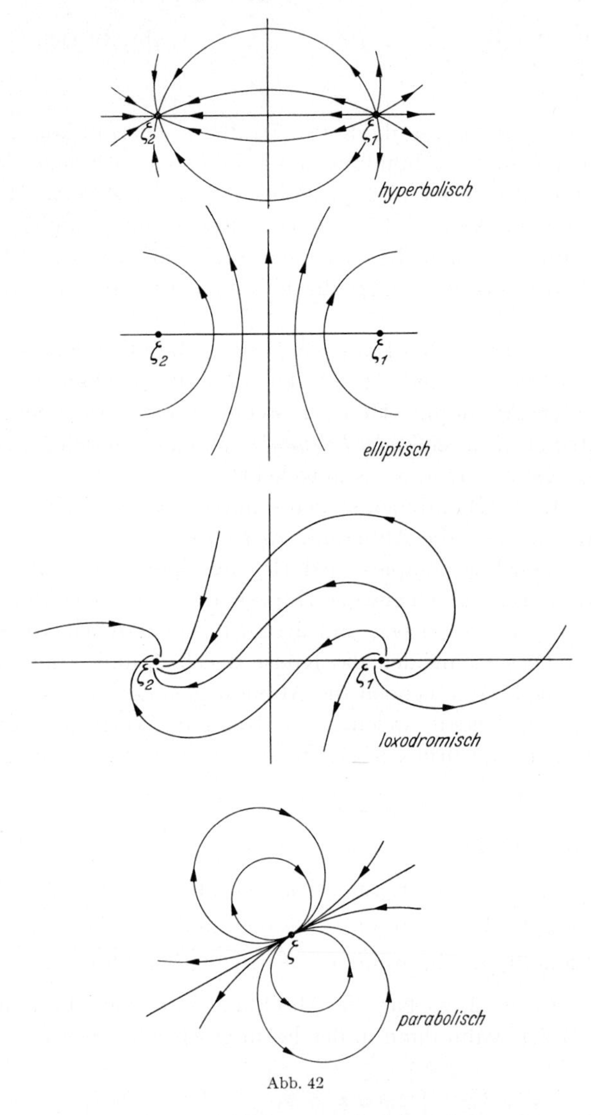

Abb. 42

Die gebrochen linearen Abbildungen sind im allgemeinen nicht mehr wie die ganz linearen, „im großen" ähnlich, so daß die Beziehung (7.1.8) hier nicht mehr gilt. Erhalten bleibt aber das *Doppelverhältnis*

$$(w_1, w_2, w_3, w_4) = (z_1, z_2, z_3, z_4) \tag{7.2.12}$$

oder explizit geschrieben

$$\frac{w_1 - w_3}{w_1 - w_4} : \frac{w_2 - w_3}{w_2 - w_4} = \frac{z_1 - z_3}{z_1 - z_4} : \frac{z_2 - z_3}{z_2 - z_4} \tag{7.2.12a}$$

von vier einander entsprechenden Punkten. Die Richtigkeit prüft man leicht nach für $w = z^{-1}$; für ganz lineare Abbildungen ist sie wegen (7.1.8) ebenfalls gültig und damit wegen (7.2.4) für beliebige gebrochen lineare Abbildungen. Fordert man, daß drei verschiedene Punkte z_1, z_2, z_3 in drei ebenfalls voneinander verschiedene Punkte w_1, w_2, w_3 bei einer gebrochen linearen Abbildung übergehen sollen, so ist dadurch die Abbildung eindeutig bestimmt und die Abbildungsfunktion $w(z)$ ergibt sich aus der Gleichung

$$\frac{w - w_1}{w - w_2} : \frac{w_3 - w_1}{w_3 - w_2} = \frac{z - z_1}{z - z_2} : \frac{z_3 - z_1}{z_3 - z_2} . \tag{7.2.13}$$

Mit Hilfe dieser Formel lassen sich eine Reihe von Abbildungsaufgaben lösen, die wir in den folgenden Abschnitten besprechen wollen.

7.3. Abbildung eines Kreises auf einen anderen. In der z- und in der w-Ebene seien je ein Kreis gegeben und es soll die Abbildungsfunktion angegeben werden, welche den einen Kreis umkehrbar eindeutig und überall konform auf den andern abbildet. Wir können dann noch vorschreiben, daß drei beliebige Punkte auf der Peripherie des z-Kreises in drei ebenfalls beliebige Punkte auf der Peripherie des w-Kreises übergehen. Bilden wir auf Grund dieser Zuordnung die Abbildungsfunktion nach (7.2.13), so müssen auch die Kreise ineinander übergehen, da eine Kreisperipherie durch drei Punkte eindeutig bestimmt ist und andrerseits bei einer gebrochen linearen Abbildung Kreise wieder in Kreise übergehen. Allerdings wird bei dieser Konstruktion nur dann das Innere des einen Kreises in das Innere des anderen abgebildet werden, wenn die vorgegebenen Punkte auf dem w-Kreis im selben Sinne aufeinanderfolgen wie die Punkte auf dem z-Kreis. Dies folgt aus dem in 2.4 besprochenen Satz über die Erhaltung des Umlaufungssinnes bei konformer Abbildung. Im anderen Fall geht das Innere des einen in das Äußere des anderen Kreises über und umgekehrt (vgl. Abb. 43).

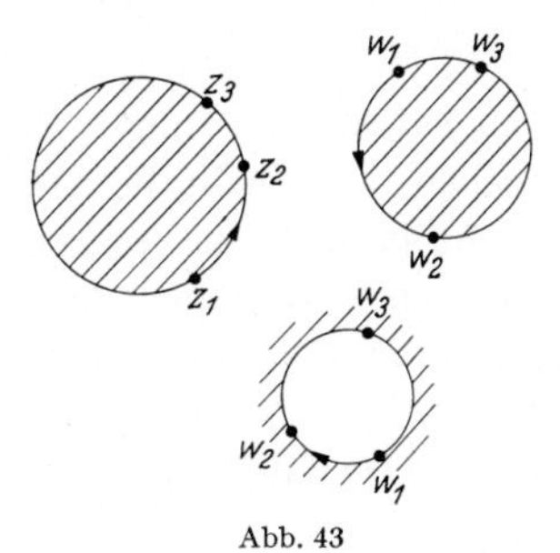

Abb. 43

In vielen praktisch vorkommenden Fällen sind nicht Punkte auf der Peripherie sondern im Innern der Kreise vorgegeben, die bei der Abbildung ineinander übergehen sollen. Um solche Abbildungsaufgaben zu lösen, benutzen wir den in 7.2. bewiesenen Satz, daß bei gebrochen linearer Abbildung Paare von Spiegelpunkten wieder in Paare von Spiegelpunkten übergehen. Wenn also gefordert ist, daß das Innere eines Kreises in das Innere eines anderen konform abgebildet werden soll, wobei einem inneren Punkt z_0 der gleichfalls innere Punkt w_0 entspricht, so werden wir zunächst die Spiegelpunkte z_0^* und w_0^* bezüglich der beiden Kreise bestimmen. Zu jedem Punktpaar gehört ein Kreisbüschel derart, daß die beiden Punkte Spiegelpunkte bezüglich jedes Kreises des Büschels sind[1]. Die beiden Paare z_0, z_0^* und w_0, w_0^* bestimmen also zwei Kreisbüschel, denen die vorgegebenen Kreise auch angehören. Damit diese bei der Abbildung ineinander übergehen, können wir noch jeweils einen Punkt z_1 und w_1 auf der Peripherie der beiden Kreise auswählen und verlangen, daß diese Punkte aufeinander abgebildet werden. Durch die Punkte z_0, z_0^*, z_1 und w_0, w_0^*, w_1 sind dann sowohl die Kreise als auch die gesuchte Abbildungsfunktion eindeutig bestimmt.

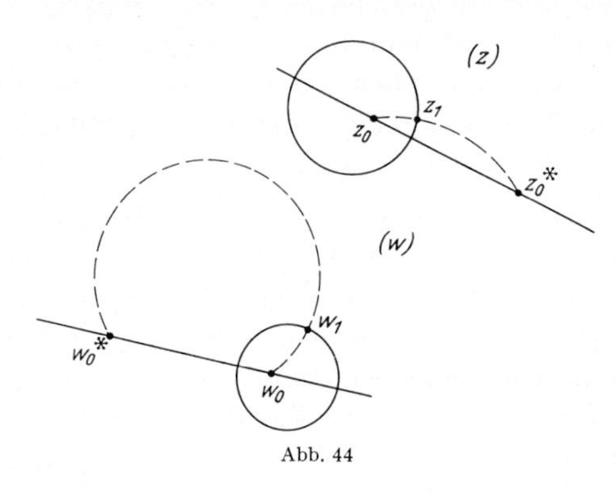

Abb. 44

Sollen zwei innere Punkte z_1, z_2 in zwei innere Punkte w_1, w_2 übergehen, so braucht die Abbildungsaufgabe nicht lösbar zu sein. Es müssen dann ja auch die Spiegelpunkte z_1^*, z_2^* und w_1^*, w_2^* aufeinander abgebildet werden und daher die Doppelverhältnisse von w_1, w_2, w_1^*, w_2^* und z_1, z_2, z_1^*, z_2^* übereinstimmen

$$\Delta(w_1 w_2) = \frac{w_1 - w_2}{w_1^* - w_2} : \frac{w_1 - w_2^*}{w_1^* - w_2^*} = \frac{z_1 - z_2}{z_1^* - z_2} : \frac{z_1 - z_2^*}{z_1^* - z_2^*} = \Delta(z_1 z_2) . \quad (7.3.1)$$

Ist diese Bedingung erfüllt, so läßt sich wieder ohne weiteres die Abbildungsfunktion angeben, welche die entsprechenden Punkte einander zuordnet; wir brauchen hierzu nur in (7.3.1) etwa w_1 durch w und z_1 durch z zu ersetzen. Die Frage ist noch, ob dann auch die vorgegebenen Kreise ineinander übergehen. Um dies zu zeigen, genügt es festzustellen, ob ein Kreis durch vier Punkte z_1, z_2, z_1^*, z_2^* eindeutig bestimmt ist, d. h. ob es nur einen einzigen Kreis gibt, für den diese Punkte Paare von Spiegelpunkten sind. Wir bemerken zunächst, daß die vier Punkte auf einem Kreis liegen. Denn einerseits ist jeder Kreis durch zwei Spiegel-

[1] Am einfachsten macht man sich dies klar an dem speziellen Paar 0, ∞. Der Spiegelpunkt zum Punkt ∞ ist stets der Mittelpunkt des Kreises. Alle Kreise, für die 0 und ∞ Spiegelpunkte sind, müssen den Nullpunkt als Mittelpunkt haben, sie sind also konzentrische Kreise um den Nullpunkt. Durch eine gebrochen lineare Abbildung kann dann 0 und ∞ nach zwei beliebigen Punkten z_0 und z_0^* gebracht werden und das Büschel konzentrischer Kreise geht dabei in ein anderes Kreisbüschel über.

punkte ein Orthokreis, andererseits ist mit jedem Punkt eines Orthokreises auch sein Spiegelpunkt im selben Orthokreis enthalten. Ein Kreis z. B. durch z_1, z_1^* und z_2 muß also auch z_2^* enthalten. Wir greifen jetzt einen beliebigen Punkt z_0 auf der Peripherie des vorgegebenen z-Kreises heraus, der nicht gerade auf dem Kreis durch die vier Spiegelpunkte liegt, und zeichnen die Kreise durch z_1, z_1^*, z_0 und z_2, z_2^*, z_0 (Abb. 45). Dies sind beides Orthokreise und sie müssen sich daher in z_0 berühren. Gäbe es noch einen zweiten Kreis, für den z_1, z_1^* und z_2, z_2^* Paare von Spiegelpunkten sind, so müßte er senkrecht auf beiden Orthokreisen durch z_0 stehen, er muß also auch durch z_0 gehen. Da z_0 beliebig gewählt werden kann, muß er mit dem vorgegebenen Kreis übereinstimmen.

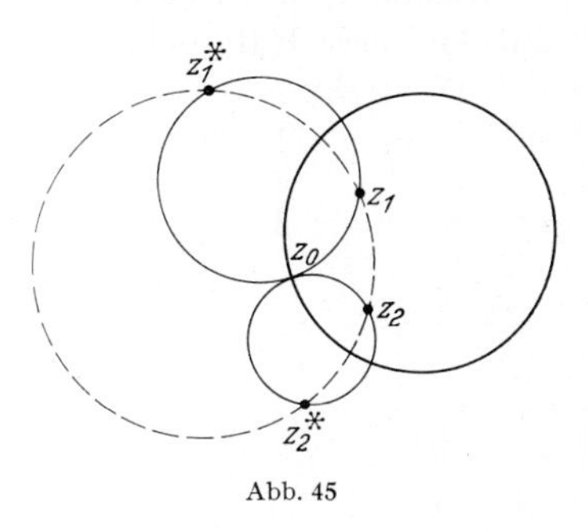

Abb. 45

Das in (7.3.1) definierte Doppelverhältnis gibt Anlaß, eine „*Entfernung*" zweier Punkte bezüglich eines Kreises einzuführen. Wir setzen

$$E(z_1 z_2) = \operatorname{Ar}\operatorname{Tg}\sqrt{\Delta(z_1 z_2)}\,. \tag{7.3.2}$$

Es läßt sich zeigen, daß $\Delta(z_1 z_2)$ *positiv reell* ist[1], und wir wählen zur Bestimmung von $E(z_1 z_2)$ die positive Wurzel. Dann gelten die für die Definition eines Entfernungsmaßes charakteristischen Beziehungen:

$$\begin{gathered} E(zz) = 0\,, \\ E(z_1 z_2) > 0 \quad \text{für} \quad z_1 \neq z_2\,, \\ E(z_1 z_2) = E(z_2 z_1)\,, \\ E(z_1 z_2) + E(z_2 z_3) \geqq E(z_1 z_3)\,, \end{gathered} \tag{7.3.3}$$

wobei in der letzten Ungleichung dann und nur dann das Gleichheitszeichen steht, wenn die Punkte z_1, z_2, z_3 auf einem Orthokreis liegen[2]. Das Entfernungsmaß $E(z_1 z_2)$ bildet die Grundlage für ein Modell der nichteuklidischen *hyperbolischen Geometrie*[3], in der die Orthokreise den

[1] Wir können durch eine gebrochen lineare Funktion den Kreis durch die vier Spiegelpunkte so auf die reelle Achse abbilden, daß z_1 in den Nullpunkt, z_2 in den Punkt 1 und z_1^* in den Punkt ∞ übergeht. Dann geht z_2^* in eine positiv reelle Zahl > 1 über und das Doppelverhältnis, das sich ja bei dieser Abbildung nicht ändert, wird positiv reell.

[2] Die letzte Ungleichung von (7.3.3) entspricht dem für die gewöhnliche Entfernungsdefinition gültigen Satz, daß in einem Dreieck die Summe zweier Seiten größer ist als die dritte Seite. Diese Beziehung wird daher als Dreiecksungleichung bezeichnet.

[3] Siehe etwa F. Klein: Vorlesungen über nichteuklidische Geometrie. Berlin 1928.

Geraden der gewöhnlichen Geometrie entsprechen. Eine gebrochen lineare Abbildung, welche einen Kreis ungeändert läßt, läßt auch dies Entfernungsmaß ungeändert, die Abbildung hat also die Bedeutung einer Bewegung in der nichteuklidischen Ebene.

Ich gebe noch einige Beispiele mit Lösungen typischer Abbildungsaufgaben.

Abbildung des Einheitskreises auf die obere Halbebene.

1. Die Punkte $z_1 = e^{i\varphi_1}$, $z_2 = e^{i\varphi_2}$, $z_3 = e^{i\varphi_3}$ mögen bei der Abbildung

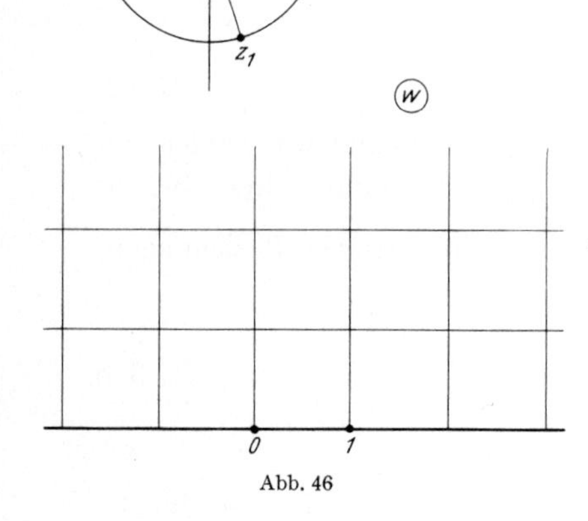

Abb. 46

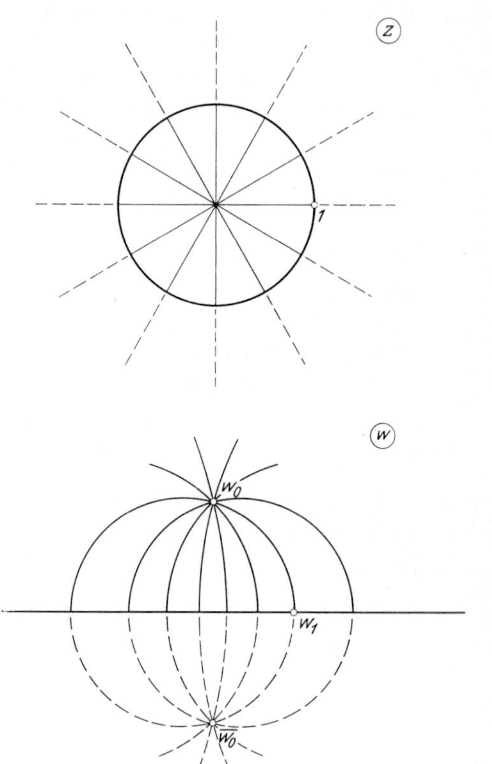

Abb. 47

des Einheitskreises auf die obere Halbebene in die Punkte $w_1 = 0$, $w_2 = \infty$ und $w_3 = 1$ übergehen. Dann lautet die gesuchte Abbildungsfunktion $w(z)$:

$$w(z) = \frac{z - e^{i\varphi_1}}{z - e^{i\varphi_2}} \cdot \frac{e^{i\varphi_3} - e^{i\varphi_2}}{e^{i\varphi_3} - e^{i\varphi_1}}. \tag{7.3.4}$$

Damit durch diese Funktion das Innere des Einheitskreises wirklich auf die obere Halbebene abgebildet wird, müssen die Punkte z_1, z_2, z_3 in mathematisch negativem Sinne (d. h. im Uhrzeigersinn) aufeinander folgen. Im anderen Fall wird das Innere des Einheitskreises auf die untere Halbebene abgebildet.

2. Der Mittelpunkt des Einheitskreises $z = 0$ soll in einen vorgegebenen Punkt der oberen Halbebene $w = w_0$ übergehen. Der Spiegel-

punkt zu $z = 0$ ist $z = \infty$, zu $w = w_0$ ist er $w = \overline{w}_0$. Wir können dann noch fordern, daß der Punkt $z = 1$ auf der Peripherie des Einheitskreises in den reellen Punkt w_1 übergeht. Dann schreibt sich die gesuchte Abbildungsfunktion

$$\frac{w - w_0}{w - \overline{w}_0} \cdot \frac{w_1 - \overline{w}_0}{w_1 - w_0} = z \,. \tag{7.3.5}$$

Abbildung des Einheitskreises auf sich selbst.

Das *Entfernungsmaß* (7.3.2) hat für den Einheitskreis die Form

$$E(z_1 z_2) = \operatorname{ArTg} \frac{|z_1 - z_2|}{|1 - z_1 \bar{z}_2|} \,. \tag{7.3.6}$$

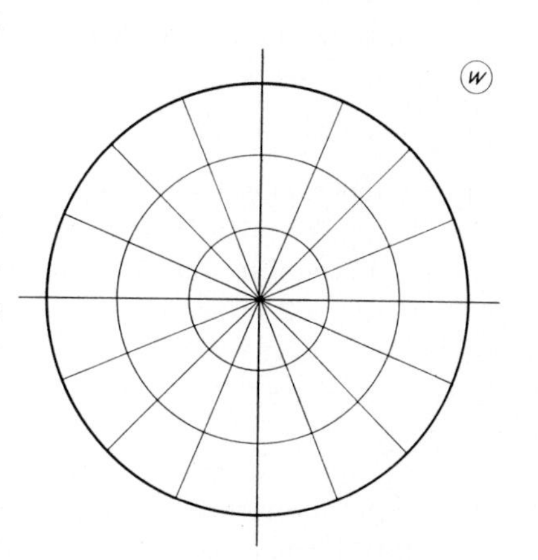

Dieses Maß muß bei der Abbildung des Einheitskreises auf sich erhalten bleiben. Sind also z_1, z_2 und w_1, w_2 Paare entsprechender Punkte, so gilt

$$\frac{|w_1 - w_2|}{|1 - w_1 \overline{w}_2|} = \frac{|z_1 - z_2|}{|1 - z_1 \bar{z}_2|} \,. \tag{7.3.7}$$

Soll insbesondere $z = z_0$ in den Mittelpunkt des Einheitskreises $w = 0$ übergehen, so muß die Abbildungsfunktion $w(z)$ der Bedingung genügen

$$|w(z)| = \frac{|z - z_0|}{|1 - z \bar{z}_0|} \,. \tag{7.3.8}$$

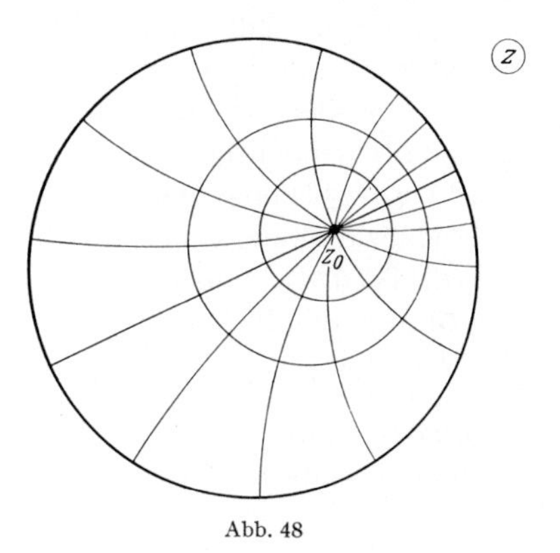

Abb. 48

Die rechte Seite von (7.3.8) gleich einer Konstanten gesetzt, stellt die Gleichung eines „*nichteuklidischen*“ *Kreises* um z_0 dar; sie entspricht der Gleichung (1.1.2) für „euklidische“ Kreise. Aus (7.3.8) folgt als die allgemeinste Abbildung des Einheitskreises auf sich, bei der $z = z_0$ in $w = 0$ übergeht:

$$\boldsymbol{w(z) = e^{i\gamma} \frac{z - z_0}{1 - z \bar{z}_0}} \,, \tag{7.3.9}$$

wo γ eine beliebige reelle Konstante[1] ist.

[1] γ kann keine Funktion von z sein, weil der Imaginärteil von γ wegen (7.3.8) gleich Null sein muß. Eine analytische Funktion mit konstantem Imaginärteil kann aber wegen der Cauchy-Riemannschen Differentialgleichungen (2.2.18) nur eine Konstante sein.

7.4. Kugeldrehungen. Wie wir in 7.2 gezeigt haben, erzeugt jede gebrochen lineare Funktion eine umkehrbar eindeutige und überall konforme Abbildung der Kugel auf sich. Es gilt auch die Umkehrung dieses Satzes: Jede umkehrbar eindeutige und überall konforme Abbildung kann durch gebrochen lineare Funktionen erzeugt werden. Daraus folgt, daß alle Kugeldrehungen, also die kongruenten Abbildungen, der Kugel auf sich, mit gebrochen linearen Funktionen dargestellt werden können.

Wir betrachten zunächst die Drehung der Kugel um eine Achse, der Drehwinkel sei γ. Die Achse trifft die Kugelfläche in zwei Punkten; ist ζ der eine, so muß $-\frac{1}{\bar{\zeta}} = \hat{\zeta}$ der andere sein, wie man sich anhand der stereographischen Projektion überlegen kann. ζ und $\hat{\zeta}$ sind dann die Fixpunkte der Abbildung, die Bahnlinien sind Kreise um diese beiden Fixpunkte, die Abbildung ist also *elliptisch*. Wir können sie in der Form (7.2.7) schreiben:

$$\frac{w-\zeta}{w+\frac{1}{\bar{\zeta}}} = e^{i\gamma}\frac{z-\zeta}{z+\frac{1}{\bar{\zeta}}}. \tag{7.4.1}$$

Ist γ positiv, so dreht sich bei dieser Abbildung die Kugel von ζ aus betrachtet in mathematisch positivem Sinne beim Übergang von z zu w.

Statt Drehachse und Drehwinkel zu betrachten, können wir auch vorschreiben, daß zwei Punkte z_1, z_2 bei der Kugeldrehung in zwei Punkte w_1 und w_2 übergehen sollen. Sind diese nicht gerade Antipoden — dies wollen wir ausschließen —, so ist die Kugeldrehung hierdurch ebenfalls eindeutig bestimmt. Allerdings können die Punktepaare nicht ganz beliebig gewählt werden, weil ja der Abstand zweier Punkte bei Kugeldrehungen erhalten bleibt. Um diesen Sachverhalt analytisch ausdrücken zu können, überlegen wir uns, daß bei einer Kugeldrehung nicht nur die Punkte z_1, z_2 in w_1, w_2, sondern auch die Gegenpunkte $-\frac{1}{\bar{z}_1}, -\frac{1}{\bar{z}_2}$ in die Gegenpunkte $-\frac{1}{\bar{w}_1}, -\frac{1}{\bar{w}_2}$ übergehen. Das Doppelverhältnis aus diesen vier Punkten muß also bei jeder Kugeldrehung erhalten bleiben. Wir definieren ähnlich wie in (7.3.1)

$$\Delta_K(z_1 z_2) = \frac{z_1 - z_2}{-\frac{1}{\bar{z}_1} - z_2} : \frac{z_1 + \frac{1}{\bar{z}_2}}{-\frac{1}{\bar{z}_1} + \frac{1}{\bar{z}_2}} = -\frac{|z_1 - z_2|^2}{|1 + z_1\bar{z}_2|^2}. \tag{7.4.2}$$

In dem Spezialfall $z_1 = \varrho\, e^{i\varphi}$, $z_2 = 0$ wird daraus:

$$\Delta_K(\varrho e^{i\varphi}, 0) = -\varrho^2 = -\operatorname{tg}^2\left(\frac{\pi}{4} - \frac{\vartheta}{2}\right). \tag{7.4.3}$$

Die Größe $\frac{\pi}{4} - \frac{\vartheta}{2}$ stellt die halbe Bogenlänge auf der Einheitskugel zwischen den Punkten 0 und $\varrho e^{i\varphi}$ dar. Da sich die Größe (7.4.2) bei

Kugeldrehungen nicht ändert, läßt sich die Bogenlänge auf der Kugel durch

$$E_K(z_1 z_2) = 2 \operatorname{arc\,tg} \sqrt{-\Delta_K(z_1 z_2)} \tag{7.4.4}$$

ausdrücken. Das Linienelement auf der Kugel wird dann[1]

$$E_K(z, z + dz) = 2 \frac{|dz|}{|1 + z^2|} = ds\,. \tag{7.4.5}$$

Genau wie in (7.3.9) läßt sich jetzt aus der rechten Seite von (7.4.2) die allgemeinste Kugeldrehung ableiten, die einen Punkt $z = z_0$ in den Punkt $w = 0$ überführt. Diese wird durch die gebrochen lineare Funktion

$$w(z) = e^{i\gamma} \frac{z - z_0}{1 + z\bar{z}_0} \tag{7.4.6}$$

hergestellt.

7.5. Abbildung zweier Kreise auf zwei andere. Zur Lösung dieser Abbildungsaufgabe gehen wir von der Überlegung aus, daß zwei voneinander verschiedene Kreise $\mathfrak{K}_1$ und $\mathfrak{K}_2$ stets ein Kreisbüschel erzeugen in dem Sinne, daß es genau eine Schar von Potential- oder Stromlinien eines Quell-Senken-oder eines Dipolnetzes gibt, der die beiden Kreise angehören. Wir haben hier drei Fälle zu unterscheiden:

1. Die beiden Kreise schneiden sich in zwei Punkten ζ_1 und ζ_2. Zusammen mit den anderen Kreisen, die durch diese beiden Punkte gehen, bilden sie ein Kreisbüschel, das als *elliptisches Kreisbüschel* bezeichnet wird. Durch die Abbildung

$$w = \frac{z - \zeta_1}{z - \zeta_2} \tag{7.5.1}$$

gehen diese Kreise in der w-Ebene in Geraden durch den Nullpunkt über.

2. Die beiden Kreise haben keinen gemeinsamen Punkt. Sie stehen dann senkrecht auf den Kreisen eines elliptischen Büschels und bilden mit den anderen Kreisen, die auf diesem Büschel senkrecht stehen, ein sog. *hyperbolisches Kreisbüschel.* Um die zugehörigen Grundpunkte (Quell- und Senkenpunkte des zugehörigen Quell-Senken-Netzes) zu finden, müssen wir Orthokreise zu beiden Kreisen $\mathfrak{K}_1$ und $\mathfrak{K}_2$ bestimmen. Durch die Schnittpunkte zweier Orthokreise müssen auch die anderen Orthokreise hindurchgehen und dort liegen die gesuchten Grundpunkte ζ_1 und ζ_2. Ist einer der Kreise — etwa $\mathfrak{K}_1$ — zu einer Geraden entartet, so müssen die Mittelpunkte der Orthokreise auf dieser Geraden liegen. Um den Orthokreis durch irgendeinen Punkt Q auf der Peripherie von $\mathfrak{K}_2$ zu zeichnen, hat man dann nur die Tangente in Q zu konstruieren und

[1] Diese Beziehung muß mit der in (4.2.2) gegebenen Definition von ds übereinstimmen, wovon man sich anhand von (4.2.7) durch Nachrechnen überzeugen kann.

mit $\mathfrak{K}_1$ zum Schnitt zu bringen; dort liegt der Mittelpunkt M_0 des gesuchten Orthokreises (vgl. Abb. 49). Sind $\mathfrak{K}_1$ und $\mathfrak{K}_2$ beides Kreise, so führt die folgende Konstruktion zum Ziel: Wir wählen auf $\mathfrak{K}_1$ irgendeinen Punkt Q, durch den der Orthokreis hindurchgehen soll. Dann zeichnen wir die Gerade durch Q und den Mittelpunkt M_1 von $\mathfrak{K}_1$ und tragen von Q aus in irgendeiner Richtung den Radius r_2 von $\mathfrak{K}_2$ ab und erhalten so einen Punkt P. Dann liegt der Mittelpunkt M_0 des Orthokreises auf der Mittelsenkrechten s der Strecke PM_2, wo M_2 der Mittelpunkt von $\mathfrak{K}_2$ ist. Indem wir s mit der Tangente in Q zum Schnitt bringen, erhalten wir dann M_0. Um zu zeigen, daß wir damit wirklich den gesuchten Orthokreis erhalten, bringen wir die Gerade durch PQ

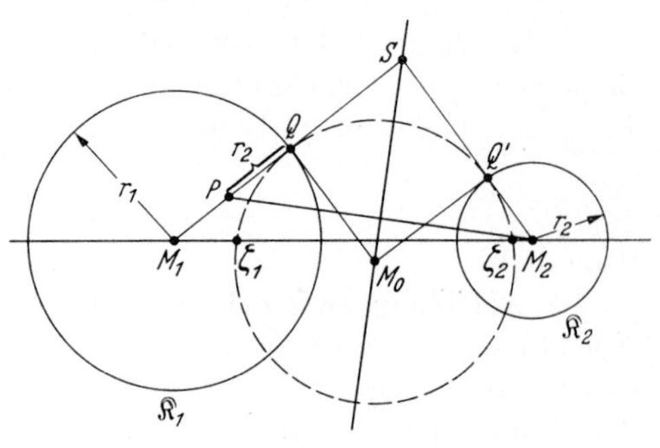

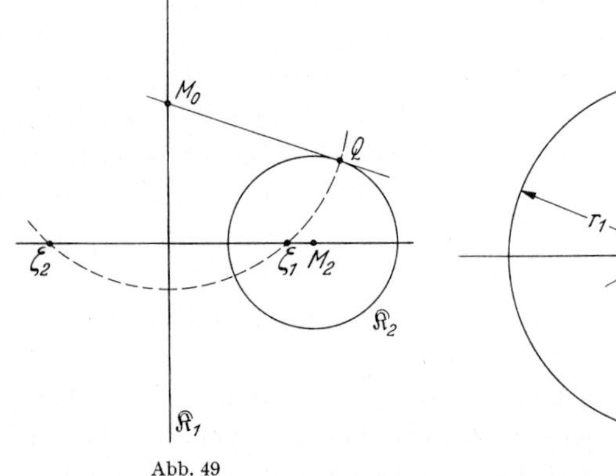

Abb. 49

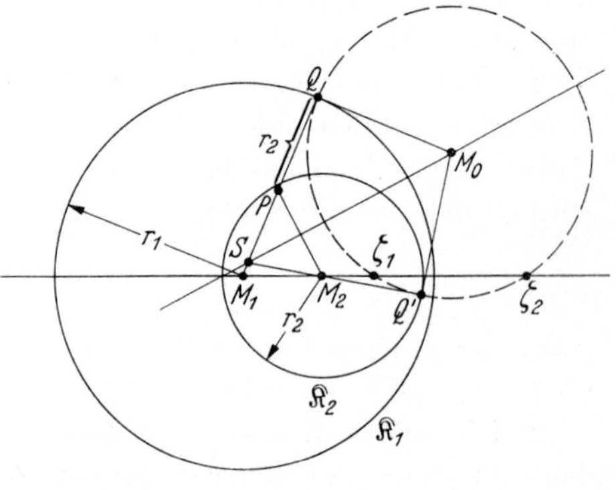

Abb. 50

mit s zum Schnitt und erhalten den Punkt S[1]. Es ist dann $M_2S = SP$, also $QS = Q'S$, wo Q' einer der Schnittpunkte des Orthokreises mit $\mathfrak{K}_2$ ist. Damit ist auch $M_0Q = M_0Q'$ und M_0Q' steht senkrecht auf M_2S (vgl. Abb. 50). Bringt man den so bestimmten Orthokreis mit der Geraden durch die beiden Kreismittelpunkte M_1 und M_2, die auch ein „Orthokreis" ist, zum Schnitt[2], so erhält man ζ_1 und ζ_2. Durch die Abbildung (7.5.1), durch die die Grundpunkte nach 0 und ∞ gehen, werden $\mathfrak{K}_1$ und $\mathfrak{K}_2$ auf konzentrische Kreise um den Nullpunkt abgebildet.

[1] Hierbei ist vorausgesetzt, daß PQ nicht parallel zu s liegt. Die Konstruktion bleibt auch in diesem Falle richtig.

[2] Ist $\mathfrak{K}_1$ eine Gerade, so entspricht dem die Gerade durch M_2, die auf $\mathfrak{K}_1$ senkrecht steht. Vgl. Abb. 49.

3. Die beiden Kreise berühren sich. Man kann sie dann als Potentiallinien eines Dipolnetzes auffassen. Die zugehörige Kreisschar einander in einem Punkt berührender Kreise wollen wir als *parabolisch* bezeichnen. Bringen wir den Berührungspunkt ζ durch

$$w = \frac{1}{z - \zeta} \tag{7.5.2}$$

nach ∞, so gehen die Kreise in parallele Geraden über.

Wir fragen jetzt zunächst nach Abbildungen, welche zwei gegebene Kreise in sich überführen. Hierzu gehören in erster Linie diejenigen, deren Fixpunkte die zu den Kreisen gehörigen Grundpunkte und deren Bahnlinien die betrachteten Kreise sind. Durch eine solche passende Abbildung kann jeder Orthokreis in jeden gegebenen anderen übergeführt werden.

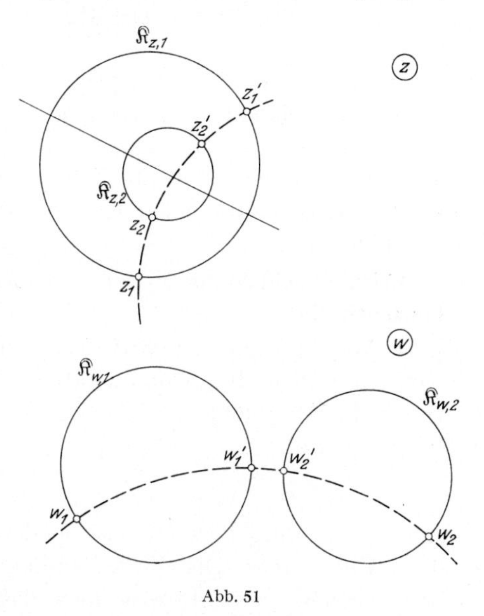

Abb. 51

Wenn wir jetzt allgemein zwei Kreise in der z-Ebene $\mathfrak{K}_{z,1}$ und $\mathfrak{K}_{z,2}$ auf zwei Kreise der w-Ebene $\mathfrak{K}_{w,1}$ und $\mathfrak{K}_{w,2}$ abbilden wollen, so können wir durch jedes Kreispaar einen Orthokreis legen und fordern, daß diese Orthokreise bei der Abbildung ineinander übergehen. Dann müssen insbesondere die Schnittpunkte der Kreispaare mit diesen Orthokreisen z_1, z_1', z_2, z_2' und w_1, w_1', w_2, w_2' (vgl. Abb. 51) aufeinander abgebildet werden. Werden nun umgekehrt durch eine linear gebrochene Funktion diese Punkte aufeinander abgebildet, so gehen sowohl die beiden Orthokreise wie auch die beiden Kreispaare ineinander über. Damit eine solche Abbildung möglich ist, müssen allerdings die Doppelverhältnisse zwischen den vier Punkten gleich sein. Wir definieren

$$\Delta(\mathfrak{K}_{z,1}\mathfrak{K}_{z,2}) = \frac{z_1 - z_2}{z_1' - z_2} : \frac{z_1 - z_2'}{z_1' - z_2'}\,; \tag{7.5.3}$$

demnach muß also sein

$$\Delta(\mathfrak{K}_{z,1}\,\mathfrak{K}_{z,2}) = \Delta(\mathfrak{K}_{w,1}\,\mathfrak{K}_{w,2})\,. \tag{7.5.4}$$

Wie in (7.3.2) und (7.4.4) steht auch dieses Doppelverhältnis in enger Beziehung zu einem Maß, und zwar ist es hier ein *Winkelmaß*. Wir setzen

$$\Theta(\mathfrak{K}_1\,\mathfrak{K}_2) = 2 \operatorname{arc\,tg} \sqrt{-\Delta(\mathfrak{K}_1\,\mathfrak{K}_2)}\,. \tag{7.5.5}$$

Für zwei sich schneidende Kreise stellt $\Theta(\mathfrak{K}_1 \mathfrak{K}_2)$ den Winkel zwischen den Kreisen dar, und zwar genauer den Winkel zwischen den Kreisbogen, auf denen z_1 und z_2 liegen. Man stellt dies leicht für den Spezialfall $z_1 = 1$, $z_1' = -1$, $z_2 = e^{i\varphi}$, $z_2' = -e^{i\varphi}$ fest. Durch eine Abbildung (7.5.1) mit nachfolgender Drehstreckung können die vier Punkte auf diese Form gebracht werden und die Kreise sind dann Geraden durch den Nullpunkt. Für konzentrische Kreise mit den Radien r_1 und r_2 rechnet man — unter Berücksichtigung von $\operatorname{arc\,tg} i x = i \operatorname{Ar\,Tg} x$ — aus[1]

$$\Theta(\mathfrak{K}_1 \mathfrak{K}_2) = \pm i \log \frac{r_1}{r_2}. \tag{7.5.6}$$

Diese Größe stellt eine Verallgemeinerung des Winkelmaßes dar, wonach sich nicht schneidenden Kreisen ein *imaginärer* Winkel zugeordnet wird. Zwei Kreispaare können also nur dann konform aufeinander abgebildet werden, wenn die Winkel zwischen den Kreisen gleich sind, was bei sich schneidenden Kreisen ja schon aus der Winkeltreue der Abbildung folgt.

Beispiel: Abbildung zweier sich nicht schneidender Kreise auf zwei konzentrische.

1. Wir bestimmen mit Hilfe der in Abb. 49 und 50 beschriebenen Konstruktionen die Grundpunkte ζ_1 und ζ_2 zu den beiden Kreisen. Durch die Abbildung

$$w = s \frac{z - \zeta_1}{z - \zeta_2} \tag{7.5.7}$$

gehen die vorgegebenen Kreise in der z-Ebene in konzentrische Kreise der w-Ebene über. Die Größe s kann eine beliebige komplexe Konstante sein; wir können s z. B. so wählen, daß einer der konzentrischen Kreise einen vorgegebenen Radius erhält, und daß auch ein vorgegebener Punkt auf der Peripherie des einen z-Kreises in einen vorgegebenen Punkt auf der Peripherie des zugehörigen w-Kreises übergeht. Vertauschen wir die Grundpunkte ζ_1 und ζ_2, so geht in der w-Ebene der innere Kreis in den äußeren über und umgekehrt.

2. Wollen wir die Aufgabe rechnerisch lösen, so müssen wir zuerst das in (7.5.3) definierte Doppelverhältnis bestimmen. Seien $\mathfrak{K}_{z,1}$ und $\mathfrak{K}_{z,2}$ die betrachteten Kreise, M_1 und M_2 ihre Mittelpunkte, r_1 und r_2 ihre Radien und d der Abstand zwischen M_1 und M_2. Wir legen dann durch M_1 und M_2 eine Gerade und bezeichnen deren Schnittpunkte mit den Kreisen in der in Abb. 52 angegebenen Reihenfolge mit z_1, z_1', z_2, z_2'.

[1] Hierbei ist vorausgesetzt, daß z_1, z_2 auf der einen, z_1', z_2' auf der anderen Seite liegen, vom gemeinsamen Mittelpunkt der Kreise aus gerechnet. Im anderen Fall erhalten wir den „Nebenwinkel“ $\pi - i \log \frac{r_1}{r_2}$.

Berechnen wir aus diesen Punkten $\Delta(\mathfrak{K}_{z,1}\mathfrak{K}_{z,2})$, so wird, wenn die Kreise getrennt liegen (Abb. 52a oben),

$$\Delta(\mathfrak{K}_{z,1}\mathfrak{K}_{z,2}) = \frac{d^2-(r_1+r_2)^2}{d^2-(r_1-r_2)^2}. \tag{7.5.8}$$

Liegen die Kreise ineinander (Abb. 52a Mitte), so ist

$$\Delta(\mathfrak{K}_{z,1}\mathfrak{K}_{z,2}) = \frac{(r_2-r_1)^2-d^2}{(r_2+r_1)^2-d^2}. \tag{7.5.9}$$

Ist einer der Kreise — etwa $\mathfrak{K}_{z,2}$ — zu einer Geraden entartet (Abb. 52a unten), so ist einfach

$$(\mathfrak{K}_{z,1}\mathfrak{K}_{z,2}) = \frac{a-r_1}{a+r_1}, \tag{7.5.10}$$

wo a der Abstand von M_1 zur Geraden $\mathfrak{K}_{z,2}$ ist.

Die Gerade durch M_1 und M_2 möge nun auf die reelle w-Achse so abgebildet werden, daß $\mathfrak{K}_{z,1}$ in den Einheitskreis, $\mathfrak{K}_{z,2}$ in den Kreis $|w| = R > 1$ übergeht. Genauer sollen dabei die Punkte z_1, z_1', z_2, z_2' auf die Punkte $w_1 = 1$, $w_1' = -1$, $w_2 = R$ und $w_2' = -R$ abgebildet werden (Abb. 52b). Danach ist

$$\Delta(\mathfrak{K}_{w,1}\mathfrak{K}_{w,2}) = \left(\frac{R-1}{R+1}\right)^2. \tag{7.5.11}$$

Da dieser Ausdruck bei der Abbildung nicht geändert wird, muß sein

$$R = \frac{1+\sqrt{\Delta}}{1-\sqrt{\Delta}}, \tag{7.5.12}$$

wobei für $\sqrt{\Delta}$ die positive Wurzel aus dem betreffenden Ausdruck (7.5.8), (7.5.9) oder (7.5.10) zu nehmen ist.

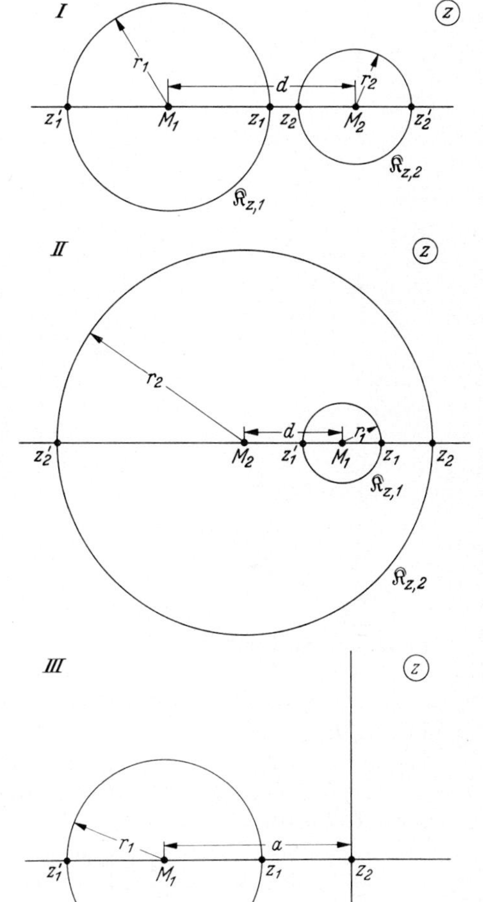

Abb. 52a

Die gesuchte Abbildungsfunktion können wir nach (7.2.13) in der Form

$$\frac{w-1}{w+1} \cdot \frac{R+1}{R-1} = \frac{z-z_1}{z-z_1'} \cdot \frac{z_2-z_1'}{z_2-z_1} \tag{7.5.13}$$

ansetzen. Nach w aufgelöst wird daraus

$$\boldsymbol{w} = \frac{(\boldsymbol{A}+1)\,\boldsymbol{z} - (\boldsymbol{z}_1'\boldsymbol{A} + \boldsymbol{z}_1)}{(\boldsymbol{A}-1)\,\boldsymbol{z} - (\boldsymbol{z}_1'\boldsymbol{A} - \boldsymbol{z}_1)}, \tag{7.5.14}$$

mit

$$\boldsymbol{A} = \frac{\boldsymbol{z}_1 - \boldsymbol{z}_2}{\boldsymbol{z}_1' - \boldsymbol{z}_2} \cdot \frac{1}{\sqrt{\boldsymbol{\Delta}}}. \tag{7.5.15}$$

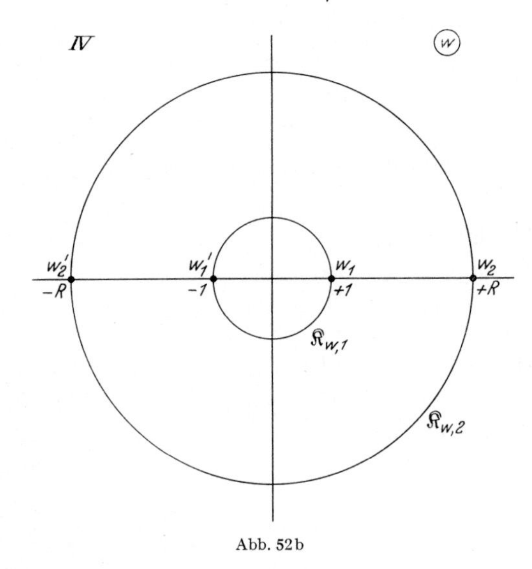

Abb. 52b

Mit (7.5.8) wird daraus

$$\boldsymbol{A} = \sqrt{\frac{(\boldsymbol{d} - \boldsymbol{r}_2)^2 - \boldsymbol{r}_1^2}{(\boldsymbol{d} + \boldsymbol{r}_2)^2 - \boldsymbol{r}_1^2}}, \tag{7.5.16}$$

mit (7.5.9)

$$\boldsymbol{A} = \sqrt{\frac{\boldsymbol{r}_2^2 - (\boldsymbol{d} + \boldsymbol{r}_1)^2}{\boldsymbol{r}_2^2 - (\boldsymbol{d} - \boldsymbol{r}_1)^2}}, \tag{7.5.17}$$

und mit (7.5.10)

$$\boldsymbol{A} = \sqrt{\frac{\boldsymbol{a} - \boldsymbol{r}_1}{\boldsymbol{a} + \boldsymbol{r}_1}}. \tag{7.5.18}$$

Aus (7.5.14) lassen sich auch die Grundpunkte des elliptischen Netzes bestimmen, das durch $\mathfrak{K}_{z,1}$ und $\mathfrak{K}_{z,2}$ erzeugt wird. Es sind dies die Punkte, die $w = 0$ und $w = \infty$ entsprechen, also

$$\zeta_1 = \frac{z_1'A + z_1}{A+1}, \qquad \zeta_2 = \frac{z_1'A - z_1}{A-1}. \tag{7.5.19}$$

§ 8. Die trigonometrischen Funktionen

8.1. $w = \cos z$. Der Cosinus läßt sich für komplexe Zahlen folgendermaßen mit Hilfe der Exponentialfunktion definieren:

$$\cos z = \frac{1}{2}(e^{iz} + e^{-iz}). \tag{8.1.1}$$

Durch einfache Verschiebungen und Drehungen in der z-Ebene erhält man hieraus die Funktionen

$$\sin z = \cos\left(\frac{\pi}{2} - z\right) = \frac{1}{2i}(e^{iz} - e^{-iz}), \quad \operatorname{Cos} z = \cos iz = \frac{1}{2}(e^z + e^{-z}),$$
$$\operatorname{Sin} z = -i \sin iz = \frac{1}{2}(e^z - e^{-z}). \tag{8.1.2}$$

Die Abbildung dieser Funktionen brauchen wir also nicht besonders zu untersuchen, sondern können sie auf die Untersuchung von $w = \cos z$ zurückführen.

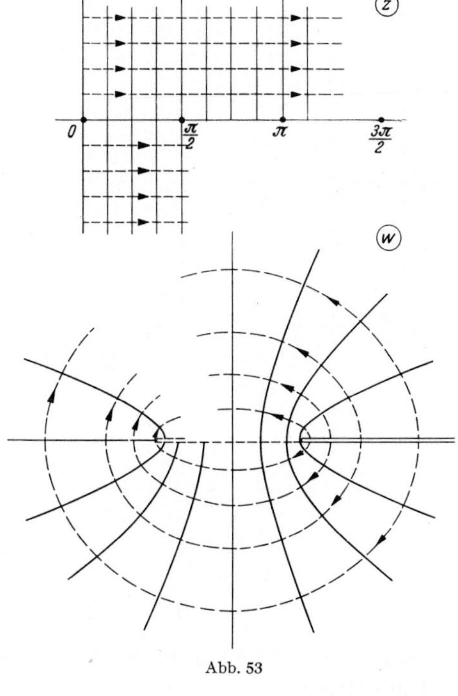

Abb. 53

Nach dem *Additionstheorem* des Cosinus — das auch für komplexe Argumente gilt — wird in Verbindung mit (8.1.2)

$$\cos(x + iy) = \cos x \operatorname{Cos} y - i \sin x \operatorname{Sin} y. \tag{8.1.3}$$

Es ist also

$$\mathfrak{R}(w) = u = \cos x \operatorname{Cos} y,$$
$$\mathfrak{J}(w) = v = -\sin x \operatorname{Sin} y. \tag{8.1.4}$$

Hält man hierin y fest und läßt x im Intervall $0 \leqq x \leqq 2\pi$ variieren, so erhält man in der w-Ebene Ellipsen mit den Halbachsen $\operatorname{Cos} y$ und $|\operatorname{Sin} y|$, deren Brennpunkte alle bei $w = \pm 1$ liegen. Für positive y wird die Ellipse in mathematisch negativem, für negative y in mathematisch positivem Sinne durchlaufen, wenn x von 0 bis 2π anwächst. Dabei gehört zu $-y$ die gleiche Ellipse wie zu $+y$. Zu $y = 0$ gehört als Ausartung die doppelt durchlaufene Strecke zwischen $w = +1$ und $w = -1$. Mit wachsendem $|y|$ nähern sich die Ellipsen immer stärker Kreisen an.

Hält man x fest und läßt y von $-\infty$ nach $+\infty$ laufen, so erhält man in der w-Ebene den einen Zweig einer Hyperbel, deren Brennpunkte ebenfalls bei $w = \pm 1$ liegen. Die Hyperbelasymptoten bilden die Strahlen $\arg w = \pm x$, was für $y \to \pm \infty$ aus (8.1.3) folgt. Für $x = n\pi$ — n ganz — arten die Hyperbeln in Schlitze aus und zwar für gerade n in die doppelt durchlaufene Halbgerade $v = 0$, $+1 \leqq u \leqq \infty$, und für ungerade n in die Halbgerade $v = 0$, $-1 \geqq u \geqq -\infty$. Die Linien $x = \frac{\pi}{2} + n\pi$ werden auf die einfach durchlaufene imaginäre w-Achse abgebildet.

Wir erhalten auf diese Weise als Bild des kartesischen Netzes der z-Ebene ein aus konfokalen Ellipsen und Hyperbeln zusammengesetztes Isothermennetz. Das zugehörige, durch die Formeln (8.1.4) in der w-Ebene erklärte x-y-Koordinatensystem ist als *elliptisches Koordinatensystem* bekannt. Die Einführung solcher Koordinaten empfiehlt sich in den Fällen, in denen die gemeinsamen Brennpunkte $w = \pm 1$ eine ausgezeichnete Rolle spielen.

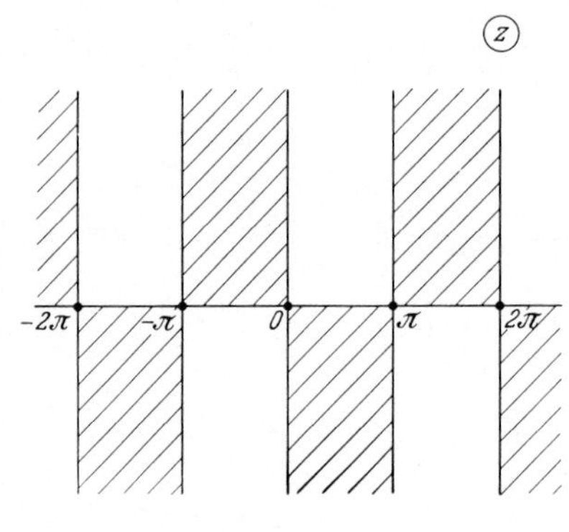

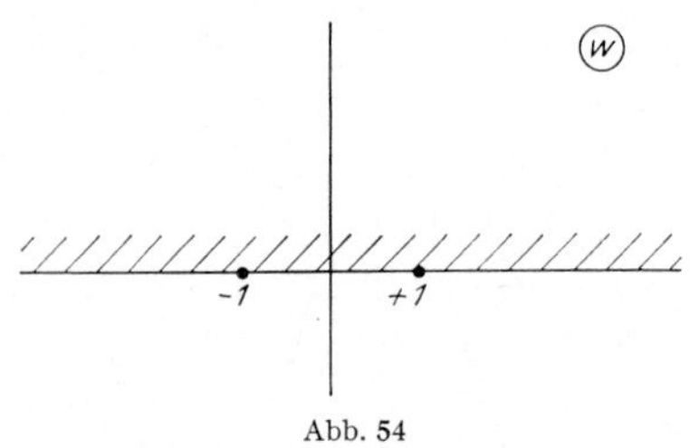

Abb. 54

Ähnlich wie der Logarithmus ist die Umkehrung des Cosinus, $z = \operatorname{arc}\cos w$, keine eindeutige Funktion. Die besondere Art der Vieldeutigkeit kommt in den Gleichungen

$$\cos(z + 2n\pi) = \cos z, \qquad \cos(-z) = \cos z \tag{8.1.5}$$

zum Ausdruck. Auf Grund dieser Gleichungen sind die Funktionswerte von $w = \cos z$ in der ganzen z-Ebene bekannt, wenn man etwa die Werte in dem Halbstreifen

$$0 \leqq x \leqq 2\pi, \quad -\infty < y \leqq 0$$

kennt. Aus unseren bisherigen Überlegungen geht hervor, daß der Halbstreifen

$$0 \leqq x \leqq \pi, \quad -\infty < y \leqq 0$$

auf die obere w-Halbebene abgebildet wird, der daran anschließende Halbstreifen

$$\pi \leqq x \leqq 2\pi, \quad -\infty < y \leqq 0$$

auf die untere w-Halbebene, der nächste wieder auf die obere Halbebene und so fort; entsprechendes Verhalten zeigt sich bei Verschiebung in Richtung negativer x-Werte. Durch den Übergang von z zu $-z$ erhalten wir eine ähnliche Einteilung in der oberen z-Halbebene, so daß schließlich die in Abb. 54 dargestellte schachbrettartige Aufteilung der z-Ebene entsteht. Hieraus läßt sich dann der Aufbau der Riemannschen Fläche über der w-Ebene entnehmen, die zu der Funktion $w = \cos z$ gehört. Sie besteht aus unendlich vielen Blättern, die in den Punkten $w = \pm 1$ zusammenhängen. Eine genauere Diskussion soll an dieser Stelle nicht durchgeführt werden.

8.2. $\boldsymbol{w = \frac{1}{2}\left(t + \frac{1}{t}\right)}$. Setzen wir in der vorhergehenden Abbildung $e^{iz} = t$, so wird wegen (8.1.1)

$$w = \frac{1}{2}\left(t + \frac{1}{t}\right). \tag{8.2.1}$$

Hierbei geht das kartesische Netz der z-Ebene in ein Polarnetz der t-Ebene über, so daß also durch die Abbildung (8.2.1) ein Polarnetz der t-Ebene in ein Ellipsennetz der w-Ebene übergeht. Genauer werden dabei Kreise in Ellipsen — der Einheitskreis speziell in den Schlitz zwischen $w = -1$ und $w = +1$ — abgebildet, die Geraden durch den Nullpunkt in Hyperbeln.

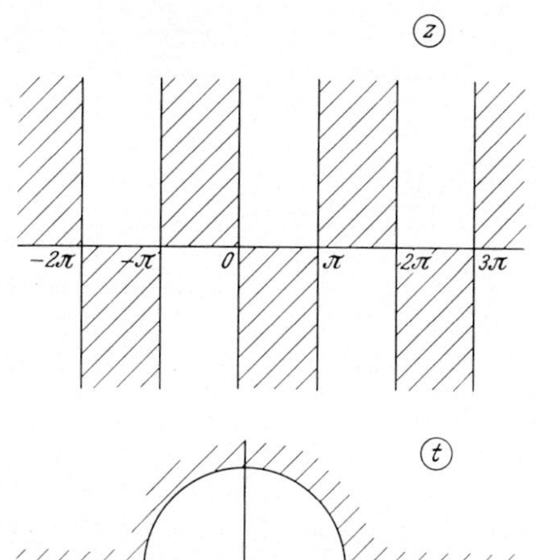

Abb. 55

Wollen wir den Gesamtverlauf der Funktion $w(t)$ untersuchen, so können wir uns dazu überlegen, daß die in Abb. 54 dargestellte schachbrettartige Aufteilung der z-Ebene durch $t = e^{iz}$ in eine durch die reelle t-Achse und den Einheitskreis erzeugte Einteilung der t-Ebene übergeht, die nur noch aus vier Teilstücken besteht. Dementsprechend besteht die Riemannsche Fläche zu $w(t)$ über der w-Ebene nur noch aus zwei Blättern. Dies folgt auch daraus, daß die Umkehrfunktion

$$t(w) = w \pm \sqrt{w^2 - 1} \tag{8.2.2}$$

je nach dem Vorzeichen der Wurzel zwei verschiedene Werte annimmt. Ein genaueres Bild dieser Riemannschen Fläche erhalten wir, indem wir sowohl w wie t der gleichen linearen Transformation unterwerfen. Mit

$$\begin{aligned} w &= \frac{1 - \omega}{1 + \omega}, & \omega &= \frac{w - 1}{w + 1} \\ t &= \frac{1 - \tau}{1 + \tau}, & \tau &= \frac{t - 1}{t + 1} \end{aligned} \tag{8.2.3}$$

wird

$$\omega = \tau^2. \tag{8.2.4}$$

Die Riemannsche Fläche über der w-Ebene hat also dieselbe Struktur wie die in 6.2. betrachtete Fläche der Funktion $\omega = \tau^2$, nur ist sie linear transformiert, so daß die Windungspunkte $\omega = 0, \infty$ in die Windungspunkte $w = \pm 1$ übergegangen sind.

Aus der Formel (8.2.4) entnehmen wir, daß ein Polarnetz der τ-Ebene in ein Polarnetz der ω-Ebene übergeht, wobei nach (6.1.3) die Winkel verdoppelt und die Radien quadriert werden. Also geht durch die Abbildung (8.2.1) ein Quell-Senken-Netz mit den Grundpunkten $t = \pm 1$ in ein ebensolches der w-Ebene über, wobei die Winkel zwischen den Kreisbogen durch $w = \pm 1$ verdoppelt werden. Insbesondere geht sowohl das Äußere wie das Innere eines jeden Kreises durch $t = \pm 1$ in die volle w-Ebene über, die längs eines Kreisbogens zwischen $w = -1$ und $w = +1$ aufgeschlitzt ist. Ein Spezialfall hiervon ist die schon erwähnte Abbildung des Einheitskreises auf den Geradenschlitz zwischen $+1$ und -1. Ein anderer Spezialfall ist die Abbildung der oberen oder unteren t-Halbebene auf die volle w-Ebene; hier verläuft der Schlitz von $w = +1$ längs der positiv reellen Achse nach $w = \infty$ und von dort aus längs der negativ reellen Achse nach[1] $w = -1$.

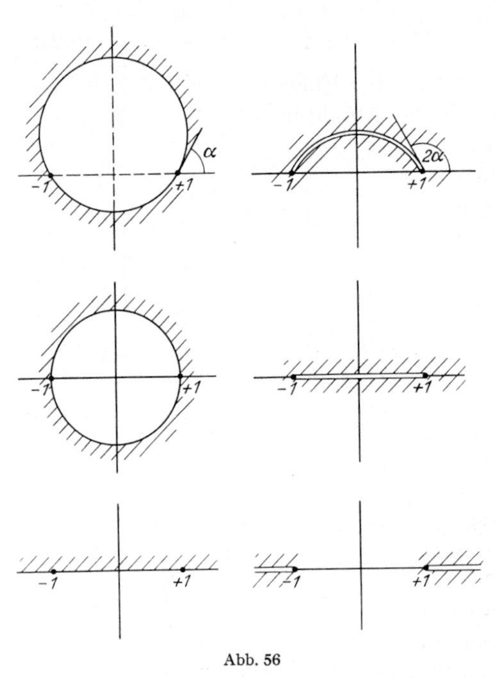

Abb. 56

Von wesentlicher Bedeutung ist noch die Abbildung des kartesischen Netzes der w-Ebene auf die t-Ebene. Das hierbei im Äußeren des Einheitskreises in der t-Ebene entstehende Bild kann gedeutet werden als die *Umströmung des Kreises* in einer Parallelströmung. Die durch $w(t)$ geleistete Abbildung des Einheitskreises auf einen Schlitz stellt einen Spezialfall der in 3.2 allgemein formulierten Abbildungsaufgabe dar, bei der ein beliebiges Profil auf einen Schlitz abgebildet werden sollte. Man kann diese Aufgabe auch dadurch lösen, daß man zunächst das Äußere des

[1] Hierbei ist zu berücksichtigen, daß der Punkt $w = \infty$ als ein einziger Punkt gilt. Man veranschauliche sich den Verlauf des Schlitzes auf der Kugel, wo er ohne Unterbrechung über den Südpol hinweg von $w = 1$ nach $w = -1$ läuft.

Profils auf das Äußere des Einheitskreises abbildet — was meist einfacher ist als die direkte Schlitzabbildung — und dann weiter durch (8.2.1) auf einen Schlitz. Der Parallelströmung um den Einheitskreis läßt sich dann noch eine Zirkulationsströmung überlagern und so die allgemeinste Strömungsform herstellen (vgl. 3.2, Abb. 15).

Das bei der Abbildung des kartesischen Netzes der w-Ebene auf die t-Ebene im Innern des Einheitskreises entstehende Bild geht aus der eben betrachteten Umströmung des Einheitskreises durch die Abbildung $t \to \frac{1}{t}$ hervor. Als Strömung gedeutet ist dies eine *Dipolströmung*, bei welcher der Einheitskreis eine undurchlässige Wand bildet. Im übrigen kann das Gesamtbild auch als Überlagerung einer Parallelströmung mit dem komplexen Potential $W_1 = \frac{1}{2}\, t$ mit einer Dipolströmung $W_2 = \frac{1}{2} \cdot \frac{1}{t}$ aufgefaßt werden. In der Tat ist $w = W_1 + W_2$ das komplexe Potential der Überlagerung beider Strömungen und das Netz der Potential- und Stromlinien stellt ja nichts anderes dar als die Abbildung des kartesischen Netzes der w-Ebene auf die t-Ebene.

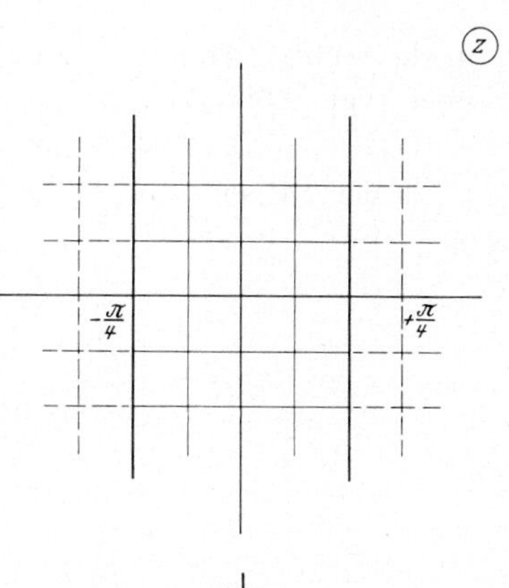

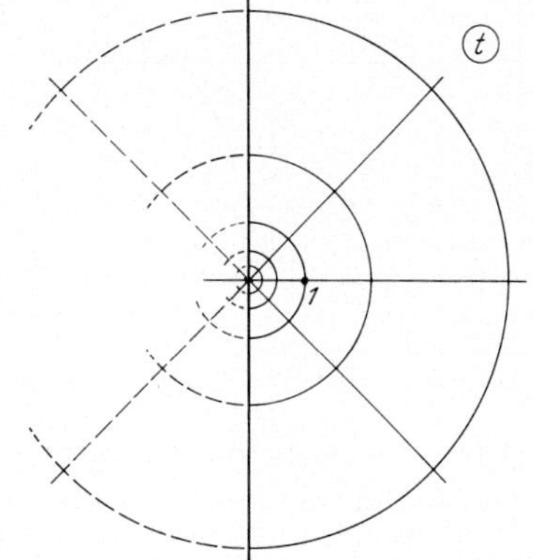

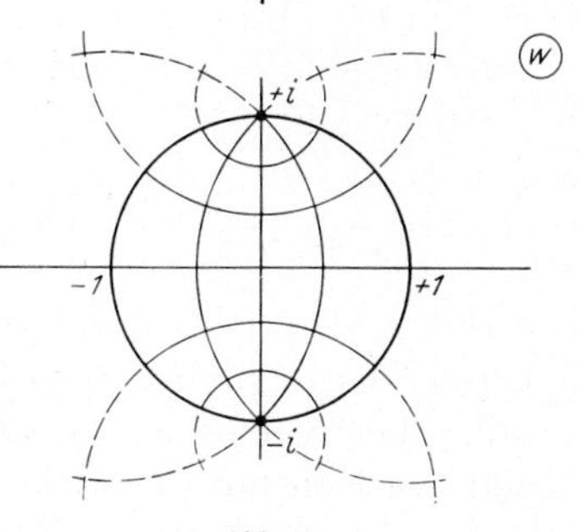

Abb. 57

8.3. $\boldsymbol{w = \operatorname{tg} z}$. Die Abbildung der Tangensfunktion läßt sich auf Grund der Formel

$$\operatorname{tg} z = \frac{\sin z}{\cos z} = \frac{1}{i} \cdot \frac{e^{2iz} - 1}{e^{2iz} + 1} \qquad (8.3.1)$$

aus einer Abbildung durch die Exponentialfunktion $t = e^{2iz}$ und einer linearen Abbildung

$$w = \frac{1}{i} \cdot \frac{t-1}{t+1} \qquad (8.3.2)$$

zusammensetzen. Das kartesische Netz in der z-Ebene geht also zunächst in ein Polarnetz in der t-Ebene über und dieses wird dann auf ein Quell-

Senken-Netz mit den Grundpunkten $w = \pm 1$ abgebildet[1]. Insbesondere geht der Streifen

$$-\frac{\pi}{4} \leqq x \leqq +\frac{\pi}{4}, \quad -\infty < y < +\infty$$

in die rechte t-Halbebene und diese in den Einheitskreis der w-Ebene über (vgl. Abb. 57).

Das kartesische Netz der w-Ebene geht in ein Dipolnetz im Punkt $t = 1$ der t-Ebene über. Bei der Abbildung auf die z-Ebene entsteht

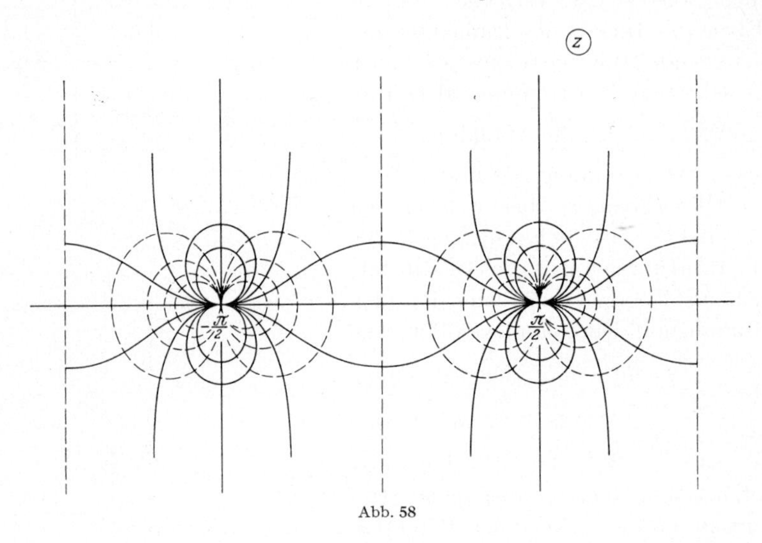

Abb. 58

hieraus ein Strömungsbild, das als *Überlagerung unendlich vieler Dipole* gedeutet werden kann, die periodisch längs der reellen *z-Achse* in den Stellen $z_\nu = \frac{2\nu + 1}{2}\pi$, $\nu = 0, \pm 1, \pm 2, \ldots,$ angeordnet sind. In der Tat läßt sich ja $w = \operatorname{tg} z$ als eine unendliche Summe solcher Dipolpotentiale darstellen. Es gilt[2]

$$w = \operatorname{tg} z = -\sum_{\nu=-\infty}^{+\infty} \left(\frac{1}{z - z_\nu} + \frac{1}{z_\nu} \right), \tag{8.3.3}$$

wo für z_ν der oben angegebene Ausdruck einzusetzen ist. Die einzelnen Glieder der Reihe stellen die komplexen Potentialfunktionen von Dipolen in z_ν dar (vgl. (6.3.5)), wobei die — physikalisch unwesentliche — additive Konstante bewirkt, daß die Reihe konvergiert.

---

[1] Man kann die Kurven $x = \text{const.}$ und $y = \text{const.}$ natürlich auch wieder direkt mit Hilfe des Additionstheorems der Tangensfunktion bestimmen.

[2] Siehe etwa K. KNOPP: Funktionentheorie II (Sammlung Göschen 703). Berlin 1944, S. 41f.

Ganz entsprechend erzeugt ein Polarnetz der w-Ebene bei der Abbildung durch $w = \operatorname{tg} z$ in der z-Ebene ein Netz von Potential- und Stromlinien, das bei der Überlagerung periodisch angeordneter Quellen und Senken entsteht (Abb. 59). Hier liegen die Quellen bei $z_\nu^* = \nu\pi$, die Senken wieder bei $z_\nu = \frac{2\nu+1}{2}\pi$. Die zugehörige Reihenentwicklung der komplexen Potentialfunktion lautet[1]:

$$W = \log \operatorname{tg} z = \sum_{\nu=-\infty}^{+\infty} \left(\log(z - z_\nu^*) - \log(z - z_\nu) + \frac{1}{2\nu} \right), \quad (8.3.4)$$

wobei die additive Konstante $\frac{1}{2\nu}$ in dem Glied mit $\nu = 0$ fortgelassen werden soll. Diese hat wieder nur den Zweck, die Konvergenz der Reihe zu sichern und ist physikalisch ohne Bedeutung.

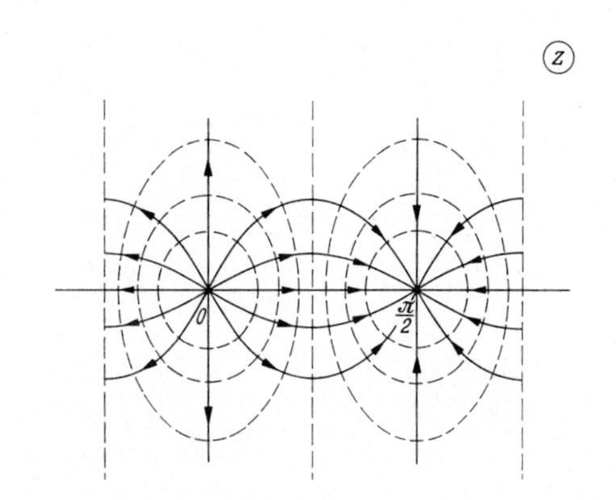

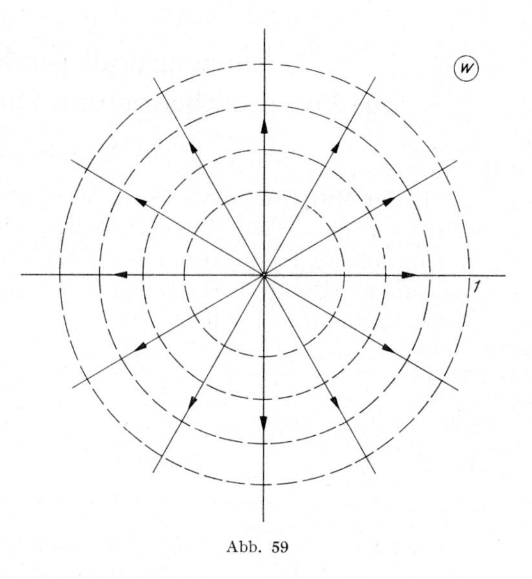

Abb. 59

Eine entsprechende periodische Anordnung allein von Quellen bzw. Senken läßt sich durch die Tangensabbildung nicht ohne weiteres gewinnen, wohl aber durch die Abbildung eines Polarnetzes der w-Ebene durch die Funktion $w = \cos z$, wobei die Quelle wieder an den Stellen z_ν liegen. Die zugehörige Reihenentwicklung konvergiert hier nur, wenn man die Quellen paarweise zusammenfaßt; man bildet

[1] Um Konvergenzschwierigkeiten zu vermeiden, hat man in dieser Reihe für die logarithmischen Glieder jeweils die Hauptwerte zu wählen; nachträglich kann man dann noch ein Glied der Form $2n\pi i$ addieren. Die Reihe leitet sich her von der bekannten Produktentwicklung für $\sin z$ und $\cos z$. Siehe hierzu K. Knopp a. a. O., S. 26ff.

eine Summe von Doppelquellen der Form (6.2.3):

$$W = \log\cos z = \sum_{\nu=-\infty}^{+\infty} (\log(z^2 - z_\nu^2) - \log(-z_\nu^2)) . \tag{8.3.5}$$

Man erhält so das in Abb. 60 dargestellte Strömungsbild.

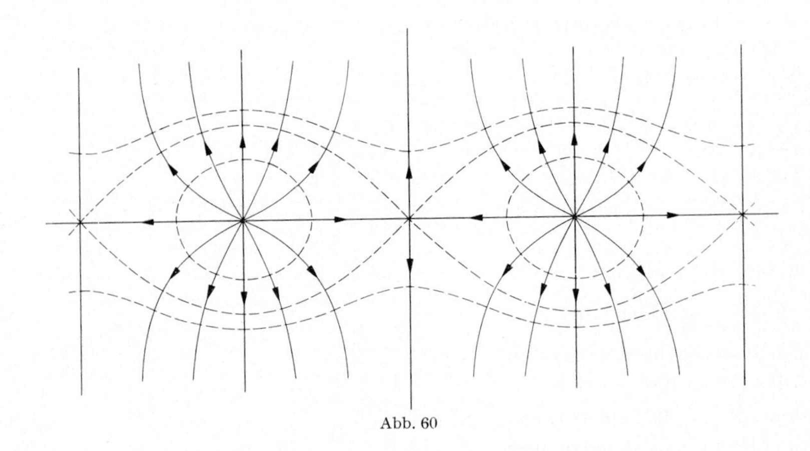

Abb. 60

Einige grundlegende Sätze aus Potentialtheorie und Funktionentheorie

§ 9. Der Mittelwertsatz

9.1. Der Mittelwertsatz. Wir gehen aus von dem Integral (2.2.22), wobei wir jetzt als Integrationsweg die Kreisperipherie $|z| = \varrho_0$ wählen wollen. Ist die Funktion $U(z)$ auf dem ganzen Kreis $|z| \leqq \varrho_0$ harmonisch, so muß dieses Integral verschwinden; in Polarkoordinaten geschrieben ergibt sich dann

$$\oint \frac{\partial U}{\partial u} ds = \int_0^{2\pi} \frac{\partial U}{\partial \varrho} \varrho_0 d\varphi = 0 . \tag{9.1.1}$$

Hieraus folgt, daß $\frac{\partial U}{\partial \varrho}$ auf dem Kreis nicht überall positiv oder überall negativ sein kann, sondern sowohl positive wie negative Werte annehmen muß (sofern nicht $\frac{\partial U}{\partial \varrho} \equiv 0$ ist). Auf einer etwas kleineren oder größeren[1] Kreisperipherie $|z| = \varrho_0 \pm \Delta_\varrho$ werden also die Werte $U(z)$ nicht durchweg größer oder kleiner als auf $|z| = \varrho_0$ sein, sondern „im Mittel" werden diese Werte auf allen Kreisperipherien die gleichen sein.

[1] Da $U(z)$ auf dem abgeschlossenen Kreis $|z| \leqq \varrho_0$ harmonisch sein soll, gibt es noch einen etwas größeren Kreis, auf dem $U(z)$ harmonisch ist.

Wir präzisieren diese Überlegung, indem wir das Integral (9.1.1) mit $\frac{d\varrho}{\varrho_0}$ multiplizieren und unter Vertauschung der Integrationsreihenfolge[1] von ϱ_1 nach ϱ_2 integrieren:

$$\int_{\varrho_1}^{\varrho_2} \int_0^{2\pi} \frac{\partial U}{\partial \varrho} \, d\varphi \, d\varrho = \int_0^{2\pi} U(\varrho_2, \varphi) \, d\varphi - \int_0^{2\pi} U(\varrho_1, \varphi) \, d\varphi = 0 \tag{9.1.2}$$

oder anders geschrieben

$$\frac{1}{2\pi} \int_0^{2\pi} U(\varrho_1, \varphi) \, d\varphi = \frac{1}{2\pi} \int_0^{2\pi} U(\varrho_2, \varphi) \, d\varphi \,. \tag{9.1.3}$$

Dies sind die *Mittelwerte* von $U(z)$, genommen auf der Peripherie der beiden Kreise $|z| = \varrho_1$ und $|z| = \varrho_2$; sofern $U(z)$ auf dem größeren Kreis harmonisch ist, sind diese Mittelwerte also gleich. Für $\varrho_1 \to 0$ geht die linke Seite von (9.1.3) in den Wert im Kreis-Mittelpunkt $U(0)$ über, so daß wir schließlich erhalten:

$$U(0) = \frac{1}{2\pi} \int_0^{2\pi} U(\varrho, \varphi) \, d\varphi \,. \tag{9.1.4}$$

Wir gewinnen so den Mittelwertsatz der Potentialtheorie: Bei jeder auf einem Kreis harmonischen Funktion ist der Wert im Kreismittelpunkt gleich dem Mittelwert der Funktion auf der Kreisperipherie. Dieser Satz gilt auch noch, wenn $U(z)$ nur im Innern des Kreises harmonisch, aber auf dem ganzen Kreis einschließlich des Randes stetig ist (im Sinne der in 2.1 gegebenen Definition der Stetigkeit einer Funktion auf einem Bereich). In diesem Fall sind also für $U(\varrho, \varphi)$ die Randwerte auf dem Kreis zu nehmen.

Eine wichtige Folgerung aus dem Mittelwertsatz ist: Eine in einem Gebiet $\mathfrak{G}$ harmonische nichtkonstante Funktion $U(z)$ nimmt *weder ein Maximum noch ein Minimum* im Innern von $\mathfrak{G}$ an. Wir beweisen das folgendermaßen: Sei M das Maximum von $U(z)$ und dies Maximum werde in einem inneren Punkt z_1 von $\mathfrak{G}$ angenommen. Da $U(z)$ nicht konstant ist, gibt es einen weiteren Punkt z_2 in $\mathfrak{G}$, so daß $U(z_2) < M$ ist. $\mathfrak{G}$ ist eine zusammenhängende Punktmenge, wir können also z_2 mit z_1 durch eine stetige Kurve $\mathfrak{C}$ verbinden. Gehen wir jetzt längs $\mathfrak{C}$ von z_2 nach z_1, so kommen wir, da $U(z)$ stetig ist, zu einem Punkt z_0, für den zum ersten Mal $U(z_0) = M$ wird, während für alle vorhergehenden Punkte z^* in beliebiger Nähe von z_0 noch $U(z^*) < M$ ist. Es gibt dann auch einen Kreis $|z - z_0| \leq \varepsilon$, der ganz in $\mathfrak{G}$ liegt und dessen Peripherie einen solchen Punkt z^* enthält. Da M das Maximum von $U(z)$ ist, muß der Mittelwert auf $|z - z_0| = \varepsilon$ dann kleiner sein als M

[1] Da $U(z)$ mit seinen Ableitungen auf dem betrachteten Bereich stetig ist, ist die Vertauschung der Integrationsreihenfolge erlaubt.

und damit nach (9.1.4) auch $U(z_0)$, was im Widerspruch zu unseren Voraussetzungen steht. In gleicher Weise zeigt man, daß auch ein Minimum nicht im Innern von $\mathfrak{G}$ angenommen werden kann.

Aus diesem Satz ergibt sich das folgende Korollar: Ist eine Funktion $U(z)$ im Innern eines Gebiets $\mathfrak{G}$ harmonisch und auf dem Rand noch stetig und sind alle Randwerte gleich einer Konstanten, so ist $U(z)$ selber konstant. Nach dem eben bewiesenen kann $U(z)$ im Innern von $\mathfrak{G}$ kein Maximum oder Minimum annehmen. In dem abgeschlossenen Bereich $\mathfrak{G}$ + Rand muß aber $U(z)$ ein Maximum und Minimum annehmen, da $U(z)$ dort stetig ist. Also sind die Maxima und Minima Randwerte, d. h. die Werte im Innern von $\mathfrak{G}$ können weder größer noch kleiner sein als die Randwerte. Sind die Randwerte konstant, so müssen auch die Werte im Innern konstant sein.

Da der Real- und der Imaginärteil einer regulär analytischen Funktion $w(z) = u(z) + i v(z)$ harmonische Funktionen sind, gilt der Mittelwertsatz auch für regulär analytische Funktionen. Man kann ihm hier die Form eines komplexen Integralsatzes geben, indem man $d\varphi$ durch das komplexe Differential dz ersetzt. Es ist $z = \varrho\, e^{i\varphi}$ und auf dem Kreis $\varrho = \text{const}$ wird daher $dz = i\varrho e^{i\varphi} d\varphi$, also $d\varphi = \frac{dz}{iz}$. Damit wird aus (9.1.4)

$$w(0) = \frac{1}{2\pi i} \oint\limits_{|z| = \varrho} \frac{w(z)}{z}\, dz\,. \tag{9.1.5}$$

Der Integrand von (9.1.5) ist in einer gewissen Umgebung der Kreisperipherie regulär analytisch und man darf deshalb den Integrationsweg innerhalb des Regularitätsgebiets von $\frac{w(z)}{z}$ abändern. An die Stelle des Kreises tritt dann eine beliebige, im Regularitätsgebiet von $w(z)$ liegende geschlossene Kurve, die $z = 0$ im Innern enthält und diesen Punkt im mathematisch positiven Sinne einmal umschlingt. In dieser Form wird die Gleichung (9.1.5) als *Cauchysche Integralformel* bezeichnet. Sie hat gegenüber der Formel (9.1.4) den Vorteil, daß die spezielle Voraussetzung über den Integrationsweg fortfällt, dafür gilt sie aber nur für komplexe analytische Funktionen und nicht auch für reelle harmonische Funktionen.

Eine wesentliche Verallgemeinerung des Mittelwertsatzes läßt sich nun mit Hilfe der konformen Abbildung erreichen. Es sei $z(\zeta)$ eine analytische Funktion, die ein Gebiet $\mathfrak{G}$ der ζ-Ebene umkehrbar eindeutig und überall konform auf den Kreis $|z| < 1$ abbildet, wobei der Punkt $\zeta = \zeta_0$ in den Punkt $z = 0$ übergehen möge. Der Rand von $\mathfrak{G}$ sei eine stetige Kurve $\mathfrak{C}$, deren Punkte durch $z(\zeta)$ umkehrbar eindeutig und stetig den Punkten der Kreisperipherie $|z| = 1$ zugeordnet sein mögen[1]. Jedem Punkt auf $\mathfrak{C}$ läßt sich dann ein Wert $\varphi(\zeta) = \arg z(\zeta)$ zuordnen.

[1] Vgl. auch den Satz am Schluß von 10.1.

Nach unseren Überlegungen in (2.4.7) ist $U^*(\zeta) = U(z(\zeta))$ eine in $\mathfrak{G}$ harmonische Funktion genau dann, wenn $U(z)$ eine in $|z| < 1$ harmonische Funktion ist. Es gilt also für jede in $\mathfrak{G}$ harmonische Funktion $U^*(\zeta)$, die überall auf $\mathfrak{C}$ Randwerte besitzt

$$U^*(\zeta_0) = \frac{1}{2\pi} \int_{\mathfrak{C}} U^*(\zeta)\, d\,\varphi(\zeta) \tag{9.1.6}$$

wie man aus (9.1.4) durch Einsetzen erhält[1].

Eine entsprechende Verallgemeinerung der Cauchyschen Integralformel (9.1.5) erhält man aus der Überlegung, daß auf $\mathfrak{C}$

$$d\,\varphi(\zeta) = \frac{1}{i} \frac{dz(\zeta)}{z(\zeta)} = \frac{1}{i}\, d(\log z(\zeta)) \tag{9.1.7}$$

ist. Man erhält so die Gleichung

$$W(\zeta_0) = \frac{1}{2\pi i} \oint w(\zeta)\, d(\log z(\zeta)), \tag{9.1.8}$$

die wieder unabhängig vom Integrationsweg gilt, sofern dieser den Punkt ζ_0 einmal in mathematisch positivem Sinne umschlingt und $w(\zeta)$ in dem eingeschlossenen Gebiet überall regulär analytisch ist. Wird speziell die Kurve $\mathfrak{C}$ als Integrationsweg gewählt, so zerfällt (9.1.8) in zwei reelle Gleichungen für Real- und Imaginärteil von $w(\zeta)$ von der Form (9.1.6).

Die Funktion $\log z(\zeta)$ ist die zum Gebiet $\mathfrak{G}$ und dem Aufpunkt ζ_0 gehörige *Greensche Funktion*[2] in komplexer Schreibweise. Wir setzen

$$\log z(\zeta) = \Gamma(\zeta, \zeta_0). \tag{9.1.9}$$

[1] Dieses Integral ist so zu verstehen: Auf Grund der Voraussetzungen kann die Randkurve $\mathfrak{C}$ durch $\zeta(\varphi)$ mit φ als Kurvenparameter, $0 \leqq \varphi < 2\pi$, dargestellt werden. Es sind dann die Randwerte $U(\zeta(\varphi)) = F(\varphi)$ eine stetige Funktion von φ und das Integral (9.1.6) ist gleich $\int_0^{2\pi} F(\varphi)\, d\varphi$ (Stieltjessches Integral). In allen praktisch vorkommenden Fällen ist $\mathfrak{C}$ aus analytischen Kurven zusammengesetzt, d. h. es gibt eine Parameterdarstellung von $\mathfrak{C}$ durch eine stückweise regulär analytische Funktion $\zeta(t)$. In diesem Fall (vgl. die Überlegungen in 11.2) existiert die Ableitung von φ nach t und es kann $d\,\varphi(\zeta) = \frac{d\varphi}{dt}\, dt$ gesetzt werden.

[2] In der reellen Potentialtheorie wird als Greensche Funktion der Realteil der hier und im folgenden erklärten Funktion $\Gamma(\zeta, \zeta_0)$ bezeichnet. Im Zusammenhang mit der konformen Abbildung, die ja wesentlich der komplexen Funktionentheorie zugehört, erscheint es zweckmäßig (auch im Hinblick auf eine vereinfachte Schreibweise), die Greensche Funktion als komplexe Potentialfunktion zu erklären, wobei man freilich in Kauf nehmen muß, daß der Imaginärteil von $\Gamma(\zeta, \zeta_0)$ nur bis auf eine additive Konstante eindeutig bestimmt und in dem zugrunde gelegten Gebiet auch nicht eindeutig ist. Vgl. im übrigen z. B. Hurwitz-Courant: Vorl. über allgemeine Funktionentheorie und elliptische Funktionen. 3. Aufl. S. 405ff, Berlin 1929.

Die Gleichung (9.1.7) erhält dann — wenn wir noch $U(\zeta)$ statt $U^*(\zeta)$ schreiben — die Form[1]

$$U(\zeta_0) = \frac{1}{2\pi i}\int\limits_{\mathfrak{C}} U(\zeta)\, d\Gamma(\zeta,\zeta_0)\,. \tag{9.1.10}$$

Die Greensche Funktion stellt also für jede in $\mathfrak{G}$ harmonische Funktion $U(\zeta)$ eine Beziehung zwischen den Randwerten und den Werten im Innern von $\mathfrak{G}$ her. Sie kann auch unabhängig von der konformen Abbildung durch folgende Bedingungen gekennzeichnet werden:

1. $\Gamma(\zeta,\zeta_0)$ ist eine in $\mathfrak{G}$ bis auf eine logarithmische Singularität an der Stelle $\zeta = \zeta_0$ regulär analytische Funktion der Variablen ζ. Es ist

$$\Gamma(\zeta,\zeta_0) = \log(\zeta - \zeta_0) + \gamma(\zeta,\zeta_0)\,, \tag{9.1.11}$$

wo $\gamma(\zeta,\zeta_0)$ regulär analytisch in $\mathfrak{G}$ ist.

2. $\Gamma(\zeta,\zeta_0)$ hat als Funktion von ζ auf dem Rand von $\mathfrak{G}$ überall stetige Randwerte, deren Realteil verschwindet

$$\mathfrak{R}(\Gamma(\zeta,\zeta_0)) = 0 \quad \text{auf } \mathfrak{C}\,. \tag{9.1.12}$$

Durch diese Festsetzungen kann eine Greensche Funktion auch in den Fällen erklärt werden, in denen — wie etwa bei mehrfach zusammenhängenden Gebieten — eine überall konforme Abbildung von $\mathfrak{G}$ auf den Einheitskreis nicht möglich ist.

Wenn $\mathfrak{G}$ konform auf den Einheitskreis abgebildet werden kann, dann läßt sich die Abhängigkeit der Greenschen Funktion von ζ_0 leicht explizit angeben. Ist nämlich $z(\zeta)$ irgendeine Funktion, die $\mathfrak{G}$ konform auf den Einheitskreis abbildet, wobei dann ζ_0 in irgendeinen Punkt $z(\zeta_0)$ übergeht, so können wir durch eine weitere Abbildung (7.3.9) des Einheitskreises auf sich selbst den Punkt $z(\zeta_0)$ in den Nullpunkt überführen. Es ist daher

$$\Gamma(\zeta,\zeta_0) = \log\frac{z(\zeta) - z(\zeta_0)}{1 - z(\zeta)\,\bar{z}(\zeta_0)}\,. \tag{9.1.13}$$

9.2. Randwertaufgaben. Mit Hilfe der Greenschen Funktion (9.1.9) kann die erste Randwertaufgabe der Potentialtheorie gelöst werden. Hier sind gewisse Randwerte auf dem Rand eines Gebiets $\mathfrak{G}$ vorgegeben und es wird die in $\mathfrak{G}$ harmonische Funktion gesucht, welche diese Randwerte annimmt. In der Tat wird ja — wenn überhaupt eine Lösung der Aufgabe existiert[2] — durch (9.1.10) eine explizite Lösung des Problems geliefert, wenn man in dem Integral für $U(\zeta)$ die vorgegebenen Randwerte einsetzt. Wir betrachten etwas genauer den Fall, daß $\mathfrak{G}$

[1] Vgl. die Fußnote [1] auf der vorigen Seite.

[2] Die Frage nach der Lösbarkeit von Randwertaufgaben lassen wir hier beiseite, weil sie nicht eigentlich zur Praxis der konformen Abbildung gehört. Sie kann jedenfalls unter sehr allgemeinen Voraussetzungen bejaht werden.

ein Kreis mit dem Ursprung als Mittelpunkt und dem Radius R ist. In diesem Fall wird die Abbildung auf den Einheitskreis einfach durch

$$z(\zeta) = \frac{\zeta}{R} \tag{9.2.1}$$

geliefert und die Greensche Funktion (9.1.13) lautet:

$$\Gamma(\zeta, \zeta_0) = \log \frac{R(\zeta - \zeta_0)}{R^2 - \zeta \bar{\zeta}_0} . \tag{9.2.2}$$

Es wird dann

$$d\Gamma(\zeta, \zeta_0) = \left[\frac{1}{\zeta - \zeta_0} + \frac{\bar{\zeta}_0}{R^2 - \zeta \bar{\zeta}_0}\right] d\zeta . \tag{9.2.3}$$

Auf dem Rand des Kreises ist $|\zeta|^2 = \zeta \bar{\zeta} = R^2$ und $d\zeta = i\zeta\, d\varphi$, so daß wir auch schreiben können

$$d\Gamma(\zeta, \zeta_0) = i\left[\frac{\zeta}{\zeta - \zeta_0} + \frac{\bar{\zeta}}{\bar{\zeta} - \bar{\zeta}_0} - 1\right] d\varphi . \tag{9.2.4}$$

Setzen wir $\zeta = Re^{i\varphi}$, $\zeta_0 = \varrho e^{i\vartheta}$, so wird daraus

$$d\Gamma(\zeta, \zeta_0) = i \frac{R^2 - \varrho^2}{R^2 + \varrho^2 - 2R\varrho \cos(\varphi - \vartheta)} d\varphi . \tag{9.2.5}$$

Wenn wir das in (9.1.10) einsetzen, so erhalten wir die Integralformel von Poisson

$$\boldsymbol{U(\varrho e^{i\vartheta}) = \frac{1}{2\pi} \int_0^{2\pi} U(Re^{i\varphi}) \frac{R^2 - \varrho^2}{R^2 + \varrho^2 - 2R\varrho\cos(\varphi - \vartheta)} d\varphi} . \tag{9.2.6}$$

Durch eine ähnliche Integraldarstellung läßt sich auch die zu $U(\zeta)$ konjugiert harmonische Funktion $V(\zeta)$ aus den Randwerten von $U(\zeta)$ bestimmen. Nach (2.2.22) ist

$$V(z) - V(0) = \int_0^z \frac{\partial U}{\partial n} ds . \tag{9.2.7}$$

Indem wir diese Operation auf (9.2.6) anwenden und dabei die Integrations- und Differentiationsreihenfolge vertauschen, erhalten wir

$$V(\varrho e^{i\vartheta}) - V(0) = \frac{1}{2\pi} \int_0^{2\pi} U(Re^{i\varphi}) \int_0^{\varrho e^{i\vartheta}} \frac{\partial}{\partial u}\left[\frac{R^2 + \varrho^2}{R^2 + \varrho^2 - 2R\varrho\cos(\varphi - \vartheta)}\right] ds\, d\varphi . \tag{9.2.8}$$

Hier ist das innere Integral auf einem beliebigen, ganz im Innern des Kreises verlaufenden Weg zu erstrecken und für diesen Weg die Normalableitung bezüglich der Variablen $\zeta_0 = \varrho e^{i\vartheta}$ zu bilden. Wir brauchen diese Integration indessen gar nicht durchzuführen, wenn wir uns überlegen, daß die in dem inneren Integral stehende Funktion auf Grund der Darstellung (9.2.4) als Realteil einer in ζ_0 analytischen Funktion aufgefaßt werden kann

$$\begin{aligned}\frac{R^2+\varrho^2}{R^2+\varrho^2-2R\varrho\cos\varphi}&=\frac{\zeta}{\zeta-\zeta_0}+\frac{\overline{\zeta}}{\overline{\zeta}-\overline{\zeta}_0}-1\\&=\Re\left[\frac{2\zeta}{\zeta-\zeta_0}-1\right]=\Re\left[\frac{\zeta+\zeta_0}{\zeta-\zeta_0}\right].\end{aligned} \tag{9.2.9}$$

Das innere Integral in (9.2.8) muß daher als Ergebnis den zugehörigen Imaginärteil liefern

$$\Im\left[\frac{\zeta+\zeta_0}{\zeta-\zeta_0}\right]=\frac{-2R\varrho\sin(\varphi-\vartheta)}{R^2+\varrho^2-2R\varrho\cos(\varphi-\vartheta)}, \tag{9.2.10}$$

so daß wir schließlich erhalten:

$$\boldsymbol{V(\varrho e^{i\vartheta})=V(0)-\frac{1}{2\pi}\int_0^{2\pi}U(Re^{i\varphi})\frac{2R\varrho\sin(\varphi-\vartheta)}{R^2+\varrho^2-2R\varrho\cos(\varphi-\vartheta)}d\varphi.} \tag{9.2.11}$$

Fassen wir (9.2.6) und (9.2.11) zusammen, so erhalten wir die *Schwarzsche Formel*, durch welche man die Werte einer komplexen Potentialfunktion $W(\zeta)=U(\zeta)+iV(\zeta)$ in einem Kreis aus den Randwerten von $U(\zeta)$ und dem Wert $V(0)$ bestimmen kann

$$\boldsymbol{W(\varrho e^{i\vartheta})=iV(0)+\frac{1}{2\pi}\int_0^{2\pi}U(Re^{i\varphi})\frac{Re^{i\varphi}+\varrho e^{i\vartheta}}{Re^{i\varphi}-\varrho e^{i\vartheta}}d\varphi.} \tag{9.2.12}$$

Mit Hilfe der eben abgeleiteten Formel läßt sich auch die explizite Lösung der 2. Randwertaufgabe der Potentialtheorie für den Kreis angeben — und damit für alle Gebiete, deren konforme Abbildung auf den Kreis bekannt ist. Hier sind die Werte der Normalableitung $\frac{\partial U}{\partial n}$ auf dem Rand des Gebiets vorgeschrieben und es wird eine in $\mathfrak{G}$ harmonische Funktion gesucht, deren Normalableitung diese Randwerte annimmt. Damit diese Aufgabe eine Lösung hat, muß wie in (9.1.1)

$$\oint_{\mathfrak{C}}\frac{\partial U}{\partial n}ds=0 \tag{9.2.13}$$

sein. Wegen

$$V(\zeta_2)=V(\zeta_1)=\int_{\zeta_1}^{\zeta_2}\frac{\partial U}{\partial n}ds \tag{9.2.14}$$

sind mit $\frac{\partial U}{\partial n}$ auch die Werte $V(\zeta)$ — bis auf eine additive Konstante — auf dem Rand bestimmt. Mit diesen Randwerten $V(\zeta)$ können die Werte von $U(\zeta)$ — als der zu $-V(\zeta)$ konjugiert harmonischen Funktion — im Innern von $\mathfrak{G}$ mit Hilfe der Formel (9.2.11) berechnet werden. Wir formen diesen Ausdruck noch mit Hilfe von partieller Integration um und erhalten

$$U(\varrho e^{i\vartheta}) = U(0) + \frac{1}{2\pi}\int_0^{2\pi} V(Re^{i\varphi})\,\frac{2R\varrho\sin(\varphi-\vartheta)}{R^2+\varrho^2-2R\varrho\cos(\varphi-\vartheta)}\,d\varphi$$

$$= U(0) + \frac{1}{2\pi}\Big[V(Re^{i\varphi})\log(R^2+\varrho^2-2R\varrho\cos(\varphi-\vartheta))\Big]_0^{2\pi} -$$

$$-\frac{1}{2\pi}\int_0^{2\pi}\frac{\partial V(Re^{i\varphi})}{\partial\varphi}\log(R^2+\varrho^2-2R\varrho\cos(\varphi-\vartheta))\,d\varphi\,. \tag{9.2.15}$$

Da sowohl $V(Re^{i\varphi})$ als auch $\log(R^2+\varrho^2-2R\varrho\cos(\varphi-\vartheta))$ periodisch sind, verschwindet das zugehörige Glied auf der rechten Seite von (9.2.15). Weiter ist

$$\frac{\partial V}{\partial\varphi}d\varphi = dV = \frac{\partial U}{\partial n}ds = \frac{\partial U}{\partial n}R\,d\varphi\,, \tag{9.2.16}$$

so daß wir schließlich die folgende Integralformel erhalten, welche die Beziehung zwischen den Randwerten von $\frac{\partial U}{\partial n}$ und den Werten von $U(\zeta)$ im Innern herstellt

$$\boldsymbol{U(\varrho e^{i\vartheta}) = U(0) - \frac{1}{2\pi}\int_0^{2\pi}\frac{\partial U}{\partial n}R\log(R^2+\varrho^2-2R\varrho\cos(\varphi-\vartheta))\,d\varphi}\,. \tag{9.2.17}$$

Den Ausdruck

$$\log(R^2+\varrho^2-2R\varrho\cos(\varphi-\vartheta)) = \log((\zeta-\zeta_0)(\bar\zeta-\bar\zeta_0)) = N(\zeta,\zeta_0) \tag{9.2.18}$$

bezeichnen wir als die Neumannsche Funktion für den Kreis. Sie spielt für die zweite Randwertaufgabe dieselbe Rolle wie die Greensche Funktion für die erste. Wie diese stellt sie eine bis auf logarithmische Singularitäten regulär analytische Funktion der Variablen ζ in $\mathfrak{G}$ dar. Wegen $\bar\zeta = \frac{R^2}{\zeta}$ ist nämlich

$$\log((\zeta-\zeta_0)(\bar\zeta-\bar\zeta_0)) = \log\frac{(\zeta-\zeta_0)(R^2-\zeta\bar\zeta_0)}{\zeta}\,. \tag{9.2.19}$$

Diese Funktion kann als komplexe Potentialfunktion einer Strömung gedeutet werden, die bei $\zeta = \zeta_0$ eine Quelle und bei $\zeta = 0$ eine Senke hat, und für die der Rand des Kreises $|\zeta| = R$ aus einer undurchlässigen Wand besteht.

Für allgemeine Gebiete kann die Neumannsche Funktion, ähnlich wie die Greensche Funktion in 9.1, durch die folgenden Bedingungen charakterisiert werden:

1. $N(\zeta,\zeta_0)$ ist abgesehen von einer logarithmischen Singularität bei $\zeta = \zeta_0$ und einer weiteren an einer festen Stelle $\zeta = \zeta^*$[1] eine in $\mathfrak{G}$ regulär analytische Funktion der Variablen ζ. Genauer ist

$$N(\zeta,\zeta_0) = \log\frac{\zeta-\zeta_0}{\zeta-\zeta^*} + n(\zeta,\zeta_0)\,, \tag{9.2.20}$$

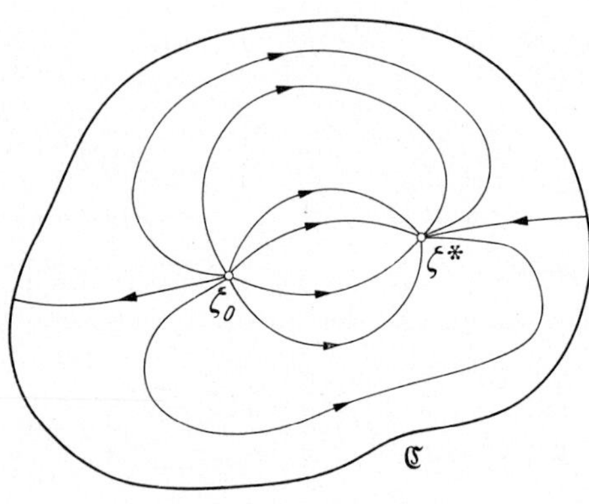

Abb. 61. Neumannsche Funktion.

wo $n(\zeta,\zeta_0)$ regulär analytisch in $\mathfrak{G}$ ist.

2. $N(\zeta,\zeta_0)$ hat als Funktion von ζ auf dem Rand von $\mathfrak{G}$ überall stetige Randwerte, deren Imaginärteil verschwindet

$$\mathfrak{J}(N(\zeta,\zeta_0)) = 0 \quad \text{auf } \mathfrak{C}\,. \tag{9.2.21}$$

Sind diese Bedingungen erfüllt, so gilt

$$U(\zeta_0) = U(\zeta^*) - \frac{1}{2\pi}\oint\limits_{\mathfrak{C}} N(\zeta,\zeta_0)\,\frac{\partial U}{\partial u}\,ds\,. \tag{9.2.22}$$

Wird das Gebiet $\mathfrak{G}$ durch die Funktion $z(\zeta)$ konform auf den Einheitskreis abgebildet, so läßt sich $N(\zeta,\zeta_0)$ wieder explizit angeben. Es ist

$$N(\zeta,\zeta_0) = \log\frac{(z(\zeta)-z(\zeta_0))\,(1-z(\zeta)\,\overline{z(\zeta_0)})}{z(\zeta)}\,, \tag{9.2.23}$$

wobei ζ^* hier so liegt, daß $z(\zeta^*) = 0$ ist.

9.3. Reihenentwicklungen. Wir gehen aus von der Schwarzschen Formel (9.2.12) und entwickeln die Kernfunktion

$$\frac{Re^{i\varphi}+\varrho e^{i\vartheta}}{Re^{i\varphi}-\varrho e^{i\vartheta}} = \frac{\zeta+\zeta_0}{\zeta-\zeta_0} \tag{9.3.1}$$

in eine geometrische Reihe nach $\frac{\zeta_0}{\zeta}$:

$$\frac{2}{1-\frac{\zeta_0}{\zeta}} - 1 = 1 + 2\sum_{\nu=1}^{\infty}\left(\frac{\zeta_0}{\zeta}\right)^{\nu} = 1 + 2\sum_{\nu=1}^{\infty}\left(\frac{\varrho}{R}\right)^{\nu} e^{i\nu(\vartheta-\varphi)}\,. \tag{9.3.2}$$

---

[1] Der Einfachheit halber verzichten wir hier darauf, die Abhängigkeit der Neumannschen Funktion von ζ^* genauer zu kennzeichnen. Wie aus der Formel (9.2.22) hervorgeht, hat der Wert von ζ^* keinen wesentlichen Einfluß auf das Endergebnis.

Diese Reihe konvergiert absolut und gleichmäßig für $\left|\frac{\zeta_0}{\zeta}\right| < 1$, d. h. für $|\zeta_0| < R$, und wir können daher (9.2.12) gliedweise integrieren:

$$W(\varrho e^{i\vartheta}) = \frac{1}{2\pi}\int_0^{2\pi} U(Re^{i\varphi})\,d\varphi + i\,V(0) + \frac{1}{\pi}\sum_{\nu=1}^{\infty}\left(\frac{\varrho}{R}\right)^{\nu} e^{i\nu\vartheta}\int_0^{2\pi} U(Re^{i\varphi})\,e^{-i\nu\varphi}\,d\varphi\,. \tag{9.3.3}$$

Wir spalten diese Ausdrücke in Real- und Imaginärteil auf und setzen

$$\begin{aligned} a_0 &= \frac{1}{2\pi}\int_0^{2\pi} U(Re^{i\varphi})\,d\varphi\,, & b_0 &= -V(0)\,,\\ \underset{(\nu\neq 0)}{a_\nu} &= \frac{1}{\pi}\int_0^{2\pi} U(Re^{i\varphi})\cos\nu\varphi\,d\varphi\,, & \underset{(\nu\neq 0)}{b_\nu} &= \frac{1}{\pi}\int_0^{2\pi} U(Re^{i\varphi})\sin\nu\varphi\,d\varphi\,. \end{aligned} \tag{9.3.4}$$

Dies sind die Fourierkoeffizienten der Funktion $U(Re^{i\varphi})$. Mit diesen Definitionen wird

$$\begin{aligned} U(\varrho e^{i\vartheta}) &= \sum_{\nu=0}^{\infty}\left(\frac{\varrho}{R}\right)^{\nu}(a_\nu\cos\nu\vartheta + b_\nu\sin\nu\vartheta)\,,\\ V(\varrho e^{i\vartheta}) &= \sum_{\nu=0}^{\infty}\left(\frac{\varrho}{R}\right)^{\nu}(-b_\nu\cos\nu\vartheta + a_\nu\sin\nu\vartheta)\,. \end{aligned} \tag{9.3.5}$$

Da die Fourierkoeffizienten (9.3.4) ohne Schwierigkeiten berechnet werden können und die Reihe (9.3.5) im Innern des Kreises meist gut konvergiert, stellt diese Reihenentwicklung den bequemsten Weg zur Lösung der ersten Randwertaufgabe für den Kreis dar. Auch die zweite Randwertaufgabe läßt sich in dieser Weise behandeln. Es ist

$$\frac{\partial U}{\partial n} = \frac{\partial U}{\partial \varrho}_{(\varrho=R)} = \sum_{\nu=0}^{\infty}\nu\,(a_\nu\cos\nu\varphi + b_\nu\sin\nu\varphi) \tag{9.3.6}$$

und die Fourierkoeffizienten a_ν und b_ν können daher mit Hilfe der Formeln

$$a_\nu = \frac{1}{\nu\pi}\int_0^{2\pi}\frac{\partial U}{\partial n}\cos\nu\varphi\,d\varphi\,,\qquad b_\nu = \frac{1}{\nu\pi}\int_0^{2\pi}\frac{\partial U}{\partial n}\sin\nu\varphi\,d\varphi \tag{9.3.7}$$

berechnet werden. Die Koeffizienten a_0 und b_0 bleiben hier natürlich unbestimmt.

Diese Entwicklungen zeigen, daß jede in einem Kreis harmonische Funktion durch eine Reihe (9.3.5) dargestellt werden kann und das gleiche gilt natürlich auch für regulär analytische Funktionen. Faßt man $U(\zeta_0)$ und $V(\zeta_0)$ zu einer komplexen Funktion $W(\zeta_0)$ zusammen, so ergibt (9.3.5) die Taylorentwicklung dieser Funktion

$$W(\zeta_0) = \sum_{\nu=0}^{\infty} c_\nu\zeta_0^{\nu}\,, \tag{9.3.8}$$

wobei

$$c_\nu = \frac{a_\nu - i b_\nu}{R^\nu} \tag{9.3.9}$$

ist. Aus dieser Darstellung folgt sofort der Satz von LIOUVILLE: Jede in der ganzen Ebene regulär analytische und beschränkte Funktion ist konstant. Ist nämlich $W(\zeta)$ eine solche Funktion, so muß auch ihr Realteil $U(\zeta)$ beschränkt sein[1] und damit die Fourierkoeffizienten a_ν und b_ν für jeden noch so großen Kreis. Da andererseits R beliebig groß gewählt werden kann, sind nach (9.3.9) die $|c_\nu|$ für $\nu > 0$ kleiner als jede noch so kleine positive Zahl, sie müssen also verschwinden. Damit wird $W(\zeta) = c_0 = \text{const}$, und das ist die Behauptung des Satzes.

Eine etwas andere Integraldarstellung für die Taylorkoeffizienten c_ν erhält man aus der Cauchyschen Integralformel (9.1.5). Indem wir $z = \zeta - \zeta_0$ setzen, schreiben wir die Formel zunächst in der Form

$$W(\zeta_0) = \frac{1}{2\pi i} \oint \frac{W(\zeta)}{\zeta - \zeta_0} d\zeta . \tag{9.3.10}$$

Da der Integrationsweg beliebig ist, kann er hier ein für allemal festgehalten werden, solange ζ_0 noch im Innern des von ihm eingeschlossenen Gebiets liegt. Wir entwickeln jetzt

$$\frac{1}{\zeta - \zeta_0} = \frac{1}{\zeta} \cdot \frac{1}{1 - \frac{\zeta_0}{\zeta}} = \frac{1}{\zeta} \sum_{\nu=0}^{\infty} \left(\frac{\zeta_0}{\zeta}\right)^\nu \tag{9.3.11}$$

und integrieren gliedweise. Vergleichen wir das Ergebnis mit der Darstellung (9.3.8), so erhalten wir die Beziehung

$$c_\nu = \frac{1}{2\pi i} \oint \frac{W(\zeta)}{\zeta^{\nu+1}} d\zeta . \tag{9.3.12}$$

Durch gliedweise Differentiation von (9.3.8) kann man andererseits zeigen, daß — wie bei der Taylorentwicklung im Reellen —

$$c_\nu = \frac{1}{\nu!} \left(\frac{dW}{d\zeta}\right)_{\varrho = 0} \tag{9.3.13}$$

gilt.

Setzen wir in (9.3.8) $\zeta_0 = z - z_0$ und $W(z - z_0) = w(z)$, so erhalten wir die allgemeine Reihenentwicklung

$$w(z) = \sum_{\nu=0}^{\infty} c_\nu (z - z_0)^\nu . \tag{9.3.14}$$

Die Koeffizienten dieser Entwicklung können aus (9.3.12) oder aus (9.3.4) in Verbindung mit (9.3.9) berechnet werden, wobei als Integrationsweg jeder Kreis $|z - z_0| = R$ gewählt werden kann, in dessen Innern

[1] Der Satz von LIOUVILLE gilt also auch schon unter der schwächeren Voraussetzung, daß nur der Realteil der betrachteten Funktion beschränkt ist.

$w(z)$ regulär analytisch ist. Es läßt sich also jede, in der Umgebung einer Stelle $z = z_0$ regulär analytische Funktion $w(z)$ in eine Reihe (9.3.14) entwickeln und diese Reihe konvergiert in jedem Kreis um z_0, in dessen Innern $w(z)$ regulär analytisch ist.

Umgekehrt stellt auch jede Potenzreihe der Form (9.3.14), die in einer Umgebung von z_0 konvergiert, eine regulär analytische Funktion dar. Dabei definieren zwei Potenzreihen nur dann dieselbe Funktion $w(z)$

$$\sum_{\nu=0}^{\infty} c_\nu^* (z - z_0)^\nu = \sum_{\nu=0}^{\infty} c_\nu^{**} (z - z_0)^\nu = w(z)\,, \qquad (9.3.15)$$

wenn $c_\nu^* = c_\nu^{**}$ ist für alle ν. Berechnet man nämlich die Entwicklungskoeffizienten von $w(z)$ mit Hilfe der Integrale (9.3.12) oder (9.3.4), indem man die Reihen (9.3.15) dort einsetzt und gliedweise integriert, so erhält man $c_\nu = c_\nu^* = c_\nu^{**}$.

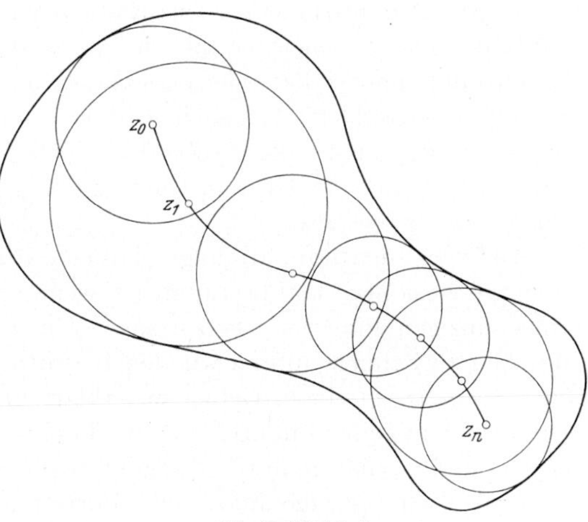

Abb. 62. Kreiskette

9.4. Analytische Fortsetzung. Mit Hilfe der Reihenentwicklung (9.3.14) läßt sich der folgende Identitätssatz für analytische Funktionen beweisen: Sind zwei Funktionen $w_1(z)$ und $w_2(z)$ in einem Gebiet $\mathfrak{G}$ eindeutig und regulär analytisch und stimmen sie in der Umgebung eines inneren Punktes z_0 von $\mathfrak{G}$ überein, so stimmen sie überall in $\mathfrak{G}$ überein.

Zum Beweis entwickeln wir beide Funktionen in der Umgebung von z_0 in Potenzreihen (9.3.14). Da die Funktionen in einer Umgebung von z_0 übereinstimmen, müssen auch die Entwicklungskoeffizienten c_ν übereinstimmen, da zur Berechnung dieser Koeffizienten nur die Funktionswerte auf einem beliebig kleinen Kreis um z_0 gebraucht werden. Diese Potenzreihe konvergiert sicher[1] noch in dem größten Kreis $\mathfrak{K}_1$ um z_0, dessen Inneres ganz in $\mathfrak{G}$ liegt, und stellt dort die beiden Funktionen $w_1(z)$ und $w_2(z)$ dar, die also in $\mathfrak{K}_1$ übereinstimmen müssen. Um die Übereinstimmung in irgendeinem Punkt $z^* \in \mathfrak{G}$ zu beweisen, verbinden wir z_0 mit z^* durch eine ganz in $\mathfrak{G}$ liegende Kurve $\mathfrak{C}$. Auf dieser Kurve greifen wir einen Punkt z_1 heraus, der noch in $\mathfrak{K}_1$ liegt,

[1] Vgl. die Überlegungen auf S. 93.

und entwickeln $w_1(z)$ und $w_2(z)$ dort in Potenzreihen. Diese Potenzreihen sind wieder gleich und konvergieren im größten Kreis $\mathfrak{K}_2$ um z_1, dessen Inneres ganz in $\mathfrak{G}$ liegt, so daß die beiden Funktionen auch auf diesem Kreis übereinstimmen müssen. Liegt z_1 nahe genug an der Peripherie von $\mathfrak{K}_1$, so wird $\mathfrak{K}_2$ über $\mathfrak{K}_1$ hinausgreifen und ein Stück von $\mathfrak{C}$ überdecken, das nicht schon in $\mathfrak{K}_1$ liegt. Wir können nun so fortfahren, indem wir auf $\mathfrak{C}$ in $\mathfrak{K}_2$ einen Punkt z_2 wählen, dort die Potenzreihe ansetzen, die in einem Kreis $\mathfrak{K}_3$ konvergiert, der ein weiteres Stück von $\mathfrak{C}$ überdeckt, und so fort; wir sagen, daß wir auf $\mathfrak{C}$ eine Kreiskette bilden. Auf jedem dieser Kreise müssen dann die beiden Funktionen $w_1(z)$ und $w_2(z)$ übereinstimmen. Die Radien der Kreise haben eine untere Schranke, da $\mathfrak{C}$ einen endlichen Abstand von dem Rand von $\mathfrak{G}$ haben muß, und $\mathfrak{C}$ hat eine endliche Länge. Wir können deshalb die Punkte z_ν so wählen, daß nach n (d. h. nach endlich vielen) Schritten der Kreis $\mathfrak{K}_n$ den Punkt z^* überdeckt. Da z^* beliebig gewählt werden kann, ist damit die Übereinstimmung von $w_1(z)$ mit $w_2(z)$ für jeden Punkt aus $\mathfrak{G}$ bewiesen.

Aus dem Identitätssatz folgt, daß eine regulär analytische Funktion in ihrem Gesamtverlauf bestimmt ist, wenn ihre Werte in der Umgebung eines einzigen Punktes gegeben sind. Um diese Tatsache präzise ausdrücken zu können, führen wir den Begriff der *analytischen Fortsetzung* ein. Sei $w_1(z)$ in einem Gebiet $\mathfrak{G}_1$ erklärt und dort regulär analytisch. Gibt es dann eine Funktion $w_2(z)$, die in einem größeren Gebiet $\mathfrak{G}_2$ erklärt und regulär analytisch ist und die in $\mathfrak{G}_1$ mit $w_1(z)$ übereinstimmt, so nennen wir $w_2(z)$ die analytische Fortsetzung von $w_1(z)$ in das Gebiet $\mathfrak{G}_2$. Nach dem Identitätssatz gibt es dann, wenn überhaupt, nur eine analytische Fortsetzung von $w_1(z)$ in $\mathfrak{G}_2$. Alle überhaupt denkbaren analytischen Fortsetzungen einer Funktion nennen wir ein *analytisches Gebilde* oder auch einfach eine analytische Funktion. Demgegenüber wird dann jede nur in einem Teilgebiet gültige, dort aber eindeutige Definition einer analytischen Funktion als *Funktionselement* bezeichnet. Insbesondere stellen die Potenzreihen für ihre Konvergenzkreise Funktionselemente dar.

Wenn die analytische Fortsetzung einer Funktion existiert, so läßt sie sich mit Hilfe des Kreiskettenverfahrens konstruieren, das wir zum Beweis des Identitätssatzes benutzt haben. Wir sprechen dann von der analytischen Fortsetzung längs einer Kurve, wenn wir längs der Kurve eine Kreiskette bilden können, die diese ganz überdeckt. Das ist immer dann möglich, wenn es eine analytische Fortsetzung in ein Gebiet gibt, das die Kurve enthält. Im anderen Fall überdecken alle Kreise der Kette nur ein Anfangsstück der Kurve bis zu einem Punkt hin, über den hinaus eine analytische Fortsetzung nicht mehr möglich ist. Solche Punkte werden als *singuläre Stellen* der Funktion bezeichnet.

Wird eine Funktion $w(z)$ längs einer geschlossenen Kurve analytisch fortgesetzt, so kann es geschehen, daß man dabei nicht wieder zu den Ausgangswerten von $w(z)$ zurückkehrt. Dies ist dann der Fall, wenn $w(z)$ eine mehrdeutige Funktion ist. Um eine solche Funktion eindeutig zu machen, können wir die verschiedenen Funktionswerte verschiedenen Blättern einer Riemannschen Fläche zuordnen (vgl. 5.1), wobei jetzt der Aufbau dieser Fläche mit Hilfe der Kreisketten durchgeführt werden kann. In jedem Kreis ist $w(z)$ durch die zugehörige Potenzreihe eindeutig definiert und die einzelnen Kreise bilden deshalb zusammen mit den zugehörigen Funktionswerten auch auf der Riemannschen Fläche von $w(z)$ zusammenhängende Kreisgebiete. Zwei sich gegenseitig überdeckende Kreise sollen dann auf der Riemannschen Fläche zusammenhängen, wenn in dem Überdeckungsgebiet die Funktionswerte übereinstimmen, sonst sollen sie verschiedenen Blättern der Fläche zugeordnet werden. Insbesondere hängen also zwei aufeinanderfolgende Kreise einer Kreiskette auf der Riemannschen Fläche zusammen. Es läßt sich zeigen[1], daß durch diese Festsetzung die Struktur der Riemannschen Fläche eindeutig bestimmt ist, und wir so — wenigstens theoretisch — die Riemannsche Fläche schrittweise aufbauen können, indem wir immer neue analytische Fortsetzungen und immer neue Kreisketten betrachten.

Aus der Eindeutigkeit der analytischen Fortsetzung folgt auch, daß *reelle Funktionen* nur auf eine Weise zu komplexen Funktionen erweitert werden können. Dies ist dann und nur dann möglich, wenn die reelle Funktion in eine Taylorreihe entwickelt werden kann, die in einem reellen Intervall konvergiert. Dann konvergiert dieselbe Taylorreihe auch im Komplexen in einem Kreis, der dieses Intervall enthält, und definiert damit eine komplexe analytische Funktion, die auf der reellen Achse — zumindest in dem Konvergenzintervall — mit der reellen Funktion übereinstimmt, und es gibt keine zweite regulär analytische Funktion mit dieser Eigenschaft. Wir nennen diese Funktion die analytische Fortsetzung der reellen Funktion ins Komplexe. Für solche Fortsetzungen gilt der wichtige Satz der *Permanenz der Funktionalgleichungen*: Es seien $f_1(x), f_2(x), \ldots, f_n(x)$ reelle Funktionen, die ins Komplexe analytisch fortgesetzt werden können, und die reelle Funktion $F(x_1, x_2, \ldots, x_n)$ lasse sich gleichfalls bezüglich aller Variablen x_ν ins Komplexe fortsetzen. Gilt dann im Reellen die Funktionalgleichung

$$F(f_1(x), f_2(x), \ldots, f_n(x)) = 0\,,$$

so gilt diese Gleichung auch im Komplexen. Nach Voraussetzung stellt nämlich $F^*(x) = F(f_1(x), f_2(x), \ldots, f_n(x))$ eine ins Komplexe fortsetzbare

[1] Siehe etwa H. WEYL: Die Idee der Riemannschen Fläche. 3. Aufl., S. 1—11. Stuttgart 1955.

Funktion dar. Da diese Funktion auf der reellen Achse verschwindet und es nur eine analytische Fortsetzung gibt, kann die Fortsetzung von $F^*(x)$ nur die komplexe Funktion $F^*(z) \equiv 0$ sein, für alle komplexen z. So müssen z. B. die *Additionstheoreme* der Exponentialfunktion und der trigonometrischen Funktionen auch im Komplexen gelten, was wir schon früher festgestellt haben.

9.5. Das Schwarzsche Lemma. Wir betrachten zwei einfach zusammenhängende Gebiete $\mathfrak{G}_1$ und $\mathfrak{G}_2$, deren eines — etwa $\mathfrak{G}_2$ — ganz im andern enthalten sein möge, $\mathfrak{G}_2 \subset \mathfrak{G}_1$, ζ_0 sei ein gemeinsamer Punkt von $\mathfrak{G}_1$ und $\mathfrak{G}_2$, $\Gamma_1(\zeta,\zeta_0)$ die zu $\mathfrak{G}_1$, $\Gamma_2(\zeta,\zeta_0)$ die zu $\mathfrak{G}_2$ gehörige Greensche Funktion. Dann ist

$$\mathfrak{R}(\Gamma_1(\zeta,\zeta_0)) \leqq \mathfrak{R}(\Gamma_2(\zeta,\zeta_0)) \tag{9.5.1}$$

für alle ζ in $\mathfrak{G}_2$.

Um dies zu beweisen, zeigen wir zunächst, daß $\mathfrak{R}(\Gamma_\nu(\zeta,\zeta_0)) \leqq 0$ ist. Da wegen (9.1.11) $\mathfrak{R}(\Gamma_\nu(\zeta,\zeta_0)) \to -\infty$ strebt für $\zeta \to \zeta_0$, können wir einen kleinen Kreis $\mathfrak{K}$ um ζ_0 angeben, $|\zeta - \zeta_0| < \varepsilon$, auf dessen Rand $\mathfrak{R}(\Gamma_\nu(\zeta,\zeta_0)) < 0$ ist. In dem Restgebiet $\mathfrak{G}_\nu - \mathfrak{K}$ ist $\mathfrak{R}(\Gamma_\nu(\zeta,\zeta_0))$ harmonisch und besitzt dort überall Randwerte $\leqq 0$. Nach dem in 9.1. bewiesenen Maximumsatz für harmonische Funktionen muß daher $\mathfrak{R}(\Gamma_\nu(\zeta,\zeta_0)) \leqq 0$ im Innern von $\mathfrak{G}_\nu - \mathfrak{K}$ sein, und da ε beliebig klein gewählt werden kann, gilt das für alle Punkte aus $\mathfrak{G}_\nu$.

Nun ist auf dem Rand von $\mathfrak{G}_2$ nach Voraussetzung $\mathfrak{R}(\Gamma_2(\zeta,\zeta_0)) = 0$ und nach dem eben bewiesenen $\mathfrak{R}(\Gamma_1(\zeta,\zeta_0)) \leqq 0$, also auch die Differenz $\mathfrak{R}(\Gamma_1(\zeta,\zeta_0) - \Gamma_2(\zeta,\zeta_0)) \leqq 0$. Bei dieser Differenzbildung hebt sich die logarithmische Singularität der Greenschen Funktionen (9.1.11) heraus, die Differenz ist also harmonisch in $\mathfrak{G}_2$. Daher ist $\mathfrak{R}(\Gamma_1(\zeta,\zeta_0)) - - \Gamma_2(\zeta,\zeta_0)) \leqq 0$ im Innern von $\mathfrak{G}_2$, womit (9.5.1) bewiesen ist.

Nun ist, wie wir in 9.1 gezeigt haben, $\Gamma_\nu(\zeta,\zeta_0) = \log z_\nu(\zeta)$, wo $z_\nu(\zeta)$ eine Funktion ist, die $\mathfrak{G}_\nu$ konform auf den Einheitskreis abbildet, so daß ζ_0 in den Nullpunkt übergeht. Bei dieser Abbildung entspricht dem Kreis $|z| < \varrho < 1$ in der z-Ebene ein Gebiet $\tilde{\mathfrak{G}}_\nu(\varrho)$ in der ζ-Ebene, das durch $|z_\nu(\zeta)| < \varrho$, d. h. durch $\mathfrak{R}(\Gamma_\nu(\zeta,\zeta_0)) < \log \varrho$ gekennzeichnet ist. Nach (9.5.1) muß daher für irgend ein festes ϱ das Gebiet $\tilde{\mathfrak{G}}_2(\varrho)$ ganz im Innern von $\tilde{\mathfrak{G}}_1(\varrho)$ liegen, so daß wir den Satz (9.5.1) auch in der folgenden Form aussprechen können: Sind $\mathfrak{G}_1$ und $\mathfrak{G}_2$ zwei einfach zusammenhängende Gebiete und ist $\mathfrak{G}_2 \subset \mathfrak{G}_1$, so ist auch $\tilde{\mathfrak{G}}_2(\varrho) \subset \tilde{\mathfrak{G}}_1(\varrho)$ für jedes $\varrho < 1$, wo $\tilde{\mathfrak{G}}_\nu(\varrho)$ das Bild des Kreises $|z| < \varrho$ ist bei der Abbildung von $\mathfrak{G}_\nu$ auf den Einheitskreis der z-Ebene.

Dieser Satz wird als *Schwarzsches Lemma* bezeichnet. Er kann vor allem dazu benutzt werden, die Änderungen der Abbildungsfunktion abzuschätzen, wenn das abzubildende Gebiet einer Änderung unterworfen wird. Von diesem Satz existieren zahlreiche Spezialisierungen und Varianten[1], wie etwa die folgende, bei der als $\mathfrak{G}_1$ der Einheitskreis gewählt wird: Es bilde die Funktion $\zeta(z)$ den Einheitskreis der z-Ebene konform auf ein Gebiet ab, das ganz im Innern des Einheitskreises liegt, und es sei $\zeta(0) = 0$. Dann ist für jedes $\varrho < 1$ der Betrag $|\zeta(\varrho e^{i\varphi})| \leqq \varrho$.

Ein weiterer Spezialfall ist der, daß beide Gebiete $\mathfrak{G}_1$ und $\mathfrak{G}_2$ gleich sind. Dann müssen die Realteile der Greenschen Funktionen gleich sein. $\Re(\Gamma_1(\zeta,\zeta_0)) = \Re(\Gamma_2(\zeta,\zeta_0))$, und die Imaginärteile dürfen sich daher nur um eine Konstante unterscheiden, so daß

$$\Gamma_1(\zeta,\zeta_0) = \Gamma_2(\zeta,\zeta_0) + i\alpha, \quad \alpha \text{ reell}, \qquad (9.5.2)$$

ist. Die zugehörigen Abbildungsfunktionen können sich daher nur um einen konstanten Faktor vom Betrag eins unterscheiden,

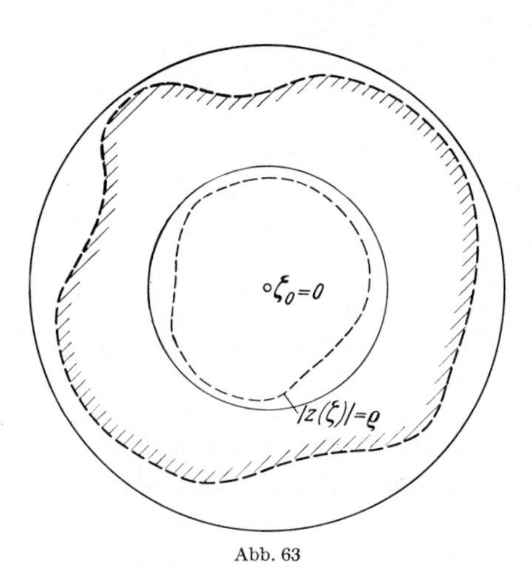

Abb. 63

$$z_1(\zeta) = e^{i\alpha} z_2(\zeta)\,. \qquad (9.5.3)$$

Hieraus folgt insbesondere, daß die einzigen Funktionen, die den Einheitskreis so auf sich abbilden, daß dabei ein Punkt z_0 in den Nullpunkt übergeht, die linearen Funktionen (7.3.9) sind.

§ 10. Abbildungssätze

10.1. Der Riemannsche Abbildungssatz. In den bisherigen Untersuchungen blieb die Frage offen, welche Gebiete überhaupt konform aufeinander abgebildet werden können. Da die konforme Abbildung stetig ist, können jedenfalls nur Gebiete mit gleichem Zusammenhang konform aufeinander abgebildet werden. Für einfach zusammenhängende Gebiete auf der Zahlenebene oder der Zahlenkugel (d. h. der um den Punkt ∞ erweiterten Zahlenebene[2]) gilt der sehr weitgehende Riemannsche *Abbildungssatz*: Je zwei einfach zusammenhängende Gebiete auf der Zahlenebene oder Zahlenkugel mit mehr als zwei Randpunkten (also insbesondere alle durch eine Randkurve begrenzten Gebiete) lassen sich umkehrbar eindeutig und überall konform auf-

[1] Siehe etwa C. Carathéodory, Conformal Representation, insbesondere S. 39—53. Cambridge 1932.

[2] Über die Definition der konformen Abbildung im Punkt ∞ s. 4.2.

einander abbilden. Insbesondere läßt sich also jedes derartige Gebiet konform auf den Einheitskreis abbilden[1].

Dieser Satz läßt sich auf einfach zusammenhängende Gebiete verallgemeinern, die auf Riemannschen Flächen liegen[2], d. h. solche Gebiete, die auf der Zahlenebene oder Zahlenkugel sich selbst überdecken. Hier gilt der sog. große Riemannsche Abbildungssatz: Jedes auf einer beliebigen Riemannschen Fläche einfach zusammenhängende Gebiet kann konform abgebildet werden entweder

1. auf die volle *Zahlenkugel* oder
2. auf die *endliche Ebene* oder
3. auf den *Einheitskreis*.

Wird das Gebiet insbesondere durch eine stetige Randkurve begrenzt, die aus mehr als einem Punkt besteht, so kann es konform auf den Einheitskreis abgebildet werden.

Ich werde diese Sätze, wie auch den folgenden dieses Abschnitts nicht beweisen, sondern verweise dieserhalb auf die funktionen-theoretische Literatur[3]. Ich merke noch an, daß sich die in § 16—18 behandelten Näherungsverfahren der konformen Abbildung zum Teil auch zum Beweis der Abbildungssätze heranziehen lassen.

Von Interesse ist noch das Verhalten der Abbildung auf dem *Rand des Gebietes.* Hierüber sagt der Riemannsche Abbildungssatz nichts und wir werden auch nicht erwarten können, daß die Abbildung auf dem Rand noch konform ist. Dagegen ist es wichtig für die Lösung jeder Art von Randwertaufgaben mit Hilfe der konformen Abbildung, daß die Abbildung auf dem Rand noch stetig ist. Dies trifft in der Tat für alle Gebiete zu, die durch eine stetige Randkurve begrenzt werden, und dies sind die in der Praxis allein interessierenden Gebiete. Hier gilt der Satz: Wird ein einfach zusammenhängendes Gebiet durch eine stetige Randkurve begrenzt und bildet die Funktion $z(\zeta)$ dieses Gebiet umkehrbar eindeutig und überall konform auf den Einheitskreis ab, so ist $z(\zeta)$ auf dem Rand des Gebiets noch stetig[4] und bildet die Randkurve umkehrbar eindeutig auf die Peripherie des Einheitskreises ab.

10.2. Mehrfach zusammenhängende Gebiete. Für die konforme Abbildung mehrfach zusammenhängender Gebiete gelten keine so einfachen Sätze wie bei einfach zusammenhängenden Gebieten. Da

---

[1] Für einfach zusammenhängende Gebiete kann man die Greensche Funktion also immer mit Hilfe der konformen Abbildung konstruieren.

[2] Vgl. 5.1. und 9.4.

[3] Siehe hierzu etwa H. WEYL: Die Idee der Riemannschen Fläche. 3. Aufl., S. 82ff. Stuttgart 1955. BEHNKE und SOMMER: Theorie der analytischen Funktionen einer komplexen Veränderlichen. S. 336ff. Berlin-Göttingen-Heidelberg 1955.

[4] Ist der Punkt ∞ ein Randpunkt des Gebietes, so ist hier Stetigkeit im Sinne der Stetigkeit auf der Zahlenkugel zu verstehen.

die Zusammenhangsverhältnisse bei der konformen Abbildung erhalten bleiben, können ohnehin nur Gebiete gleichen Zusammenhangs aufeinander abgebildet werden, doch reicht diese Bedingung nicht aus, um die Möglichkeit der Abbildung zu garantieren. Vielmehr wird jedes mehrfach zusammenhängende Gebiet zusätzlich noch durch eine Anzahl konformer Invarianten gekennzeichnet, so daß zwei Gebiete nur dann aufeinander abgebildet werden können, wenn sie in diesen Invarianten übereinstimmen. Während wir also alle einfach zusammenhängenden Gebiete im wesentlichen auf ein Normalgebiet — den Einheitskreis — abbilden können, gehören zu den mehrfach zusammenhängenden Gebieten Scharen von Normalgebieten, die jeweils gleichen Zusammenhang haben, sich aber in gewissen geometrischen Parametern unterscheiden. Solche Normalgebiete treten in Verbindung mit gewissen Randwertproblemen auf[1]; die Lösbarkeit dieser Randwertprobleme wird bewiesen, womit dann auch die konforme Abbildung sichergestellt ist. Praktisch brauchbare Verfahren zur Lösung von Abbildungsaufgaben lassen sich jedoch auf diesem Wege nicht gewinnen, weil man ja gerade umgekehrt die konforme Abbildung zur Lösung der Randwertaufgaben heranziehen will. Wir gehen deshalb an dieser Stelle nicht näher darauf ein.

Ein anderer Weg, die Ergebnisse des Riemannschen Abbildungssatzes auf mehrfach zusammenhängende Gebiete auszudehnen, besteht darin, daß man ein mehrfach zusammenhängendes Gebiet $\mathfrak{G}$ dadurch zu einem einfach zusammenhängenden macht, daß man es nicht auf der Zahlenebene, sondern auf einer unendlich vielblättrigen Riemannschen Fläche $\tilde{\mathfrak{F}}_{\mathfrak{G}}$ betrachtet. Diese Fläche, die als *universelle Überlagerungsfläche* über $\mathfrak{G}$ bezeichnet wird, soll folgende Eigenschaft haben: Sei $\mathfrak{C}$ eine geschlossene Kurve in $\mathfrak{G}$. Projizieren wir diese Kurve auf $\tilde{\mathfrak{F}}_{\mathfrak{G}}$, so erhalten wir dort unendlich viele Kurven $\tilde{\mathfrak{C}}_1$, $\tilde{\mathfrak{C}}_2, \ldots$, in jedem Blatt der Riemannschen Fläche eine. Diese Kurven sollen dann und nur dann auch in $\tilde{\mathfrak{F}}_{\mathfrak{G}}$ geschlossene Kurven sein, d. h. zum Ausgangspunkt im selben Blatt der Riemannschen Fläche zurückführen, wenn sich $\mathfrak{C}$ in $\mathfrak{G}$ auf einen Punkt zusammenziehen läßt. Eine solche Fläche läßt sich stets konstruieren[2] und die Projektion von $\mathfrak{G}$ auf diese Fläche — wir nennen sie $\tilde{\mathfrak{G}}$ — bildet ein zusammenhängendes Gebiet auf $\tilde{\mathfrak{F}}_{\mathfrak{G}}$, wobei jedem Punkt von $\mathfrak{G}$ unendlich viele Punkte von $\tilde{\mathfrak{G}}$ entsprechen. Das Gebiet $\tilde{\mathfrak{G}}$ ist *einfach zusammenhängend,* weil sich jede geschlossene Kurve in $\tilde{\mathfrak{G}}$ auf einen Punkt zusammenziehen läßt, und kann daher — von einigen unwichtigen Spezialfällen abgesehen — nach dem großen Riemannschen Abbildungssatz konform auf den Einheitskreis abgebildet werden.

---

[1] Vgl. hierzu etwa das Strömungsproblem am Schluß von 3.2.

[2] Siehe etwa H. WEYL: a. a. O. S. 44ff.

Wir verwandeln jetzt $\mathfrak{G}$ durch *Querschnitte*[1] in ein einfach zusammenhängendes Gebiet $\mathfrak{G}^*$. Durch diese Querschnitte zerfällt $\tilde{\mathfrak{G}}$ in unendlich viele kongruente Gebiete $\tilde{\mathfrak{G}}_1^*$, $\tilde{\mathfrak{G}}_2^*, \ldots$, deren jedes mit dem ursprünglichen Gebiet $\mathfrak{G}^*$ übereinstimmt. Bei der Abbildung von $\tilde{\mathfrak{G}}$ auf den Einheitskreis gehen dann die $\tilde{\mathfrak{G}}_\nu^*$ in gewisse Teilgebiete $\hat{\mathfrak{G}}_\nu$ über, die den Einheitskreis mosaikartig überdecken. Da die Abbildung von $\mathfrak{G}^*$ auf irgendein $\tilde{\mathfrak{G}}_\nu^*$ umkehrbar eindeutig und — wegen der Kongruenz der Gebiete trivialerweise — konform ist, ist auch die Abbildung von $\mathfrak{G}^*$ auf $\hat{\mathfrak{G}}_\nu$ umkehrbar eindeutig und konform, und zwar einschließlich der Querschnitte. Die Gebiete $\hat{\mathfrak{G}}_\nu$ ergänzt durch die zugehörigen Querschnitte heißen Fundamentalbereiche zu dem Gebiet $\mathfrak{G}$. Sie stellen Normalgebiete für die konforme Abbildung mehrfach zusammenhängender Gebiete dar. Es läßt sich nämlich zeigen, daß zwei Gebiete dann und nur dann konform aufeinander abgebildet werden können, wenn ihre Fundamentalbereiche gleich sind, wobei zwei Fundamentalbereiche nicht als verschieden angesehen werden, die durch eine lineare Abbildung des Einheitskreises in sich oder durch Änderung des Querschnittsystems auseinander hervorgehen.

Ich erläutere das Verfahren etwas genauer für *zweifach zusammenhängende Gebiete*. In der w-Ebene sei das Gebiet $\mathfrak{G}$ durch die beiden Randkurven $\mathfrak{C}_1$ und $\mathfrak{C}_2$ begrenzt und wir wollen annehmen, daß keine dieser Kurven nur aus einem Punkt besteht. Die Punkte der Zahlenebene, die nicht zu $\mathfrak{G}$ gehören, bilden zwei getrennte, abgeschlossene Punktmengen und wir können durch eine lineare Abbildung erreichen, daß der Nullpunkt in der einen, der Punkt ∞ in der anderen Menge liegt. Dann können wir als universelle Überlagerungsfläche die in 5.1 beschriebene *Polarkoordinatenfläche wählen*; durch die Funktion $t = \log w$ wird dann $\mathfrak{G}$ auf einen einfach zusammenhängenden Streifen $\mathfrak{S}$ in der t-Ebene abgebildet.

Bei dieser Abbildung entspricht die eine Seite σ_1 von $\mathfrak{S}$ der — unendlich oft durchlaufenen — Randkurve $\mathfrak{C}_1$, die andere Seite σ_2 der Randkurve $\mathfrak{C}_2$. Verbinden wir $\mathfrak{C}_1$ und $\mathfrak{C}_2$ durch einen Querschnitt $\mathfrak{Q}$, so zerfällt $\mathfrak{S}$ in lauter kongruente „Vierecke" $\mathfrak{V}_\nu$, die in $\mathfrak{S}$ periodisch aufeinanderfolgen. Nach dem Riemannschen Abbildungssatz kann $\mathfrak{S}$ durch eine Funktion $z(t)$ auf den Einheitskreis abgebildet werden, wobei wir noch vorschreiben können, daß σ_1 in den Bogen $\frac{\pi}{2} < \arg z < \frac{3\pi}{2}$, σ_2 in $-\frac{\pi}{2} < \arg z < +\frac{\pi}{2}$ übergeht. Die Vierecke $\mathfrak{V}_\nu$ gehen bei dieser Abbildung in gewisse Teilgebiete des Einheitskreises über, und diese Teilgebiete stellen — wenn man sie noch durch die Bilder des Quer-

[1] Vgl. 2.1, insbesondere Abb. 6.

schnitts $\mathfrak{Q}$ ergänzt — die Fundamentalbereiche $\hat{\mathfrak{G}}_\nu$ zu dem zweifach zusammenhängenden Gebiet $\mathfrak{G}$ dar.

Die Bedeutung der Fundamentalbereiche wird klarer, wenn man den Einheitskreis durch $z = \operatorname{tg} \tau$ (vgl. 8.3) auf einen Parallelstreifen abbildet. Hierbei gehen die Fundamentalbereiche $\hat{\mathfrak{G}}_\nu$ in lauter kongruente „Vierecke" $\hat{\mathfrak{V}}_\nu$ über[1]. Wir können nun den Querschnitt $\mathfrak{Q}$ so wählen, daß er bei der Abbildung auf den Parallelstreifen in die geradlinige Strecke zwischen $-\frac{\pi}{4}$ und $+\frac{\pi}{4}$ übergeht. Alle anderen Bilder von $\mathfrak{Q}$ sind dann die Strecken zwischen $-\frac{\pi}{4} + n i a$ und $+\frac{\pi}{4} + n i a$, wo n eine beliebige ganze Zahl und a eine feste reelle Größe ist, die von dem Gebiet $\mathfrak{G}$ abhängt. Die „Fundamentalvierecke" $\hat{\mathfrak{V}}_\nu$ zu $\mathfrak{G}$ sind dann die Rechtecke

$$-\frac{\pi}{4} < \Re(\tau) < +\frac{\pi}{4},$$
$$n a \leqq \Im(\tau) < (n+1)\, a, \tag{10.2.1}$$

wobei die Seiten $\Re(\tau) = -\frac{\pi}{4}$ und $\Re(\tau) = +\frac{\pi}{4}$ den Randkurven $\mathfrak{C}_1$ und $\mathfrak{C}_2$, die Seiten $\Im(\tau) = n a$ und $\Im(\tau) = (n+1) a$ dem Querschnitt $\mathfrak{Q}$ entsprechen.

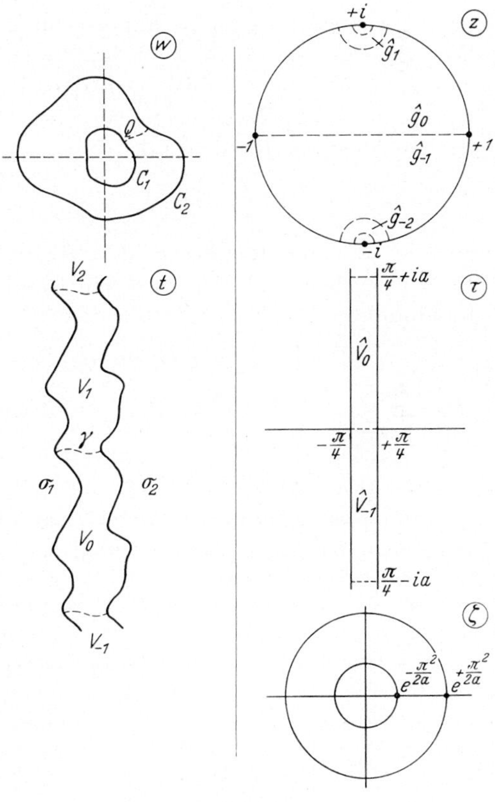

Nachdem wir auf diese Weise eine Normalform des Fundamentalbereichs hergestellt haben, können wir die Frage beantworten, wann zwei verschiedene zweifach zusammenhängende Gebiete konform aufeinander abgebildet werden können. Dies ist sicher dann der Fall, wenn die Fundamentalrechtecke (10.2.1) gleich sind, d. h. wenn sie in der Größe a übereinstimmen. Eine kon-

Abb. 64

[1] Ich werde dies in 11.1b noch genauer nachweisen.

forme Abbildung der beiden Gebiete aufeinander ist unmöglich, wenn die Größen a verschieden sind[1].

Insbesondere gibt es zu jedem Rechteck einen Kreisring in der ζ-Ebene

$$e^{-\frac{\pi^2}{2a}} < |\zeta| < e^{\frac{\pi^2}{2a}}, \tag{10.2.2}$$

derart, daß (10.2.1) der zugehörige Fundamentalbereich ist. Es ist dann $\zeta = e^{\frac{2\pi}{a}\tau}$ die Funktion, welche den aufgeschnittenen Kreisring auf den Fundamentalbereich abbildet. Es kann also jedes zweifach zusammenhängende Gebiet umkehrbar eindeutig und konform auf einen *Kreisring* abgebildet werden, wobei das Radienverhältnis der Randkreise von dem abzubildenden Gebiet abhängt.

10.3. Randwertaufgaben bei zweifach zusammenhängenden Gebieten. Mit Hilfe der eben geschilderten Abbildung eines zweifach zusammenhängenden Gebiets auf den einfach zusammenhängenden Parallelstreifen lassen sich auch die Randwertaufgaben für solche Gebiete lösen. Wir erläutern dies für die erste Randwertaufgabe und nehmen dazu an, daß auf den beiden Randkurven $\mathfrak{C}_1$ und $\mathfrak{C}_2$ von $\mathfrak{G}$ gewisse Randwerte $U_1(\mathfrak{C}_1)$ und $U_2(\mathfrak{C}_2)$ vorgegeben seien. Bei der Abbildung auf den Parallelstreifen gehen die Ränder in die Geraden

$$\tau = -\frac{\pi}{4} + i\,\Theta_1, \quad \tau = \frac{\pi}{4} + i\,\Theta_2, \quad \Theta_i \text{ reell},$$

über, so daß die Randwerte dort durch die Funktionen $U_1(\Theta_1)$ und $U_2(\Theta_2)$ gegeben sind. Da zu einem Randpunkt von $\mathfrak{G}$ unendlich viele Randpunkte

$$\mp\frac{\pi}{4} + i(\Theta_i + n a), \quad n = 0, 1, 2, \ldots,$$

gehören, sind diese Funktionen periodisch mit der Periode a, d. h. es gilt

$$U_i(\Theta_i + a) = U_i(\Theta_i). \tag{10.3.1}$$

Mit diesen Randwerten können wir die Randwertaufgabe für den *Parallelstreifen* lösen. Setzen wir in der Schwarzschen Formel (9.2.12)

$$\varrho\, e^{i\vartheta} = \operatorname{tg}\tau, \qquad \begin{aligned} R e^{i\varphi} &= \operatorname{tg}\left(-\frac{\pi}{4} + i\,\Theta_1\right) \quad \text{für} \quad \frac{\pi}{2} < \varphi < \frac{3\pi}{2}, \\ &= \operatorname{tg}\left(+\frac{\pi}{4} + i\,\Theta_2\right) \quad \text{für} \; -\frac{\pi}{2} < \varphi < \frac{\pi}{2}, \end{aligned}$$

[1] Andernfalls müßte nämlich eine konforme Abbildung von Rechtecken gleicher Breite, aber verschiedener Länge aufeinander möglich sein, so daß dabei die Seiten einzeln ineinander übergehen. Daß dies nicht möglich ist, kann man sich am einfachsten anhand des Beispiels 3.1 klarmachen. Es müßten dann zwei rechteckige Platten gleicher Breite, aber verschiedener Länge gleichen elektrischen Widerstand haben.

so wird nach leichter Umformung

$$W(\tau) = i\,V(0) - \frac{1}{\pi}\int\limits_{-\infty}^{+\infty} U_1(\Theta_1)\left[\operatorname{ctg}\left(-\frac{\pi}{4} - \tau + i\,\Theta_1\right) + \operatorname{tg} 2\,i\,\Theta_1\right] d\,\Theta_1 +$$

$$+ \frac{1}{\pi}\int\limits_{-\infty}^{+\infty} U_2(\Theta_2)\left[\operatorname{ctg}\left(\frac{\pi}{4} - \tau + i\,\Theta_2\right) + \operatorname{tg} 2\,i\,\Theta_2\right] d\,\Theta_2\,. \tag{10.3.2}$$

Wir zerlegen die beiden Integrale in eine Summe von Teilintegralen zwischen den Grenzen $n\,a$ und $(n+1)\,a$ mit $n = 0,1,2,\ldots$, und erhalten nach Vertauschung von Summation und Integration unter Berücksichtigung von (10.3.1)

$$W(\tau) = i\,V(0) -$$

$$- \frac{1}{\pi}\int\limits_{0}^{a} U_1(\Theta_1) \sum_{n=-\infty}^{+\infty}\left[\operatorname{ctg}\left(-\frac{\pi}{4} - \tau + i\,(\Theta_1 + n\,a)\right) + \operatorname{tg} 2i\,(\Theta_1 + n\,a)\right] d\,\Theta_1 +$$

$$+ \frac{1}{\pi}\int\limits_{0}^{a} U_2(\Theta_2) \sum_{n=-\infty}^{+\infty}\left[\operatorname{ctg}\left(\frac{\pi}{4} - \tau + i\,(\Theta_2 + n\,a)\right) + \operatorname{tg} 2i\,(\Theta_2 + n\,a)\right] d\,\Theta_2\,. \tag{10.3.3}$$

Die in den Integranden stehenden Summen konvergieren absolut und gleichmäßig für alle in Betracht kommenden Werte und stellen doppeltperiodische Funktionen von Θ_1 bzw. Θ_2 mit den Perioden $i\pi$ und a dar. In dem Periodenrechteck

$$0 \leqq \Re(\Theta_i) < a\,, \qquad -\frac{3\pi}{4} \leqq \Im(\Theta_i) < \frac{\pi}{4}$$

haben diese Funktionen einfache Pole an den Stellen

$$\Theta_1 = -\,i\left(\tau + \frac{\pi}{4}\right) \quad \text{bzw.} \quad \Theta_2 = -\,i\left(\tau - \frac{\pi}{2}\right)$$

und bei

$$\Theta_i = 0\,, \quad -\frac{i\pi}{2}\,.$$

Bei genauer Berücksichtigung des Verhaltens der Funktionen an diesen Stellen folgt hieraus die folgende Darstellung durch Thetaquotienten:

$$\sum_{n=-\infty}^{+\infty}\left[\operatorname{ctg}\left(\mp\frac{\pi}{4} - \tau + i\,(\Theta_i + n\,a)\right) + \operatorname{tg} 2i\,(\Theta_i + n\,a)\right]$$

$$= \frac{1}{i\,a}\left[\frac{\vartheta_1'}{\vartheta_1}\left(\frac{\Theta_i + i\left(\tau \pm \frac{\pi}{4}\right)}{a}\,\middle|\,\frac{i\pi}{a}\right) - \frac{1}{2}\frac{\vartheta_1'}{\vartheta_1}\left(\frac{\Theta_i + \frac{i\pi}{4}}{a}\,\middle|\,\frac{i\pi}{a}\right) - \right.$$

$$\left. - \frac{1}{2}\frac{\vartheta_1'}{\vartheta_1}\left(\frac{\Theta_i - \frac{i\pi}{4}}{a}\,\middle|\,\frac{i\pi}{a}\right) + c_i\right]. \tag{10.3.4}$$

Um die zunächst noch unbestimmten Konstanten c_i zu berechnen, betrachten wir gewisse spezielle Lösungen der Randwertaufgabe. Setzen wir nämlich $U_1 \equiv 1$ und $U_2 \equiv 0$, so ergibt die Integration von (10.3.3) nach Einsetzen von (10.3.4)

$$W(\tau) = i\,V(0) + 1 - \frac{c_1}{i\pi}.$$

Andererseits ist die Lösung der Randwertaufgabe mit diesen Randwerten offenbar

$$W(\tau) = i\,V(0) + 1 - \frac{2}{\pi}\left(\tau + \frac{\pi}{4}\right),$$

so daß sein muß

$$c_1 = 2i\left(\tau + \frac{\pi}{4}\right). \tag{10.3.5}$$

Entsprechend erhält man mit $U_1 \equiv 0$ und $U_2 \equiv 1$

$$c_2 = 2i\left(\tau - \frac{\pi}{4}\right), \tag{10.3.6}$$

so daß die folgende Integraldarstellung gilt

$$\begin{aligned} W(\tau) = {} & i\,V(0) - \\ & - \frac{1}{i\pi a}\int_0^a U_1(\Theta_1)\left[\frac{\vartheta_1'}{\vartheta_1}\left(\frac{\Theta_1 + i\left(\tau + \frac{\pi}{4}\right)}{a}\middle|\frac{i\pi}{a}\right) - \frac{1}{2}\frac{\vartheta_1'}{\vartheta_1}\left(\frac{\Theta_1 + \frac{i\pi}{4}}{a}\middle|\frac{i\pi}{a}\right) - \right. \\ & \left. - \frac{1}{2}\frac{\vartheta_1'}{\vartheta_1}\left(\frac{\Theta_1 - \frac{i\pi}{4}}{a}\middle|\frac{i\pi}{a}\right) + 2i\left(\tau + \frac{\pi}{4}\right)\right] d\,\Theta_1 + \\ & + \frac{1}{i\pi a}\int_0^a U_2(\Theta_2)\left[\frac{\vartheta_1'}{\vartheta_1}\left(\frac{\Theta_2 + i\left(\tau - \frac{\pi}{4}\right)}{a}\middle|\frac{i\pi}{a}\right) - \frac{1}{2}\frac{\vartheta_1'}{\vartheta_1}\left(\frac{\Theta_2 + \frac{i\pi}{4}}{a}\middle|\frac{i\pi}{a}\right) - \right. \\ & \left. - \frac{1}{2}\frac{\vartheta_1'}{\vartheta_1}\left(\frac{\Theta_2 - \frac{i\pi}{4}}{a}\middle|\frac{i\pi}{a}\right) + 2i\left(\tau - \frac{\pi}{4}\right)\right] d\,\Theta_2 . \end{aligned} \tag{10.3.7}$$

In dieser Darstellung bemerkt man, daß die Größen

$$\frac{\vartheta_1'}{\vartheta_1}\left(\frac{\Theta_i + \frac{i\pi}{4}}{a}\middle|\frac{i\pi}{a}\right) + \frac{\vartheta_1'}{\vartheta_1}\left(\frac{\Theta_i - \frac{i\pi}{4}}{a}\middle|\frac{i\pi}{a}\right)$$

für reelle Θ_i reell und von τ unabhängig sind. Es ändert sich also $W(\tau)$ nur um eine imaginäre Konstante, wenn wir diese Glieder in den Integralen (10.3.7) fortlassen. Da $W(\tau)$ durch die Randwerte ohnehin nur bis auf eine imaginäre Konstante bestimmt ist, kann die Lösung der

Randwertaufgabe auch durch das einfachere Integral

$$\boldsymbol{W}(\tau) = i V_0 - $$

$$- \frac{1}{i\pi a}\int_0^a U_1(\Theta_1)\left[\frac{\vartheta_1'}{\vartheta_1}\left(\frac{\Theta_1 + i\left(\tau + \frac{\pi}{4}\right)}{a}\middle|\frac{i\pi}{a}\right) + 2i\left(\tau + \frac{\pi}{4}\right)\right] d\Theta_1 +$$

$$+ \frac{1}{i\pi a}\int_0^a U_2(\Theta_2)\left[\frac{\vartheta_1'}{\vartheta_1}\left(\frac{\Theta_2 + i\left(\tau - \frac{\pi}{4}\right)}{a}\middle|\frac{i\pi}{a}\right) + 2i\left(\tau - \frac{\pi}{4}\right)\right] d\Theta_2 \qquad (10.3.8)$$

dargestellt werden, wobei jetzt natürlich V_0 nicht mehr mit dem Imaginärteil von $W(\tau)$ an der Stelle $\tau = 0$ übereinstimmt.

Ähnlich wie in 9.3 kann man auch die Lösung dieser Randwertaufgabe in Form einer Reihenentwicklung darstellen. Wir bilden hierzu zweckmäßig den Parallelstreifen auf einen Kreisring ab, indem wir — wie in 10.2 — setzen

$$\zeta = e^{\frac{2\pi}{a}\tau}, \qquad \varphi_i = \frac{2\pi}{a}\Theta_i, \qquad \varrho = e^{\frac{\pi^2}{2a}}. \qquad (10.3.9)$$

Mit diesen Bezeichnungen lauten die bekannten Entwicklungen für die logarithmische Ableitung der Thetafunktion[1], gültig für $\varrho^{-1} < |\zeta| < \varrho$,

$$\frac{\vartheta_1'}{\vartheta_1}\left(\frac{\Theta_1 - i\left(\tau + \frac{\pi}{4}\right)}{a}\middle|\frac{i\pi}{a}\right) = i\pi\left[-1 + 2\sum_{n=-\infty}^{+\infty}{}' \frac{\varrho^{-n}}{\varrho^{2n} - \varrho^{-2n}}\zeta^n e^{-in\varphi_1}\right],$$

$$\frac{\vartheta_1'}{\vartheta_1}\left(\frac{\Theta_2 + i\left(\tau - \frac{\pi}{4}\right)}{a}\middle|\frac{i\pi}{a}\right) = i\pi\left[1 + 2\sum_{n=-\infty}^{+\infty}{}' \frac{\varrho^{n}}{\varrho^{2n} - \varrho^{-2n}}\zeta^n e^{-in\varphi_2}\right], \qquad (10.3.10)$$

wobei der Strich am Summenzeichen bedeutet, daß das Glied mit $n = 0$ ausgelassen werden muß.

Weiter setzen wir wie in (9.3.4)

$$\frac{2}{a}\int_0^a U_i(\Theta_i)\, e^{-\frac{2n\pi i}{a}\Theta_i}\, d\Theta_i = \frac{1}{\pi}\int_0^{2\pi} U_i(\varphi_i)\, e^{-in\varphi_i}\, d\varphi_i = a_n^{(i)} - i b_n^{(i)},$$

$$\frac{1}{a}\int_0^a U_i(\Theta_i)\, d\Theta_i = \frac{1}{2\pi}\int_0^{2\pi} U_i(\varphi_i)\, d\varphi_i = a_0^{(i)}. \qquad (10.3.11)$$

[1] Siehe etwa F. Tricomi u. M. Kraft: Elliptische Funktionen. Leipzig 1948, S. 170.

Für positive n sind dies wieder die Fourierkoeffizienten von $U_i(\varphi_i)$, d. h. es ist

$$U_i(\varphi_i) = a_0^{(i)} + \sum_{n=1}^{\infty} a_n^{(i)} \cos n\,\varphi_i + b_n^{(i)} \sin n\,\varphi_i\,. \qquad (10.3.12)$$

Für negative n gilt

$$a_{-n}^{(i)} = a_n^{(i)}, \qquad b_{-n}^{(i)} = -\,b_n^{(i)}\,. \qquad (10.3.13)$$

Damit wird aus dem Integral (10.3.8) in Verbindung mit (10.3.10)

$$\begin{aligned} \boldsymbol{W}(\boldsymbol{\zeta}) &= \frac{a_0^{(1)} - a_0^{(2)}}{2} - i\,b_0 - \frac{a_0^{(1)} - a_0^{(2)}}{2}\,\frac{2a}{\pi^2}\log\zeta + \\ &+ \sum_{n=-\infty}^{+\infty}{}' \zeta^n \left[(a_n^{(1)} - i\,b_n^{(1)})\,\frac{-\varrho^n}{\varrho^{2n} - \varrho^{-2n}} + (a_n^{(2)} - i\,b_n^{(2)})\,\frac{\varrho^n}{\varrho^{2n} - \varrho^{-2n}} \right], \end{aligned} \qquad (10.3.14)$$

wo b_0 eine beliebige Konstante ist. Daß diese Reihe die Randbedingungen in der Tat erfüllt, stellt man leicht fest, indem man

$$\zeta = \varrho^{-1} e^{i\varphi_1} \quad \text{bzw.} \quad \zeta = \varrho\, e^{i\varphi_2}$$

setzt.

Aus der Entwicklung (10.3.14) folgt, daß sich jede in einem Kreisring $\varrho^{-1} < |\zeta| < \varrho$ eindeutig harmonische Funktion $U(\zeta)$ in eine Reihe der Form

$$U(\zeta) = \gamma \log r + \sum_{n=-\infty}^{+\infty} r^n (\alpha_n \cos n\,\varphi + \beta_n \sin n\,\varphi) \qquad (10.3.15)$$

mit $\zeta = r e^{i\varphi}$ darstellen läßt. Darüber hinaus kann jede im Kreisring *eindeutige* regulär analytische Funktion $W(\zeta)$ in eine Laurent-Reihe

$$W(\zeta) = \sum_{n=-\infty}^{+\infty} c_n \zeta^n \qquad (10.3.16)$$

entwickelt werden. Diese Tatsachen lassen sich auch ohne Zuhilfenahme der Integraldarstellung (10.3.8) mit Hilfe des Cauchyschen Integralsatzes beweisen. Man kann dann umgekehrt aus den Randbedingungen die Koeffizienten α_n, β_n und γ bestimmen und auf diese Weise zunächst zu der Reihe (10.3.14) und dann weiter zu dem Integral (10.3.8) gelangen. Auf diesem Weg haben VILLAT und DINI[1] als erste 1912/13 die geschlossene Integralformel (10.3.8) hergeleitet.

Für die praktische Rechnung wird die Reihenentwicklung (10.3.14) der Integralformel (10.3.8) im allgemeinen vorzuziehen sein. Es kann aber bei großen Werten von a und ungünstigen Randwerten vorkommen, daß die Reihe nicht hinreichend schnell konvergiert. In solchen Fällen

[1] VILLAT, H.: Le problème de Dirichlet dans une aire annulaire. R. C. Circolo Mat. Palermo **33**, 134—175 (1912). — DINI, U.: Il problema di Dirichlet in un' area anulare, e nello spazio compreso fra due sfere concentriche, R. C. Circolo Mat. Palermo **36**, 1—28 (1913).

wird man auf die Darstellung (10.3.3.) zurückgreifen, was theoretisch auf eine Transformation der Thetafunktionen hinausläuft.

Es sei noch bemerkt, daß die hier skizzierte Methode im Prinzip auch zur Lösung von Randwertaufgaben für Gebiete mit mehr als zweifachem Zusammenhang herangezogen werden kann. An die Stelle der doppeltperiodischen Funktionen treten dann die zu dem Fundamentalbereich $\hat{\mathfrak{G}}$ gehörigen automorphen Funktionen, an die Stelle der Jacobischen die Poincaréschen Thetareihen. Ob diese Ansätze auch zu numerisch brauchbaren Ergebnissen führen, ist bislang noch nicht untersucht worden.

Theorie und Praxis der Polygonabbildungen

§ 11. Das Schwarzsche Spiegelungsprinzip

11.1. Automorphismen. Bei vielen praktisch vorkommenden Abbildungsaufgaben zeigen die abzubildenden Gebiete gewisse *Symmetrien.* Man wird dann vermuten, daß auch die Abbildungsfunktionen symmetrisch gebaut sind. Um dies näher zu untersuchen, müssen wir präzisieren, was unter Symmetrie eines Gebietes zu verstehen ist. Wir definieren zu diesem Zweck: Ein *Automorphismus* eines Gebiets ist eine umkehrbar eindeutige überall konforme oder antikonforme Abbildung $z^* = A(z)$ des Gebiets auf sich selbst. So werden z. B. durch (7.3.9) alle konformen Automorphismen des Einheitskreises angegeben. Alle antikonformen Automorphismen des Einheitskreises erhält man hieraus durch Kombination mit einem beliebigen antikonformen Automorphismus, etwa der Spiegelung an der reellen Achse $A(z) = \bar{z}$. [Vgl. die Überlegungen zu (2.4.3)].

Wird ein Gebiet $\mathfrak{G}_1$ durch eine Funktion $z(\zeta)$ konform auf ein anderes Gebiet $\mathfrak{G}_2$ abgebildet, so gehen dabei die Automorphismen von $\mathfrak{G}_1$ in die Automorphismen von $\mathfrak{G}_2$ über, d. h. die Beziehung $z^* = z(A(\zeta)) = \tilde{A}(z(\zeta))$ ist ein Automorphismus. Insbesondere entsprechen bei dieser Abbildung die *Fixpunkte* der Automorphismen einander, d. h. die Punkte, die durch die Automorphismen nicht geändert werden. Nun sind symmetrische Gebiete durch besonders einfache Automorphismen gekennzeichnet. Es gilt zu untersuchen, in welche Automorphismen diese nach der konformen Abbildung auf ein Normalgebiet, etwa den Einheitskreis übergehen. Wir wollen das im Falle der *Zentralsymmetrie,* der *Periodizität,* und der *Spiegelsymmetrie* tun.

a) Zentralsymmetrie. Ein zentralsymmetrisches Gebiet ist dadurch gekennzeichnet, daß es durch eine *Drehung* — etwa um den Nullpunkt, $\zeta^* = e^{\frac{2\pi i}{n}}\zeta$ — in sich übergeht. Wir wollen annehmen, daß das betrachtete Gebiet einfach zusammenhängend ist[1], und bilden es konform so auf den Einheitskreis ab, daß dabei der Symmetriepunkt in den Nullpunkt übergeht[2]. Einer Drehung um den Symmetriepunkt, die das Gebiet in sich überführt, entspricht dann ein Automorphismus des Einheitskreises, der den Nullpunkt fest läßt; dies kann aber nur eine Drehung um den Nullpunkt sein[3], und zwar eine Drehung mit demselben Drehwinkel, wie die um den Symmetriepunkt. Eine Kurve durch den Symmetriepunkt geht nämlich durch die Drehung in eine andere über und bei der Abbildung auf den Einheitskreis entspricht diesem Kurvenpaar ein Paar von Kurven durch den Nullpunkt, die durch die entsprechende Drehung des Einheitskreises auseinander hervorgehen. Da die Abbildung konform ist, müssen aber die Winkel zwischen den Kurvenpaaren gleich sein und damit die Drehwinkel der zugehörigen Drehungen. Es ist also

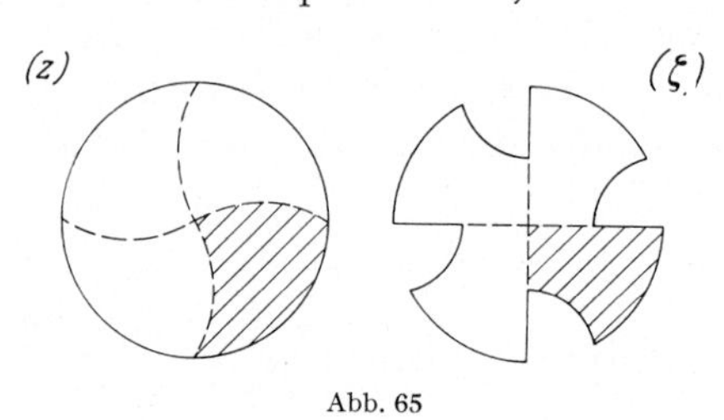

Abb. 65

$$z\left(e^{\frac{2\pi i}{n}}\zeta\right) = e^{\frac{2\pi i}{n}} z(\zeta)\,, \tag{11.1.1}$$

wenn $z(\zeta)$ die Funktion ist, die das symmetrische Gebiet so auf den Einheitskreis abbildet, daß dabei der Symmetriepunkt in den Nullpunkt übergeht. Insbesondere entsprechen den n kongruenten Teilen des symmetrischen Gebiets n kongruente Teile des Einheitskreises (vgl. Abb. 65).

b) Periodizität. Periodisch nennen wir Gebiete, die durch eine Verschiebung

$$\zeta^* = \zeta + a \tag{11.1.2}$$

in sich übergehen. Sei $\mathfrak{G}$ ein einfach zusammenhängendes periodisches Gebiet. Je nachdem ob $\mathfrak{G}$ zwei oder nur eine periodische Randkurve besitzt, unterscheiden wir zwischen *streifenförmigen* und *halbebenenförmigen* periodischen Gebieten. Ist $\mathfrak{G}$ halbebenenförmig, so bilden wir es durch $z(\zeta)$ so auf die obere Halbebene ab, daß der Punkt $\zeta = \infty$ in $z = \infty$ übergeht. Der Verschiebung (11.1.2) entspricht dann in der z-Ebene eine lineare Abbildung der oberen Halbebene in sich, bei welcher der Punkt ∞ einziger Fixpunkt ist. Dies kann nur eine Verschiebung

---

[1] Ganz ähnliche Überlegungen lassen sich auch für mehrfach zusammenhängende symmetrische Gebiete anstellen. Vgl. die Beispiele in B § 8.

[2] Liegt der Symmetriepunkt nicht in dem abzubildenden Gebiet, so ist der Punkt ∞ innerer Punkt. Dieser kann dann als Symmetriepunkt genommen werden, da er für jede Drehung Fixpunkt ist (vgl. 7.1.).

[3] Vgl. (9.5.3) S. 99.

sein, bei der die reelle Achse Bahnlinie ist, d. h. es ist

$$z(\zeta + a) = z(\zeta) + b\,, \tag{11.1.3}$$

wo b reell ist. Hieraus folgt auch, daß die periodisch aufeinanderfolgenden kongruenten Teilstücke von $\mathfrak{G}$ in kongruente Teilstücke der oberen z-Halbebene übergehen.

Ist $\mathfrak{G}$ streifenförmig, so bilden wir es durch $z(\zeta)$ so auf die obere Halbebene ab, daß die eine Seite des Streifens in die positiv reelle, die andere Seite in die negativ reelle z-Achse übergeht. Hier entspricht der Verschiebung (11.1.2) eine lineare Abbildung mit den Fixpunkten 0 und ∞, bei der die positiv und die negativ reelle

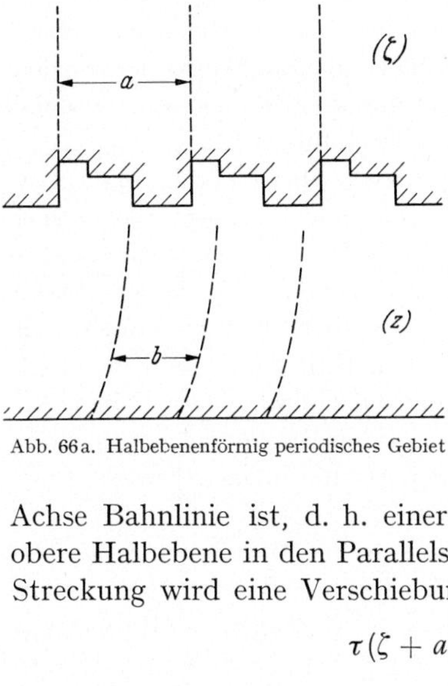

Abb. 66a. Halbebenenförmig periodisches Gebiet

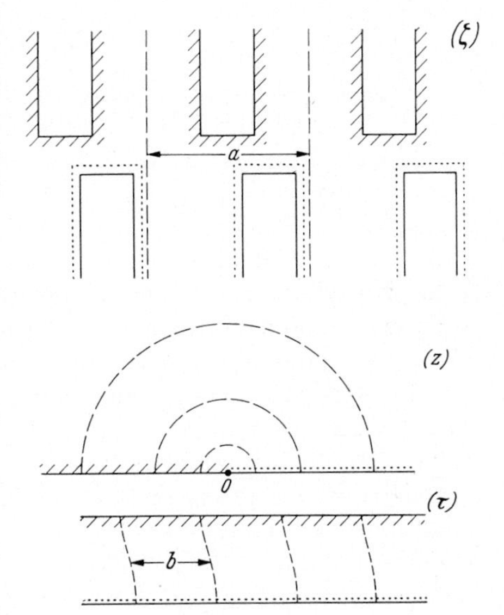

Abb. 66b. Streifenförmig periodisches Gebiet

Achse Bahnlinie ist, d. h. einer Streckung. Durch $\tau = \log z$ geht die obere Halbebene in den Parallelstreifen $0 < \mathfrak{J}(\tau) < \pi$ über und aus der Streckung wird eine Verschiebung

$$\tau(\zeta + a) = \tau(\zeta) + b\,. \tag{11.1.4}$$

Auch hier gehen wieder die kongruenten Teilstücke von $\mathfrak{G}$ in kongruente Teilstücke des Parallelstreifens über.

c) Spiegelsymmetrie. Es sei $\mathfrak{G}$ ein einfach zusammenhängendes spiegelsymmetrisches Gebiet in der ζ-Ebene. Wir dürfen annehmen, daß die reelle Achse Symmetrieachse von $\mathfrak{G}$ ist, so daß die Spiegelung

$$\zeta^* = \bar{\zeta} \tag{11.1.5}$$

$\mathfrak{G}$ in sich überführt. Wir greifen auf der Symmetrieachse einen inneren Punkt von $\mathfrak{G}$ heraus und nennen ihn ζ_0. Von dort aus gehen wir auf der Symmetrieachse in irgendeiner Richtung bis zum nächsten Randpunkt von $\mathfrak{G}$ und nennen den ζ_1. Durch die Funktion $z(\zeta)$ bilden wir dann $\mathfrak{G}$ so auf den Einheitskreis ab, daß dabei ζ_0 in $z = 0$ und ζ_1 in $z = 1$ übergeht.

Der Spiegelung (11.1.5) entspricht dann in der z-Ebene ein antikonformer Automorphismus des Einheitskreises, bei dem $z = 0, 1$ Fixpunkte sind. Dies trifft für die Spiegelung an der reellen z-Achse zu; gäbe es noch einen weiteren antikonformen Automorphismus mit diesen Fixpunkten, so müßte dieser zusammen mit der Spiegelung an der reellen Achse einen konformen Automorphismus mit diesen Fixpunkten ergeben. Diese Fixpunkte hat aber nur die identische Abbildung. Es muß also gelten

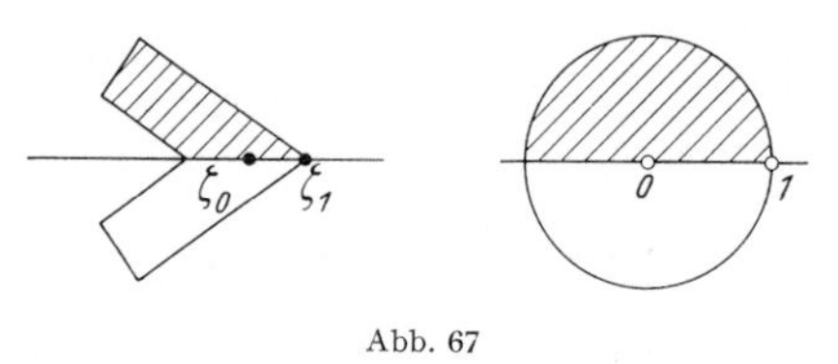

Abb. 67

$$z(\bar{\zeta}) = \bar{z}(\zeta) . \tag{11.1.6}$$

Insbesondere geht also das Stück der reellen ζ-Achse (der Symmetrieachse von $\mathfrak{G}$), das im Innern von $\mathfrak{G}$ liegt, in das Stück der reellen z-Achse im Innern des Einheitskreises über und die beiden symmetrischen Teilstücke von $\mathfrak{G}$ in den oberen und unteren Halbkreis.

11.2. Das Schwarzsche Spiegelungsprinzip. Die Überlegungen von 11.1c zeigen, daß mit der konformen Abbildung eines symmetrischen Gebiets $\mathfrak{G}$ auf den Einheitskreis auch die Abbildung jeder der beiden symmetrischen Hälften auf den Halbkreis gegeben ist. Die Abbildung des Einheitskreises auf den Halbkreis ist explizit bekannt[1] und damit kann auch die Abbildung der symmetrischen Hälften auf den Einheitskreis explizit angegeben werden. Umgekehrt kann dann auch die Abbildung eines symmetrischen Gebiets auf den Einheitskreis bestimmt werden, wenn nur die Abbildung der einen Hälfte auf den Einheitskreis bekannt ist.

Nun kann man jedes einfach zusammenhängende Gebiet $\mathfrak{G}$, dessen Randkurve ein Geradenstück $\mathfrak{S}$ enthält, durch Spiegelung an diesem Geradenstück zu einem symmetrischen Gebiet $\tilde{\mathfrak{G}}$ ergänzen[2]. Bildet man also $\mathfrak{G}$ durch eine Funktion $z(\zeta)$ so auf den halben Einheitskreis ab, daß dabei $\mathfrak{S}$ in das Stück der reellen z-Achse zwischen -1 und $+1$ übergeht, so kann man diese Abbildung dadurch zu einer Abbildung von $\tilde{\mathfrak{G}}$ auf den Einheitskreis ergänzen, daß man den Spiegelpunkten bezüglich $\mathfrak{S}$ die Spiegelpunkte bezüglich der reellen z-Achse zuordnet.

---

[1] Siehe B 1.1.

[2] Durch diese Spiegelung kann es geschehen, daß sich Teile von $\tilde{\mathfrak{G}}$ überdecken. Wir betrachten dann $\tilde{\mathfrak{G}}$ auf einer geeigneten Riemannschen Fläche, so daß die sich überdeckenden Teile verschiedenen Blättern der Fläche zugeordnet werden. Die Überlegungen bleiben auch in diesem Falle gültig, da der Riemannsche Abbildungssatz in 10.1 auch für Gebiete auf Riemannschen Flächen gilt.

Denn wenn es überhaupt eine Abbildung von $\tilde{\mathfrak{G}}$ auf den Einheitskreis gibt, so muß nach (11.1.6) diese Zuordnung gelten, und die Existenz dieser Abbildung ist durch den Riemannschen Abbildungssatz gesichert. Hieraus folgt insbesondere, daß die Abbildung auf $\mathfrak{S}$ nicht nur stetig, sondern auch konform ist, und daß $z(\zeta)$ von $\mathfrak{G}$ auf $\tilde{\mathfrak{G}}$ analytisch fortgesetzt werden kann (vgl. 9.4).

Allgemeiner gilt: Sind $\mathfrak{G}_1$ und $\mathfrak{G}_2$ Gebiete, deren Ränder je ein Geradenstück $\mathfrak{S}_1$ und $\mathfrak{S}_2$ enthalten, und ist $z(\zeta)$ eine Funktion, die $\mathfrak{G}_1$ konform so auf $\mathfrak{G}_2$ abbildet, daß dabei $\mathfrak{S}_1$ in $\mathfrak{S}_2$ übergeht, so ist $z(\zeta)$ auf $\mathfrak{S}_1$ noch regulär analytisch und kann in das durch Spiegelung an $\mathfrak{S}_1$ erweiterte Gebiet $\tilde{\mathfrak{G}}_1$ dadurch analytisch fortgesetzt werden, daß den Spiegelpunkten bezüglich $\mathfrak{S}_1$ die Spiegelpunkte bezüglich $\mathfrak{S}_2$ zugeordnet werden. Oder kürzer ausgedrückt: Geht durch konforme Abbildung ein Geradenstück in ein anderes über, so gehen Spiegelpunkte bezüglich des einen Geradenstücks in Spiegelpunkte bezüglich des anderen über. Dieser Satz wird als das *Schwarzsche Spiegelungsprinzip* bezeichnet[1].

Das Schwarzsche Spiegelungsprinzip läßt sich von Geradenstücken auf Stücke von *beliebigen analytischen Kurven* verallgemeinern. Als analytisch soll eine Kurve bezeichnet werden, wenn ihre Parameterdarstellung $z(t)$ (vgl. 2.1) aus dem Definitionsintervall $a \leqq t \leqq b$ ins Komplexe analytisch fortgesetzt werden kann, so daß $z(t)$ in einer Umgebung dieses Intervalls der reellen t-Achse eine regulär analytische Funktion für komplexe t-Werte darstellt. Dann ist die Umkehrfunktion $t(z)$ in einer Umgebung der betrachteten Kurve regulär analytisch und bildet diese Umgebung konform so auf die t-Ebene ab, daß die Kurve in das Stück der reellen t-Achse zwischen $t = a$ und $t = b$ übergeht. Als Spiegelpunkte bezüglich einer analytischen Kurve wollen wir dann die Punkte bezeichnen, die bei der Abbildung $t(z)$ zu konjugiert komplexen t-Werten gehören. Diese Definition ist unabhängig von der speziellen Parameterdarstellung $z(t)$. Denn gibt es zwei verschiedene analytische Parameterdarstellungen einer Kurve und sind $t_1(z)$ und $t_2(z)$ deren Umkehrungen, so ist $t_1(t_2) = t_1(z(t_2))$ regulär analytisch und bildet ein Stück der reellen t_2-Achse auf ein Stück der reellen t_1-Achse ab. Nach dem Schwarzschen Spiegelungsprinzip gehen dann Paare von konjugiert komplexen t_2-Werten in Paare von konjugiert komplexen t_1-Werten über.

Es gilt dann der Satz: Werden zwei Gebiete $\mathfrak{G}_1$ und $\mathfrak{G}_2$ konform so aufeinander abgebildet, daß ein analytisches Randkurvenstück von $\mathfrak{G}_1$ in ein solches von $\mathfrak{G}_2$ übergeht, so ist die Abbildung auf diesen Randstücken noch konform und Spiegelpunkte bezüglich des einen Rand-

[1] Nach H. A. Schwarz: Über einige Abbildungsaufgaben. J. reine angew. Math. **70**, 105—120 (1869), Werke II, 65—83.

kurvenstücks gehen in Spiegelpunkte bezüglich des anderen über. Man beweist diesen Satz dadurch, daß man die Umgebung der analytischen Randkurven durch Umkehrung der Parameterdarstellung auf die Umgebung gewisser Stücke der reellen Achse abbildet und auf diese Umgebungen das Schwarzsche Spiegelungsprinzip anwendet. Im Gegensatz zum speziellen Schwarzschen Spiegelungsprinzip lassen sich hier keine allgemeinen Aussagen darüber machen, inwieweit die Abbildungsfunktion über die Randkurve hinaus analytisch fortgesetzt werden kann. Dies hängt jetzt nicht allein von der Größe der Gebiete $\mathfrak{G}_1$ und $\mathfrak{G}_2$ ab, sondern auch davon, wo überall die Spiegelung an der Randkurve als regulär antikonforme Abbildung erklärt werden kann.

Als Beispiel für die Spiegelung an einer analytischen Kurve betrachten wir die *Spiegelung am Einheitskreis.* Als Parameterdarstellung wählen wir etwa die Darstellung des Kreises durch trigonometrische Funktionen:

$$z(t) = \cos t + i \sin t = e^{i t}, \qquad 0 \leqq t < 2\pi. \tag{11.2.1}$$

Spiegelpunkte bezüglich des Einheitskreises sind dann die Punktpaare

$$z = e^{i t} \quad \text{und} \quad z^* = e^{i \bar{t}} = \frac{1}{\bar{z}}, \tag{11.2.2}$$

d. h. die so definierte Spiegelung stimmt mit der in (6.3.3) erklärten Spiegelung am Einheitskreis überein. Das gleiche gilt von der Spiegelung an einem beliebigen Kreis.

Die Spiegelung an einem Kreis ist eine überall antikonforme Abbildung der Zahlenkugel auf sich selbst, und zwar sind Kreis und Gerade die einzigen analytischen Kurven mit dieser Eigenschaft. Jedes Gebiet $\mathfrak{G}$, dessen Rand ein Kreisbogenstück enthält, kann daher an diesem Kreisbogen gespiegelt und zu einem — bezüglich des Kreises — symmetrischen Gebiet $\tilde{\mathfrak{G}}$ erweitert werden. Daher kann auch die Abbildungsfunktion über den Kreisbogen hinweg von $\mathfrak{G}$ in $\tilde{\mathfrak{G}}$ ebenso analytisch fortgesetzt werden wie über ein Geradenstück $\mathfrak{S}$, und die Aussage des Schwarzschen Spiegelungsprinzips gilt für Kreisbogenstücke wörtlich in gleicher Weise wie für die Geradenstücke $\mathfrak{S}_1$ und $\mathfrak{S}_2$.

§ 12. Abbildung von Kreisbogenpolygonen

12.1. Die Schwarzsche Differentialgleichung. Als *Polygone* — genauer als Kreisbogenpolygone — bezeichnen wir solche Gebiete, deren Ränder aus endlich vielen Kreisbogen- oder Geradenstücken bestehen. Diese Randstücke nennen wir *Seiten,* die Punkte, an denen zwei Seiten zusammenstoßen, *Ecken* des Polygons. Für die Praxis sind im allgemeinen nur Polygone auf der Zahlenebene oder Zahlenkugel interessant, jedoch gelten die im folgenden abzuleitenden Sätze mit geringen

Einschränkungen auch für Polygone auf allgemeinen Riemannschen Flächen, d. h. auch für solche Polygone, die sich auf der Zahlenebene teilweise selbst überdecken[1].

Wir untersuchen zunächst die konforme Abbildung von einfach zusammenhängenden, ganz in der endlichen z-Ebene gelegenen Polygonen auf die obere w-Halbebene. Hierbei gehen auf Grund des Satzes über die Ränderzuordnung (vgl. 10.1) die Ecken des Polygons in gewisse Punkte der reellen w-Achse über, wobei wir die Abbildungsfunktion speziell so wählen können, daß dem Punkt $w = \infty$ eine Ecke entspricht. Die Seiten werden dann auf die durch diese Punkte begrenzten reellen Intervalle abgebildet. Es ist daher nach dem Schwarzschen Spiegelungsprinzip die Abbildungsfunktion $w(z)$ auf den Polygonseiten noch regulär analytisch und läßt sich über die Polygonseiten hinaus durch Spiegelung analytisch fortsetzen.

Wir greifen hierzu eine Seite $\mathfrak{S}$ heraus und nennen die durch Spiegelung an dieser Seite erzeugte antikonforme Abbildung $s_1(z)$. Das Polygon $\mathfrak{P}$ geht dabei wieder in ein Polygon $P^* = s_1(P)$ über und für die analytische Fortsetzung der Funktion $w(z)$ von $\mathfrak{P}$ nach $\mathfrak{P}^*$ gilt nach dem Schwarzschen Spiegelungsprinzip

$$w(s_1(z)) = \overline{w}(z) . \tag{12.1.1}$$

Bei dieser Fortsetzung wird $\mathfrak{P}^*$ auf die untere w-Halbebene abgebildet, wobei wieder den Seiten von $\mathfrak{P}^*$ Intervalle der reellen w-Achse entsprechen. Es sei jetzt $\mathfrak{S}'$ eine Seite von $\mathfrak{P}^*$ und $s_2(z)$ die Spiegelung an dieser Seite. Hierbei wird aus $\mathfrak{P}^*$ das Polygon $\mathfrak{P}^{**} = s_2(\mathfrak{P}^*)$ und wir können $w(z)$ weiter nach $\mathfrak{P}^{**}$ fortsetzen, wobei die Gleichung gilt

$$w\left(s_2(s_1(z))\right) = \overline{\overline{w}}(z) = w(z) . \tag{12.1.2}$$

$\mathfrak{P}^{**}$ wird also durch $w(z)$ wieder auf die obere Halbebene abgebildet, wobei die Punkte $z \in \mathfrak{P}$ und $s_2(s_1(z)) \in \mathfrak{P}^{**}$ zum selben Punkt w gehören. Die doppelte Spiegelung ist eine konforme Abbildung, und zwar genauer eine gebrochene lineare Abbildung

$$s_2(s_1(z)) = \frac{az + b}{cz + d} . \tag{12.1.3}$$

Wir betrachten jetzt die Umkehrfunktion $z(w)$. Der eben besprochenen analytischen Fortsetzung der Funktion $w(z)$ von $\mathfrak{P}$ nach $\mathfrak{P}^*$ und weiter

[1] Auf der Zahlenebene oder Zahlenkugel erklärte Gebiete werden auch als schlichte Gebiete bezeichnet. Dagegen heißen nichtschlicht solche Gebiete, die auf allgemeineren Riemannschen Flächen erklärt sind und bei der Projektion auf die Zahlenebene sich selbst überdecken.

Allgemeinste nichtschlichte Polygone untersucht H. Unkelbach in den Arbeiten: Die konforme Abbildung echter Polygone, Math. Ann. **125**, 82—118 (1952) und: Geometrie und konforme Abbildung verallgemeinerter Kreisbogenpolygone, Math. Ann. **129**, 391—414, **130**, 327—336 (1955).

nach $\mathfrak{P}^{**}$ entspricht eine Fortsetzung von $z(w)$ aus der oberen in die untere Halbebene und zurück in die obere Halbebene, wobei jeweils die reellen Intervalle überschritten werden, die den Seiten $\mathfrak{S}$ und $\mathfrak{S}'$ entsprechen. Die Funktionswerte $z(w)$ gehen bei dieser Fortsetzung in die Funktionswerte $\frac{a\,z(w)+b}{c\,z(w)+d}$ über. Setzen wir das Verfahren weiter fort und betrachten alle überhaupt möglichen analytischen Fortsetzungen von $z(w)$, so ergibt sich folgendes: Die Funktion $z(w)$ läßt sich stets

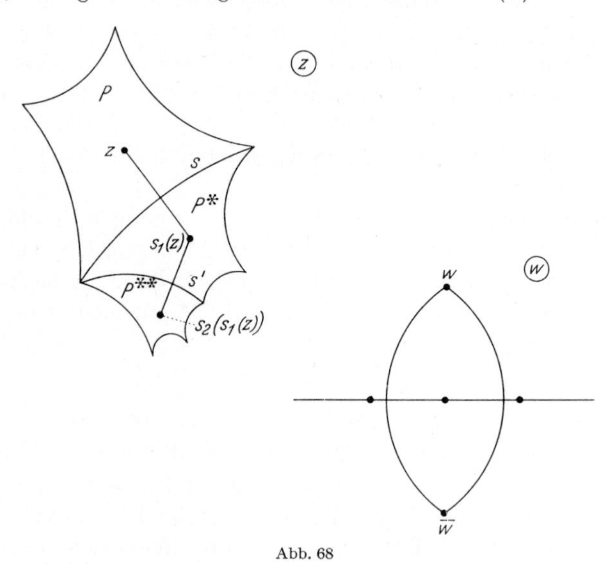

Abb. 68

von einer Halbebene in die andere analytisch fortsetzen, und zwar über jedes reelle Intervall hinweg, das einer Polygonseite entspricht. Fortsetzungen über verschiedene Intervalle führen im allgemeinen zu verschiedenen Funktionswerten, so daß $z(w)$ eine *vieldeutige* (i.a. unendlich vieldeutige) Funktion ist. Zwischen den verschiedenen Funktionswerten zum selben Punkt w bestehen *gebrochen lineare Beziehungen*; sind $z_1(w)$ und $z_2(w)$ verschiedene *Funktionselemente* von $z(w)$ (vgl. 9.4), die in der gleichen Halbebene erklärt sind, so gilt

$$z_2(w) = \frac{a\,z_1(w)+b}{c\,z_1(w)+d}, \tag{12.1.4}$$

wobei die Koeffizienten a, b, c, d von der Gestalt des Polygons und von der Art der Fortsetzung abhängen, durch die $z_2(w)$ aus $z_1(w)$ gewonnen wurde.

Wir bilden jetzt den folgenden Differentialausdruck

$$[z]_w = \frac{d^2}{dw^2}\left(\log\frac{dz}{dw}\right) - \frac{1}{2}\left(\frac{d}{dw}\log\frac{dz}{dw}\right) = \frac{z'''}{z'} - \frac{3}{2}\left(\frac{z''}{z'}\right)^2. \tag{12.1.5}$$

Man rechnet leicht nach, daß sich dieser Ausdruck nicht ändert, wenn $z(w)$ durch eine gebrochen lineare Funktion von $z(w)$ ersetzt wird[1]. Es ist also, wenn man diesen Ausdruck speziell für die Funktionselemente in (12.1.4) bildet

$$[z_1]_w = [z_2]_w, \tag{12.1.6}$$

d. h. $[z]_w$ hat für jedes Funktionselement von $z(w)$ den gleichen Wert, $[z]_w$ ist eine eindeutige Funktion von w. Entfernen wir aus der w-Ebene alle Punkte, die den Ecken des Polygons entsprechen, so wird das Restgebiet durch $z(w)$ überall konform abgebildet, $z(w)$ ist also dort samt allen Ableitungen regulär analytisch und die erste Ableitung $z'(w)$ dort von Null verschieden. Daraus folgt, daß auch $[z]_w$ eine im Restgebiet regulär analytische Funktion sein muß.

Genauere Aussagen über die Funktion $[z]_w$ lassen sich machen, wenn man ihr Verhalten in der Umgebung der singulären Stellen untersucht. Zu diesem Zweck greifen wir eine Ecke des Polygons heraus, die an der Stelle $z = \varepsilon$ liegen möge. Bei der Abbildung des Polygons auf die obere Halbebene gehe dieser Punkt in $w = e$ über. Es sind dann drei verschiedene Fälle zu unterscheiden:

1. Die beiden an $z = \varepsilon$ anschließenden Seiten, welche die Ecke bilden, *schneiden sich,* wenn man sie genügend verlängert, in einem zweiten, von ε verschiedenen Punkt $z = \varepsilon'$.

2. Die anschließenden Seiten sind *Geraden*; in diesem Fall ist $\varepsilon' = \infty$, d. h. durch eine gebrochen lineare Abbildung der z-Ebene kann dieser Fall auf den Fall 1 zurückgeführt werden.

3. Die anschließenden Seiten haben nur den Punkt ε gemein, d. h. die beiden Kreisbögen *berühren* sich an dieser Stelle.

Liegt der Fall 1 vor, so kann man durch eine lineare Abbildung

$$\tau(z) = e^{i\gamma} \frac{z-\varepsilon}{z-\varepsilon'} \tag{12.1.7}$$

erreichen, daß die Ecke in den Nullpunkt übergeht und die beiden anschließenden Seiten auf Geradenstücke abgebildet werden. Genauer sollen hierbei die Punkte des Polygons in der Umgebung von $z = \varepsilon$ in die Punkte

$$0 < \arg \tau < \pi\delta \tag{12.1.8}$$

in einer Umgebung von $\tau = 0$ übergehen, wobei $\pi\delta$ der Innenwinkel des Polygons an der betreffenden Ecke ist. Durch die weitere Abbildung

$$t^\delta = \tau \tag{12.1.9}$$

[1] Der Ausdruck (12.1.5) bildet also das infinitesimale Gegenstück zu dem Doppelverhältnis (7.2.12) und läßt sich auch aus diesem durch einen — allerdings etwas komplizierten — Grenzübergang gewinnen. Im Zusammenhang mit unseren Fragestellungen hat zuerst H. A. SCHWARZ diesen Ausdruck betrachtet, der nach ihm auch als Schwarzsche Ableitung bezeichnet wird.

geht der Winkelraum (12.1.8) in die obere t-Halbebene über, so daß das Polygon in der Umgebung der Ecke durch $t(z)$ auf die in der oberen Halbebene gelegene Umgebung von $t = 0$ abgebildet wird. Andrerseits wird durch $w(z)$ das Polygon in der Umgebung der Ecke auf die in der oberen Halbebene gelegenen Punkte einer Umgebung von $w = e$ abgebildet. Die Funktion $t(w)$ bildet also umkehrbar eindeutig und konform ein Stück der oberen w-Halbebene auf ein Stück der oberen t-Halbebene

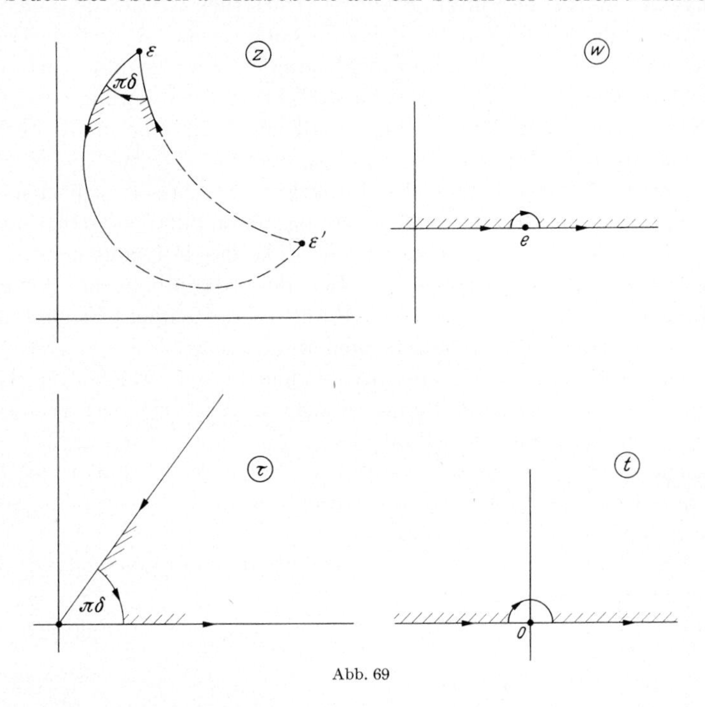

Abb. 69

ab, wobei speziell ein Stück der reellen Achse in der Umgebung von $w = e$ in ein Stück der reellen Achse in der Umgebung von $t = 0$ übergeht. Nach dem Schwarzschen Spiegelungsprinzip ist die Abbildung daher auch noch an der Stelle $w = e$ konform, so daß $t(w)$ dort regulär analytisch ist. Speziell wird $t(e) = 0$ und die Ableitung $t'(e)$ ist von Null verschieden. Nach (9.3.14) läßt sich also $t(w)$ in eine Potenzreihe der Form

$$t(w) = c_1(w - e) + c_2(w - e)^2 + \cdots \qquad (12.1.10)$$

mit $c_1 \neq 0$ entwickeln. Da $t(w)$ reell ist für reelle Werte w in der Umgebung von $w = e$, müssen überdies die Koeffizienten c_ν reell sein.

Aus (12.1.10) ergibt sich für $\tau(w)$ eine Entwicklung der Form

$$\tau(w) = (w - e)^\delta (a_0 + a_1(w - e) + a_2(w - e)^2 + \cdots) . \qquad (12.1.11)$$

Hieraus läßt sich die Entwicklung für den Differentialausdruck (12.1.5) in der Umgebung der Stelle $w = e$ berechnen, wenn man noch berücksichtigt, daß wegen (12.1.7) $[z]_w = [\tau]_w$ ist. Wir erhalten dann

$$[z]_w = \frac{1-\delta^2}{2(w-e)^2} + \frac{1}{w-e}(b_0 + b_1(w-e) + \cdots), \tag{12.1.12}$$

wo die Koeffizienten b_ν wieder reell sind.

Die gleichen Überlegungen gelten für den Fall 2, wo beide Seiten Gerade sind. Man hat hier nur anstelle von (12.1.7) die Abbildung

$$\tau(z) = e^{i\gamma}(z-\varepsilon) \tag{12.1.13}$$

zu betrachten, die in diesem Fall die Ecke auf den Winkelraum (12.1.8) abbildet.

Etwas komplizierter liegen die Verhältnisse im Fall 3., wo sich die beiden Seiten in der Ecke berühren. Hier ist es zweckmäßig, die Ecke durch eine lineare Abbildung $\tau(z)$ nach ∞ zu bringen. Dies leistet eine Funktion der Form

$$\tau(z) = \frac{a}{z-\varepsilon} + b\,. \tag{12.1.14}$$

Hierdurch gehen die an die Ecken anschließenden Seiten wieder in Geradenstücke über, die sich jedoch jetzt nicht schneiden, sondern *parallel* sind. Die Punkte des Polygons in der Umgebung der Ecke gehen daher jetzt nicht in einen Winkelraum (12.1.8) über, sondern in ein Gebiet aus der Umgebung von $\tau = \infty$, das aus einem Winkelraum durch Parallelverschiebung der einen Seite hervorgeht (vgl. Abb. 70). Wählen wir die Konstanten a und b in (12.1.14) so, daß die eine Seite in die positiv reelle Achse, die andere in die Gerade $\mathfrak{J}(\tau) = c$ übergeht, so bildet jetzt die durch

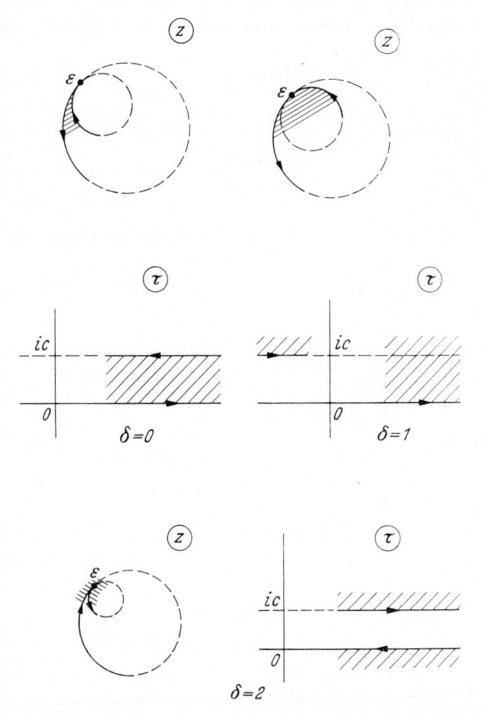

Abb. 70. Polygonecken, in denen sich die anschließenden Seiten berühren. Dargestellt sind die drei in Betracht kommenden Fälle mit $\delta = 0$ (links) oben, $\delta = 1$ (rechts oben) und $\delta = 2$ (unten)

$$t^\delta + \frac{c}{\pi}\log t = \tau \tag{12.1.15}$$

erklärte Funktion $t(\tau)$ dieses Gebiet auf die obere t-Halbebene in der Umgebung von $t = 0$ ab. Wie früher schließt man dann, daß $t(w)$ in der

Umgebung von $w = e$ regulär analytisch ist und sich dort in eine Reihe der Form (12.1.10) entwickeln läßt. Die Entwicklung für $\tau(w)$ sieht jetzt so aus[1]

$$\tau(w) = (w-e)^{-\delta}(a_0 + a_1(w-e) + \cdots) + \frac{c}{\pi}\log(w-e). \quad (12.1.16)$$

Setzt man dies in (12.1.5) ein, so ergibt sich wieder die Entwicklung (12.1.11).

Um das Verhalten von $[z]_w$ in der Umgebung von $w = \infty$ zu bestimmen, bringen wir durch die Abbildung $\omega = -\frac{1}{w}$ diesen Punkt nach $\omega = 0$. Hierbei geht die obere Halbebene in sich über, $\omega(z)$ bildet also das Polygon ebenfalls auf die obere Halbebene ab, wobei die Ecke, die dem Punkt $w = \infty$ entspricht, in $\omega = 0$ übergeht. Ist δ_∞ der zugehörige Innenwinkel, so gilt nach (12.1.12) für den Ausdruck $[z]_\omega$ in der Umgebung von $\omega = 0$ die Entwicklung

$$[z]_\omega = \frac{1-\delta_\infty^2}{2\,\omega^2} + \frac{1}{\omega}(b_0 + b_1\,\omega + \cdots). \quad (12.1.17)$$

Andrerseits ist, wie man leicht ausrechnet,

$$[z]_w = ([z]_\omega - [\omega]_w)\left(\frac{d\omega}{dw}\right)^2 = \frac{1}{w^4}[z]_\omega, \quad (12.1.18)$$

so daß $[z]_w$ sich in der Umgebung von $w = \infty$ in die folgende Reihe nach Potenzen von $\frac{1}{w}$ entwickeln läßt

$$[z]_w = \frac{1-\delta_\infty^2}{2\,w^2} + \frac{b_0}{w^3} + \frac{b_1}{w^4} + \cdots \quad (12.1.19)$$

Es läßt sich nun zeigen, daß auf Grund der Entwicklungen (12.1.12) und (12.1.19) der Ausdruck $[z]_w$ gleich einer rationalen Funktion sein muß. Seien $\varepsilon_1, \varepsilon_2, \ldots, \varepsilon_n$ die Ecken des Polygons, $\delta_1, \delta_2, \ldots, \delta_{n-1}, \delta_\infty$ die Innenwinkel und $e_1, e_2, \ldots, e_{n-1}, \infty$ die zugehörigen Punkte auf der reellen w-Achse. Wir bilden dann

$$F(w) = [z]_w - \sum_{\nu=1}^{n-1}\left(\frac{1-\delta_\nu}{2(w-e_\nu)^2} + \frac{b_{0\nu}}{w-e_\nu}\right), \quad (12.1.20)$$

wo die $b_{0\nu}$ gleich den Koeffizienten b_0 in (12.1.12) an der betreffenden Stelle $w = e_\nu$ sind. Die Funktion $F(w)$ ist in der ganzen endlichen w-Ebene einschließlich der Punkte $w = e_\nu$ regulär analytisch und strebt gegen Null für $w \to \infty$, d. h. $F(w)$ ist in der ganzen Ebene beschränkt und kann daher nach dem Satz von LIOUVILLE (vgl. 9.3) nur eine Konstante sein. Aus dem Verhalten für $w \to \infty$ folgt dann genauer, daß $F(w) \equiv 0$ sein muß, d. h. $[z]_w$ ist gleich der rationalen Funktion auf der

[1] Bei dieser Reihenentwicklung hat man zu berücksichtigen, daß δ jetzt eine ganze Zahl sein muß.

rechten Seite von (12.1.20). Berücksichtigt man noch genauer die Entwicklung (12.1.19), so läßt sich diese Funktion auch in der Form schreiben

$$[z]_w = \sum_{\nu=1}^{n-1} \frac{1-\delta_\nu^2}{2(w-e_\nu)^2} + \frac{\left(2-n-\delta_\infty^2+\sum\limits_{\nu=1}^{n}\delta_\nu^2\right)w^{n-3}+\sum\limits_{\varkappa=0}^{n-4}\beta_\varkappa w^\varkappa}{2\prod\limits_{\nu=1}^{n-1}(w-e_\nu)}. \qquad (12.1.21)$$

Hierin sind die $\beta_\varkappa$ — man nennt sie *akzessorische Parameter* — gewisse reelle Konstanten, deren Größe nicht unmittelbar aus der Gestalt des Polygons zu entnehmen ist.

Die Gleichung (12.1.21) stellt eine Differentialgleichung für die gesuchte Abbildungsfunktion $z(w)$ dar. Nach H. A. SCHWARZ wird sie als Schwarzsche Differentialgleichung bezeichnet. Mit ihrer Integration werden wir uns im nächsten Abschnitt beschäftigen.

Wir bemerken noch, daß unsere Überlegungen auch für einfach zusammenhängende Polygone auf der Zahlenkugel gelten, d. h. für solche Polygone, bei denen der Punkt $z = \infty$ im Innern oder auf dem Rand liegt. Für solche Punkte zeigt $[z]_w$ das gleiche Verhalten wie für Punkte der endlichen z-Ebene, da ja $z = \infty$ durch eine lineare Abbildung in eine endliche Stelle der z-Ebene gebracht werden kann und $[z]_w$ sich bei einer solchen Abbildung nicht ändert. Im wesentlichen die gleiche Differentialgleichung wie (12.1.21) gilt auch für die Funktionen $z(w)$, welche den Einheitskreis auf das Polygon abbilden. Hier müssen wir durch eine lineare Abbildung $\omega(w)$ den Einheitskreis der w-Ebene in die obere ω-Halbebene abbilden und dann die Transformationsformel (12.1.18) anwenden, wobei — wie dort auch — $[\omega]_w = 0$ ist.

12.2. Integration der Differentialgleichung. Die Schwarzsche Differentialgleichung ist von dritter Ordnung. Sie läßt sich aber leicht auf Differentialgleichungen *niederer Ordnung* zurückführen. Setzen wir nämlich

$$\frac{d}{dw}\log\frac{dz}{dw} = \frac{z''}{z'} = \eta(w), \qquad (12.2.1)$$

so wird, wenn wir noch die rationale Funktion auf der rechten Seite von (12.1.21) mit $R(w)$ bezeichnen,

$$[z]_w = \frac{d\eta}{dw} - \frac{1}{2}\eta^2 = R(w), \qquad (12.2.2)$$

d. h. eine Differentialgleichung erster Ordnung in $\eta(w)$. Es läßt sich $z(w)$ dann aus $\eta(w)$ durch

$$z(w) = \int_{w_1}^{w} e^{\int_{w_0}^{w}\eta(w)\,dw}\,dw \qquad (12.2.3)$$

berechnen.

(12.2.2) ist eine Riccatische Differentialgleichung; eine solche läßt sich auch in eine lineare Differentialgleichung zweiter Ordnung überführen. Wir setzen hierzu

$$\eta(w) = -2\frac{\varphi'(w)}{\varphi(w)}. \tag{12.2.4}$$

Dann geht (12.2.2) über in

$$\varphi''(w) + \frac{1}{2} R(w)\,\varphi(w) = 0\,. \tag{12.2.5}$$

Auch hier läßt sich die Beziehung zwischen $z(w)$ und $\varphi(w)$ leicht herstellen. Aus (12.2.3) in Verbindung mit (12.2.4) folgt

$$z(w) = C\int\limits_{w_1}^{w} \frac{dw}{\varphi^2(w)}, \tag{12.2.6}$$

wo C eine beliebige Konstante ist.

Nun ist aus der Theorie der linearen Differentialgleichung bekannt[1], daß zwischen zwei linear unabhängigen Lösungen einer Differentialgleichung vom Typus (12.2.5) die Beziehung besteht

$$\varphi_1(w) = C\,\varphi_2(w)\int\limits_{w_1}^{w} \frac{dw}{\varphi_2^2(w)}, \tag{12.2.7}$$

so daß $z(w)$ auch als Quotient zweier linear unabhängiger Lösungen

$$z(w) = \frac{\varphi_1(w)}{\varphi_2(w)} \tag{12.2.8}$$

der Differentialgleichung (12.2.5) dargestellt werden kann. Dies gilt offenbar auch noch, wenn wir $\varphi(w)$ mit irgendeinem Faktor multiplizieren. Ersetzen wir also $\varphi(w)$ in (12.2.5) durch

$$\varphi(w) = r(w)\,\psi(w), \tag{12.2.9}$$

so erhalten wir eine lineare Differentialgleichung für $\psi(w)$ der Form

$$\psi''(w) + p(w)\,\psi'(w) + q(w)\,\psi(w) = 0, \tag{12.2.10}$$

und $z(w)$ läßt sich als Quotient zweier linear unabhängiger Lösungen dieser Differentialgleichung darstellen. Hierbei besteht die Beziehung

$$R(w) = 2\,q(w) - \frac{1}{2}\,p^2(w) - p'(w)\,. \tag{12.2.11}$$

[1] Siehe etwa E. Kamke: Differentialgleichungen, Lösungsmethoden und Lösungen. S. 117. Leipzig 1944.

Insbesondere kann durch diese Transformation die Differentialgleichung (12.2.5) auf die Form

$$\psi''(w) + \sum_{\nu=1}^{n-1} \frac{1-\delta_\nu}{w-e_\nu}\,\psi'(w) + \frac{[(n-2-\sum\limits_{\nu=1}^{n-1}\delta_\nu)^2 - \delta_\infty^2]\,w^{n-3} + \sum\limits_{\varkappa=0}^{n-4}\beta_\varkappa w^\varkappa}{4\prod\limits_{\nu=1}^{n-1}(w-e_\nu)} \times$$
$$\times\ \psi(w) = 0 \qquad (12.2.12)$$

gebracht werden, bei der die Koeffizienten $p(w)$ und $q(w)$ in den singulären Stellen nur von erster Ordnung unendlich werden.

Für die weiteren Untersuchungen wollen wir wieder von der speziellen Form (12.2.5) ausgehen. Da eine geschlossene Integration dieser Differentialgleichung nur in einigen wenigen Spezialfällen möglich ist, sind wir hier auf numerische Lösungen und insbesondere auf *Reihenentwicklungen* angewiesen. Hier gilt der Satz, daß in der Umgebung einer singulären Stelle $w = e_\nu$ ein linear unabhängiges Paar von sog. kanonischen Lösungen folgendermaßen in Potenzreihen entwickelt werden kann

$$\varphi_\nu^{(1)}(w) = (w-e_\nu)^{\frac{1+\delta_\nu}{2}}\,(1 + \alpha_1(w-e_\nu) + \alpha_2(w-e_\nu)^2 + \cdots)$$
$$\varphi_\nu^{(2)}(w) = (w-e_\nu)^{\frac{1-\delta_\nu}{2}}\,(1 + \beta_1(w-e_\nu) + \beta_2(w-e_\nu)^2 + \cdots) \qquad (12.2.13)$$

Ist δ_ν eine ganze Zahl, so muß die zweite Zeile von (12.2.13) durch die allgemeinere

$$\varphi_\nu^{(2)}(w) = \varphi_\nu^{(1)}(w)\,\frac{c}{\pi}\log(w-e_\nu) + (w-e_\nu)^{\frac{1-\delta_\nu}{2}}\,(1 + \beta_1(w-e_\nu) + \cdots) \qquad (12.2.14)$$

ersetzt werden. Die Entwicklungskoeffizienten α_ν, β_ν und die Konstante $\frac{c}{\pi}$ lassen sich leicht berechnen, indem man die Entwicklungen in (12.2.5) einsetzt, wobei man gliedweise differenzieren und mit der Entwicklung von $R(w)$ (vgl. (12.1.12)) multiplizieren darf. Man erhält so eine Potenzreihe, deren Koeffizienten zusammengesetzt sind aus den Koeffizienten von (12.2.13), (12.2.14) und (12.1.12); setzt man diese der Reihe nach gleich Null, so hält man die Bestimmungsgleichungen für die unbekannten α_ν und β_ν [1].

Etwas allgemeinere Reihenentwicklungen kann man durch eine lineare Abbildung der oberen w-Halbebene in sich gewinnen. Setzen wir nämlich

$$\omega = \frac{aw+b}{cw+d}\,,\ a, b, c, d \quad \text{reell}, \quad ad-bc = 1\,, \qquad (12.2.15)$$

[1] Siehe 12.5.

und

$$\varphi(w) = (cw + d)\,\psi(\omega)\,,$$

so erhalten wir eine Differentialgleichung für $\psi(\omega)$ von der Form

$$\psi''(\omega) + \frac{1}{2} R^*(\omega)\,\psi(\omega) = 0 \qquad (12.2.16)$$

mit (vgl. 12.1.18))

$$R^*(\omega) = (cw + d)^4 R(w)\,. \qquad (12.2.17)$$

$R^*(\omega)$ hat als Funktion von ω dieselbe Form wie $R(w)$ als Funktion von w. Entspricht also der Stelle $w = e_\nu$ die Stelle $\omega(e_\nu) = e_\nu^*$, so läßt sich $\psi(\omega)$ wie in (12.2.13) bzw. (12.2.14) in Potenzreihen nach $\omega - e_\nu^*$ entwickeln. Mit Hilfe von (12.2.15) gewinnt man hieraus Entwicklungen für $\varphi(w)$. Setzt man insbesondere $\omega = -\frac{1}{w}$, so erhält man Entwicklungen für die Umgebung von $w = \infty$ von der Form

$$\varphi_\infty^{(1)}(w) = w\left(\frac{1}{w}\right)^{\frac{1+\delta_\infty}{2}}\left(1 + \alpha_1\left(\frac{1}{w}\right) + \alpha_2\left(\frac{1}{w}\right)^2 + \cdots\right)$$

$$\varphi_\infty^{(2)}(w) = \varphi_\infty^{(1)}(w)\,\frac{c}{\pi}\log w + w\left(\frac{1}{w}\right)^{\frac{1-\delta_\infty}{2}}\left(1 + \beta_1\left(\frac{1}{w}\right) + \beta_2\left(\frac{1}{w}\right)^2 + \cdots\right), \qquad (12.2.18)$$

wo die Konstante c beim logarithmischen Glied nur für ganzzahlige δ_∞ von Null verschieden ist.

Darüber hinaus ist es auch möglich, kanonische Reihenentwicklungen für die Umgebung regulärer Stellen anzugeben. Sei $w = w_0$ eine solche Stelle, so gilt dort eine Entwicklung der Form (12.2.13), bei der jetzt $\delta = 1$ zu setzen ist. Wir erhalten so

$$\varphi_{w_0}^{(1)}(w) = (w - w_0) + \alpha_2 (w - w_0)^2 + \cdots$$
$$\varphi_{w_0}^{(2)}(w) = 1 + \beta_2 (w - w_0)^2 + \cdots \qquad (12.2.19)$$

Auch hier können die Entwicklungskoeffizienten leicht durch Einsetzen in die Differentialgleichung bestimmt werden.

Die eben betrachteten Potenzreihen konvergieren in jedem Kreis $|w - e_\nu| < \varrho$, $|\omega - e_\nu^*| < \varrho$ bzw. $|w - w_0| < \varrho$, der abgesehen von der singulären Stelle im Mittelpunkt keine weitere Singularität der Funktion $R(w)$ in seinem Innern enthält. Durch geeignete Wahl der Entwicklungsmittelpunkte und der Funktionen $\omega(w)$ läßt sich erreichen, daß einige wenige dieser Konvergenzkreise die ganze w-Ebene überdecken. Ist dies der Fall, so beherrscht man die Gesamtheit der Lösungen der Differentialgleichung (12.2.5). Jede beliebige Lösung $\varphi(w)$ kann nämlich als Linearkombination von kanonischen Lösungen dargestellt werden

$$\varphi(w) = c_1\,\varphi_\nu^{(1)}(w) + c_2\,\varphi_\nu^{(2)}(w)\,. \qquad (12.2.20)$$

Ist nun an einer Stelle $w = w_0$ im Konvergenzkreis der kanonischen Entwicklung der Wert $\varphi(w_0)$ samt der Ableitung $\varphi'(w_0)$ gegeben, so können aus der Gleichung (12.2.20) und der entsprechenden für die Ableitung die Koeffizienten c_1 und c_2 bestimmt werden, womit $\varphi(w)$ im ganzen Konvergenzkreis bekannt ist. Mit dem gleichen Verfahren kann dann $\varphi(w)$ in einen benachbarten Konvergenzkreis analytisch fortgesetzt werden, wenn beide Konvergenzkreise gemeinsame Punkte besitzen.

Vergleicht man die Entwicklungen (12.2.13) und (12.2.14) mit (12.1.11) und (12.1.16), so sieht man, daß der Quotient zweier kanonischer Lösungen mit der dort definierten Funktion $\tau(w)$ übereinstimmt, es ist also

$$\tau(w) = \frac{\varphi_\nu^{(1)}(w)}{\varphi_\nu^{(2)}(w)} \quad \text{oder} \quad \tau(w) = \frac{\varphi_\nu^{(2)}(w)}{\varphi_\nu^{(1)}(w)}, \tag{12.2.21}$$

je nachdem, ob in der Entwicklung ein logarithmisches Glied auftritt oder nicht. Der Quotient der Lösungen (12.2.19), den wir in Anlehnung daran mit $\tau(w, w_0)$ bezeichnen wollen

$$\tau(w, w_0) = \frac{\varphi_{w_0}^{(1)}(w)}{\varphi_{w_0}^{(2)}(w)}, \tag{12.2.22}$$

hat die Eigenschaft, an der Stelle $w = w_0$ zu verschwinden, und seine Ableitung ist dort gleich 1. Durch $\tau(w, w_0)$ wird also die Umgebung von w_0 auf eine Umgebung des Nullpunkts abgebildet und die Abbildung ist dort konform. Auf Grund von (12.2.20) besteht nun zwischen einer beliebigen Lösung $z(w)$ der Schwarzschen Differentialgleichung und der speziellen Lösung $\tau(w, w_0)$ — ähnlich wie in (12.1.7) und (12.1.14) — eine gebrochen lineare Beziehung

$$z(w) = \frac{a\,\tau(w, w_0) + b}{c\,\tau(w, w_0) + d}. \tag{12.2.23}$$

Da eine gebrochen lineare Abbildung auf der Zahlenkugel überall konform ist, bildet dann jede Lösung $z(w)$ der Schwarzschen Differentialgleichung die Umgebung jeder regulären Stelle von $R(w)$ konform auf ein Gebiet der z-Zahlenkugel ab.

Mit Hilfe dieser Überlegungen kann man zeigen, daß nicht nur die Funktion $z(w)$, welche die obere Halbebene auf ein Polygon abbildet, einer Schwarzschen Differentialgleichung vom Typus (12.1.21) genügt, sondern daß auch umgekehrt jede Lösung einer Schwarzschen Differentialgleichung vom Typus (12.1.21) die obere Halbebene auf ein Polygon abbildet. Hierbei erhält man allerdings auch Polygone, die nicht mehr schlicht auf einer Zahlenebene liegen, sondern sich selbst teilweise überdecken, wie denn die Überlegungen, die bei der Ableitung der Schwarzschen Differentialgleichung benutzt wurden, auch für nichtschlichte Polygone gelten. (Vgl. auch die Literatur in Fußnote 1, S. 115.)

12.3. Das Parameterproblem. Mit der Integration der Schwarzschen Differentialgleichung ist das Problem, die obere Halbebene konform auf ein vorgegebenes Polygon abzubilden, noch nicht vollständig gelöst. Es liegt zwar die Form der Differentialgleichung fest, welcher die Abbildungsfunktion genügt, jedoch enthält die rationale Funktion $R(w)$ noch eine Anzahl *unbestimmter Parameter* und man weiß zunächst nicht, wie diese Parameter mit den *geometrischen Konstanten* des Polygons zusammenhängen. Hierin liegt die wesentliche Schwierigkeit der sonst so eleganten Methode von SCHWARZ. Da bisher keine direkten Ansätze zur Lösung dieses Parameterproblems bekannt sind, bleibt nur die Möglichkeit, die Schwarzsche Differentialgleichung „allgemein" zu integrieren, d. h. die Abhängigkeit der Lösungen von den Parametern zu bestimmen, und aus dieser Lösungsgesamtheit diejenige Lösung herauszusuchen, welche die gewünschte Abbildung liefert. Es leuchtet ein, daß bei einer größeren Zahl von Parametern ein solches Unterfangen nahezu hoffnungslos ist.

Folgende Parameter der Funktion $R(w)$ sind zu bestimmen:

1. Die Lage der singulären Stellen e_ν. Durch eine lineare Abbildung der oberen Halbebene in sich kann man stets drei dieser Stellen in drei vorgegebene Punkte der reellen Achse bringen, z. B. nach $w = 0, 1, \infty$. Die übrigen singulären Stellen werden dadurch festgelegt, so daß hier $n - 3$ wesentliche Größen zu bestimmen sind.

2. Die $n - 3$ akzessorischen Parameter.

Insgesamt sind also $2n - 6$ reelle Parameter zu bestimmen, so daß das Parameterproblem erstmals beim Kreisbogenviereck auftritt, wo zwei Parameter zu bestimmen sind. Jede weitere Ecke bringt dann zwei Parameter ins Spiel.

Wollen wir untersuchen, inwiefern diese Parameter die Gestalt des Polygons beeinflussen, so bemerken wir zunächst, daß das Polygon durch die Schwarzsche Differentialgleichung nur bis auf eine gebrochen lineare Abbildung bestimmt ist. Ein unmittelbarer Zusammenhang besteht also nur zu solchen geometrischen Konstanten des Polygons, die sich bei einer gebrochen linearen Abbildung nicht ändern. Als solche Konstanten kommen in Betracht:

1. Die *Doppelverhältnisse* von je vier charakteristischen Punkten des Polygons. Charakteristische Punkte sind in diesem Sinne einmal die Ecken, dann aber auch alle anderen Schnittpunkte zweier Seiten. Wir bemerken hierzu insbesondere, daß sich zwei benachbarte Seiten sowohl in der Ecke ε_ν als auch in einem zweiten Punkt ε'_ν [vgl. (12.1.7)] schneiden, wenn δ_ν keine ganze Zahl ist; wir wollen ε'_ν als *Gegenecke* bezeichnen.

2. Die *Winkel* zwischen irgend zwei Seiten im Sinne der Winkeldefinition von (7.5.5).

Aus der Konstantenabzählung erscheint es plausibel, daß durch $2n - 6$ derartige Konstanten ein Polygon eindeutig bestimmt ist, doch sind hierüber — abgesehen von dem Fall des Kreisbogendreiecks[1] — keine abschließenden Untersuchungen durchgeführt.

Um die geometrischen Konstanten aus den Parametern der Differentialgleichung zu berechnen, genügt es, die *Übergangssubstitutionen* zwischen Paaren von kanonischen Lösungen zu bestimmen. Es gelte etwa

$$\begin{aligned} \varphi_\nu^{(1)} &= c_{11}^{\nu\mu}\,\varphi_\mu^{(1)} + c_{12}^{\nu\mu}\,\varphi_\mu^{(2)}, \\ \varphi_\nu^{(2)} &= c_{21}^{\nu\mu}\,\varphi_\mu^{(1)} + c_{22}^{\nu\mu}\,\varphi_\mu^{(2)}. \end{aligned} \qquad (12.3.1)$$

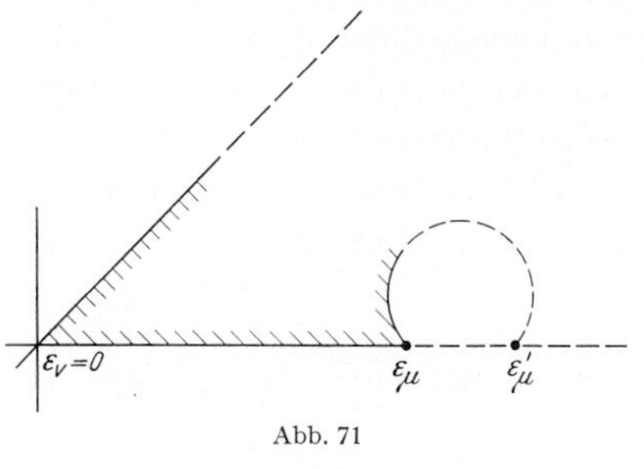

Abb. 71

Wir wollen annehmen, daß weder δ_ν noch δ_μ eine ganze Zahl ist, und betrachten den Quotienten $\tau_\nu = \frac{\varphi_\nu^{(1)}}{\varphi_\nu^{(2)}}$. Für diese spezielle Lösung ist die Ecke $\varepsilon_\nu = 0$ und die Gegenecke $\varepsilon'_\nu = \infty$. Entsprechendes gilt für τ_μ und die Ecken ε_μ, ε'_μ. Für die durch τ_ν vermittelte Abbildung wird also wegen (12.3.1)

$$\varepsilon_\mu = -\frac{c_{12}^{\nu\mu}}{c_{22}^{\nu\mu}} \quad \text{und} \quad \varepsilon'_\mu = -\frac{c_{11}^{\nu\mu}}{c_{21}^{\nu\mu}}. \qquad (12.3.2)$$

Es ist also das Doppelverhältnis

$$\frac{\varepsilon_\nu - \varepsilon_\mu}{\varepsilon_\nu - \varepsilon'_\mu} : \frac{\varepsilon'_\nu - \varepsilon_\mu}{\varepsilon'_\nu - \varepsilon'_\mu} = \frac{c_{12}^{\nu\mu}\,c_{21}^{\nu\mu}}{c_{11}^{\nu\mu}\,c_{22}^{\nu\mu}} \qquad (12.3.3)$$

für jede Lösung $z(w)$ der Schwarzschen Differentialgleichung.

Von besonderem Interesse sind noch die folgenden Ausartungen

1. $\varepsilon_\nu = \varepsilon_\mu$, $c_{12}^{\nu\mu} = 0$, d. h. $\varphi_\nu^{(1)} = c_\nu^{\nu\mu}\,\varphi_\mu^{(1)}$.
2. $\varepsilon_\nu = \varepsilon'_\mu$, $c_{11}^{\nu\mu} = 0$, d. h. $\varphi_\nu^{(1)} = c_{12}^{\nu\mu}\,\varphi_\mu^{(2)}$.
3. $\varepsilon'_\nu = \varepsilon_\mu$, $c_{22}^{\nu\mu} = 0$, d. h. $\varphi_\nu^{(2)} = c_{21}^{\nu\mu}\,\varphi_\mu^{(1)}$.
4. $\varepsilon'_\nu = \varepsilon'_\mu$, $c_{21}^{\nu\mu} = 0$, d. h. $\varphi_\nu^{(2)} = c_{22}^{\nu\mu}\,\varphi_\mu^{(2)}$.

Hier nimmt die Gleichung (12.3.3) in Verbindung mit (12.3.1) die Form von Randbedingungen für ein Eigenwertproblem an. Wo solche Bedingungen auftreten, kann das Parameterproblem mit den Methoden der Eigenwerttheorie behandelt werden[2].

---

[1] Siehe F. Schilling: Beiträge zur geometrischen Theorie der Schwarzschen s-Funktion. Math. Ann. **44**, 161—260 (1894). In dieser Arbeit wird mit rein geometrischen Methoden gezeigt, daß ein Kreisbogendreieck durch seine Eckenwinkel bis auf lineare Abbildungen eindeutig bestimmt ist. Da in diesem Fall kein Parameterproblem auftritt, folgt diese Tatsache bereits aus unseren Überlegungen bei der Ableitung der Schwarzschen Differentialgleichung.

[2] Siehe F. Stallmann: Konforme Abbildung gewisser Kreisbogenvierecke als Eigenwertproblem. Math. Z. **59**, 211—230 (1953).

Um die Winkel zwischen zwei Seiten zu berechnen, hat man statt der Übergangssubstitutionen (12.3.1) die *Umlaufssubstitutionen* für ein Paar von Lösungen der Differentialgleichung (12.2.5) heranzuziehen. Es mögen etwa den betrachteten Seiten die beiden reellen Intervalle $\mathfrak{J}_1$ und $\mathfrak{J}_2$ in der w-Ebene entsprechen. Wir setzen dann ein linear unabhängiges Paar von Lösungen (z. B. ein kanonisches Paar) aus der oberen Halbebene über $\mathfrak{J}_1$ hinweg in die untere Halbebene analytisch fort und von dort aus über $\mathfrak{J}_2$ hinweg wieder zurück in die obere Halbebene. Hierbei erfahren die Lösungen eine lineare Transformation, entsprechend der Transformation (12.1.4) von $z(w)$

$$\begin{aligned} \tilde{\varphi}_1 &= a\,\varphi_1 + b\,\varphi_2\,, \\ \tilde{\varphi}_2 &= c\,\varphi_1 + d\,\varphi_2\,. \end{aligned} \tag{12.3.4}$$

Die Koeffizienten genügen der Bedingung

$$ad - bc = 1\,, \tag{12.3.5}$$

da die Wronskische Determinante $\varphi_1\varphi_2' - \varphi_2\varphi_1'$ für die Lösungen einer Differentialgleichung vom Typus (12.2.5) konstant ist.

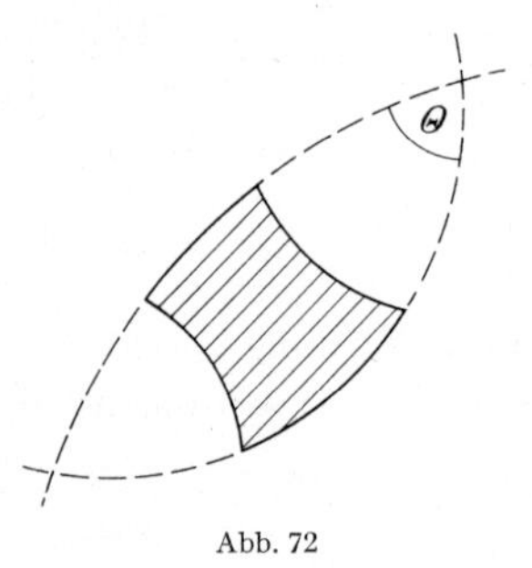

Abb. 72

Berechnet man umgekehrt die lineare Abbildung (12.1.4), die einer Spiegelung an zwei Seiten entspricht, welche einen Winkel der Größe Θ einschließen[1], so ergibt sich — unter Berücksichtigung von (12.3.5) — die Beziehung

$$a + d = \pm\, 2\cos\Theta\,. \tag{12.3.6}$$

Insbesondere ist für zwei benachbarte Seiten und die zugehörigen kanonischen Lösungen die Umlaufssubstitution

$$\begin{aligned} \tilde{\varphi}_\nu^{(1)} &= e^{i\pi\delta_\nu}\,\varphi_\nu^{(1)}\,, \\ \tilde{\varphi}_\nu^{(2)} &= 2ic\,\varphi_\nu^{(1)} + e^{-i\pi\delta_\nu}\,\varphi_\nu^{(2)}\,, \end{aligned} \tag{12.3.7}$$

was unmittelbar aus den Entwicklungen (12.2.13), (12.2.14) abgelesen werden kann. In diesem Spezialfall ist Θ gleich dem Innenwinkel δ_ν.

Die Umlaufssubstitutionen können ohne weiteres aus den Übergangssubstitutionen berechnet werden, da durch diese die analytische Fortsetzung der kanonischen Lösungen von einer singulären Stelle zur anderen gegeben ist[2]. Für die Fortsetzung aus der oberen in die untere Halb-

[1] Man hat hierbei zunächst zu berücksichtigen, daß die Grundpunkte des von den beiden Seiten erzeugten Kreisbüschels (vgl. 7.5, S. 71) Fixpunkte dieser Abbildung sind. Bringt man diese Punkte nach 0 und ∞, so erhält man die Normalform (7.2.9), wobei s eine Exponentialfunktion des Winkels wird. Aus (7.2.10) erhält man dann schließlich die Formel (12.3.6).

[2] Es genügt offenbar, wenn die Übergangssubstitutionen von jeder singulären Stelle zur nächstfolgenden bekannt sind.

ebene und umgekehrt muß man die Mehrdeutigkeit der kanonischen Lösungen berücksichtigen, die durch den Exponenten $\frac{1 \pm \delta_\nu}{2}$ und das logarithmische Glied gegeben ist (vgl. [12.3.7)]. Wegen dieser Mehrdeutigkeit muß auch bei den Übergangssubstitutionen stets angegeben werden, zwischen welchen Funktionselementen der kanonischen Lösungen sie gelten soll[1].

Durch die Doppelverhältnisse (12.3.3) und die Winkelgrößen (12.3.6) sind im Polygon die Ecken festgelegt und die Kreise, auf denen die Seiten liegen, jedoch nicht die Seiten selbst; hier gibt es unendlich viele verschiedene Möglichkeiten, wenn man noch zuläßt, daß sich die Seiten beliebig (aber endlich) oft selbst überdecken dürfen, und es gibt daher im allgemeinen auch zu einem System geometrischer Konstanten unendlich viele Kreisbogenpolygone, wie das in Abb. 73 dargestellte Beispiel zeigt. Man muß daher ein Polygon nicht nur durch die geometrischen Konstanten, sondern auch noch durch die *Überdeckungsverhältnisse* kennzeichnen.

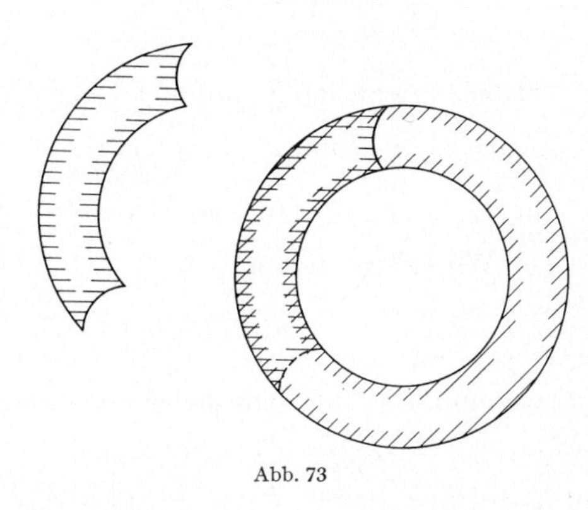
Abb. 73

Der Zusammenhang zwischen diesen Überdeckungsverhältnissen und den Parametern der Differentialgleichung drückt sich in den *Nullstellen* der kanonischen Lösungen aus. Es ist nämlich der Quotient $\tau_\nu = 0$ für $\varphi_\nu^{(1)} = 0$ und $\tau_\nu = \infty$ für $\varphi_\nu^{(2)} = 0$, und daher wird eine beliebige Lösung $z(w) = \varepsilon_\nu$ an den Nullstellen von $\varphi_\nu^{(1)}(w)$ und $z(w) = \varepsilon'_\nu$ an den Nullstellen von $\varphi_\nu^{(2)}(w)$. Hat $\varphi_\nu^{(1)}(w)$ im Intervall $e_\nu < w < e_{\nu+1}$ also n Nullstellen, so überdeckt die zugehörige Seite n-mal den Eckpunkt ε_ν, und entsprechendes gilt für die Nullstellen von $\varphi_\nu^{(2)}(w)$ und die Gegenecken ε'_ν. Soll insbesondere das Polygon schlicht in der Zahlenebene liegen, so dürfen die kanonischen Lösungen $\varphi_\nu^{(1)}(w)$ in den anschließenden Intervallen keine Nullstellen haben.

12.4. Die asymptotische Integration. Die Differentialgleichung (12.2.5) läßt sich mit einem Verfahren angreifen, das zwar nur angenäherte Lösungen liefert, die dafür aber von so einfacher Struktur sind, daß man mit ihnen verhältnismäßig bequem die Abhängigkeit der Lösungen von den Parametern — insbesondere von den *akzessorischen Parametern* —

[1] Zweckmäßig betrachtet man hier die in der oberen Halbebene eindeutig definierten Funktionselemente der Lösungen $\varphi_\nu^{(2)}$ und $\varphi_\nu^{(1)}$, die bei Annäherung an das Intervall $e_\nu < w < e_{\nu+1}$ reelle Werte annehmen.

„im Großen" studieren kann. Ich meine hier das auf LIOUVILLE zurückgehende Verfahren der asymptotischen Integration[1].

Um dies Verfahren auf (12.2.5) anzuwenden, spalten wir zunächst den Koeffizienten $\frac{1}{2} R(w)$ in zwei Teile auf

$$\frac{1}{2} R(w) = r(w) + \varrho^2 q(w) . \tag{12.4.1}$$

Hier soll $\varrho^2 q(w)$ die Form haben

$$\varrho^2 q(w) = \sum{}' \frac{-\delta_\nu^2}{4(w-e_\nu)^2} + \frac{(\Sigma' \delta_\nu^2 - \delta_\infty^2) w^{n-3} + \sum\limits_{\varkappa=0}^{n=4} \beta_\varkappa w^\varkappa}{4 \prod\limits_{\nu=1}^{n-1} (w-e_\nu)} . \tag{12.4.2}$$

Dabei bezieht sich $\sum{}'$ auf diejenigen δ_ν die „groß" sind; als groß in diesem Sinne können im allgemeinen alle δ_ν gelten, die $> \frac{1}{2}$ sind. Ebenso ist in (12.4.2) $\delta_\infty = 0$ zu setzen, wenn δ_∞ klein, d. h. $\leqq \frac{1}{2}$ ist.

Wir setzen dann

$$\xi = \varrho \int\limits_{w_0}^{w} \sqrt{q(w)}\, dw , \quad \psi(\xi) = \sqrt[4]{q(w)}\, \varphi(w) , \tag{12.4.3}$$

wodurch die Differentialgleichung (12.2.5) übergeht in

$$\psi'' + \left(\frac{r(w) + \frac{1}{2} [\xi]_w}{\varrho^2 q(w)} - 1 \right) \psi = \psi'' + \left(\frac{Q(\xi)}{\varrho^2} - 1 \right) \psi = 0 , \tag{12.4.4}$$

wo $[\xi]_w$ wieder die Schwarzsche Ableitung (12.1.5) bedeuten soll[2]. Halten wir in dieser Differentialgleichung $r(w)$ und $q(w)$ fest und lassen $\varrho \to \infty$ gehen, so wird die Größe $\frac{Q(\xi)}{\varrho^2}$ überall klein, mit Ausnahme der Stellen, an denen $Q(\xi)$ unendlich wird. Es ist daher plausibel, daß die Lösungen von (12.4.4) außerhalb dieser Ausnahmestellen mit den Lösungen von

$$\psi'' - \psi = 0 \tag{12.4.5}$$

näherungsweise übereinstimmen, d. h. die Form haben werden

$$\psi \cong c_1 e^{\xi} + c_2 e^{-\xi} . \tag{12.4.6}$$

An den Stellen ξ_0, an denen $Q(\xi)$ unendlich wird, existiert der Grenzwert

$$\lim_{\xi \to \xi_0} \left(\frac{\xi - \xi_0}{\varrho} \right)^2 Q(\xi) = \frac{1 - (2m)^2}{4} , \tag{12.4.7}$$

[1] Siehe F. STALLMANN: Konforme Abbildung von Kreisbogenpolygonen. I, II, III. Math. Z. **60**, 187—212 (1954); **68**, 27—76, 245—266 (1957).

[2] Die Koeffizienten der Differentialgleichung (12.4.4) sind hier als Funktionen von w geschrieben; natürlich sind sie vermittels $w = w(\xi)$ nach (12.4.3) als Funktionen von ξ aufzufassen.

so daß dort die Lösungen der Differentialgleichung (12.4.4) angenähert werden können durch die Lösungen von

$$\chi'' + \left(\frac{1-(2m)^2}{4} \cdot \frac{1}{(\xi-\xi_0)^2} - 1\right)\chi = 0\,. \tag{12.4.8}$$

Die Lösungen dieser Differentialgleichung sind im wesentlichen *Zylinderfunktionen*. Ein Paar von linear unabhängigen Lösungen bilden z. B. die folgenden Hankelfunktionen

$$\begin{aligned} \chi_1(\xi) &= \sqrt{\frac{\pi(\xi-\xi_0)}{2}}\, e^{\frac{i\pi m}{2}}\, H_m^{(1)}\left(e^{-\frac{i\pi}{2}}(\xi-\xi_0)\right), \\ \chi_2(\xi) &= \sqrt{\frac{\pi(\xi-\xi_0)}{2}}\, e^{\frac{i\pi(m+1)}{2}}\, H_m^{(1)}\left(e^{\frac{i\pi}{2}}(\xi-\xi_0)\right). \end{aligned} \tag{12.4.9}$$

Diese speziellen Lösungen haben die Eigenschaft, für große $|\xi-\xi_0|$ asymptotisch in die Exponentialfunktionen $e^{\pm(\xi-\xi_0)}$ überzugehen.

Um den Zusammenhang zwischen der Differentialgleichung (12.4.4) und der ursprünglichen (12.2.5) herzustellen, bemerken wir zunächst, daß die Funktion $\xi(w)$ als ein Schwarz-Christoffelsches Integral aufgefaßt werden kann. Ein solches Integral bildet, wie wir im folgenden Paragraphen zeigen werden, die obere w-Halbebene auf ein *Geradenpolygon* ab, und zwar ist es in dem hier betrachteten Spezialfall ein Polygon, dessen Seiten alle parallel entweder zur reellen oder zur imaginären ξ-Achse liegen. Wir wollen ein solches Polygon als *Treppenpolygon* bezeichnen. Falls $q(w)$ in der oberen w-Halbebene Nullstellen hat, ist allerdings die Abbildung der oberen Halbebene durch $\xi(w)$ nicht mehr eindeutig. Um ein eindeutiges Funktionselement zu erhalten, müssen wir dann die Nullstelle durch einen Schlitz mit der reellen Achse verbinden. Wir können diesen Schlitz stets so legen, daß bei der Abbildung durch $\xi(w)$ die Bilder der beiden Schlitzufer ebenfalls in Parallele zur reellen oder imaginären ξ-Achse übergehen, so daß in diesem Fall die aufgeschlitzte obere Halbebene durch $\xi(w)$ auf ein Treppenpolygon abgebildet wird. Hierbei entspricht allerdings der Nullstelle von $q(w)$ in der oberen Halbebene eine Ecke des Polygons mit einem Innenwinkel $> 2\pi$, so daß das Polygon dort nicht mehr schlicht ist, sondern sich selbst teilweise überdeckt. Auch sonst können solche Selbstüberdeckungen des Treppenpolygons nicht ausgeschlossen werden, doch spielt dies für die folgenden Überlegungen keine Rolle.

Auf dem Rand[1] des so entstehenden Treppenpolygons liegt eine endliche Zahl von *Unendlichkeitsstellen* der Funktion $Q(\xi)$. Um den Charakter dieser Unendlichkeitsstellen näher zu untersuchen, definieren wir als die Ordnung k der Funktion $q(w)$ an der Stelle $w = w_0$ den

[1] Die Unendlichkeitsstellen von $Q(\xi)$ können nur auf dem Rand des Treppenpolygons liegen.

Exponenten des Gliedes niedrigster Ordnung bei einer Potenzreihenentwicklung $q(w)$ an dieser Stelle. Es gelte also

$$q(w) = (w - w_0)^k \ (a_0 + a_1(w - w_0) + a_2(w - w_0)^2 + \cdots \qquad (12.4.10)$$

mit $a_0 \neq 0$. Unendlichkeitsstellen von $Q(\xi)$ sind dann

1. Die Bilder $\xi(e_\nu)$ derjenigen Punkte $w = e_\nu$, deren zugehörige δ_ν „klein" sind, d. h. in der $\sum'$ von (12.4.2) nicht auftreten. Ist k die Ordnung von $q(w)$ an dieser Stelle, so wird die Größe m aus (12.4.7)

$$m = \frac{\delta_\nu}{k+2}. \qquad (12.4.11)$$

2. Die Bilder aller Nullstellen von $q(w)$. Ist $w = w_0$ eine solche Stelle, so hat $q(w)$ dort eine Ordnung $k > 0$ und m wird

$$m = \frac{1}{k+2}. \qquad (12.4.12)$$

An denjenigen Stellen $w = e_\nu$, an denen die zugehörigen δ_ν „groß" sind, hat $q(w)$ die Ordnung $k = -2$. Eine Halbumgebung (d. h. der Durchschnitt einer Umgebung mit der oberen Halbebene) von $w = e_\nu$ wird durch $\xi(w)$ auf einen Halbstreifen der Breite $\pi \frac{\delta_\nu}{2}$ abgebildet und die Funktion $Q(\xi)$ strebt dort gegen Null.

Man kann nun das Treppenpolygon so in *Rechtecke* und *Halbstreifen* aufteilen, daß höchstens in einer Ecke eines solchen Teilrechtecks oder -halbstreifens eine Unendlichkeitsstelle von $Q(\xi)$ liegt. Es läßt sich dann zeigen[1], daß die Lösungen von (12.4.4) im ganzen Teilbereich näherungsweise gleich sind den Lösungen von (12.4.8), d. h. gewissen Linearkombinationen von (12.4.9), wobei für ξ_0 und m die Werte der in der Ecke des Teilbereichs liegenden Unendlichkeitsstelle einzusetzen sind.

Um die konforme Abbildung durch den Quotienten der Lösungen von (12.4.4) zu bestimmen, untersuchen wir zunächst die Abbildung durch den Quotienten von (12.4.9)

$$\eta(\xi) = \frac{\chi_1(\xi)}{\chi_2(\xi)} = -i \frac{H_m^{(1)}\left(e^{-\frac{i\pi}{2}}(\xi - \xi_0)\right)}{H_m^{(1)}\left(e^{\frac{i\pi}{2}}(\xi - \xi_0)\right)}. \qquad (12.4.13)$$

Wir setzen der Einfachheit halber $\xi_0 = 0$ und betrachten die Abbildung des Quadranten $\Re(\xi) > 0$, $\Im(\xi) > 0$. Durch $\eta(\xi)$ wird dann die positiv reelle ξ-Achse auf die Gerade

$$\eta = -i\cos\pi m + t\,, \quad \sin\pi m < t < \infty \qquad (12.4.14)$$

[1] Siehe F. Stallmann: Math. Z. **60**, 196ff.

und die positiv imaginäre Achse auf den unendlich oft in mathematisch positivem Sinne durchlaufenen Einheitskreis

$$\eta = e^{it}, \quad m - \frac{\pi}{2} < t < \infty \tag{12.4.15}$$

abgebildet. Für große Werte von ξ geht $\eta(\xi)$ asymptotisch in die Exponentialfunktion über

$$\eta(\xi) \cong e^{2\xi}, \tag{12.4.16}$$

so daß in dem betrachteten Quadranten das kartesische Netz $\Re(\xi) = c_1$, $\Im(\xi) = c_2$ für große Werte c_1, c_2 mit zunehmender Genauigkeit durch $\eta(\xi)$ näherungsweise auf das Polarnetz $|\eta| = e^{2c_1}$, $\arg \eta = 2c_2$ (auf der Polarkoordinatenfläche) abgebildet wird. Die analytische Fortsetzung von $\eta(\xi)$ über den Quadranten hinaus geschieht nach dem Schwarzschen Spiegelungsprinzip durch Spiegelung an der Geraden (12.4.14) bzw. am Kreis (12.4.15) (vgl. Abb. 74).

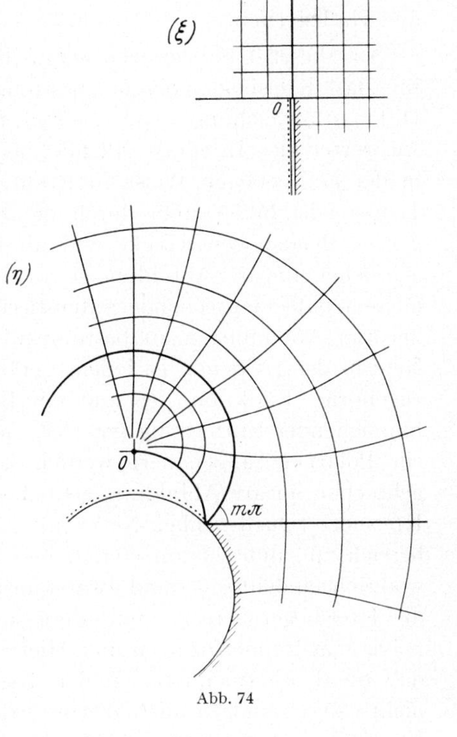

Abb. 74

Auf Grund dieser Abbildungseigenschaften wird jeder nicht zu kleine Teilbereich des Treppenpolygons durch die zugehörige Funktion $\eta(\xi)$ näherungsweise auf ein Kreisbogenpolygon abgebildet. Genauer geht ein Teilrechteck in ein Kreisbogenviereck über, wobei der Unendlichkeitsstelle von $Q(\xi)$ eine Ecke mit dem Innenwinkel πm entspricht, während die Abbildung in den drei anderen Ecken konform ist, d. h. die drei anderen Innenwinkel sind gleich $\frac{\pi}{2}$. Ein Halbstreifen wird durch $\eta(\xi)$ näherungsweise auf ein Kreisbogendreieck abgebildet, wobei der Unendlichkeitsstelle von $Q(\xi)$ wieder der Innenwinkel πm, der Stelle $\xi = \infty$ der Innenwinkel $\delta_\nu \pi$ und der dritten Ecke der Innenwinkel $\frac{\pi}{2}$ zugeordnet ist.

Da die Lösungen $\psi(\xi)$ von (12.4.4) in jedem Teilbereich gleichmäßig durch die Lösungen $\chi(\xi)$ von (12.4.8) angenähert werden, so werden diese Teilbereiche durch den Quotienten zweier linear unabhängiger

Lösungen von (12.4.4) ebenfalls näherungsweise auf Kreisbogenvierecke oder Kreisbogendreiecke abgebildet, die aus den eben betrachteten durch eine gebrochen lineare Abbildung hervorgehen. Wegen

$$z(w) = \frac{\varphi_1(w)}{\varphi_2(w)} = \frac{\psi_1(\xi(w))}{\psi_2(\xi(w))} \tag{12.4.17}$$

sind dies Teilbereiche desjenigen Kreisbogenpolygons, auf das die obere w-Halbebene durch den Quotienten zweier linear unabhängiger Lösungen von (12.2.5) abgebildet wird. Das gesuchte Kreisbogenpolygon ist also in genau der gleichen Weise aus Kreisbogenvierecken und -dreiecken zusammengesetzt, wie das zugehörige Treppenpolygon aus Rechtecken und Halbstreifen.

Aus diesen Überlegungen heraus läßt sich nun leicht eine Näherung für das Kreisbogenpolygon bestimmen, das zu einer vorgegebenen Differentialgleichung gehört. Man bestimmt hierzu zunächst durch Auswerten des Integrals (12.4.3) das Treppenpolygon und teilt dieses in der angegebenen Weise in Rechtecke und Halbstreifen auf. Diese Teilbereiche bildet man durch die zugehörigen Funktionen $\eta(\xi)$ auf gewisse Kreisbogenvierecke und -dreiecke ab, die dann durch weitere gebrochen lineare Abbildungen so deformiert und verschoben werden müssen, daß entsprechende Seiten zusammenpassen. Um diese gebrochen linearen Abbildungen zu bestimmen[1], betrachten wir ein kartesisches Netz in der ξ-Ebene. In jedem Teilbereich wird dieses Netz durch die zugehörige Funktion $\eta(\xi)$ auf ein Isothermennetz abgebildet, das in hinreichender Entfernung von der Unendlichkeitsstelle von $Q(\xi)$ durch ein Polarnetz angenähert werden kann (vgl. Abb. 74). Durch eine gebrochen lineare Abbildung geht dieses Polarnetz in ein allgemeineres Kreisnetz (Quell-Senken-Netz) über. Beim Übergang von einem Teilbereich zum anderen müssen nun diese Netze stetig ineinander übergehen, wodurch eindeutig — und zwar rein geometrisch — festgelegt ist, wie die Kreisbogenvierecke und -dreiecke zu dem gesuchten Kreisbogenpolygon zusammenzufügen sind. Hierbei ist allerdings zu berücksichtigen, daß die Isothermennetze in den Kreisbogenvierecken und -dreiecken nicht exakt, sondern nur näherungsweise gegeben sind, so daß auch die Lage dieser Teilpolygone zueinander nur in einer gewissen Näherung bestimmt werden kann. Diese Näherung ist um so schlechter, je näher die Unendlichkeitsstellen von $Q(\xi)$ beieinander liegen[2].

[1] Diese gebrochen linearen Abbildungen spielen hier etwa die gleiche Rolle, wie die Übergangssubstitutionen (12.3.1) zwischen den kanonischen Lösungen.

[2] Gewisse Verbesserungen ergeben sich in solchen Fällen, wenn man zur Annäherung statt der Hankelfunktionen allgemeinere konfluente hypergeometrische Funktionen benutzt. Siehe F. Stallmann: Math. Z. **68**, 245—266 (1957).

Beispiel: Kreisbogenfünfeck.

Wir wenden die Methode in dem Fall eines Kreisbogenfünfecks an, bei dem sämtliche Innenwinkel $\leq \frac{\pi}{2}$ sind. Dann treten die δ_ν in der Funktion $\varrho^2 q(w)$ nicht auf und $\xi(w)$ hat die Form

$$\xi(w) = \int_{w_0}^{w} \sqrt{\frac{\beta_0 + \beta_1 w}{4 \prod_{\nu=1}^{4} (w - e_\nu)}}\, dw = \frac{\sqrt{\beta_1}}{2} \cdot \int_{w_0}^{w} \sqrt{\frac{w - w_0}{\prod_{\nu=1}^{4} (w - e_\nu)}}\, dw\,. \qquad (12.4.18)$$

Ist w_0 von allen e_ν verschieden, so hat das Treppenpolygon (abgesehen von Drehungen oder Spiegelungen) die in Abb. 75 dargestellte Form, wobei der einspringenden Ecke der Punkt $w = w_0$ entspricht. Da $q(w)$ dort eine einfache Nullstelle hat, gehört zu dieser Stelle die Größe $m = \frac{1}{3}$. An den Stellen $w = e_\nu$ ist $k = -1$ und daher $m = \delta_\nu$.

Wir teilen das Treppenpolygon wie in Abb. 75 gezeigt in die Rechtecke Nr. 1—12 auf[1]. Zur Konstruktion des Kreisbogenfünfecks können wir etwa ausgehen von der singulären Stelle ξ_0. Zu dieser Stelle gehören die Rechtecke Nr. 6, 7 und 10 und die Abbildungsfunktion $z(\xi)$ kann in allen drei Rechtecken durch den Quotienten des gleichen Lösungspaares von (12.4.8) approximiert werden; hierdurch wird die stetige Fortsetzung der Abbildungsfunktion von einem Rechteck ins andere gewährleistet. Wählen wir den speziellen Lösungsquotienten $\eta(\xi)$, so erhalten wir als Bilder dieser Rechtecke die in Abb. 75 dargestellten Kreisbogenvierecke 6, 7 und 10. Hierbei geht der gebrochene Rand des Treppenpolygons bei ξ_0 in eine glatt durchlaufende Gerade über (punktierte Linie), was ja auch so sein muß, da der Stelle $w = w_0$ keine Ecke des Kreisbogenfünfecks entspricht.

Wir betrachten jetzt das an 7 anschließende Rechteck 8. Durch die zugehörige Funktion $\eta(\xi)$ wird dieses Rechteck auf ein Kreisbogenviereck abgebildet, das nur vergrößert werden muß, damit es an das Kreisbogenviereck 7 angelegt werden kann. Es muß dann aber die Begrenzungsgerade (punktiert) von 7 und 10 in einen Kreisbogen (ausgezogen) abgeändert werden, damit der Winkel $\pi\delta_3$ entsteht. Eine solche Abänderung ist erlaubt, da ja die Funktion $\eta(\xi)$ die wahre Abbildungsfunktion $z(\xi)$ nur approximiert und nicht exakt wiedergibt. Die Abänderung ist um so kleiner, d. h. sie hat auf die Gestalt der Kreisbogenvierecke 7 und 10 einen um so geringeren Einfluß, je größer die zugehörigen Rechtecke sind. Aus diesem Grunde wird das Verfahren unbrauchbar, sobald die singulären Stellen von $Q(\xi)$ zu nahe zusammenrücken.

[1] Dies ist nur eine von verschiedenen Möglichkeiten der Aufteilung. Es könnten hier z. B. noch die Rechtecke 1 und 2 oder 1 und 5 zu einem Teilrechteck zusammengefaßt werden.

Ganz entsprechend kann der weitere Aufbau des Kreisbogenfünfecks durchgeführt werden. Man bildet zunächst die Rechtecke durch $\eta(\xi)$ auf Kreisbogenvierecke ab und hat diese dann so aneinanderzupassen, daß — evtl. nach einer (möglichst kleinen) Abänderung der bereits gezeichneten Teilstücke — die im Treppenpolygon durchlaufenden Geraden in durchlaufende Kreisbogen übergehen. Das Ergebnis dieser Konstruktion ist Abb. 75 zu entnehmen.

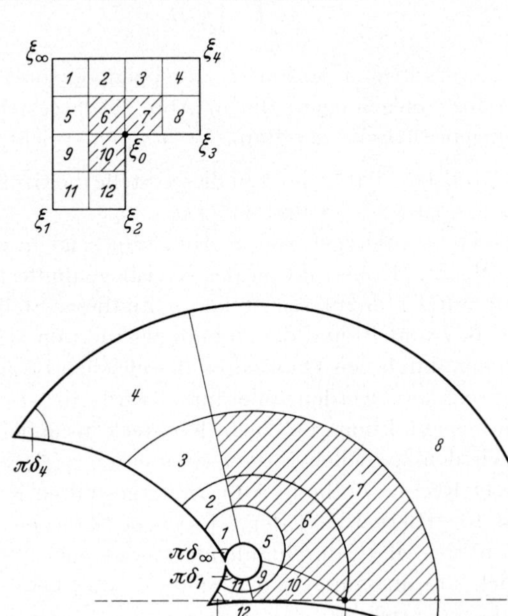

Abb. 75

Ganz ähnlich läßt sich der Fall behandeln, daß w_0 mit einer der Stellen e_ν zusammenfällt[1]. Das Treppenpolygon hat dann die Form eines Rechtecks, auf dessen einer Seite die Singularität liegt, die zu $w_0 = e_\mu$ gehört. An dieser Stelle ist $k = 0$ und $m = \frac{\delta_\mu}{2}$. Abb. 76 zeigt die Aufteilung des Treppenpolygons und die Konstruktion des Kreisbogenfünfecks in den beiden verschiedenen Fällen, die hier — abgesehen von Spiegelungen — möglich sind.

Ich bemerke hierzu noch, daß man durch stetige Änderung der Parameter stetig von dem in Abb. 75 dargestellten Treppenpolygon zu

[1] Hierher gehört auch der Fall, daß $\beta_1 = 0$, $\beta_0 \neq 0$ ist. Es fällt dann die Nullstelle w_0 mit der Stelle $w = \infty$ zusammen.

den beiden Treppenpolygonen von Abb. 76 übergehen kann. (Durch die Numerierung der Teilrechtecke ist die Art des Übergangs deutlich gemacht.) Bei der Konstruktion des Kreisbogenfünfecks läßt sich aber ein solcher Übergang nicht durchführen (obwohl sich das Kreisbogenfünfeck dabei natürlich auch stetig ändert), weil dabei die singulären

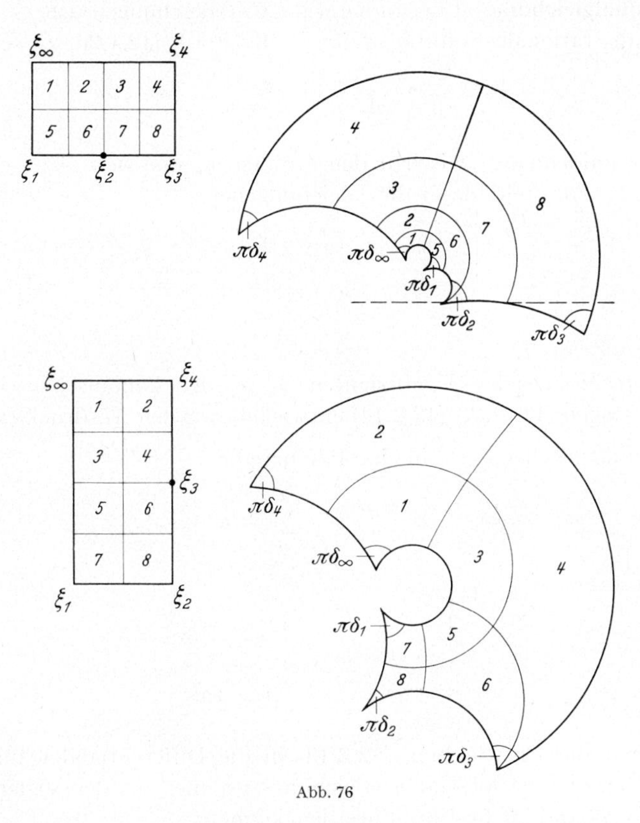

Abb. 76

Stellen ξ_0 und ξ_2 bzw. ξ_3 einander beliebig nahe kämen. Diese Lücke in der Parameterbestimmung muß dann durch Interpolation ausgefüllt werden.

Das untersuchte Beispiel macht deutlich, daß man mit den geschilderten Methoden verhältnismäßig leicht und nahezu ohne Rechnung aus einem Treppenpolygon eine Näherung für das zugehörige Kreisbogenpolygon gewinnen kann. Vor allem läßt sich hierbei leicht übersehen, wie sich das Kreisbogenpolygon ändert, wenn das Treppenpolygon abgeändert wird. Damit kann man dann auch umgekehrt zu einem vorgegebenen Kreisbogenpolygon näherungsweise das zugehörige Treppenpolygon bestimmen und daraus wieder — mit den Methoden des folgenden Paragraphen — die zugehörigen Parameter. Man gewinnt so ohne allzu große Rechenarbeit eine erste Näherung für die Parameterwerte, die dann mit genaueren numerischen Verfahren verbessert werden können[1].

12.5. Bemerkungen zur numerischen Integration der Schwarzschen Differentialgleichung. Für numerische Untersuchungen ist es zweckmäßig, die rationale Funktion $R(w)$ in der Form (12.1.20) zu schreiben

$$\frac{R(w)}{2} = \frac{1}{4} \sum_{\nu=1}^{n-1} \left[\frac{1-\delta_\nu^2}{(w-e_\nu)^2} + \frac{b_{0\nu}}{w-e_\nu} \right]. \tag{12.5.1}$$

Den Zusammenhang zwischen den Größen $b_{0\nu}$ und den akzessorischen Parametern $\beta_\varkappa$ stellt dann die Gleichung her:

$$b_{0i} = \frac{\left(2 - n - \delta_\infty^2 + \sum\limits_{\nu=1}^{n-1} \delta_\nu^2\right) e_i^{n-3} + \sum\limits_{\varkappa=0}^{n-4} \beta_\varkappa e_i^\varkappa}{\prod\limits_{\substack{\nu=1\\ \nu\neq i}}^{n-1} (e_i - e_\nu)}. \tag{12.5.2}$$

Zur Berechnung der Koeffizienten α_λ, β_λ der kanonischen Reihenentwicklungen (12.2.13), (12.2.14) entwickeln wir den Ausdruck $(w-e_i)^2 \frac{R(w)}{2}$ an der Stelle $w = e_i$ in eine Potenzreihe

$$(w-e_i)^2 \frac{R(w)}{2} = \sum_{\lambda=0}^{\infty} p_\lambda (w-e_i)^\lambda. \tag{12.5.3}$$

Dabei ist

$$\begin{aligned} p_0 &= \frac{1-\delta_i^2}{4}, \qquad p_1 = \frac{b_{0i}}{4}, \\ \underset{(\lambda>1)}{p_\lambda} &= -\frac{1}{4} \sum_{\substack{\nu=1\\ \nu\neq i}}^{n-1}{}' \frac{(\lambda-1)(1-\delta_\nu^2) + b_{0\nu}(e_i - e_\nu)}{(e_\nu - e_i)^\lambda}. \end{aligned} \tag{12.5.4}$$

Setzen wir die Entwicklung (12.2.13) in die Differentialgleichung ein, so erhalten wir die folgenden Gleichungssysteme, aus denen der Reihe nach die α_λ und β_λ bestimmt werden können:

$$\begin{aligned} &\lambda(\lambda+\delta_i)\,\alpha_\lambda + p_1\alpha_{\lambda-1} + p_2\alpha_{\lambda-2} + \cdots + p_{\lambda-1}\alpha_1 + p_\lambda = 0, \\ &\lambda(\lambda-\delta_i)\,\beta_\lambda + p_1\beta_{\lambda-1} + p_2\beta_{\lambda-2} + \cdots + p_{\lambda-1}\beta_1 + p_\lambda = 0, \\ &\qquad \lambda = 1, 2, \ldots. \end{aligned} \tag{12.5.5}$$

Die Bestimmung der β_λ wird unmöglich, wenn δ_i eine ganze Zahl ist, $\delta_i = k$; es verschwindet dann nämlich für $\lambda = k$ der Koeffizient von β_k. Hier sind zwei Möglichkeiten zu unterscheiden:

1. Die zweite Gleichung (12.5.5) für $\lambda = k$,

$$p_1\beta_{k-1} + p_2\beta_{k-2} + \cdots + p_{k-1}\beta_1 + p_k = 0, \tag{12.5.6}$$

[1] Vgl. den Schluß des folgenden Abschnittes 12.5, S. 141.

ist mit den bereits berechneten $\beta_1, \beta_2, \ldots, \beta_{k-1}$ erfüllt. Dann kann β_k beliebig gewählt werden, z. B. $\beta_k = 0$. Mit diesem Wert für β_k berechnet man weiter $\beta_{k+1}, \beta_{k+2} \ldots$ aus den folgenden Gleichungen und erhält eine Entwicklung der Form (12.2.13) bzw. (12.2.14) mit $c = 0$.

Stets erfüllt ist die Bedingung (12.5.6) für $\delta_i = k = 0$, doch ergibt sich dabei keine von $\varphi_\nu^{(1)}$ linear unabhängige Lösung.

2. Die Bedingung (12.5.6) ist nicht erfüllt oder es ist $\delta_i = k = 0$. Dann tritt an die Stelle von (12.2.13) die allgemeinere Entwicklung (12.2.14). Setzt man diese in die Differentialgleichung ein, so ändern sich die Bestimmungsgleichungen (12.5.5) für $\lambda \geqq k$. Für $\lambda = k$ wird

$$p_1\beta_{k-1} + \cdots + p_{k-1}\beta_1 + p_k = -\frac{c}{\pi} k\,, \tag{12.5.7}$$

woraus die Größe $\frac{c}{\pi}$ bestimmt werden kann; für $k = 0$ kann $\frac{c}{\pi}$ beliebig gewählt werden. Für $\lambda > k$ gilt

$$\lambda(\lambda - k)\,\beta_\lambda + p_1\beta_{\lambda-1} + \cdots + p_{\lambda-1}\beta_1 + p_\lambda = -\frac{c}{\pi}(2\lambda - k)\,\alpha_{\lambda-k}\,. \tag{12.5.8}$$

Für β_k darf wieder ein beliebiger Wert, z. B. $\beta_k = 0$ eingesetzt werden. Die übrigen β_{k+1}, β_{k+2} usw. lassen sich dann aus (12.5.8) berechnen.

Diese Gleichungen gelten auch zur Berechnung der Koeffizienten von (12.2.19). Man hat hier $\delta_i = 1$ zu setzen und $p_0 = p_1 = 0$. Für die übrigen p_λ mit $\lambda > 1$ gilt die Formel (12.5.4), wobei e_i überall durch w_0 zu ersetzen und die Summe über alle singulären Stellen e_ν zu erstrecken ist. Die Bedingung (12.5.6) ist hier erfüllt und wir können daher $\beta_1 = 0$ setzen.

Neben den Reihenentwicklungen stehen hier auch die anderen numerischen Integrationsverfahren zur Verfügung. Gut geeignet ist das Verfahren von RUNGE und KUTTA[1], das in unserm Spezialfall die folgende Form annimmt: Es sei in einem Punkt $w = w_0$ von der Lösung $\varphi(w)$ der Funktionswert und die Ableitung gegeben,

$$\varphi(w_0) = \varphi_0\,, \quad \varphi'(w_0) = \varphi_0'\,.$$

Gesucht ist der Funktionswert und die Ableitung an der Stelle $w_1 = w_0 + h$. Man bildet hierzu die folgenden Hilfsgrößen:

$$k_1 = -\frac{h^2}{4} R(w_0)\,\varphi_0\,,$$

$$k_2 = -\frac{h^2}{4} R\left(w_0 + \frac{h}{2}\right)\left(\varphi_0 + \frac{h}{2}\varphi_0' + \frac{k_1}{4}\right),$$

$$k_3 = -\frac{h^2}{4} R(w_0 + h)\,(\varphi_0 + h\,\varphi_0' + k_2)\,.$$

[1] Siehe etwa L. COLLATZ: Numerische Behandlung von Differentialgleichungen. 2. Aufl., S. 59ff. Berlin-Göttingen-Heidelberg 1955.

Dann wird

$$\varphi(w_0 + h) = \varphi_0 + h\,\varphi_0' + k\,,$$
$$h\,\varphi'(w_0 + h) = h\,\varphi_0' + k',$$

mit

$$k = \frac{1}{3}(k_1 + 2k_2)\,,$$
$$k' = \frac{1}{3}(k_1 + 4k_2 + k_3)\,.$$

In einiger Entfernung von den singulären Stellen arbeitet das Verfahren recht genau. Als „natürliche Schrittweite" h hat man nach COLLATZ[1] in diesem Spezialfall

$$h = \sqrt{\frac{c}{\left|\frac{R(w)}{2}\right|}} \tag{12.5.9}$$

zu wählen, wobei die Konstante c je nach der erforderlichen Genauigkeit die Größe 0,1 bis 0,2 haben soll. Hieraus ergibt sich die Zahl der erforderlichen Schritte und man kann danach abschätzen, ob das RUNGE-KUTTA Verfahren oder die Reihenentwicklung größeren Arbeitsaufwand erfordert. In beiden Fällen wird man auch eine vorherige lineare Transformation der Differentialgleichung von der Form (12.2.15) in Betracht ziehen.

Ich bemerke noch, daß die Integration der Schwarzschen Differentialgleichung ganz im *reellen* Gebiet durchgeführt werden kann. Die Gestalt des Kreisbogenpolygons ist ja schon durch die Form des Randes, d. h. durch die Funktionswerte von $z(w)$ für reelle w, eindeutig bestimmt. Außerdem können die Funktionswerte von $z(w)$ im Innern der oberen w-Halbebene aus den Werten auf der reellen Achse aus einem Integral der Form (9.1.10) berechnet werden. Explizit schreibt sich das Integral in diesem Fall

$$z(u_0 + i v_0) = \frac{1}{\pi}\int_{-\infty}^{+\infty} z(u)\,\frac{v_0}{(u_0 - u)^2 + v_0^2}\,du\,, \tag{12.5.10}$$

wo $z(u)$ die Funktionswerte auf der reellen Achse sind. Bequemer dürfte es allerdings in den meisten Fällen sein, die Lösungen der Differentialgleichung — nach entsprechender Transformation[2] — an einer beliebigen Stelle $w = w_0$ der oberen Halbebene in eine Potenzreihe der Form

$$\varphi(w) = \sum_{\lambda=0}^{\infty} \gamma_\lambda \left(\frac{w - w_0}{w - \bar{w}_0}\right)^\lambda \tag{12.5.11}$$

---

[1] Siehe L. COLLATZ: Natürliche Schrittweite bei numerischer Integration von Differentialgleichungssystemen. Z. angew. Math. Mech. **22**, 216—225 (1942).

[2] Vgl. die Bemerkungen am Schluß von 12.1.

zu entwickeln. Diese Reihen konvergieren überall in der oberen Halbebene und wohl meist auch mit ausreichender Geschwindigkeit, so daß man mit einer Entwicklung dieser Art auskommt.

Zur Lösung des *Parameterproblems* wird man sich zunächst — etwa durch asymptotische Integration — eine rohe Abschätzung der Parameterwerte verschaffen. Zu diesen Rohwerten bestimmt man dann durch numerische Integration die genaue Gestalt bzw. die geometrischen Invarianten des zugehörigen Kreisbogenpolygons. Hiervon ausgehend kann man durch kleine Abänderung der Rohwerte und Eingabeln (lineare Interpolation) beliebig genau an das gewünschte Polygon herankommen. Der Rechenaufwand bei solchem Vorgehen ist natürlich groß[1] und man wird zur Lösung solcher Abbildungsaufgaben immer auch die weiter unten geschilderten allgemeinen numerischen Verfahren in Betracht ziehen müssen[2]. Die Lösung der Abbildungsaufgabe mit Hilfe der Schwarzschen Differentialgleichung wird immer dann von Vorteil sein, wenn nicht nur ein einzelnes, sondern eine ganze Reihe ähnlicher Polygone zu untersuchen ist, so daß die Integration ohnehin für eine größere Zahl von Parametern durchgeführt werden muß.

In Spezialfällen läßt sich das Parameterproblem auch direkt angreifen, z. B. durch Reihenentwicklungen nach den Parametern mit Hilfe der Störungsrechnung oder durch allgemeinere Reihenentwicklungen der Lösungen nach hypergeometrischen Funktionen. Ich kann dies hier nicht im einzelnen ausführen, sondern muß auf die Originalarbeiten verweisen[3].

§ 13. Abbildung von Geradenpolygonen

13.1. Das Schwarz-Christoffelsche Integral. Die eben besprochene Abbildung von Polygonen vereinfacht sich wesentlich, wenn man statt der allgemeinen Kreisbogenpolygone nur Geradenpolygone betrachtet. Sind nämlich alle Seiten des Polygons gerade Linien, so ergibt die in (12.1.3) erklärte doppelte Spiegelung an diesen Seiten eine einfache *Bewegung* in der z-Ebene, also keine gebrochen lineare, sondern eine *ganz* lineare Abbildung

$$s_2(s_1(z)) = az + b\,. \tag{13.1.1}$$

[1] Dieser hängt natürlich auch wesentlich von den zur Verfügung stehenden Rechenhilfsmitteln ab. Hier ist in erster Linie an den Einsatz von Integrieranlagen zur Lösung der Schwarzschen Differentialgleichung zu denken. Die Form (12.2.2) in Verbindung mit (12.2.3) dürfte hierfür recht geeignet sein.

[2] Siehe § 16 und § 17, insbesondere 17.3 und 17.4.

[3] Rothe, H.: Über das Grundtheorem und die Obertheoreme der automorphen Funktionen im Falle der Hermite-Lameschen Gleichung mit vier singulären Punkten, Mh. Math. Phys. **19**, 258—288 (1908). — Fock, V.: Über die konforme Abbildung eines Kreisvierecks mit verschwindenden Winkeln, J. reine angew. Math. **161**, 137—151 (1929). — Stallmann, F.: Konforme Abbildung gewisser Kreisbogenvierecke als Eigenwertproblem. Math. Z. **59**, 211—230 (1953).

Gegenüber solchen Abbildungen ist aber schon der Differentialausdruck

$$\eta(w) = \frac{d}{dw} \log \frac{dz}{dw} = \frac{z''}{z'} \tag{13.1.2}$$

invariant, d. h. $\eta(w)$ stellt eine in w eindeutige Funktion dar, wenn für $z(w)$ die Funktion eingesetzt wird, welche die obere w-Halbebene auf das Gradenpolygon abbildet, so daß wir jetzt überall $\eta(w)$ statt des komplizierteren Ausdrucks $[z]_w$ betrachten können.

Durch eine leichte Modifikation unserer Überlegungen von 12.1 können wir zeigen, daß $\eta(w)$ eine rationale Funktion ist. Beschränken wir uns zunächst auf ganz im Endlichen gelegene Polygone, so ist $\eta(w)$ an allen Stellen regulär analytisch, in denen die Abbildung durch $z(w)$ konform ist, da $z'(w)$ dort nicht verschwindet. Das Verhalten von $\eta(w)$ in der Umgebung der Stellen $w = e_\nu$, die den Ecken $z = \varepsilon_\nu$ entsprechen, bestimmt man dann wieder durch Reihenentwicklung. Man bringt hierzu die Ecken $z = \varepsilon_\nu$ durch eine Abbildung der Form (12.1.13)

$$\tau(z) = e^{i\gamma}(z - \varepsilon_\nu)$$

nach $\tau = 0$ und schließt wie in (12.1.11), daß die Funktion $\tau(w)$ sich in der Umgebung von $w = e_\nu$ in eine Reihe der Form

$$\tau(w) = (w - e_\nu)^{\delta_\nu} (a_0 + a_1(w - e_\nu) + \cdots)$$

entwickeln läßt, wenn $\pi\,\delta_\nu$ der Innenwinkel der betreffenden Ecke ist. Berechnen wir hieraus die Entwicklung von $z(w)$ und setzen diese in $\eta(w)$ ein, so erhalten wir

$$\eta(w) = \frac{\delta_\nu - 1}{w - e_\nu} + b_0 + b_1(w - e_\nu) + \cdots \tag{13.1.3}$$

Diese Überlegungen lassen sich leicht auf den Fall ausdehnen, daß die betrachtete Ecke im Unendlichen liegt, $\varepsilon_\nu = \infty$. Schneiden sich hier die beiden anschließenden Seiten in einer — endlichen — Gegenecke $z = \varepsilon'_\nu$, so kann man diese durch

$$\tau(z) = e^{i\gamma}(z - \varepsilon'_\nu) \tag{13.1.4}$$

nach $\tau = 0$ bringen und weiter durch

$$\tau = t^{-\delta_\nu} \tag{13.1.5}$$

das Polygon in der Umgebung der Ecke $z = \varepsilon_\nu = \infty$ auf ein Stück der oberen t-Halbebene in der Umgebung von $t = 0$ abbilden. Die Abbildung (13.1.5) unterscheidet sich von der für endliche Ecken geltenden (12.1.9) nur durch das *Vorzeichen* von δ_ν. Wenn wir also ein für allemal festsetzen, daß für Ecken im Unendlichen der Innenwinkel *negatives Vorzeichen* haben soll[1], so gilt die Entwicklung (13.1.2) gleichermaßen für endliche wie für unendliche Ecken.

[1] In der Schwarzschen Differentialgleichung (12.1.21) spielt das Vorzeichen von δ_ν keine Rolle, da diese Größe nur im Quadrat auftritt.

Das ist auch dann noch richtig, wenn die Ecke im Unendlichen keine Gegenecke besitzt, wie es bei ganzzahligem δ_ν im allgemeinen der Fall ist. Eine solche Ecke läßt sich durch Verschiebung und Drehung

$$\tau(z) = e^{i\gamma} z + b \qquad (13.1.6)$$

auf eine der in Abb. 70 dargestellten Normalformen bringen, so daß jetzt für $\tau(w)$ die Entwicklung (12.1.16)

$$\tau(w) = (w - e_\nu)^{-\delta_\nu} (a_0 + a_1(w - e_\nu) + \cdots) + \frac{c}{\pi} \log (w - e_\nu)$$

gilt. Eingesetzt in $\eta(w)$ ergibt das wieder die Entwicklung (13.1.3) mit negativem δ_ν.

Es bleibt noch das Verhalten von $\eta(w)$ in der Umgebung von $w = \infty$ zu untersuchen. Hier benutzen wir die Transformationsformel

$$\frac{d}{dw} \log \frac{dz}{dw} = \frac{d\omega}{dw} \cdot \frac{d}{d\omega} \log \frac{dz}{d\omega} + \frac{d}{dw} \log \frac{d\omega}{dw}\,. \qquad (13.1.7)$$

Für $\omega = \frac{1}{w}$ ergibt das

$$\eta(w) = -\frac{1}{w^2} \frac{d}{d\omega} \log \frac{dz}{d\omega} - \frac{2}{w}\,. \qquad (13.1.8)$$

Andrerseits ist, da durch $z(\omega)$ die obere Halbebene ebenfalls auf das Polygon abgebildet wird,

$$\frac{d}{d\omega} \log \frac{dz}{d\omega} = \frac{\delta_\infty - 1}{\omega} + b_0 + b_1 \omega + \cdots, \qquad (13.1.9)$$

so daß sich für $\eta(w)$ an der Stelle $w = \infty$ die folgende Entwicklung ergibt

$$\eta(w) = \frac{-\delta_\infty - 1}{w} + \frac{b_{-2}}{w^2} + \frac{b_{-3}}{w^2} + \cdots; \qquad (13.1.10)$$

es geht also $\eta(w)$ gegen Null für $w \to \infty$.

Mit den gleichen Überlegungen, mit denen $[z]_w$ als rationale Funktion erkannt wurde, ergibt sich für $\eta(w)$ die Darstellung

$$\eta(w) = \sum_{\nu=1}^{n-1} \frac{\delta_\nu - 1}{w - e_\nu}\,. \qquad (13.1.11)$$

Berücksichtigt man noch genauer die Entwicklung (13.1.10), so zeigt sich, daß zwischen den δ_ν die Beziehung bestehen muß

$$\sum_{\nu=1}^{n-1} (\delta_\nu - 1) = -\delta_\infty - 1\,, \qquad (13.1.12)$$

oder anders geschrieben

$$\sum_{\nu=1}^{n} (1 - \delta_\nu) = 2\,, \qquad (13.1.13)$$

wobei die Summe jetzt über alle δ_ν einschließlich δ_∞ zu nehmen ist (d. h. δ_∞ wird jetzt als δ_n bezeichnet). Dies ist die bekannte Gleichung für die Winkelsumme geradliniger Polygone.

Die Formel (13.1.11) stellt eine Differentialgleichung für die Abbildungsfunktion $z(w)$ dar, und zwar ist dies genau die Differentialgleichung (12.2.12), wenn dort die akzessorischen Parameter verschwinden und die Beziehung (13.1.13) besteht, so daß das Glied mit $\psi(w)$ fortfällt. Diese Differentialgleichung kann sofort integriert werden. Es ist[1]

$$z(w) = C_1 \int\limits_{w_0}^{w} \prod_{\nu=1}^{n-1} (w - e_\nu)^{\delta_\nu - 1}\, dw + C_2\,, \tag{13.1.14}$$

mit beliebigen Konstanten $C_1 \neq 0$ und C_2.

Die Darstellung (13.1.14) der Abbildungsfunktion $z(w)$ wird als Schwarz-Christoffelsches Integral bezeichnet. Man kann aus dieser Darstellung auch unmittelbar die Abbildungseigenschaften ablesen. Zunächst ist nämlich der Integrand überall mit Ausnahme der Stellen $w = e_\nu$ und $w = \infty$ regulär analytisch und von Null verschieden, so daß die Abbildung durch $z(w)$ außerhalb dieser singulären Stellen konform ist. Ferner ist auf der reellen w-Achse das Argument des Integranden

$$\arg\left(\prod_{\nu=1}^{n-1} (w - e_\nu)^{\delta_\nu - 1}\right) = \sum_{\nu=1}^{n-1} (\delta_\nu - 1) \arg(w - e_\nu)$$

in jedem Intervall $e_\nu < w < e_{\nu+1}$ konstant, so daß $z(w)$ dort in der Form dargestellt werden kann

$$z(w) = C_1^* \int\limits_{e_\nu}^{w<e_{\nu+1}} \prod_{\nu=1}^{n-1} |w - e_\nu|^{\delta_\nu - 1}\, dw + C_2^*\,, \tag{13.1.15}$$

wo das Integral nur reelle Werte annimmt. Daraus folgt, daß jedes Intervall durch $z(w)$ auf ein Geradenstück abgebildet wird. Zusammen mit der Konformität der Abbildung ergibt sich daraus, daß jedes Integral von der Form (13.1.14) die obere w-Halbebene auf ein Geradenpolygon abbildet[2]; aus den Reihenentwicklungen an den singulären Stellen, die wir bei der Herleitung des Integrals benutzen, kann man darüber hinaus entnehmen, daß das Integral auch in den Ecken die gewünschten Abbildungseigenschaften besitzt.

Formal die gleiche Darstellung erhält man auch für solche Funktionen, welche den Einheitskreis auf ein Geradenpolygon abbilden. Man stellt

---

[1] Man kann die rechte Seite von (13.1.14) formal auch als Quotienten zweier linear unabhängiger Lösungen von (12.2.12) schreiben, wenn man dort $\psi_2(w)$ gleich der konstanten Lösung setzt.

[2] Auch hier können wieder nichtschlichte Polygone auftreten (wenn nicht $|\delta_\nu| \leqq 1$ ist). Vgl. im übrigen die Bemerkungen am Schluß von 12.2 S. 125.

das fest, wenn man zunächst die obere Halbebene durch eine lineare Funktion auf den Einheitskreis abbildet und dann die entsprechende Substitution im Integral (13.1.14) vornimmt. Hier liegen natürlich die singulären Stellen $w = e_\nu$ alle auf dem Rand des Einheitskreises.

13.2. Das Parameterproblem. Mit Rücksicht darauf, daß die akzessorischen Parameter verschwinden, reduziert sich für die Abbildung eines Geradenpolygons das Parameterproblem auf die Bestimmung der singulären Stellen $w = e_\nu$, deren Bilder die Eckpunkte des Polygons sind. Da durch eine lineare Abbildung drei von ihnen an drei vorgegebene Stellen, z. B. nach $w = 0, 1, \infty$ gebracht werden können, bleiben genau $n - 3$ wesentliche Parameter übrig, d. h. gerade halb soviel wie bei der allgemeinen Kreisbogenpolygonabbildung.

Auch hier tritt das Parameterproblem erstmals beim Viereck auf, wo es unabhängig von der Integration durch hypergeometrische Funktionen gelöst werden kann[1]. Mit jeder weiteren Ecke kommt ein weiterer Parameter hinzu und für $n < 4$ ist — abgesehen von gewissen Spezialfällen[2] — über direkte Lösungen des Problems nichts bekannt. Läßt sich das Integral geschlossen auswerten, so haben wir natürlich auch explizite Gleichungen zur Parameterbestimmung. In allen anderen Fällen können die weiter unten besprochenen Näherungsmethoden[3] herangezogen werden.

Bei der Darstellung des Zusammenhangs zwischen den Parametern und den geometrischen Konstanten des Polygons ist zu berücksichtigen, daß durch die Differentialgleichung (13.1.11) das zugehörige Polygon nur bis auf eine ganz lineare Abbildung bestimmt ist, was sich auch in den beiden willkürlichen Konstanten C_1 und C_2 des Schwarz-Christoffelschen Integrals ausdrückt. Für die Parameterbestimmung sind also nur solche geometrische Konstanten wesentlich, die sich bei linearen Abbildungen, d. h. bei Ähnlichkeitstransformationen nicht ändern. Da die Winkelgrößen beim Geradenpolygon sämtlich festliegen, sind dies gewisse Längenverhältnisse, die wir jetzt im einzelnen betrachten wollen.

Liegt das Polygon ganz im Endlichen, so kann es durch die Seitenverhältnisse charakterisiert werden. Bezeichnen wir mit l_i die Länge der Seite s_i, die durch die Eckpunkte ε_i und ε_{i-1} begrenzt wird, so ist

$$\frac{l_i}{l_k} = \frac{|\varepsilon_{i-1} - \varepsilon_i|}{|\varepsilon_{k-1} - \varepsilon_k|} = \frac{\int\limits_{e_{i-1}}^{e_i} \prod\limits_{\nu=1}^{n-1} |w - e_\nu|^{\delta_\nu - 1}\, dw}{\int\limits_{e_{k-1}}^{e_k} \prod\limits_{\nu=1}^{n-1} |w - e_\nu|^{\delta_\nu - 1}\, dw} \tag{13.2.1}$$

[1] Vgl. B 4.1 und 5.1.

[2] Vgl. z. B. die Überlegungen am Schluß von 14.1.

[3] Vgl. 13.5.

Dies gibt Anlaß zu reellen Gleichungen der Form

$$l_k \int_{e_{i-1}}^{e_i} \prod_{\nu=1}^{n-1} |w - e_\nu|^{\delta_\nu - 1}\, dw = l_i \int_{e_{k-1}}^{e_k} \prod_{\nu=1}^{n-1} |w - e_\nu|^{\delta_\nu - 1}\, dw\,; \tag{13.2.2}$$

aus $n-3$ voneinander unabhängigen[1] Gleichungen dieser Art lassen sich dann die $n-3$ wesentlichen Parameter bestimmen.

Das Verfahren versagt, wenn mehrere[2] Ecken im Unendlichen liegen, so daß die zugehörigen Seiten unendlich lang werden. Um auch in diesem Fall zu endlichen Größen zu kommen, können wir folgendermaßen vorgehen: Wir entwickeln den Integranden an der Stelle $w = e_i$ in eine Reihe[3]

$$\prod_{\nu=1}^{n-1} (w - e_\nu)^{\delta_\nu - 1} = (w - e_i)^{\delta_i - 1} (c_0 + c_1(w - e_i) + \cdots) \tag{13.2.3}$$

und integrieren gliedweise. Ist δ_i keine ganze Zahl $\leqq 0$, was wir zunächst voraussetzen wollen (der Fall ganzzahliger δ_i wird weiter unten behandelt), so wird hierdurch die folgende Funktion $\tau_i(w)$ definiert:

$$\tau_i(w) = (w - e_i)^{\delta_i} (a_0 + a_1(w - e_i) + \cdots)\,. \tag{13.2.4}$$

Zwei Funktionen $\tau_i(w)$ und $\tau_k(w)$, die zu zwei verschiedenen singulären Stellen e_i und e_k gehören, können sich nur durch ein konstantes Glied unterscheiden. Insbesondere ist also die Differenz zweier benachbarter $\tau_i(w)$ und $\tau_{i-1}(w)$ konstant

$$\tau_{i-1}(w) - \tau_i(w) = \lambda_i\,, \tag{13.2.5}$$

und dieser Wert läßt sich leicht berechnen, wenn man in den Entwicklungen für $\tau_i(w)$ und $\tau_{i-1}(w)$ einen festen Wert w_0, aus dem Intervall $e_{i-1} < w_0 < e_i$, einsetzt[4].

[1] Unabhängig sind insbesondere die Längenverhältnisse von n-3 verschiedenen Seiten zu einer der drei übrigen Seiten.

[2] Liegt nur eine Ecke im Unendlichen, sind also nur zwei Seiten unendlich lang, so ist das Polygon immer noch durch die Verhältnisse der übrigen $n-2$ Seiten bis auf eine Ähnlichkeitstransformation eindeutig bestimmt.

[3] Die Potenzen $(w - e_\nu)^{\delta_\nu - 1}$ sollen hier — wie auch sonst überall im Schwarz-Christoffelschen Integral — so festgelegt werden, daß auf der reellen Achse

$$(w - e_\nu)^{\delta_\nu - 1} = |w - e_\nu|^{\delta_\nu - 1} \qquad \text{für } w > e_\nu$$

und

$$(w - e_\nu)^{\delta_\nu - 1} = e^{i\pi(\delta_\nu - 1)} |w - e_\nu|^{\delta_\nu - 1} \qquad \text{für } w < e_\nu$$

ist.

[4] Die Reihen (13.2.3) und (13.2.4) konvergieren in jedem Kreis um e_i, der außer e_i keine singuläre Stelle im Innern enthält. Falls diese Konvergenzkreise nicht das ganze Intervall $e_{i-1} < w < e_i$ überdecken, muß man $\tau_i(w)$ durch numerische Integration auf der reellen Achse weiter fortsetzen. Es läßt sich aber durch geeignete lineare Abbildungen der oberen w-Halbebene in sich (vgl. 12.2.15) stets erreichen, daß wenigstens ein Konvergenzkreis das ganze Intervall überdeckt.

Die Größe λ_i läßt sich leicht geometrisch deuten. Wir überlegen uns hierzu, daß bei der Abbildung durch die Funktion $\tau_i(w)$ die Bilder der beiden anschließenden Intervalle $(e_{i-1} e_i)$ und $(e_i e_{i+1})$ auf Geraden liegen, die sich im Nullpunkt schneiden. Ist $\delta_i > 0$, so ist bei dieser Abbildung der Nullpunkt Ecke des zugehörigen Polygons, ist $\delta_i < 0$ unganz, so liegt dort die Gegenecke. Mit Hilfe von $\tau_i(w)$ läßt sich also die allgemeine Abbildungsfunktion $z(w)$, wie sie durch (13.1.14) definiert ist, in der Form darstellen

$$z(w) = C_1 \tau_i(w) + \varepsilon_i \quad \text{oder}$$
$$= C_1 \tau_i(w) + \varepsilon_i' \quad (13.2.6)$$

je nachdem $\delta_i > 0$ oder < 0 ist. Ersetzen wir also in (13.2.1) die Ecken ε_i überall dort durch die Gegenecken ε_i', wo diese vorhanden sind und im Endlichen liegen, und bezeichnen die Länge dieser *Pseudo-Seiten* ebenfalls mit l_i

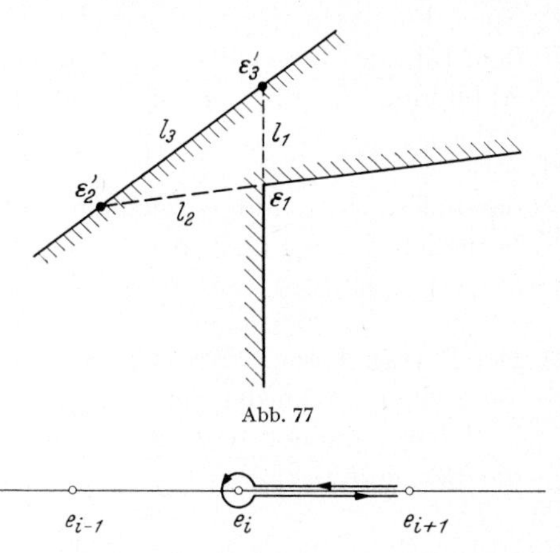

$$l_i = |\varepsilon_{i-1}^{(\prime)} - \varepsilon_i^{(\prime)}|, \quad (13.2.7)$$

so gilt in jedem Fall

$$\frac{l_i}{l_k} = \frac{|\lambda_i|}{|\lambda_k|}. \quad (13.2.8)$$

Die Verhältnisse dieser Pseudo-Seiten charakterisieren ein Polygon, dessen Ecken teilweise im Unendlichen liegen, in gleicher Weise wie im endlichen Fall die Verhältnisse zwischen den wahren Seiten (vgl. Abb. 77).

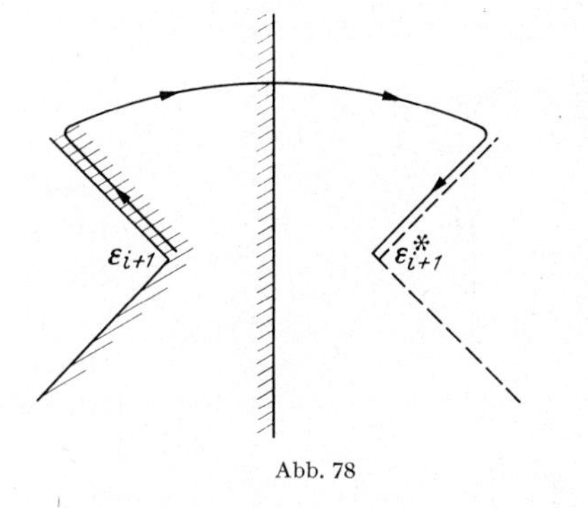

Abb. 78

Die Beziehungen (13.2.5) haben für das Schwarz-Christoffelsche Integral die gleiche Bedeutung wie die *Übergangssubstitutionen* (12.3.1) für die allgemeine Schwarzsche Differentialgleichung. Ein Analogon zu den *Umlaufssubstitutionen* (12.3.4) erhält man durch die Bildung von *Schleifenintegralen.* Wir benutzen hierfür einen Integrationsweg, der von einer singulären Stelle e_{i+1} ausgehend oberhalb der reellen Achse in die Nähe von e_i führt, diese Stelle dann in mathematisch positivem Sinne umkreist und dann unterhalb der reellen Achse zu e_{i+1} zurückkehrt (vgl. Abb. 78). Ist $\delta_{i+1} > 0$, dann hat dieses Integral einen endlichen Wert, den wir mit S_i bezeichnen wollen

$$S_i = \oint_{e_i} \prod_{\nu=2}^{n-1} (w - e_\nu)^{\delta_\nu - 1}\, dw\,. \tag{13.2.9}$$

Dieses Integral stellt die Funktion $\tau_{i+1}(w)$ dar, die auf dem Integrationsweg analytisch fortgesetzt wurde, was auf Grund des Schwarzschen Spiegelungsprinzips geometrisch auf eine Spiegelung an der Seite s_i, dem Bild des Intervalls $(e_{i-1} e_i)$, hinausläuft. Gehen wir zur allgemeinen Abbildung $z(w)$ über, die sich nach (13.2.6) in der Form

$$z(w) = C_1 \tau_{i+1}(w) + \varepsilon_{i+1}$$

darstellen läßt, und bezeichnen mit ε_{i+1}^* den Spiegelpunkt von ε_{i+1} bezüglich der Seite s_i, so ist

$$\varepsilon_{i+1}^* - \varepsilon_{i+1} = C_1 S_i\,. \tag{13.2.10}$$

Der Betrag dieser Größe $|C_1|\,|S_i|$ ist also gleich dem doppelten Abstand der Ecke ε_{i+1} von der Seite s_i.

Ist δ_i keine ganze Zahl $\leqq 0$, so kann man aus Abb. 78 unmittelbar die Beziehung

$$S_i = |\lambda_{i+1}|\,|\sin \pi\, \delta_i| \tag{13.2.11}$$

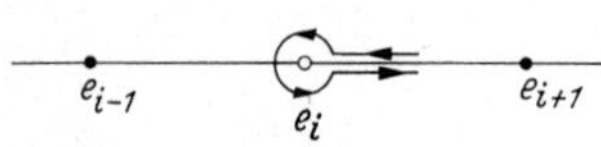

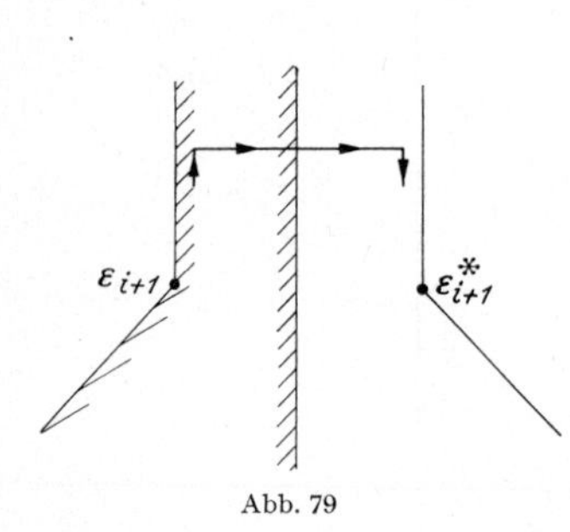

Abb. 79

ablesen, die sich natürlich auch durch direkte Berechnung des Integrals mit Hilfe der Entwicklung (13.2.4) bestätigen läßt. Ist δ_i eine ganze Zahl, so ist der Integrand in der Umgebung von e_i eindeutig. Es heben sich dann bei der Integration von (13.2.9) die Integrale über den Hin- und Rückweg gegenseitig auf, so daß hier nur der Beitrag übrigbleibt, der von dem Umlauf um die Stelle e_i herrührt[1]. Dieser läßt sich leicht aus der Reihenentwicklung des Integranden bestimmen. Ist $\delta_i = -k$, so wird

$$\prod_{\nu=1}^{n} (w - e_\nu)^{\delta_\nu - 1} = c_{-k-1}(w - e_i)^{-k-1} + \cdots + c_{-1}(w - e_i)^{-1} + \\ + c_0 + c_1(w - e_i) + \cdots \tag{13.2.12}$$

Für das Schleifenintegral liefert nur das Glied $c_{-1}(w - e)^{-1}$ einen Beitrag, und zwar wird

$$S_i = 2\pi\, i\, c_{-1}\,. \tag{13.2.13}$$

[1] Das Schleifenintegral läßt sich in diesem Fall also auch bilden, wenn $\delta_{i+1} \leqq 0$ ist, und hat auch dann einen endlichen Wert.

Die Größe c_{-1} heißt das *Residuum* des Integranden an der Stelle $w = e_i$. Bei der Abbildung durch $z(w)$ ist

$$\frac{1}{2}|C_1|\,|S_i| = \pi\,|C_1|\,|c_{-1}| \tag{13.2.14}$$

gleich dem Abstand zwischen den beiden — parallelen — an ε_i anschließenden Seiten s_i und s_{i+1}. S_i läßt sich als Funktion der Parameter explizit angeben, so daß sich das Parameterproblem beim Auftreten von ganzzahligen Eckwinkeln $\delta_1 \leqq 0$ erheblich vereinfacht[1]. Die Größe C_1 in den Formeln (13.2.10) und (13. 2.14) läßt sich natürlich eliminieren, indem man die zugrunde liegenden geometrischen Größen durcheinander oder durch gewisse Seitenlängen dividiert und damit wie in (13.2.1) invariante geometrische Konstanten einführt.

13.3. Außengebiete. Die Schwarz-Christoffelsche Formel läßt sich leicht auf den Fall ausdehnen, daß der Punkt $z = \infty$ innerer Punkt des betrachteten Polygons ist[2]. Dieser Fall liegt vor, wenn das *Äußere* eines ganz im endlichen gelegenen Polygons auf die obere Halbebene abgebildet werden soll. Bei dieser Abbildung möge der Punkt $z = \infty$ in den Punkt $w = w_\infty$ der oberen w-Halbebene übergehen. Damit die Abbildung dort konform ist, muß $z^{-1}(w)$ in der Umgebung dieser Stelle regulär analytisch mit nicht verschwindender Ableitung sein, d. h. es gilt die Entwicklung

$$z^{-1}(w) = (w - w_\infty)\,(a_0 + a_1(w - w_\infty) + \cdots) \text{ mit } a_0 \neq 0, \tag{13.3.1}$$

und damit

$$z(w) = (w - w_\infty)^{-1}(b_0 + b_1(w - w_\infty) + \cdots)\,. \tag{13.3.2}$$

Also wird

$$z'(w) = c_{-2}(w - w_\infty)^{-2} + c_0 + c_1(w - w_\infty) + \cdots, \tag{13.3.3}$$

d. h. das Residuum [vgl. (13.2.12)] verschwindet an dieser singulären Stelle. Eine gleiche Entwicklung muß auch für die Stelle $w = \overline{w}_\infty$ gelten, da auf Grund des Schwarzschen Spiegelungsprinzips mit w_∞ auch die konjugiert komplexe Stelle $\overline{w}_\infty$ auf $z = \infty$ abgebildet wird.

Durch Übergang zur Funktion $\eta(w)$ zeigt man wie in 13.1, daß der Schwarz-Christoffelsche Integralansatz bei der Abbildung von Außengebieten um den Faktor $((w - w_\infty)(w - \overline{w}_\infty))^{-2}$ ergänzt werden muß;

$$z(w) = C_1 \int\limits_{w_0}^{w} \frac{\prod\limits_{\nu=1}^{n-1} (w - e_\nu)^{\delta_\nu - 1}}{((w - w_\infty)(w - \overline{w}_\infty))^2}\,dw + C_2\,. \tag{13.3.4}$$

---

[1] Vgl. die Beispiele in Teil B.

[2] Im Gegensatz zu der in § 12 besprochenen allgemeinen Polygonabbildung nimmt bei der Abbildung von Geradenpolygonen der Punkt $z = \infty$ eine Sonderstellung ein, weil dieser Fixpunkt aller ganz linearer Abbildungen (13.1.1) ist. Aus diesem Grunde braucht die Differentialinvariante (13.1.2) für $z = \infty$ auch dann nicht regulär analytisch zu sein, wenn die Abbildung $z(w)$ dort konform ist.

Als „Innenwinkel“ $\pi\,\delta_\nu > 0$ sind hier natürlich die Außenwinkel des Polygons einzusetzen, dessen Außengebiet abgebildet werden soll.

Um das Verschwinden des Residuums an der Stelle $w = w_\infty$ bzw. $w = \overline{w}_\infty$ zu gewährleisten, muß die folgende Bedingung erfüllt sein,

$$\sum_{\nu=1}^{n-1} \frac{1-\delta_\nu}{e_\nu - w_\infty} + \frac{2}{\overline{w}_\infty - w_\infty} = 0\,, \tag{13.3.5}$$

die nach Multiplikation mit $\overline{w}_\infty - w_\infty$ unter Berücksichtigung von (13.1.13) auch in der Form geschrieben werden kann

$$1 - \delta_\infty + \sum_{\nu=1}^{n-1} (1-\delta_\nu) \frac{e_\nu - \overline{w}_\infty}{e_\nu - w_\infty} = 0\,. \tag{13.3.6}$$

In manchen Fällen ist es wünschenswert, das Äußere des Einheitskreises so auf das Äußere des Polygons abzubilden, daß dabei der Punkt $z = \infty$ in den Punkt $w = \infty$ übergeht. Durch eine entsprechende Transformation des Schwarz-Christoffelschen Integrals (13.3.4) erhält man hierfür die folgende Darstellung der Abbildungsfunktion

$$z(w) = C_1 \int_{w_0}^{w} \prod_{\nu=1}^{n} (w - e_\nu)^{\delta_\nu - 1} \frac{dw}{w^2} + C_2\,. \tag{13.3.7}$$

Hier liegen die e_ν alle auf dem Einheitskreis, $e_\nu = e^{i\alpha_\nu}$; bis auf eine Drehung des Einheitskreises sind sie durch das vorgegebene Polygon eindeutig bestimmt. Die Residuenbedingung kann dann in folgender Form geschrieben werden:

$$\sum_{\nu=1}^{n} (\delta_\nu - 1)\, e_\nu = \sum_{\nu=1}^{n} (\delta_\nu - 1)\, e^{i\alpha_\nu} = 0\,. \tag{13.3.8}$$

Faßt man in dieser Gleichung die Größen $(\delta_\nu - 1)\, e^{i\alpha_\nu}$ als *Vektoren* auf, so bedeutet das Verschwinden der Summe, daß diese Vektoren aneinandergereiht ein geschlossenes Polygon bilden, dessen Seiten die Länge $(\delta_\nu - 1)$ haben. Hieraus kann man für die Abbildung des Äußeren eines Dreiecks die Lage der singulären Stellen e_1, e_2, e_3 sofort angeben, da das der Gleichung (13.3.8) zugeordnete Dreieck durch die Angabe der Seiten $(\delta_\nu - 1)$ bis auf eine Drehung eindeutig bestimmt ist. Bei Polygonen mit höherer Eckenzahl ergeben sich gewisse Beziehungen zwischen den singulären Stellen, die sich ebenfalls bequem aus dem zugeordneten Polygon entnehmen lassen[1] (Abb. 80).

---

[1] Zum Beispiel ist für die Abbildung des Äußeren eines Parallelogramms das zugeordnete Polygon ebenfalls ein Parallelogramm. Es sei noch erwähnt, daß die Größe $(\delta_\nu - 1)\,\pi$ gleich dem Nebenwinkel der betreffenden Ecke ist.

Das Parameterproblem für Außengebiete kann in derselben Weise behandelt werden wie für Innengebiete. Zu den Bestimmungsgleichungen (13.2.2) für die Stellen e_ν tritt hier noch die *Residuenbedingung* (13.3.6) bzw. (13.3.8).

Erwähnt sei noch der Fall, daß der Punkt $z = \infty$ Randpunkt, aber nicht Ecke des abzubildenden Polygons ist, daß also eine Stelle des Polygons glatt durch ∞ hindurchläuft. Man kann in diesem Fall den betreffenden Randpunkt als zusätzliche Ecke mit dem Innenwinkel $-\pi$ (d. h. mit $\delta_\nu = -1$) auffassen, wobei dann das Residuum an dieser Stelle wieder verschwinden muß.

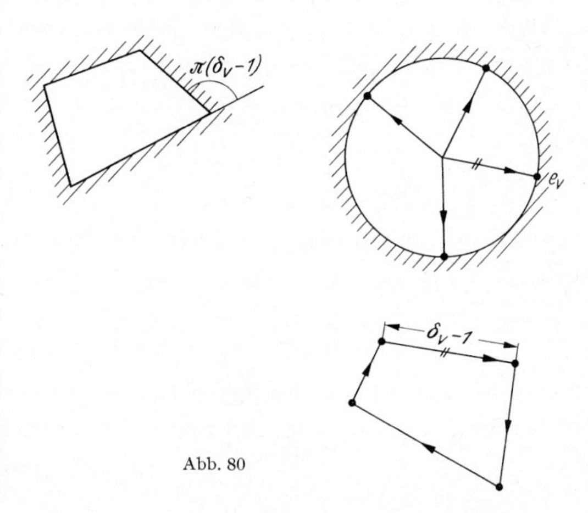

Abb. 80

13.4. Polygone mit inneren Windungspunkten. Im Zusammenhang mit dem in 3.4 besprochenen Torsionsproblem war die Aufgabe gestellt, ein geradlinig begrenztes Polygon $\mathfrak{G}_z$ durch eine Funktion $\omega(z)$ konform auf ein in 3.4 näher beschriebenes, ebenfalls geradlinig begrenztes Gebiet $\mathfrak{G}_\omega$ so abzubilden, daß dabei die Ecken von $\mathfrak{G}_z$ in die Ecken von $\mathfrak{G}_\omega$ übergehen. Auch diese Aufgabe läßt sich mit Hilfe des Schwarz-Christoffelschen Integralansatzes lösen. Wir bilden zu diesem Zweck wie bisher das Polygon $\mathfrak{G}_z$ durch $w(z)$ auf die obere w-Halbebene ab. Es ist also

$$z(w) = C_1 \int_{w_0}^{w} \prod_{\nu=1}^{n-1} (w - e_\nu)^{\delta_\nu - 1} \, dw + C_2 . \tag{13.4.1}$$

Wir zeigen, daß $\omega(w)$ dann die Form haben muß

$$\omega(w) = \int_{w_0}^{w} P(w) \prod_{\nu=1}^{n-1} (w - e_\nu)^{-2\delta_\nu} \, dw + \gamma_1 , \tag{13.4.2}$$

wo $P(w)$ ein Polynom $(2n-6)$ten Grades in w ist,

$$P(w) = a_0 + a_1 w + a_2 w^2 + \cdots + a_{2n-6} w^{2n-6} , \tag{13.4.3}$$

mit reellen Koeffizienten $a_\varkappa$.

Um diese Formel zu beweisen, greifen wir zunächst eine Ecke ε_ν des Polygons $\mathfrak{G}_z$ heraus; die beiden anschließenden Seiten s_ν und $s_{\nu+1}$

können dann in der Form [vgl. (3.4.2)]

$$z = \varepsilon_\nu + \lambda_1 e^{i\alpha_1} \quad \text{und} \quad z = \varepsilon_\nu + \lambda_2 e^{i\alpha_2} \tag{13.4.4}$$

dargestellt werden, wobei $\alpha_2 - \alpha_1 = \pi\delta_\nu$ ist. Man rechnet leicht nach, daß auf den Seiten s_ν und $s_{\nu+1}$ die Randbedingungen (3.4.1)

$$\mathfrak{I}(W) = \frac{z\bar{z}}{2}$$

durch die Funktion

$$W_0(z) = \frac{e^{i\left(\frac{\pi}{2} - \alpha_1 - \alpha_2\right)}}{2\cos\pi\delta_\nu}(z - \varepsilon_\nu)^2 + i\,\bar{\varepsilon}_\nu(z - \varepsilon_\nu) + \frac{i}{2}\varepsilon_\nu\,\bar{\varepsilon}_\nu \tag{13.4.5}$$

oder, falls δ_ν ein ungeradzahliges Vielfaches von $^1/_2$ ist, durch

$$W_0(z) = e^{-2i\alpha_1}(z - \varepsilon_\nu)^2\left(i\,\frac{\alpha_1 + \alpha_2}{2\pi\,\delta_\nu} - \frac{1}{\pi\delta_\nu}\log(z - \varepsilon_\nu)\right) +$$
$$+ i\,\bar{\varepsilon}_\nu(z - \varepsilon_\nu) + \frac{i}{2}\varepsilon_\nu\,\bar{\varepsilon}_\nu \tag{13.4.6}$$

erfüllt wird. Diese Funktion ist im ganzen Polygon $\mathfrak{G}_z$ mit Ausnahme der Ecke ε_ν eindeutig und regulär analytisch. Setzen wir

$$W(z) = W_0(z) + W^*(z)\,, \tag{13.4.7}$$

so ist $W^*(z)$ im Innern des Polygons regulär analytisch und sein Imaginärteil hat auf s_ν und $s_{\nu+1}$ den Randwert *Null*, auf den übrigen Seiten gewisse stetige Randwerte, die sich aus (3.4.1) in Verbindung mit den bekannten Werten von $W_0(z)$ leicht berechnen lassen.

Nach Abbildung des Polygons auf die obere w-Halbebene gehen diese Randwerte in die folgenden für $\mathfrak{I}(W^*(z(w))) = \mathfrak{I}(W^*(w)) = V^*(w)$ über:

$$V^*(w) = 0 \qquad \text{für reelle } w \text{ und } e_{\nu-1} < w < e_{\nu+1}\,,$$
$$V^*(w) = f(w) \qquad \text{für alle übrigen reellen } w\,,$$

wobei sich $f(w)$ aus den bekannten Randwerten von $W^*(z)$ ergibt. Auf Grund des Schwarzschen Spiegelungsprinzips ist diese Randwertaufgabe äquivalent zu einer Randwertaufgabe für das Gebiet der w-Ebene, welches dadurch entsteht, daß man die volle w-Ebene längs der reellen Achse mit Ausnahme des Intervalls $e_{\nu-1} < w < e_{\nu+1}$ aufschlitzt. Bestimmt man die in diesem einfach zusammenhängenden Gebiet regulär analytische Funktion, deren Imaginärteil $V^*(w)$ auf dem oberen Schlitzrand die Randwerte $f(w)$, auf dem unteren die Werte $-f(w)$ annimmt, so verschwindet $V^*(w)$ auf der reellen w-Achse im Intervall[1] $e_{\nu-1} < w < e_{\nu+1}$, sie stimmt also mit der oben definierten

[1] Durch Spiegelung an dem Intervall $e_{\nu-1} < w < e_{\nu+1}$ geht das Schlitzgebiet in sich über und die Randwerte vertauschen ihr Vorzeichen. Die Lösung $\widetilde{V}^*(w)$ dieses gespiegelten Randwertproblems ist also einerseits wegen des Vorzeichenwechsels der Randwerte $\widetilde{V}^*(w) = -V^*(\bar{w})$ andrerseits wegen der Symmetrie $\widetilde{V}^*(w) = V^*(\bar{w})$. Für reelle w im Innern des Schlitzgebiets (d. h. im Intervall $e_{\nu-1} < w < e_{\nu+1}$) ist daher $V^*(w) = -V^*(w) = 0$.

Funktion $V^*(w)$ überein. Es ist also $W^*(w)$ im Intervall $e_{\nu-1} < w < e_{\nu+1}$ regulär analytisch, und daraus folgt, daß auch $W(z)$ auf jeder Seite des Polygons $\mathfrak{G}_z$ regulär analytisch ist.

Das Verhalten der gesuchten Funktion $\omega(z)$ in der Umgebung der Ecken bestimmen wir hieraus durch Reihenentwicklung. Zunächst ist die zweite Ableitung von $W^*(z)$ in der Umgebung von $w = e_\nu$

$$\begin{aligned}\omega^*(w) &= \frac{d^2 W^*}{dz^2} = \frac{d^2 W^*}{dw^2}\left(\frac{dz}{dw}\right)^{-2} - \frac{dW^*}{dw}\cdot\frac{d^2 z}{dw^2}\cdot\left(\frac{dz}{dw}\right)^{-3} \\ &= (w - e_\nu)^{-2\delta_\nu + 1}\left(a_0 + a_1(w - e_\nu) + \cdots\right)\end{aligned} \tag{13.4.8}$$

und bei nochmaliger Ableitung nach w

$$\frac{d\omega^*}{dw} = (w - e)^{-2\delta_\nu}\left(c_0 + c_1(w - e_\nu) + \cdots\right). \tag{13.4.9}$$

Ferner ist

$$\omega_0(z) = \frac{d^2 W_0}{dz^2} = \text{const.} \quad \text{bzw.} \quad = c_1 + c_2 \log(z - \varepsilon_\nu) \tag{13.4.10}$$

und damit

$$\frac{d\omega_0}{dw} = 0 \quad \text{bzw.} \quad = \frac{1}{z - \varepsilon_\nu}\,\frac{dz}{dw} = (w - e_\nu)^{-1}\left(b_0 + b_1(w - e_\nu) + \cdots\right), \tag{13.4.11}$$

was unter Berücksichtigung von $\delta_\nu = \frac{2n+1}{2}$, n ganz $\geqq 0$, auch in der Form (13.4.9) geschrieben werden kann. Es hat also in jedem Fall die Funktion

$$\frac{d\omega}{dw} = \frac{d\omega^*}{dw} + \frac{d\omega_0}{dw}$$

eine Entwicklung der Form (13.4.9) an der Stelle $w = e_\nu$. Entsprechend zeigt man, daß für $w = \infty$ die Entwicklung gilt

$$\frac{d\omega}{dw} = \left(\frac{1}{w}\right)^{-2\delta_\infty + 2}\left(c_0 + \frac{c_{-1}}{w} + \cdots\right). \tag{13.4.12}$$

Aus diesen Entwicklungen leitet man — ähnlich wie beim gewöhnlichen Schwarz-Christoffelschen Integral — die Darstellung (13.4.2) für $\omega(w)$ ab.

Der Integralansatz (13.4.2) unterscheidet sich von den bisher betrachteten Schwarz-Christoffelschen Integralen durch den *Polynomfaktor*. Dieser bringt das Auftreten zusätzlicher Nullstellen im Integranden mit sich, so daß die Abbildung an diesen Stellen nicht mehr konform ist. Das Polygon $\mathfrak{G}_\omega$ hat dort *Windungspunkte* der Art, wie wir sie in 6.1 im Zusammenhang mit der Abbildung durch Potenzen ganzzahliger Exponenten betrachtet haben. Das Polygon $\mathfrak{G}_\omega$ ist daher im allgemeinen nicht schlicht, sondern überdeckt die ω-Ebene mehrfach. Durch geeignete Wahl dieser zusätzlichen Windungspunkte läßt sich dann erreichen, daß alle Polygonseiten, wie in 3.4 vorgeschrieben, den Einheitskreis berühren.

Das *Parameterproblem* kann hier in zwei Schritten gelöst werden. Der erste besteht wie bisher darin, die singulären Stellen e_ν für die Polygonabbildung (13.4.1) zu bestimmen. Liegen diese Größen fest, so sind als zweites die Koeffizienten des Polynoms in (13.4.2) und die Integrationskonstante zu berechnen. Da die gesuchten Funktionen linear von diesen Größen abhängen, kommt dies auf die Lösung eines linearen Gleichungssystems hinaus. Wir setzen zu diesem Zweck — mit fester unterer Grenze w_0 —

$$\omega^{(\varkappa)}(w) = \int_{w_0}^{w} w^{\varkappa} \prod_{\nu=1}^{n-1} (w - e_\nu)^{-2\delta_\nu} \, dw \, ; \tag{13.4.13}$$

und weiter

$$W^{(\varkappa)}(z) = \int_{z_0}^{z} \int_{z_0}^{z_2} (w(z_1)) \, dz_1 \, dz_2 \, . \tag{13.4.14}$$

Dann wird

$$W(z) = \sum_{\varkappa=0}^{2n-6} a_\varkappa W^{(\varkappa)}(z) + (\gamma_1' + i\,\gamma_1'')\frac{z^2}{2} + (\gamma_2' + i\,\gamma_2'')\,z + \gamma_3' + i\,\gamma_3'' \, . \tag{13.4.15}$$

Wir greifen jetzt auf jeder Seite s_i einen Punkt z_i heraus, der zugehörige Punkt auf der reellen w-Achse sei w_i. Ist $e^{i\alpha_i}$ der Richtungsfaktor der Seite s_i, so führt die Bedingung (3.4.10) auf das folgende Gleichungssystem

$$\sum_{\varkappa=0}^{2n-6} a_\varkappa \Im(e^{2i\alpha_i}\,\omega^{(\varkappa)}(w_i)) + \gamma_1' \sin 2\alpha_i + \gamma_1'' \cos 2\alpha_i = 1 , \qquad i = 1, 2, \ldots, n \, . \tag{13.4.16}$$

Weitere n Gleichungen erhalten wir aus der Bedingung (3.4.1)

$$\begin{aligned}\sum_{\varkappa=0}^{2n-6} a_\varkappa \Im(W^{(\varkappa)}(z_i)) + \gamma_1' \Im\left(\frac{z_i^2}{2}\right) + \gamma_1'' \Re\left(\frac{z_i^2}{2}\right) + \gamma_2' \Im(z_i) + {}\\ + \gamma_2'' \Re(z_i) + \gamma_3'' = \frac{z_i \bar{z}_i}{2} \, .\end{aligned} \tag{13.4.17}$$

Diese $2n$ Gleichungen reichen aus, die $2n$ unbekannten Größen, nämlich die $2n - 5$ Polynomkoeffizienten $a_\varkappa$ und die 5 $\gamma_\mu', \gamma_\mu''$ zu bestimmen. In Sonderfällen können Vereinfachungen eintreten[1].

13.5. Bemerkungen zur numerischen Behandlung des Schwarz-Christoffelschen Integrals. Eine wesentliche Schwierigkeit für die Aus-

[1] Dies gilt besonders für symmetrische Polygone. Vgl. hierzu die Lösung des Problems für das gleichseitige Dreieck in P. Frank u. R. v. Mises: Die Differential- und Integralgleichungen der Mechanik und Physik. S. 645—652. Braunschweig 1927.

wertung der Schwarz-Christoffelschen Integrale liegt darin, daß der Integrand in den singulären Stellen $w = e_\nu$ im allgemeinen unendlich wird, so daß dort die üblichen numerischen Methoden versagen. Ein Weg, diese Schwierigkeit zu überwinden, besteht in der Integration durch Reihenentwicklung. Um die Entwicklungskoeffizienten zu berechnen, geht man zweckmäßig von der Differentialgleichung (13.1.11) aus und entwickelt wie in (12.5.3)

$$(w - e_i) \sum_{\nu=1}^{n-1} \frac{\delta_\nu - 1}{w - e_\nu} = \sum_{\lambda=0}^{\infty} q_\lambda (w - e_i)^\lambda . \tag{13.5.1}$$

Hier ist

$$q_0 = \delta_i - 1 , \quad \underset{(\lambda > 0)}{q_\lambda} = \sum_{\substack{\nu=1 \\ \nu \neq i}}^{n-1}{}' \frac{1 - \delta_\nu}{(e_\nu - e_i)^\lambda} . \tag{13.5.2}$$

Hieraus können die Entwicklungskoeffizienten in der Reihenentwicklung des Integranden

$$z'(w) = C_1 \prod_{\nu=1}^{n-1} (w - e_\nu)^{\delta_\nu - 1} = (w - e_i)^{\delta_i - 1} \sum_{\lambda=0}^{\infty} c_\lambda (w - e_i)^\lambda \tag{13.5.3}$$

folgendermaßen berechnet werden:

$$c_0 = C_1 \prod_{\substack{\nu=1 \\ \nu \neq i}}^{n-1}{}' (e_i - e_\nu)^{\delta_\nu - 1} , \tag{13.5.4}$$

$$\underset{(\lambda > 0)}{\lambda c_\lambda} = q_1 c_{\lambda-1} + q_2 c_{\lambda-2} + \cdots + q_\lambda c_0 .$$

Durch gliedweise Integration erhalten wir hieraus die in (13.2.4) definierte Funktion $\tau_i(w)$

$$\tau_i(w) = (w - e_i)^{\delta_i} \sum_{\lambda=0}^{\infty} \frac{c_\lambda}{\delta_i + \lambda} (w - e_i)^\lambda , \tag{13.5.5}$$

woraus nach (13.2.5) und (13.2.7) die Seiten bzw. die Pseudo-Seiten berechnet werden können.

Wenn die Reihe nicht schnell genug konvergiert, kann man sich auf die Glieder von (13.5.3) beschränken, die in $w = e_i$ unendlich werden, und den endlichen Rest in der üblichen Weise numerisch integrieren. Die Funktion $\tau_i(w)$ kann dann in folgender Form geschrieben werden:

$$\begin{aligned} \tau_i(w) = {} & (w - e_i)^{\delta_i} \sum_{\lambda=0}^{\infty} \frac{c_\lambda}{\delta_i + \lambda} (w - e_i)^\lambda + \\ & + C_1 \int_{e_i}^{w} \left[\prod_{\nu=1}^{n-1} (w - e_\nu)^{\delta_\nu - 1} - (w - e_i)^{\delta_i - 1} \sum_{\lambda=0}^{l} c_\lambda (w - e_i)^\lambda \right] dw ; \end{aligned} \tag{13.5.6}$$

hier muß l so groß sein, daß der Integrand endlich bleibt. Ist insbesondere $\delta_i > 0$, so kann $l = 0$ gewählt werden und die Summe reduziert sich auf ein einziges Glied.

Ist $\delta_i > 0$, so kann man auch durch eine Substitution das uneigentliche Integral in ein eigentliches verwandeln. Wir setzen

$$\omega = (w - e_i)^{\delta_i}, \quad w = e_i + \omega^{\frac{1}{\delta_i}}, \quad d\omega = \delta_i (w - e_i)^{\delta_i - 1} \, dw, \qquad (13.5.7)$$

wodurch das Schwarz-Christoffelsche Integral übergeht in das folgende

$$z(w) = \frac{C_1}{\delta_i} \int\limits_0^{\omega(w)} \prod_{\substack{\nu=1 \\ \nu \neq i}}^{n-1}{}' \, (w(\omega) - e_i)^{\delta_\nu - 1} \, d\omega + C_2, \qquad (13.5.8)$$

dessen Integrand an der unteren Grenze endlich bleibt.

Für die numerische Lösung des Parameterproblems können wir das Newtonsche Verfahren heranziehen. Wir gehen dazu aus von irgendwelchen Näherungswerten e_k^* der Parameter, die mit diesen Größen und einer geeignet gewählten Konstanten C_1 berechneten Seitenlängen seien l_i^*,

$$l_i^* = |C_1| \int\limits_{l_{i-1}^*}^{l_i^*} \prod_{\nu=1}^{n-1} |w - e_\nu^*|^{\delta_\nu - 1} \, dw. \qquad (13.5.9)$$

Sind l_i die Seitenlängen des vorgegebenen Polygons und

$$\Delta l_i = l_i - l_i^* \qquad (13.5.10)$$

die Abweichung der Näherung von den wahren Werten, so machen wir den folgenden Ansatz zur Berechnung von Korrekturen Δe_k für die Näherungswerte e_k^*

$$\Delta l_i = \sum_{k=1}^{n-1} \frac{\partial l_i}{\partial e_k} \Delta e_k. \qquad (13.5.11)$$

Da ein Polygon durch $n - 2$ Seitenlängen l_i eindeutig ist, liefert dieser Ansatz $n - 2$ voneinander unabhängige lineare Gleichungen zur Bestimmung der Korrekturen Δe_k. Eine dieser Korrekturgrößen können wir noch beliebig wählen, indem wir etwa $\Delta e_m = 0$ setzen[1], die übrigen sind dann durch (13.5.11) eindeutig festgelegt. Ist das abzubildende Gebiet das Äußere eines Polygons, so tritt zu den Gleichungen (13.5.11) noch die folgende, durch Differentiation der Residuenbedingung (13.3.5) entstehende Gleichung

$$\sum_{k=1}^{n-1} \frac{\delta_k - 1}{(e_k - w_\infty)^2} \Delta e_k = 0. \qquad (13.5.12)$$

Hierdurch werden dann alle $n - 1$ Korrekturgrößen eindeutig festgelegt.

[1] Dies bedeutet, daß der Parameter e_m im Laufe der Rechnung festgehalten wird.

Hat man die Korrekturgrößen aus (13.5.11) (evtl. in Verbindung mit (13.5.12)) berechnet, so erhält man eine neue Näherung

$$e_k^{**} = e_k^* + \Delta e_k\,, \tag{13.5.13}$$

die im allgemeinen besser sein wird als die Ausgangsnäherung, sofern diese nicht zu weit von der wahren Lösung entfernt war. Durch eine kleine Abänderung der zunächst festgehaltenen Konstanten C_1 läßt sich diese Näherung evtl. noch weiter verbessern, und man kann mit den neuen Ausgangswerten das Verfahren fortsetzen, bis eine ausreichende Genauigkeit erreicht ist.

Die in (13.5.11) auftretenden partiellen Ableitungen lassen sich durch Differentiation unter dem Integralzeichen gewinnen. Stimmt e_k^* mit keiner der Integrationsgrenzen e_{i-1}^* und e_i^* überein, so ist

$$\frac{\partial l_i}{\partial e_k} = (1-\delta_k)\,|C_1| \int\limits_{l_{i-1}^*}^{l_i^*} \frac{\prod\limits_{\nu=1}^{n-1} |w-e_\nu^*|^{\delta_\nu - 1}}{w-e_k^*}\,dw = \frac{(1-\delta_k)\,l_i^*}{u-e_k^*} \tag{13.5.14}$$

wo u zwischen e_{i-1} und e_i liegt. Indem man für u einen derartigen Wert einsetzt, erhält man ohne weitere Integration einen meist ausreichenden Näherungswert für die partielle Ableitung. Ist $e_k^* = e_{i-1}^*$ oder $= e_i^*$, so müssen durch die Substitution

$$\omega = \frac{w - e_{i-1}}{e_i - e_{i-1}} \tag{13.5.15}$$

die variablen Integrationsgrenzen in die festen Grenzen 0 und 1 umgewandelt werden. Partielle Ableitung nach e_i bzw. e_{i-1} unter dem transformierten Integral liefert dann die Beziehungen

$$\begin{aligned} \frac{\partial l_i}{\partial e_i} &= \frac{-1}{e_i - e_{i-1}} \left(\delta_\infty l_i + \sum_{\substack{k=1 \\ k \neq i-1,\, i}}^{n-1}{}' (e_k - e_{i-1}) \frac{\partial l_i}{\partial e_k} \right), \\ \frac{\partial l_{i-1}}{\partial e_{i-1}} &= \frac{-1}{e_i - e_{i-1}} \left(\delta_\infty l_i + \sum_{\substack{k=1 \\ k \neq i-1,\, i}}^{n-1}{}' (e_k - e_i) \frac{\partial l_{i-1}}{\partial e_k} \right). \end{aligned} \tag{13.5.16}$$

Diese Formeln gelten im wesentlichen auch, wenn Ecken im Unendlichen liegen und die l_i keine eigentlichen Seitenlängen, sondern Längen der Pseudo-Seiten sind. Für die Reihenentwicklungen hat man den Integranden überall durch eine Ableitung nach den Parametern

$$\frac{\partial z'}{\partial e_k} = \frac{1-\delta_k}{w-e_k} \prod_{\nu=1}^{n-1} (w-e_\nu)^{\delta_\nu - 1} \tag{13.5.17}$$

zu ersetzen und daraus die Ableitungen $\frac{\partial l_i}{\partial e_k}$ $(k \neq i-1, i)$ genau wie die zugehörigen Größen l_i selbst zu berechnen. Im übrigen gilt der rechte Teil von (13.5.14) sowie (13.5.16) auch in diesem Fall.

Eine Ausnahme bilden nur evtl. vorkommende Residuenbedingungen [vgl. (13.2.14)]. Man wird versuchen, diese Bedingungen schon in den Ausgangsnäherungen zu erfüllen. Ein Teil der Gleichungen (13.5.11) wird dann durch die einfacheren Gleichungen ersetzt, welche durch Differentiation der Residuenbedingungen entstehen [vgl. (13.5.12)].

Einen wesentlich anderen Weg zur Lösung des Parameterproblems, der auf einer Kombination des Schwarz-Christoffelschen Integrals mit dem in 17.1 näher erläuterten Theodorsen-Verfahren beruht, hat P. MATTHIEU[1] vorgeschlagen. Es sei die Aufgabe gestellt, ein Polygon $\mathfrak{G}_z$ so auf das Innere des Einheitskreises abzubilden, daß ein fester Punkt z_0 aus $\mathfrak{G}_z$ in den Mittelpunkt $w = 0$ des Einheitskreises übergeht. Eine *Näherungslösung* $w^*(z)$ sei gegeben durch das Schwarz-Christoffelsche Integral

$$z(w^*) = C_1 \int_0^{w^*} \prod_{\nu=1}^{n} (w - e_\nu^*)^{\delta_\nu - 1}\, dw + z_0 \qquad (13.5.18)$$

mit $e_\nu^* = e^{i\varphi_\nu^*}$. Durch $w^*(z)$ wird ein Näherungspolygon $\mathfrak{G}_z^*$ auf den Einheitskreis $|w^*| < 1$ abgebildet. Liegt keine Ecke von $\mathfrak{G}_z^*$ im Innern von $\mathfrak{G}_z$ (was wir durch geeignete Wahl von C_1 immer erreichen können) und ist die Näherung nicht zu schlecht, so wird das vorgegebene Polygon $\mathfrak{G}_z$ durch $w^*(z)$ auf ein Gebiet Γ der w-Ebene abgebildet, dessen Rand sich nicht allzusehr von der Peripherie des Einheitskreises entfernt (vgl. Abb. 81).

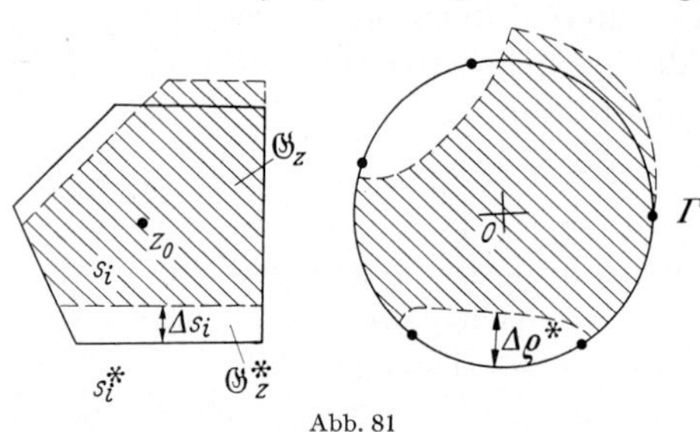

Abb. 81

Es sei Δs_i der senkrechte Abstand entsprechender Seiten s_i und s_i^* von $\mathfrak{G}_z$ und $\mathfrak{G}_z^*$, wobei dieser positiv gerechnet werden möge, wenn s_i innerhalb von $\mathfrak{G}_z^*$ liegt und negativ im anderen Falle. Der senkrechte Abstand $\Delta\varrho^*$ des zugehörigen Randpunkts von Γ — gerechnet in Richtung wachsender ϱ^* — vom Rand des Einheitskreises ist dann näherungsweise gleich

$$\Delta\varrho^* \cong -\Delta s_i \left|\frac{dw^*}{dz}\right|. \qquad (13.5.19)$$

Setzen wir also $w^* = \varrho^* e^{i\varphi^*}$ und drücken die Randkurve von Γ durch die Gleichung $\varrho^* = \varrho^*(\varphi^*)$ aus, so wird näherungsweise

$$\log\varrho^* \cong \frac{-\Delta s_i}{|C_1| \prod_{\nu=1}^{n} |e^{i\varphi^*} - e^{i\varphi_\nu^*}|^{\delta_\nu - 1}} \quad \text{für } \varphi_{i-1}^* < \varphi^* < \varphi_i^*. \qquad (13.5.20)$$

[1] MATTHIEU, P.: Über die praktische Anwendung der Schwarz-Christoffelschen Formel. Vorgetragen auf der GAMM-Tagung in Braunschweig 1952. Herr MATTHIEU hat das Vortragsmanuskript dem Verfasser freundlicherweise zur Verfügung gestellt.

Man könnte nun die gesuchte Abbildung von $\mathfrak{G}_z$ auf den Einheitskreis dadurch gewinnen, daß man mit Hilfe des Theodorsen-Verfahrens zunächst den Einheitskreis der w-Ebene auf Γ abbildet und dieses weiter durch $z(w^*)$ auf $\mathfrak{G}_z$. Dies führt, wenn $w = \varrho e^{i\varphi}$ gesetzt wird, auf die Integralgleichung [vgl. (17.1.4)]

$$\varphi^*(\varphi) - \varphi = \frac{1}{2\pi}\int_0^{2\pi} \log \varrho^*(\varphi^*(\psi)) \operatorname{cotg}\frac{\varphi-\psi}{2}\, d\psi. \qquad (13.5.21)$$

Führen wir hier nur den ersten Iterationsschritt durch und setzen für $\log\varrho^*$ den Ausdruck (13.5.20) ein, so erhalten wir eine Korrektur $\Delta\varphi_k$ der Größen φ_k^* von der Form

$$\Delta\varphi_k = -\frac{1}{2\pi}\sum_{i=1}^{n}\frac{\Delta s_i}{|C_1|}\int_{\varphi_{i-1}^*}^{\varphi_i^*}\prod_{\nu=1}^{n}|e^{i\psi} - e^{i\varphi_\nu^*}|^{1-\delta_\nu} \operatorname{cotg}\frac{\varphi_k^*-\psi}{2}\, d\psi. \qquad (13.5.22)$$

Ist $\delta_k < 1$, so konvergieren alle Teilintegrale. Im anderen Fall kommt man durch genauere Berücksichtigung der wahren Randkurve von Γ zu konvergenten Integralen[1], wie in 17.1 noch genauer gezeigt wird.

Mit den so berechneten Korrekturen wird das System

$$e_k^{**} = e^{i(\varphi_k^* + \Delta\varphi_k)} \qquad (13.5.23)$$

eine bessere Näherung für die gesuchten Parameter darstellen. Setzen wir diese Werte in (13.5.18) ein und ändern noch C_1 in geeigneter Weise ab, so erhalten wir eine genauere Näherungsabbildung $w^{**}(z)$, mit der das Verfahren fortgesetzt werden kann, bis die gewünschte Genauigkeit erreicht ist.

Das Verfahren läßt sich auch auf die numerisch etwas bequemere Abbildung von Polygonen auf die obere Halbebene übertragen. Wir legen hier das Näherungspolygon $\mathfrak{G}_z^*$ so auf $\mathfrak{G}_z$, daß die Ecken $\varepsilon_\infty^{(*)}$, welche den Punkten $w = \infty$ bzw. $w^* = \infty$ entsprechen, mit den anschließenden Seiten $s_1^{(*)}$ und $s_n^{(*)}$ sich überdecken (vgl. Abb. 81a) und wieder kein Eckpunkt von $\mathfrak{G}_z^*$ in Innern von $\mathfrak{G}_z$ liegt. Durch die Abbildung

[1] Die Näherungsformel (13.5.20) gilt nicht mehr in der Umgebung der singulären Stellen e_i^*. Es ist aber nicht schwer, hier eine bessere Näherung zu finden, etwa indem man mit Hilfe von

$$w^*(z) \cong \left(\frac{\delta_i}{c_0}(z - \varepsilon_i^*)\right)^{\frac{1}{\delta_i}} + e_i^* \qquad [c_0 \text{ siehe } (13.5.4)]$$

einige wenige Randpunkte von Γ berechnet und diese durch gerade Linien verbindet. Der Einfluß dieser Randstellen auf das Endergebnis ist gering, so daß hier ganz grobe Rechnungen genügen. Konvergiert das Integral (13.5.20) und liegt δ_i nicht zu nahe bei 1, so ist die genauere Randapproximation nicht erforderlich.

$w^*(z)$ geht dann das Polygon $\mathfrak{G}_z$ in ein Gebiet Γ über, dessen Rand in der Nähe der reellen w^*-Achse liegt und insbesondere in der Umgebung von $w^* = \infty$ mit dieser übereinstimmt. Setzen wir $w^* = u^* + iv^*$, so wird diese Randkurve — ähnlich wie in (13.5.20) — durch die folgende Näherung gegeben

$$v^*(u^*) = \frac{\Delta s_i}{|C_1| \prod_{\nu=1}^{n-1} |u^* - e_\nu^*|^{\delta_\nu - 1}} \quad \text{für } e_{i-1}^* < u^* < e_i^*, \qquad (13.5.24)$$

wo Δs_i dieselbe Bedeutung hat wie in (13.5.20).

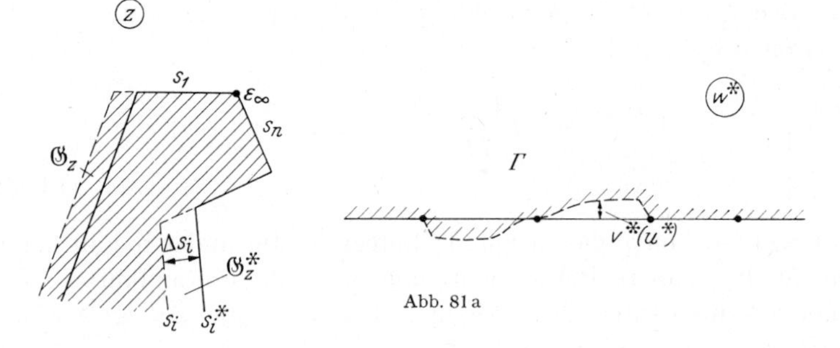

Abb. 81 a

Um das Theodorsen-Verfahren auf die Halbebene zu übertragen, leiten wir die Schwarzsche Formel für die Halbebene ab. Mit

$$\varrho\, e^{i\vartheta} = R\,\frac{w-i}{w+i}, \qquad R\, e^{i\varphi} = R\,\frac{\omega-i}{\omega+i} \qquad (\omega \text{ reell})$$

wird aus (9.2.12)

$$W(w) = i\,V(i) + \frac{i}{\pi}\int_{-\infty}^{+\infty} U(\omega)\left[\frac{1}{w-\omega} + \frac{\omega}{\omega^2+1}\right] d\omega\,. \qquad (13.5.25)$$

Wir setzen in dieser Formel

$$W(w) = i(w - w^*(w))\,, \qquad (13.5.26)$$

wo $w^*(w)$ die Funktion ist, welche die obere Halbebene so auf das Gebiet Γ abbildet, daß der Punkt ∞ in sich übergeht und die Ableitung $\frac{dw^*}{dw}$ dort gegen 1 strebt. Auf der reellen Achse $w = u$ gilt dann die folgende Beziehung zwischen Realteil $u^*(u)$ und Imaginärteil $v^*(u)$ der Funktion $w^*(w)$

$$u - u^*(u) = \frac{1}{\pi}\int_{-\infty}^{+\infty} v^*(\omega)\left[\frac{1}{u-\omega} + \frac{\omega}{\omega^2+1}\right] d\omega + C\,, \qquad (13.5.27)$$

wo C eine beliebige Konstante ist. Setzt man hierin für $v^*(u)$ die Randgleichung von Γ ein,

$$v^*(u) = v^*(u^*(u))\,,$$

so stellt (13.5.27) ebenso wie (13.5.21) eine Integralgleichung zur Bestimmung der gesuchten Funktion $w^*(w)$ dar. Der erste Iterationsschritt liefert dann wieder Korrekturen $\varDelta e_k$ für die Parameter e_k^*. Wir erhalten so, wenn wir noch das hier unwesentliche Glied $\frac{\omega}{\omega^2+1}$ fortlassen[1], die folgende Gleichung[2]

$$\varDelta e_k = \frac{1}{\pi} \sum_{i=2}^{n-1} \frac{\varDelta s_i}{|C_1|} \int\limits_{e_{i-1}^*}^{e_i^*} \frac{\prod_{\nu=1}^{n-1} |\omega - e_\nu^*|^{1-\delta_\nu}}{e_k^* - \omega} \, d\omega + C . \qquad (13.5.28)$$

Die Konstante C kann hier noch willkürlich gewählt werden, da eine gleiche Verschiebung aller Parameter das Schwarz-Christoffelsche Integral nicht ändert. Man kann also z. B. wieder festsetzen, daß eine der Korrekturen $\varDelta e_m = 0$ wird, oder, bei Abbildung von Außengebieten, daß die Gleichung (13.5.12) erfüllt sein soll. Mit den verbesserten Parameterwerten

$$e_k^{**} = e_k^* + \varDelta e_k \qquad (13.5.29)$$

kann das Verfahren dann fortgesetzt werden.

Das eben geschilderte Verfahren hat den Vorteil, daß nicht, wie beim Newtonschen, ein lineares Gleichungssystem gelöst werden muß. Demgegenüber macht die Auswertung der Integrale (13.5.28) etwas mehr Mühe als die von (13.5.14), wo man sich auf bereits berechnete Werte stützen kann[3]. Bei kleiner Eckenzahl wird man daher dem Newtonschen, bei großer dem Matthieuschen Verfahren den Vorzug geben. Die Konvergenzgeschwindigkeit dürfte bei beiden Verfahren etwa die gleiche sein, doch stehen genauere Untersuchungen hierüber noch aus.

Beide Verfahren setzen voraus, daß durch das Parametersystem e_k^* bereits eine brauchbare Näherung gegeben ist. Ist dies nicht der Fall, so hat es wenig Zweck, in den Gleichungen (13.5.11), (13.5.22), (13.5.28) die vollen Abweichungen $\varDelta l_i$ bzw. $\varDelta s_i$ einzusetzen, vielmehr wird man dann versuchen, durch kleinere Korrekturen in mehreren Schritten zu einer brauchbaren Ausgangsnäherung zu kommen. Die Rechnungen können für solche Anfangskorrekturen recht grob sein und stark vereinfacht werden.

Für Polygone, die die Form von *Schlitzen* haben, hat P. P. Kufarew ein Verfahren zur Lösung des Parameterproblems angegeben, das sich

[1] Dieses Glied sichert die Konvergenz des Integrals bei $w = \infty$; hier ist aber die Konvergenz schon dadurch gegeben, daß $v^*(u^*)$ in der Umgebung von ∞ verschwindet.

[2] Bezüglich der Konvergenz des Integrals siehe die Bemerkungen zu (13.5.20).

[3] Bei der Auswertung dieser Integrale kann man in beiden Fällen mit verhältnismäßig groben Methoden arbeiten, da die Genauigkeit der Korrekturen ohnehin beschränkt ist.

auf die Löwnersche Differentialgleichung stützt. Ich verweise hierzu auf die Originalliteratur[1].

§ 14. Polygone in Isothermennetzen

Der Schwarz-Christoffelsche Integralansatz läßt sich auch auf die Abbildung solcher Gebiete ausdehnen, die nicht von Geraden, sondern von den Linien eines Isothermennetzes begrenzt sind. Wird ein solches Netz durch die analytische Funktion $W(z)$ dargestellt, d. h. sind $U(z) = \text{const}$ und $V(z) = \text{const}$ die Netzlinien, so geht durch die Abbildung auf die W-Ebene das allgemeine Isothermennetz in ein kartesisches über und die Netzlinien werden zu Geraden, die parallel zur reellen und zur imaginären W-Achse liegen. Das betrachtete Gebiet wird dadurch auf ein Geradenpolygon abgebildet, das hier insbesondere ein *Treppenpolygon* (vgl. 12.4) ist. Das hat zur Folge, daß der Integrand im Schwarz-Christoffelschen Integral die Quadratwurzel aus einer rationalen Funktion ist, das Integral ist also vom *elliptischen* oder *hyperelliptischen* Typ.

Schwierigkeiten treten jedoch dort auf, wo das abzubildende Gebiet solche Punkte im Innern oder auf dem Rand enthält, in denen die Abbildung $W(z)$ nicht mehr konform ist. Wir wollen solche Punkte als „*kritische*" Stellen des Netzes bezeichnen, das Netz hat dort singulären Charakter. Bei gewissen Netzen gelingt es nun durch geeignete Abänderung des Schwarz-Christoffelschen Ansatzes eine Abbildung zu konstruieren, die auch in den kritischen Stellen konform ist. Wir wollen dies im folgenden genauer untersuchen.

14.1. Polygonen in Kreisnetzen. Da sich durch eine gebrochen lineare Abbildung jedes Dipolnetz in ein kartesisches, jedes Quell-Senken-Netz in ein Polarnetz überführen läßt, können wir uns hier auf die Betrachtung von Polygonen in Polarnetzen beschränken. Die Netzfunktion ist

$$W(z) = \log z \tag{14.1.1}$$

und die kritischen Punkte sind die Stellen $z = 0$ und $z = \infty$. Ein Gebiet, das durch die Netzlinien eines Polarnetzes (d. h. durch konzentrische Kreise um den Nullpunkt und Geraden durch den Nullpunkt) begrenzt wird, stellt ein allgemeines Kreisbogenpolygon dar. Liegen die kritischen Stellen nicht im Innern (aber evtl. auf dem Rand) des Polygons, so wird es durch (14.1.1) auf ein gewöhnliches Geradenpolygon abgebildet, das mit den in § 13 geschilderten Methoden weiter behandelt werden kann.

Um auch den Fall zu erfassen, daß kritische Punkte im Innern des Polygons liegen, betrachten wir wie bisher die konforme Abbildung des

[1] Kufarew, P. P.: Doklady Akad. Nauk SSSR, **57**, 535—537 (1947). — Löwner, K.: Math. Ann. **89**, 103—121 (1923).

Polygons durch eine Funktion $w(z)$ auf die obere Halbebene. Den kritischen Stellen $z = 0$ und $z = \infty$ mögen die Punkte $w = e_0$ und $w = e_\infty$ entsprechen. Da die Abbildung dort konform sein soll, muß für die Funktion $z(w)$ die folgende Entwicklung gelten

$$\begin{aligned} z(w) &= (w - e_0)\,(a_0 + a_1(w - e_0) + \cdots) \\ &= (w - e_\infty)^{-1}(a_0 + a_1(w - e_\infty) + \cdots)\,, \qquad (a_0 \neq 0)\,. \end{aligned} \tag{14.1.2}$$

Nach der Abbildung auf die W-Ebene und Ableitung nach w wird daraus

$$W'(w) = \frac{d}{dw}\log z = \frac{1}{w - e_0} + b_0 + \cdots, \text{ bzw. } = \frac{-1}{w - e_\infty} + \cdots \tag{14.1.3}$$

Da den Spiegelpunkten $w = \bar{e}_0$ und $w = \bar{e}_\infty$ ebenfalls kritische Punkte entsprechen (es hängt im allgemeinen von der Art der analytischen Fortsetzung ab, ob dies der Punkt $z = 0$ oder $z = \infty$ ist), so gilt auch

$$W'(z) = \frac{\pm 1}{w - \bar{e}_0} + \cdots \text{ bzw. } = \frac{\pm 1}{w - \bar{e}_\infty} + \cdots \tag{14.1.4}$$

Hieraus folgt, daß bei der Darstellung der Funktion $W(w)$ durch ein Schwarz-Christoffelsches Integral dieses Faktoren der Form

$$\frac{1}{(w - e_k)\,(w - \bar{e}_k)}\,, \qquad k = 0, \infty\,, \tag{14.1.5}$$

enthalten muß, wobei darauf zu achten ist, daß die Entwicklung des Integranden mit (14.1.3) übereinstimmt[1].

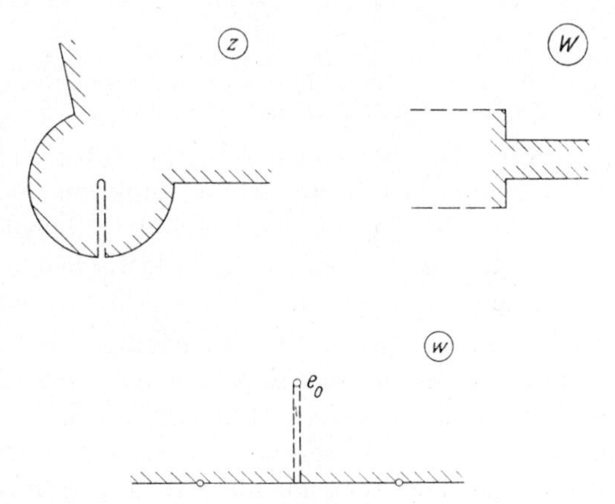

Abb. 82

Hierdurch erhalten wir in der Tat die gewünschte Abbildungsfunktion. Um das einzusehen, machen wir zunächst die Abbildung $W(z)$ eindeutig, indem wir das Polygon vom kritischen Punkt her bis zum Rand geradlinig aufschlitzen. Das Äußere dieses Schlitzes geht bei der Abbildung durch den Logarithmus in einen Halbstreifen über, wobei die Bilder der beiden Schlitzufer um $2\pi i$ gegeneinander verschoben sind. Die Polygonseiten gehen durch $W(z)$ in gewisse Geradenstücke über, so daß im Ganzen das aufgeschlitzte Polygon der z-Ebene auf ein spezielles Geradenpolygon der W-Ebene abgebildet wird (vgl. Abb. 82).

[1] Man kann diese Stellen im Schwarz-Christoffelschen Integral als zusätzliche Singularitäten mit $\delta_k = 0$ auffassen, wobei (14.1.3) (14.1.4) gewisse Residuenbedingungen darstellen.

Ein genau entsprechendes Bild entsteht bei der Abbildung der oberen w-Halbebene durch $W(w)$. Hierbei soll $W(w)$ ein Schwarz-Christoffelsches Integral sein, das durch Faktoren der Form (14.1.5) ergänzt wurde, und die obere w-Halbebene werde, um die Abbildung $W(w)$ eindeutig zu machen, zwischen den singulären Stelle $w = e_k (k = 0, \infty)$ und der reellen w-Achse in geeigneter Weise aufgeschlitzt. Bei einer Umkreisung von e_k vermehrt sich das Integral $W(w)$ um $\pm 2\pi i$, so daß auch hier die Bilder der Schlitzufer um $2\pi i$ gegeneinander verschoben sind. Die reelle w-Achse wird durch $W(w)$ wie beim gewöhnlichen Schwarz-Christoffelschen Integral auf Geradenstücke abgebildet, da die Faktoren (14.1.5) dort reell und von Null verschieden sind. Auch ist die Abbildung in der aufgeschlitzten oberen w-Halbebene überall konform, da dort weiter keine Singularitäten und Nullstellen des Integranden mehr auftreten.

Die Zusammensetzung der beiden Abbildungen $W(z)$ und $W(w)$ liefert die Abbildungsfunktion

$$z(w) = \exp\left[C_1 \int^{w} \frac{\prod_{\nu=1}^{n-1} (w - e_\nu)^{\delta_\nu^* - 1}}{(w - e_0)(w - \bar{e}_0)(w - e_\infty)(w - \bar{e}_\infty)}\, dw\right], \tag{14.1.6}$$

wo δ_ν^* die Innenwinkel des Geradenpolygons sind, das bei der Abbildung durch $W(z)$ in der W-Ebene entsteht[1]. Liegt nur ein kritischer Punkt im Innern des Polygons, so tritt im Integranden natürlich nur ein Faktor der Form (14.1.5) auf. Diese Funktion bildet die aufgeschlitzte obere w-Halbebene auf das aufgeschlitzte Polygon ab und damit, da die Abbildung in der Umgebung der kritischen Stellen eindeutig und konform ist, die volle Halbebene auf das volle Polygon[2].

Eine wesentliche Vereinfachung tritt ein, wenn alle Seiten des Polygons nur *einem Büschel des Kreisnetzes* angehören, in unserem Fall also[3], wenn alle Seiten auf *Geraden durch den Nullpunkt* liegen. In diesem Fall wird der Integrand des Schwarz-Christoffelschen Integrals eine rationale Funktion und das Integral läßt sich geschlossen auswerten.

---

[1] Soweit die Ecken nicht mit kritischen Punkten zusammenfallen, sind dies auch die Innenwinkel des Polygons in der z-Ebene. Die Bilder der kritischen Punkte sind stets singuläre Stellen mit $\delta_\nu^* = 0$, gleichgültig ob diese Randpunkte Ecken oder innere Punkte einer Seite des Polygons in der z-Ebene sind. Wir bemerken noch, daß im Gegensatz zu den in § 13 betrachteten Schwarz-Christoffelschen Integralen die Konstante C_1 hier nicht beliebig gewählt werden kann, sondern durch (14.1.3) festgelegt ist.

[2] Durchgerechnete Beispiele finden sich in B 3.1 und 6.1.

[3] Bei mehrfach zusammenhängenden Polygonen kann auch der Fall eintreten, daß alle Seiten auf konzentrischen Kreisen liegen. Siehe hierzu 15.3.

Um die Abbildungsfunktion herzuleiten genügt es, die Punkte des Polygons zu betrachten, die auf den kritischen Stellen $z = 0, \infty$ liegen. Ist diese Stelle eine Ecke des Polygons mit dem Innenwinkel $\delta_\nu \pi$, wobei wir wie bisher festsetzen wollen, daß für Ecken im Unendlichen die Innenwinkel negativ zu rechnen sind, und entspricht bei der Abbildung des Polygons auf die obere w-Halbebene dieser Ecke ein Punkt $w = e_\nu$, so gilt an dieser Stelle die Reihenentwicklung (vgl. die Herleitung in 13.1)

$$z(w) = (w - e_\nu)^{\delta_\nu} (a_0 + a_1(w - e_\nu) + \cdots) . \tag{14.1.7}$$

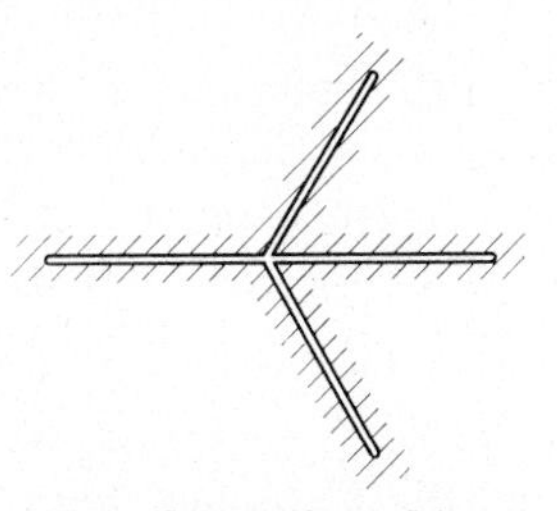

Abb. 83. Polygon, dessen Seiten alle auf Geraden durch den Nullpunkt liegen. Vgl. A. BETZ, Konforme Abbildung, S. 246ff, Berlin-Göttingen-Heidelberg 1948

Ist die kritische Stelle innerer Punkt des Polygons, so gilt (14.1.2) und das ist auch noch dann der Fall, wenn diese Stelle auf einer Polygonseite außerhalb der Ecken liegt. Dieser Fall wird also durch (14.1.7) mit umfaßt, wenn dort $\delta_\nu = \pm 1$ gesetzt wird. In allen anderen inneren und Randpunkten des Polygons ist $z(w)$ regulär analytisch[1] und das gilt auch für die Funktion $W'(w) = \frac{d}{dw} \log z$, da z dort von Null und Unendlich verschieden ist. Daraus folgt, daß die rationale Funktion $W'(w)$ sich in der Form darstellen läßt

$$W'(w) = \sum_\nu \frac{\delta_\nu}{w - e_\nu}, \tag{14.1.8}$$

wobei die Summe alle Bilder der kritischen Punkte — evtl. einschließlich deren Spiegelpunkte — durchlaufen soll und die δ_ν entweder die Innenwinkel oder die Größen ± 1 sein sollen. Integration von (14.1.8) liefert

$$\boldsymbol{z(w) = C_1 \prod_\nu (w - e_\nu)^{\delta_\nu}}, \tag{14.1.9}$$

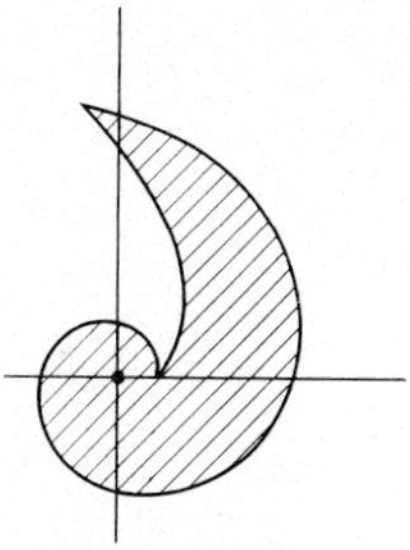

Abb. 84. Polygon, dessen Seiten aus logarithmischen Spiralen bestehen

wobei über dies Produkt dasselbe zu sagen ist wie über die Summe (14.1.8). Im übrigen rechnet man leicht nach, daß diese Funktion in der Tat die gewünschte Abbildung liefert.

Man kann die hier durchgeführten Überlegungen leicht auf den Fall ausdehnen, daß das Polygon in der z-Ebene nicht nur von konzentrischen Kreisen und Geraden, sondern auch von *logarithmischen Spiralen* um den Nullpunkt berandet wird. Diese logarithmischen Spiralen gehen ja durch die Abbildung $W = \log z$ ebenfalls in Gerade über und für die Abbildung durch das Schwarz-Christoffelsche Integral $W(w)$ ist es

[1] Jedoch nicht notwendig konform, so z. B. an Ecken mit dem Innenwinkel 2π (Schlitzenden), wo die Abbildung $z(w)$ eine Verzweigungsstelle hat.

unwesentlich, wie diese Geraden zur reellen und imaginären W-Achse liegen. Bezieht man wieder den Fall mit ein, daß die kritischen Punkte $z = 0, \infty$ im Innern des Polygons liegen, so wird man auf den Ansatz (14.1.6) geführt, der also auch diese Abbildungsaufgabe löst. Abbildungen dieser Art hat H. EPHESER untersucht[1].

14.2. Polygone in Kegelschnittnetzen. Es sei jetzt $\mathfrak{G}_z$ ein einfach zusammenhängendes Gebiet, das von Bögen konfokaler Ellipsen und Hyperbeln berandet ist. Dieses Gebiet läßt sich in das in 8.1, Abb. 53 dargestellte Kegelschnittnetz einbetten. Die Netzfunktion lautet hier

$$W(z) = \operatorname{arc}\cos z \tag{14.2.1}$$

und die kritischen Punkte des Netzes liegen bei $z = \pm 1, \infty$. Liegt im Innern von $\mathfrak{G}_z$ kein kritischer Punkt, so wird das Gebiet durch $W(z)$ auf ein gewöhnliches Geradenpolygon abgebildet, und dieses kann wie bisher durch ein Schwarz-Christoffelsches Integral $W(w)$ auf die obere w-Halbebene gebildet werden.

Liegen dagegen kritische Punkte im Innern von $\mathfrak{G}_z$, so muß der Integralansatz modifiziert werden. Es mögen bei der Abbildung von $\mathfrak{G}_z$ auf die obere w-Halbebene die Stellen $z = \pm 1, \infty$ in $w = e_{+1}, e_{-1}$ und e_∞ übergehen. Die Abbildung $z(w)$ ist dort konform und es gilt die Entwicklung in der Umgebung von $z = \pm 1$

$$z(w) = \pm 1 + (w - e_{\pm 1})\,(a_0 + a_1(w - e_{\pm 1}) + \cdots) \tag{14.2.2}$$

und von $z = \infty$

$$z(w) = (w - e_\infty)^{-1}(a_0 + a_1(w - e_\infty) + \cdots)\,. \tag{14.2.3}$$

Zwischen den Ableitungen von $z(w)$ und $W(w)$ nach w besteht die Beziehung

$$W'^2(w) = \frac{z'^2(w)}{1 - z^2(w)} = \frac{z'^2(w)}{2}\left[\frac{1}{z(w)+1} - \frac{1}{z(w)-1}\right]. \tag{14.2.4}$$

Daraus folgt für den Integranden $W'(w)$ des Schwarz-Christoffelschen Integrals die Entwicklung in der Umgebung von $w = e_{\pm 1}$

$$W'(w) = (w - e_{\pm 1})^{-\frac{1}{2}}\,(b_0 + b_1(w - e_{\pm 1}) + \cdots) \tag{14.2.5}$$

und von $w = e_\infty$

$$W'(w) = \frac{\pm i}{w - e_\infty} + b_0 + \cdots. \tag{14.2.6}$$

---

[1] EPHESER, H.: Konforme Abbildung einfach zusammenhängender Gebiete, die von Bögen konzentrischer logarithmischer Spiralen berandet sind. J. reine angew. Math. **187**, 131—152 (1949).

Entsprechende Entwicklungen gelten auch für die Spiegelpunkte $\bar{e}_{+1}$, $\bar{e}_{-1}$ und $\bar{e}_\infty$. Wir können daher für die Abbildungsfunktion $z(w)$ den folgenden Ansatz machen

$$z(w) = \cos \left[C_1 \int\limits_{e_{+1}}^{w} \frac{\prod\limits_{\nu} (w - e_\nu)^{\delta_\nu^* - 1}}{(w - e_{+1})(w - \bar{e}_\infty)\sqrt{(w - e_{+1})(w - \bar{e}_{+1})(w - e_{-1})(w - \bar{e}_{-1})}} \, dw \right]. \tag{14.2.7}$$

Hier sind wieder $\delta_\nu^* \pi$ die Innenwinkel des Geradenpolygons in der W-Ebene. Liegen nicht alle drei kritischen Punkte im Innern von $\mathfrak{G}_z$, so müssen natürlich die entsprechenden Faktoren im Integranden fortgelassen werden.

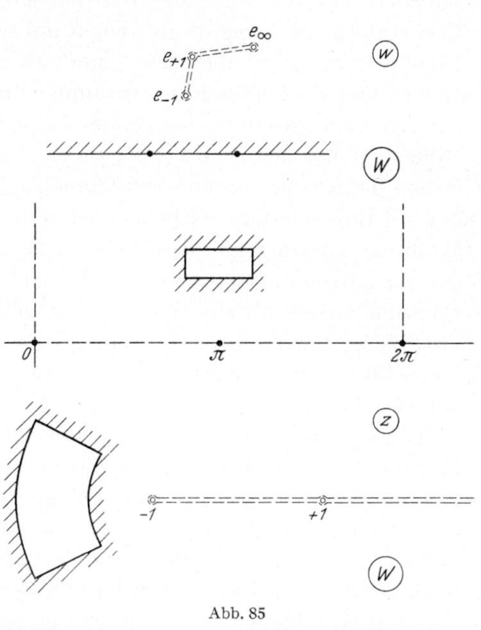

Abb. 85

Wir wollen die Abbildung durch das Integral $W(w)$ etwas genauer untersuchen, wobei wir zunächst annehmen wollen, daß alle drei kritische Stellen im Innern von $\mathfrak{G}_z$ liegen. Wir beginnen mit der Integration an der Stelle $w = e_{+1}$. Dadurch wird $W(e_{+1}) = 0$ und $z(e_{+1}) = 1$ in Übereinstimmung mit unseren Festsetzungen. Die Parameter des Integrals müssen dann so gewählt werden, daß bei geeigneter Festsetzung des Vorzeichens der Wurzel und Integration auf einem ganz in der oberen Halbebene verlaufenden Weg $W(e_{-1}) = \pi$ wird. Ferner muß die *Residuenbedingung* (14.2.6) erfüllt sein. Um eine eindeutige Bestimmung der Funktionswerte von $W(w)$ zu erhalten, verbinden wir e_{+1} mit e_{-1} und mit e_∞ und betrachten die Abbildung der so aufgeschlitzten oberen Halbebene[1] (vgl. Abb. 85). Nach dem eben Gesagten geht das eine Ufer des Schlitzes zwischen e_{+1} und e_{-1} in eine Kurve über,

[1] Eigentlich müßte e_{+1} auch noch mit der reellen Achse durch einen Schlitz verbunden werden, doch werden wir weiter unten sehen, daß bei der hier untersuchten Abbildung $W(w)$ schon in dem zweifach zusammenhängenden Gebiet eindeutig ist, das aus der längs e_{+1}, e_{-1}, e_∞ aufgeschlitzten oberen w-Halbebene besteht.

welche die Punkte $W = 0$ und $W = \pi$ verbindet. Das Bild des anderen Schlitzufers ist dann eine $W = \pi$ und $W = 2\pi$ verbindende Kurve, welche aus der ersten durch Drehung um $W = \pi$ hervorgeht. Die Bilder der beiden Ufer des Schlitzes zwischen e_{+1} und e_∞ sind zwei Kurven, die durch Verschiebung um 2π auseinander hervorgehen. Genauer soll das Vorzeichen im Residuum (14.2.6) so bestimmt worden sein, daß die eine Bildkurve von $W = 0$, die andere von $W = 2\pi$ nach ∞ läuft. Zusammengenommen werden auf diese Weise die vier Schlitzufer auf einen geschlossenen Kurvenzug abgebildet, der ein Gebiet Γ der W-Ebene umschließt, das die Form eines Halbstreifens hat.

Da der Integrand auf der reellen w-Achse reell und von Null verschieden ist, wird diese durch $W(w)$ wie beim gewöhnlichen Schwarz-Christoffelschen Integral auf den Rand eines Geradenpolygons mit den Innenwinkeln $\delta_\nu^* \pi$ abgebildet, und zwar liegt dieser Rand ganz im Innern von Γ. Dieser Rand zusammen mit dem Rand von Γ schließt ein zweifach zusammenhängendes Gebiet ein, und das ist gerade das Bildgebiet der zwischen e_{+1}, e_{-1} und e_∞ aufgeschlitzten oberen w-Halbebene. Durch die weitere Abbildung $z = \cos W$ geht Γ in die längs $+1$, -1, ∞ aufgeschlitzte z-Ebene über und der Polygonrand bei richtiger Wahl der Parameter in den Rand von $\mathfrak{G}_z$. Durch die Funktion $z(w)$ wird also die aufgeschlitzte obere w-Halbebene auf das zwischen den kritischen Punkten aufgeschlitzte Gebiet $\mathfrak{G}_z$ abgebildet. In der Umgebung der kritischen Stellen ist die Abbildung eindeutig und konform, so daß man die Schlitze fortlassen kann und so die gewünschte Abbildung von $\mathfrak{G}_z$ auf die obere Halbebene erhält.

Ganz entsprechend liegen die Verhältnisse, wenn nicht alle, sondern nur ein oder zwei kritische Punkte im Innern von $\mathfrak{G}_z$ liegen. Um die Abbildung $W(w)$ eindeutig zu machen, hat man wieder die obere w-Halbebene durch einen Schlitz aufzutrennen, der alle singulären Stellen e_k $(k = \pm 1, \infty)$ untereinander und mit der reellen Achse verbindet. Die Schlitzufer gehen dann in gewisse Kurven über, die bei der weiteren Abbildung $z = \cos W$ wieder in Schlitze übergeführt werden. Die reelle w-Achse wird auf Geradenstücke der W-Ebene abgebildet, die in der z-Ebene dem Rand von $\mathfrak{G}_z$ entsprechen. Die vier wesentlich verschiedenen Fälle sind in Abb. 86a—d dargestellt.

Das Parameterproblem wird natürlich durch die zusätzlichen Singularitäten $e_{\pm 1}$ und e_∞ erheblich kompliziert, zumal die Integration hier nicht ausschließlich im Reellen durchgeführt werden kann. Vollständig durchgerechnete Beispiele bringe ich in B § 7.

Mit ganz ähnlichen Methoden kann man auch solche Gebiete $\mathfrak{G}_z$ behandeln, deren Ränder aus konfokalen Parabelbögen bestehen. Jede Parabel mit dem Brennpunkt bei $z = 0$ wird durch die Funktion (vgl. 6.2)

$$W(z) = z^{\frac{1}{2}} \tag{14.2.8}$$

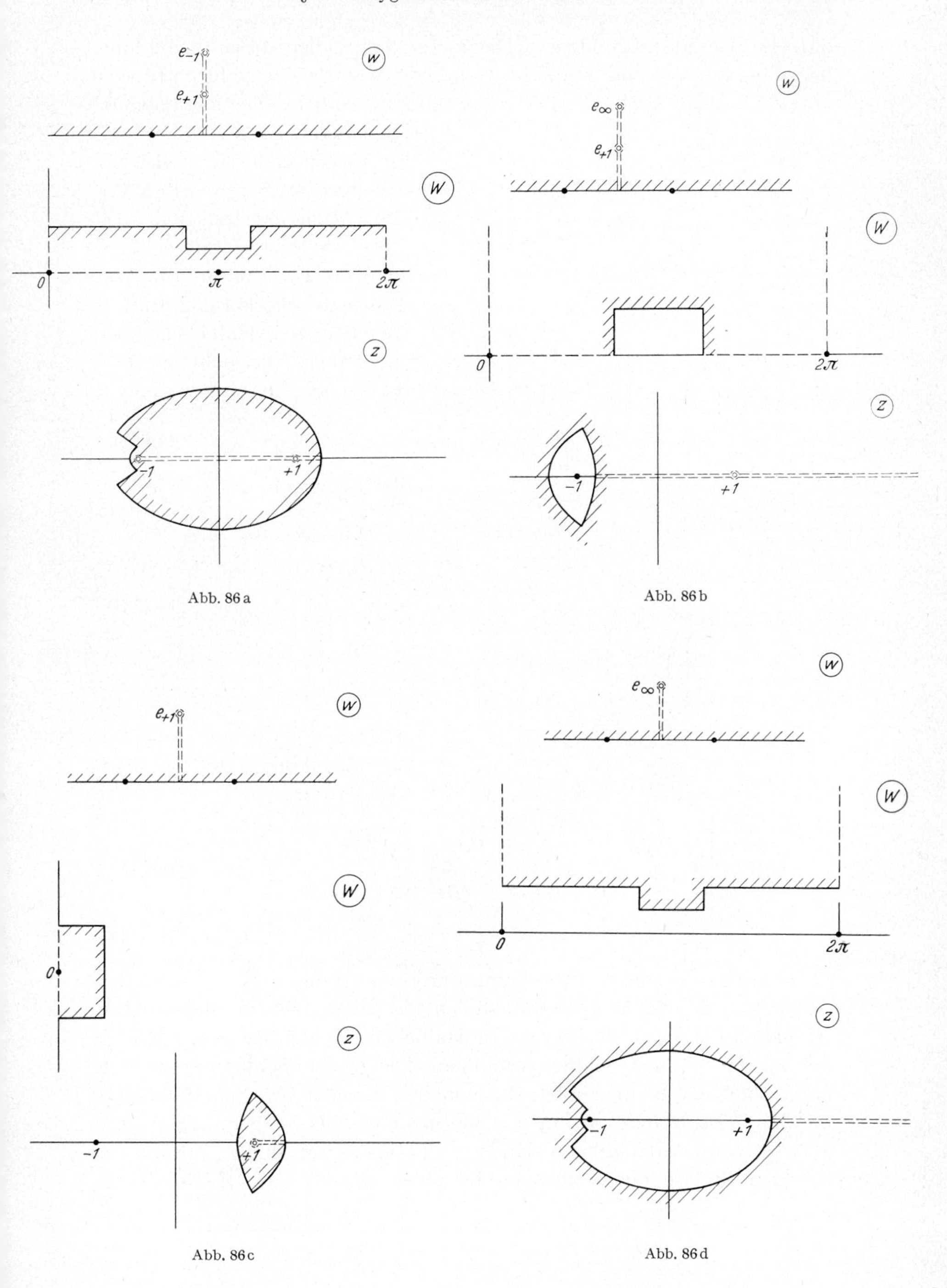

Abb. 86a

Abb. 86b

Abb. 86c

Abb. 86d

auf eine Gerade abgebildet[1]. Die kritischen Stellen dieser Abbildung liegen bei $z = 0, \infty$ und, wenn das Gebiet $\mathfrak{G}_z$ diese Punkte nicht im Innern enthält, so wird es durch (14.2.8) auf ein gewöhnliches Geradenpolygon abgebildet.

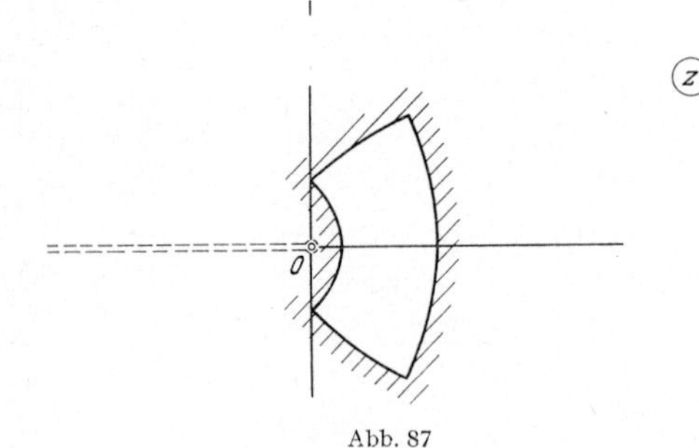

Abb. 87

Liegen kritische Stellen im Innern von $\mathfrak{G}_z$, so gelten für die Abbildungsfunktion $z(w)$ dort wieder die Entwicklungen (14.1.2), wenn wir wie bisher die zugehörigen Punkte der oberen w-Halbebene mit e_0 und e_∞ bezeichnen. Für $W'(w)$ folgt daraus wegen

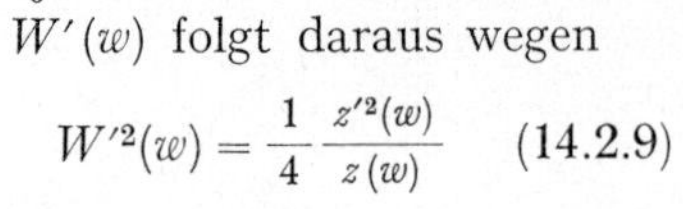

$$W'^2(w) = \frac{1}{4}\,\frac{z'^2(w)}{z(w)} \qquad (14.2.9)$$

die Entwicklung

$$W'(w) = (w - e_0)^{-\frac{1}{2}}\,(b_0 + b_1(w - e_0) + \cdots),$$

bzw. (14.2.10)

$$W'(w) = (w - e_\infty)^{-\frac{3}{2}}\,(b_0 + b_1(w - e_\infty) + \cdots).$$

Hieraus gewinnen wir für die Abbildungsfunktion $z(w)$ den Ansatz

$$z(w) = \left[C_1 \int\limits_{e_0}^{w} \frac{\prod\limits_{\nu} (w - e_\nu)^{\delta_\nu^* - 1}}{((w - e_0)(w - \bar{e}_0))^{\frac{1}{2}}\,((w - e_\infty)(w - \bar{e}_\infty))^{\frac{3}{2}}}\,dw\right]^2. \qquad (14.2.11)$$

Wir untersuchen die Abbildung durch das Integral $W(w)$ unter der Annahme, daß beide kritische Stellen im Innern von $\mathfrak{G}_z$ liegen. Die Abbildung wird in der oberen w-Halbebene eindeutig, wenn wir e_0 mit e_∞ durch einen Schlitz verbinden. Die beiden Schlitzufer werden dann auf Kurven abgebildet, die von $W = 0$ nach $W = \infty$ laufen und die durch Multiplikation mit -1 auseinander hervorgehen. Die reelle w-Achse wird wieder auf den Rand eines Polygons abgebildet. Zusammen mit den Bildern der Schlitzufer berandet dieses in der W-Ebene ein

[1] Es ist hier nicht notwendig, sich auf orthogonale Scharen konfokaler Parabeln zu beschränken, wie sie in 6.2, Abb. 31 dargestellt sind.

zweifach zusammenhängendes Gebiet, in das die aufgeschlitzte obere w-Halbebene durch $W(w)$ übergeht (vgl. Abb. 87). Durch die Abbildung $z = W^2$ gehen die Bilder der Schlitzufer in einen von $z = 0$ nach $z = \infty$ laufenden Schlitz über und — bei richtiger Wahl der Parameter — das Bild der reellen w-Achse in den Rand von $\mathfrak{G}_z$. Nach Fortlassen der Schlitze entsteht so die gewünschte Abbildung der oberen w-Halbebene auf $\mathfrak{G}_z$.

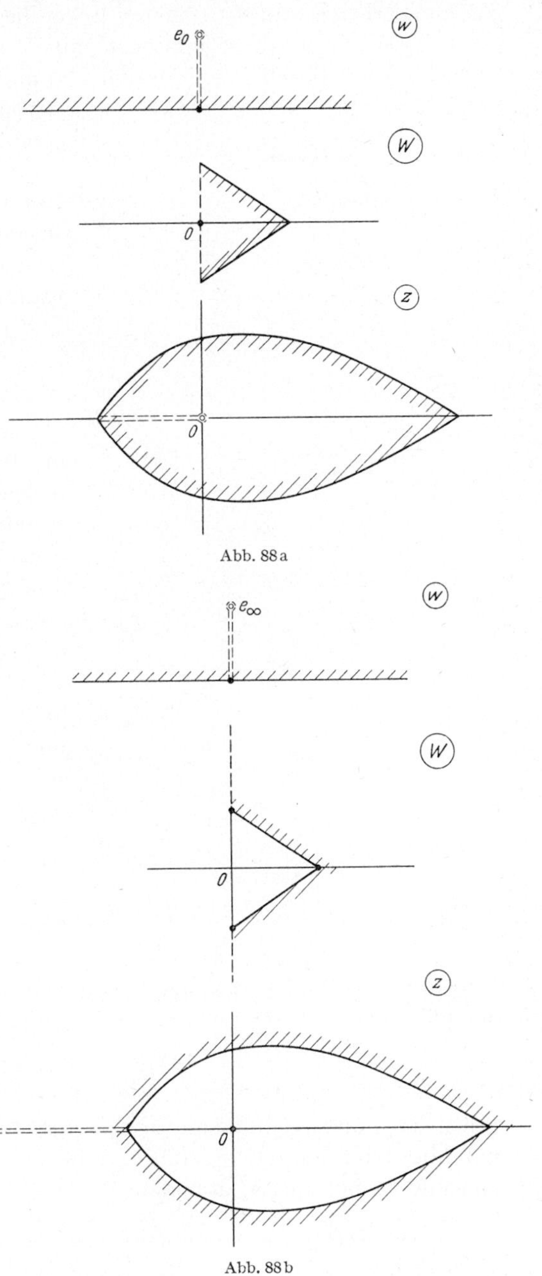

Abb. 88b

Die Fälle, in denen nur ein kritischer Punkt im Innern von $\mathfrak{G}_z$ liegt, werden entsprechend behandelt mit dem einzigen Unterschied, daß hier der Schlitz in der oberen w-Halbebene von $w = e_k$ zur reellen Achse geführt wird. Diese Fälle sind in Abb. 88a—b dargestellt. Durchgerechnete Beispiele finden sich wieder in B § 7.

§ 15. Zweifach zusammenhängende Polygone

15.1. Die Schwarzsche Differentialgleichung bei zweifach zusammenhängenden Polygonen. Die Überlegungen der §§ 12 bis 14 lassen sich ohne Schwierigkeiten auch auf die konforme Abbildung zweifach zusammenhängender Polygone übertragen. Es sei in der

z-Ebene ein zweifach zusammenhängendes Gebiet $\mathfrak{G}_z$ gegeben, dessen beide Randkurven $\mathfrak{C}_1$ und $\mathfrak{C}_2$ sich aus Kreisbogen- und Geradenstücken zusammensetzen. Auf $\mathfrak{C}_1$ mögen m Ecken liegen, die zugehörigen Innenwinkel[1] seien $\gamma_\mu \pi$, auf $\mathfrak{C}_2$ n Ecken mit den Innenwinkeln $\delta_\nu \pi$. Dieses Polygon werde durch eine Funktion $w(z)$ in der in 10.2 näher erläuterten Art auf einen Parallelstreifen abgebildet. Um einfachere Verhältnisse zu haben, wollen wir im Unterschied zu 10.2 den Parallelstreifen hier so legen, daß die — unendlich oft durchlaufene — Randkurve $\mathfrak{C}_1$ dabei in die reelle w-Achse, die Kurve $\mathfrak{C}_2$ in die Linie $\mathfrak{I}\left(w - \frac{\tau}{2}\right) = 0$ übergeht. Setzen wir hier $\tau = \frac{i\pi}{2a}$ mit der in (10.2.1) eingeführten — positiv reellen — Größe a, so liegt der Streifen in der oberen w-Halbebene und die Fundamentalvierecke $\hat{\mathfrak{V}}_\nu$ folgen im Abstand 1 aufeinander. Die Funktion $z(w)$ hat dann im Streifen die Periode 1,

$$z(w+1) = z(w)\,, \qquad (15.1.1)$$

und jedes Fundamentalviereck $\hat{\mathfrak{V}}_\nu$, z. B. das folgende

$$0 < \mathfrak{R}(w) < 1, \quad 0 < \mathfrak{I}(w) < \left|\frac{\tau}{2}\right|, \qquad (15.1.2)$$

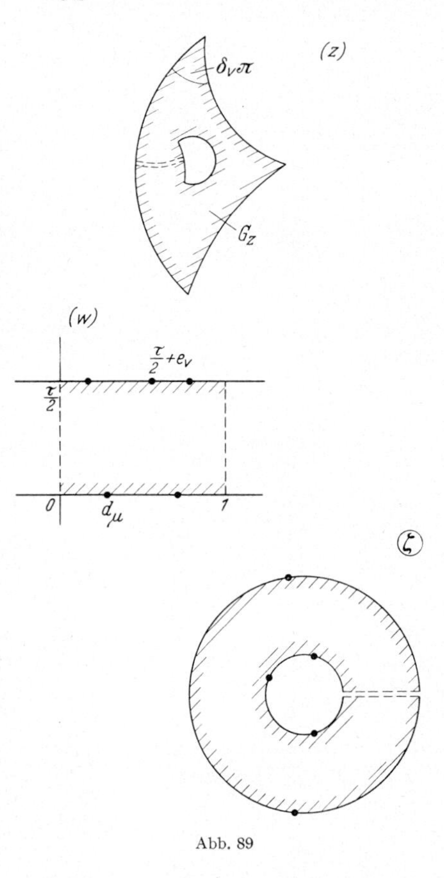

Abb. 89

wird durch diese Funktion auf das einfach zusammenhängende Gebiet $\mathfrak{G}_z^*$ abgebildet, das aus $\mathfrak{G}_z$ durch Hinzufügen eines Querschnitts entsteht (vgl. Abb. 89). Durch die weitere Abbildung

$$\zeta(w) = e^{2\pi i w} \qquad (15.1.3)$$

gehen die Fundamentalbereiche in aufgeschnittene Kreisringe über, so daß die Funktion $z(\zeta) = z(w(\zeta))$ umkehrbar eindeutig und konform einen Kreisring auf $\mathfrak{G}_z$ abbildet.

[1] Innenwinkel ist hier natürlich die ins Innere von $\mathfrak{G}_z$ gerichtete Winkelöffnung an den Ecken.

Den Ecken des Polygons $\mathfrak{G}_z$ mögen im Fundamentalviereck (15.1.2) auf der reellen Achse die m Punkte $w = d_\mu$ und auf $\mathfrak{J}\left(w - \frac{\tau}{2}\right) = 0$ die n Punkte $w = \frac{\tau}{2} + e_\nu$ entsprechen.

Es läßt sich nun zeigen, daß die Schwarzsche Ableitung $[z]_w$, gebildet von der oben erklärten Funktion $z(w)$, eine in der ganzen w-Ebene eindeutige doppeltperiodische Funktion mit den Perioden 1 und τ ist. Zunächst ist $z(w)$ im Parallelstreifen periodisch mit der Periode 1 und damit auch $[z]_w$. Über den Parallelstreifen hinaus kann $z(w)$ durch Spiegelung fortgesetzt werden. Eine gerade Zahl von Spiegelungen an der reellen w-Achse und der Geraden $\mathfrak{J}\left(w - \frac{\tau}{2}\right) = 0$ führt w in $w + n\tau$ über, wo n eine ganze Zahl oder Null ist. In der z-Ebene entspricht dem eine gerade Zahl von Spiegelungen an den Polygonseiten, also eine linear gebrochene Transformation. Beide Transformationen ändern den Ausdruck $[z]_w$ nicht, so daß dieser auch periodisch mit der Periode τ ist. Da insbesondere wie in 12.1 alle Funktionselemente von $z(w)$ über derselben Stelle der w-Ebene durch gebrochen lineare Transformationen auseinander hervorgehen, ist $[z]_w$ in der w-Ebene auch eindeutig.

Genau wie in 12.1 zeigt man, daß das Verhalten von $[z]_w$ in der Umgebung der Stellen $w = d_\mu$ und $w = \frac{\tau}{2} + e_\nu$ durch eine Reihenentwicklung der Form (12.1.12) bestimmt ist, wobei — wegen der doppelten Periodizität von $[z]_w$ — das Verhalten in der Umgebung von $w = \infty$ nicht besonders untersucht werden muß. An allen anderen Stellen im Periodenrechteck

$$0 \leqq \mathfrak{R}(w) < 1, \qquad 0 \leqq \mathfrak{J}(w) < |\tau| \tag{15.1.4}$$

ist $[z]_w$ regulär analytisch. Hierdurch ist $[z]_w$ als doppeltperiodische Funktion bis auf eine additive Konstante eindeutig festgelegt und wir können den Ansatz machen

$$\begin{aligned}[z]_w = \sum_{\mu=1}^{m} \left[\frac{1-\gamma_\mu^2}{2}\, \wp\,(w - d_\mu\,;\,1,\tau) + b_\mu^{(1)} \frac{\vartheta_1'}{\vartheta_1}(w - d_\mu \mid \tau)\right] + \\ + \sum_{\nu=1}^{n} \left[\frac{1-\delta_\nu^2}{2}\, \wp\left(w - \frac{\tau}{2} - e_\nu\,;\,1,\tau\right) + b_\nu^{(2)} \frac{\vartheta_4'}{\vartheta_4}(w - e_\nu \mid \tau)\right] + b_0\,.\end{aligned} \tag{15.1.5}$$

Die Konstanten $b_\mu^{(1)}$, $b_\nu^{(2)}$ und b_0 müssen reell sein und, damit der Ausdruck (15.1.5) wirklich eine doppeltperiodische Funktion darstellt, muß gelten:

$$\sum_{\mu=1}^{m} b_\mu^{(1)} + \sum_{\nu=1}^{n} b_\nu^{(2)} = 0\,. \tag{15.1.6}$$

Der Ansatz enthält die folgenden unbestimmten Parameter:

1. Die Lage der singulären Stellen d_μ und e_ν. Hiervon kann eine willkürlich gewählt werden, da eine Verschiebung $w^* = w + a$ den

Parallelstreifen in sich überführt. Die anderen singulären Stellen sind dann durch das Polygon $\mathfrak{G}_z$ eindeutig festgelegt.

2. Die akzessorischen Parameter $b_\mu^{(1)}$ und $b_\nu^{(2)}$. Wegen (15.1.6) sind hiervon $m + n - 1$ frei wählbar.

3. Die Konstante b_0.

4. Das Periodenverhältnis τ.

Das sind insgesamt $2(m + n)$ Parameter, also 6 Parameter mehr als bei der Abbildung eines einfach zusammenhängenden Polygons gleicher Eckenzahl. Nun wird aber auch ein zweifach zusammenhängendes Polygon — von Ausnahmen abgesehen[1] — schon durch $2(m + n - 3)$ geometrische Konstanten bestimmt. Man wird daher vermuten, daß die Lösungen der Differentialgleichung (15.1.5) nicht bei jeder Wahl der Parameter das Periodenrechteck (15.1.2) auf ein zweifach zusammenhängendes Polygon abbilden.

Dies ist in der Tat der Fall. Wir hatten oben festgestellt, daß die Abbildungsfunktion $z(w)$ im Streifen periodisch mit der Periode 1 sein muß. Aus der Periodizität von $[z]_w$ folgt aber nur, daß die Lösungen $z(w)$ der Differentialgleichung (15.1.5) eine gebrochen lineare Transformation erfahren, wenn das Argument sich um eine Periode ändert. Statt (15.1.1) gilt also die allgemeinere Beziehung

$$z(w + 1) = \frac{a\,z(w) + b}{c\,z(w) + d}. \tag{15.1.7}$$

Der Ansatz (15.1.5) enthält daher eine viel allgemeinere Klasse von Abbildungsfunktionen. Ersetzen wir z. B. die Bedingung (15.1.1) durch (11.1.3)

$$z(w + 1) = z(w) + b\,,$$

so erhalten wir die in 11.1b untersuchte Abbildung von *streifenförmig periodischen* Polygongebieten.

In der Beziehung (15.1.7) sind drei komplexe, also sechs reelle Koeffizienten enthalten. Dies entspricht genau den sechs überzähligen Parametern der Differentialgleichung (15.1.5), die so gewählt werden müssen, daß (15.1.7) die spezielle Form (15.1.1)

$$z(w + 1) = z(w)$$

erhält. Diese Beziehung soll *Schließungsbedingung* heißen.

Die weitere Behandlung der Differentialgleichung (15.1.5) kann genau wie in § 12 durchgeführt werden. Man überführt sie in eine

---

[1] Ausnahmen treten in folgenden Fällen ein: Ist eine Randkurve ein Zweieck, so erhöht sich die Zahl der geometrischen Konstanten um eine, ist sie ein Vollkreis, um drei. In diesen Fällen erfährt die Beziehung (15.1.7) gewisse Einschränkungen, die unabhängig von den Parametern der Differentialgleichung gelten, etwa in der Art, daß für gewisse Lösungen die Koeffizienten von (15.1.7) alle reell sein müssen.

Differentialgleichung von der Form (12.2.5) und stellt die kanonischen Lösungen (12.2.13) bzw. (12.2.14) auf. Mit Hilfe dieser Lösungen berechnet man die Übergangs- und Umlaufsubstitutionen, zu denen hier noch Periodensubstitutionen kommen von der Form

$$\begin{aligned} \varphi_1(w+p) &= a\,\varphi_1(w) + b\,\varphi_2(w)\,, \\ \varphi_2(w+p) &= c\,\varphi_1(w) + d\,\varphi_2(w)\,, \end{aligned} \tag{15.1.8}$$

wo p eine Periode von $[z]_w$ ist, $p = m\tau + n$ (n, m ganz). Unter diesen ist insbesondere die Schließungsbedingung zu erfüllen; eine andere mit $p = \tau$ stellt die Beziehung zwischen den beiden Rändern $\mathfrak{C}_1$ und $\mathfrak{C}_2$ von $\mathfrak{S}_z$ dar.

Auch die in 12.4 betrachtete asymptotische Integration läßt sich auf diesen Fall übertragen, indem man den rationalen Ausdruck (12.4.2) durch die entsprechende doppeltperiodische Funktion ersetzt. Das durch (12.4.3) definierte Integral $\xi(w)$ bildet auch hier das Fundamentalviereck (15.1.2) auf ein Treppenpolygon ab, aus dem mit den in 12.4 dargestellten Methoden die Form des zugehörigen Kreisbogenpolygons bestimmt werden kann. Man erhält so ohne große Schwierigkeiten einen Überblick über die Abhängigkeit der Polygonform[1] von den Parametern der Differentialgleichung.

Ebenso sind auch die in 12.5 geschilderten genaueren numerischen Integrationsmethoden auf die Differentialgleichung (15.1.5) anwendbar. Freilich ist hier bei der großen Zahl von Parametern, die überdies in den wesentlich komplizierteren elliptischen Funktionen auftreten, ein sehr erheblicher Rechenaufwand nötig. Praktisch brauchbar wird das Verfahren daher nur bei sehr einfachen Polygonen sein. Wesentlich günstiger in dieser Hinsicht ist wieder die Abbildung von Geradenpolygonen, wo wir von dem allgemeinen Ansatz (15.1.5) zu den spezielleren Schwarz-Christoffelschen Integralen übergehen können. Dies wollen wir im nächsten Abschnitt untersuchen.

15.2. Das Schwarz-Christoffelsche Integral bei zweifach zusammenhängenden Polygonen. Ist $\mathfrak{S}_z$ ein *Geradenpolygon*, und $z(w)$ wieder die Funktion, welche das Fundamentalviereck (15.1.2) auf dieses Polygon abbildet, so kann man genau wie im vorigen Abschnitt zeigen, daß der Differentialausdruck (13.1.2)

$$\eta(w) = \frac{d}{dw}\log\frac{dz}{dw} = \frac{z''}{z'}$$

[1] Polygone hier im verallgemeinerten Sinne verstanden, wie sie bei der Abbildung des Fundamentalvierecks durch eine Lösung $z(w)$ entstehen, wenn nicht die Schließungsbedingung sondern die allgemeine Beziehung (15.1.7) besteht.

eine doppeltperiodische Funktion mit den Perioden 1 und τ ist. Aus den in 13.1 abgeleiteten Reihenentwicklungen erhält man den Ansatz

$$\eta(w) = \sum_{\mu=1}^{m} (\gamma_\mu - 1) \frac{\vartheta_1'}{\vartheta_1} (w - d_\mu | \tau) + \sum_{\nu=1}^{n} (\delta_\nu - 1) \frac{\vartheta_4'}{\vartheta_4} (w - e_\nu | \tau) + b_0 . \tag{15.2.1}$$

Damit diese Funktion doppeltperiodisch ist, muß gelten

$$\sum_{\mu=1}^{m} (\gamma_\mu - 1) + \sum_{\nu=1}^{n} (\delta_\nu - 1) = 0 , \tag{15.2.2}$$

was auch aus elementargeometrischen Überlegungen hergeleitet werden kann.

Ich zeige, daß $b_0 = 0$ sein muß. Durch Integration von (15.2.1) erhält man

$$z'(w) = C_1 \prod_{\mu=1}^{m} (\vartheta_1(w - d_\mu | \tau))^{\gamma_\mu - 1} \prod_{\nu=1}^{n} (\vartheta_4(w - e_\nu | \tau))^{\delta_\nu - 1} e^{b_0 w} . \tag{15.2.3}$$

Auf Grund der Schließungsbedingung (15.1.1) muß nun

$$z'(w + 1) = z'(w) \tag{15.2.4}$$

sein. Da aber beim Übergang von w zu $w + 1$ die Thetafaktoren nicht ihre Beträge ändern, darf dies auch der Exponentialfaktor $e^{b_0 w}$ nicht tun, was bei reellem b_0 nur möglich ist, wenn b_0 verschwindet.

Das Schwarz-Christoffelsche Integral für die Abbildung zweifach zusammenhängender Polygongebiete lautet also

$$\boldsymbol{z(w) = C_1 \int_{w}^{w_0} \prod_{\mu=1}^{m} (\vartheta_1(w - d_\mu | \tau))^{\gamma_\mu - 1} \prod_{\nu=1}^{n} (\vartheta_4(w - e_\nu | \tau))^{\delta_\nu - 1} dw + C_2} . \tag{15.2.5}$$

Falls der Punkt $z = \infty$ im Innern von $\mathfrak{G}_z$ liegt, tritt zu dem Integranden noch ein Faktor der Form

$$(\vartheta_1(w - e_\infty | \tau) \, \vartheta_1(w - \bar{e}_\infty | \tau))^{-2}, \tag{15.2.6}$$

wobei das Residuum an der Stelle $w = e_\infty$ verschwinden muß. Ebenso sind die in § 14 eingeführten Zusatzfaktoren durch die entsprechenden Thetafaktoren zu ersetzen, wenn zweifach zusammenhängende Polygone in Kreis- oder Kegelschnittnetzen abgebildet werden sollen.

Abgesehen von diesen Zusatzfaktoren erhält das Schwarz-Christoffelsche Integral (15.2.5) die folgenden Parameter:

1. Die $m + n$ singulären Stellen d_μ und e_ν, von denen wieder eine beliebig gewählt werden kann.

2. Das Periodenverhältnis τ.

Das sind insgesamt $m + n$ unbestimmte Parameter. Dem stehen $m + n - 2$ geometrische Konstanten von $\mathfrak{G}_z$ gegenüber, durch die dieses

Polygon bis auf eine ganz lineare Abbildung eindeutig bestimmt ist. Jede der beiden Randkurven $\mathfrak{C}_1$ und $\mathfrak{C}_2$ enthält nämlich für sich $m - 3$ bzw. $n - 3$ geometrische Konstanten, da wir jede für sich als Rand eines einfach zusammenhängenden Polygons betrachten können. Dazu kommen dann noch vier weitere reelle Konstanten, welche die Lage der beiden Randkurven zueinander regeln, entsprechend den beiden komplexen Koeffizienten einer ganz linearen Transformation, die die eine Randkurve in die vorgeschriebene Lage bringt.

Die beiden überzähligen Parameter dienen wieder dazu, die Schließungsbedingung zu erfüllen. Aus der Periodizität des Integranden von (15.2.5) folgt nämlich nur

$$z(w+1) = z(w) + b\,, \tag{15.2.7}$$

wir erhalten also bei beliebiger Wahl der Parameter ein *periodisches Polygon*[1]. Die beiden reellen Koeffizienten, die in der komplexen Periode b enthalten sind, entsprechen hier den beiden überzähligen Parametern von (15.2.5).

Um die Beziehung zwischen den Parametern des Schwarz-Christoffelschen Integrals und der Gestalt des Polygons $\mathfrak{G}_z$ zu bestimmen, haben wir zunächst die Seitenlängen zu berechnen. Diese Rechnungen verlaufen, wie die entsprechenden (13.2.1), ganz im Reellen. Man erhält so für die Seitenlängen auf $\mathfrak{C}_1$

$$l_i^{(1)} = |C_1| \int\limits_{d_{i-1}}^{d_i} \prod_{\mu=1}^{m} |\vartheta_1(w-d_\mu)|^{\gamma_\mu - 1} \prod_{\nu=1}^{n} |\vartheta_4(w-e_\nu)|^{\delta_\nu - 1}\, dw\,, \tag{15.2.8a}$$

und auf $\mathfrak{C}_2$[2]

$$l_k^{(2)} = |C_1| \int\limits_{e_{k-1}}^{e_k} \prod_{\mu=1}^{m} |\vartheta_4(w-d_\mu)|^{\gamma_\mu - 1} \prod_{\nu=1}^{n} |\vartheta_1(w-e_\nu)|^{\delta_\nu - 1}\, dw\,. \tag{15.2.8b}$$

Mit diesen Seitenlängen kann die Schließungsbedingung so geschrieben werden

$$\sum_{i=1}^{m} l_i^{(1)}\, e^{i\pi\alpha_i} = \sum_{k=1}^{n} l_k^{(2)}\, e^{i\pi\beta_k} = 0\,, \tag{15.2.9}$$

wobei die Erfüllung der einen Gleichung die der anderen nach sich zieht. Die Größen $\pi\,\alpha_i$ und $\pi\,\beta_k$ sollen die Winkel zwischen der zugehörigen

[1] Vgl. 11.1b. Wir können also auch die Abbildung periodischer Polygone mit Hilfe des Ansatzes (15.2.5) durchführen.

[2] Hier ist die Gleichung (15.2.2) benutzt. Diese Gleichung gilt nicht mehr, wenn ein Zusatzfaktor (15.2.6) auftritt. Wir dürfen es dem Leser überlassen, die Formel (15.2.8b) für diesen Fall entsprechend abzuändern. Ebenso wollen wir hier nicht näher auf den Fall eingehen, daß Ecken im Unendlichen liegen. Die Überlegungen von 13.2 lassen sich ohne Schwierigkeit auf zweifach zusammenhängende Polygone übertragen.

Seite und der reellen z-Achse sein; sie seien so festgelegt, daß

$$\alpha_{i+1} - \alpha_i = 1 - \gamma_i, \quad \beta_{k+1} - \beta_k = 1 - \delta_k \tag{15.2.10}$$

wird.

Um die Lage der beiden Randkurven zueinander zu bestimmen, integrieren wir ausgehend von einer singulären Stelle $w = d_i$ geradlinig nach $w = d_i + \tau$. Hierbei überschreitet der Integrationsweg die Gerade $\mathfrak{J}\left(w - \frac{\tau}{2}\right) = 0$ zwischen den Punkten $w = \frac{\tau}{2} + e_{k-1}$ und $w = \frac{\tau}{2} + e_k$. Auf Grund des Spiegelungsprinzips entspricht bei dieser Fortsetzung dem Punkt $w = d_i + \tau$ in der z-Ebene das Spiegelbild ε_i^* der Ecke ε_i bezüglich der Seite $s_k^{(2)}$ von $\mathfrak{C}_2$. Der Betrag des Integrals

$$S_i = \left| C_1 \int\limits_{d_i}^{d_i+\tau} \prod_{\mu=1}^{m} (\vartheta_1(w - d_\mu))^{\gamma_\mu - 1} \prod_{\nu=1}^{n} (\vartheta_4(w - e_\nu))^{\delta_\nu - 1} \, dw \right| \tag{15.2.11}$$

ist also, ähnlich wie in (13.2.10), gleich dem Abstand zwischen ε_i^* und ε_i oder gleich dem doppelten Abstand der Ecke ε_i von der Seite $s_k^{(2)}$ (vgl. Abb. 90).

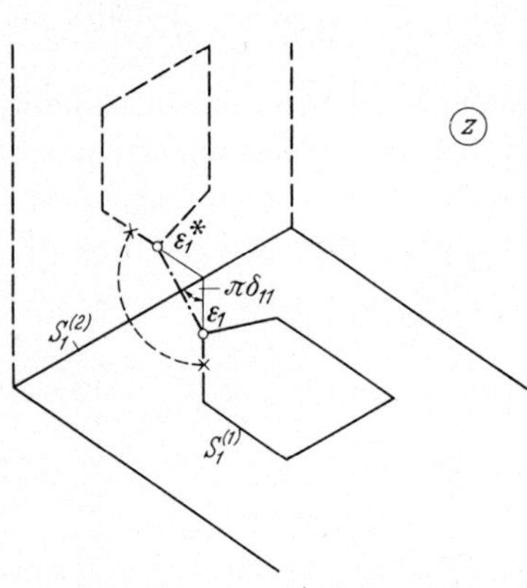

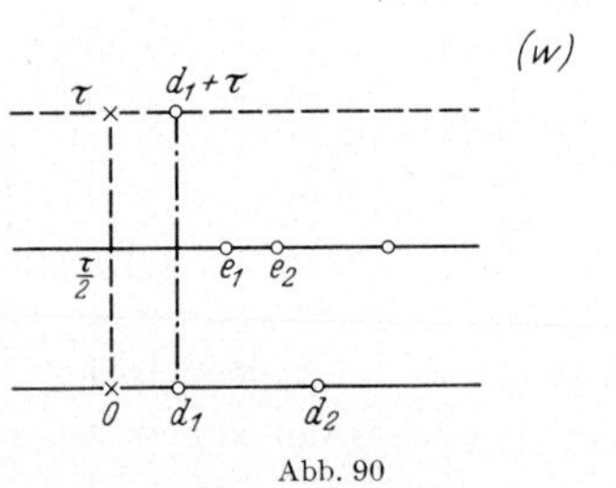

Abb. 90

Ähnlich läßt sich auch der Winkel $\delta_{ik}\pi$ zwischen einer Seite $s_i^{(1)}$ von $\mathfrak{C}_1$ und der Seite $s_k^{(2)}$ von $\mathfrak{C}_2$ berechnen. Der Winkel $\alpha_i\pi$ [vgl. (15.2.10)] zwischen $s_i^{(1)}$ und der reellen z-Achse ist gleich dem Argument des Integranden[1] auf der Strecke zwischen $w = d_{i-1}$ und $w = d_i$

$$\alpha_i \pi = \arg z'(w_0), \quad d_{i-1} < w_0 < d_i. \tag{15.2.12}$$

Setzen wir $z'(w)$ von w_0 nach $w_0 + \tau$ analytisch fort und überschreiten dabei die Strecke zwischen $w = \frac{\tau}{2} + e_{k-1}$ und $w = \frac{\tau}{2} + e_k$, so ist auf Grund des Spiegelungsprinzips $\arg z'(w_0 + \tau)$ gleich dem Winkel zwischen der reellen z-Achse und der an $s_k^{(2)}$ gespiegelten Seite $s_i^{*(1)}$ (vgl. Abb. 90) und daher

$$\arg z'(w_0 + \tau) = \arg z'(w_0) + 2\pi\,\delta_{ik}. \tag{15.2.13}$$

---

[1] Ebenso wie beim gewöhnlichen Schwarz-Christoffelschen Integral ändert sich auch hier nicht das arg $z'(w)$ auf den Strecken, die den Seiten von $\mathfrak{G}_z$ entsprechen.

Der Einfachheit halber wählen wir $w_0 = 0$ und setzen $z'(w)$ von 0 nach τ längs der imaginären w-Achse fort. Zu diesem Weg gehören die Seiten $s_1^{(1)}$ und $s_1^{(2)}$ und wir erhalten so aus (15.2.13) den Winkel $\pi\delta_{11}$. Alle anderen Winkel $\pi\delta_{ik}$ sind hieraus mit Hilfe der bekannten Innenwinkel $\gamma_\mu\pi$ und $\delta_\nu\pi$ leicht zu berechnen.

Für die analytische Fortsetzung der Thetafaktoren im Rechteck[1]

$$-1 < \Re(v) < 0\,, \quad 0 \leqq \Im(v) \leqq |\tau|$$

gilt nun die Relation

$$(\vartheta_j(v+\tau|\tau))^r = e^{-i\pi r(2v+1+\tau)}(\vartheta_j(v|\tau))^r, \quad (j=1,4)\,, \qquad (15.2.14)$$

und damit unter Berücksichtigung von (15.2.2)

$$\arg z'(\tau) = \arg z'(0) + \pi \sum_{\mu=1}^{m} d_\mu(\gamma_\mu - 1) + \pi \sum_{\nu=1}^{n} e_\nu(\delta_\nu - 1)\,. \qquad (15.2.15)$$

In Verbindung mit (15.2.13) folgt daraus

$$\boldsymbol{\delta}_{11} = \frac{1}{2}\left[\sum_{\mu=1}^{m} \boldsymbol{d}_\mu(\boldsymbol{\gamma}_\mu - 1) + \sum_{\nu=1}^{n} \boldsymbol{e}_\nu(\boldsymbol{\delta}_\nu - 1)\right]. \qquad (15.2.16)$$

Um die Gestalt des Polygons $\mathfrak{G}_z$ zu bestimmen, haben wir also auszurechnen:

1. $m+n-2$ Seitenlängen (15.2.8a, b). Die restlichen zwei bestimmen sich aus

$$\sum_{i=1}^{m} l_i^{(1)} e^{i\pi\alpha_i} = \sum_{k=1}^{n} l_k^{(2)} e^{i\pi\beta_k}\,. \qquad (15.2.9\text{a})$$

2. Zwei Integrale der Form (15.2.11); zusammen mit (15.2.16) legen diese die Lage der beiden Randkurven $\mathfrak{C}_1$ und $\mathfrak{C}_2$ zueinander fest.

Damit haben wir $m+n+1$ Bestimmungsgleichungen für die Größen d_i, e_k, τ und C_1, wobei noch einer der Parameter d_i oder e_k willkürlich festgelegt werden kann. Numerisch können diese Gleichungen durch Eingabeln oder mit Hilfe des Newtonschen Verfahrens gelöst werden. Das Matthieusche Verfahren (vgl. den Schluß von 13.5) stößt auf Schwierigkeiten, da hier schon das Näherungspolygon die Schließungsbedingung erfüllen müßte.

15.3. Spezialfälle. Das Integral (15.2.5) läßt sich geschlossen auswerten, wenn der Integrand eine doppeltperiodische Funktion ist. Das ist genau dann der Fall, wenn alle Seiten des zugehörigen Polygons $\mathfrak{G}_z$ parallel sind. Dies läßt sich so einsehen: Eine doppelte Spiegelung an parallelen Seiten ist gleich einer Verschiebung

$$s_2(s_1(z)) = z + b\,, \qquad (15.3.1)$$

---

[1] Nach Voraussetzung ist $0 < d_\mu < 1$, $0 < e_\nu < 1$. Die imaginäre w-Achse liegt also für alle Thetafaktoren in diesem Rechteck.

wo b gleich dem doppelten Abstand der betreffenden Seiten ist. Gegenüber solchen Transformationen ändert sich schon die Ableitung $z'(w)$ nicht. Hieraus schließt man, daß $z'(w)$ doppeltperiodisch ist.

Ist das der Fall, so ist der Integrand $z'(w)$ allein durch die Angabe der Polstellen[1] mit den zugehörigen Entwicklungen bis auf eine additive Konstante eindeutig bestimmt. Die additive Konstante kann dann so gewählt werden, daß die Schließungsbedingung erfüllt ist. Die Residuen der Pole von $z'(w)$ sind nach (13.2.14) in einfacher Weise mit der Gestalt des Polygons $\mathfrak{G}_z$ verknüpft. Genauer durchgerechnete Beispiele finden sich in B 8.1.

Allgemeiner läßt sich die Abbildungsfunktion $z(w)$ immer dann explizit angeben, wenn alle Seiten von $\mathfrak{G}_z$ einem Kreisbüschel angehören. Außer dem schon betrachteten Fall gehören hierzu Polygone, deren Seiten alle auf *Geraden durch den Nullpunkt* oder alle auf *konzentrischen Kreisen* liegen. Die doppelte Spiegelung an diesen Seiten ergibt eine Drehstreckung[2]

$$s_2(s_1(z)) = a z \tag{15.3.2}$$

und gegenüber solchen Transformationen ändert sich der Ausdruck

$$\frac{d}{dw} \log z(w) = \frac{z'(w)}{z(w)} \tag{15.3.3}$$

nicht. Dieser Ausdruck muß also doppeltperiodisch sein. Man bestimmt dann diese Funktion durch Reihenentwicklung in den Ecken von $\mathfrak{G}_z$ und gewinnt daraus $z(w)$ durch Integration..

Man kann die Abbildungsfunktion $z(w)$ auch ähnlich wie in 14.1 dadurch herleiten, daß man zunächst $\mathfrak{G}_z$ durch die Funktion (14.1.1)

$$W(z) = \log z$$

auf ein Geradenpolygon mit parallelen Seiten abbildet und damit auf den schon besprochenen Fall zurückführt. Hierbei muß der Integrand $W'(w)$ wieder durch Zusatzglieder ergänzt werden, falls die kritischen Punkte $z = 0, \infty$ im Innern von $\mathfrak{G}_z$ liegen. Durchgerechnete Beispiele finden sich in B 8.2 und 8.3.

Näherungsverfahren der konformen Abbildung

Mit den bisher geschilderten Methoden ist es in sehr vielen Fällen möglich, in der Praxis auftretende Abbildungsaufgaben vollständig zu lösen. Vielfach treten aber auch Gebiete auf, deren Ränder so kom-

---

[1] Den Polstellen von $z'(w)$ entsprechen die im Unendlichen liegenden Ecken des Polygons $\mathfrak{G}_z$. Wir brauchen hier also nur für diese Ecken die zugehörigen d_μ bzw. e_ν zu bestimmen.

[2] Genauer entweder eine Drehung oder eine Streckung.

pliziert sind, daß die Abbildungsfunktion nicht mehr explizit angegeben werden kann, obwohl deren Existenz durch den Riemannschen Abbildungssatz gesichert ist. Für diese Fälle sind eine Reihe von Näherungsmethoden ausgearbeitet worden, von denen wir die wichtigsten im folgenden kurz erläutern wollen.

Die Näherungsverfahren arbeiten nach sehr verschiedenen Prinzipien, so daß eine Einteilung der Verfahren in Gruppen ohne große Willkür nicht möglich ist. Vom Standpunkt der Praxis scheint mir folgende Einteilung zweckmäßig: Die eine Gruppe von Verfahren liefert ohne wesentliche Vorbereitung und ohne große Rechenarbeit eine nicht sehr genaue, aber für viele Zwecke ausreichende Näherung. Jede Steigerung der Genauigkeit ist aber dann mit einer derartigen Vergrößerung der Rechenarbeit verbunden, daß die Verfahren unrentabel werden. Solche Verfahren mögen eigentliche Näherungsverfahren heißen.

Dem steht eine andere Gruppe von Verfahren gegenüber, für die — oft beträchtliche — vorbereitende Rechnungen erforderlich sind. Ist das Verfahren aber einmal in Gang gesetzt, so macht es keine Schwierigkeit mehr, die Genauigkeit bis zu einem fast beliebig hohen Grad zu steigern. Da diese Verfahren alle in irgendeiner Weise auf Integralgleichungen aufgebaut sind, wollen wir sie Integralgleichungsverfahren nennen. Sie eignen sich im übrigen besonders für den Einsatz programmgesteuerter Rechenanlagen.

Wir werden zunächst in § 16 die historisch älteren und strukturell einfacheren eigentlichen Näherungsverfahren besprechen und dann in § 17 zu den heute in der Praxis allgemein bevorzugten Integralgleichungsverfahren übergehen. Zu bemerken ist noch, daß der Rechenaufwand für alle Näherungsverfahren relativ hoch ist, so daß es sich in jedem Fall empfiehlt, zunächst nach einer expliziten Lösung zu suchen, selbst wenn diese aller Wahrscheinlichkeit nach recht kompliziert ausfällt.

§ 16. Die eigentlichen Näherungsverfahren

16.1. Das Schmiegungsverfahren. Dies Verfahren geht aus von einem einfach zusammenhängenden Gebiet $\mathfrak{G}_0$ der z-Ebene, das ganz im *Innern des Einheitskreises* liegt. Es läßt sich zunächst zeigen, daß jedes über der Zahlenebene oder Zahlenkugel schlichte, einfach zusammenhängende Gebiet $\mathfrak{G}_\zeta$ mit mehr als zwei Randpunkten durch elementare Funktionen auf ein Gebiet $\mathfrak{G}_0$ abgebildet werden kann. Hat nämlich $\mathfrak{G}_\zeta$ einen äußeren Punkt, etwa $\zeta = \zeta_a$, so gibt es einen Kreis $|\zeta - \zeta_a| < \varepsilon$, der keinen Punkt von $\mathfrak{G}_\zeta$ enthält. Bildet man diesen Kreis durch eine gebrochen lineare Funktion auf das Äußere des Einheits kreises ab, so liegt das Bild von $\mathfrak{G}_\zeta$ ganz im Innern des Einheitskreises Hat $\mathfrak{G}_\zeta$ keinen äußeren Punkt, ist also die Randkurve ein Schlitz, so kann man zunächst die beiden nach Voraussetzung vorhandenen Randpunkte durch eine lineare Abbildung nach $\zeta^* = \pm 1$ bringen. Durch die weitere Abbildung

$$\zeta^* = \frac{1}{2}\left(\omega + \frac{1}{\omega}\right)$$

(vgl. 8.2, insbesondere Abb. 56) geht das Äußere jedes Schlitzes zwischen $\zeta^* = +1$ und $\zeta^* = -1$ in das Äußere eines Gebiets über, so daß das Bild von $\mathfrak{G}_\zeta$ in der ω-Ebene äußere Punkte besitzt.

Es möge der Punkt $z = 0$ in $\mathfrak{G}_0$ enthalten sein, was sich durch eine lineare Abbildung des Einheitskreises in sich stets erreichen läßt. Dann gibt es einen Kreis $|z| < \varrho$, der ganz in $\mathfrak{G}_0$ liegt, und ϱ_0 sei der größte Wert von ϱ, für den dies noch zutrifft. Es gibt dann eine Funktion $w_1(z)$, eine sog. *Schmiegungsfunktion*, die $\mathfrak{G}_0$ in ein ebenfalls ganz im Innern des Einheitskreises gelegenes schlichtes Gebiet $\mathfrak{G}_1$ überführt, so daß der Nullpunkt in sich übergeht und ein Kreis $|w_1| < \varrho_1$ ganz im Innern von $\mathfrak{G}_1$ liegt, für den $\varrho_1 > \varrho_0$ ist. Das Gebiet $\mathfrak{G}_1$ füllt also den Einheitskreis besser aus als das ursprüngliche Gebiet $\mathfrak{G}_0$. Das Verfahren kann fortgesetzt werden, indem man $\mathfrak{G}_1$ durch eine Schmiegungsfunktion auf ein Gebiet $\mathfrak{G}_2$, allgemein ein Gebiet $\mathfrak{G}_n$ auf ein Gebiet $\mathfrak{G}_{n+1}$ abbildet, wobei ein Kreis $|w_\nu| < \varrho_\nu$ im Innern von $\mathfrak{G}_\nu$ liegt mit $\varrho_{n+1} > \varrho_n$. Werden die Schmiegungsfunktionen geeignet gewählt, so unterscheidet sich ϱ_n für hinreichend großes n beliebig wenig von 1, d. h. der Rand von $\mathfrak{G}_n$ liegt beliebig nahe an dem Rand des Einheitskreises. Auf Grund des Schwarzschen Lemmas (vgl. 9.5) unterscheidet sich dann die Funktion $w_n(z)$, welche $\mathfrak{G}_0$ auf $\mathfrak{G}_n$ abbildet, beliebig wenig von der Funktion $w(z)$, die $\mathfrak{G}_0$ auf den Einheitskreis abbildet. Es konvergiert also die Folge $w_n(z)$ gegen $w(z)$, und da die Schmiegungsfunktionen explizit angegeben werden können, gewinnen wir so ein konvergentes Näherungsverfahren zur Herstellung der konformen Abbildung von $\mathfrak{G}_0$ auf den Einheitskreis.

Schmiegungsfunktionen können in großer Zahl angegeben werden. Eine, die in jedem Fall ausreicht und daher besonders für theoretische Untersuchungen (Beweis des Riemannschen Abbildungssatzes) wichtig ist, ist die folgende: Sei $z = a = \varrho_0 e^{i\varphi_0}$ einer der dem Nullpunkt am nächsten gelegenen Randpunkte von $\mathfrak{G}_0$. Dann wird zunächst durch

$$z^* = \frac{a - z}{1 - \bar{a}z} \tag{16.1.1}$$

[vgl. (7.3.9)] dieser Punkt nach $z^* = 0$ gebracht. Weiter bilden wir

$$z^{**} = \sqrt{z^*} \tag{16.1.2}$$

und schließlich

$$w_1 = \frac{\sqrt{a} - z^{**}}{1 - \sqrt{\bar{a}}\,z^{**}} = \frac{\sqrt{a}\,\sqrt{1 - \bar{a}z} - \sqrt{a - z}}{\sqrt{1 - \bar{a}z} - \sqrt{\bar{a}}\,\sqrt{a - z}}. \tag{16.1.3}$$

Hier sind die Wurzeln so zu bestimmen, daß der Punkt $z = 0$ in $w_1 = 0$ übergeht. Da der Verzweigungspunkt $z = a$ auf dem Rand von $\mathfrak{G}_0$ liegt, ist die Abbildung im Innern von $\mathfrak{G}_0$ überall konform. Außerdem ist $z(w_1)$ eine eindeutige Funktion, jedem Punkt aus $\mathfrak{G}_1$ entspricht also nur ein Punkt aus $\mathfrak{G}_0$, so daß $\mathfrak{G}_1$ schlicht über der w_1-Ebene liegt. Eine genauere Untersuchung zeigt überdies, daß der Kreis $|z| < \varrho_0$ durch (16.1.3) auf ein Gebiet abgebildet wird, das einen Kreis $|w_1| < \varrho_1$ mit $\varrho_1 > \varrho_0$ ganz im Innern enthält. Damit ist die Schmiegungseigenschaft von (16.1.3) bewiesen.

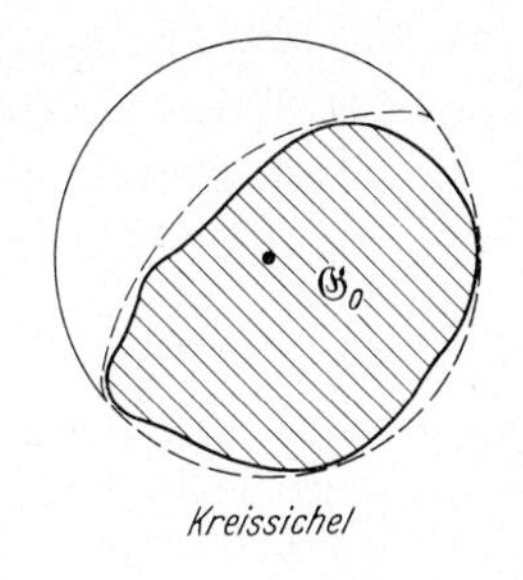

Für praktische Zwecke konvergieren die Schmiegungsfunktionen (16.1.3) zu langsam. Man hat daher eine Reihe von Funktionen mit besserer Schmiegwirkung vorgeschlagen, die zwar nicht immer, aber doch in fast allen praktisch wichtigen Fällen anwendbar sind. Das Gemeinsame an diesen Funktionen ist, daß sie ein Teilgebiet $\mathfrak{G}^*$ des Einheitskreises, in dem $\mathfrak{G}_0$ enthalten ist, so auf den vollen Einheitskreis abbilden, daß dabei der Nullpunkt in sich übergeht. Das Gebiet $\mathfrak{G}^*$ muß sich $\mathfrak{G}_0$ möglichst gut anpassen, darf aber andrerseits nicht zu kompliziert sein, damit die Abbildungsfunktion $w_1(z)$ noch bequem zu berechnen ist. In der Literatur sind folgende Gebiete $\mathfrak{G}^*$ näher untersucht worden (vgl. Abb. 91).

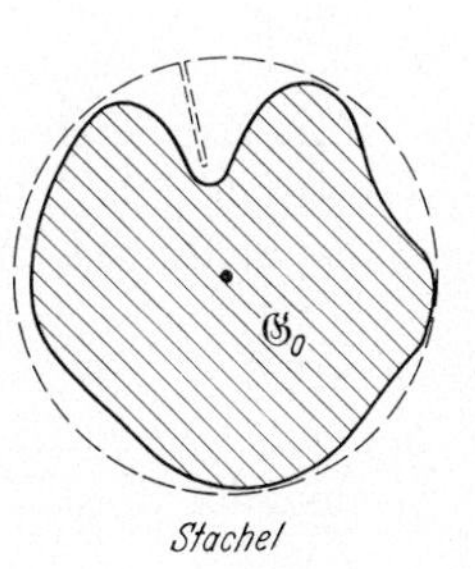

1. Die Kreissichel.
2. Einheitskreis mit Radialschlitz (Stachel).
3. Kreisbogendreieck mit zwei rechten Winkeln.

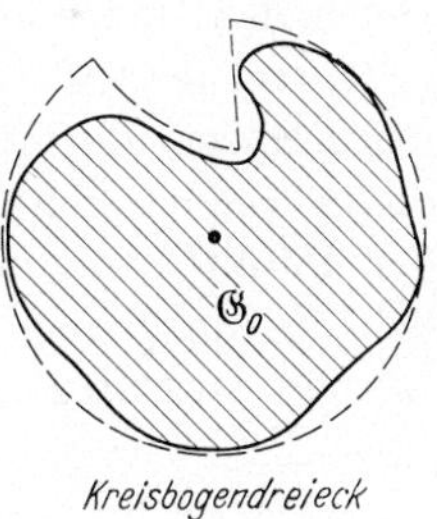

Abb. 91

Die zugehörigen Abbildungsfunktionen $w_1(z)$ werden in B 1.1 und B 3.1 hergeleitet.

Trotz der hierdurch erreichten Verbesserung weist das Verfahren für die Praxis einige *schwerwiegende Mängel* auf:

1. Die Konvergenz ist recht langsam, besonders an den Rändern. Die Werte an den Rändern sind aber für die meisten Anwendungen die wichtigsten.

2. Die Schmiegungsfunktionen sind verhältnismäßig kompliziert, zudem muß für jeden Iterationsschritt die zweckmäßigste Schmiegungsfunktion neu bestimmt werden. Dies schließt die Benutzung programm-

gesteuerter Rechenanlagen aus. Rationelles Arbeiten ist nur möglich, wenn die Funktionswerte graphisch bestimmt werden.

Aus diesen Gründen wird man das Verfahren nur bei sehr bescheidenen Genauigkeitsansprüchen oder als Vorbereitung für das Theodorsen-Verfahren verwenden.

Das Verfahren ist auch für die Abbildung *zweifach zusammenhängender Gebiete* auf einen *Kreisring* erweitert worden. Man bestimmt hier die Schmiegungsfunktionen so, daß abwechselnd die eine und dann wieder die andere Randkurve möglichst genau auf konzentrische Kreise abgebildet werden. Näheres ist der angegebenen Literatur zu entnehmen:

HEINHOLD, J., u. R. ALBRECHT: Zur Praxis der konformen Abbildung. Rendiconti Circulo Math. Palermo 3, 130—148 (1954).

ALBRECHT, R.: Zum Schmiegungsverfahren der konformen Abbildung. Z. angew. Math. Mech. 32, 316—318 (1952).

KOMATU, Y.: Ein alternierendes Approximationsverfahren für konforme Abbildung von einem Ringgebiet auf einen Kreisring. Proc. Jap. Acad. 21, 146—155 (1949).

16.2. Extremalverfahren. Das Verfahren geht aus von dem Mittelwertsatz (9.1.4). Ist $F(w)$, $w = \varrho\, e^{i\varphi}$, eine im Innern des Einheitskreises regulär analytische Funktion mit stetigen Randwerten, so gilt

$$\int_0^{2\pi} F(e^{i\varphi})\, d\varphi = 2\pi\, F(0)\,.$$

Daraus folgt

$$\int_0^{2\pi} |F(e^{i\varphi})|\, d\varphi \geqq 2\pi\, |F(0)|\,, \tag{16.2.1}$$

wobei das Gleichheitszeichen nur gelten kann, wenn $F(w) = \text{const}$ ist.

Es sei jetzt $\mathfrak{G}$ ein schlichtes, einfach zusammenhängendes Gebiet in der z-Ebene mit stückweise glattem Rand $\mathfrak{C}$. Die Funktion $w(z)$ bilde dieses Gebiet konform auf den Einheitskreis der w-Ebene ab, wobei der Punkt $z = z_0$ in den Punkt $w = 0$ übergehen möge. Ist $f(z)$ eine beliebige in $\mathfrak{G}$ regulär analytische Funktion mit stetigen Randwerten, so folgt aus (16.2.1)

$$\int_{\mathfrak{C}} |f(z)|\, |dz| = \int_{\substack{0\\(w=e^{i\varphi})}}^{2\pi} |f(z(w))|\, |z'(w)|\, d\varphi \geqq 2\pi \left|\frac{f(z_0)}{w'(z_0)}\right|, \tag{16.2.2}$$

und das Gleichheitszeichen kann nur stehen, wenn $\dfrac{f(z)}{w'(z)} = \text{const}$, d. h. wenn $f(z) = c\, w'(z)$ ist.

Wenn wir also das folgende *Extremalproblem* aufstellen: Unter allen in $\mathfrak{G}$ regulär analytischen Funktionen $f(z)$ mit stetigen Randwerten[1], für

[1] In evtl. vorhandenen Ecken von $\mathfrak{C}$ kann diese Bedingung abgeschwächt werden.

die $f(z_0) = 1$ ist, soll diejenige bestimmt werden, welche das Integral[1]

$$I_1(f) = \int_{\mathfrak{C}} |f(z)|\,|dz| \tag{16.2.3}$$

zu einem *Minimum* macht, so ist die — bis auf einen Faktor vom Betrage 1 eindeutig bestimmte — Lösung des Problems die Funktion

$$f^*(z) = \frac{w'(z)}{|w'(z_0)|}. \tag{16.2.4}$$

Hieraus läßt sich die Abbildungsfunktion $w(z)$ durch Integration gewinnen. Das Minimum selbst wird

$$I_1(f^*) = \frac{2\pi}{|w'(z_0)|}. \tag{16.2.5}$$

Numerisch kann dies Variationsproblem wie üblich nach dem Ritzschen Verfahren behandelt werden. Wir setzen

$$f(z) = \varphi^2(z) \qquad \text{d. h.} \qquad |f(z)| = \varphi(z)\,\overline{\varphi(z)} \tag{16.2.6}$$

und machen für eine n-te Näherung $\varphi_n(z)$ den Ansatz

$$\varphi_n(z) = \psi_0(z) + \sum_{\nu=1}^{n} \alpha_\nu \psi_\nu(z), \tag{16.2.7}$$

wo die $\psi_\nu(z)$ geeignet gewählte, linear unabhängige Funktionen sind. Damit die Nebenbedingung $f(z_0) = 1$ für beliebige Koeffizienten α_ν erfüllt ist, muß $\psi_0(z_0) = 1$ und für $\nu > 0$, $\psi_\nu(z_0) = 0$ sein. Definieren wir als *Skalarprodukt* $(\psi_\nu \psi_\mu)$ das Integral

$$(\psi_\nu \psi_\mu) = \int_{\mathfrak{C}} \psi_\nu(z)\,\overline{\psi_\mu(z)}\,|dz|, \tag{16.2.8}$$

so erteilt unter allen Funktionen (16.2.7) diejenige Funktion $\varphi_n^*(z)$ dem Integral $I_1(f_n^*) = (\varphi_n^* \varphi_n^*)$ den kleinsten Wert, welche der Bedingung genügt

$$(\varphi_n^* \psi_\nu) = 0, \qquad \text{für} \qquad \nu = 1, \ldots, n. \tag{16.2.9}$$

Hieraus gewinnt man ein lineares Gleichungssystem für die Koeffizienten α_ν. Die Lösung $\varphi_n^*(z)$ läßt sich auch in Determinantenform schreiben

$$\varphi_n^*(z) = \frac{\begin{vmatrix} \psi_0(z) & (\psi_0\psi_1) & (\psi_0\psi_2) & \cdots & (\psi_0\psi_n) \\ \psi_1(z) & (\psi_1\psi_1) & (\psi_1\psi_2) & \cdots & (\psi_1\psi_n) \\ \cdots & \cdots & \cdots & \cdots & \cdots \\ \psi_n(z) & (\psi_n\psi_1) & (\psi_n\psi_2) & \cdots & (\psi_n\psi_n) \end{vmatrix}}{\begin{vmatrix} (\psi_1\psi_1) & (\psi_1\psi_2) & \cdots & (\psi_1\psi_n) \\ (\psi_2\psi_1) & (\psi_2\psi_2) & \cdots & (\psi_2\psi_n) \\ \cdots & \cdots & \cdots & \cdots \\ (\psi_n\psi_1) & (\psi_n\psi_2) & \cdots & (\psi_n\psi_n) \end{vmatrix}}. \tag{16.2.10}$$

[1] Das Integral (16.2.3) kann folgendermaßen geometrisch gedeutet werden: Es werde durch eine Funktion $\omega(z)$ das Gebiet $\mathfrak{G}$ konform auf ein Gebiet $\mathfrak{G}_\omega$ abgebildet. Setzen wir jetzt $f(z) = \omega'(z)$, so stellt $I_1(\omega')$ die Länge der Randkurve von $\mathfrak{G}_\omega$ dar. Es gilt also der Satz: Wird $\mathfrak{G}$ bei festgehaltenem Abbildungsmaßstab an der Stelle $z = z_0$ konform auf ein Gebiet $\mathfrak{G}_\omega$ abgebildet, so ist die Länge der Randkurve von $\mathfrak{G}_\omega$ ein Minimum, wenn $\mathfrak{G}_\omega$ ein Kreis ist.

Genauer untersucht ist der Fall, daß $\varphi_n(z)$ ein *Polynom* n-ten Grades ist. Es wird dann $\psi_\nu(z) = (z - z_0)^\nu$. Die Folge $\varphi_n^*(z)$ konvergiert dann gegen die Funktion (16.2.4), wenn der Rand $\mathfrak{C}$ von $\mathfrak{G}$ eine *einfache* geschlossene Kurve ist, nicht dagegen für Gebiete mit Schlitzen.

Zur numerischen Durchführung des Verfahrens ist zu sagen, daß die Zahl der Rechenoperationen bei der Bestimmung von $\varphi_n(z)$ mit n^3 wächst, so daß der Ansatz (16.2.7) unbrauchbar wird, wenn eine hinreichend genaue Approximation erst durch eine größere Zahl von Gliedern erreicht werden kann. Demgegenüber sind die Rechnungen selbst einfach und auch für Rechenautomaten geeignet.

Von dem Verfahren existiert noch die folgende Modifikation, bei der das Kurvenintegral (16.2.3) durch ein Flächenintegral ersetzt wird. Aus dem Mittelwertsatz folgt

$$\int_0^1 \int_0^{2\pi} F(\varrho\, e^{i\varphi})\, \varrho\, d\varphi\, d\varrho = \pi F(0) \tag{16.2.11}$$

und damit

$$\int_0^1 \int_0^{2\pi} |F(\varrho\, e^{i\varphi})|\, \varrho\, d\varphi\, d\varrho \geqq \pi F(0)\,, \tag{16.2.12}$$

wo wieder das Gleichheitszeichen nur für $F(w) = \text{const}$ stehen kann. Durch Übergang zur z-Ebene erhalten wir wie in (16.2.2)

$$\iint_{\mathfrak{G}} f(z)\, \overline{f(z)}\, dz\, \overline{dz} \geqq \pi \left|\frac{f(z_0)}{w'(z_0)}\right|^2. \tag{16.2.13}$$

Auf Grund dieser Beziehung läßt sich das folgende Variationsproblem formulieren: Unter den in $\mathfrak{G}$ regulär analytischen Funktionen $f(z)$ mit $f(z_0) = 1$ ist diejenige zu bestimmen, welche das Integral[1]

$$I_2(f) = \iint_{\mathfrak{G}} f(z)\, \overline{f(z)}\, dz\, \overline{dz} \tag{16.2.14}$$

zum Minimum macht. Die Lösung $f^*(z)$ dieses Problems ist wieder durch (16.2.4) gegeben.

Numerisch läßt sich diese Aufgabe genau wie erstere durch einen Ansatz der Form

$$f_n(z) = \psi_0(z) + \sum_{\nu=1}^{n} \alpha_\nu \psi_\nu(z) \tag{16.2.15}$$

behandeln. Die Rechenarbeit ist etwa die gleiche wie bei den Kurvenintegralen. Theoretisch hat dieses zweite Verfahren den Vorteil, daß

[1] Mit den in der Fußnote 1 S. 185 eingeführten Bezeichnungen stellt $I_2(\omega')$ den Flächeninhalt von $\mathfrak{G}_\omega$ dar. Unter allen Gebieten, auf die $\mathfrak{G}$ unter Festhalten des Abbildungsmaßstabs bei z_0 konform abgebildet werden kann, hat also der Kreis den kleinsten Flächeninhalt.

keine Differenzierbarkeitsvoraussetzungen über den Rand von $\mathfrak{G}$ erforderlich sind, doch hat dieser Umstand für die Praxis keine Bedeutung.

Weitergehende Einzelheiten finden sich in L. BIEBERBACH: Zur Theorie und Praxis der konformen Abbildung. Rendiconti Circulo Math. Palermo **38**, 98—112 (1914).

G. SZEGÖ: Über orthogonale Polynome, die zu einer gegebenen Kurve der komplexen Ebene gehören. Math. Z. **9**, 218—270 (1921).

Neuere Untersuchungen sind zusammengestellt von Z. NEHARI: The Kernel Function and the Construction of Conformal Maps. Nat. Bureau of Standards Appl. Math. Ser. **18**, 215—224 (1952).

16.3. Graphische Verfahren. Ein Isothermennetz ist durch die beiden folgenden Eigenschaften gekennzeichnet:

1. Die beiden Scharen der Netzlinien stehen aufeinander senkrecht.
2. Die Netzmaschen sind im „Kleinen" quadratisch.

Diese Eigenschaften können zur *graphischen Konstruktion* von Isothermennetzen benutzt werden.

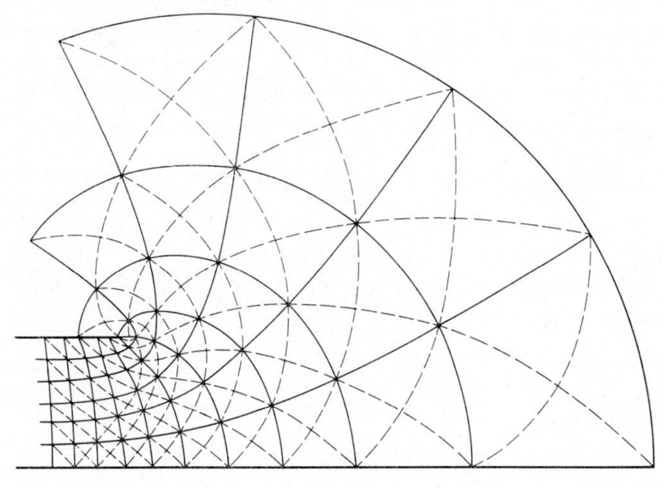

Abb. 92

In der Praxis ist meist irgendein Randwertproblem gegeben. Man entwirft dann zunächst nach Gefühl unter Berücksichtigung der Randbedingungen eine erste Näherung für das zugehörige Isothermennetz und korrigiert diese Näherung auf Grund der geometrischen Bedingungen. Dabei kann die Orthogonalität der Netzlinien leicht nachgeprüft werden, etwa mit Hilfe eines Spiegellineals. Ferner müssen bei genügend feiner und gleichmäßiger Unterteilung die Netzmaschen sich immer besser kleinen Quadraten annähern. Diese Eigenschaft prüft man am besten dadurch nach, daß man das Netz der Diagonalen zeichnet (vgl. Abb. 92), das ebenfalls ein Isothermennetz, also insbesondere ein orthogonales

Netz sein muß. Andrerseits ist auch die Orthogonalität der Diagonalen charakteristisch für ein Isothermennetz.

Bei einiger Übung und zeichnerischem Geschick kommt man so sehr schnell zu brauchbaren Näherungen, und das Verfahren wird daher in der Praxis viel benutzt. Ein numerisches Gegenstück ist das *Differenzenverfahren* von LIEBMANN, das ebenfalls mit Erfolg für derartige Aufgaben angewendet wird.

Genauere Untersuchungen über die geometrische Gestalt von Isothermennetzen finden sich u. a. in der Arbeit von F. RINGLEB: Numerische und graphische Verfahren der konformen Abbildung. Forsch.-Bericht Luftfahrt-Forsch. Heidelberg 1944, 31 S.

Zum Verfahren von H. LIEBMANN siehe L. COLLATZ: Numerische Behandlung von Differentialgleichungen. 2. Aufl. S. 320ff. Berlin-Göttingen-Heidelberg 1955. Vgl. auch C. RUNGE: Z. Math. Phys. **56**, 225—232 (1908).

§ 17. Die Integralgleichungsverfahren

17.1. Das Verfahren von THEODORSEN und GARRICK[1]**.** Dieses heute wohl am meisten benutzte Verfahren beruht auf folgendem Grundgedanken: Es werde der Einheitskreis der z-Ebene durch die Funktion $w(z)$ konform auf ein schlichtes endliches Gebiet $\mathfrak{G}$ der w-Ebene abgebildet, wobei $w(0) = 0$ ist (der Nullpunkt liege also im Innern von $\mathfrak{G}$) und $w'(0)$ reell sein möge. Dann ist die Funktion[2]

$$\omega(z) = \log \frac{w(z)}{z} \tag{17.1.1}$$

im Einheitskreis regulär analytisch. Der Rand von $\mathfrak{G}$ sei eine stückweise glatte Kurve $\mathfrak{C}$. Mit $z = r e^{i\varphi}$, $w = \varrho e^{i\vartheta}$ sind die Punkte von $\mathfrak{C}$ durch die Gleichung

$$w(e^{i\varphi}) = \varrho(\varphi)\, e^{i\vartheta(\varphi)} \tag{17.1.2}$$

gegeben. Auf dem Rand des Einheitskreises nimmt dann die Funktion $\omega(z)$ die Werte

$$\omega(e^{i\varphi}) = \log\varrho(\varphi) + i((\vartheta(\varphi) - \varphi)$$

an, d. h. $\log\varrho(\varphi)$ und $\vartheta(\varphi) - \varphi$ sind *Real-* und *Imaginärteil* einer im Einheitskreis regulär analytischen Funktion. Nach (9.2.12) mit $\varrho = R = 1$ und $V(0) = 0$ besteht zwischen diesen beiden Größen die Beziehung

$$\vartheta(\varphi) - \varphi = \frac{1}{2\pi} \int_0^{2\pi} \log\varrho(\psi) \operatorname{cotg} \frac{\varphi - \psi}{2}\, d\psi\,. \tag{17.1.3}$$

Ist nun nicht die Funktion $w(z)$ sondern der Rand $\mathfrak{C}$ von $\mathfrak{G}$ in der Form $\varrho = \varrho(\vartheta)$ gegeben, so stellt (17.1.3) eine Integralgleichung für die

[1] THEODORSEN, T., u. I. E. GARRICK: General potential theory of arbitrary wing sections. NACA Rep. Nr. 452 (1933).

[2] Die Funktion $\omega(w) = \omega(z(w))$ ist gleich dem regulären Teil $\gamma(w, 0)$ der Greenschen Funktion (9.1.11) für das Gebiet $\mathfrak{G}$ mit dem Aufpunkt $w = 0$.

unbekannte Funktion $\vartheta(\varphi)$ dar

$$\vartheta(\varphi) = \varphi + \frac{1}{2\pi} \int_0^{2\pi} \log \varrho(\vartheta(\psi)) \operatorname{cotg} \frac{\varphi - \psi}{2} \, d\psi \, . \tag{17.1.4}$$

Hat man die Funktion $\vartheta(\varphi)$ aus dieser Integralgleichung bestimmt, so kann man daraus leicht mit Hilfe der Schwarzschen Formel (9.2.12) die Funktion $\omega(z)$ und daraus weiter die Abbildungsfunktion $w(z)$ berechnen, welche das Gebiet $\mathfrak{G}$ auf den Einheitskreis abbildet.

Die Integralgleichung (17.1.4) läßt sich für „*kreisnahe*“ Gebiete, d. h. für Gebiete, deren Randkurve sich nur wenig vom Einheitskreis unterscheidet[1], durch *Iteration* lösen. Wir setzen zu diesem Zweck

$$\begin{aligned} \vartheta^{(0)}(\varphi) &= \varphi \\ \vartheta^{(\nu)}(\varphi) &= \varphi + \frac{1}{2\pi} \int_0^{2\pi} \log \varrho(\vartheta^{(\nu-1)}(\psi)) \operatorname{cotg} \frac{\varphi - \psi}{2} \, d\psi \, . \end{aligned} \tag{17.1.5}$$

Diese Integrale sind allerdings wegen der Singularität des Integranden bei $\psi = \varphi$ noch gar nicht erklärt. Um zu konvergenten Integralen zu kommen, kann man sich überlegen, daß der durch (9.2.11) gegebene Imaginärteil einer analytischen Funktion sich nicht ändert, wenn man zu den Randwerten des Realteils ein konstantes Glied hinzuaddiert. Wir dürfen daher allgemein so umformen

$$\begin{aligned} \int_0^{2\pi} F(\psi) \operatorname{cotg} \frac{\varphi - \psi}{2} \, d\psi &= \int_0^{2\pi} (F(\psi) - F(\varphi)) \operatorname{cotg} \frac{\varphi - \psi}{2} \, d\psi = \\ &= - \int_0^{\pi} (F(\varphi + t) - F(\varphi - t)) \operatorname{cotg} \frac{t}{2} \, dt \, . \end{aligned} \tag{17.1.6}$$

Ist insbesondere $F(\varphi)$ stetig differenzierbar, so wird näherungsweise für kleine ε

$$\int_0^{\varepsilon} (F(\varphi + t) - F(\varphi - t)) \operatorname{cotg} \frac{t}{2} \, dt \cong 4 \varepsilon F'(\varphi) \, , \tag{17.1.7}$$

und das von ε nach π laufende Restintegral kann mit den gewöhnlichen numerischen Methoden ausgewertet werden.

Die entsprechend modifizierte Folge (17.1.5) konvergiert gegen die Lösung $\vartheta(\varphi)$ des Problems, wenn

$$\left| \frac{d}{d\vartheta} \log \varrho(\vartheta) \right| < \varepsilon < 1 \tag{17.1.8}$$

ist. Diese Bedingung bedeutet geometrisch, daß die Randkurve $\mathfrak{C}$ von $\mathfrak{G}$ die Kreise $\varrho = \text{const}$ nur unter Winkeln schneiden darf, die kleiner als 45° sind. Insbesondere darf jeder Strahl durch den Nullpunkt die Randkurve nur einmal schneiden[2].

[1] Genauere Bedingungen für den Rand von $\mathfrak{G}$ geben wir in (17.1.8).

[2] Gebiete mit dieser Eigenschaft werden auch als sternige Gebiete bezeichnet.

Genauer ist der Fehler der n-ten Iterierten $\vartheta^{(n)}(\varphi)$ von der Größenordnung

$$|\vartheta^{(n)}(\varphi) - \vartheta(\varphi)| \leqq C \frac{(\sqrt{\varepsilon})^n}{1-\sqrt{\varepsilon}}, \tag{17.1.9}$$

mit der in (17.1.8) definierten Größe ε.

Das Verfahren konvergiert also etwa so stark wie eine geometrische Reihe. Genauere Abschätzungen finden sich in der angegebenen Literatur[1].

Die praktische Rechnung wird besonders einfach, wenn man die auftretenden Funktionen in *Fourierreihen* entwickelt und hierfür die Methode der *trigonometrischen Interpolation* benutzt. Wir legen hierzu auf dem Einheitskreis in der z-Ebene $2N$ Punkte mit

$$\varphi_k = \frac{k\pi}{N}, \qquad k = 0, 1, \ldots, 2N-1,$$

fest und nennen

$$\vartheta_k^{(\nu)} = \vartheta^{(\nu)}(\varphi_k), \qquad F_k^{(\nu)} = \log \varrho(\vartheta^{(\nu)}(\varphi_k)). \tag{17.1.10}$$

Aus dem Ansatz

$$F_k^{(\nu)} = \frac{a_0^{(\nu)}}{2} + \sum_{n=1}^{N} (a_n^{(\nu)} \cos n\,\varphi_k + b_n^{(\nu)} \sin n\,\varphi_k) \tag{17.1.11}$$

errechnet man als Näherungswerte für die Fourierkoeffizienten

$$\begin{aligned} a_n^{(\nu)} &= \frac{1}{N} \sum_{k=0}^{2N-1} F_n^{(\nu)} \cos n\,\varphi_k, \qquad n = 0, 1 \ldots, N, \\ b_n^{(\nu)} &= \frac{1}{N} \sum_{k=1}^{2N-1} F_k^{(\nu)} \sin n\,\varphi_k, \qquad n = 1, 2, \ldots, N-1. \end{aligned} \tag{17.1.12}$$

Nach (9.3.5) ist dann — bis auf den Fehler, der durch Abbrechen der Fourierreihe entsteht — die zu $F_k^{(\nu)}$ konjugiert harmonische Funktion

$$\vartheta_k^{(\nu+1)} - \varphi_k = \sum_{n=1}^{N} (-b_n^{(\nu)} \cos n\,\varphi_k + a_n^{(\nu)} \sin n\,\varphi_k). \tag{17.1.13}$$

Setzt man hierin die Werte (17.1.12) für $a_n^{(\nu)}$ und $b_n^{(\nu)}$ ein, so erhält man die Formel

$$\vartheta_k^{(\nu+1)} - \varphi_k = -\frac{1}{N} \sum_{n=1}^{N} (F_{k+n}^{(\nu)} - F_{k-n}^{(\nu)}) \operatorname{cotg} \frac{\varphi_n}{2}, \tag{17.1.14}$$

wo $F_{1\pm 2N} = F_1$ zu setzen ist. Zusammen mit (17.1.10) und den Anfangswerten

$$\vartheta_k^{(0)} = \varphi_k$$

[1] Siehe Warschawski, E.: On Theodorsen's method of conformal mapping of nearly circular regions. Quart. appl. Math. **3**, 12—28 (1945). — Ostrowski, A. M.: On the Convergence of Theodorsen's and Garrick's Method of conformal mapping. Nat. Bureau of Standards. Appl. Math. Ser. **18**, 149—164 (1952).

bildet diese Gleichung eine Iterationsvorschrift für die Größen $\vartheta_k^{(\nu)}$ und $F_k^{(\nu)}$, wobei bemerkenswert ist, daß die endliche Summe (17.1.14) eine Form hat, die genau dem Integral (17.1.7) entspricht. Konvergiert das Verfahren, so kann man aus den Grenzwerten

$$\vartheta_k = \lim_{\nu \to \infty} \vartheta_k^{(\nu)}, \qquad F_k = \lim_{\nu \to \infty} F_k^{(\nu)}$$

mit Hilfe von (17.1.12) die Fourierkoeffizienten a_n und b_n berechnen und erhält als Näherung $\tilde{\omega}(z)$ für die Funktion (17.1.1)

$$\tilde{\omega}(z) = \frac{a_0}{2} + \sum_{n=1}^{N-1} (a_n - i b_n) z^n + a_N z^N, \tag{17.1.15}$$

und als Näherung $\tilde{w}(z)$ für die Abbildungsfunktion (wz)

$$\tilde{w}(z) = z e^{\tilde{\omega}(z)}. \tag{17.1.16}$$

Die Funktion $\tilde{w}(z)$ bildet den Einheitskreis auf ein Gebiet $\tilde{\mathfrak{G}}$ ab, deren Randkurve $\tilde{\mathfrak{C}}$ die Kurve $\mathfrak{C}$ in den $2N$ Punkten schneidet, die den Punkten $z = e^{i\varphi_k}$ entsprechen. In den Zwischenpunkten läßt sich die Güte der Näherung leicht bestimmen. Reicht sie nicht aus, so muß das Verfahren mit einer größeren Zahl — etwa $4N$ — Punkten wiederholt werden, wobei die schon gewonnenen ϑ_k und F_k als erste Näherung benutzt werden können.

Die eben geschilderte Approximation durch Fourierreihen eignet sich besonders für Gebiete mit überall *glatten* — möglichst sogar analytischen — Randkurven. Dagegen lassen sich Unregelmäßigkeiten im Kurvenverlauf besser durch direkte Auswertung der modifizierten Integrale (17.1.5) [bzw. (17.1.6)] berücksichtigen. Zu denken ist hier besonders an den Fall, daß die Randkurve zum Teil bereits mit dem Einheitskreis übereinstimmt, daß also $\log \varrho(\vartheta)$ nur in einem Teilintervall von Null verschieden ist.

Das Verfahren läßt sich auch auf zweifach zusammenhängende Gebiete übertragen, wobei die in 10.3 hergeleiteten Integralformeln benutzt werden. Nähere Einzelheiten finden sich in der angegebenen Literatur[1].

17.2. Die Integralgleichung von Gerschgorin und Lichtenstein[2]. Sei $\mathfrak{G}$ ein einfach zusammenhängendes Gebiet der z-Ebene, $\mathfrak{C}$ dessen stückweise glatte Randkurve. Es soll eine in diesem Gebiet regulär analytische Funktion $W(z) = U(z) + i V(z)$ bestimmt werden mit vorgegebenen

[1] Garrick, I. E.: Potential flow about biplan wing sections. NACA Rep. No. 542 (1936).

[2] Lichtenstein, L.: Zur konformen Abbildung einfach zusammenhängender, schlichter Gebiete. Arch. Math. Phys. **25**, 179—180 (1917). S. A. Gerschgorin: Über die konforme Abbildung eines einfach zusammenhängenden Gebiets auf einen Kreis (russ. mit dtsch. Zusammenfassung). Math. Sbornik **40**, 48—58 (1933).

Randwerten von $V(z)$ auf $\mathfrak{C}$. Man kann versuchen, diese Aufgabe mit Hilfe der Cauchyschen Integralformel zu lösen, die wir in der Form (9.3.10) schreiben wollen

$$W(z) = \frac{1}{2\pi i} \int_{\mathfrak{C}} W(\zeta) \frac{d\zeta}{\zeta - z}. \tag{17.2.1}$$

Wir führen Polarkoordinaten in der ζ-Ebene mit dem Zentrum bei $\zeta = z$ ein, indem wir setzen

$$\zeta - z = \sigma_z e^{i\psi_z}. \tag{17.2.2}$$

Betrachten wir nur den Realteil von (17.2.1), so wird unter Berücksichtigung von

$$\frac{d\zeta}{\zeta - z} = \frac{d\sigma_z}{\sigma_z} + i\, d\psi_z.$$

$$U(z) = \frac{1}{2\pi} \int_{\mathfrak{C}} \left[U(\zeta)\, d\psi_z + V(\zeta) \frac{d\sigma_z}{\sigma_z}\right]. \tag{17.2.3}$$

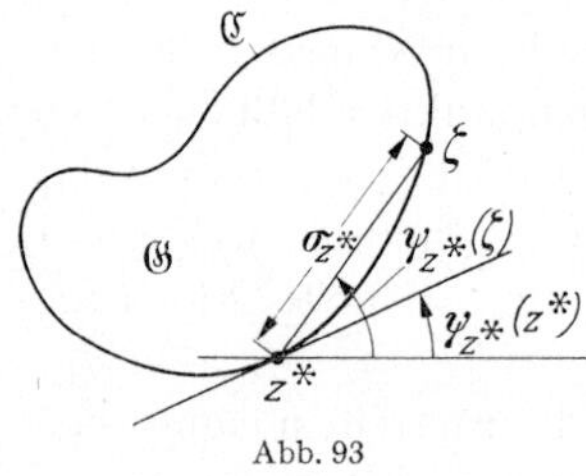

Abb. 93

Hier ist z ein innerer Punkt von $\mathfrak{G}$. Lassen wir z von innen her gegen einen Randpunkt z^* streben, in dem $\mathfrak{C}$ eine stetige Tangente hat, deren Richtung nach (17.2.2) durch $\psi_{z^*}(z^*)$ gegeben ist, so zerfällt das erste Integral in (17.2.3) in eines zwischen $\psi_{z^*}(z^*)$ und $\psi_{z^*}(z^*) + \pi$, womit $\mathfrak{C}$ bereits ganz durchlaufen ist, und ein zweites zwischen $\psi_{z^*}(z^*) + \pi$ und $\psi_{z^*}(z^*) + 2\pi$ mit dem festen Integrand $U(z^*)$, dessen Wert also gleich $\pi\, U(z^*)$ ist. Für Randpunkte z^* mit stetiger Tangente gilt also

$$U(z^*) = \frac{1}{\pi} \int_{\mathfrak{C}} \left[U(\zeta)\, d\psi_{z^*} + V(\zeta) \frac{d\sigma_{z^*}}{\sigma_{z^*}}\right]. \tag{17.2.4}$$

Ist z^* eine Ecke von $\mathfrak{C}$ mit dem Innenwinkel $\pi\delta$, so ergeben entsprechende Überlegungen

$$U(z^*) = \frac{1}{\pi\delta} \int_{\mathfrak{C}} \left[U(\zeta)\, d\psi_{z^*} + V(\zeta) \frac{d\sigma_{z^*}}{\sigma_{z^*}}\right]. \tag{17.2.4 a}$$

Hierin ist der Fall der glatten Randstelle mit $\delta = 1$ bereits mit eingeschlossen. Der Einfachheit halber werden wir im folgenden auf die für Ecken erforderlichen Modifikationen nicht mehr besonders eingehen, sondern $\mathfrak{C}$ als eine überall glatte Kurve voraussetzen.

Da nach Voraussetzung die Randwerte $V(z^*)$ bekannt sind, stellt (17.2.4) eine Integralgleichung für die unbekannte Funktion $U(z^*)$ dar. Diese Integralgleichung läßt sich durch Iteration lösen. Wir setzen

$$\gamma(z^*) = \frac{1}{\pi} \int_{\mathfrak{C}} V(\zeta) \frac{d\sigma_{z^*}}{\sigma_{z^*}} \tag{17.2.5}$$

und bilden die Funktionenfolge (Neumannsche Reihe)

$$\begin{aligned} U_0(z^*) &= \gamma(z^*)\,, \\ U_{\nu+1}(z^*) &= \gamma(z^*) + \frac{1}{\pi}\int\limits_{\mathfrak{C}} U_\nu(\zeta)\, d\psi_{z^*}\,, \\ U(z^*) &= \lim_{\nu\to\infty} U_\nu(z^*)\,. \end{aligned} \tag{17.2.6}$$

Nach der Theorie der Fredholmschen Integralgleichungen[1] hängt die Konvergenz des Verfahrens wesentlich von den Eigenwerten der homogenen Gleichung

$$U(z^*) = \frac{\lambda}{\pi}\int\limits_{\mathfrak{C}} U(\zeta)\, d\psi_{z^*} \tag{17.2.7}$$

ab. In unserm Fall hat diese Gleichung den Eigenwert 1 mit der Eigenlösung $U(z^*) = 1$. Daraus folgt, daß $\gamma(z^*)$ nicht beliebig gewählt werden darf, sondern gewissen Bedingungen genügen muß, die hier darauf hinauslaufen, daß $V(z^*)$ eine eindeutige Funktion sein muß. Die Lösung der inhomogenen Gleichung (17.2.4) ist also nur bis auf eine additive Konstante bestimmt. Alle anderen Eigenwerte von (17.2.7) sind dem Betrage nach größer als 1. Die Folge (17.2.6) konvergiert daher, und zwar so stark wie eine geometrische Reihe. Ist λ^* der kleinste Eigenwert von (17.2.4), der größer als 1 ist, so ist der Fehler der n-ten Iterierten $U_n(z^*)$ von (17.2.6) von der Größenordnung

$$|U_n(z^*) - U(z^*)| \leqq C\,\frac{\lambda^{*-n}}{1-\lambda^{*-1}} \tag{17.2.8}$$

Der Eigenwert λ^* ist um so größer, je mehr sich $\mathfrak{G}$ einem Kreis nähert. So ist für eine Ellipse mit den Achsen a und b[2]

$$\lambda^* = \frac{a+b}{a-b}\,. \tag{17.2.9}$$

Um die Verbindung zwischen dem eingangs formulierten Randwertproblem und dem Abbildungsproblem herzustellen, können wir wieder die in (17.1.1) definierte Funktion heranziehen. Mit den hier eingeführten Bezeichnungen sei $w(z)$ die Funktion, welche $\mathfrak{G}$ auf den Einheitskreis abbildet, wobei der Punkt $z = 0$ (der damit als innerer Punkt von $\mathfrak{G}$ vorausgesetzt ist) in den Punkt $w = 0$ übergehen möge. Wir setzen dann[3]

$$W(z) = i \log \frac{z}{w(z)}\,. \tag{17.2.10}$$

---

[1] Siehe etwa W. Schmeidler: Integralgleichungen. S. 270ff. Leipzig 1950.

[2] Royden, H.: Pacific J. Math. **2**, 385—394 (1952). Vgl. auch L. V. Ahlfors, Pacific J. Math. **2**, 271—280 (1952). — Ausführliche Konvergenzuntersuchungen finden sich in der Arbeit von S. E. Warschawski: On the solution of the Lichtenstein-Gershgorin integral equation in conformal mapping. Nat. Bureau of Standards, Appl. Math. Ser. **42**, 7—29 (1955).

[3] Gegenüber der Funktion (17.1.1) sind hier die Rollen von z und w vertauscht.

Es ist also mit $z = r\,e^{i\varphi}$, $w = \varrho\,e^{i\vartheta}$

$$U(z^*) = \vartheta - \varphi\,, \quad V(z^*) = \log r\,, \tag{17.2.11}$$

so daß die Integralgleichung (17.2.4) die Form erhält

$$\vartheta(z^*) - \varphi(z^*) = \gamma(z^*) + \frac{1}{\pi}\int\limits_{\mathfrak{C}} (\vartheta(\zeta) - \varphi(\zeta))\,d\,\psi_{z^*}\,, \tag{17.2.12}$$

mit

$$\gamma(z^*) = \frac{1}{\pi}\int\limits_{\mathfrak{C}} \log r(\zeta)\,\frac{d\sigma_{z^*}}{\sigma_{z^*}}\,. \tag{17.2.13}$$

Dieses Integral läßt sich noch etwas umformen. Wir betrachten hierzu den Ausdruck

$$\frac{1}{\pi}\int\limits_{\mathfrak{C}} \left[\log r(\zeta)\,\frac{d\sigma_{z^*}}{\sigma_{z^*}} - \varphi(\zeta)\,d\,\psi_{z^*}\right] = \frac{1}{\pi}\,\Re\left[\int\limits_{\mathfrak{C}} \log\zeta\,\frac{d\zeta}{\zeta - z}\right]. \tag{17.2.14}$$

Der Integrand ist hier eine außerhalb der Stellen $\zeta = 0$ und $\zeta = z^*$ regulär analytische Funktion und der Integrationsweg $\mathfrak{C}$ kann daher durch die in Abb. 94 dargestellte Schleife ersetzt werden, die aus der zweimal durchlaufenen geradlinigen Verbindung zwischen $\zeta = 0$ und $\zeta = z^*$, einem kleinen Kreis um $\zeta = 0$ und zwei Kreisbogenstücken um $\zeta = z^*$ besteht. Auf den Geradenstücken ist $\frac{d\zeta}{\zeta - z^*}$ reell und der Realteil von $\log\zeta$ eindeutig, so daß sich die Teilintegrale über Hin- und Rückweg aufheben. Ebenso verschwindet das Integral über den kleinen Kreis um $\zeta = 0$. Auf den beiden Kreisbogenstücken um $\zeta = z^*$ ist $\sigma_{z^*} = \text{const}$, $d\sigma_{z^*} = 0$, so daß wir schließlich erhalten, wenn wir den Radius dieser Kreise gegen Null gehen lassen,

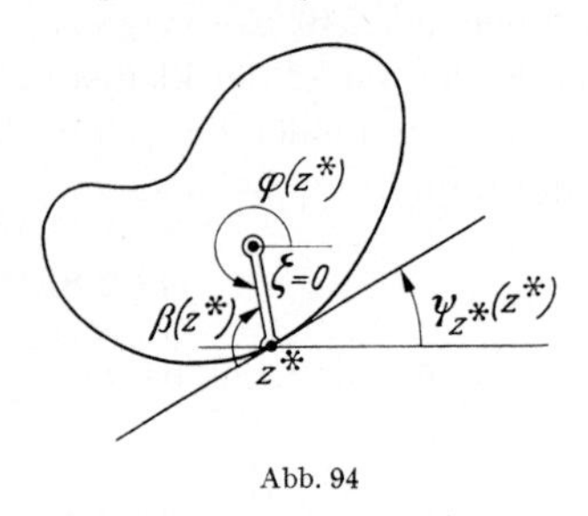

Abb. 94

$$\begin{aligned} &\frac{1}{\pi}\int\limits_{\mathfrak{C}} \left[\log r(\zeta)\,\frac{d\sigma_{z^*}}{\sigma_{z^*}} + \varphi(\zeta)\,d\,\psi_{z^*}\right] \\ &= -\frac{1}{\pi}\left[\int\limits_{\psi_{z^*}(z^*)}^{\psi_{z^*}(z^*)+\pi-\beta(z^*)} \varphi(z^*)\,d\,\psi_{z^*} + \int\limits_{\psi_{z^*}(z^*)+\pi-\beta(z^*)}^{\psi_{z^*}(z^*)+\pi} (\varphi(z^*) + 2\pi)\,d\,\psi_{z^*}\right] \\ &= -\varphi(z^*) - 2\beta(z^*)\,, \end{aligned} \tag{17.2.15}$$

wo $\beta(z^*)$ der in Abb. 94 dargestellte Winkel zwischen der Tangente in z^* und der Strecke $(0, z^*)$ ist. Es ist also

$$\gamma(z^*) = \frac{1}{\pi}\int\limits_{\mathfrak{C}} \varphi(\zeta)\,d\,\psi_{z^*} - \varphi(z^*) - 2\beta(z^*)\,. \tag{17.2.16}$$

Hierbei haben wir auf die richtige Bestimmung des Wertes der mehrdeutigen Funktion $\varphi(\zeta)$ zu achten. Bei unseren Festsetzungen über den Integrationsweg muß auf C $\varphi(\zeta)$ von $\varphi(z^*)$ nach $\varphi(z^*)+2\pi$ laufen. Wir können diese Schwierigkeit dadurch umgehen, daß wir von $\varphi(\zeta)$ die Funktion $2\psi_{z^*}(\zeta)$ abziehen und den Integranden dadurch eindeutig machen. Es wird dann

$$\begin{aligned}\frac{1}{\pi}\int\limits_{\mathfrak{C}}\varphi(\zeta)\,d\psi_{z^*} &= \frac{1}{\pi}\int\limits_{\mathfrak{C}}(\varphi(\zeta)-2\psi_{z^*}(\zeta))\,d\psi_{z^*}+\frac{1}{\pi}\int\limits_{\psi_{z^*}(z^*)}^{\psi_{z^*}(z^*)+\pi}2\psi_{z^*}\,d\psi_{z^*}\\ &= \frac{1}{\pi}\int\limits_{\mathfrak{C}}(\varphi(\zeta)-2\psi_{z^*}(\zeta))\,d\psi_{z^*}+2\psi_{z^*}(z^*)+\pi\end{aligned} \qquad (17.2.17)$$

und unter Berücksichtigung von $\psi_{z^*}(z^*)-\beta(z^*)=\varphi(z^*)$

$$\gamma(z^*)=\varphi(z^*)+\pi+\frac{1}{\pi}\int\limits_{\mathfrak{C}}(\varphi(\zeta)-2\psi_{z^*}(\zeta))\,d\psi_{z^*}. \qquad (17.2.18)$$

Die Integralgleichung (17.2.12) kann also auch in der Form

$$\vartheta(z^*)=2\varphi(z^*)+\pi+\frac{1}{\pi}\int\limits_{\mathfrak{C}}(\vartheta(\zeta)-2\psi_{z^*}(\zeta))\,d\psi_{z^*} \qquad (17.2.19)$$

geschrieben werden. Dies ist — mit einer kleinen Modifikation — die von GERSCHGORIN angegebene Form der Integralgleichung. Hier ist darauf zu achten, daß sowohl $\vartheta(z^*)$ als auch $\varphi(z^*)$ auf $\mathfrak{C}$ *mehrdeutige* Funktionen sind. Um sie eindeutig zu machen, können wir festsetzen, daß an einer festen Stelle $z^*=z_1$ beide Funktionen einen Sprung der Größe 2π machen. Die Funktion $\psi_{z^*}(\zeta)$ ist dann so zu wählen, daß der Integrand stetig bleibt, d. h. mit einem Sprung der Größe π bei $\zeta=z_1$. Die noch freie additive Konstante in $\vartheta(z^*)$ kann so gewählt werden, daß $\vartheta(z_1)=0$ wird, daß also $z^*=z_1$ in $w=1$ übergeht. Hierdurch ist $\vartheta(z^*)$ eindeutig festgelegt.

Die numerische Integration gestaltet sich bei diesem Verfahren recht einfach, und zwar gleichgültig, ob man die Form (17.2.12) oder (17.2.19) zugrunde legt. Wir wählen zweckmäßig als Integrationsparameter die Bogenlänge und erhalten

$$d\psi_{z^*}=\Im\left(\frac{d\zeta}{\zeta-z^*}\right)=\frac{\sin(\psi_\zeta(\zeta)-\psi_{z^*}(\zeta))}{|\zeta-z^*|}\,ds. \qquad (17.2.20)$$

Durch N Teilpunkte ζ_n, $n=1,2,\ldots,N$, zerlegen wir jetzt die Randkurve in N gleichlange Stücke der Länge $\frac{1}{N}$. Ist $\mathfrak{C}$ überall glatt und $F(\zeta)$ auf $\mathfrak{C}$ eindeutig und stetig, d. h. als Funktion der Bogenlänge periodisch, so ist die einfache Näherungsformel

$$\int\limits_{\mathfrak{C}}F(\zeta)\,ds\simeq\frac{1}{N}\sum_{n=1}^{N}F(\zeta_n) \qquad (17.2.21)$$

auch die bestmögliche. Würden wir nämlich die einzelnen Glieder der Summe rechts mit verschiedenen Gewichten versehen, wie das etwa bei der Simpsonschen Formel geschieht, so würden damit gewisse Teilpunkte ζ_n ausgezeichnet. Das steht aber im Widerspruch zu der Tatsache, daß alle Teilpunkte gleichberechtigt sind[1]. Die Integralgleichung (17.2.19) kann dann nach folgender Rechenvorschrift behandelt werden

$$\begin{aligned} \vartheta_k^{(0)} &= \varphi_k \\ \vartheta_k^{(\nu+1)} &= 2\varphi_k + \pi + \sum_{n=1}^{N} \Delta_{kn} (\vartheta_n^{(\nu)} - 2\psi_{kn}) \\ &= \gamma_k^* + \sum_{n=1}^{N} \Delta_{kn} \vartheta_n^{(\nu)} \end{aligned} \tag{17.2.22}$$

mit

$$\varphi_k = \varphi(\zeta_k), \qquad \psi_{kn} = \psi_{\zeta_k}(\zeta_n),$$

$$\Delta_{kn} = \frac{l}{\pi N} \cdot \frac{\sin(\psi_{nn} - \psi_{kn})}{|\zeta_n - \zeta_k|}.$$

Die größte Rechenarbeit liegt hier in der Bestimmung der Größen ζ_k, φ_k, ψ_{kn} und Δ_{kn}. Diese Vorarbeiten sind erheblich umfangreicher als beim Theodorsen-Verfahren, dagegen ist die Iteration selbst sehr einfach und wegen der Stetigkeit der Integrale auch genauer durchzuführen. Auch sind hier keine einschneidenden Voraussetzungen über den Rand nötig. Bei schlechter Konvergenz kann man statt der Iteration auch die direkte Lösung des Gleichungssystems (17.2.22) in Betracht ziehen.

Natürlich kann man statt (17.2.10) für $W(z)$ auch andere Funktionen wählen, besonders wenn primär nicht die Abbildung auf den Einheitskreis, sondern die Lösung einer bestimmten Randwertaufgabe gesucht wird, was in der Praxis meist der Fall ist. Bei geeigneter Wahl dieser Funktion kann auch die Abbildung mehrfach zusammenhängender Gebiete mit dem Verfahren behandelt werden[2].

17.3. Das alternierende Verfahren von Schwarz[3]. Dieses Verfahren arbeitet im Gegensatz zu den bisher besprochenen ganz im Reellen, und

---

[1] Diese Gleichberechtigung besteht nicht mehr, wenn die Randkurve oder die Funktion $F(\zeta)$ Unregelmäßigkeiten aufweist. Solche Unregelmäßigkeiten lassen sich durch andere Verteilung der Stützstellen und andere Quadraturformeln berücksichtigen.

[2] Kantorowitsch, L. W., u. W. I. Krylow: Näherungsmethoden der höheren Analysis. S. 468—475. (Dtsch. Übers.) Berlin 1956. — Royden, H. L.: Pacific J. Math. **2**, 271—280 (1952).

[3] Schwarz, H. A.: Über die Integration der partiellen Differentialgleichung $\frac{\partial^2 u}{\partial x^2} + \frac{\partial^2 u}{\partial y^2} = 0$ unter vorgeschriebenen Grenz- und Unstetigkeitsbedingungen. M. B. Preußische Akademie 1870, 767—795, Werke 2, 144—171.

zwar ist es ein Verfahren zur Lösung der *ersten Randwertaufgabe*[1] der Potentialtheorie. Es gestattet die Lösung der Randwertaufgabe für die *Vereinigung* von Gebieten anzugeben, wenn die allgemeine Lösung für die Teilgebiete bekannt ist. Man kann auf diese Weise etwa die Greensche Funktion für die Vereinigung der Gebiete bestimmen und erhält damit die konforme Abbildung auf den Einheitskreis.

Wir gehen von folgenden Voraussetzungen aus: Es seien $\mathfrak{G}_1$ und $\mathfrak{G}_2$ Gebiete der z-Ebene (der Einfachheit halber wollen wir sie als einfach zusammenhängend annehmen). Ihre Vereinigung sei[2] $\mathfrak{G} = \mathfrak{G}_1 \cup \mathfrak{G}_2$. Die zugehörigen Randkurven seien $\mathfrak{C}_1$, $\mathfrak{C}_2$ und $\mathfrak{C}$. Der gemeinsame Rand von $\mathfrak{C}_1$ und $\mathfrak{C}$ sei $\alpha_1 = \mathfrak{C}_1 \cap \mathfrak{C}$, der Teil von $\mathfrak{C}_1$, der nicht auf $\mathfrak{C}$ liegt, sei β_1; es ist also $\mathfrak{C}_1 = \alpha_1 + \beta_1$. Entsprechend werde die Randkurve $\mathfrak{C}_2$ aufgeteilt, $\mathfrak{C}_2 = \alpha_2 + \beta_2$. Die Randbögen β_1 und β_2 sollen sich nirgends berühren, sondern sich unter von Null verschiedenen Winkeln schneiden.

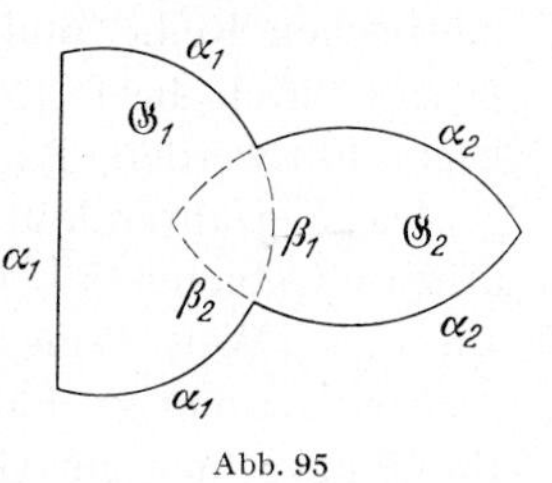

Abb. 95

Wir nehmen jetzt an, daß die erste Randwertaufgabe für $\mathfrak{G}_1$ und $\mathfrak{G}_2$ allgemein gelöst ist, es seien also die Greenschen Funktionen $\Gamma_1(\zeta, z)$ und $\Gamma_2(\zeta, z)$ bekannt, so daß für eine in $\mathfrak{G}_\nu$ harmonische Funktion $U(z)$ die Beziehung (9.1.10) gilt

$$U(z) = \frac{1}{2\pi i} \int\limits_{\mathfrak{C}_\nu} U(\zeta)\, d\Gamma_\nu(\zeta, z), \quad (\nu = 1, 2). \tag{17.3.1}$$

Für eine in $\mathfrak{G}$ harmonische Funktion $U(z)$ mit den vorgegebenen Randwerten

$$U(\mathfrak{C}) = F(\mathfrak{C})$$

gilt also

$$\begin{aligned} U(\beta_2) &= \frac{1}{2\pi i} \int\limits_{\alpha_1} F(\alpha_1)\, d\Gamma_1(\alpha_1 \beta_2) + \frac{1}{2\pi i} \int\limits_{\beta_1} U(\beta_1)\, d\Gamma_1(\beta_1 \beta_2)\,, \\ U(\beta_1) &= \frac{1}{2\pi i} \int\limits_{\alpha_2} F(\alpha_2)\, d\Gamma_2(\alpha_2 \beta_1) + \frac{1}{2\pi i} \int\limits_{\beta_2} U(\beta_2)\, d\Gamma_2(\beta_2 \beta_1)\,. \end{aligned} \tag{17.3.2}$$

Dies ist eine Integralgleichung für die unbekannten Funktionen $U(\beta_\nu)$. Aus ihnen läßt sich mit Hilfe von (17.3.1) $U(z)$ in ganz $\mathfrak{G}$ berechnen, womit die Randwertaufgabe gelöst ist.

Die Integralgleichung (17.3.2) läßt sich unter den gegebenen Voraussetzungen iterativ lösen. Wir geben hierzu zunächst auf β_1 beliebige Randwerte $U_0(\beta_1)$ vor und berechnen mit Hilfe der ersten Gleichung (17.3.2) die zugehörigen Werte $U_0(\beta_2)$. Aus diesen Werten kann man

[1] Das Verfahren von 17.2 kann demgegenüber als Verfahren zur Lösung der zweiten Randwertaufgabe bezeichnet werden.

[2] Wegen der Bezeichnungen vgl. 2.1.

mit Hilfe der zweiten Gleichung (17.3.2) verbesserte Werte $U_1(\beta_1)$ berechnen und weiter allgemein

$$\begin{aligned} U_\nu(\beta_2) &= \frac{1}{2\pi i}\int\limits_{\alpha_1} F(\alpha_1)\, d\Gamma_1(\alpha_1\beta_2) + \frac{1}{2\pi i}\int\limits_{\beta_1} U_\nu(\beta_1)\, d\Gamma_1(\beta_1\beta_2)\,, \\ U_{\nu+1}(\beta_1) &= \frac{1}{2\pi i}\int\limits_{\alpha_2} F(\alpha_2)\, d\Gamma_2(\alpha_2\beta_1) + \frac{1}{2\pi i}\int\limits_{\beta_2} U_\nu(\beta_2)\, d\Gamma_2(\beta_2\beta_1)\,. \end{aligned} \tag{17.3.3}$$

Das Verfahren konvergiert wieder mit der Geschwindigkeit einer geometrischen Reihe, und zwar ersichtlich um so schneller, je weniger die $U_\nu(\beta_2)$ durch die $U_\nu(\beta_1)$ und umgekehrt die $U_{\nu+1}(\beta_1)$ durch die $U_\nu(\beta_2)$ beeinflußt werden, d. h. je stärker $\mathfrak{G}_1$ und $\mathfrak{G}_2$ sich gegenseitig überdecken.

Das Verfahren läßt sich ohne weiteres auf die Vereinigung von mehr als zwei Gebieten $\mathfrak{G} = \mathfrak{G}_1 \cup \mathfrak{G}_2 \cup \cdots \cup \mathfrak{G}_n$ übertragen. Wir beherrschen auf diese Weise eine große Klasse von Gebieten, unter denen viele praktisch wichtige Fälle enthalten sind. Allerdings ist die Form der Randkurve hier, im Gegensatz etwa zu den Verfahren **17.1** und **17.2**, nicht mehr weitgehend beliebig, dafür fällt hier die Voraussetzung fort, daß $\mathfrak{G}$ ein möglichst kreisnahes Gebiet sein soll. Das Verfahren dürfte sich daher vor allem für komplizierte Polygongebiete eignen.

Die Hauptarbeit für die numerische Rechnung liegt hier — ähnlich wie in 17.2 — in der Berechnung der Greenschen Funktion. Man wird sich daher auf Teilgebiete $\mathfrak{G}_\nu$ mit möglichst einfacher Greenscher Funktion beschränken, etwa auf *Vollkreise, Kreisbogenzweiecke* (wozu speziell der Halbkreis und der Winkelraum gehören) und *Kreissektoren*. Weiter ist stets darauf zu achten, daß sich die Teilgebiete möglichst stark überdecken, damit die Iteration schnell konvergiert. Von der geeigneten Auswahl der Teilgebiete hängt wesentlich der Rechenaufwand des Verfahrens ab. Es ist auch stets zu prüfen, ob das hier geschilderte Verfahren oder die im folgenden Abschnitt dargestellte Variante für Durchschnitte von Gebieten für die Rechnung günstiger ist.

17.4. Das Verfahren von Neumann für Durchschnitte von Gebieten. Nach einem Vorschlag von C. Neumann[1] läßt sich das alternierende Verfahren folgendermaßen auf *Durchschnitte* von Gebieten übertragen: Es seien wie bisher zwei Gebiete $\mathfrak{G}_1$ und $\mathfrak{G}_2$ mit den Randkurven $\mathfrak{C}_1$ und $\mathfrak{C}_2$ gegeben, $\mathfrak{C}$ sei der Rand von $\mathfrak{G} = \mathfrak{G}_1 \cup \mathfrak{G}_2$. Die Randkurven seien wieder in die Teilstücke $\mathfrak{C}_\nu = \alpha_\nu + \beta_\nu$ eingeteilt mit $\alpha_\nu = \mathfrak{C}_\nu \cap \mathfrak{C}$. Zu beiden Gebieten $\mathfrak{G}_\nu$ seien die Greenschen Funktionen $\Gamma_\nu(\zeta, z)$ bekannt, mit deren Hilfe jetzt das Randwertproblem für den Durchschnitt $\mathfrak{G}^* = \mathfrak{G}_1 \cap \mathfrak{G}_2$ gelöst werden soll. Der Rand von $\mathfrak{G}^*$ sei $\mathfrak{C}^*$ und es soll diejenige in $\mathfrak{G}^*$ harmonische Funktion $U(z)$ bestimmt werden, die auf $\mathfrak{C}^*$ gewisse Randwerte $U(\mathfrak{C}^*) = F(\mathfrak{C}^*)$ annimmt. Wir machen zu

[1] Neumann, C.: Leipziger Ber. 22, 264—321 (1870).

diesem Zweck den Ansatz

$$U(z) = U_1(z) + U_2(z)\,. \tag{17.4.1}$$

Hierbei sollen die Funktionen $U_\nu(z)$ in dem zugehörigen Gebiet $\mathfrak{G}_\nu$ harmonisch sein und auf den Randstücken α_ν gewisse Randwerte $U_\nu(\alpha_\nu) = f_\nu(\alpha_\nu)$ annehmen. Die Randwerte $f_\nu(\alpha_\nu)$ können beliebig vorgegeben werden[1], nur soll auf denjenigen Randstücken von α_ν, die auf $\mathfrak{C}^*$ liegen, die Bedingung

$$f_1(\alpha_\nu) + f_2(\alpha_\nu) = F(\alpha_\nu) \tag{17.4.2}$$

erfüllt sein.

Abb. 96

Durch diese Bedingungen sind die Funktionen $U_1(z)$, $U_2(z)$ eindeutig festgelegt. Denn gäbe es noch eine zweite Zerlegung

$$U(z) = U_1(z) + U_2(z) = U_1^*(z) + U_2^*(z)\,,$$

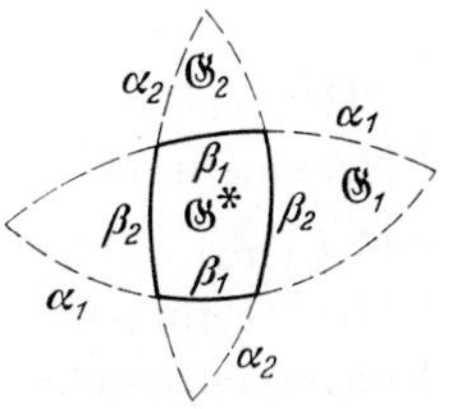

so ist in $\mathfrak{G}^*$

$$U_1(z) - U_1^*(z) = U_2(z) - U_2^*(z)$$

und nach dem Identitätssatz für analytische Funktionen (vgl. 9.4) gilt diese Identität auch in $\mathfrak{G}_1$ bzw. $\mathfrak{G}_2$. Es läßt sich daher die Funktion $U_1(z) - U_1^*(z)$ von $\mathfrak{G}_1$ nach $\mathfrak{G}_2$ analytisch fortsetzen und stellt eine in ganz $\mathfrak{G}$ harmonische Funktion dar, die identisch gleich Null sein muß, da ihre Randwerte überall auf $\mathfrak{C}$ verschwinden. Es ist also $U_1(z) = U_1^*(z)$ und $U_2(z) = U_2^*(z)$, d. h. die Zerlegung (17.4.1) ist eindeutig.

Die noch unbekannten Randwerte $U_\nu(\beta_\mu)$ genügen nun den Integralgleichungen

$$\begin{aligned} U_1(\beta_2) &= \frac{1}{2\pi i}\int\limits_{\alpha_1} f_1(\alpha_1)\, d\Gamma_1(\alpha_1\beta_2) + \frac{1}{2\pi i}\int\limits_{\beta_1} U_1(\beta_1)\, d\Gamma_1(\beta_1\beta_2)\,,\\ U_2(\beta_1) &= \frac{1}{2\pi i}\int\limits_{\alpha_2} f_2(\alpha_2)\, d\Gamma_2(\alpha_2\beta_1) + \frac{1}{2\pi i}\int\limits_{\beta_2} U_2(\beta_2)\, d\Gamma_2(\beta_2\beta_1)\,. \end{aligned} \tag{17.4.3}$$

Zusammen mit der aus dem Ansatz (17.4.1) folgenden Gleichung

$$U_1(\beta_\nu) + U_2(\beta_\nu) = F(\beta_\nu) \tag{17.4.4}$$

bestimmen die Gleichungen (17.4.3) die $U_\nu(\beta_\mu)$ eindeutig. Dies Gleichungssystem läßt sich — ähnlich wie das entsprechende (17.3.2) — durch Iteration lösen. Wir gehen aus von beliebigen Anfangswerten $U_1^{(0)}(\beta_1)$, $U_2^{(0)}(\beta_2)$ und berechnen daraus die weiteren Näherungen nach

[1] Die Randwerte $f_\nu(\alpha_\nu)$ spielen für die endgültige Lösung keine Rolle. Änderung dieser Werte bedeutet nur die Überlagerung einer in der Vereinigung $\mathfrak{G}$ harmonischen Funktion $u(z)$ derart, daß $U_1(z)$ und $U_2(z)$ durch $U_1(z) + u(z)$ und $U_2(z) - u(z)$ ersetzt werden. In der Praxis wird man meist $f_\nu(\alpha_\nu) \equiv 0$ wählen.

dem Schema

$$\begin{aligned} U_1^{(\nu)}(\beta_2) &= \frac{1}{2\pi i}\int\limits_{\alpha_1} f_1(\alpha_1)\, d\Gamma_1(\alpha_1\beta_2) + \frac{1}{2\pi i}\int\limits_{\beta_1} U_1^{(\nu)}(\beta_1)\, d\Gamma_1(\beta_1\beta_2)\,, \\ U_2^{(\nu)}(\beta_1) &= \frac{1}{2\pi i}\int\limits_{\alpha_2} f_2(\alpha_2)\, d\Gamma_2(\alpha_2\beta_1) + \frac{1}{2\pi i}\int\limits_{\beta_2} U_2^{(\nu)}(\beta_2)\, d\Gamma_2(\beta_2\beta_1)\,, \\ U_1^{(\nu+1)}(\beta_1) &= F(\beta_1) - U_2^{(\nu)}(\beta_1)\,, \\ U_2^{(\nu+1)}(\beta_2) &= F(\beta_2) - U_1^{(\nu)}(\beta_2)\,. \end{aligned} \tag{17.4.5}$$

Das Verfahren konvergiert unter der folgenden Voraussetzung: Sei $\tilde{U}_1(z)$ eine in $\mathfrak{G}_1$ harmonische Funktion mit den Randwerten $\tilde{U}_1(\alpha_1) = 0$ und $\tilde{U}_1(\beta_1) = 1$. Dann muß $\tilde{U}_1(\beta_2) \leqq M < 1$ sein und ebenso $\tilde{U}_2(\beta_1) \leqq \leqq M < 1$ für eine entsprechend in $\mathfrak{G}_2$ definierte Funktion $\tilde{U}_2(z)$. Die Konvergenzgeschwindigkeit der Iteration ist dann wieder die einer geometrischen Reihe mit M als Faktor. Diese Bedingung ist jedenfalls erfüllt, wenn die Randbogen α_ν existieren und die Randbogen β_ν sich nicht gegenseitig berühren. Der Faktor M ist um so kleiner — und damit die Konvergenzgeschwindigkeit um so größer — je stärker die Gebiete $\mathfrak{G}_1$ und $\mathfrak{G}_2$ sich gegenseitig überdecken. Bezüglich der praktischen Rechnung gilt das in 17.3 gesagte. Das Verfahren kann im übrigen wieder ohne weiteres auf den Durchschnitt von mehr als zwei Gebieten $\mathfrak{G}^* = \mathfrak{G}_1 \cap \mathfrak{G}_2 \cap \cdots \cap \mathfrak{G}_n$ ausgedehnt werden[1].

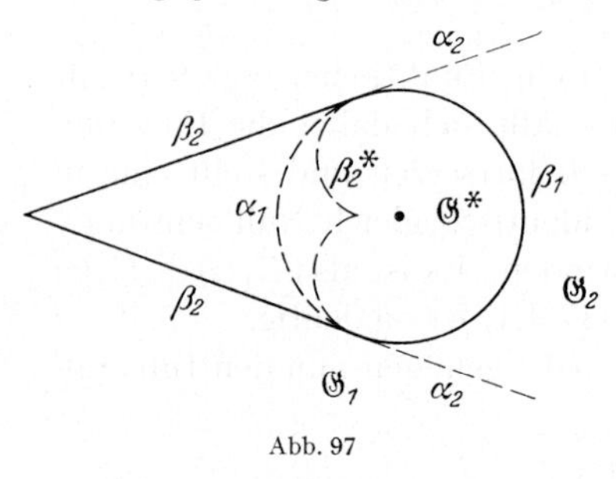

Abb. 97

Die Bedingung, daß $\mathfrak{G}^*$ der Durchschnitt zweier Gebiete sein muß, kann noch etwas abgeschwächt werden. Wir betrachten hierzu das in Abb. 97 dargestellte Gebiet $\mathfrak{G}^*$, bestehend aus einem Kreis mit angesetzter Spitze. $\mathfrak{G}_1$ sei hier der Kreis, $\mathfrak{G}_2$ ein Winkelraum, so daß $\mathfrak{G}^*$ nicht mehr der Durchschnitt von $\mathfrak{G}_1$ und $\mathfrak{G}_2$ ist. Wählen wir aber auf α_1 die Randwerte $f_1(\alpha_1) = 0$, so ist auf Grund des Schwarzschen Spiegelungsprinzips (vgl. die Fußnote [1], S. 152) $U_1(z)$ über den Bogen α_1 hinaus analytisch fortsetzbar, und zwar wird bei dieser Fortsetzung $U_1(\beta_2) = -U_1(\beta_2^*)$, wo β_2^* gleich der an α_1 gespiegelten Randkurve β_2 ist. Auf Grund dieser analytischen Fortsetzung kann dann $U(z)$ in ganz $\mathfrak{G}^*$ in der Form (17.4.1) dargestellt werden und das Iterationsverfahren (17.4.5) konvergiert ebenfalls.

Beide Verfahren, sowohl das Schwarzsche wie das Neumannsche, eignen sich auch gut für die konforme Abbildung zweifach zusammenhängender Gebiete. Hier ist der Zusammenhang zwischen konformer Abbildung und Randwertaufgabe sehr einfach herzustellen. Sind nämlich $\mathfrak{C}_1$ und $\mathfrak{C}_2$ die beiden Randkurven des zweifach zusammenhängenden Gebiets $\mathfrak{G}$ und

[1] Vgl. Stallmann, F.: Z. angew. Math. Mech. **38**, 279—280 (1958).

geben wir als Randwerte $U(\mathfrak{C}_1) = -\frac{\pi}{4}$, $U(\mathfrak{C}_2) = +\frac{\pi}{4}$ vor, so bildet die aus der Lösung des Randwertproblems hervorgehende Funktion $W(z) = U(z) + iV(z)$ das Gebiet $\mathfrak{G}$ auf den in 10.2 betrachteten Parallelstreifen ab.

Bei der Durchführung des Schwarzschen Verfahrens spielt es keine Rolle, ob die Vereinigung $\mathfrak{G} = \mathfrak{G}_1 \cup \mathfrak{G}_2$ einfach oder mehrfach zusammenhängend ist. Etwas genauer überlegen muß man sich die Durchführung des Neumannschen Verfahrens im Falle zweifach zusammenhängender Gebiete $\mathfrak{G}^*$. So ist z. B. das in Abb. 98 dargestellte Gebiet $\mathfrak{G}^*$ der Durchschnitt des Innengebiets $\mathfrak{G}_1$ von $\mathfrak{C}_1$ mit dem Außengebiet $\mathfrak{G}_2$von $\mathfrak{C}_2$. Gleichwohl können wir im allgemeinen eine in $\mathfrak{G}^*$ harmonische Funktion nicht als Summe von in $\mathfrak{G}_1$ und $\mathfrak{G}_2$ harmonischen Funktionen $U_1(z)$ und $U_2(z)$ darstellen. Die zugehörigen konjugierten Funktionen $V_1(z)$ und $V_2(z)$ sind nämlich in $\mathfrak{G}^*$ *eindeutig*, während $V(z)$ im allgemeinen eine mehrdeutige Funktion ist [vgl. etwa (10.3.14)]. Wir können uns hier dadurch helfen, daß wir eines der Gebiete — etwa $\mathfrak{G}_1$ — zu einem zweifach zusammenhängenden Gebiet $\tilde{\mathfrak{G}}_1$ mit bekannter Greenscher Funktion machen. Wir erreichen das, indem wir $\mathfrak{G}_1$ so auf den Einheitskreis der w-Ebene abbilden, daß dabei ein äußerer Punkt von $\mathfrak{G}$, $z = z_0$, in $w = 0$ übergeht. Ein hinreichend kleiner Kreis $|w| = \varrho_0$ geht dann in der z-Ebene in eine Kurve $\tilde{\mathfrak{C}}_1$ über, die noch außerhalb von $\mathfrak{G}^*$ liegt. In dem von $\mathfrak{C}_1$ und $\tilde{\mathfrak{C}}_1$ berandeten zweifach zusammenhängenden Gebiet $\tilde{\mathfrak{G}}_1$ ist die Randwertaufgabe mit Hilfe der für das Ringgebiet $\varrho_0 < |w| < 1$ geltenden Greenschen Funktion (vgl. 10.3) lösbar. Betrachten wir jetzt $\mathfrak{G}^*$ als Durchschnitt von $\tilde{\mathfrak{G}}_1$ und $\mathfrak{G}_2$ und setzen die Randwerte $f_1(\tilde{\mathfrak{C}}_1) = 0$, so konvergiert das Neumannsche Verfahren und liefert die gesuchte Lösung.

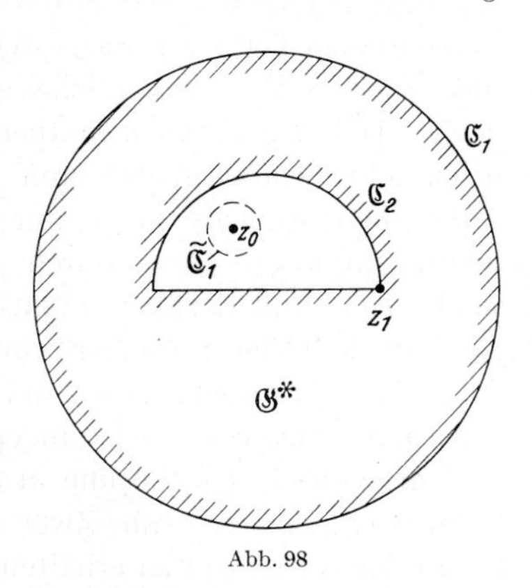

Abb. 98

Ebenfalls zum Ziel führt der etwas einfachere Ansatz

$$U(z) = U_1(z) + U_2(z) + C\,\Re(\Gamma_1(z, z_0))\,. \tag{17.4.6}$$

Hier sind $U_1(z)$, $U_2(z)$ die in den einfach zusammenhängenden Gebieten $\mathfrak{G}_1$ bzw. $\mathfrak{G}_2$ harmonischen Funktionen und $\Gamma_1(z, z_0)$ die Greensche Funktion in $\mathfrak{G}_1$, gebildet für einen Punkt z_0, der äußerer Punkt von $\mathfrak{G}$ ist. Die Konstante C ist (und zwar im Laufe der Rechnung bei jedem Iterationsschritt) so zu bestimmen, daß für einen Punkt $z_1 \in \mathfrak{C}_2$

$$U_1(z_1) + C\,\Re(\Gamma_1(z_1, z_0)) = 0 \tag{17.4.7}$$

wird.

B. Katalog der konformen Abbildung

In diesem Teil wird eine systematische Übersicht über solche Bereiche (insbesondere Polygonbereiche) gegeben, deren konforme Abbildung mit den in Teil A gegebenen mathematischen Hilfsmitteln man vollständig beherrscht. Dabei gehört zum Begriff der vollständigen Lösung eines Abbildungsproblems nicht nur die analytische Darstellung der Abbildungsfunktion (etwa durch ein Schwarz-Christoffelsches Integral), sondern es muß darüber hinaus noch die vollständige Einsicht in die Abhängigkeit der Lösungen von ihren Parametern gewonnen werden, damit diese Parameter in jedem Einzelfall den geometrischen Konstanten des vorgegebenen Bereichs angepaßt werden können.

Eine vollständige Lösung in diesem Sinne ist bei allgemeinen Kreisbogenpolygonen nur für Zwei- und Dreiecke, bei Geradenpolygonen bis zu den Vierecken zu erhalten. Diese Fälle werden hier zuerst untersucht, wobei auf die Behandlung des Parameterproblems allgemein wie in jedem Einzelfall der größte Wert gelegt und stets auch eine Diskussion „im Großen" gegeben wird, d. h. es wird die funktionale Abhängigkeit der geometrischen Konstanten der Polygone von den Parametern im Großen untersucht und als Abbildung gedeutet. Verschiedenen Intervallen des Parameters entsprechen dann meist verschiedene Polygontypen (andere Reihenfolge der Ecken), die zur gleichen Abbildungsfunktion gehören.

Darüber hinaus sind Lösungen nur in Einzelfällen zu erhalten, die sich naturgemäß einer systematischen Darstellung stärker widersetzen. Für ihre Auswahl waren daher in erster Linie praktische Gesichtspunkte maßgebend. Es zeigt sich im übrigen, daß die meisten dieser (sowie auch vieler der hier nicht aufgeführten) Abbildungen durch einfache Abänderungen auf die vorher besprochenen Drei- oder Viereckabbildungen zurückgeführt werden können, wodurch die fundamentale Bedeutung dieser Abbildungen für die Praxis beleuchtet wird. Auch wo eine gestellte Abbildungsaufgabe nicht direkt auf die hier besprochenen zurückgeführt werden kann, wird es meist möglich sein, mit den bekannten Abbildungen zu brauchbaren Näherungen zu kommen.[1]

Alle Abbildungsfunktionen sind bis zur expliziten formelmäßigen Darstellung gebracht, wobei insbesondere die Abbildung an den Rändern durch reelle Funktionen reeller Variabler repräsentiert wird. Auf eine

[1] Vgl. z. B. Epheser, H., u. F. Stallmann: Arch. Math. 3, 276—281 (1952).

darüber hinausgehende zahlenmäßige oder zeichnerische Auswertung wird jedoch verzichtet. In vielen Fällen liegt diese auf der Hand, in anderen, komplizierteren Fällen wird man ohnehin die Rechnung auf die praktisch interessierenden Zahlenwerte beschränken, wobei allgemeine Regeln nicht gegeben werden können.

Bezeichnungen. Geraden- und Kreisbogenpolygone werden durch die Größen δ_ν gekennzeichnet, die den Innenwinkeln in den Ecken zugeordnet sind (Innenwinkel $= \delta_\nu \pi$). Diese Größen werden in der Reihenfolge aufgeführt, wie die zugehörigen Ecken bei einem positiven Umlauf um das Polygon angetroffen werden. Geradenpolygone werden durch einen Stern, Kreisbogenpolygone durch einen Kreis gekennzeichnet (z. B. $(^1/_2, {}^1/_2, 0)^*$, $(1, 1, \Theta)^0$). Darüber hinaus unterscheiden wir noch bei Geradenpolygonen zwischen *„einteiligen"* und *„mehrteiligen"* Rändern, je nachdem der unendlich ferne Punkt höchstens einmal oder mehrmals als Randpunkt auftritt.

§ 1. Zweiecke

1.1. Getrennte Ecken. Allgemeine Abbildung. In dem elliptischen Kreisbüschel (vgl. A 7.5) durch die Grundpunkte $\zeta = -a$, $\zeta = +a$ werde der einzelne Kreis durch den Schnittwinkel $\pi\vartheta$ des Kreises mit der Achse des Büschels festgelegt (ϑ = Büschelparameter). Es ist für das folgende zweckmäßig, die *oberen* und *unteren* Kreisbogen zu unterscheiden. Den oberen Bogen entsprechen Werte des Büschelparameters im Intervall $0 \leqq \vartheta \leqq 1$, den unteren Bogen Werte im Intervall $1 \leqq \vartheta \leqq 2$. Die Radien der Kreise sind

$$\varrho = \frac{a}{|\sin \pi\vartheta|} \tag{1.1.1}$$

und der Mittelpunktsabstand von der Basisstrecke

$$m = a \operatorname{cotg} \pi\vartheta\,. \tag{1.1.2}$$

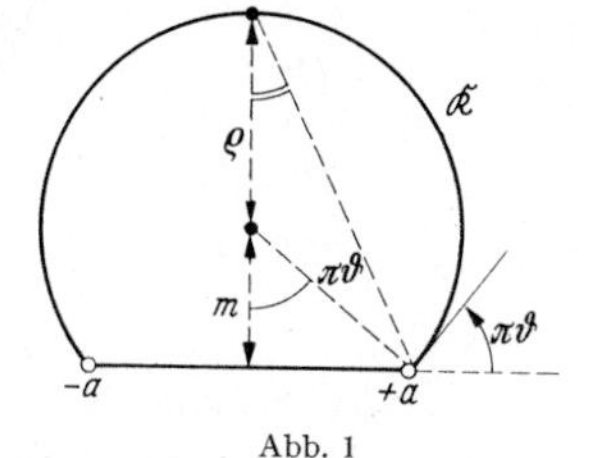

Abb. 1

Das Zweieck werde von den Bogen der Kreise $\mathfrak{K}_1$ und $\mathfrak{K}_2$ eines Büschels gebildet, die mit der Achse die Winkel $\pi\vartheta_1$ und $\pi\vartheta_2$ einschließen ($\vartheta_1 < \vartheta_2$). Haben $1 - \vartheta_1$ und $1 - \vartheta_2$ gleiches Vorzeichen, so hat das Zweieck die Form einer Sichel, haben sie verschiedenes Vorzeichen, so hat das Zweieck die Form einer Linse (vgl. Abb. 2). Der Innenwinkel des Zweiecks ist $\pi\Theta = \pi(\vartheta_2 - \vartheta_1)$.

Die Abbildung des Zweiecks (Innengebiet) auf die obere Halbebene geschieht in zwei Schritten:

Erster Schritt. Durch die lineare Abbildung [vgl. A (7.5.1)]

$$z = \frac{\zeta - a}{\zeta + a} \tag{1.1.3}$$

wird der eine Grundpunkt ($\zeta = -a$) in den uneigentlichen Punkt $z = \infty$, der andere ($\zeta = a$) in den Nullpunkt geworfen. Die Kreise $\mathfrak{K}_1$ und $\mathfrak{K}_2$

verwandeln sich dadurch in zwei Geraden $\mathfrak{G}_1$ und $\mathfrak{G}_2$ durch den Nullpunkt (vgl. Abb. 3). Das Bild des von den beiden Kreisbogen begrenzten Zweiecks ist der Winkelraum

$$\pi\vartheta_1 < \arg z < \pi\vartheta_2 . \tag{1.1.4}$$

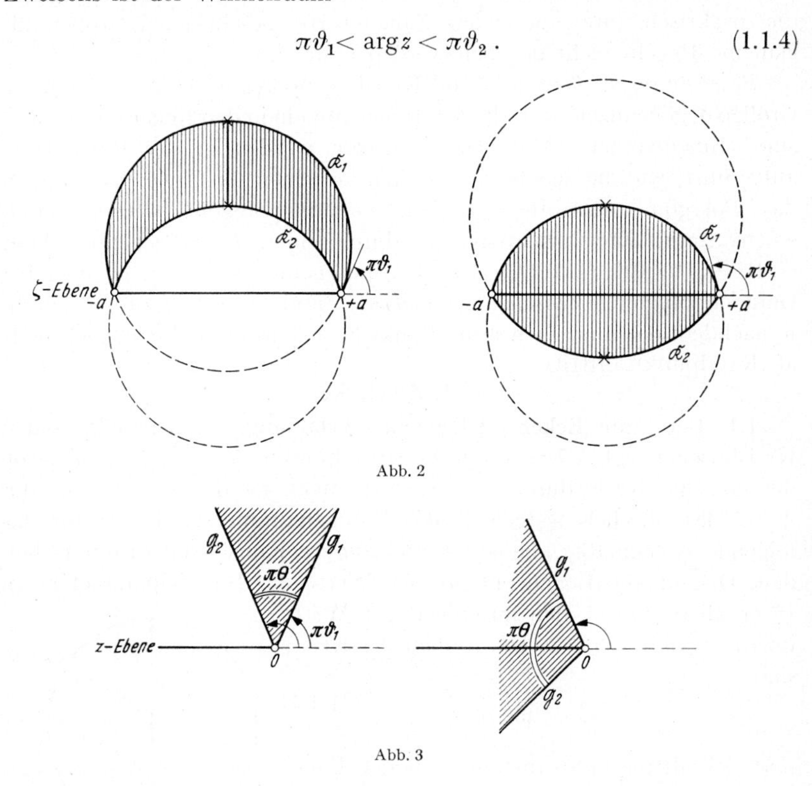

Abb. 2

Abb. 3

Zweiter Schritt. Nach der Schwarz-Christoffelschen Formel wird die obere w-Halbebene durch das Integral

$$z = C \int_0^w \frac{dw}{w^{1-\Theta}} = C w^{\Theta} \tag{1.1.5}$$

auf das Innere eines Winkelraumes vom Innenwinkel $\pi\Theta$ abgebildet, dessen Spitze im Nullpunkt liegt. Wird $C = e^{i\pi\vartheta_1}$ gesetzt, so ergibt sich der Winkelraum $\pi\vartheta_1 < \arg z < \pi\vartheta_2$.

Durch Zusammenfügung beider Abbildungen folgt

$$z = \frac{\zeta - a}{\zeta + a} = e^{i\pi\vartheta_1} w^{\Theta} . \tag{1.1.6}$$

Löst man nach w auf, so gewinnt man in

$$\boldsymbol{w} = \left(\boldsymbol{e}^{-i\pi\vartheta_1} \frac{\boldsymbol{\zeta} - \boldsymbol{a}}{\boldsymbol{\zeta} + \boldsymbol{a}}\right)^{\frac{1}{\Theta}} \tag{1.1.7}$$

die Funktion, die das Innere des Kreisbogenzweiecks auf die obere w-Halbebene abbildet. Dabei haben die Randpunkte, die auf der Symmetrieachse liegen, $\zeta = i a \operatorname{cotg} \frac{\pi \vartheta_1}{2}$ und $\zeta = i a \operatorname{cotg} \frac{\pi \vartheta_2}{2}$ die Bildpunkte $z = e^{i\pi\vartheta_1}$ und $z = e^{i\pi\vartheta_2}$, in der w-Ebene also die Bildpunkte $w = 1$ und $w = -1$.

Die Abbildungsfunktion für das *Außengebiet* desselben Zweiecks gewinnt man aus (1.1.7), wenn man ϑ_1 durch ϑ_2 und ϑ_2 durch $\vartheta_1 + 2$ (also $\Theta = \vartheta_2 - \vartheta_1$ durch $2 - \Theta$) ersetzt:

$$\boldsymbol{w} = \left(\boldsymbol{e}^{-i\pi\vartheta_2} \frac{\zeta - \boldsymbol{a}}{\zeta + \boldsymbol{a}}\right)^{\frac{1}{2-\Theta}}. \tag{1.1.8}$$

Dabei vertauschen sich die Bilder $w = \pm 1$ der Symmetriepunkte des Randes.

1.2. Sonderfälle

1. Vollkreis: $\vartheta_1 = \alpha$, $\vartheta_2 = \alpha + 1 \quad (\Theta = 1)$.

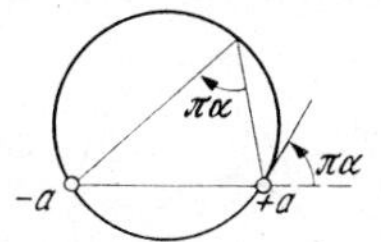

Abb. 4

Nach (1.1.8) bildet die Funktion

$$w = -e^{-i\pi\alpha} \frac{\zeta - a}{\zeta + a} \tag{1.2.1}$$

das Äußere des Vollkreises vom Peripheriewinkel $\pi\alpha$ *über der Sehne* $(-a, +a)$ *auf die obere w-Halbebene ab.*

2. Kreisbogenschlitz: $\vartheta_1 = \vartheta_2 = \beta \; (\Theta = 0)$.

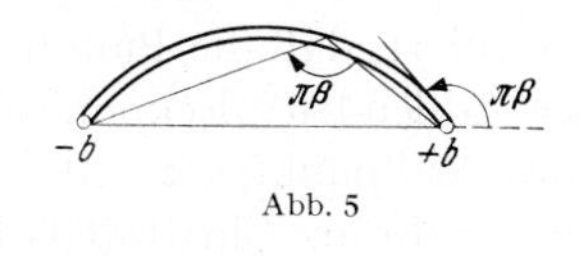

Abb. 5

Nach (1.1.8) bildet die Funktion

$$w = e^{-i\pi\frac{\beta}{2}} \sqrt{\frac{Z - b}{Z + b}} \tag{1.2.2}$$

das Äußere des Kreisbogenschlitzes vom Peripheriewinkel $\pi\beta$ *über der Sehne* $(-b, +b)$ *auf die obere w-Halbebene* ab.

Durch Zusammenfügen dieser beiden Abbildungen erhält man die *Abbildung des Außengebietes eines Vollkreises auf das Außengebiet eines Kreisbogenschlitzes.* Insbesondere folgt für $\beta = 2\alpha$

$$\frac{\zeta - a}{\zeta + a} = -\sqrt{\frac{Z - b}{Z + b}} \tag{1.2.3}$$

$$\boldsymbol{Z} = \frac{\boldsymbol{b}}{2\boldsymbol{a}}\left(\zeta + \frac{\boldsymbol{a}^2}{\zeta}\right). \tag{1.2.4}$$

Dabei geht *jeder* Kreisbogenschlitz über der Sehne $(-b, +b)$ in den Vollkreis zur Sehne $(-a, +a)$ über, der den halben Peripheriewinkel wie der Schlitz aufweist. Der geradlinige Schlitz längs der Basisstrecke $(-b, +b)$ geht in den Vollkreis mit der Strecke $(-a, +a)$ als Durchmesser über (vgl. A 8.2).

Anwendung (Joukowsky-Profile).

Bei der Abbildung des Äußeren eines Vollkreises $\mathfrak{K}$ auf das Äußere eines Kreisbogenschlitzes geht ein Kreis $\mathfrak{K}_1$, der den Kreis $\mathfrak{K}$ in einem Basispunkt von außen berührt, in eine Kontur über, die den Kreisbogenschlitz vollständig umschließt und in dem einen Schlitzende (Bildpunkt des Berührungspunktes von $\mathfrak{K}$ und $\mathfrak{K}_1$) in eine Spitze ausläuft (Joukowsky-Profil). Der Büschelparameter des Grundkreises $\mathfrak{K}$ bestimmt die *Wölbung*, der Abstand der Mittelpunkte von Hilfskreis und Grundkreis (bezogen auf die Basisstrecke) bestimmt die *Dicke* des Profils[1].

1.3. Zusammenfallende Ecken.

Rücken die Schnittpunkte der beiden Kreise, die das Zweieck begrenzen, zusammen, so *berühren* sich die Kreise, d. h. es entsteht ein Zweieck mit zwei Nullwinkeln. Der Berührungspunkt $\zeta = \zeta_0$ wird durch die Transformation

$$z = \frac{1}{\zeta - \zeta_0} \tag{1.3.1}$$

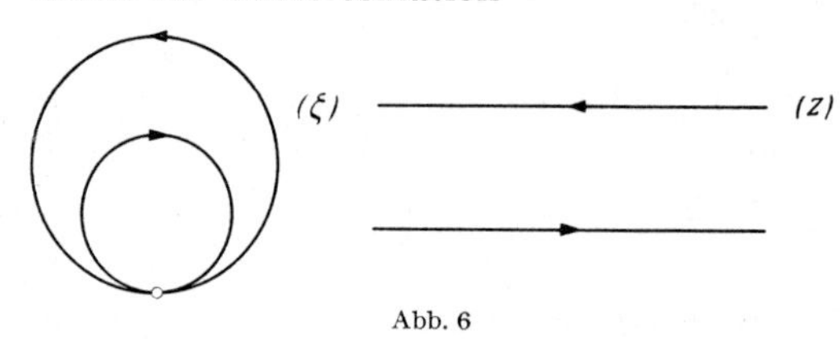

Abb. 6

in den uneigentlichen Punkt $z = \infty$ geworfen. Dann ist das Bildgebiet in der z-Ebene ein *Parallelstreifen* (Abb. 6).

Die Abbildung dieses Streifens auf die obere w-Halbebene wird so normiert, daß die Punkte $w = 0$ und $w = \infty$ die Bildpunkte des doppelt zu zählenden „Eckpunktes" $z = \infty$ sind und daß $w = 1$ der Bildpunkt des Nullpunktes $z = 0$ ist. Die Abbildungsfunktion (einfachster Fall der Schwarz-Christoffelschen Formel) ist dann:

$$z = C \int_1^w \frac{dw}{w}. \tag{1.3.2}$$

Da der Integrationsweg ganz in der oberen Halbebene verläuft, so folgt

$$z = C \log w = C(\log|w| + i \arg w), \quad 0 < \arg w < \pi.$$

Die Konstante C bestimmt *Breite* und *Richtung* des Parallelstreifens. Ist C reell, so bildet sich die Halbachse der positiv-reellen w in die Achse der reellen z ab. Zur Bestimmung des Zahlwertes der Konstanten C bei vorgegebener Breite a des Parallelstreifens bilde man das Integral längs des Halbkreises $w = e^{i\varphi}$ $(0 < \varphi < \pi)$, der sich in ein Stück der Achse der imaginären z abbildet. Es ergibt sich [vgl. A (13.2.14)]

$$z(-1) = C\pi i \tag{1.3.3}$$

[1] Nähere Einzelheiten über die praktische Durchführung dieser Abbildung sowie weitere Verallgemeinerungen findet man in A. Betz, Konforme Abbildung, Berlin-Göttingen-Heidelberg 1948, 191ff. und 208ff.

und man erkennt, daß $C\pi = a$ die Breite des Parallelstreifens ist. Die Abbildungsfunktion ist danach

$$z = \frac{a}{\pi} \log w\,, \quad 0 < \arg w < \pi\,. \tag{1.3.4}$$

§ 2. Geraden-Dreiecke

2.1. Einteilige Geraden-Dreiecke.

$(\Theta, 1 - \Theta, 0)^*$.

Das Dreieck mit den Innenwinkeln $\pi\Theta$, $\pi(1 - \Theta)$, 0 habe die in Abb. 7 angegebene Lage; der Abstand der parallelen Seiten sei a. Man erhält die Abbildungsfunktion aus der Schwarz-Christoffelschen Formel [vgl. A (13.1.14)], wenn man in ihr

$$\begin{aligned} &e_1 = 0\,, \quad e_2 = 1\,, \\ &\delta_1 = \Theta\,, \quad \delta_2 = 1 - \Theta\,, \quad \delta_\infty = 0 \end{aligned} \tag{2.1.1}$$

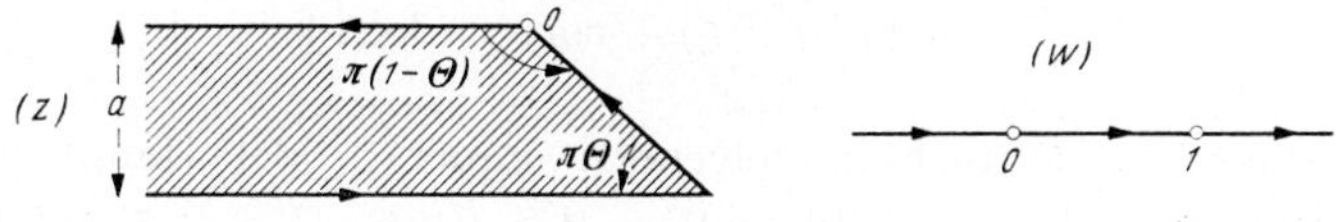

Abb. 7

setzt. Es wird dann

$$z = C \int\limits_1^w \frac{dw}{w^{1-\theta}(w-1)^\theta}\,, \quad 0 < \theta < 1\,. \tag{2.1.2}$$

Bestimmung der Konstanten C: Durch Integration längs eines Halbkreises

$$w = R e^{i\varphi} \quad (0 < \varphi < \pi)$$

ergibt sich für $R \to \infty$

$$-ai = C\pi i\,, \quad C = -\frac{a}{\pi}\,. \tag{2.1.3}$$

(Das Residuum des Integranden bei $w = \infty$ ist -1.)

Die *Auswertung des Integrals* mittels bekannter Funktionen ist nur möglich, wenn θ eine rationale Zahl ist. Man setze also

$$\theta = \frac{p}{q} \quad (p < q;\ p, q \text{ positive ganze Zahlen})\,.$$

Abb. 8

Substitution:

$$\left(\frac{w-1}{w}\right)^{\frac{1}{q}} = t \tag{2.1.4}$$

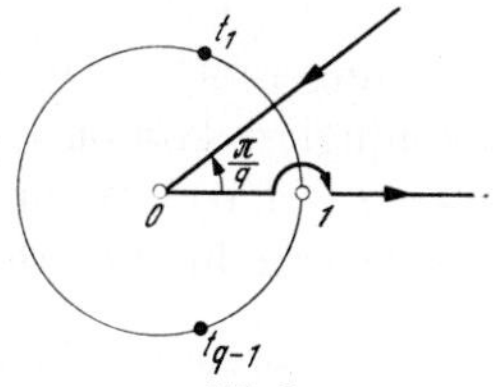

[Hilfsabbildung, die den Übergang von der oberen w-Halbebene zu einem Sektor der t-Ebene bedeutet (Abb. 8)].

Auf die Veränderliche t transformiert, erhält die Abbildungsfunktion die Gestalt

$$z = \frac{a}{\pi} q \int\limits_0^t \frac{t^{-p+q-1}}{t^q - 1} \, dt\,. \tag{2.1.5}$$

Die Nullstellen des Nenners sind die Einheitswurzeln

$$t_\nu = e^{\frac{2\nu}{q}\pi i} \qquad (\nu = 0, 1, \ldots, q-1)\,.$$

Teilbruchzerlegung ergibt:

$$\frac{t^{q-p-1}}{t^q - 1} = \sum_{\nu=0}^{q-1} \frac{t_\nu^{q-p-1}}{q\, t_\nu^{q-1}} \frac{1}{t - t_\nu} = \frac{1}{q} \sum_{\nu=0}^{q-1} \frac{1}{t_\nu^p} \frac{1}{t - t_\nu}\,. \tag{2.1.6}$$

Bei der Integration der einzelnen Summanden von 0 bis t ist die Konstante so zu bestimmen, daß jedes Integral für $t = 0$ den Wert Null annimmt:

$$\int\limits_0^t \frac{dt}{t - t_\nu} = \log(t - t_\nu) + \text{const} = \log\left(1 - \frac{t}{t_\nu}\right), \tag{2.1.7}$$

wobei hier — wie auch im folgenden immer — der Hauptwert des Logarithmus [vgl. A (2.3.10)] mit $-\pi \leqq I(\log\,.\,.) \leqq +\pi$ genommen werden soll[1]. Als *Abbildungsfunktion* ergibt sich danach

$$\boldsymbol{z = \frac{a}{\pi} \sum_{\nu=0}^{q-1} \frac{1}{t_\nu^p} \log\left(1 - \frac{t}{t_\nu}\right).} \tag{2.1.8}$$

Zur Kontrolle werde das *Verhalten dieser Funktion längs des Randes* geprüft:

$t = e^{\frac{1}{q}\pi i}\,\tau$: Das Integral (2.1.5) ist bis auf den Faktor

$$-e^{\frac{-p+q}{q}\pi i} = +e^{-0\pi i}$$

reell und positiv.

t reell:

$$z = \frac{a}{\pi}\left[\log(1-t) + \sum_{\nu=1}^{\frac{1}{2}(q-1)} \left(\frac{1}{t_\nu^p} \log\left(1 - \frac{t}{t_\nu}\right) + \frac{1}{t_{q-\nu}^p} \log\left(1 - \frac{t}{t_{q-\nu}}\right)\right)\right]$$

(q ungerade). Die paarweise zusammengefaßten Summanden sind konjugiert komplex, die Summe ist reell. Das Glied $\log(1-t)$ ist für $0 < t < 1$ reell, für $t > 1$ hat es den konstanten Imaginärteil $-\pi i$, weil beim Durchlaufen der t-Achse der Verzweigungspunkt $t = 1$ längs eines

[1] Es erweist sich hier als zweckmäßig, den Hauptwert des Logarithmus für negativ reelle Zahlen nicht von vornherein festzulegen. Je nach der Art der analytischen Fortsetzung sollen in diesem Fall für den Imaginärteil des Logarithmus die Werte $+\pi$ oder $-\pi$ zugelassen werden.

Halbkreises in der oberen Halbebene, also *im negativen Sinn* zu umfahren ist. — Ist q gerade, so läuft die Summe bis $\nu = {}^1/_2\, q - 1$, und es tritt noch das reelle Glied $\frac{1}{t^p_{q/2}} \log\left(1 - \frac{t}{t_{q/2}}\right)$ hinzu.

Sonderfall: $\left(\frac{1}{2}, \frac{1}{2}, 0\right)^*$.

Mit $\Theta = {}^1/_2$, $p = 1$, $q = 2$ wird (vgl. auch A 8.1)

$$z = \frac{a}{\pi} \log \frac{1-t}{1+t}\,. \tag{2.1.9}$$

Lineare Transformation des Polygons. Zur Erleichterung eines Überblicks über die gestaltlichen Verhältnisse der Dreiecke, deren konforme Abbildung man mit der Funktion (2.1.2) bzw. (2.1.8) beherrscht, sind in Abb. 7a und 9a noch die Bereiche angegeben, die durch die lineare Abbildung

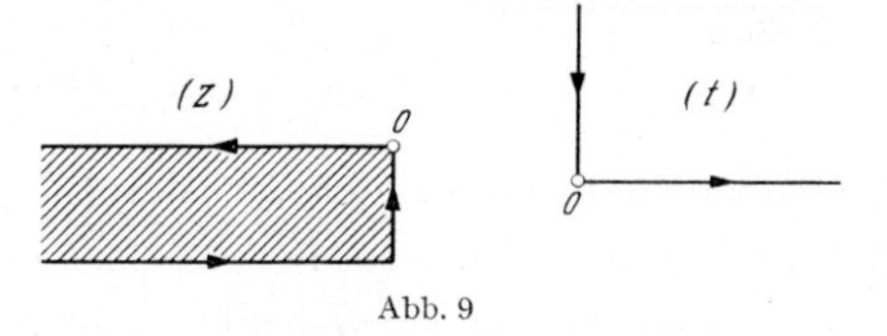

Abb. 9

$$\zeta = \frac{a}{z}$$

aus den Geradenpolygonen der Abb. 7 und 9 entstehen. Dem Halbstreifen in der Umgebung von $z = \infty$ entspricht eine nullwinklige Spitze bei $\zeta = 0$.

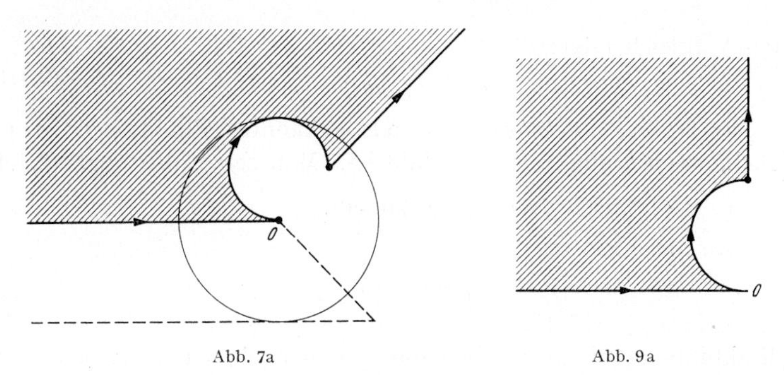

Abb. 7a Abb. 9a

$$(1 - \Theta, 1 + \Theta, -1)^*.$$

Das Dreieck mit den Innenwinkeln $\pi(1 - \Theta)$, $\pi(1 + \Theta)$, $-\pi$ habe die in Abb. 10 angegebene Lage; der Abstand der parallelen Seiten sei a. Man erhält die Abbildungsfunktion aus der Schwarz-Christoffelschen Formel A (13.1.14), wenn man in ihr

$$\begin{aligned} e_1 &= 0, \quad e_2 = 1 \\ \delta_1 &= 1 - \Theta, \quad \delta_2 = 1 + \Theta, \; \delta_\infty = -1 \end{aligned} \tag{2.1.10}$$

setzt:

$$z = C \int_1^w \left(\frac{w-1}{w}\right)^\Theta dw, \quad 0 < \Theta < 1. \tag{2.1.11}$$

Bestimmung der Konstanten C: Der Bildpunkt des Verzweigungspunktes e_1 $(w = 0)$ ist nach Abb. 10:

$$z(0) = -a(\operatorname{cotg} \pi\Theta + i) = -\frac{a}{\sin \pi\Theta} e^{i\pi\theta}. \tag{2.1.12}$$

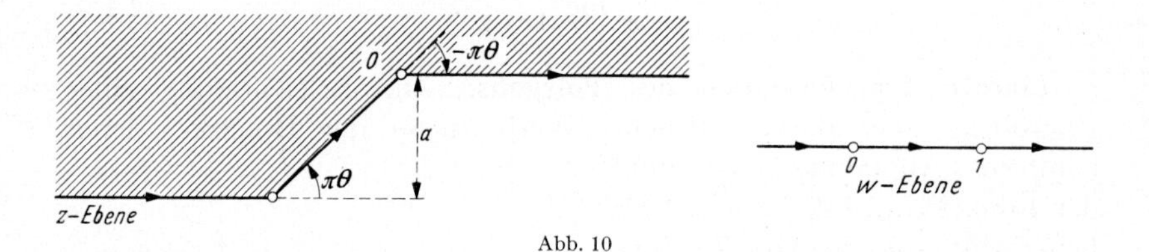

Abb. 10

Andererseits ergibt sich aus der Integraldarstellung[1]:

$$\begin{aligned} z(0) &= -C e^{i\pi\theta} \int_0^1 w^{-\theta}(1-w)^\theta dw = -C e^{i\pi\theta} \mathrm{B}(1-\theta, 1+\theta) \\ &= -C e^{i\pi\theta} \frac{\Gamma(1-\theta)\,\Gamma(1+\theta)}{\Gamma(2)} = -C e^{i\pi\theta}\, \theta\, \Gamma(\theta)\, \Gamma(1-\theta) \\ &= -C e^{i\pi\theta} \frac{\pi\theta}{\sin \pi\theta}. \end{aligned} \tag{2.1.13}$$

Durch Vergleich folgt:

$$C = \frac{a}{\pi\theta}. \tag{2.1.14}$$

Die *Auswertung des Integrals* mittels bekannter Funktionen ist nur möglich, wenn θ eine rationale Zahl ist. Man setze also [vgl. (2.1.4)] $\theta = \frac{p}{q}$ ($p < q$; p, q positive ganze Zahlen).

Substitution:

$$\left(\frac{w-1}{w}\right)^{\frac{1}{q}} = t$$

[Hilfsabbildung, die den Übergang von der oberen w-Halbebene zu einem Sektor der t-Ebene bedeutet (Abb. 8)].

Auf die Veränderliche t transformiert erhält die Abbildungsfunktion die Gestalt

$$z = \frac{a}{\pi\theta} q \int_0^t \frac{t^{p+q-1}}{(t^q-1)^2} dt = \frac{a}{\pi\theta}\left[-\frac{t^p}{t^q-1} + p \int_0^t \frac{t^{p-1}}{t^q-1} dt\right]. \tag{2.1.15}$$

---

[1] Bei diesen Umformungen ist von den Grundeigenschaften der Gammafunktion Gebrauch gemacht worden. Vgl. z. B. WHITTAKER-WATSON: A course of modern Analysis. S. 237, 239, 254 (Cambridge 1927). (Unveränderter Nachdruck 1952.)

Die Nullstellen des Nenners sind die Einheitswurzeln

$$t_\nu = e^{\frac{2\nu}{q}\pi i} \quad (\nu = 0, 1, \ldots, q-1).$$

Teilbruchzerlegung ergibt:

$$\frac{t^{p-1}}{t^q - 1} = \frac{1}{q} \sum_{\nu=0}^{q-1} \frac{t_\nu^{p-1}}{t_\nu^{q-1}} \frac{1}{t - t_\nu} = \frac{1}{q} \sum_{\nu=0}^{q-1} \frac{t_\nu^p}{t - t_\nu}. \tag{2.1.16}$$

Für die Integration der einzelnen Summanden gilt das auf Seite 208 gesagte; es ergibt sich danach die *Abbildungsfunktion*

$$\boldsymbol{z} = \frac{\boldsymbol{a}}{\boldsymbol{\pi}} \left[-\frac{1}{\boldsymbol{\theta}} \frac{\boldsymbol{t}^p}{\boldsymbol{t}^q - 1} + \sum_{\nu=0}^{q-1} \boldsymbol{t}_\nu^p \log\left(1 - \frac{\boldsymbol{t}}{\boldsymbol{t}_\nu}\right) \right]. \tag{2.1.17}$$

Zur Kontrolle werde das *Verhalten der Abbildungsfunktion längs des Randes* geprüft:

$t = e^{\frac{1}{q}\pi i}\,\tau$: Das Integral (2.1.15) ist bis auf den Faktor

$$e^{\frac{p+q}{q}\pi i} = -\,e^{\theta \pi i}$$

reell und positiv.

t reell:

$$z = \frac{a}{\pi}\left[-\frac{1}{\theta} \frac{t^p}{t^q - 1} + \log(1-t) + \sum_{\nu=1}^{\frac{1}{2}(q-1)} \left(t_\nu^p \log\left(1 - \frac{t}{t_\nu}\right) + t_{q-\nu}^p \log\left(1 - \frac{t}{t_{q-\nu}}\right)\right)\right]$$

(q ungerade). Die paarweise zusammengefaßten Summanden sind konjugiert komplex, die Summe ist reell. Das Glied $\log(1-t)$ ist für $0 < t < 1$ reell, für $t > 1$ hat es den konstanten Imaginärteil $-\pi i$. (Die Begründung ist die gleiche wie auf S. 208.)

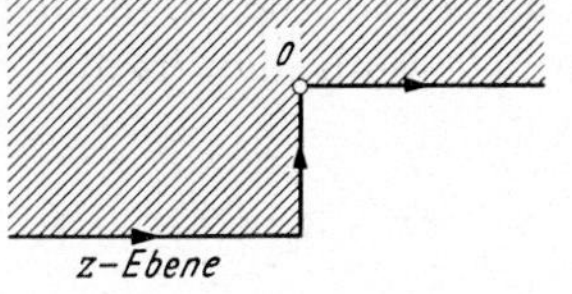

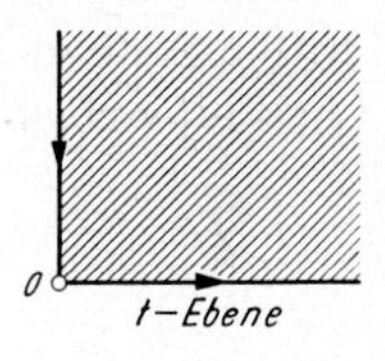

Abb. 11

Sonderfall: $\left(\frac{1}{2}, \frac{3}{2}, -1\right)^*$.

Mit $\Theta = 1/2$, $p = 1$, $q = 2$ wird

$$\boldsymbol{z} = \frac{\boldsymbol{a}}{\boldsymbol{\pi}} \left[-\frac{2\boldsymbol{t}}{\boldsymbol{t}^2 - 1} + \log \frac{1 - \boldsymbol{t}}{1 + \boldsymbol{t}} \right]. \tag{2.1.18}$$

Lineare Transformation des Polygons. Zur Erleichterung eines Überblicks über die gestaltlichen Verhältnisse der Dreiecke, deren konforme Abbildung man mit der Funktion (2.1.11) bzw. (2.1.17) beherrscht, sind in Abb. 10a und 11a noch die Bereiche angegeben, die durch die Abbildung

$$\zeta = \frac{a}{z}$$

aus den Geradenpolygonen der Abb. 10 und 11 entstehen. Bei $\zeta = 0$ mündet die geradlinige Seite tangential in den Kreisbogen ein („Ecke"

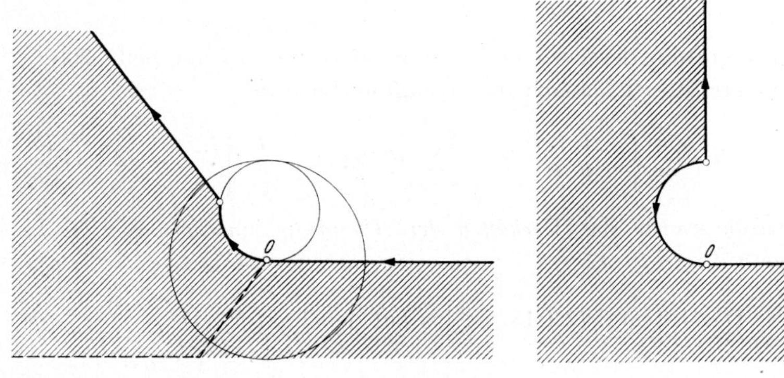

Abb. 10a Abb. 11a

mit dem Winkel π). Die Randkurve weist in diesem Punkt stetigen Tangentenverlauf, aber unstetige Krümmung auf[1].

$(\Theta, 2, -1-\Theta)^*$.

Das Dreieck mit den Innenwinkeln $\pi\Theta, 2\pi, -\pi(1+\Theta)$ habe die in Abb. 12 angegebene Lage; der Abstand des Schlitzendes von der dritten Seite sei a. Man erhält die Abbildungsfunktion aus der Schwarz-Christoffelschen Formel, wenn man in ihr

$$\begin{aligned} &e_1 = 0\,, \quad e_2 = 1\,, \\ &\delta_1 = \Theta, \quad \delta_2 = 2\,, \quad \delta_\infty = -1-\Theta \end{aligned} \tag{2.1.19}$$

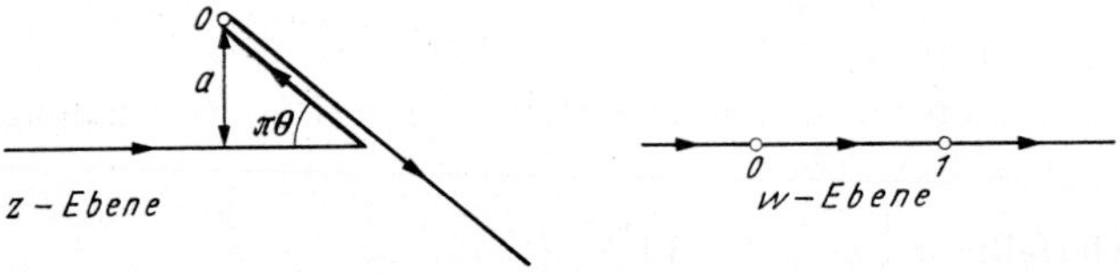

Abb. 12

[1] Bei der Umströmung eines endlichen Profils ist ein Krümmungssprung der Randkurve unerwünscht, er gibt Anlaß zu einer vertikalen Wendetangente der Strömungsgeschwindigkeit als Funktion der Bogenlänge. Das oben behandelte Dreieck ist der einfachste Bereich, dessen Randkurve einen endlichen Krümmungssprung aufweist; man übersieht hier die Verhältnisse vollkommen und kann auf den Charakter der Abbildungsfunktion im allgemeinen Fall schließen. Vgl. hierzu: W. v. KOPPENFELS: Ebene Potentialströmung längs einer glatten Wand mit stückweise stetiger Krümmung. Luftfahrt-Forsch. 17, 189—195 (1940).

setzt:

$$z = C\int_1^w \frac{w-1}{w^{1-\theta}}\,dw = C\left[w^\theta\,\frac{(w-1)\,\theta-1}{\theta\,(\theta+1)} + \frac{1}{\theta\,(\theta+1)}\right] \qquad 0<\theta<1. \tag{2.1.20}$$

Bestimmung der Konstanten C: Der Bildpunkt des Punktes $w = e_1 = 0$ ist nach Abb. 12

$$z(0) = a(\operatorname{cotg}\pi\Theta - i) = \frac{a}{\sin\pi\Theta}\,e^{-i\pi\Theta}. \tag{2.1.21}$$

Durch Vergleich mit der Formel (2.1.20) ergibt sich daraus

$$C = a\,\frac{\Theta\,(\Theta+1)}{\sin\pi\Theta}\,e^{-i\pi\Theta}. \tag{2.1.22}$$

Als *Abbildungsfunktion* ergibt sich danach

$$\boldsymbol{z = a\left[(w e^{-i\pi})^\theta\,\frac{(w-1)\,\theta-1}{\sin\pi\theta} + \operatorname{ctg}\pi\theta - i\right]}, \quad 0<\Theta<1. \tag{2.1.23}$$

Es werde noch der Bildpunkt von $w = -1$ (Endpunkt der von $z = 0$ auslaufenden Feldlinie) angemerkt

$$z(-1) = -\frac{1+2\theta-\cos\pi\theta}{\sin\pi\theta}\,a - i\,a. \tag{2.1.24}$$

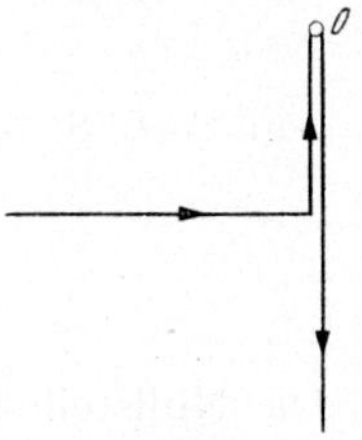

Sonderfall: $\left(\frac{1}{2}, 2, -\frac{3}{2}\right)^*$.

Mit $\Theta = {}^1/_2$ wird

$$\boldsymbol{z = i a\left[-\sqrt{w}\,\frac{w-3}{2} - 1\right]}. \tag{2.1.25}$$

Abb. 13

Lineare Transformation des Polygons. Zur Erleichterung des Überblicks über die gestaltlichen Verhältnisse der Dreiecke, deren konforme Abbildung man mit der Funktion (2.1.23) beherrscht, sind in Abb. 12a und 13a noch die Bereiche angegeben, die durch die Abbildung

$$\zeta = \frac{a}{z}$$

aus den Geradenpolygonen der Abb. 12 und 13 entstehen.

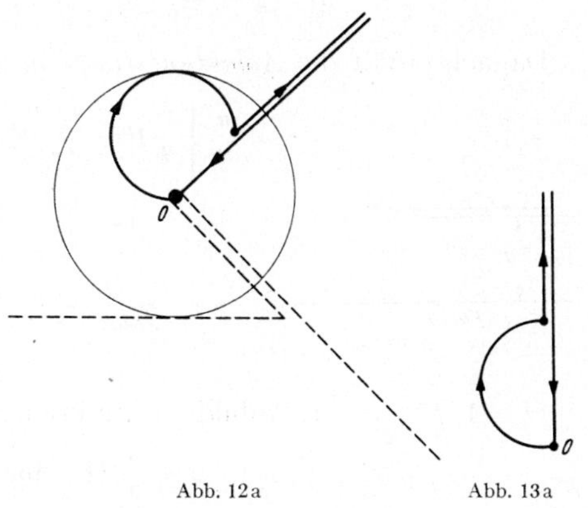

Abb. 12a Abb. 13a

2.2. Zweiteilige Geraden-Dreiecke.

$\boldsymbol{(-\Theta, 1+\Theta, 0)^*}$.

Wird in der Abbildung $(\Theta, 1-\Theta, 0)^*$ (S. 207) θ durch $-\theta$ ersetzt, so fällt auch der

Bildpunkt von $w=0$ in den uneigentlichen Punkt $z=\infty$; es ergibt sich ein Bildpolygon mit *zwei Ecken im uneigentlichen Punkt* (zweiteiliges Profil, Abb. 14).

Die *Auswertung* des mit der gleichen Konstanten wie auf S. 207 $\left(C=-\frac{a}{\pi}\right)$ gebildeten Abbildungsintegrals

$$z=\frac{a}{\pi}\int\limits_{1}^{w}\frac{dw}{w^{1+\theta}(w-1)^{-\theta}} \qquad 0<\theta<1 \tag{2.2.1}$$

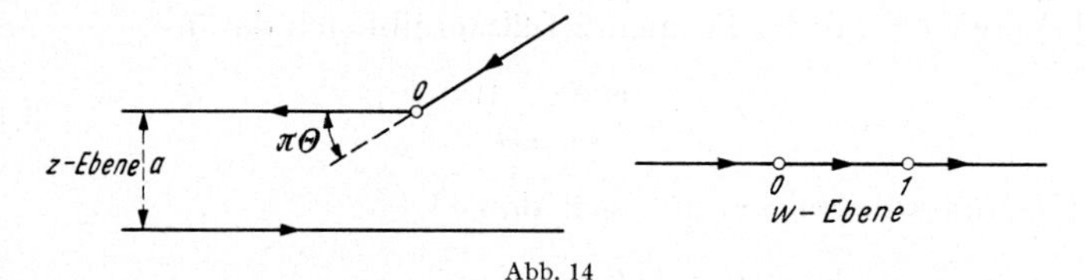

Abb. 14

erfolgt *für rationale Werte von* θ $\left(\theta=\frac{p}{q},\, p<q\right)$ in der gleichen Weise wie oben. Die Substitution

$$\left(\frac{w-1}{w}\right)^{\frac{1}{q}}=t$$

(vgl. Abb. 8, S. 207) verwandelt das Integral in

$$z=\frac{a}{\pi}q\int\limits_{0}^{t}\frac{t^{p+q-1}}{t^{q}-1}\,dt=\frac{a}{\pi}q\int\limits_{0}^{t}\left[t^{p-1}+\frac{t^{p-1}}{t^{q}-1}\right]dt. \tag{2.2.2}$$

Die Nullstellen des Nenners sind die Einheitswurzeln

$$t_{\nu}=e^{\frac{2\nu}{q}\pi i} \quad (\nu=0,1,\ldots,q-1).$$

Teilbruchzerlegung ergibt

$$\frac{t^{p-1}}{t^{q}-1}=\sum_{\nu=0}^{q-1}\frac{t_{\nu}^{p-1}}{q t_{\nu}^{q-1}}\,\frac{1}{t-t_{\nu}}=\frac{1}{q}\sum_{\nu=0}^{q-1}\frac{t_{\nu}^{p}}{t-t_{\nu}}. \tag{2.2.3}$$

Danach erhält die *Abbildungsfunktion* die Form

$$\boldsymbol{z=\frac{a}{\pi}\left[\frac{1}{\theta}t^{p}+\sum_{\nu=0}^{q-1}t_{\nu}^{p}\log\left(1-\frac{t}{t_{\nu}}\right)\right]}. \tag{2.2.4}$$

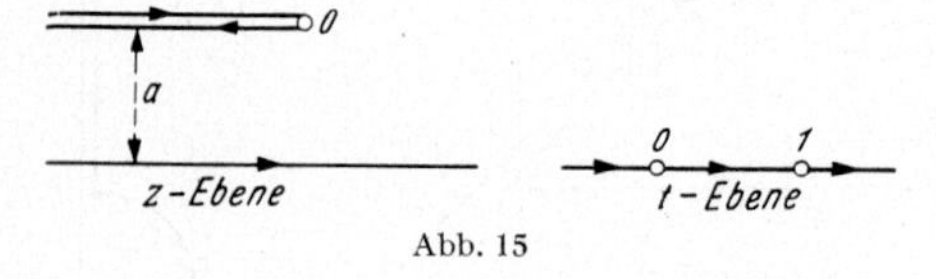

Abb. 15

Die Kontrolle bezüglich des Verhaltens der Funktion längs des Randes überträgt sich wieder unverändert von S. 208.

Sonderfälle: (—1, 2, 0)*

$\Theta=1$, $p=q=1$, Abbildungsfunktion:

$$\boldsymbol{z=\frac{a}{\pi}\left[t+\log(1-t)\right]}. \tag{2.2.5}$$

Mit Hilfe dieser Abbildung hat G. KIRCHHOFF das Feld am Rande eines Plattenkondensators berechnet.

$\left(-\frac{1}{2}, \frac{3}{2}, 0\right)^*$

$\Theta = {}^1/_2$, $p = 1$, $q = 2$, Abbildungsfunktion:

$$z = \frac{a}{\pi}\left[2t + \log\frac{1-t}{1+t}\right]. \qquad (2.2.6)$$

Beim Übergang zur w-Ebene ergibt sich

$$z = \frac{2a}{\pi}\left[\sqrt{\frac{w-1}{w}} + \log\left(\sqrt{w} - \sqrt{w-1}\right)\right]. \qquad (2.2.7)$$

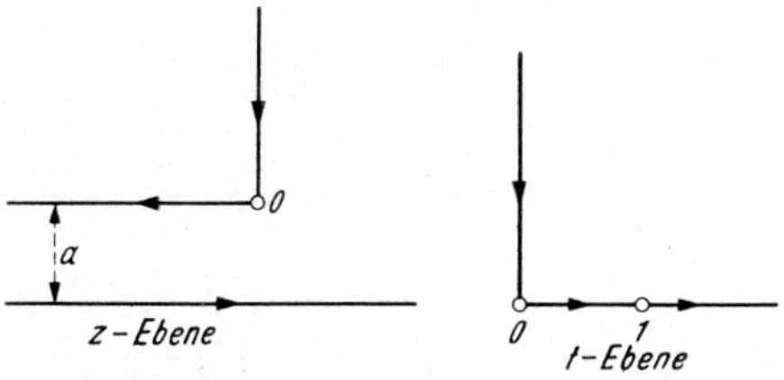

Abb. 16

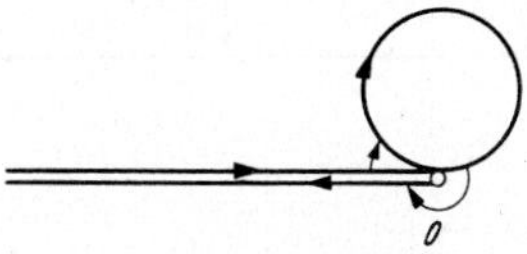

Abb. 15a

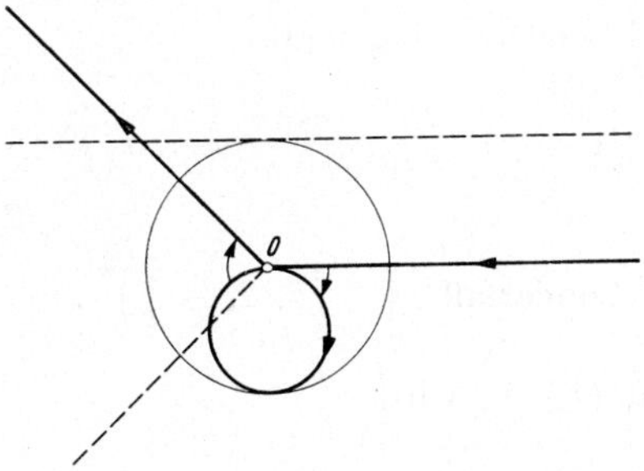

Abb. 14a

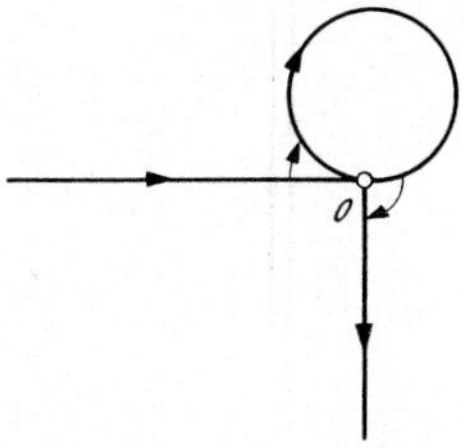

Abb. 16a

Lineare Transformation des Polygons. Zur Erleichterung des Überblicks über die gestaltlichen Verhältnisse der Dreiecke, deren konforme Abbildung man mit den Funktionen (2.2.1) bzw. (2.2.4) beherrscht, sind in Abb. 14a, 15a, 16a noch die Bereiche angegeben, die durch die Transformation

$$\zeta = \frac{a}{z}$$

aus den Geradenpolygonen der Abb. 14, 15, 16 entstehen. Bei $\zeta = 0$ fallen zwei Eckpunkte des Polygons zusammen.

$(-\Theta, 2, \Theta - 1)^*$.

Wird in der Abbildung $(\Theta, 2, -1-\Theta)^*$ (S. 212) θ durch $-\theta$ ersetzt, so fällt außer dem Bildpunkt von $w = \infty$ auch der Bildpunkt von $w = 0$

in den uneigentlichen Punkt $z = \infty$; es entsteht ein zweiteiliges Profil, das aus einer Geraden und einer diese nicht schneidenden Halbgeraden besteht, die doppelt zu durchlaufen ist. Der Abstand des Schlitzendes von der Geraden sei a (Abb. 17). Ansatz und Auswertung des Abbildungsintegrals bleiben unverändert, es kann im Ergebnis von S. 213 θ durch $-\theta$ ersetzt werden. Dadurch erhält man die Abbildungsfunktion

$$z = a\left[(w e^{-i\pi})^{-\theta}\,\frac{(w-1)\,\theta+1}{\sin\pi\theta} - \operatorname{ctg}\pi\theta - i\right]. \quad 0<\theta<1 \qquad (2.2.8)$$

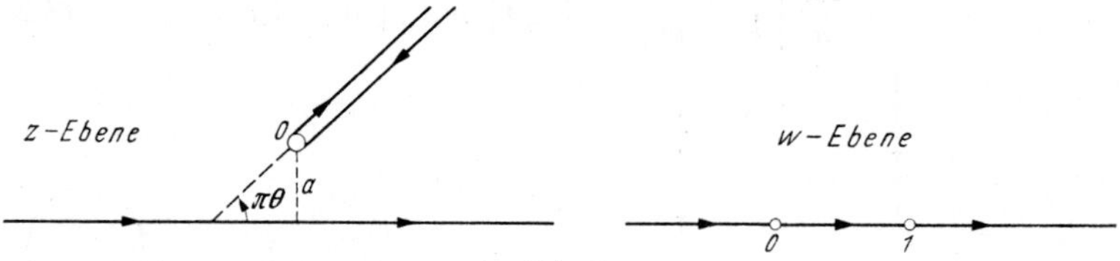

Abb. 17

Es werde wieder der Bildpunkt von $w = -1$ (Endpunkt der von $z = 0$ auslaufenden Feldlinie, die das Bild des Einheits-Halbkreises der w-Ebene ist) angemerkt:

$$z(-1) = \frac{1-2\theta-\cos\pi\theta}{\sin\pi\theta}\,a - i\,a, \quad 0<\theta<1. \qquad (2.2.9)$$

Sonderfall: $\left(-\frac{1}{2},\, 2,\, -\frac{1}{2}\right)^{*}$.

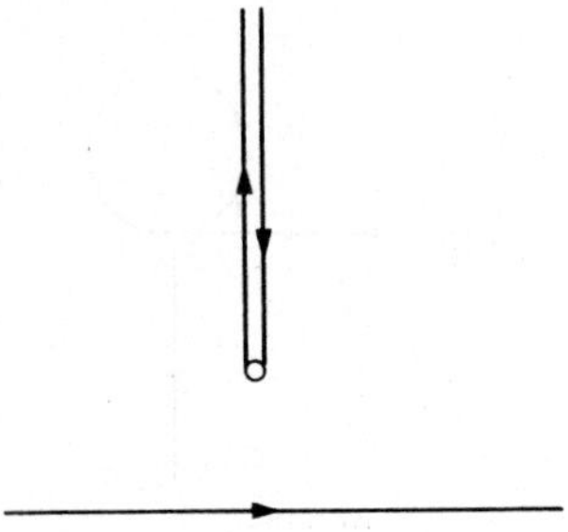

Mit $\Theta = {}^1\!/_2$ wird

$$z = i a\left[\frac{w+1}{\sqrt{w}} - 1\right]. \qquad (2.2.10)$$

Abb. 18

§ 3. Kreisbogen-Dreiecke

Die Funktion, die die obere w-Halbebene $\mathfrak{I}(w) \geqq 0$ auf ein von drei Kreisbogen berandetes Gebiet der ζ-Ebene so abbildet, daß die Eckpunkte die Bilder der Punkte $w = 0$, $w = 1$, $w = \infty$ sind, läßt sich (vgl. A 12.2) als Quotient zweier linear unabhängiger Lösungen der „*hypergeometrischen Differentialgleichung*“[1]

$$H(\alpha,\beta,\gamma;\varphi,w) \equiv w(w-1)\,\varphi''(w) + [(\alpha+\beta+1)\,w-\gamma]\,\varphi'(w) + \alpha\beta\,\varphi(w) = 0$$

[1] Siehe hierzu auch C. Carathéodory, Funktionentheorie II, 116ff., Basel 1950.

darstellen. Das Dreieck hat

an der Ecke $\zeta(0)$	den Innenwinkel	$\delta_0\pi = \lvert\gamma - 1\rvert\,\pi$,
„ „ „ $\zeta(1)$	„ „	$\delta_1\pi = \lvert\alpha + \beta - \gamma\rvert\,\pi$,
„ „ „ $\zeta(\infty)$	„ „	$\delta_\infty\pi = \lvert\alpha - \beta\rvert\,\pi$.

Wenn die Seiten des Dreiecks zwei orthogonalen Kreisbüscheln angehören, kann die hypergeometrische Differentialgleichung *in geschlossener Form* integriert werden. Das ist in drei Fällen möglich, die betreffenden Kreisbogendreiecke sind nach ihren Innenwinkeln mit

$$\left(\frac{1}{2}, \theta, \frac{1}{2}\right)^0, \quad \left(\frac{3}{2}, \theta, \frac{1}{2}\right)^0, \quad \left(\frac{3}{2}, \theta, \frac{3}{2}\right)^0$$

Innengebiet eines Sektors — Außengebiet eines Sektors

zu bezeichnen.

Die grundlegende Formel über die *analytische Fortsetzung der hypergeometrischen Reihe* in das Äußere des Einheitskreises (Bestimmung der Übergangssubstitutionen, vgl. 12.3.) wird aus der Integraldarstellung der hypergeometrischen Funktion gewonnen.

Auf Grund der Fortsetzungsrelation kann die *Abbildung eines beliebig gegebenen Kreisbogendreiecks* mittels hypergeometrischer Reihen bewerkstelligt werden.

Als *Beispiel* wird das Äußere eines symmetrischen Kreisbogendreiecks mit den Innenwinkeln π, π, $2\pi\theta$ auf die Halbebene abgebildet.

3.1. Lösungen in geschlossener Form.

$\left(\frac{1}{2}, \boldsymbol{\theta}, \frac{1}{2}\right)^0$.

Die mit $\alpha = -\frac{\theta}{2}$, $\beta = \frac{1-\theta}{2}$, $\gamma = {}^1/_2$ gebildete hypergeometrische Differentialgleichung

$$H\left(-\frac{\theta}{2}, \frac{1-\theta}{2}, \frac{1}{2}; \varphi, w\right) = 0$$

hat für $0 < \Theta \leqq 1$ die beiden linear unabhängigen Lösungen

$$\varphi_1 = \left(1 + \sqrt{w}\right)^\theta, \qquad \varphi_2 = \left(1 - \sqrt{w}\right)^\theta, \tag{3.1.1}$$

deren Quotient

$$\boldsymbol{\zeta}(\boldsymbol{w}) = \left(\frac{1 - \sqrt{\boldsymbol{w}}}{1 + \sqrt{\boldsymbol{w}}}\right)^{\boldsymbol{\theta}} \tag{3.1.2}$$

die obere w-Halbebene auf das Innere des in Abb. 19 angegebenen Kreisbogendreiecks (Sektor vom Zentriwinkel $2\pi\Theta$) abbildet[1]. Das Dreieck hat

an der Ecke $\zeta(0) = 1$ den Innenwinkel $\delta_0\pi = |\gamma - 1|\,\pi = \frac{\pi}{2}$,

„ „ „ $\zeta(1) = 0$ „ „ $\delta_1\pi = |\alpha + \beta - \gamma|\,\pi = \pi\theta$,

„ „ „ $\zeta(\infty) = e^{-i\pi\theta}$ „ „ $\delta_\infty\pi = |\alpha - \beta|\,\pi = \frac{\pi}{2}$.

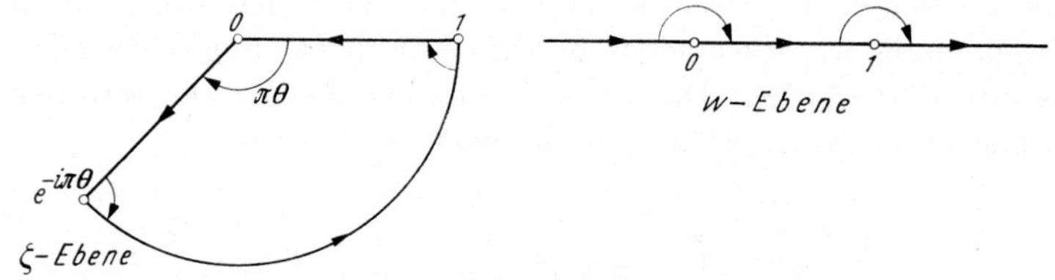

Abb. 19

Abbildung längs des Randes:

1. $w < 0$: $\sqrt{w} = +i\sqrt{-w}$, $\zeta = \left(\frac{1 - i\sqrt{-w}}{1 + i\sqrt{-w}}\right)^{\theta} = e^{-2i\theta \operatorname{arctg}\sqrt{-w}}$;

$$|\zeta| = 1, \quad \arg\zeta = -2\theta \operatorname{arc\,tg}\sqrt{-w} < 0.$$

2. $0 < w < 1$: $1 > \zeta > 0$.

3. $1 < w$: $\arg\zeta = \theta \arg\left(\frac{1 - \sqrt{w}}{1 + \sqrt{w}}\right) = \theta \arg\left(1 - \sqrt{w}\right)$

$$= \theta \arg(1 - w) = -\theta\pi.$$

Weil w in der oberen Halbebene liegt, gilt

$$0 > \arg(1 - w) > -\pi, \quad \text{also} \quad \arg(1 - w) = -\pi \quad \text{für} \quad 1 < w.$$

Andere Herleitung:

Aus der Abbildung des Halbstreifens (vgl. Abb. 9)

$$\left(\frac{1}{2}, \frac{1}{2}, 0\right)^*, \qquad z = \frac{a}{\pi} \log \frac{1 - t}{1 + t},$$

folgt durch Übergang zur Exponentialfunktion

$$\zeta = e^z = \left(\frac{1 - t}{1 + t}\right)^{\frac{a}{\pi}}. \tag{3.1.3}$$

Wird $\frac{a}{\pi} = \theta$ und

$$t = \sqrt{w} \tag{3.1.4}$$

gesetzt, so ergibt sich die obige Abbildungsfunktion. (Die Punktzuordnung ist anders als bei der auf S. 209 gegebenen Abbildung des Halbstreifens, bei der $t = \sqrt{\frac{w - 1}{w}}$ gesetzt wurde.)

[1] SCHWARZ, H. A.: J. reine u. angew. Math. **75**, 324 (1873); Werke II, 247.

$\left(\frac{1}{2}, \Theta, \frac{3}{2}\right)^0$.

Die mit $\alpha = -\frac{\theta}{2}, \beta = -\frac{1+\theta}{2}, \gamma = -{}^1/_2$ gebildete hypergeometrische Differentialgleichung

$$H\left(-\frac{\theta}{2}, -\frac{1+\theta}{2}, -\frac{1}{2}; \varphi, w\right) = 0$$

hat für $\Theta \neq 1$ die beiden linear unabhängigen Lösungen

$$\varphi_1 = \left(1+\sqrt{w}\right)^\theta \left(1-\theta\sqrt{w}\right), \qquad \varphi_2 = \left(1-\sqrt{w}\right)^\theta \left(1+\theta\sqrt{w}\right), \tag{3.1.5}$$

deren Quotient

$$\zeta(w) = \left(\frac{1-\sqrt{w}}{1+\sqrt{w}}\right)^\theta \frac{1+\theta\sqrt{w}}{1-\theta\sqrt{w}} \tag{3.1.6}$$

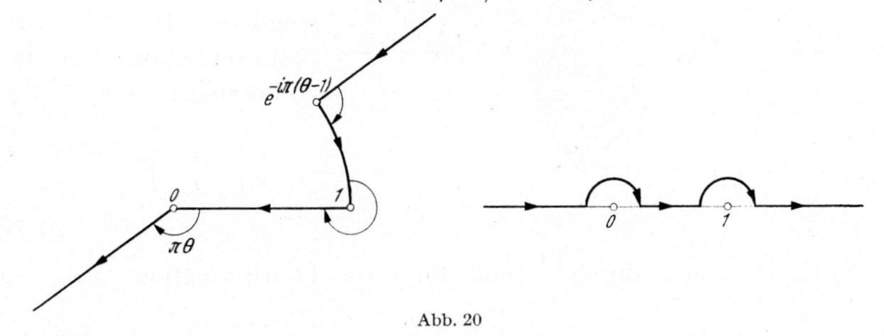

Abb. 20

die obere w-Halbebene auf das Innere des in Abb. 20 angegebenen Kreisbogendreiecks abbildet[1].

Das Dreieck hat

an der Ecke $\zeta(0) = 1$ den Innenwinkel $\delta_0\pi = |\gamma - 1|\,\pi = {}^3/_2\,\pi$

„ „ „ $\zeta(1) = 0$ „ „ $\delta_1\pi = |\alpha + \beta - \gamma|\,\pi = \pi\theta$

„ „ „ $\zeta(\infty) = e^{-i\pi(\theta+1)}$ „ „ $\delta_\infty\pi = |\alpha - \beta|\,\pi = {}^1/_2\,\pi$.

Abbildung längs des Randes:

1. $w < 0$: $\sqrt{w} = +i\sqrt{-w}$, $\quad \zeta = \left(\frac{1-i\sqrt{-w}}{1+i\sqrt{-w}}\right)^\theta \frac{1+i\theta\sqrt{-w}}{1-i\theta\sqrt{-w}}$

$$= e^{2i(-\theta \operatorname{arc\,tg}\sqrt{-w} + \operatorname{arc\,tg}\Theta\sqrt{-w})}; \quad |\zeta| = 1,$$

$$\arg\zeta = 2\left(-\Theta \operatorname{arc\,tg}\sqrt{-w} + \operatorname{arc\,tg}\Theta\sqrt{-w}\right)\begin{cases} > 0, \Theta < 1 \\ < 0, \Theta > 1 \end{cases}$$

2. $0 < w < 1$: $\quad 1 > \zeta > 0$.

3. $1 < w < \frac{1}{\theta^2}$: $\quad \arg\zeta = \theta \arg\left(\frac{1-\sqrt{w}}{1+\sqrt{w}}\right) = \theta \arg\left(1-\sqrt{w}\right) = -\theta\pi$.

4. $\frac{1}{\theta^2} < w$: $\quad \arg\zeta = \theta\arg\left(\frac{1-\sqrt{w}}{1+\sqrt{w}}\right) + \arg\left(\frac{1+\theta\sqrt{w}}{1-\theta\sqrt{w}}\right)$

$$= \theta\arg\left(1-\sqrt{w}\right) - \arg\left(1-\theta\sqrt{w}\right) = -\theta\pi + \pi.$$

[1] Vgl. v. KOPPENFELS, W., J. reine angew. Math. **181**, 114ff. (1939).

Diese Diskussion zeigt, daß beim Übergang von Werten $\theta < 1$ zu Werten $\theta > 1$ — dies bedeutet eine Vertauschung der Verzweigungspunkte $w = 1$ und $w = 0$ — das Kreisbogendreieck die in Abb. 21 angegebene Gestalt erhält.

Sonderfall:

Für $\theta = 2$ ergibt sich der in Abb. 22 angegebene Bereich. Da sich die drei Seiten des Dreiecks in einem Punkt schneiden (dies geschieht sogar zweimal: bei $\zeta = -1$ und $\zeta = +1$), so läßt sich das Kreisbogendreieck durch lineare Transformation in ein geradlinig begrenztes Dreieck verwandeln. In der Tat bestätigt man, daß die Abbildungsfunktion

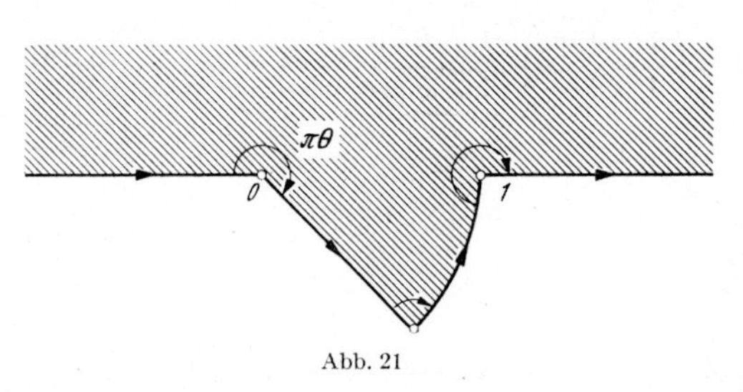

Abb. 21

$$\zeta = \left(\frac{1-\sqrt{w}}{1+\sqrt{w}}\right)^2 \frac{1+2\sqrt{w}}{1-2\sqrt{w}} \tag{3.1.7}$$

beim Ersatz von w durch $\frac{1}{w}$ und durch die Transformation

$$z = \frac{2i\,a\zeta}{1-\zeta} \tag{3.1.8}$$

in die Abbildungsfunktion (2.1.25) (Abb. 13) übergeht.

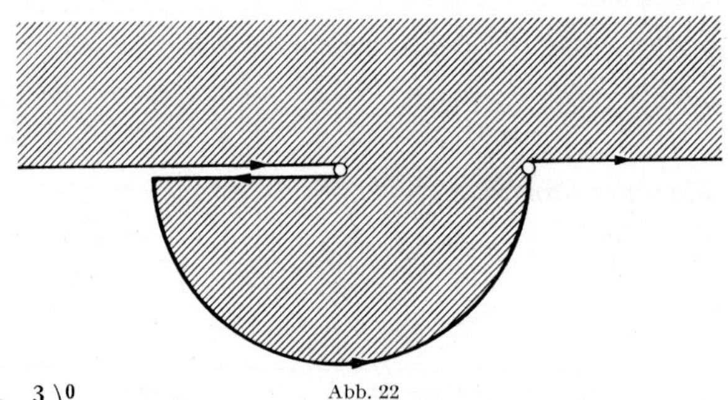
Abb. 22

$\left(\frac{3}{2}, \boldsymbol{\Theta}, \frac{3}{2}\right)^0$.

Die mit $\alpha = -1 - \frac{\theta}{2}$, $\beta = {}^1/_2 - \frac{\theta}{2}$, $\gamma = -{}^1/_2$ gebildete hypergeometrische Differentialgleichung

$$H\left(-1 - \frac{\theta}{2}, \frac{1}{2} - \frac{\theta}{2}, -\frac{1}{2}; \varphi, w\right) = 0$$

hat für $\theta > 0$ die beiden linear unabhängigen Lösungen

$$\varphi_1 = \left(1 + \sqrt{w}\right)^\theta \left(1 - \theta\sqrt{w} + w\right), \quad \varphi_2 = \left(1 - \sqrt{w}\right)^\theta \left(1 + \theta\sqrt{w} + w\right). \tag{3.1.9}$$

Diese Lösungen stehen in engem Zusammenhang mit den Lösungen der Differentialgleichungen

$$H\left(-\frac{\theta}{2}, \frac{1-\theta}{2}, \frac{1}{2}; \varphi, w\right) \quad \text{und} \quad H\left(-\frac{\theta}{2}, -\frac{1+\theta}{2}, -\frac{1}{2}; \varphi, w\right) = 0$$

(S. 217, 219), sie sind zu diesen „*benachbart*", da sich entsprechende Argumente α, β, γ nur um ganze Zahlen voneinander unterscheiden. Nach GAUSS (Werke III, S. 133 [21]) gilt:

$$F(\alpha-1, \beta, \gamma-1; w) - F(\alpha, \beta-1, \gamma-1; w) = \frac{\alpha-\beta}{\gamma-1}\, w\, F(\alpha, \beta, \gamma; w)\,.$$

Setzt man hierin

$$\alpha = -\frac{\theta}{2}, \qquad \beta = \frac{1}{2} - \frac{\theta}{2}, \qquad \gamma = \frac{1}{2},$$

so folgt

$$F\left(-1-\frac{\theta}{2}, \frac{1}{2}-\frac{\theta}{2}, -\frac{1}{2}; w\right) = F\left(-\frac{\theta}{2}, -\frac{1}{2}-\frac{\theta}{2}, -\frac{1}{2}; w\right) + w\, F\left(-\frac{\theta}{2}, \frac{1}{2}-\frac{\theta}{2}, \frac{1}{2}; w\right) \tag{3.1.10}$$

Unter Berücksichtigung von (3.1.1) und (3.1.5) erhält man daraus die beiden linearunabhängigen Lösungen

$$\begin{aligned} \varphi_{1,2} &= \left(1 \pm \sqrt{w}\right)^{\theta} \left(1 \mp \theta \sqrt{w}\right) + w\left(1 \pm \sqrt{w}\right)^{\theta} \\ &= \left(1 \pm \sqrt{w}\right)^{\theta} \left(1 \mp \theta \sqrt{w} + w\right). \end{aligned} \tag{3.1.11}$$

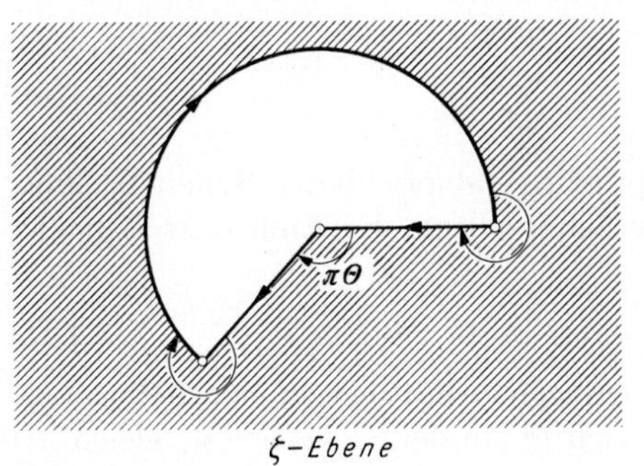

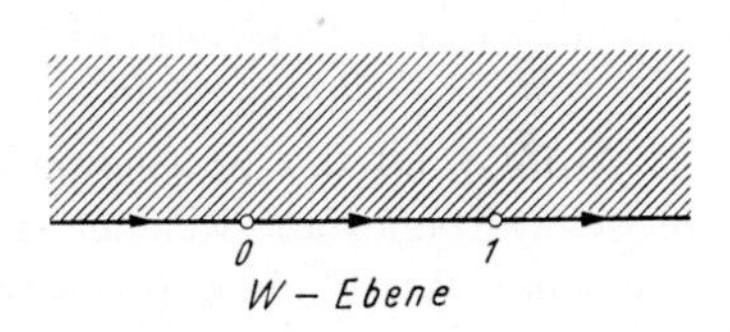

Abb. 23

Der Quotient dieser beiden Lösungen

$$\boldsymbol{\zeta}(\boldsymbol{w}) = \left(\frac{1-\sqrt{\boldsymbol{w}}}{1+\sqrt{\boldsymbol{w}}}\right)^{\boldsymbol{\theta}} \frac{1+\boldsymbol{\theta}\sqrt{\boldsymbol{w}}+\boldsymbol{w}}{1-\boldsymbol{\theta}\sqrt{\boldsymbol{w}}+\boldsymbol{w}} \tag{3.1.12}$$

bildet die obere w-Halbebene auf das Innere des in Abb. 23 angegebenen Kreisbogendreiecks, d. h. auf *das Äußere des Sektors* ab.

Die Kontrolle über die *Abbildung des Randes* überträgt sich mit geringen Veränderungen aus den vorigen Abbildungen. Es ist dabei zu beachten, daß der Quotient

$$\frac{1+\theta\sqrt{w}+w}{1-\theta\sqrt{w}+w}$$

wegen der Definitheit des Nenners für $w > 0$, $\theta < 2$ sein Zeichen nicht wechselt. Vergleich mit der vorigen Abbildung (S. 219) zeigt den Einfluß des Zusatzgliedes w in Zähler und Nenner des zweiten Quotienten.

Andere Herleitung: Bei der soeben gegebenen Abbildung des Außengebiets eines Sektors liegt erstmalig ein Gebiet vor, das den uneigentlichen Punkt $\zeta = \infty$ im Innern enthält (bisher trat er nur als Randpunkt auf). Es scheint aus diesem Grunde wichtig, zu zeigen, wie man diese Abbildungsfunktion ohne Bezugnahme auf die hypergeometrische Differentialgleichung, deren Lösungen in diesem Fall nicht unmittelbar auf der Hand lagen, mit den Methoden von A 14.1 gewinnen kann.

Wie dort besprochen, wird das Dreieck vom kritischen Punkt $\zeta = \infty$ her aufgeschlitzt, und zwar wollen wir den Schlitz so legen, daß er längs der Winkelhalbierenden des Sektors von $\zeta = \infty$ nach $\zeta = 0$ läuft. Dieser Schlitz bildet sich vermittels

$$W = \log \zeta \tag{3.1.13}$$

in einen Parallelstreifen der Breite 2π ab, in den das Bild des Sektors, ein Halbstreifen der Breite $\pi(2-\Theta)$, symmetrisch eingebettet ist. Unter Berücksichtigung der Zuordnung der Ecken des Dreiecks zu den Stellen $w = 0, 1, \infty$ machen wir gemäß A (14.1.6) den Ansatz

$$W = C\int\limits_0^w \frac{\sqrt{w}\,dw}{(w-1)(w-e_\infty)(w-\bar{e}_\infty)}\,. \tag{3.1.14}$$

Auf Grund des Spiegelungsprinzips entspricht der Symmetrielinie, in der ζ-Ebene, auf welcher der Schlitz liegt, der Einheitskreis in der w-Ebene. Wir können also setzen

$$e_\infty = e^{i\vartheta}, \quad \bar{e}_\infty = e^{-i\vartheta}, \quad 0 < \vartheta < \pi\,. \tag{3.1.15}$$

Weiter müssen die Residuenbedingungen erfüllt sein; an der Stelle $w = 1$ muß das Residuum von $W'(w)$ gleich Θ, an der Stelle $w = e_\infty$ gleich -1 sein. Wir können also $W(w)$ auch in der Form ansetzen

$$W = \int\limits_0^w \sqrt{w}\left(\frac{\Theta}{w-1} - \frac{e^{-i\frac{\vartheta}{2}}}{w-e^{i\vartheta}} - \frac{e^{i\frac{\vartheta}{2}}}{w-e^{-i\vartheta}}\right)dw\,. \tag{3.1.16}$$

Durch Vergleich mit (3.1.14) ergibt sich

$$\Theta = e^{-i\frac{\vartheta}{2}} + e^{i\frac{\vartheta}{2}} = 2\cos\frac{\vartheta}{2}\,. \tag{3.1.17}$$

Die Auswertung des Integrals (3.1.16) erfolgt mittels der Substitution

$$t = \sqrt{w} \tag{3.1.18}$$

und ergibt unter Berücksichtigung von (3.1.17)

$$W = \Theta \log \frac{t-1}{t+1} - \log \frac{t^2 - \Theta\, t + 1}{t^2 + \Theta\, t + 1}\,. \tag{3.1.19}$$

Es ist also

$$\zeta = e^W = \left(\frac{t-1}{t+1}\right)^{\Theta} \frac{t^2 + \Theta\, t + 1}{t^2 - \Theta\, t + 1}\,, \tag{3.1.20}$$

woraus sich unter Berücksichtigung von (3.1.18) die Abbildungsfunktion (3.1.12) ergibt.

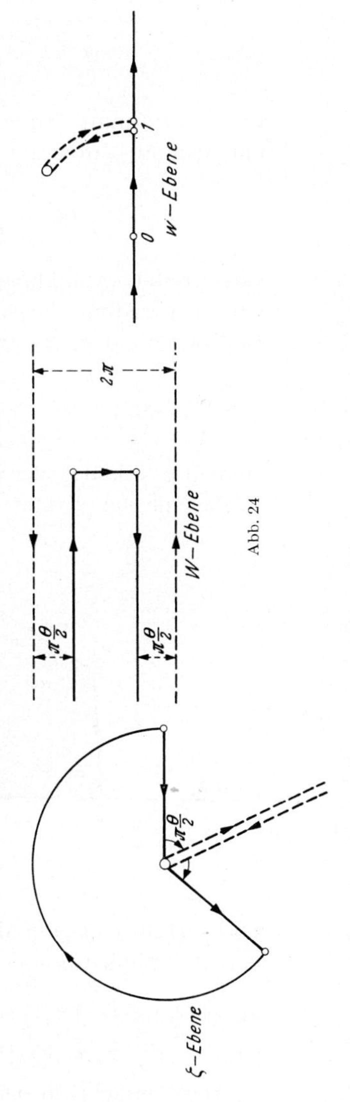

Abb. 24

Bei einer genaueren Untersuchung der Ränderzuordnung stellt man fest, daß bei der Abbildung $W(w)$ der in Abb. 24 dargestellte Kreisbogenschlitz in der oberen w-Halbebene in der Tat in den Parallelstreifen der Breite 2π der W-Ebene übergeht und die reelle w-Achse auf den Rand des Halbstreifens abgebildet wird.

3.2 Analytische Fortsetzung der hypergeometrischen Reihe. Von den in 3.1 behandelten Fällen abgesehen sind zur Abbildung der Kreisbogendreiecke die hypergeometrischen Reihen heranzuziehen. Wie bereits in A 12.3 bemerkt wurde, liegt beim Arbeiten mit Reihenentwicklungen die Hauptschwierigkeit in der Gewinnung der Übergangssubstitutionen, die den Anschluß von den Reihenentwicklungen in der Umgebung des einen Verzweigungspunktes zu den in der Umgebung des anderen Verzweigungspunktes gültigen Reihenentwicklungen vermitteln. Für die grundlegende Formel über die analytische Fortsetzung der hypergeometrischen Reihe in das Äußere des Einheitskreises soll im folgenden eine begrifflich besonders einfache Ableitung gegeben werden[1].

[1] Eine andere Ableitung der Übergangssubstitutionen, die sich auf die Integraldarstellung von BARNES stützt, findet man etwa bei BIEBERBACH, Theorie der gewöhnlichen Differentialgleichungen auf funktionentheoretischer Grundlage dargestellt. S. 204ff. (Berlin-Göttingen-Heidelberg 1953). — Die im Text gegebene Ableitung von W. v. KOPPENFELS ist bisher nicht veröffentlicht worden.

Ausgangspunkt ist die bereits von EULER gefundene Darstellung der hypergeometrischen Funktion (d. h. einer partikulären Lösung der hypergeometrischen Differentialgleichung) als bestimmtes Integral:

$$\varphi(w) = \int_0^1 t^{\beta-1}(1-t)^{\gamma-\beta-1}(1-wt)^{-\alpha}\,dt\,. \tag{3.2.1}$$

Dieses bestimmte Integral läßt sich an der durch das entsprechende unbestimmte Integral

$$J(t) = \int t^{\beta-1}(1-t)^{\gamma-\beta-1}(1-wt)^{-\alpha}\,dt \tag{3.2.2}$$

vermittelten Abbildung der oberen t-Halbebene (bei festem $w < 0$) auf ein geradlinig begrenztes Viereck der J-Ebene anschaulich deuten. Der Integrand von $J(t)$ sei durch die Festsetzungen

$$0 \leqq \arg t \leqq \pi\,, \quad -\pi \leqq \arg(1-t) \leqq 0\,, \quad 0 \leqq \arg(1-wt) \leqq \pi$$

eindeutig erklärt, der Integrationsweg trete nirgends in die untere Halbebene ein. Unter diesen Annahmen bildet das Integral $J(t)$ die

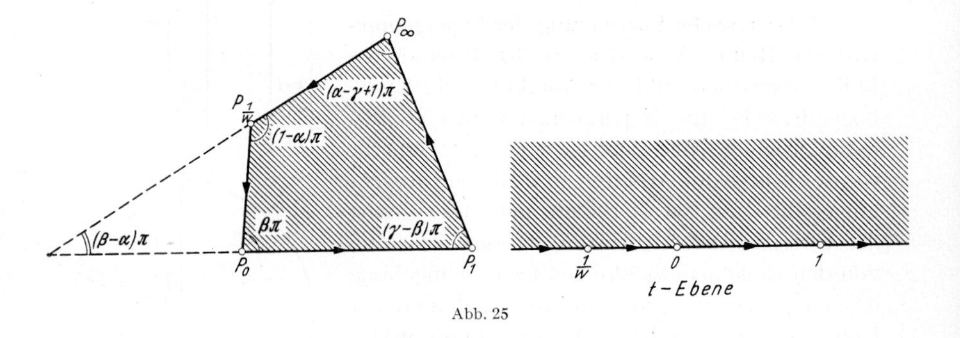

Abb. 25

obere Halbebene auf das Innere eines geradlinig begrenzten Vierecks von der Winkelsumme 2π ab, das an den Ecken $P_{\frac{1}{w}}$, P_0, P_1, P_∞, die die Bildpunkte der Verzweigungspunkte $t = \frac{1}{w}$, 0, 1, ∞ sind, die Innenwinkel $(1-\alpha)\,\pi$, $\beta\pi$, $(\gamma-\beta)\,\pi$, $(\alpha-\gamma+1)\,\pi$ besitzt (Abb. 25).

Der einfacheren Darstellung halber wird angenommen, daß alle Ecken des Bildvierecks im Endlichen liegen. Diese Annahme bedeutet, daß die Parameter α, β, γ den Einschränkungen

$$\beta > 0, \ \ \gamma - \beta > 0, \ \ \alpha - \gamma + 1 > 0, \ \ 1 - \alpha > 0$$

unterworfen sind, die die Konvergenz des Abbildungsintegrals in allen Verzweigungspunkten des Integranden sicherstellen. Es leuchtet ein, daß die Endformel nicht an diese Einschränkungen gebunden ist[1].

Zwischen *drei Seitenvektoren* des Vierecks besteht immer eine lineare Beziehung, die unmittelbar der Abbildung entnommen werden kann. Für die Seitenvektoren

$$\overrightarrow{P_{\frac{1}{w}} P_0} = -J_0^{\frac{1}{w}}, \quad \overrightarrow{P_0 P_1} = J_0^1, \quad \overrightarrow{P_1 P_\infty} = J_0^\infty$$

lautet diese Beziehung, wie man mit Hilfe des Sinus-Satzes sofort erkennt:

$$J_0^1 = -\frac{\sin(\alpha-\gamma+1)\pi}{\sin(\beta-\alpha)\pi} e^{i(\gamma-\beta)\pi} J_1^\infty + \frac{\sin\alpha\pi}{\sin(\beta-\alpha)\pi} e^{i(1-\beta)\pi} J_0^{\frac{1}{w}}, \tag{3.2.3}$$

wobei

$$J_\lambda^\mu = \int_\lambda^\mu t^{\beta-1}(1-t)^{\gamma-\beta-1}(1-wt)^{-\alpha}\,dt \tag{3.2.4}$$

gesetzt ist.

Um die gewünschte Formel für die analytische Fortsetzung der hypergeometrischen Reihe zu erhalten, sind in (3.2.3) die drei Integrale $J_0^1, J_1^\infty, J_0^{\frac{1}{w}}$ auch für komplexe Werte von w zu erklären und in Reihen zu entwickeln. Hierzu ist zu beachten, daß der Integrand, als Funktion des Parameters w betrachtet, bei $w=\frac{1}{t}$ und $w=\infty$ verzweigt ist. Es muß also durch geeignete Schlitzung der w-Ebene verhindert werden, daß der Punkt w eine geschlossene Kurve durchläuft, die den Punkt $w=\frac{1}{t}$ vom Punkt $w=\infty$ trennt. Bei der eindeutigen Erklärung der bestimmten Integrale zwischen festen Grenzen (Fall 1 und 2) wird diese Forderung auf alle Punkte der Kurve $w=\frac{1}{t}$ angewandt, die man erhält, wenn t den Integrationsweg durchläuft.

1. Wird das Integral J_0^1 längs der Strecke $0<t<1$ genommen, so durchläuft $\frac{1}{t}$ die Halbachse $w>1$. Dem obigen Verbot entsprechend ist zu verhindern, daß der Punkt w einen geschlossenen Umlauf vollführt, bei dem die Halbachse $w>1$ geschnitten wird und dies wird durch Schlitzung der w-Ebene längs der Halbachse $w>1$ erreicht.

[1] Es sei darauf hingewiesen, daß die folgende Überlegung auch dann völlig durchgeführt werden kann, wenn die Parameter den einschränkenden Bedingungen nicht genügen, d. h. wenn nicht alle Ecken des Vierecks im Endlichen liegen. An die Stelle der Seiten treten dann die „Perioden" des Vierecks, die immer endliche Länge besitzen. Vgl. W. v. KOPPENFELS: Das hypergeometrische Integral als Periode der Vierecksabbildung. S. B. Akad. Wiss. Wien **146**, 11—22 (1937).

Zur eindeutigen Erklärung der Potenz werde längs des Integrationsweges

$$\begin{gathered}\arg t = 0, \quad \arg(1-t) = 0\,, \\ \arg(1-wt) = 0 \quad (w<0)\end{gathered} \tag{3.2.5}$$

gesetzt. Damit ist J_0^1 in der längs der reellen Achse von $w=1$ bis $w=\infty$ geschlitzten w-Ebene eindeutig erklärt. Für $|w|<1$ ergibt sich durch Entwicklung von $(1-wt)^{-\alpha}$ nach Potenzen von w:

$$J_0^1 = \int\limits_0^1 t^{\beta-1}(1-t)^{\gamma-\beta-1}(1-wt)^{-\alpha}\,dt = \frac{\Gamma(\beta)\,\Gamma(\gamma-\beta)}{\Gamma(\gamma)} F(\alpha,\beta;\gamma;w)\,. \tag{3.2.6}$$

2. Das Integral J_1^∞ werde längs der Halbachse $t>1$ erstreckt. Die Punkte der w-Ebene, die nicht umlaufen werden dürfen, erfüllen also die Strecke $0<w<1$. Der Schlitz der w-Ebene muß an dieser Strecke entlang geführt und dann bis in den uneigentlichen Punkt $w=\infty$ erstreckt werden. Er wird zweckmäßig in die Halbachse $w>0$ gelegt.

Längs des Integrationsweges wird der Integrand durch die Forderungen

$$\begin{gathered}\arg t = 0\,, \quad \arg(1-t) = -\pi\,, \\ \arg(1-wt) = 0 \quad (w<0)\end{gathered} \tag{3.2.7}$$

eindeutig gemacht. Durch die Substitution

$$\begin{aligned} t &= \frac{1}{\tau}\,, & dt &= -\frac{d\tau}{\tau^2} \\ 1-t &= \frac{-1\,(1-\tau)}{\tau}\,, & 1-wt &= \frac{-w\left(1-\frac{\tau}{w}\right)}{\tau} \end{aligned} \tag{3.2.8}$$

wird das Integral J_1^∞ auf das vorige zurückgeführt. In diesen Formeln ist

$$\arg(-1) = -\pi\,, \quad -\pi < \arg(-w) < \pi \tag{3.2.9}$$

zu setzen, damit sich für das transformierte Integral

$$J_1^\infty = e^{i(1+\beta-\gamma)\pi}(-w)^{-\alpha}\int\limits_0^1 \tau^{\alpha-\gamma}(1-\tau)^{\gamma-\beta-1}\left(1-\frac{\tau}{w}\right)^{-\alpha} d\tau \tag{3.2.10}$$

ebenso wie bei J_0^1

$$\begin{gathered}\arg\tau = 0\,, \quad \arg(1-\tau) = 0\,, \\ \arg\left(1-\frac{\tau}{w}\right) = 0 \quad (w<0)\end{gathered} \tag{3.2.11}$$

ergibt. Dann gilt außerhalb des Einheitskreises, für $|w|>1$, die Entwicklung:

$$\begin{aligned} J_1^\infty = e^{i(1+\beta-\gamma)\pi}\,&\frac{\Gamma(\alpha-\gamma+1)\,\Gamma(\gamma-\beta)}{\Gamma(\alpha-\beta+1)}(-w)^{-\alpha}\times \\ &\times F\left(\alpha,\alpha-\gamma+1,\alpha-\beta+1;\frac{1}{w}\right). \end{aligned} \tag{3.2.12}$$

3. Auch für das Integral $J_0^{\frac{1}{w}}$ werde der Integrationsweg immer geradlinig angenommen. Durch eine Schlitzung der w-Ebene muß verhindert werden, daß der Punkt $\frac{1}{w}$ einen der drei Verzweigungspunkte $0, 1, \infty$ umläuft, und dies erreicht man wiederum durch eine Schlitzung längs der Halbachse $w > 0$.

Zur eindeutigen Erklärung des Integranden für alle Werte w mit $-\pi < \arg(-w) < \pi$ werde längs des (geradlinigen) Integrationsweges

$$\arg t = \arg \frac{1}{-w} + \pi ,$$

$$\arg(1 - t) = 0 \quad (w < 0) ,$$

$$\arg(1 - wt) = 0 \qquad (3.2.13)$$

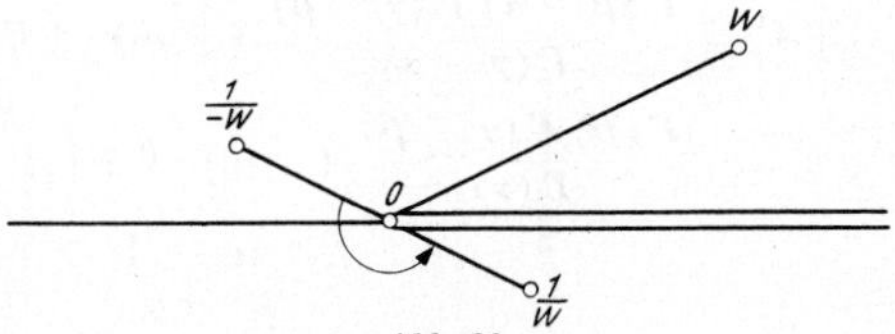

Abb. 26

gesetzt. Dies entspricht im Fall negativ reeller w ($\arg(-w) = 0$) den eingangs (S. 224) getroffenen Festsetzungen. Durch die Substitution

$$t = \frac{\tau}{w}, \qquad dt = \frac{d\tau}{w},$$
$$1 - t = 1 - \frac{\tau}{w}, \qquad 1 - wt = 1 - \tau \qquad (3.2.14)$$

verwandelt sich $J_0^{\frac{1}{w}}$ in

$$J_0^{\frac{1}{w}} = e^{i\beta\pi} (-w)^{-\beta} \int_0^1 \tau^{\beta-1} (1-\tau)^{-\alpha} \left(1 - \frac{\tau}{w}\right)^{\gamma-\beta-1} d\tau . \qquad (3.2.15)$$

Aus (3.2.13) ist zu entnehmen, daß in

$$\arg t = \arg \frac{\tau}{w} = \arg \tau + \arg \frac{1}{-w} + \arg(-1)$$

zu setzen ist:

$$\arg(-1) = +\pi , \qquad (3.2.16)$$

um in dem transformierten Integral in Übereinstimmung mit (3.2.5)

$$\arg \tau = 0 , \quad \arg(1 - \tau) = 0 ,$$
$$\arg\left(1 - \frac{\tau}{w}\right) = 0 \quad (w < 0) \qquad (3.2.17)$$

zu erhalten. So ergibt sich die Darstellung:

$$J_0^{\frac{1}{w}} = e^{i\beta\pi} \frac{\Gamma(\beta)\Gamma(1-\alpha)}{\Gamma(\beta-\alpha+1)} (-w)^{-\beta} F\left(\beta, \beta-\gamma+1, \beta-\alpha+1; \frac{1}{w}\right).$$
$$(3.2.18)$$

Durch Einsetzen von (3.2.6), (3.2.12), (3.2.18) in (3.2.3) wird die analytische Fortsetzung der hypergeometrischen Reihe in das Äußere des Einheitskreises gewonnen. Mit Benutzung der Ergänzungsrelation der Gamma-Funktion:

$$\Gamma(z)\,\Gamma(1-z)=\frac{\pi}{\sin\pi z}$$

erhält man die beiden Entwicklungen:

$$\begin{cases} J_0^1=\dfrac{\Gamma(\beta)\,\Gamma(\gamma-\beta)}{\Gamma(\gamma)}\,F(\alpha,\beta;\gamma;w)\,, \quad |w|<1\,,\\ J_0^1=\dfrac{\Gamma(\beta-\alpha)\,\Gamma(\gamma-\beta)}{\Gamma(\gamma-\alpha)}\,(-w)^{-\alpha}\,F\left(\alpha,\alpha-\gamma+1;\alpha-\beta+1;\dfrac{1}{w}\right)+\end{cases}$$
$$+\frac{\Gamma(\beta)\,\Gamma(\alpha-\beta)}{\Gamma(\alpha)}\,(-w)^{-\beta}\,F\left(\beta,\beta-\gamma+1;\beta-\alpha+1;\frac{1}{w}\right),$$
$$|w|>1\,. \tag{3.2.19}$$

3.3. Darstellung der Abbildungsfunktion im allgemeinen Fall. Die in 3.2 gewonnene Formel (3.2.19) über die analytische Fortsetzung der hypergeometrischen Reihe in das Äußere des Einheitskreises ist von

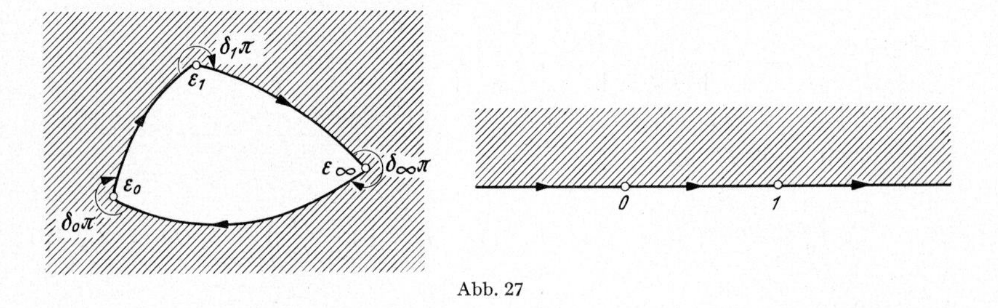

Abb. 27

entscheidender Bedeutung für die rechnerische Durchführung der konformen Abbildung einer Halbebene auf ein beliebig vorgegebenes Kreisbogendreieck.

In der ζ-Ebene sei ein von drei Kreisbogen berandetes schlichtes Gebiet (Kreisbogendreieck) gegeben, das an den Ecken ε_0, ε_1, ε_∞ die positiv zu zählenden Innenwinkel $\delta_0\pi$, $\delta_1\pi$, $\delta_\infty\pi$ besitzt[1]. Außer den Werten Null sollen für diese Winkel im folgenden zunächst die Werte π ausgeschlossen werden. Die angegebene Reihenfolge der Eckpunkte entspreche einem Umlaufen des Gebietes, bei dem das Innere zur Linken liegt (Abb. 27). Es soll die obere w-Halbebene derart auf das Kreisbogendreieck der ζ-Ebene abgebildet werden, daß seine Ecken die Bilder der Punkte $w=0$, $w=1$, $w=\infty$ sind:

$$\varepsilon_0=\zeta(0),\ \varepsilon_1=\zeta(1),\ \varepsilon_\infty=\zeta(\infty)\,. \tag{3.3.1}$$

[1] Dieses Gebiet kann auch den unendlich fernen Punkt enthalten und erscheint dann als das „Äußere" eines Kreisbogendreiecks.

Diese Abbildung wird durch einen Quotienten zweier linear unabhängiger Lösungen der hypergeometrischen Differentialgleichung

$$H(\alpha, \beta; \gamma; \varphi; w) \equiv w(w-1)\,\varphi''(w) + [(\alpha+\beta+1)\,w - \gamma]\,\varphi'(w) + \\ + \alpha\beta\,\varphi(w) = 0 \qquad (3.3.2)$$

geleistet, deren Konstanten sich aus den vorgegebenen Winkeln in der Form

$$\alpha = \frac{1}{2}(1-\delta_0-\delta_1-\delta_\infty), \\ \beta = \frac{1}{2}(1-\delta_0-\delta_1+\delta_\infty), \qquad \gamma = 1-\delta_0 \qquad (3.3.3)$$

berechnen.

Um diese Aufgabe zu lösen, werde zunächst die Lage des Kreisbogendreiecks ermittelt, auf das ein besonders einfach gewählter Lösungsquotient, nämlich der Quotient der beiden Fundamentallösungen zur Stelle $w = 0$:

$$\zeta^*(w) = c\,\frac{(-w)^{1-\gamma}F(\alpha+1-\gamma, \beta+1-\gamma: 2-\gamma; w)}{F(\alpha, \beta; \gamma; w)}, \quad -\pi < \arg(-w) < 0 \qquad (3.3.4)$$

die obere w-Halbebene abbildet[1]. Sodann bedarf es nur noch der linearen Transformation

$$(\zeta(w), \varepsilon_0, \varepsilon_1, \varepsilon_\infty) = (\zeta^*(w), \zeta^*(0), \zeta^*(1), \zeta^*(\infty)), \qquad (3.3.5)$$

um dieses Kreisbogendreieck der ζ^*-Ebene in das vorgegebene Kreisbogendreieck der ζ-Ebene zu verwandeln.

Lage des Kreisbogendreiecks in der ζ^*-Ebene.

Da mit Rücksicht auf (3.3.3)

$$1-\gamma = \delta_0 > 0$$

ist, so hat man in

$$\zeta^*(0) = 0 \qquad (3.3.6)$$

eine erste Ecke des Kreisbogendreiecks der ζ^*-Ebene.

Die beiden von dieser Ecke auslaufenden Seiten sind, wie die Entwicklung (3.3.4) zeigt, geradlinig und schließen den Winkel $(1-\gamma)\,\pi = \delta_0\pi$ ein. Weiterhin folgt aus (3.3.3)

$$\gamma - \alpha - \beta = \delta_1 > 0$$

und diese Ungleichung hat zur Folge, daß die hypergeometrische Reihe auch noch für $w = 1$ konvergiert. Als Funktionswert ergibt sich[2]

$$F(\alpha, \beta; \gamma; 1) = \frac{\Gamma(\gamma)\,\Gamma(\gamma-\alpha-\beta)}{\Gamma(\gamma-\alpha)\,\Gamma(\gamma-\beta)}, \quad \Re(\gamma-\alpha-\beta) > 0. \qquad (3.3.7)$$

[1] Mit Rücksicht auf die später anzuwendende Fortsetzungsrelation wird in dieser Formel $(-w)$ als Basis der Potenz gewählt. Die Wahl der Konstanten c wird noch vorbehalten.

[2] Entsprechend berechnet sich $F(\alpha+1-\gamma, \beta+1-\gamma; 2-\gamma; 1)$, denn es ist $(2-\gamma)-(\alpha+1-\gamma)-(\beta+1-\gamma) = \gamma-\alpha-\beta = \delta_1 > 0$.

Nach Einsetzung der Werte für $w = 1$ in (3.3.4) ist ersichtlich, daß man der noch verfügbaren Konstanten c den Wert

$$c = e^{i\pi(1-\gamma)} \frac{\Gamma(1-\alpha)\,\Gamma(1-\beta)\,\Gamma(\gamma)}{\Gamma(\gamma-\alpha)\,\Gamma(\gamma-\beta)\,\Gamma(2-\gamma)} \tag{3.3.8}$$

erteilen muß, um

$$\zeta^*(1) = 1 \tag{3.3.9}$$

zu erhalten. Nun konstruiert man das Kreisbogendreieck in der Weise, daß man zunächst an die Strecke $\overline{\zeta^*(0)\,\zeta^*(1)}$ im Punkte $\zeta^*(1) = 1$ den Winkel $(\gamma - \beta)\,\pi$ anträgt und dessen freien Schenkel mit dem freien Schenkel des Winkels $\delta_0\pi = (1-\gamma)\,\pi$ (Scheitel bei $\zeta^*(0) = 0$) zum Schnitt bringt. Die Winkel $(\gamma-\beta)\,\pi$ und $\beta\pi$ des so entstandenen

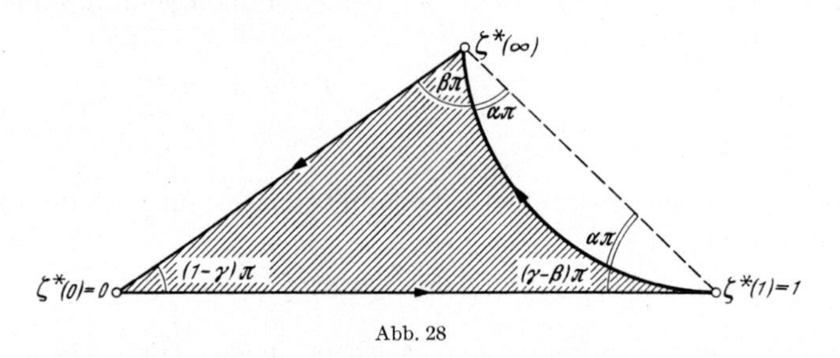

Abb. 28

geradlinigen Dreiecks unterscheiden sich um den gemeinsamen Betrag $\alpha\pi$ von den entsprechenden Winkeln $\delta_1\pi$ und $\delta_\infty\pi$ des Kreisbogendreiecks. Dies ist der Grund dafür, daß der gefundene Schnittpunkt die Ecke $\zeta^*(\infty)$ ist, die Strecke $\overline{\zeta^*(1)\,\zeta^*(\infty)}$ also die Sehne des Kreisbogens von Zentriwinkel $2\alpha\pi$, der die dritte Seite des Kreisbogendreiecks bildet.

Hiermit sind Gestalt und Lage des Kreisbogendreiecks, auf das der Quotient der beiden Fundamentallösungen zur Stelle $w = 0$ die Halbebene $\mathfrak{J}(w) > 0$ abbildet, vollständig bestimmt. Bei der Ausführung der Abbildung hat man für $|w| < 1$ mit der Entwicklung (3.3.4) zu arbeiten. Für $|w| > 1$ erhält man durch Anwendung der Fortsetzungsrelation auf Zähler und Nenner von (3.3.4)

$$\zeta^*(w) = c\,\frac{\dfrac{\Gamma(2-\gamma)\,\Gamma(\beta-\alpha)}{\Gamma(\beta+1-\gamma)\,\Gamma(1-\alpha)}(-w)^{-\alpha} F\left(\alpha, \alpha+1-\gamma; \alpha+1-\beta; \dfrac{1}{w}\right) + \dfrac{\Gamma(2-\gamma)\,\Gamma(\alpha-\beta)}{\Gamma(\alpha+1-\gamma)\,\Gamma(1-\beta)}(-w)^{-\beta} F\left(\beta, \beta+1-\gamma; \beta+1-\alpha; \dfrac{1}{w}\right)}{\dfrac{\Gamma(\gamma)\,\Gamma(\beta-\alpha)}{\Gamma(\gamma-\alpha)\,\Gamma(\beta)}(-w)^{-\alpha} F\left(\alpha, \alpha+1-\gamma; \alpha+1-\beta; \dfrac{1}{w}\right) + \dfrac{\Gamma(\gamma)\,\Gamma(\alpha-\beta)}{\Gamma(\gamma-\beta)\,\Gamma(\alpha)}(-w)^{-\beta} F\left(\beta, \beta+1-\gamma; \beta+1-\alpha; \dfrac{1}{w}\right)} \tag{3.3.10}$$

und nach Einsetzung des Wertes (3.3.8) für c:

$$\zeta^*(w) = e^{i\pi(1-\gamma)} \frac{\dfrac{\Gamma(1-\beta\,\Gamma(\beta-\alpha)}{\Gamma(\beta+1-\gamma)}(-w)^{-\alpha} F\left(\alpha, \alpha+1-\gamma; \alpha+1-\beta; \dfrac{1}{w}\right) + \dfrac{\Gamma(1-\alpha)\,\Gamma(\alpha-\beta)}{\Gamma(\alpha+1-\gamma)}(-w)^{-\beta} F\left(\beta, \beta+1-\gamma; \beta+1-\alpha; \dfrac{1}{w}\right)}{\dfrac{\Gamma(\gamma-\beta)\,\Gamma(\beta-\alpha)}{\Gamma(\beta)}(-w)^{-\alpha} F\left(\alpha, \alpha+1-\gamma; \alpha+1-\beta; \dfrac{1}{w}\right) + \dfrac{\Gamma(\gamma-\alpha)\,\Gamma(\alpha-\beta)}{\Gamma(\alpha)}(-w)^{-\beta} F\left(\beta, \beta+1-\gamma; \beta+1-\alpha; \dfrac{1}{w}\right)}. \tag{3.3.11}$$

Diese Entwicklung der Abbildungsfunktion zur Stelle $w = \infty$ tritt für $|w| > 1$ an die Stelle der für $|w| < 1$ gültigen Entwicklung (57). Mit Rücksicht auf

$$\beta - \alpha = \delta_\infty > 0 \tag{3.3.12}$$

bestätigt man anhand der letzten Darstellung sofort die Richtigkeit des durch die Konstruktion erhaltenen Wertes

$$\zeta^*(\infty) = e^{i\pi(1-\gamma)} \frac{\sin(\gamma-\beta)\,\pi}{\sin\beta\,\pi}. \tag{3.3.13}$$

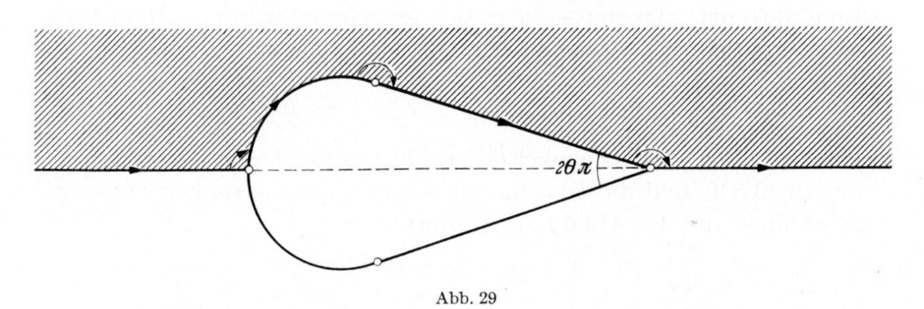

Abb. 29

Man überzeugt sich leicht davon, daß man zur Lösung der Abbildungsaufgabe ebenso vorgehen kann, wenn das Kreisbogendreieck einen oder zwei gestreckte Winkel (π) besitzt[1]. In dem ersten Fall braucht man nur die Zuordnung der Ecken zu den Verzweigungspunkten so zu treffen, daß die Ecke mit dem Winkel π, deren zugehörige Fundamentallösungen logarithmische Zusatzglieder enthalten, dem Punkt $w = 1$ entspricht ($\delta_1 = 1$). Da aber die obige Überlegung so angelegt ist, daß nur mit den Fundamentallösungen zu den Stellen $w = 0$ und $w = \infty$ gearbeitet wird, so kann die Lösung der Abbildungsaufgabe unverändert übernommen werden.

Auch in dem Fall, daß das Kreisbogendreieck *zwei* gestreckte Winkel aufweist, läßt sich die Aufstellung der logarithmischen Glieder ganz

[1] Offenbar können nicht alle Winkel gleich π sein.

vermeiden, denn dieser Fall ist leicht auf den vorigen zurückzuführen. Man erkennt, daß ein solches Kreisbogendreieck immer einen Symmetriekreis besitzt, der den dritten Winkel $2\theta\pi$ halbiert (Abb. 29)[1], und braucht darum wieder nur ein Kreisbogendreieck mit den Winkeln $\left((1-\theta)\,\pi, \pi, \frac{\pi}{2}\right)$ abzubilden.

3.4. Kreisbogendreieck mit zwei gestreckten Winkeln, das den unendlich fernen Punkt enthält. (Das Äußere eines Profils)[2]. Unter

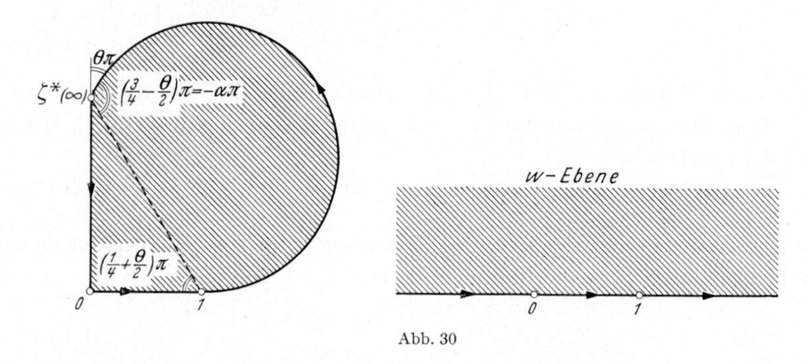

Abb. 30

Ausnutzung der Symmetrie bzw. der Mittellinie wird die Halbebene $\mathfrak{I}(w) > 0$ auf ein Kreisbogendreieck mit den Winkeln

$$\delta_0\pi = \frac{\pi}{2}, \quad \delta_1\pi = \pi, \quad \delta_\infty\pi = (1-\theta)\,\pi \quad (0 < \theta < 1) \tag{3.4.1}$$

abgebildet ($2\theta\pi$ = Innenwinkel des Profils) (Abb. 30).

Nach (3.3.3) sind die Konstanten der hypergeometrischen Differentialgleichung, die die Abbildung vermittelt,

$$\alpha = \frac{2\theta - 3}{4}, \quad \beta = \frac{1 - 2\theta}{4}, \quad \gamma = \frac{1}{2}. \tag{3.4.2}$$

Mit diesen Werten ist nach 3.3 Lage und Gestalt des Kreisbogendreiecks sofort anzugeben, auf das der Quotient $\zeta^*(w)$ der beiden Fundamentallösungen zur Stelle $w = 0$ [vgl. (3.3.4), (3.3.11)] die Halbebene $\mathfrak{I}(w) > 0$ abbildet (Abb. 30).

---

[1] Wenn man durch eine lineare Transformation die unter dem Winkel $2\Theta\pi$ sich schneidenden Kreise in gerade Linien verwandelt, wird die Symmetrie evident.

[2] Diese Aufgabe behandelt E. Wolff, Einfluß der Abrundung scharfer Eintrittskanten auf den Widerstand von Flügeln. Ing. Arch. **4**, 521 (1933). Da der Verf. die Symmetrie des Bereichs nicht ausnutzt, sondern gleich den ganzen Bereich abbildet, hat er ein Kreisbogendreieck mit zwei gestreckten Winkeln und muß bei der Bildung der Fundamentallösungen anstelle der einen fortfallenden Potenzreihe durch Grenzübergang eine Ersatzlösung mit logarithmischen Zusatzgliedern bilden, deren analytische Fortsetzung dann ebenfalls gesondert zu berechnen ist. Die Eckenanordnung des Bildvierecks kann dann nur für ein Zahlenbeispiel numerisch ermittelt werden.

Die Eckpunkte sind:

$$\zeta^*(0) = 0\,, \quad \zeta^*(1) = 1\,, \quad \zeta^*(\infty) = i\,\mathrm{tg}\left(\frac{\theta}{2} + \frac{1}{4}\right)\pi\,. \qquad (3.4.3)$$

Für die Abbildungsfunktion bestehen nach (3.3.4) und (3.3.11) die Entwicklungen:

$$\zeta^*(w) = 2i\,\frac{\Gamma\left(\frac{7}{4}-\frac{\theta}{2}\right)\Gamma\left(\frac{3}{4}+\frac{\theta}{2}\right)}{\Gamma\left(\frac{5}{4}-\frac{\theta}{2}\right)\Gamma\left(\frac{1}{4}+\frac{\theta}{2}\right)}\,\frac{(-w)^{\frac{1}{2}}F\left(\frac{\theta}{2}-\frac{1}{4},\frac{3}{4}-\frac{\theta}{2};\frac{3}{2};w\right)}{F\left(\frac{\theta}{2}-\frac{3}{4},\frac{1}{4}-\frac{\theta}{2};\frac{1}{2};w\right)}\,,$$

$$|w| < 1\,, \qquad (3.4.4)$$

$$\zeta^*(w) = i\,\frac{\dfrac{\Gamma\left(\frac{3}{4}+\frac{\theta}{2}\right)\Gamma(1-\theta)}{\Gamma\left(\frac{3}{4}-\frac{\theta}{2}\right)}(-w)^{\frac{3}{4}-\frac{\theta}{2}}F\left(\frac{\theta}{2}-\frac{3}{4},\frac{\theta}{2}-\frac{1}{4};\theta;\frac{1}{w}\right)+ \dfrac{\Gamma\left(\frac{3}{4}-\frac{\theta}{2}\right)\Gamma(\theta-1)}{\Gamma\left(\frac{\theta}{2}-\frac{1}{4}\right)}(-w)^{\frac{\theta}{2}-\frac{1}{4}}F\left(\frac{1}{4}-\frac{\theta}{2},\frac{3}{4}-\frac{\theta}{2};2-\theta;\frac{1}{w}\right)}{\dfrac{\Gamma\left(\frac{1}{4}+\frac{\theta}{2}\right)\Gamma(1-\theta)}{\Gamma\left(\frac{1}{4}-\frac{\theta}{2}\right)}(-w)^{\frac{3}{4}-\frac{\theta}{2}}F\left(\frac{\theta}{2}-\frac{3}{4},\frac{\theta}{2}-\frac{1}{4};\theta;\frac{1}{w}\right)+ \dfrac{\Gamma\left(\frac{5}{4}-\frac{\theta}{2}\right)\Gamma(\theta-1)}{\Gamma\left(\frac{\theta}{2}-\frac{3}{4}\right)}(-w)^{\frac{\theta}{2}-\frac{1}{4}}F\left(\frac{1}{4}-\frac{\theta}{2},\frac{3}{4}-\frac{\theta}{2};2-\theta;\frac{1}{w}\right)}\,,$$

$$|w| > 1\,. \qquad (3.4.5)$$

Lineare Transformation des Bereiches. Die geometrischen Konstanten des in der ζ-Ebene vorgegebenen Profils sind die Radien R und ϱ der begrenzenden Kreise. Den Radius ϱ des Kreises, der der Ecke mit dem Winkel $2\theta\pi$ gegenüberliegt, bezeichnet man als den „*Abrundungsradius*" des Kreisbogenzweiecks, das sich ergeben würde, wenn nur die beiden Bogen der Kreise mit den Radien R vorlägen.

Der Abb. 31 entnimmt man für die Eckpunkte des Kreisbogendreiecks die Werte:

$$\begin{aligned} \zeta(\infty) &= 0 \\ \zeta(0) &= -\left[R\sin\theta\pi + (R-\varrho)\sin\varepsilon\pi + \varrho\right] \\ \zeta(1) &= -\left[R\sin\theta\pi + (R-\varrho)\sin\varepsilon\pi\right] + i\varrho\, e^{i\varepsilon\pi} \end{aligned} \qquad (3.4.6)$$

mit

$$\cos\pi\varepsilon = \frac{R\cos\pi\theta}{R-\varrho}\,, \qquad \sin\pi\varepsilon = \frac{\sqrt{(R-\varrho)^2 - R^2\cos^2\pi\theta}}{R-\varrho}\,. \qquad (3.4.7)$$

Die lineare Transformation, die das Kreisbogendreieck der ζ^*-Ebene (Abb. 30) in das Kreisbogendreieck der ζ-Ebene (Abb. 31) überführt, hat, als Doppelverhältnis geschrieben, die Form [vgl. A (7.2.13)]

$$\begin{aligned}(\zeta(w), \zeta(0), \zeta(1), \zeta(\infty)) &= (\zeta^*(w), \zeta^*(0), \zeta^*(1), \zeta^*(\infty)) \\ &= \left(\zeta^*(w), 0, 1, i \operatorname{tg}\pi\left(\frac{\theta}{2} + \frac{1}{4}\right)\right).\end{aligned} \tag{3.4.8}$$

Das Äußere des gesamten Profils wird durch die so erhaltene Funktion $\zeta(w)$ auf die längs der Achse positiver reeller w geschlitzte w-Ebene

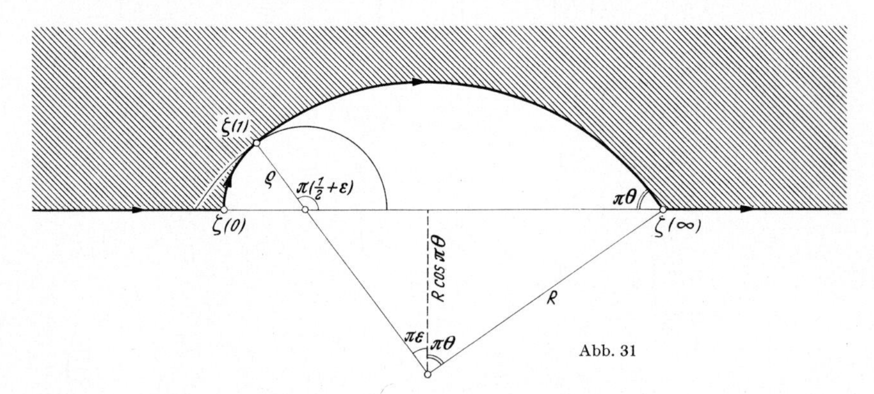

Abb. 31

derart abgebildet, daß dem Teil der Kontur, der in der oberen ζ-Halbebene verläuft, das obere Ufer, dem gespiegelten Teil der Kontur das untere Ufer des Schlitzes der w-Ebene entspricht.

§ 4. Einteilige Geraden-Vierecke

Bereits in A 12.3 bzw. A 13.2 wurde erwähnt, daß bei den Polygonen mit vier und mehr Ecken die Abbildungsaufgabe mit einem Parameterproblem verknüpft ist. Beim Geraden-Viereck tritt dieses Parameterproblem zum ersten Mal in Erscheinung und besteht in der Anpassung des Parameters der Abbildungsfunktion an die geometrische Konstante des Vierecks. Für dieses Parameterproblem wird zunächst allgemein die Lösung „im Großen" gegeben, wobei sich eine getrennte Behandlung der einteiligen und zweiteiligen Geraden-Vierecke als nötig erweist (Abschn. 4.1). Es folgt dann die Auswertung der Abbildungsfunktionen für die Sonderfälle der Vierecke mit rechtwinklig sich schneidenden Seiten (Abschn. 4.2 und 4.3).

4.1. Lösung des Parameterproblems. Bei der Abbildung der Halbebene $\Im(w) > 0$ auf das Innere eines vorgelegten einteiligen Geraden-Vierecks mögen die Eckpunkte des Vierecks den Verzweigungspunkten $0, 1, \infty, \lambda$ der w-Ebene entsprechen. Hinsichtlich der Innenwinkel $\delta_0\pi, \delta_1\pi, \delta_\infty\pi, \delta_\lambda\pi$, deren Summe 2π beträgt [vgl. A (13.1.13)], sei vorausgesetzt, daß höchstens einer dieser Werte $\leqq 0$ ausfällt. Dies bedeutet, daß höchstens ein Eckpunkt in den uneigentlichen Punkt der z-Ebene fällt und somit wirklich ein *einteiliges Viereck* vorliegt. Die Abbildungsfunktion, die sich nach dem Schwarz-Christoffelschen Ansatz in der Form

$$z = C \int\limits_{w_0}^{w} \frac{d\,w}{w^{1-\delta_0}\,(w-1)^{1-\delta_1}\,(w-\lambda)^{1-\delta_\lambda}} = C\,J_{w_0}^{w} \tag{4.1.1}$$

darstellt, hängt außer von der Veränderlichen w noch von dem Parameter λ, dem Doppelverhältnis der Verzweigungspunkte, analytisch ab, was durch die Schreibweise

$$z = z(w;\lambda)$$

zum Ausdruck gebracht werde. Die *Normierung* der Abbildungsfunktion besteht in der Festlegung zweier Ecken des Bildvierecks, z. B. durch die Forderungen

$$\begin{aligned} z(0;\lambda) &= 0\,, \\ z(1;\lambda) &= 1\,, \end{aligned} \tag{4.1.2}$$

die zum Ausdruck bringen, daß die Bildpunkte der Verzweigungspunkte $w = 0$ und $w = 1$ bzw. in die Punkte $z = 0$ und $z = 1$ fallen sollen. Analytisch bedeutet dies, daß als untere Grenze des Integrals $w_0 = 0$ gewählt und der multiplikativen Konstanten C der Wert

$$C = \frac{1}{J_0^1} \tag{4.1.3}$$

erteilt wird. Die Abbildungsfunktion erhält danach die Gestalt:

$$z = z(w;\lambda) = \frac{J_0^w}{J_0^1} \tag{4.1.4}$$

und liefert die Bildpunkte der anderen beiden Verzweigungspunkte

$$\begin{aligned} z(\infty;\lambda) &= \frac{J_0^\infty}{J_0^1} \\ z(\lambda;\lambda) &= \frac{J_0^\lambda}{J_0^1} \end{aligned} \tag{4.1.5}$$

als Quotienten hypergeometrischer Integrale. Die anschauliche Deutung dieser Integralquotienten bietet die Möglichkeit, die Abhängigkeit vom Parameter λ elementargeometrisch zu überblicken. Jedem reellen Wert λ entspricht ein Bildviereck mit den Innenwinkeln $\delta_0\pi$, $\delta_1\pi$, $\delta_\infty\pi$, $\delta_\lambda\pi$, dessen Lage und Gestalt durch die Normierungsbedingungen bis auf einen Freiheitsgrad festgelegt sind und dessen freie Ecken diese beiden Funktionswerte (4.1.5) darstellen. Faßt man die Folge der Bildvierecke ins Auge, die der Gesamtheit aller reellen Werte des Parameters λ entspricht, so fügen sich die freien Ecken zu einfachsten geometrischen

Orten zusammen, die den Wertevorrat dieser Funktionen für reelle Argumente λ sichtbar machen.

1. Den Werten $\lambda < 0$ entsprechen Vierecke der in Abb. 32 angegebenen Gestalt. Die geometrischen Orte der freien Ecken sind die gekennzeichneten Abschnitte der festen Geraden g_0, g_1 durch die Grundpunkte $z=0$ und $z=1$.

2. Da die Integrale bei $\lambda = 0$ verzweigt sind, muß der Übergang zu positiven Werten λ unter Umgehung des Nullpunktes ausgeführt werden. Erfolgt dieser Übergang in der oberen Halbebene, so erhält die Randkurve in der Integrationsebene für λ-Werte des Intervalls $0 < \lambda < 1$ die in Abb. 33 angegebene Gestalt, wobei der Nullpunkt, wenn er das zweitemal berührt wird, nicht zu umlaufen ist. Die Funktion $z(w;\lambda)$ bildet die so berandete Figur auf ein Sechseck ab, das sich als ein Viereck mit einem schlitzartigen Fortsatz erweist. Die Randkurve dieses Bildbereiches werde in ihrem Verlauf von der Ecke $z(\infty;\lambda)$ aus verfolgt.

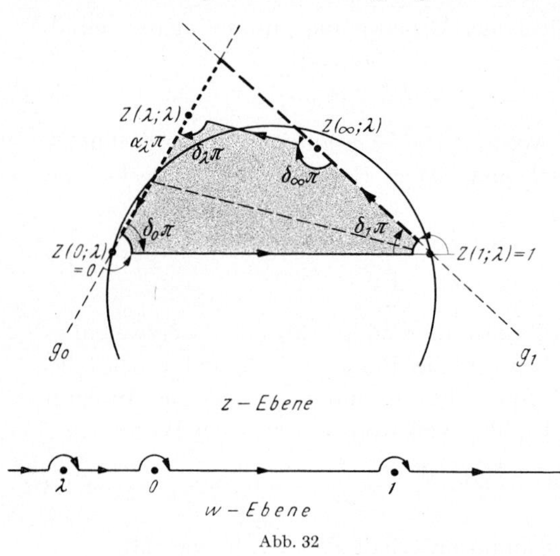

Abb. 32

Man läuft zunächst geradlinig in den ersten Bildpunkt von $w=0$, vollführt dort eine Drehung um den Winkel $(1-\delta_0)\,\pi$ und setzt den Weg bis zum Eckpunkt $z(\lambda;\lambda)$ fort, wo — dem Winkel 2π in der w-Ebene entsprechend — eine Drehung um den Winkel $2\pi(1-\delta_\lambda)$ erfolgt. Die Länge der nächsten Wegstrecke stimmt mit der vorigen überein, der folgende Eckpunkt, der dem zweiten Anlaufen des Punktes $w=0$ entspricht, trägt das Funktionssymbol $z(0;\lambda)$. Von diesem Punkt aus kehrt man in entgegengesetzter Richtung (weil der Verzweigungspunkt $w=0$ bei diesem zweiten Anlaufen nicht umfahren wird) zum Eckpunkt $z(\lambda;\lambda)$ zurück. Darauf wird die vorher erfolgte Drehung zur Hälfte rückgängig gemacht und der Weg zum Eckpunkt $z(1;\lambda)$ fortgesetzt. Nach einer Drehung um den Winkel $(1-\delta_1)\,\pi$ führt die Schlußlinie in den Punkt $z(\infty;\lambda)$ zurück.

Da wieder die Ecken $z(0;\lambda)$, $z(1;\lambda)$ festgehalten werden, so bewegen sich die freien Ecken auf Kreisen, wenn λ das angegebene Intervall durchläuft (Abb. 33).

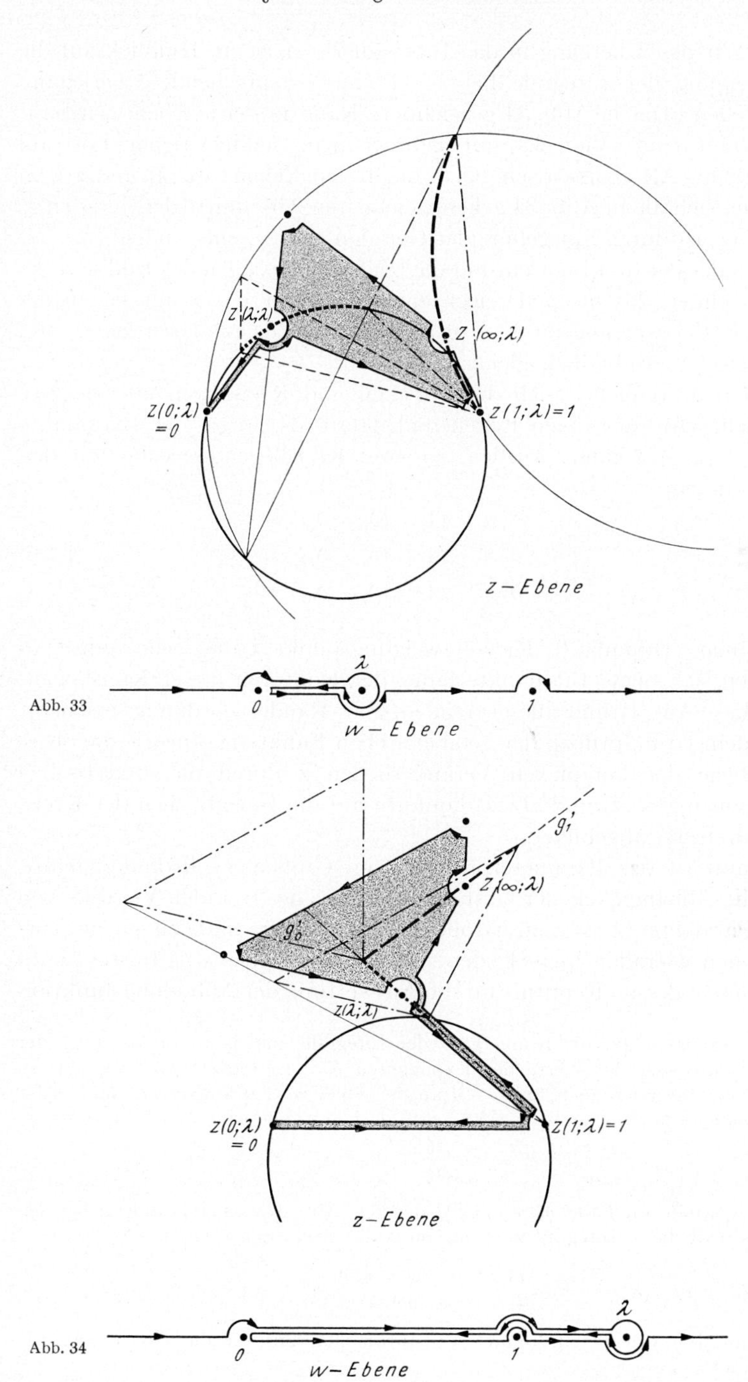
z(λ;λ)
z(∞;λ)
z(0;λ)
=0
z(1;λ)=1
z−Ebene
λ
0
1
w−Ebene
g₁'
g₀'
z(∞;λ)
z(λ;λ)
z(0;λ)
=0
z(1;λ)=1
z−Ebene
λ
0
1
w−Ebene

Abb. 33

Abb. 34

3. Für den Übergang in das Intervall $\lambda > 1$ ist im Hinblick auf die Verzweigung der Integrale bei $\lambda = 1$ eine entsprechende Überlegung anzustellen. Der in Abb. 34 gezeichnete Rand in der w-Ebene wird auf den Rand eines Vierecks mit gebrochenem schlitzartigem Fortsatz abgebildet. Als geometrische Orte der freien Ecken $z(\infty;\lambda)$ und $z(\lambda;\lambda)$ erweisen sich die in Abb. 34 gekennzeichneten Abschnitte der Geraden g_0' und g_1 (g_0' ist durch Spiegelung der Geraden g_0 an g_1 entstanden).

In jeder der drei Figuren sind die beiden Grenzlagen des Bildvierecks eingezeichnet, das in ein Dreieck entartet, wenn $w = \lambda$ mit einem der anderen Verzweigungspunkte zusammenfällt[1]. Diese Grenzlagen sind paarweise spiegelbildlich gleich.

Offenbar schließen sich die Strecken und Kreisbogen, die als geometrische Orte der freien Ecken und damit als Träger der Bildpunkte $z(\infty;\lambda)$, $z(\lambda;\lambda)$ erkannt wurden, zu zwei Kreisbogendreiecken mit den Innenwinkeln

$$\begin{aligned} \delta_1^*\pi &= (1 - (\delta_0 + \delta_1))\,\pi \\ \delta_2^*\pi &= (1 - (\delta_1 + \delta_\lambda))\,\pi \\ \delta_3^*\pi &= (1 - (\delta_\lambda + \delta_0))\,\pi \end{aligned} \tag{4.1.6}$$

zusammen. Durchläuft der Verzweigungspunkt λ die reelle Achse, so bewegen sich beide Bildpunkte längs der Konturen dieser Kreisbogendreiecke. Auf Grund dieser eindeutigen Ränderzuordnung erscheint nach dem Grundprinzip der geometrischen Funktionentheorie die obere Halbebene der komplexen Veränderlichen λ durch die analytischen Funktionen $z(\infty;\lambda)$ und $z(\lambda;\lambda)$ konform auf die Innenflächen der Kreisbogendreiecke abgebildet.

Damit ist das Parameterproblem „im Großen" vollständig gelöst, d. h. die Abhängigkeit der Gestalt und Lage des Geraden-Vierecks von dem Parameter λ ist „im Großen" geklärt. Um nun zu einem vorgegebenen Geraden-Viereck den Wert des Doppelverhältnisses λ zu bestimmen, dessen Kenntnis für die Auswertung der Abbildungsfunktion

---

[1] Bestimmend für die Konvergenz der Integrale und damit für die Lage der Grenzpunkte sind die Werte der Exponenten $\delta_\nu - 1$. Ist z. B. $\delta_0 + \delta_\lambda > 1$, so bleiben die Integrale auch für $\lambda \to 0$ an der Stelle $w = 0$ konvergent und es ist insbesondere

$$\lim_{\lambda\to 0} z(\lambda;\lambda) = \lim_{\lambda\to 0} \frac{J_0^\lambda}{J_0^1} = 0 \qquad (\delta_0 + \delta_\lambda > 1)\,.$$

Dagegen strebt im Falle $\delta_0 + \delta_\lambda \leqq 1$, der der Abb. 32—34 zugrunde gelegt ist, der Quotient dieser Integrale zu dem von Null verschiedenen Grenzwert

$$\lim_{\lambda\to 0} z(\lambda;\lambda) = \lim_{\lambda\to 0} \frac{J_0^\lambda}{J_0^1} = \frac{\sin(\delta_0 + \delta_\lambda)\,\pi}{\sin \delta_\lambda \pi}\, e^{i\delta_0\pi} \qquad (\delta_0 + \delta_\lambda \leqq 1)\,,$$

den man der Abb. 32 entnimmt. Entsprechendes gilt für die Grenzübergänge $\lambda \to 1$ und $\lambda \to \infty$.

erforderlich ist, hat man folgendermaßen vorzugehen: Einer der beiden freien Eckpunkte des Vierecks, z.B. der durch $z(\lambda;\lambda)$ gegebene Eckpunkt, legt einen Punkt auf dem Rand des Kreisbogendreiecks fest (Abb. 35). Man bestimme durch Umkehrung der „Dreiecksfunktion"

$$z(\lambda;\lambda) = \zeta(\lambda) = \frac{J_0^\lambda}{J_0^1} \tag{4.1.7}$$

den Punkt auf der Achse der reellen λ, dessen Bildpunkt der vorgegebene Punkt auf dem Rand des Kreisbogendreiecks ist. Da man die Abbildungsfunktion $\zeta(\lambda)$ mittels der Theorie der hypergeometrischen Funktion („im Kleinen" durch die hypergeometrischen Reihen) vollständig beherrscht, so bietet die Umkehrung der Funktion (4.1.7) keine grundsätzliche Schwierigkeit. Der so erhaltene Zahlenwert ist in die Abbildungsfunktion (4.1.4) einzusetzen und diese liefert dann die konforme Abbildung der Halbebene $\mathfrak{J}(w) > 0$ auf das Innere des vorgegebenen Geraden-Vierecks.

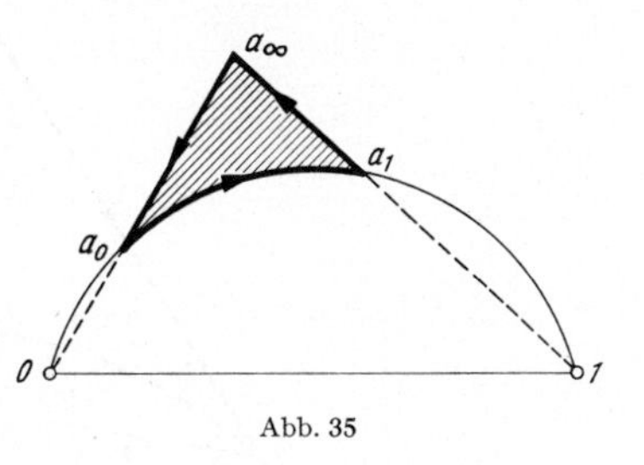

Abb. 35

Darstellung der Dreiecksfunktion $\zeta(\lambda)$ mittels des Quotienten der beiden Fundamentallösungen zur Stelle $\lambda = 0$.

Die Darstellung der Dreiecksfunktion $\zeta(\lambda)$ mittels hypergeometrischer Reihen kann man anhand der Darstellung (4.1.7) durch Entwicklung der bestimmten Integrale J_0^1, J_1^λ in der Umgebung der betreffenden Verzweigungsstelle gewinnen. Schneller kommt man zum Ziel, wenn man darauf Bezug nimmt, daß in 3.3 (S. 228ff.) bereits Gestalt und Lage des Kreisbogendreiecks ermittelt wurde, auf das der Quotient der beiden Fundamentallösungen zur Stelle 0 die obere Halbebene abbildet. Es bedarf dann nur der Ausführung der linearen Transformation, die das Dreieck der Abb. 35 in das Dreieck der Abb. 28, (S. 230) überführt, um die gewünschte Darstellung der Dreiecksfunktion $\zeta(\lambda)$ durch den Quotienten

$$\zeta^*(\lambda) = c\,\frac{(-\lambda)^{1-\gamma} F(\alpha+1-\gamma,\beta+1-\gamma;2-\gamma;\lambda)}{F(\alpha,\beta;\gamma;\lambda)}, \quad -\pi < \arg(-\lambda) < 0 \tag{4.1.8}$$

zu erhalten. Der Zusammenhang zwischen den Winkeln (4.1.6) des Kreisbogendreiecks und den Parametern der hypergeometrischen Funktion ist in bekannter Weise durch

$$\begin{cases} \delta_1^* = 1 - \delta_0 - \delta_\lambda = 1 - \gamma \\ \delta_2^* = 1 - \delta_1 - \delta_\lambda = \gamma - \alpha - \beta \\ \delta_\infty^* = 1 - \delta_0 - \delta_1 = \beta - \alpha \end{cases} \tag{4.1.9}$$

gegeben. Die Ecken des Dreiecks der ζ-Ebene liegen, wie in 3.3 (S. 229 bis 231) gezeigt wurde, bei

$$\begin{aligned} \zeta^*(0) &= 0 \\ \zeta^*(1) &= 1 \\ \zeta^*(\infty) &= e^{i\pi(1-\gamma)} \frac{\sin(\gamma-\beta)\pi}{\sin\beta\pi} = e^{-i\pi(\delta_0+\delta_\lambda)} \frac{\sin\delta_0\pi}{\sin\delta_\lambda\pi}\,. \end{aligned} \tag{4.1.10}$$

Die lineare Transformation, die das Dreieck der Abb. 35 in das Dreieck der Abb. 28 überführt, setzt man in der Form

$$(\zeta(\lambda), a_\infty, a_0, a_1) = (\zeta^*(\lambda), \zeta^*(\infty), 0\ 1) \tag{4.1.11}$$

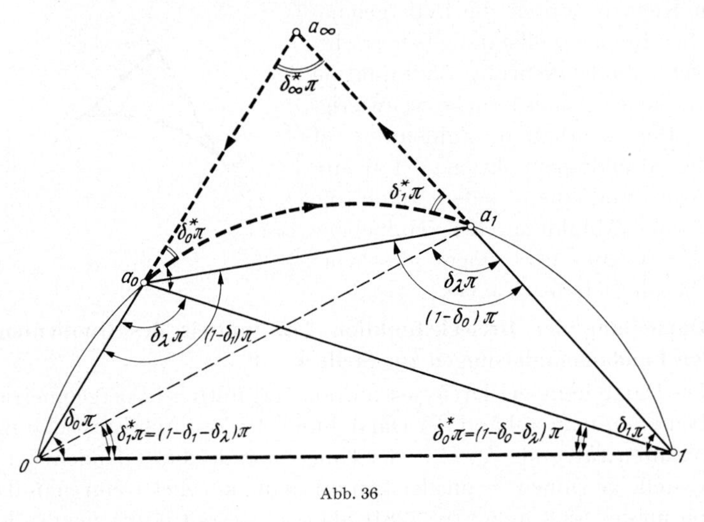

Abb. 36

an, wobei die Eckpunkte a_0, a_1, a_∞ des Dreiecks der Abb. 35 auf Grund der Konstruktion bekannt sind. Der Abb. 36 entnimmt man die Werte

$$a_0 = \frac{\sin(\delta_0+\delta_\lambda)\pi}{\sin\delta_\lambda\pi} e^{i\pi\delta_0}\,, \qquad a_1 = -\frac{\sin\delta_1\pi}{\sin\delta_\lambda\pi} e^{-i\pi(\delta_1+\delta_\lambda)}\,, \tag{4.1.12}$$

und wenn man die Ähnlichkeit der beiden geradlinigen Dreiecke $\Delta(a_\infty, a_0, a_1)$ und $\Delta(a_\infty, 1, 0)$ berücksichtigt, hat man weiter

$$\frac{a_1 - a_\infty}{a_0 - a_\infty} = -\frac{\sin\delta_1\pi}{\sin\delta_0\pi} e^{-i\pi(\delta_0+\delta_1)}\,. \tag{4.1.13}$$

Mit diesen Werten erhält man aus (4.1.11)

$$\frac{\zeta(\lambda)-a_0}{\zeta(\lambda)-a_1} = \frac{\zeta^*(\lambda)}{\zeta^*(\lambda)-1}\left[-\frac{\sin(\delta_0+\delta_\lambda)\pi}{\sin\delta_1\pi} e^{i\pi(\delta_0+\delta_1+\delta_\lambda)}\right] = \frac{\zeta^*(\lambda)}{\zeta^*(\lambda)-1}\cdot\frac{a_0}{a_1} \tag{4.1.14}$$

und weiter

$$\zeta(\lambda) = \frac{a_0 a_1}{(a_0-a_1)\,\zeta^*(\lambda) + a_1}\,. \tag{4.1.15}$$

Schließlich entnimmt man der Abb. 36 die Differenz

$$\begin{aligned} a_1 - a_0 &= |a_0| \cdot \frac{\sin(\delta_0 + \delta_1 + \delta_\lambda - 1)\,\pi}{\sin(1 - \delta_0 - \delta_\lambda)\,\pi}\, e^{i\pi(\delta_0 - \delta_1)} \\ &= -|a_0| \frac{\sin(\delta_0 + \delta_1 + \delta_\lambda)\,\pi}{\sin(\delta_0 + \delta_\lambda)\,\pi}\, e^{i\pi(\delta_0 - \delta_1)} \end{aligned} \tag{4.1.16}$$

und gewinnt in

$$\frac{1}{\zeta(\lambda)} = \frac{\sin \delta_\lambda \pi}{\sin(\delta_0 + \delta_\lambda)\,\pi}\left[e^{-i\pi\delta_0} - \frac{\sin(\delta_0 + \delta_1 + \delta_\lambda)}{\sin \delta_1 \pi}\, e^{i\pi\delta_\lambda}\, \zeta^*(\lambda)\right] \tag{4.1.17}$$

die gewünschte Zurückführung der Dreiecksfunktion (4.1.7) auf den Quotienten (4.1.8) der beiden Fundamentallösungen.

4.2. Auswertung der Abbildungsfunktion in Einzelfällen, Elliptische Integrale.

1. Beispiel: $\left(\frac{1}{2}, \frac{1}{2}, \frac{1}{2}, \frac{1}{2}\right)^*$. (Elliptisches Integral I. Gattung).

Die Abbildung der Halbebene $\mathfrak{J}(w) > 0$ auf ein *Rechteck* wird durch das elliptische Integral 1. Gattung

$$J_0^w = \int_0^w \frac{dw}{\sqrt{w(w-1)(w-\lambda)}} \tag{4.2.1}$$

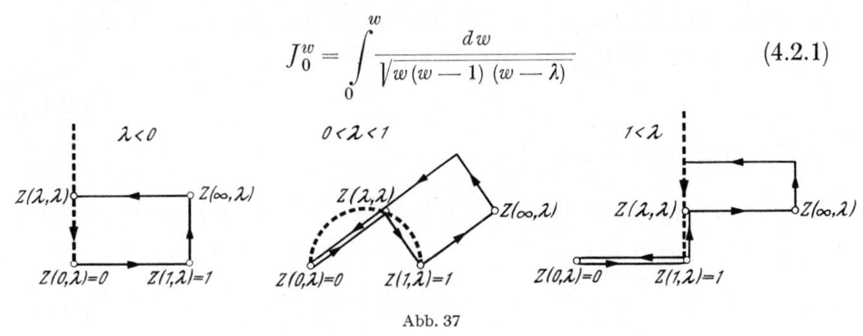

Abb. 37

geleistet. Die in dem allgemeinen Fall einteiliger Vierecke getroffene Normierung wird beibehalten und die Abbildungsfunktion in der Form

$$z(w;\lambda) = \frac{J_0^w}{J_0^1} \tag{4.2.2}$$

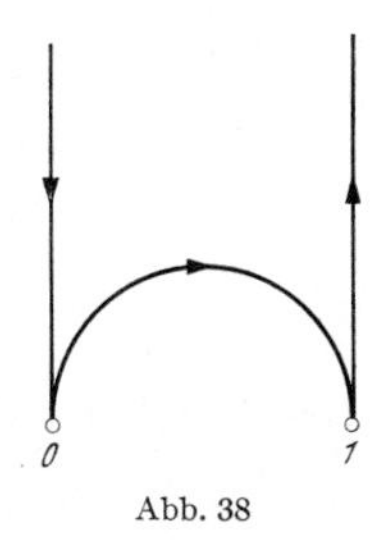

Abb. 38

angesetzt. Geht man wieder von einem Parameterwert $\lambda < 0$ aus und vollzieht durch analytische Fortsetzung den Übergang zu den Abbildungsfunktionen mit $0 < \lambda < 1$ und $\lambda > 1$, so ergeben sich (wie die Spezialisierung: $\delta_\lambda = \delta_0 = \delta_1 = \delta_\infty = 1/2$ in Abb. 32—34 zeigt) die Figuren von Abb. 37. Die geometrischen Orte der freien Ecken $z(\lambda;\lambda)$ und $z(\infty;\lambda)$ schließen sich zu nullwinkligen Kreisbogendreiecken zusammen (Abb. 38) und das Parameterproblem „im Großen" wird durch die Abbildung des Randes des Kreisbogendreiecks auf die Achse reeller λ gelöst.

In diesem Beispiel liegt der besondere Fall vor, daß sich bei jeder Anordnung der Verzweigungspunkte derselbe Bereich, nämlich ein Rechteck ergibt. Darum kann man sich auf die der ersten Figur entsprechende Anordnung der Verzweigungspunkte ($\lambda < 0$) beschränken.

Im folgenden wird zunächst die Abbildungsfunktion für den Fall $\lambda < 0$ längs des Randes diskutiert und im Anschluß daran die Parameterbestimmung für diesen Fall durchgeführt.

Abbildung des Randes. Zur Überprüfung der Abbildung des Randes wird zunächst das unbestimmte Integral für alle vier Intervalle der unabhängigen Veränderlichen $w = u$ auf die Legendresche Normalform gebracht. Damit wird zugleich die für die Parameterbestimmung geeignete Darstellung der vollständigen (d. h. bestimmten) Integrale in Abhängigkeit vom Parameter λ gewonnen. Um Anschluß an die übliche Bezeichnungsweise zu bekommen, hat man

$$\lambda = -\frac{\varkappa'^2}{\varkappa^2}, \quad \varkappa^2 = \frac{1}{1-\lambda} \tag{4.2.3}$$

zu setzen. Dann ist $\varkappa$ $(0 < \varkappa < 1)$ der *Modul* der elliptischen Integrale.

1. Im Intervall $\boldsymbol{u} < \boldsymbol{\lambda}$ zerlegt man zunächst:

$$J_0^u = J_0^\lambda + J^u \tag{4.2.4}$$

und hat dann im Integral J_λ^u:

$$\sqrt{w} = i\sqrt{-u}, \quad \sqrt{w-1} = i\sqrt{1-u}, \quad \sqrt{w-\lambda} = i\sqrt{\lambda-u} \tag{4.2.5}$$

zu setzen, so daß sich

$$J^u_\lambda = i\int_0^w \frac{du}{\sqrt{(-u)(1-u)(\lambda-u)}} \tag{4.2.6}$$

ergibt. Dieses Integral (dessen Integrand reell ist) wird durch die Substitution

$$u = -\frac{\varkappa'^2}{\varkappa^2}\frac{1}{\cos^2\varphi} \tag{4.2.7}$$

auf die Legendresche Form gebracht:

$$J_\lambda^u = -2i\varkappa F(\varkappa,\varphi), \quad F(\varkappa,\varphi) = \int_0^\varphi \frac{d\varphi}{\sqrt{1-\varkappa^2\sin^2\varphi}}. \tag{4.2.8}$$

Insbesondere ergibt sich für das vollständige Integral der Wert:

$$J_\lambda^\infty = -2i\varkappa F\left(\varkappa, \frac{\pi}{2}\right). \tag{4.2.9}$$

2. Im Intervall $\boldsymbol{\lambda} < \boldsymbol{u} < \boldsymbol{0}$ ist

$$\sqrt{w} = i\sqrt{-u}, \quad \sqrt{w-1} = i\sqrt{1-u}, \quad \sqrt{w-\lambda} = \sqrt{u-\lambda} \tag{4.2.10}$$

zu setzen. Das Integral

$$J_0^u = -\int_0^u \frac{du}{\sqrt{(-u)\,(1-u)\,u-\lambda)}} \tag{4.2.11}$$

wird durch die Substitution

$$u = -\frac{\varkappa'^2 \sin^2\varphi}{1-\varkappa'^2\sin^2\varphi} \tag{4.2.12}$$

auf die Normalform

$$J_0^u = 2\varkappa\, F(\varkappa', \varphi) \tag{4.2.13}$$

gebracht, die jetzt mit dem komplementären Modul $\varkappa' = \sqrt{1-\varkappa^2}$ zu bilden ist. Das vollständige Integral erhält den Wert:

$$J_0^\lambda = 2\varkappa\, F\left(\varkappa', \frac{\pi}{2}\right). \tag{4.2.14}$$

3. Im Intervall $\mathbf{0} < \boldsymbol{u} < \mathbf{1}$ ist

$$\sqrt{w} = \sqrt{u}\,, \quad \sqrt{w-1} = i\sqrt{1-u}\,, \quad \sqrt{w-\lambda} = \sqrt{u-\lambda} \tag{4.2.15}$$

zu setzen. Das Integral

$$J_0^u = -i\int_0^u \frac{du}{\sqrt{u\,(1-u)\,(u-\lambda)}} \tag{4.2.16}$$

wird durch die Substitution

$$u = \frac{\varkappa'^2 \sin^2\varphi}{1-\varkappa^2\sin^2\varphi} \tag{4.2.17}$$

auf die Normalform

$$J_0^u = -2i\varkappa\, F(\varkappa, \varphi) \tag{4.2.18}$$

gebracht. Das vollständige Integral erhält den Wert

$$J_0^1 = -2i\varkappa\, F\left(\varkappa, \frac{\pi}{2}\right) = J_\lambda^\infty. \tag{4.2.19}$$

4. Im Intervall $\mathbf{1} < \boldsymbol{u}$ zerlegt man

$$J_0^u = J_0^1 + J_1^u \tag{4.2.20}$$

und bringt das Integral

$$J_1^u = \int_1^u \frac{du}{\sqrt{u\,(u-1)\,(u-\lambda)}} \tag{4.2.21}$$

durch die Substitution

$$u = \frac{1}{\cos^2\varphi} \tag{4.2.22}$$

auf die Legendresche Normalform

$$J_1^u = 2\varkappa\, F(\varkappa'\,\varphi)\,. \tag{4.2.23}$$

Das vollständige Integral erhält den Wert

$$J_1^\infty = 2\varkappa\, F\left(\varkappa', \frac{\pi}{2}\right) = J_0^\lambda\,. \tag{4.2.24}$$

Für die *normierte Abbildungsfunktion*

$$z(w;\lambda) = \frac{J_0^w}{J_0^1}$$

gelten hiernach in den vier Intervallen die Darstellungen:

1. $u < \lambda$: $\quad z(u;\lambda) = z(\lambda;\lambda) + \frac{F(\varkappa,\varphi)}{F\left(\varkappa,\frac{\pi}{2}\right)}, \quad u = -\frac{\varkappa'^2}{\varkappa^2}\frac{1}{\cos^2\varphi}.$

2. $\lambda < u < 0$: $\quad z(u;\lambda) = i\frac{F(\varkappa'\,\varphi)}{F\left(\varkappa,\frac{\pi}{2}\right)}, \quad u = -\frac{\varkappa'^2\sin^2\varphi}{1-\varkappa'^2\sin^2\varphi}.$

3. $0 < u < 1$: $\quad z(u;\lambda) = \frac{F(\varkappa,\varphi)}{F\left(\varkappa,\frac{\pi}{2}\right)}, \quad u = \frac{\varkappa'^2\sin^2\varphi}{1-\varkappa^2\sin^2\varphi}.$

4. $1 < u$: $\quad z(u;\lambda) = 1 + i\frac{F(\varkappa';\varphi)}{F\left(\varkappa,\frac{\pi}{2}\right)}, \quad u = \frac{1}{\cos^2\varphi}.$

Man entnimmt diesen Formeln insbesondere den Funktionswert $z(\lambda;\lambda)$, der das Verhältnis der Rechtecksseiten bestimmt:

$$\tau = z(\lambda;\lambda) = i\frac{F\left(\varkappa',\frac{\pi}{2}\right)}{F\left(\varkappa,\frac{\pi}{2}\right)}, \quad \varkappa^2 = \frac{1}{1-\lambda}. \tag{4.2.25}$$

Bezeichnet man die vollständigen elliptischen Integrale in üblicher Weise mit

$$K(\varkappa) = F\left(\varkappa,\frac{\pi}{2}\right),$$
$$K(\varkappa') = K'(\varkappa) = F\left(\varkappa',\frac{\pi}{2}\right),$$

so gewinnt man für die Dreiecksfunktion $\tau(\lambda)$ im Intervall $\lambda < 0$ die Darstellung:

$$\tau(\lambda) = i\frac{K'\left(\frac{1}{\sqrt{1-\lambda}}\right)}{K\left(\frac{1}{\sqrt{1-\lambda}}\right)}. \tag{4.2.26}$$

Die Umkehrung dieser Funktion läßt sich mit Hilfe der sog. „Nullwerte der Thetafunktionen" $\vartheta_2(v|\tau), \vartheta_3(v|\tau)$ in der Form

$$\frac{1}{1-\lambda} = \frac{\vartheta_2^2(0|\tau)}{\vartheta_3^2(0|\tau)} \tag{4.2.27}$$

schreiben. Für $\vartheta_2(0|\tau)$ und $\vartheta_3(0|\tau)$ hat man die Reihenentwicklungen:

$$\begin{aligned}\vartheta_2(0|\tau) &= 2q^{\frac{1}{4}} + 2q^{\frac{9}{4}} + 2q^{\frac{25}{4}} + \dots \\ \vartheta_3(0|\tau) &= 1 + 2q + 2q^4 + 2q^9 + \dots\end{aligned} \quad (q = e^{i\pi\tau}). \tag{4.2.28}$$

Durch Multiplikation der Abbildungsfunktion mit $a > 0$ wird erreicht, daß das Rechteck die Breite a (vorher: 1) erhält; die Höhe wird mit b bezeichnet. Dann ist

$$a\tau = ib \tag{4.2.29}$$

zu setzen und für den reellen Parameter λ ergibt sich die Darstellung:

$$\lambda = 1 - \frac{\vartheta_3^2\left(0 \middle| i\frac{b}{a}\right)}{\vartheta_2^2\left(0 \middle| i\frac{b}{a}\right)}. \tag{4.2.30}$$

2. Beispiel (Elliptisches Integral II. Gattung).

Als zweiter Sonderfall werde die Abbildung untersucht, die das elliptische Integral 2. Gattung

$$J_0^w = \int_0^w \frac{w\,dw}{\sqrt{w(w-1)(w-\lambda)}} \tag{4.2.31}$$

vermittelt. Die dem Verzweigungspunkt $w = \infty$ entsprechende Ecke des Vierecks fällt in den uneigentlichen Punkt $z = \infty$. Die Außenwinkel sind:

$$\delta_\lambda \pi = \frac{\pi}{2} \qquad \delta_0 \pi = \frac{3\pi}{2} \qquad \delta_1 \pi = \frac{\pi}{2} \qquad \delta_\infty \pi = -\frac{\pi}{2}. \tag{4.2.32}$$

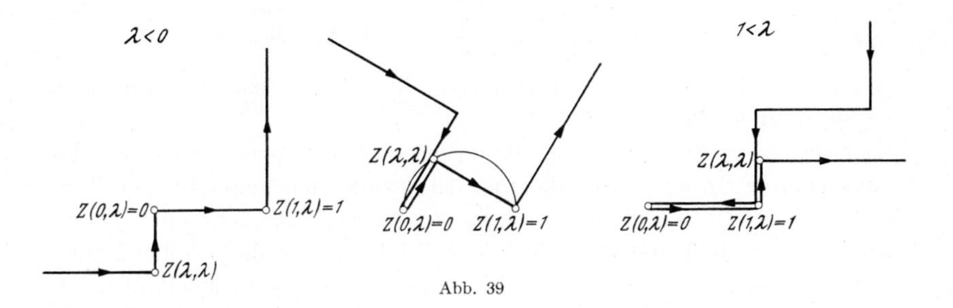

Abb. 39

Den drei Intervallen für den Parameter λ entsprechen drei verschiedene Anordnungen der Verzweigungspunkte und damit drei Polygontypen, von denen sich *nur zwei* als *wesentlich verschieden* erweisen. Wieder wird zunächst $\lambda < 0$ angenommen und von dem Viereck, das dieser Anordnung der Verzweigungspunkte entspricht, ausgehend, durch analytische Fortsetzung der Übergang zu den Polygontypen vollzogen, die den Werten $0 < \lambda < 1$ und $\lambda > 1$ entsprechen. In der Abb. 39 sind die drei Polygontypen in der gleichen Normierung und Anordnung wie im allgemeinen Fall nebeneinandergestellt. (Die Berandung in der w-Ebene ist die gleiche wie in Abb. 32—34.) Das Parameterproblem

„im Großen“ führt auf das in Abb. 40 gezeichnete Kreisbogendreieck mit den Winkeln π, 0, π, das der geometrische Ort der dem Verzweigungspunkt $w = \lambda$ entsprechenden Ecke des Geraden-Vierecks ist.

$\left(\frac{1}{2}, \frac{3}{2}, \frac{1}{2}, -\frac{1}{2}\right)^*$.

Die Funktion, die die Halbebene $\mathfrak{J}(w) > 0$ auf das in Abb. 41 gezeichnete

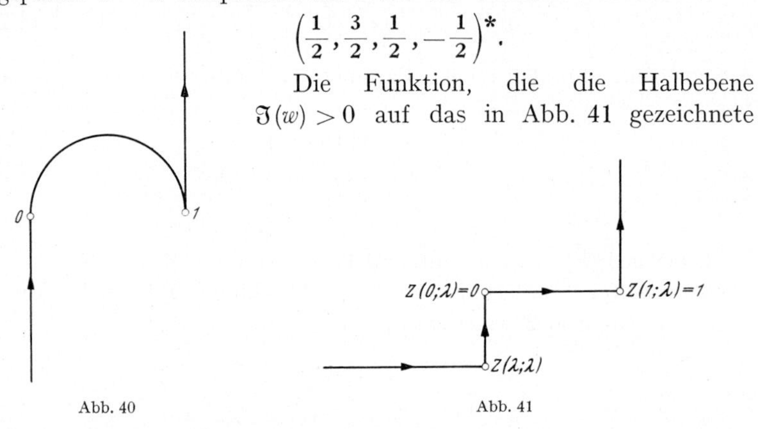

Abb. 40 Abb. 41

Polygon abbildet, wird als Quotient eines unbestimmten und eines bestimmten (vollständigen) elliptischen Integrals II. Gattung in der Form

$$z(w;\lambda) = \frac{J_0^w}{J_0^1} = \frac{\displaystyle\int_0^w \frac{w\,dw}{\sqrt{w(w-1)(w-\lambda)}}}{\displaystyle\int_0^1 \frac{w\,dw}{\sqrt{w(w-1)(w-\lambda)}}} \tag{4.2.33}$$

geschrieben, wobei der Parameter λ einen noch zu bestimmenden *negativen Wert* hat.

Zur Überprüfung der *Abbildung des Randes* wird zunächst das unbestimmte Integral für alle vier Intervalle der unabhängigen Veränderlichen $w = u$ auf die *Legendresche Normalform* gebracht. Damit wird zugleich die Darstellung der vollständigen Integrale in Abhängigkeit vom Parameter λ gewonnen, die man zur Lösung des Parameterproblems „im Kleinen“ braucht. Um Anschluß an die übliche Bezeichnungsweise zu bekommen, hat man wie im vorigen Beispiel

$$\lambda = -\frac{\varkappa'^2}{\varkappa^2}, \quad \varkappa^2 = \frac{1}{1-\lambda}$$

zu setzen. Dann ist $\varkappa$ $(0 < \varkappa < 1)$ der *Modul* der elliptischen Integrale.

1. Im Intervall $\boldsymbol{u < \lambda}$ zerlegt man zunächst:

$$J_0^u = J_0^\lambda + J_\lambda^u \tag{4.2.34}$$

und hat dann im Integral J_λ^u:

$$\sqrt{w} = i\sqrt{-u}\,, \quad \sqrt{w-1} = i\sqrt{1-u}\,, \quad \sqrt{w-\lambda} = i\sqrt{\lambda - u} \tag{4.2.35}$$

zu setzen, so daß sich

$$J_\lambda^u = i \int\limits_\lambda^u \frac{u\,du}{\sqrt{(-u)(1-u)(\lambda-u)}} \tag{4.2.36}$$

ergibt. Dieses Integral, dessen Integrand reell ist, wird durch die Substitution:

$$u = -\frac{\varkappa'^2}{\varkappa^2}\frac{1}{\cos^2\varphi} \tag{4.2.37}$$

(vgl. S. 242) auf die Form

$$J_\lambda^u = 2i\frac{\varkappa'^2}{\varkappa^2}\int\limits_0^\varphi \frac{d\varphi}{\cos^2\varphi\sqrt{1-\varkappa^2\sin^2\varphi}} \tag{4.2.38}$$

gebracht. Beachtet man die Formel:

$$\frac{d}{d\varphi}\left(\operatorname{tg}\varphi\sqrt{1-\varkappa^2\sin^2\varphi}\right) = \frac{\varkappa'^2}{\cos^2\varphi\sqrt{1-\varkappa^2\sin^2\varphi}} - \\ -\frac{\varkappa'^2}{\sqrt{1-\varkappa^2\sin^2\varphi}} + \sqrt{1-\varkappa^2\sin^2\varphi}\,, \tag{4.2.39}$$

so erhält man die Zerlegung:

$$J_\lambda^u = \frac{2}{\varkappa}\,i\left[\operatorname{tg}\varphi\sqrt{1-\varkappa^2\sin^2\varphi} + \varkappa'^2 F(\varkappa,\varphi) - E(\varkappa,\varphi)\right]. \tag{4.2.40}$$

2. Im Intervall $\boldsymbol{\lambda} < \boldsymbol{u} < \mathbf{0}$ ist

$$\sqrt{w} = i\sqrt{-u}\,,\quad \sqrt{w-1} = i\sqrt{1-u}\,,\quad \sqrt{w-\lambda} = \sqrt{u-\lambda} \tag{4.2.41}$$

zu setzen. Das reelle Integral

$$J_0^u = -\int\limits_0^u \frac{u\,du}{\sqrt{(-u)(1-u)(u-\lambda)}} \tag{4.2.42}$$

wird durch die Substitution

$$u = -\frac{\varkappa'^2\sin^2\varphi}{1-\varkappa'^2\sin^2\varphi} \tag{4.2.43}$$

auf die Form

$$J_0^u = -2\varkappa\varkappa'^2\int\limits_0^\varphi \frac{\sin^2\varphi\,d\varphi}{\sqrt{1-\varkappa'^2\sin^2\varphi}} \tag{4.2.44}$$

gebracht. Mit Rücksicht auf

$$\frac{d}{d\varphi}\left(\frac{\sin\varphi\cos\varphi}{\sqrt{1-\varkappa'^2\sin^2\varphi}}\right) = -\varkappa^2\frac{\sin^2\varphi}{\left(\sqrt{1-\varkappa'^2\sin^2\varphi}\right)^3} - \\ -\frac{\varkappa^2}{\varkappa'^2}\frac{1}{\sqrt{1-\varkappa'^2\sin^2\varphi}} + \frac{\sqrt{1-\varkappa'^2\sin^2\varphi}}{\varkappa'^2} \tag{4.2.45}$$

erhält man

$$J_0^u = \frac{2}{\varkappa}\left[\varkappa'^2\frac{\sin\varphi\cos\varphi}{\sqrt{1-\varkappa'^2\sin^2\varphi}} + \varkappa^2 F(\varkappa',\varphi) - E(\varkappa',\varphi)\right]. \tag{4.2.46}$$

Das vollständige Integral J_0^λ hat den Wert

$$J_0^\lambda = \frac{2}{\varkappa}\left[\varkappa^2 F\left(\varkappa', \frac{\pi}{2}\right) - E\left(\varkappa', \frac{\pi}{2}\right)\right]. \tag{4.2.47}$$

3. Im Intervall $\mathbf{0} < \boldsymbol{u} < \mathbf{1}$ ist

$$\sqrt{w} = \sqrt{u}, \quad \sqrt{w-1} = i\sqrt{1-u}, \quad \sqrt{w-\lambda} = \sqrt{u-1} \tag{4.2.48}$$

zu setzen. Das reelle Integral

$$J_0^u = -i\int_0^u \frac{u\,du}{\sqrt{u(1-u)(u-\lambda)}} \tag{4.2.49}$$

wird durch die Substitution

$$u = \frac{\varkappa'^2 \sin^2\varphi}{1 - \varkappa^2 \sin^2\varphi} \tag{4.2.50}$$

auf die Form

$$J_0^u = -2i\varkappa\varkappa'^2 \int_0^\varphi \frac{\sin^2\varphi\, d\varphi}{(\sqrt{1-\varkappa^2\sin^2\varphi})^3} \tag{4.2.51}$$

gebracht. Mit Rücksicht auf

$$\frac{d}{d\varphi}\left(\frac{\sin\varphi\cos\varphi}{\sqrt{1-\varkappa^2\sin^2\varphi}}\right) = -\varkappa'^2 \frac{\sin^2\varphi}{(\sqrt{1-\varkappa^2\sin^2\varphi})^3} - \frac{\varkappa'^2}{\varkappa^2}\frac{1}{\sqrt{1-\varkappa^2\sin^2\varphi}} + \frac{\sqrt{1-\varkappa^2\sin^2\varphi}}{\varkappa^2} \tag{4.2.52}$$

erhält man

$$J_0^u = \frac{2i}{\varkappa}\left[\varkappa'^2 F(\varkappa,\varphi) - E(\varkappa,\varphi) + \varkappa^2 \frac{\sin\varphi\cos\varphi}{\sqrt{1-\varkappa^2\sin^2\varphi}}\right]. \tag{4.2.53}$$

Das vollständige Integral J_0^1 hat den Wert

$$J_0^1 = \frac{2i}{\varkappa}\left[\varkappa'^2 F\left(\varkappa, \frac{\pi}{2}\right) - E\left(\varkappa, \frac{\pi}{2}\right)\right]. \tag{4.2.54}$$

4. Im Intervall $\mathbf{1} < \boldsymbol{u}$ zerlegt man:

$$J_0^u = J_0^1 = -J_1^u \tag{4.2.55}$$

und bringt das Integral

$$J_1^u = \int_1^u \frac{u\,du}{\sqrt{u(u-1)(u-\lambda)}} \tag{4.2.56}$$

durch die Substitution

$$u = \frac{1}{\cos^2\varphi} \tag{4.2.57}$$

auf die Form

$$J_1^u = 2\varkappa \int_0^\varphi \frac{d\varphi}{\cos^2\varphi\sqrt{1-\varkappa'^2\sin^2\varphi}}. \tag{4.2.58}$$

Unter Berücksichtigung der Formel

$$\frac{d}{d\varphi}\left(\operatorname{tg}\varphi\sqrt{1-\varkappa'^2\sin^2\varphi}\right) = \frac{\varkappa^2}{\cos^2\varphi\sqrt{1-\varkappa'^2\sin^2\varphi}} - \frac{\varkappa^2}{\sqrt{1-\varkappa'^2\sin^2\varphi}} + \sqrt{1-\varkappa'^2\sin^2\varphi} \tag{4.2.59}$$

folgt dann:

$$J_1^u = \frac{2}{\varkappa}\left[\operatorname{tg}\varphi\sqrt{1-\varkappa'^2\sin^2\varphi} + \varkappa^2 F(\varkappa',\varphi) - E(\varkappa',\varphi)\right]. \tag{4.2.60}$$

Für die *normierte Abbildungsfunktion* (4.2.33) gelten hiernach in den vier Intervallen die Darstellungen:

1. $u < \lambda$: $$z(u;\lambda) = z(\lambda;\lambda) + \frac{\operatorname{tg}\varphi\sqrt{1-\varkappa^2\sin^2\varphi} + \varkappa'^2 F(\varkappa,\varphi) - E(\varkappa,\varphi)}{\varkappa'^2 F\left(\varkappa,\frac{\pi}{2}\right) - E\left(\varkappa,\frac{\pi}{2}\right)},$$ $$u = -\frac{\varkappa'^2}{\varkappa^2}\frac{1}{\cos^2\varphi}.$$

2. $\lambda < u < 0$: $$z(u;\lambda) = -i\frac{\varkappa'^2\dfrac{\sin\varphi\cos\varphi}{\sqrt{1-\varkappa'^2\sin^2\varphi}} + \varkappa^2 F(\varkappa',\varphi) - E(\varkappa',\varphi)}{\varkappa'^2 F\left(\varkappa,\frac{\pi}{2}\right) - E\left(\varkappa_1\frac{\pi}{2}\right)},$$ $$u = -\frac{\varkappa'^2\sin^2\varphi}{1-\varkappa'^2\sin\varphi}.$$

3. $0 < u < 1$: $$z(u;\lambda) = \frac{\varkappa^2\dfrac{\sin\varphi\cos\varphi}{\sqrt{1-\varkappa^2\sin^2\varphi}} + \varkappa'^2 F(\varkappa,\varphi) - E(\varkappa,\varphi)}{\varkappa'^2 F\left(\varkappa,\frac{\pi}{2}\right) - E\left(\varkappa,\frac{\pi}{2}\right)},$$ $$u = \frac{\varkappa'^2\sin^2\varphi}{1-\varkappa^2\sin^2\varphi}.$$

4. $1 < u$: $$z(u;\lambda) = 1 + i\frac{\operatorname{tg}\varphi\sqrt{1-\varkappa'^2\sin^2\varphi} - E(\varkappa',\varphi) + \varkappa^2 F(\varkappa,\varphi)}{E\left(\varkappa,\frac{\pi}{2}\right) - \varkappa'^2 F\left(\varkappa,\frac{\pi}{2}\right)},$$ $$u = \frac{1}{\cos^2\varphi}.$$

Man entnimmt diesen Formeln insbesondere den Funktionswert $z(\lambda;\lambda)$, der das Verhältnis der endlichen Seiten bestimmt:

$$\zeta = z(\lambda;\lambda) = -i\frac{E\left(\varkappa',\frac{\pi}{2}\right) - \varkappa^2 F\left(\varkappa',\frac{\pi}{2}\right)}{E\left(\varkappa,\frac{\pi}{2}\right) - \varkappa'^2 F\left(\varkappa,\frac{\pi}{2}\right)}. \tag{4.2.61}$$

Bezeichnet man die vollständigen elliptischen Integrale I. und II. Gattung mit

$$K(\varkappa) = F\left(\varkappa,\frac{\pi}{2}\right) \qquad K(\varkappa') = K'(\varkappa) = F\left(\varkappa',\frac{\pi}{2}\right)$$
$$E(\varkappa) = E\left(\varkappa,\frac{\pi}{2}\right) \qquad E(\varkappa') = E'(\varkappa) = E\left(\varkappa',\frac{\pi}{2}\right),$$

so gewinnt man im Intervall $\lambda < 0$ die Darstellung:

$$\zeta = -i \frac{E'(\varkappa) - \varkappa^2 K'(\varkappa)}{E(\varkappa) - \varkappa'^2 K(\varkappa)} \qquad \left(\varkappa^2 = \frac{1}{1-\lambda}\right). \tag{4.2.62}$$

Durch Multiplikation der Abbildungsfunktion mit der Konstanten $a > 0$ wird erreicht, daß die rechtwinklige Einbuchtung der Viertelebene (vgl. Abb. 41) die Breite a (vorher: 1) erhält. Die Höhe wird mit b bezeichnet. Dann ist nach Vorgabe von a und b der reelle Parameter λ in Abhängigkeit von dem Verhältnis $\frac{b}{a}$ durch numerische Auflösung der Gleichung

$$\frac{b}{a} = \frac{(1-\lambda)\, E'\left(\frac{1}{\sqrt{1-\lambda}}\right) - K'\left(\frac{1}{\sqrt{1-\lambda}}\right)}{(1-\lambda)\, E\left(\frac{1}{\sqrt{1-\lambda}}\right) + \lambda K\left(\frac{1}{\sqrt{1-\lambda}}\right)} \tag{4.2.63}$$

zu ermitteln.

$\left(\frac{3}{2}, \frac{1}{2}, \frac{1}{2}, -\frac{1}{2}\right)^*$.

Zur Klärung der analytischen Fortsetzung und Lösung des Parameterproblems „im Großen" wurde zunächst für alle Werte λ die gleiche Abbildungsfunktion $z(w;\lambda)$ zugrunde gelegt. Die Normierung dieser Funktion ist aber offenbar nur für den Polygontyp, der zu $\lambda < 0$ gehört, zweckmäßig. Wird die Abbildung der Halbebene $\mathfrak{J}(w) > 0$ auf ein Polygon des anderen Typus für sich allein untersucht, so wird man die Normierung diesem zweiten Polygontyp anpassen und verlangen, daß zwei Ecken des jetzt betrachteten Polygons in die Punkte 0 und 1 fallen. Dies wird erreicht, wenn man z. B. die Abbildungsfunktion — der Abb. 42 entsprechend — in der Form:

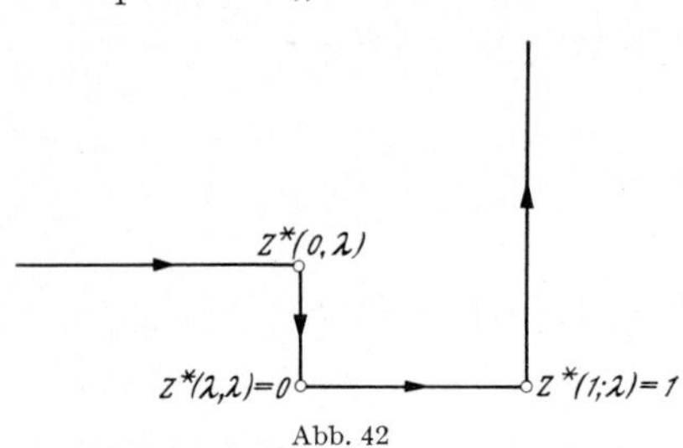

Abb. 42

$$z^*(w;\lambda) = \frac{J_\lambda^w}{J_\lambda^1} = \frac{\int\limits_\lambda^w \frac{w\,dw}{\sqrt{w(w-1)(w-\lambda)}}}{\int\limits_\lambda^1 \frac{w\,dw}{\sqrt{w(w-1)(w-\lambda)}}} \tag{4.2.64}$$

ansetzt. Der Parameter λ besitzt einen noch zu bestimmenden Wert im Intervall $\langle 0,1 \rangle$.

Zur Überprüfung der *Abbildung des Randes* wird zunächst das unbestimmte Integral für alle vier Intervalle der unabhängigen Veränderlichen $w = u$ auf die *Legendresche Normalformel* gebracht. Damit wird zugleich die Darstellung der vollständigen Integrale in Abhängigkeit vom Parameter λ gewonnen, die man zur Lösung des Parameterproblems „im Kleinen" braucht. Um Anschluß an die übliche Bezeichnungsweise zu bekommen, hat man

$$\lambda = \varkappa'^2, \quad \varkappa^2 = 1 - \lambda \tag{4.2.65}$$

zu setzen. Dann ist $\varkappa (0 < \varkappa < 1)$ der *Modul* der elliptischen Integrale.

1. Im Intervall $\boldsymbol{u} < \boldsymbol{0}$ zerlegt man zunächst:

$$J_\lambda^u = J_\lambda^0 + J_0^u. \tag{4.2.66}$$

Sodann wird das Integral J_0^u, in dem

$$\sqrt{w} = i\sqrt{-u}, \quad \sqrt{w-1} = i\sqrt{1-u}, \quad \sqrt{w-\lambda} = i\sqrt{\lambda - u} \tag{4.2.67}$$

zu setzen ist, durch die Substitution

$$u = -\varkappa'^2 \operatorname{tg}^2 \varphi \tag{4.2.68}$$

auf die Form

$$J_0^u = i \int_0^u \frac{u\,du}{\sqrt{(-u)(1-u)(\lambda-u)}} = 2i\,\varkappa'^2 \int_0^\varphi \frac{\operatorname{tg}^2\varphi}{\sqrt{1-\varkappa^2\sin^2\varphi}}\,d\varphi \tag{4.2.69}$$

gebracht. Unter Beachtung der Formel

$$\left(\operatorname{tg}\varphi\sqrt{1-\varkappa^2\sin^2\varphi}\right)' = \frac{\varkappa'^2\operatorname{tg}^2\varphi}{\sqrt{1-\varkappa^2\sin^2\varphi}} + \sqrt{1-\varkappa^2\sin^2\varphi} \tag{4.2.70}$$

erhält man die Zerlegung:

$$J_0^u = 2i\left[\operatorname{tg}\varphi\sqrt{1-\varkappa^2\sin^2\varphi} - E(\varkappa,\varphi)\right]. \tag{4.2.71}$$

2. Im Intervall $\boldsymbol{0} < \boldsymbol{u} < \boldsymbol{\lambda}$ wird das Integral J_λ^u mit

$$\sqrt{w} = \sqrt{u}, \quad \sqrt{w-1} = i\sqrt{1-u}, \quad \sqrt{w-\lambda} = i\sqrt{\lambda-u} \tag{4.2.72}$$

durch die Substitution

$$u = \frac{\varkappa'^2\cos^2\varphi}{1-\varkappa'^2\sin^2\varphi} \tag{4.2.73}$$

auf die Form

$$J_\lambda^u = -\int_\lambda^u \frac{u\,du}{\sqrt{u(1-u)(\lambda-u)}} = 2\varkappa'^2 \int_0^\varphi \frac{\cos^2\varphi}{\left(\sqrt{1-\varkappa'^2\sin^2\varphi}\right)^3}\,d\varphi \tag{4.2.74}$$

gebracht. Mit Rücksicht auf die Formel

$$\left(\frac{\sin\varphi\cos\varphi}{\sqrt{1-\varkappa'^2\sin^2\varphi}}\right)' = \frac{\cos^2\varphi}{\left(\sqrt{1-\varkappa'^2\sin^2\varphi}\right)^3} - \frac{1}{\varkappa'^2\sqrt{1-\varkappa'^2\sin^2\varphi}} + \frac{\sqrt{1-\varkappa'^2\sin^2\varphi}}{\varkappa'^2} \tag{4.2.75}$$

erhält man

$$J_\lambda^u = 2\left[\varkappa'^2\frac{\sin\varphi\cos\varphi}{\sqrt{1-\varkappa'^2\sin^2\varphi}} + F(\varkappa',\varphi) - E(\varkappa',\varphi)\right]. \tag{4.2.76}$$

Das vollständige Integral hat den Wert:

$$J_\lambda^0 = 2\left[F\left(\varkappa', \frac{\pi}{2}\right) - E\left(\varkappa', \frac{\pi}{2}\right)\right]. \tag{4.2.77}$$

3. Im Intervall $\boldsymbol{\lambda} < \boldsymbol{u} < \mathbf{1}$ wird das Integral J_λ^u mit

$$\sqrt{w} = \sqrt{u}\,, \quad \sqrt{w-1} = i\sqrt{1-u}\,, \quad \sqrt{w-\lambda} = \sqrt{u-\lambda} \tag{4.2.78}$$

durch die Substitution

$$u = \frac{\varkappa'^2}{1-\varkappa^2\sin^2\varphi} \tag{4.2.79}$$

auf die Form

$$J_\lambda^u = -i\int_\lambda^u \frac{u\,du}{\sqrt{u(1-u)(u-\lambda)}} = -2i\varkappa'^2\int_0^\varphi \frac{d\varphi}{\left(\sqrt{1-\varkappa^2\sin^2\varphi}\right)^3} \tag{4.2.80}$$

gebracht. Mit Rücksicht auf die Formel

$$\varkappa^2\left(\frac{\sin\varphi\cos\varphi}{\sqrt{1-\varkappa^2\sin^2\varphi}}\right)' = -\frac{\varkappa'^2}{\left(\sqrt{1-\varkappa^2\sin^2\varphi}\right)^3} + \sqrt{1-\varkappa^2\sin^2\varphi} \tag{4.2.81}$$

erhält man

$$J_\lambda^u = 2i\left[\varkappa^2\frac{\sin\varphi\cos\varphi}{\sqrt{1-\varkappa^2\sin^2\varphi}} - E(\varkappa,\varphi)\right]. \tag{4.2.82}$$

Das vollständige Integral hat den Wert:

$$J_\lambda^1 = -2i\,E\left(\varkappa, \frac{\pi}{2}\right). \tag{4.2.83}$$

4. Im Intervall $\mathbf{1} < \boldsymbol{u}$ schließlich zerlegt man:

$$J_\lambda^u = J_\lambda^1 + J_1^u \tag{4.2.84}$$

und bringt das Integral J_1^u durch die Substitution

$$u = \frac{1-\varkappa'^2\sin^2\varphi}{\cos^2\varphi} \tag{4.2.85}$$

auf die Form

$$J_1^u = \int_1^u \frac{u\,du}{\sqrt{u(u-1)(u-\lambda)}} = 2\int_0^\varphi \frac{\sqrt{1-\varkappa'^2\sin^2\varphi}}{\cos^2\varphi}\,d\varphi\,. \tag{4.2.86}$$

Unter Beachtung der Formel

$$\left(\operatorname{tg}\varphi\sqrt{1-\varkappa'^2\sin^2\varphi}\right)' = \frac{\sqrt{1-\varkappa'^2\sin^2\varphi}}{\cos^2\varphi} - \\ - \frac{1}{\sqrt{1-\varkappa'^2\sin^2\varphi}} + \sqrt{1-\varkappa'^2\sin^2\varphi} \tag{4.2.87}$$

erhält man

$$J_1^u = 2\left[\operatorname{tg}\varphi\sqrt{1-\varkappa'^2\sin^2\varphi} + F(\varkappa',\varphi) - E(\varkappa',\varphi)\right]. \tag{4.2.88}$$

Für die *normierte Abbildungsfunktion* (4.2.64) gelten hiernach in den vier Intervallen die Darstellungen:

1. $u < 0$: $$z^*(u;\lambda) = z^*(0;\lambda) - \frac{\operatorname{tg}\varphi\sqrt{1-\varkappa^2\sin^2\varphi} - E(\varkappa,\varphi)}{E\left(\varkappa,\frac{\pi}{2}\right)}, \quad u = -\varkappa'^2\operatorname{tg}^2\varphi.$$

2. $0 < u < \lambda$: $$z^*(u;\lambda) = i\,\frac{\varkappa'^2\frac{\sin\varphi\cos\varphi}{\sqrt{1-\varkappa'^2\sin^2\varphi}} + F(\varkappa',\varphi) - E(\varkappa',\varphi)}{E\left(\varkappa,\frac{\pi}{2}\right)}, \quad u = \frac{\varkappa'^2\cos^2\varphi}{1-\varkappa'^2\sin^2\varphi}.$$

3. $\lambda < u < 1$: $$z^*(u;\lambda) = \frac{E(\varkappa,\varphi) - \varkappa^2\frac{\sin\varphi\cos\varphi}{\sqrt{1-\varkappa^2\sin^2\varphi}}}{E\left(\varkappa,\frac{\pi}{2}\right)}, \quad u = \frac{\varkappa'^2}{1-\varkappa^2\sin^2\varphi}.$$

4. $1 < u$: $$z^*(u;\lambda) = 1 + i\,\frac{\operatorname{tg}\varphi\sqrt{1-\varkappa'^2\sin^2\varphi} + F(\varkappa',\varphi) - E(\varkappa',\varphi)}{E\left(\varkappa,\frac{\pi}{2}\right)}, \quad u = \frac{1-\varkappa'^2\sin^2\varphi}{\cos^2\varphi}.$$

Man entnimmt diesen Formeln insbesondere den Funktionswert $z(0;\lambda)$, der das Verhältnis der endlichen Seiten bestimmt:

$$\zeta^*(\lambda) = z^*(0;\lambda) = i\,\frac{F\left(\varkappa',\frac{\pi}{2}\right) - E\left(\varkappa',\frac{\pi}{2}\right)}{E\left(\varkappa,\frac{\pi}{2}\right)} = i\,\frac{K'(\varkappa) - E'(\varkappa)}{E(\varkappa)} \quad (\varkappa^2 = 1-\lambda). \tag{4.2.89}$$

Durch Multiplikation der Abbildungsfunktion mit der Konstanten $a > 0$ wird erreicht, daß das an die Viertelebene angesetzte Rechteck (vgl. Abb. 42) die Breite a (vorher: 1) erhält. Die Höhe wird mit b bezeichnet. Dann ist nach Vorgabe von a und b der reelle Parameter λ in Abhängigkeit von dem Verhältnis $\frac{b}{a}$ durch numerische Auflösung der Gleichung

$$\frac{b}{a} = \frac{K'(\sqrt{1-\lambda}) - E'(\sqrt{1-\lambda})}{E(\sqrt{1-\lambda})} \tag{4.2.90}$$

zu ermitteln.

4.3. Auswertung der Abbildungsfunktion in Einzelfällen: Elementare Funktionen.

3. Beispiel:

$$\left(2,\frac{1}{2},\frac{1}{2},-1\right)^*, \quad \left(\frac{1}{2},2,\frac{1}{2},-1\right)^*, \quad \left(\frac{1}{2},\frac{1}{2},2,-1\right)^*.$$

Die Abbildung der Halbebene $\mathfrak{J}(w) > 0$ auf ein Polygon mit den Innenwinkeln

$$\delta_\lambda\pi = 2\pi, \quad \delta_0\pi = \frac{\pi}{2}, \quad \delta_1\pi = \frac{\pi}{2}, \quad \delta_\infty = -\pi$$

wird [vgl. (4.1.1)] durch das Integral

$$J_0^w = \int_0^w \frac{w-\lambda}{\sqrt{w(w-1)}}\,dw \tag{4.3.1}$$

geleistet, das den Wert

$$J_0^w = \sqrt{w(w-1)} + (1-2\lambda)\left[\log\left(\sqrt{w}+\sqrt{w-1}\right) - \frac{i\pi}{2}\right] \tag{4.3.2}$$

besitzt. Mit Rücksicht auf

$$J_0^1 = -i\pi\left(\frac{1}{2}-\lambda\right) \tag{4.3.3}$$

erhält die normierte Abbildungsfunktion (4.1.4) die Form

$$\boldsymbol{z(w;\lambda) = \frac{J_0^w}{J_0^1} = 1 - \frac{2}{i\pi}\left[\log\left(\sqrt{w}+\sqrt{w-1}\right) + \frac{\sqrt{w(w-1)}}{1-2\lambda}\right]}, \tag{4.3.4}$$

wobei die Argumente der Quadratwurzeln und der Imaginärteil des Logarithmus im Intervall $\langle 0,\pi\rangle$ liegen. Man bemerkt, daß die Normierung für den Parameterwert $\lambda = 1/2$ versagt, da dann der Abstand

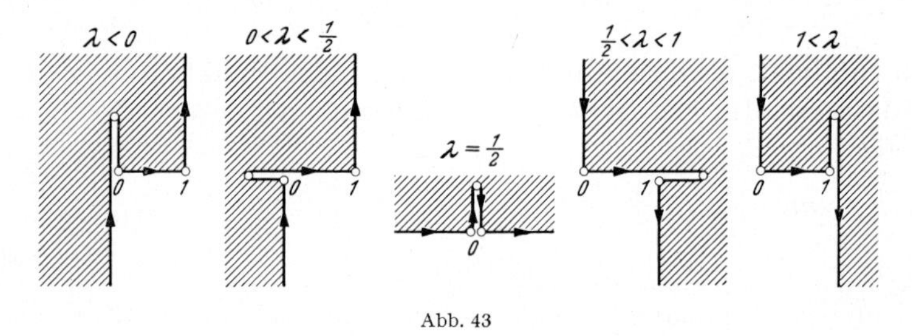

Abb. 43

der parallelen Seiten, der durch das Integral J_0^1 gemessen wird, verschwindet[1]. Den einzelnen Intervallen für den reellen Parameter λ entsprechen die in Abb. 43 gezeichneten Polygontypen.

Man überprüft leicht die durch die Abbildungsfunktion (4.3.4) gegebene *Ränderzuordnung* zur Achse reeller w. In allen Fällen gilt zunächst für $w<0$:

$$\begin{gathered}\sqrt{w} = e^{i\frac{\pi}{2}}\sqrt{-u}\,, \qquad \sqrt{w-1} = e^{i\frac{\pi}{2}}\sqrt{1-u}\,,\\ \log\left(\sqrt{w}+\sqrt{w-1}\right) = \frac{i\pi}{2} - \log\left(\sqrt{-u}+\sqrt{1-u}\right),\end{gathered} \tag{4.3.5}$$

so daß der Realteil der Abbildungsfunktion verschwindet. Für $0<w<1$ wird der Logarithmus rein imaginär und daher die Abbildungsfunktion reell; für $1<w$ schließlich sind die Wurzeln und der Logarithmus reell, die Abbildungsfunktion hat daher den konstanten Realteil 1.

[1] Trotzdem ist dieser Bereich, als Geradenpolygon betrachtet, ein Viereck, da der uneigentliche Punkt einer Geraden beim Geradenpolygon immer die Bedeutung einer Ecke mit dem Innenwinkel $-\pi$ hat.

Die geometrischen Orte für die Ecke $z(\lambda;\lambda)$ schließen sich zu einem *Dreieck* zusammen[1], dessen eine Seite (dem Intervall $0 < \lambda < 1$ entsprechend) sich „glatt" durch den uneigentlichen Punkt zieht, der dem Punkt $\lambda = {}^1/_2$ zuzuordnen ist. Die Dreiecksfunktion erhält die Form

$$\zeta(\lambda) = z(\lambda;\lambda) = 1 - \frac{2}{i\pi}\left[\log\left(\sqrt{\lambda} + \sqrt{\lambda - 1}\right) + \frac{\sqrt{\lambda(\lambda-1)}}{1-2\lambda}\right]. \quad (4.3.6)$$

Man bestätigt leicht, daß diese Funktion den Rand des Dreiecks als Bild der Achse reeller λ liefert, indem man die Dreiecksfunktion als Schwarz-Christoffelsches Integral in der Form

$$\zeta(\lambda) = -\frac{2}{i\pi}\int_0^{\lambda} \frac{\sqrt{\lambda(\lambda-1)}}{(1-2\lambda)^2}\, d\lambda \quad (4.3.7)$$

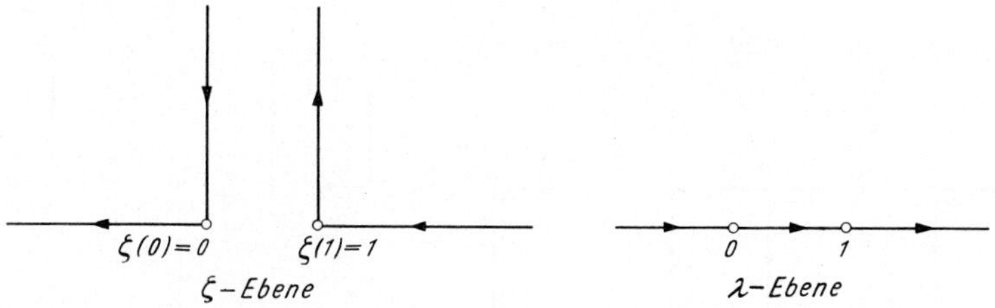

Abb. 44

schreibt. Das Verschwinden des Residuums des Integranden für $\lambda = {}^1/_2$ ist der analytische Ausdruck dafür, daß die dem Intervall $0 < \lambda < 1$ entsprechende Dreiecksseite sich „glatt" durch den uneigentlichen Punkt der ζ-Ebene hindurchzieht.

Die Umkehrung der Dreiecksfunktion gibt die Lösung des Parameterproblems (vgl. S. 239).

4. Beispiel:

$$\left(2, \frac{1}{2}, \frac{3}{2}, -2\right)^*, \quad \left(\frac{1}{2}, 2, \frac{3}{2}, -2\right)^*, \quad \left(\frac{1}{2}, \frac{3}{2}, 2, -2\right)^*.$$

Die Abbildung der Halbebene $\mathfrak{J}(w) > 0$ auf ein Polygon mit den Innenwinkeln

$$\delta_\lambda \pi = 2\pi \quad \delta_0 \pi = \frac{1}{2}\pi \quad \delta_1 \pi = \frac{3}{2}\pi \quad \delta_\infty \pi = -2\pi$$

wird [vgl. (4.1.1)] durch das Integral

$$J_0^w = \int_0^w (w - \lambda)\sqrt{\frac{w-1}{w}}\, dw \quad (4.3.8)$$

[1] Man überzeugt sich anhand der allgemeinen Abbildungen (Abb. 33, 34) leicht davon, daß die schlitzartigen Fortsätze in diesem Fall nicht berücksichtigt zu werden brauchen. Dies hat seinen Grund darin, daß die Ecke $z(\lambda;\lambda)$ ein Schlitzende ist.

geleistet, das den Wert

$$J_0^w = \left(\frac{w}{2} - \lambda - \frac{1}{4}\right)\sqrt{w(w-1)} + \\ + \left(\lambda - \frac{1}{4}\right)\log\left(\sqrt{w} + \sqrt{w-1}\right) + \frac{i\pi}{2}\left(\frac{1}{4} - \lambda\right) \tag{4.3.9}$$

besitzt. Mit Rücksicht auf

$$J_0^1 = \frac{i\pi}{2}\left(\frac{1}{4} - \lambda\right) \tag{4.3.10}$$

erhält die normierte Abbildungsfunktion (4.1.4) die Form

$$\boldsymbol{z}(\boldsymbol{w};\boldsymbol{\lambda}) = 1 - \frac{2}{i\pi}\left[\log\left(\sqrt{\boldsymbol{w}} + \sqrt{\boldsymbol{w}-1}\right) - \frac{2\boldsymbol{w} - 1 - 4\boldsymbol{\lambda}}{1 - 4\boldsymbol{\lambda}}\sqrt{\boldsymbol{w}(\boldsymbol{w}-1)}\right], \tag{4.3.11}$$

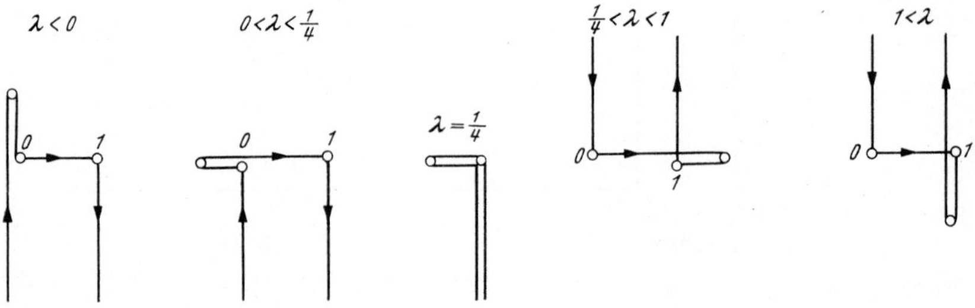

Abb. 45

wobei die Argumente der Quadratwurzeln und der Imaginärteil des Logarithmus im Intervall $\langle 0, \pi\rangle$ liegen. Man bemerkt, daß die Normierung für den Parameterwert $\lambda = {}^1/_4$ versagt, da dann der Abstand der parallelen Seiten, der durch das Integral J_0^1 gemessen wird, ver-

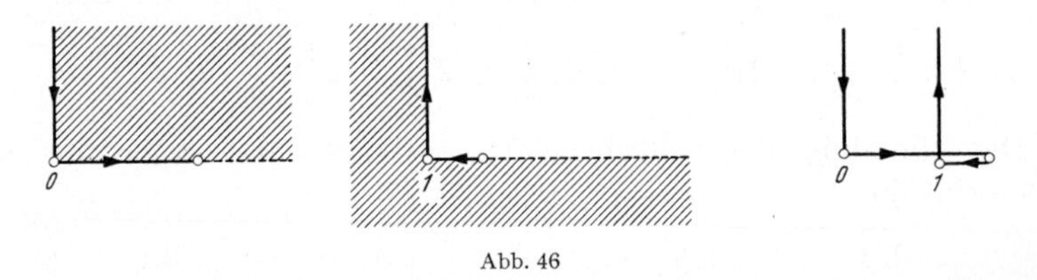

Abb. 46

schwindet (vgl. 1, S. 25f). Den einzelnen Intervallen für den reellen Parameter λ entsprechen die in Abb. 45 gezeichneten Polygontypen.

Die Überprüfung der Ränderzuordnung kann vom vorigen Beispiel wörtlich übernommen werden.

Die beiden letzten Polygonbereiche der Abb. 45 sind nicht mehr schlicht. Zur Erleichterung der Vorstellung denke man sich den Bereich, der dem Intervall ${}^1/_4 < \lambda < 1$ entspricht, aus den beiden in Abb. 46

nebeneinander gezeichneten schlichten Teilbereichen — einer Viertelebene und einer Dreiviertelebene —, die längs der punktierten Halbgeraden verschmolzen werden, aufgebaut.

Entsprechend erhält man den zum Intervall $1 < \lambda$ gehörigen Bereich, indem man den ersten in Abb. 47 gezeichneten schlichten Bereich längs der punktierten Halbgeraden mit der daneben gezeichneten Halbebene verschmilzt.

Für den kritischen Wert $\lambda = {}^1/_4$, bei dem die Normierung versagt, erhält man als Polygonbereich die längs eines rechtwinkligen Hakens (mit einem unendlich langen Schenkel) eingeschlitzte Vollebene. Die Abbildungsfunktion wird [vgl. A (14.1.9)]

$$J_0^w = C\sqrt{w}\left(\sqrt{w}-1\right)^3. \quad (4.3.12)$$

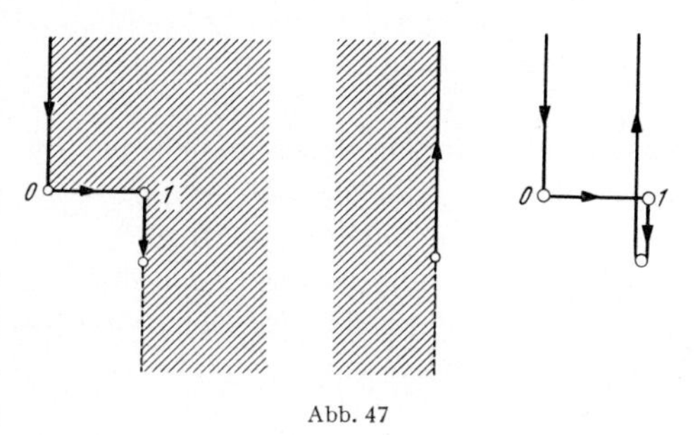

Abb. 47

Die geometrischen Orte für die Ecke $z(\lambda;\lambda)$ schließen sich zu einem *Dreieck* zusammen (vgl. 1, S. 255), dessen eine Seite (dem Intervall $0 < w < 1$ entsprechend) sich „glatt" durch den uneigentlichen Punkt zieht, der dem Punkt $\lambda = {}^1/_4$ zuzuordnen ist. Die Dreiecksfunktion erhält die Form

$$\zeta(\lambda) = z(\lambda;\lambda) = 1 - \frac{2}{i\pi}\left[\log\left(\sqrt{\lambda}+\sqrt{\lambda-1}\right) + \frac{1+2\lambda}{1-4\lambda}\sqrt{\lambda(\lambda-1)}\right]. \tag{4.3.13}$$

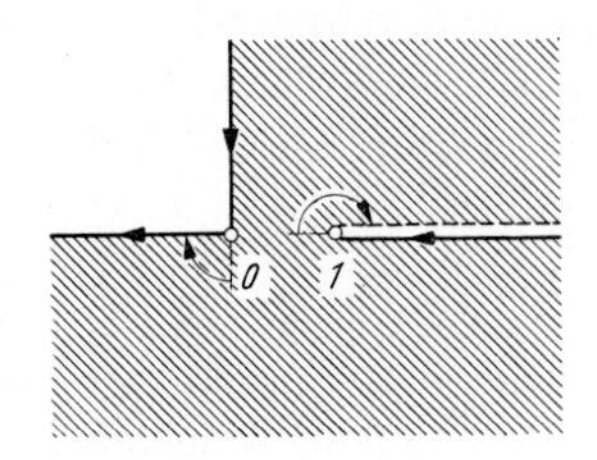

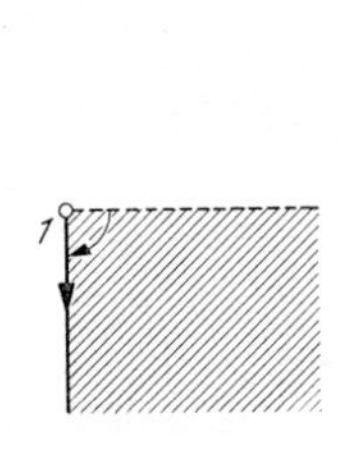

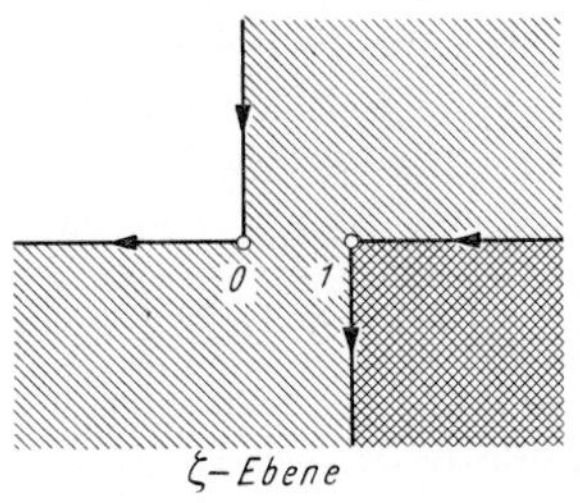

Abb. 48

Man bestätigt leicht, daß diese Funktion den Rand des Dreiecks der Abb. 48 als Bild der Achse reeller λ liefert, indem man die Dreiecksfunktion als Schwarz-Christoffelsches Integral in der Form

$$\zeta(\lambda) = \frac{16}{i\pi}\int_0^\lambda \frac{\sqrt{\lambda}\left(\sqrt{\lambda-1}\right)^3}{(1-4\lambda)^2}\,d\lambda \tag{4.3.14}$$

schreibt. Durch Entwicklung des Integranden an der Stelle $\lambda = 1/4$

$$\frac{\sqrt{\lambda}(\sqrt{\lambda}-1)^3}{(1-4\lambda)^2} = C\,\frac{[1-(1-4\lambda)]^{\frac{1}{2}}\left[1+\frac{1-4\lambda}{3}\right]^{\frac{3}{2}}}{(1-4\lambda)^2} = C\,\frac{\left[1-\frac{1}{2}(1-4\lambda)+\cdots\right]\left[1+\frac{1}{2}(1-4\lambda)-\cdots\right]}{(1-4\lambda)^2} \qquad (4.3.15)$$

bestätigt man, daß das Residuum für $\lambda = 1/4$ verschwindet, und dies ist der analytische Ausdruck dafür, daß die dem Intervall $0 < \lambda < 1$ entsprechende Dreiecksseite sich „glatt" durch den uneigentlichen Punkt der ζ-Ebene hindurchzieht.

Auch dieser Bereich, der als *Kreisbogendreieck* anzusprechen ist, ist nicht schlicht. Man denke sich den Bereich aus einer schlichten Dreiviertelebene (linke Teilabb. 48), die längs der Halbachse $\zeta > 1$ geschlitzt ist, und einer schlichten Viertelebene (mittlere Teilabb. 48) zusammengesetzt, indem man diese beiden Teilbereiche längs der punktierten Halbgeraden verschmilzt. Der Bereich besitzt bei $\zeta(0) = 0$ den Innenwinkel $3/2\,\pi$, bei $\zeta(1) = 1$ den Innenwinkel $5/2\,\pi$, wie schon die Integraldarstellung erkennen ließ.

Die Umkehrung der Dreiecksfunktion gibt die Lösung des Parameterproblems (vgl. S. 239): Bestimmung des Parameters λ nach Vorgabe des Schlitzendes $\zeta(\lambda) = z(\lambda;\lambda)$ im normierten Viereck der Abb. 45.

§ 5. Zweiteilige Geraden-Vierecke

5.1. Lösung des Parameterproblems. Die beiden im Endlichen gelegenen Ecken des Vierecks seien die Bildpunkte der Verzweigungspunkte $w = 1$ und $w = \lambda$, die in den uneigentlichen Punkt der z-Ebene fallenden Ecken die Bilder der Verzweigungspunkte $w = 0$ und $w = \infty$. Da die Innenwinkel in diesen unendlich fernen Eckpunkten negativ sind [A(13.1.5)], werde

$$-\delta_0 = \theta_0, \qquad -\delta_\infty = \theta_\infty \qquad (5.1.1)$$

gesetzt. Die Innenwinkel in den im Endlichen liegenden Eckpunkten sind positiv und mindestens einer von ihnen muß $> \pi$ sein (einspringende Ecke), damit die Bedingung A(13.1.13) erfüllt sein kann. Die folgende Überlegung verläuft für diese beiden Fälle völlig gleichartig, die Figuren sind für den Fall gezeichnet, daß beide Innenwinkel $> \pi$ sind. Wird also

$$\delta_1 = 2 - \theta_1\,, \quad \delta_\lambda = 2 - \theta_\lambda \qquad (5.1.2)$$

gesetzt, so liegen alle Winkel $\theta\pi$ zwischen 0 und π und es gilt nach A(13.1.13)

$$\theta_0 + \theta_1 + \theta_\lambda + \theta_\infty = 2\,. \qquad (5.1.3)$$

Die Abbildungsfunktion erhält danach die Gestalt

$$z(w;\lambda) = C\int\limits_{w_0}^{w} \frac{dw}{w^{\theta_0+1}(w-1)^{\theta_1-1}(w-\lambda)^{\theta_\lambda-1}} = C\,J_{w_0}^{w}. \qquad (5.1.4)$$

In Abb. 49 ist zunächst für den Fall $\lambda < 0$ ein Bildviereck gezeichnet. Als *erste Normierungsbedingung* werde die Forderung

$$z(1;\lambda) = 0 \qquad (5.1.5)$$

gestellt, die den Bildpunkt des Verzweigungspunktes $w = 1$ festlegt. Um auch die multiplikative Konstante C zu bestimmen, bedarf es einer zweiten geometrischen Bedingung. Diese zweite Bedingung kann nicht

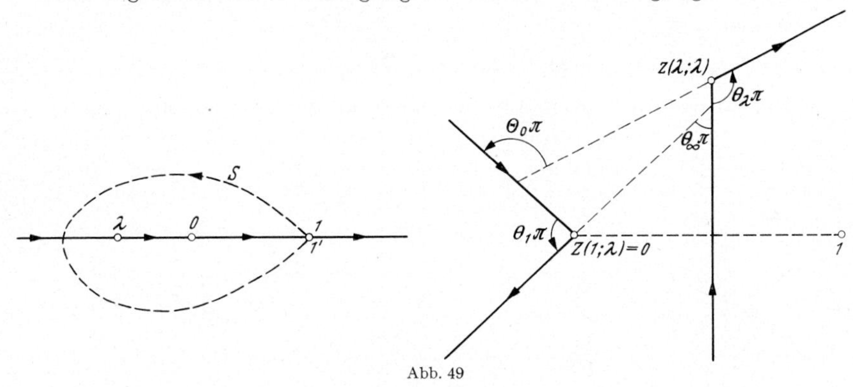

Abb. 49

wie beim einteiligen Geraden-Viereck in der Festlegung einer weiteren Ecke bestehen, da schon zwei Ecken im uneigentlichen Punkt $z = \infty$ festliegen und die Lage der vierten Ecke wie bei den früheren Überlegungen variiert werden soll. Man kann aber eine zweite Bedingung dadurch gewinnen, daß man fordert, der Abstand einer der im Endlichen liegenden Ecken von einer der beiden nicht angrenzenden Seiten habe einen festen Wert. Analytisch läßt sich diese Bedingung mit Hilfe eines Schleifenintegrals der Form A(13.2.9) ausdrücken. Wir wollen das *Abbildungsintegral längs eines Schleifenwegs* $\mathfrak{S}$ nehmen, der oberhalb der reellen Achse bei $w = 1$ beginnt und unter Umkreisung der Punkte $w = 0$ und $w = \lambda$ unterhalb der reellen Achse zu $w - 1$ zurückkehrt (vgl. Abb. 49). Der Wert dieses Integrals ist nach A(13.2.10) gleich dem Abstand der Ecke $z(1;\lambda)$ von deren Spiegelbild an der Seite, die das Bild der Strecke $w < \lambda$ ist, oder gleich dem doppelten Abstand der Ecke von dieser Seite. Die Forderung, daß dieser Abstand einen konstanten Wert annimmt, z. B. gleich 1 ist, führt auf die zweite Normierungsbedingung

$$J_{(\mathfrak{S})} = C\int\limits_{(\mathfrak{S})} w^{-\Theta_0-1}(w-1)^{-\Theta_1+1}(w-\lambda)^{-\Theta_\lambda+1}\,dw = 1 \qquad (5.1.6)$$

und legt die multiplikative Konstante C fest. Die Abbildungsfunktion erhält danach die Gestalt

$$z = z(w;\lambda) = \frac{J_1^w}{\underset{(\mathfrak{S})}{J}} \tag{5.1.7}$$

und nimmt für $w = \lambda$ den Wert

$$z(\lambda;\lambda) = \frac{J_1^\lambda}{\underset{(\mathfrak{S})}{J}} \tag{5.1.8}$$

an. Läßt man λ alle reellen Werte durchlaufen, und zwar derart, daß die analytische Fortsetzung gewahrt bleibt, so gewinnt man durch eine elementargeometrische Überlegung, die im wesentlichen der früheren (S. 234—239) entspricht, einen Überblick über den Wertevorrat dieser Funktion von λ.

1. $(2-\Theta_\lambda, -\Theta_0, 2-\Theta_1, -\Theta_\infty)^*$.

Den Werten $\lambda < 0$ entsprechen Vierecke der in Abb. 50a—d angegebenen Gestalt. Die Normierung der Abbildungsfunktion (5.1.7) hat zur Folge, daß die Ecke $z(\lambda;\lambda)$ auf der Geraden $\mathfrak{R}(z) = {}^1/_2$ liegt. Hierbei

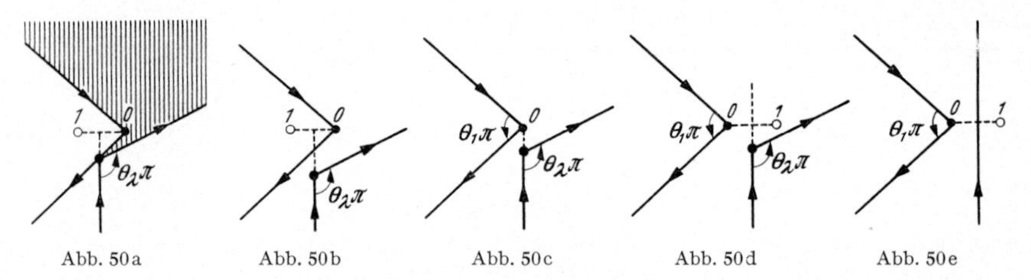

Abb. 50a Abb. 50b Abb. 50c Abb. 50d Abb. 50e

ist allerdings zu beachten, daß es einen wohlbestimmten Wert λ_0 des Parameters gibt, für den das Integral längs der Schleife $\mathfrak{S}$ erstreckt, verschwindet. Dann ist die Normierung der Abbildungsfunktion nicht in der angegebenen Weise möglich, der Eckpunkt $z(0;\lambda)$ liegt auf der Verlängerung der spiegelnden Seite (Abb. 50c).

Für alle Werte $\lambda < \lambda_0$ liegt der Eckpunkt $z(1;\lambda) = 0$ des Vierecks *rechts* von der spiegelnden Seite, der geometrische Ort für den Eckpunkt $z(\lambda;\lambda)$ ist die Halbgerade

$$\begin{cases} \mathfrak{R}(z) = \frac{1}{2} \\ \mathfrak{J}(z) > \frac{1}{2}\operatorname{ctg}\pi\,\theta_\infty \end{cases} \tag{5.1.9}$$

(vgl. Abb. 50b), bei der zu beachten ist, daß der Punkt 0 rechts vom Punkt 1 liegt, die Figur also auf dem Kopf steht).

Für alle Werte $\lambda > \lambda_0$ liegt dagegen der Eckpunkt $z(1;\lambda) = 0$ *links* von der spiegelnden Seite, der geometrische Ort für den Eckpunkt $z(\lambda;\lambda)$ ist die vollständige Gerade

$$\mathfrak{R}(z) = \frac{1}{2} \tag{5.1.10}$$

(Abb. 50d).

Schließlich sind in Abb. 50a und 50e die den beiden *Grenzlagen* $\lambda = \infty$ und $\lambda = 0$ des Parameters entsprechenden *Dreiecksbereiche* aufgezeichnet. Im Fall $\theta_0 + \theta_1 > 1$, der der Abb. 50 zugrunde gelegt ist, rückt für $\infty \downarrow \lambda$ der Eckpunkt $z(\lambda;\lambda)$ auf die eine vom Nullpunkt auslaufende Halbgerade, $\lim\limits_{\infty \downarrow \lambda} z(\lambda;\lambda) = \lim\limits_{\infty \downarrow \lambda} z(\infty;\lambda)$ hat einen endlichen Wert. Ist dagegen $\theta_0 + \theta_1 < 1$, so fällt der Grenzpunkt in den uneigentlichen Punkt (Abb. 51a). Für die Lage des anderen Grenzpunktes $\lim\limits_{\lambda \uparrow 0} z(\lambda;\lambda) = \lim\limits_{\lambda \uparrow 0} z(0;\lambda)$ ist maßgebend, ob $\theta_0 + \theta_\lambda > 1$ (Abb. 50e) oder ob $\theta_0 + \theta_\lambda < 1$ (Abb. 51e) ist.

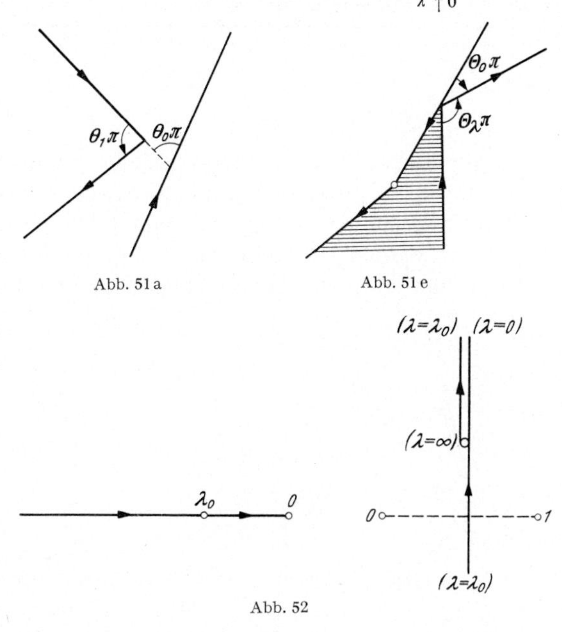

Abb. 51a Abb. 51e

Abb. 52

Der geometrische Ort des Eckpunktes $z(\lambda;\lambda)$ setzt sich, wenn λ das Intervall $\langle\infty, 0\rangle$ durchläuft, bei der getroffenen Normierung aus der Halbgeraden (5.1.9) und der vollständigen Geraden (5.1.10) zusammen (Abb. 52). Dem Wert $\lambda = \lambda_0$, für den die Normierung versagt, entspricht der uneigentliche Punkt $z(\lambda_0; \lambda_0) = \infty$; das entsprechende Viereck ist aber weder als Grenzlage der Abb. 50b noch der Abb. 50d zu entnehmen, sondern wird direkt in Abb. 50c gewonnen. Der den Bildpunkt von $w = \lambda_0$ bestimmende Funktionswert

$$z = C \int w^{-\theta_0 - 1} (w - 1)^{-\theta_1 + 1} (w - \lambda_0)^{-\theta_\lambda + 1} \, dw \qquad (5.1.11)$$

ist endlich; nur der Quotient $z(\lambda_0; \lambda_0)$ wird unendlich, weil das Schleifenintegral verschwindet.

2. $(-\Theta_0, 2-\Theta_\lambda, 2-\Theta_1, -\Theta_\infty)^*$

Beim Übergang zu positiven Werten λ ist darauf zu achten, daß die Eindeutigkeit des Integranden, der an den Stellen $\lambda = 0$ und $\lambda = 1$ verzweigt ist, gewahrt bleibt. Darum muß der Verzweigungspunkt λ unter Umgehung des Nullpunktes zu positiven Werten geführt werden, und zwar durch die obere Halbebene. Für λ-Werte des Intervalls

$0 < \lambda < 1$ hat danach die Randkurve die in Abb. 53 angegebene Gestalt. (Wenn der Nullpunkt das zweite Mal berührt wird, ist er nicht zu umlaufen.) Die Funktion (5.1.7) bildet diese Randkurve auf den Rand eines Sechsecks ab, das sich als Viereck mit schlitzartigem Fortsatz erweist. Die Randkurve dieses Bildbereiches werde in ihrem Verlauf

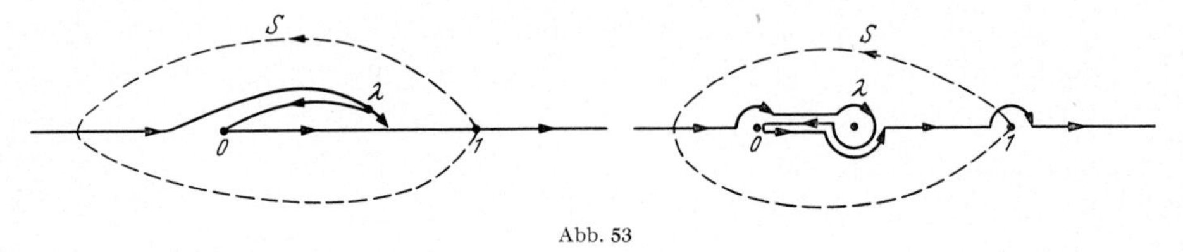

Abb. 53

von der Ecke $z(\infty;\lambda) = \infty$ aus verfolgt. Man durchläuft zunächst ganz die Achse des Imaginären in positiver Richtung. Im uneigentlichen Punkt angelangt vollführt man eine Drehung um den Winkel $(\theta_0 + 1)\,\pi$ und setzt dann den Weg bis zum Eckpunkt $z(\lambda;\lambda)$ fort, wo — dem Winkel 2π in der w-Ebene entsprechend — eine Drehung um den Winkel

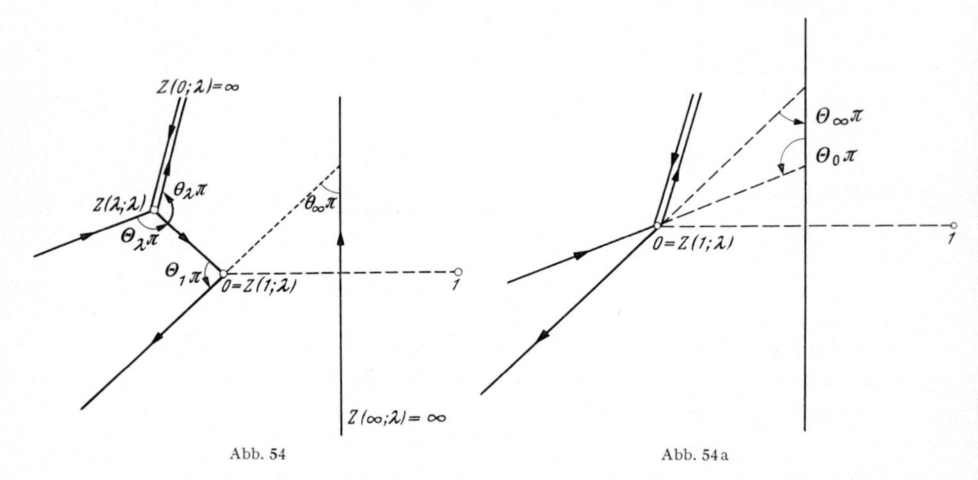

Abb. 54 Abb. 54a

$2(\theta_\lambda - 1)\,\pi$ erfolgt. Anschließend wird nochmals der uneigentliche Punkt, der jetzt erst das Funktionssymbol $z(0;\lambda)$ trägt, angelaufen und in entgegengesetzter Richtung (weil der Verzweigungspunkt $w = 0$ bei diesem zweiten Anlauf nicht umfahren wird) zum Eckpunkt $z(\lambda;\lambda)$ zurückgekehrt. Darauf wird die vorher erfolgte Drehung zur Hälfte rückgängig gemacht und der Weg zum Eckpunkt $z(1;\lambda)$ fortgesetzt. Nach einer Drehung um den Winkel $(\theta_1 - 1)\,\pi$ führt die Schlußlinie wieder in den uneigentlichen Punkt zurück (Abb. 54).

Die Abänderung des Integrationsweges bei dem eben geschilderten Übergang zum Parameterintervall $0 < \lambda < 1$ erfolgt im Innern der

Schleife $\mathfrak{S}$ (vgl. Abb. 53); das zur Normierung dienende Integral längs $\mathfrak{S}$ und seine Deutung in der Bildebene als Abstand der Ecke $z(1;\lambda)$ von der die Ecken $z(\infty;\lambda)$ und $z(0;\lambda)$ verbindenden Seite bleibt ungeändert.

Der *geometrische Ort des Eckpunktes* $z(\lambda;\lambda)$ für die Werte des Parameters λ im Intervall $\langle 0,1\rangle$ ist die Halbgerade

$$\arg z = \left(1-\theta_1+\frac{1}{2}-\theta_\infty\right)\pi\,. \qquad (5.1.12)$$

Für $\lambda = 0$ ergibt sich der bereits in Abb. 52e angegebene Dreiecksbereich, für $\lambda = 1$ der Dreiecksbereich der Abb. 54a.

3. $(-\Theta_0, 2-\Theta_1, 2-\Theta_\lambda, -\Theta_\infty)^*$

Für das letzte Intervall ($\lambda > 1$) ist eine entsprechende Überlegung anzustellen. Der Übergang zu den Parameterwerten $\lambda > 1$ erfolgt

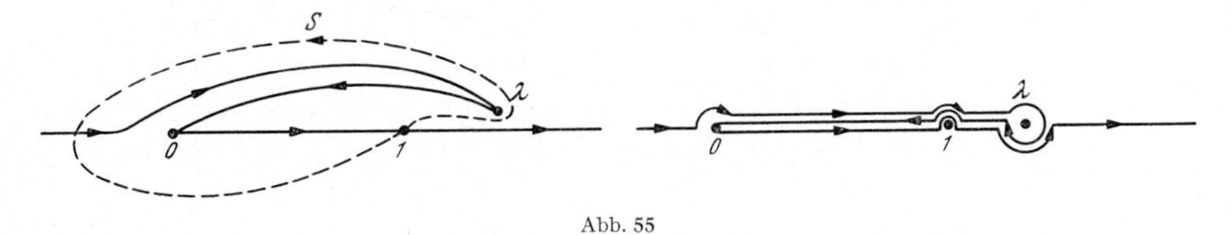

Abb. 55

wieder durch die obere Halbebene, der Integrationsweg ist also unter Festhaltung der Verzweigungspunkte $w = 0$ und $w = 1$ so zu deformieren, wie es in Abb. 55 angegeben ist. (Die linke Figur veranschaulicht eine Zwischenlage.)

Diese Randkurve wird durch die Funktion $z(w;\lambda)$ in die Randkurve eines Vierecks mit gebrochenem schlitzartigen Fortsatz abgebildet, deren Verlauf wie folgt zu beschreiben ist. Man durchläuft vom Eckpunkt $z(\infty;\lambda) = \infty$ ausgehend zunächst eine Gerade ganz, dreht sich im uneigentlichen Punkt um den Winkel $(\theta_0+1)\,\pi$ und gelangt über einen ersten Bildpunkt von $w = 1$ (Drehung um $(\theta_1-1)\,\pi$) in den Eckpunkt $z(\lambda;\lambda)$. Dort vollführt man — dem Winkel 2π in der w-Ebene entsprechend — eine Drehung um den Winkel $2(\theta_\lambda-1)\,\pi$ und läuft anschließend über den zweiten Bildpunkt von $w = 1$ (Drehung um $-(\theta_1-1)\,\pi$) nochmals den uneigentlichen Punkt an, der erst jetzt das Funktionssymbol $z(0;\lambda)$ trägt. Die Rückkehr erfolgt auf demselben Weg über den zuletzt berührten Bildpunkt von $w = 1$, der erst jetzt den Funktionswert $z(1;\lambda) = 0$ darstellt (Drehung um $(\theta_1-1)\,\pi$). Im Eckpunkt $z(\lambda;\lambda)$ wieder angelangt hat man schließlich die zuvor erfolgte Drehung zur Hälfte rückgängig zu machen und dann den Weg zu dem Punkt $z(\infty;\lambda) = \infty$ fortzusetzen, von dem aus der Umlauf begann.

Die in Abb. 55 veranschaulichte Deformation des Integrationsweges bleibt nicht ohne Einfluß auf den Schleifenweg $\mathfrak{S}$, der für die Normierung der Abbildungsfunktion von Bedeutung ist (gestrichelt eingezeichnet). Er läuft von $w = 1$ aus und umschlingt einmal die beiden Verzweigungspunkte $w = 0$ und $w = \lambda$. Da Integrationswege in der komplexen Ebene beliebig verformt werden dürfen, sofern dabei keine Verzweigungspunkte berührt werden, so muß die Schleife ausweichen, wenn der Punkt λ bei seinem Durchgang durch die obere Halbebene sich ihr nähert. Ist λ schließlich bei einem positiven Wert $\lambda > 1$ angelangt, so hat die Schleife eine Ausbuchtung erfahren, die sich eng an die bis zum Punkt λ reichende

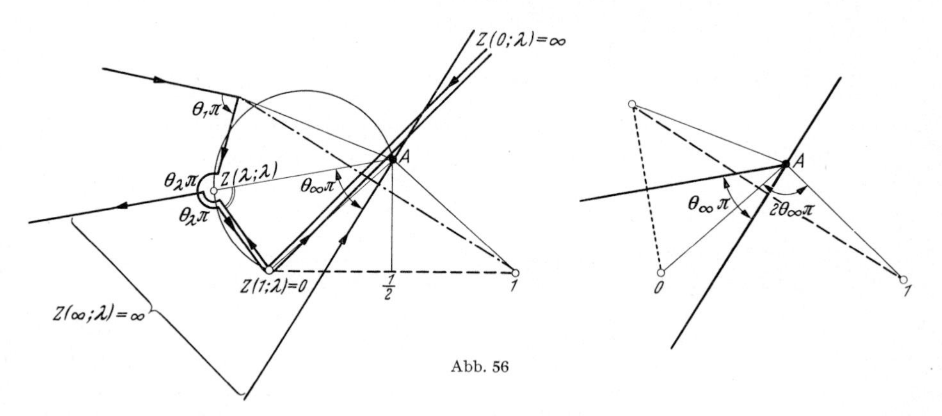

Abb. 56

Spitze des Integrationsweges anschmiegt (Abb. 57). Das längs dieser schlitzartigen Verlängerung der Schleife erstreckte Abbildungsintegral gibt den Übergang von $z(1;\lambda) = 0$ zum ersten (nicht benannten) Bildpunkt von $w = 1$. Der übrige Teil des Schleifenweges ist wieder symmetrisch zur spiegelnden Seite $w < 0$. Das längs des Gesamtweges $\mathfrak{S}$ erstreckte Integral führt also in den Spiegelpunkt des ersten Bildpunktes von $w = 1$ bezüglich der Bildgeraden der Halbachse $w < 0$. Infolge der Normierung der Abbildungsfunktion (5.1.7) ist dieser Spiegelpunkt der Punkt $z = 1$.

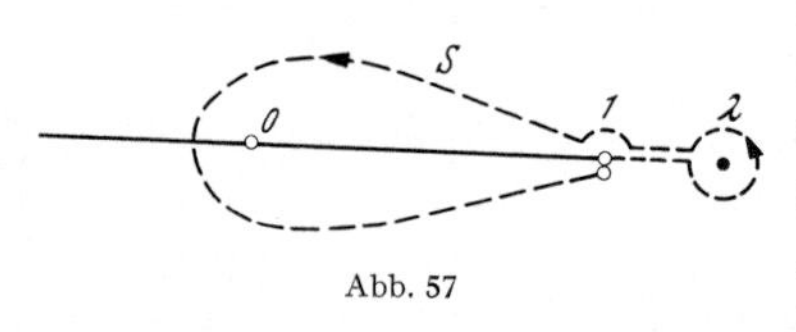

Abb. 57

Um den *geometrischen Ort des Eckpunktes* $z(\lambda;\lambda)$ für alle Werte des Parameters $\lambda > 0$ zu gewinnen, bedenke man, daß auf Grund der eben angestellten Überlegungen *zwei Spiegelungen* den Punkt $z = 0$ in den Punkt $z = 1$ überführen: zuerst eine Spiegelung an der Geraden $\overline{z(\lambda;\lambda)\, z(\infty;\lambda)}$ und sodann eine Spiegelung an der von $z(\infty;\lambda) = \infty$ aus ganz durchlaufenen Begrenzungsgeraden. Diese zwei Spiegelungen können als *eine Drehung* um den Schnittpunkt A der beiden spiegelnden Geraden aufgefaßt werden. Der Drehwinkel ist gleich dem doppelten Schnittwinkel $2\pi\,\theta_\infty$ (vgl. die rechte Abb. 56). Läßt man jetzt λ variieren, so bleibt mit $z = 0$ und $z = 1$ auch der Punkt A fest, der geometrische Ort des Eckpunktes $z(\lambda;\lambda)$ ist der Bogen des Kreises vom Peripheriewinkel $(1-\theta_\lambda)\,\pi$ über $\overline{OA}$ als Sehne. In A bildet dieser Kreisbogen mit der Vertikalen $\Re(z) = {}^1/_2$ den Winkel $(\theta_\lambda + \theta_\infty)\,\pi$, in 0 mit der Horizontalen $\Im(z) = 0$ den Winkel $(\theta_\lambda + {}^1/_2 - \theta_\infty)\,\pi$. Den beiden Randpunkten des Bogens entsprechen die Randpunkte des Parameterintervalls $\lambda > 1$. Für $\lambda = 1$ ergibt sich der Dreiecksbereich der Abb. 54a. Für $\lambda \to \infty$ rückt der Eckpunkt $z(\lambda;\lambda)$ auf die ganz durchlaufene Seite nach A und fällt dort mit $z(\infty;\lambda)$ zusammen, so daß von dem Gesamtbereich ein Zweieck abgeschnürt wird (Abb. 58) und der in Abb. 50a angegebene (schraffierte) Dreiecksbereich übrig bleibt.

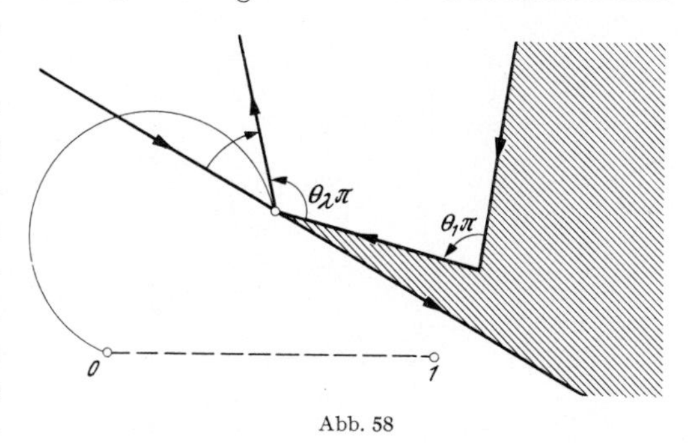

Abb. 58

Die Geraden (5.1.9), (5.1.10), (5.1.12), die sich als geometrische Orte des Eckpunktes $z(\lambda;\lambda)$ für $\lambda < 0$ und $0 < \lambda < 1$ ergaben, schließen sich mit dem für $\lambda > 1$ erhaltenen Kreisbogen

$$\arg \frac{z - \frac{1}{2}\,(1 + i \operatorname{ctg} \pi\,\theta_\infty)}{z} = (1-\theta_\lambda)\,\pi \qquad (5.1.13)$$

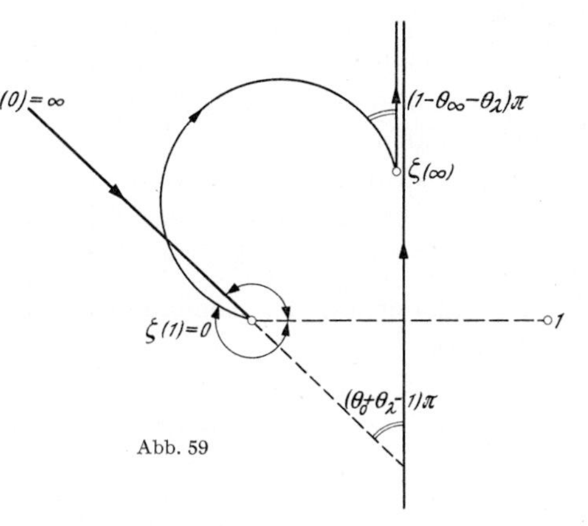

Abb. 59

zu dem in Abb. 59 gezeichneten Kreisbogendreieck zusammen, dessen Rand vermöge der Dreiecksfunktion

$$\zeta(\lambda) = z(\lambda;\lambda) = \underset{(\mathfrak{S})}{\frac{J_1^\lambda}{J}} \qquad (5.1.14)$$

der Achse reeller λ zugeordnet ist. Die Ecken des Kreisbogendreiecks liegen bei

$$\zeta(0) = \infty\,, \quad \zeta(1) = 0\,, \quad \zeta(\infty) = \frac{1}{2}(1 - i \operatorname{cotg} \pi\,\Theta_\infty)\,. \qquad (5.1.15)$$

Für die Winkel entnimmt man der Abb. 59 die Werte

$$\begin{aligned} \delta_0^*\,\pi &= (\Theta_0 + \Theta_\lambda - 1)\,\pi = (1 - \delta_0 - \delta_\lambda)\,\pi\,, \\ \delta_1^*\,\pi &= (3 - \Theta_1 - \Theta_\lambda)\,\pi = (\delta_1 + \delta_\lambda - 1)\,\pi\,, \qquad (5.1.16) \\ \delta_\infty^*\pi &= (1 - \Theta_\infty - \Theta_\lambda)\,\pi = (\delta_\infty + \delta_\lambda - 1)\,\pi = (1 - \delta_0 - \delta_1)\,\pi\,. \end{aligned}$$

Die Fläche des Kreisbogendreiecks ist *nicht schlicht,* da die Gerade $\Re(\zeta) = {}^1/_2$ anderthalbmal durchlaufen wird. Man hat sich den Bereich folgendermaßen vorzustellen: Die Halbebene $\Re(\zeta) < {}^1/_2$ wird zunächst längs der Halbgeraden $\arg\zeta = ({}^3/_2 - \theta_1 - \theta_\infty)$ bis zum Nullpunkt sowie längs des Kreisbogens bis zum Schnittpunkt mit dieser Halbgeraden eingeschnitten (Abb. 60a). (Dadurch fällt aus der Halbebene ein Kreis-

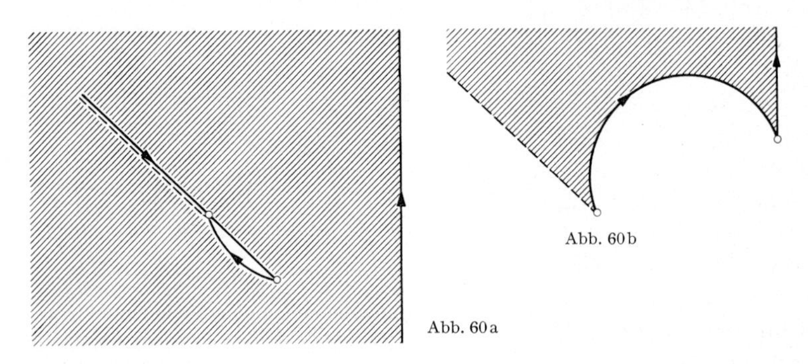

Abb. 60a

Abb. 60b

bogenzweieck heraus.) Mit diesem Gebiet wird das schlichte Kreisbogendreieck der Abb. 60b in der Weise vereinigt, daß die gestrichelten Ränder zusammenfallen.

Damit ist auch für die zweiteiligen Vierecke das Parameterproblem „im Großen" vollständig gelöst, d. h. die Abhängigkeit der Gestalt und Lage des Geradenvierecks von dem Parameter „im Großen" geklärt.

5.2. Auswertung der Abbildungsfunktion in Einzelfällen: Elementare Funktionen.

1. Beispiel

a) Gestalt und Lage des Bereiches in Abhängigkeit von dem Parameter λ.

Die Abbildung der Halbebene $\Im(w) > 0$ auf ein Polygon mit den Innenwinkeln

$$\delta_\lambda \pi = \frac{1}{2}\pi, \qquad \delta_0 \pi = 0, \qquad \delta_1 \pi = \frac{3}{2}\pi, \qquad \delta_\infty \pi = 0$$

wird durch das Integral (5.1.4) geleistet mit

$$\Theta_\lambda = \frac{3}{2} \quad \Theta_0 = 0 \quad \Theta_1 = \frac{1}{2} \quad \Theta_\infty = 0\,.$$

Das Abbildungsintegral erhält die Form:

$$J_1^w = \int\limits_1^w \sqrt{\frac{w-1}{w-\lambda}}\,\frac{dw}{w}\,. \tag{5.2.1}$$

Zum Zweck der *Normierung* ist der Wert des Integrals längs der *Schleife* $\mathfrak{S}$ zu berechnen (vgl. Abb. 49, 53, 57). Diese Schleife kann für jeden Wert λ in einen großen Kreis $w = Re^{i\varphi} (R \gg 1)$ verformt werden, der im positiven Sinn zu durchlaufen ist. Bildet man das Integral längs dieses Weges, der einen *negativen Umlauf um den Punkt* $w = \infty$ darstellt, so ergibt sich der gleiche Wert $2\pi i$ wie bei dem Integral $\int \frac{dw}{w}$; beide Integrale haben für $w = \infty$ das *Residuum* -1. Bei der Abbildung der Halbebene $\mathfrak{J}(w) < 0$ in der Umgebung von $w = \infty$ ist die Streifenbreite für beide Abbildungsintegrale gleich π. Die Normierung der Abbildungsfunktion

$$z(w;\lambda) = \frac{J_1^w}{J_{(\mathfrak{S})}} = \frac{1}{2\pi i} \int\limits_1^w \sqrt{\frac{w-1}{w-\lambda}} \frac{dw}{w} \tag{5.2.2}$$

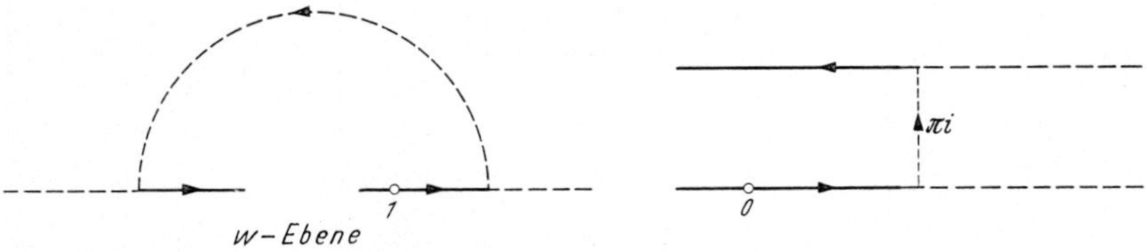

Abb. 61

bewirkt also, daß diese Streifenbreite gleich $^1/_2$ ist. Da dies für alle Werte des Parameters λ gilt, so ist hierdurch die Lage des Polygons vollständig festgelegt, auf das die Funktion $z(w;\lambda)$ die Halbebene $\mathfrak{J}(w) > 0$ abbildet.

Bedenkt man, daß bei dieser Abbildung auch der Umgebung des Punktes $w = 0$ ein Halbstreifen entspricht und daß dessen Breite der Betrag des halben Residuums des Integranden für $w = 0$, also gleich $\frac{1}{2\sqrt{\lambda}}$ ist, so kann man schon vor der Auswertung des Integrals die Lage des zweiten im Endlichen gelegenen Eckpunktes des Polygons $(z(\lambda;\lambda))$ angeben (Abb. 62). Damit wird auch unmittelbar die geometrische Bedeutung des Parameters λ ersichtlich: *Der absolute Betrag von* $\sqrt{\lambda}$ *ist das Verhältnis der beiden Streifenbreiten.*

Im folgenden wird ohne Rücksicht auf die analytische Fortsetzung des Integrals als Funktion von λ beim Übergang von $\lambda < 0$ zu Werten $0 < \lambda < 1$ und $\lambda > 1$ stets die von der *glatt durchlaufenen Achse* reeller w berandete Halbebene $\mathfrak{J}(w) < 0$ abgebildet. Daher sind von den in Abb. 53 und Abb. 55 gezeichneten Rändern die von $w = \lambda$ nach $w = 0$ und wieder zurück nach $w = \lambda$ erstreckten Teile der Randkurven fortzulassen und entsprechend in den Bildpolygonen die (gestrichelt eingezeichneten) schlitzartigen Fortsätze. Im Fall $\lambda > 1$ bedeutet dies, daß als untere Grenze $(w = 1)$ des Abbildungsintegrals der (in Abb. 55 *nicht bezeichnete*) Punkt zu nehmen ist, in dem die dortige Randkurve zum ersten Male den Punkt 1 passiert. Dies hat zur Folge, daß in der Bildebene der neue Nullpunkt $z(1;\lambda) = 0'$ um die Strecke $\left(1 - \frac{1}{\sqrt{\lambda}}\right)$ rechts von dem ursprünglichen Nullpunkt liegt und in eine gewöhnliche Ecke des Polygons fällt (Abb. 62).

Wenn man den außerhalb des Polygons liegenden ursprünglichen Nullpunkt (vgl. S. 262ff.) nimmt, schließen sich die geometrischen Orte

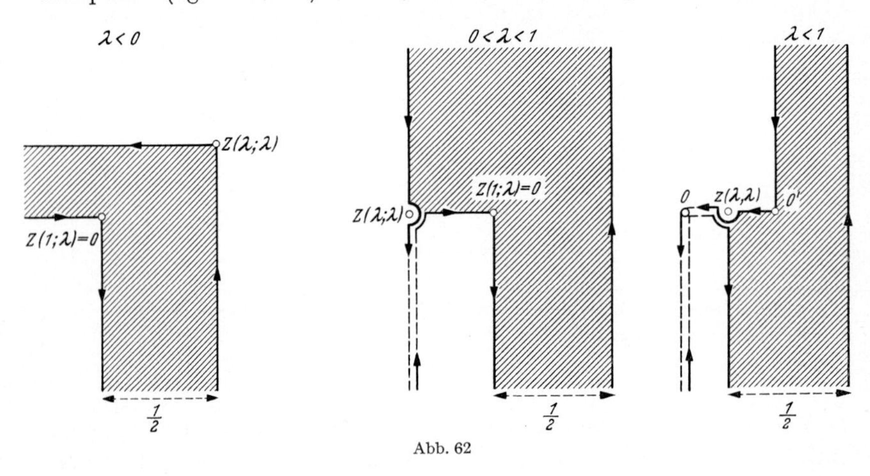

Abb. 62

für $z(\lambda;\lambda)$ zu einem „Dreieck" zusammen, dessen Rand vermöge der Funktion:

$$\zeta(\lambda) = z(\lambda;\lambda) = \frac{1}{2}\left(1 - \frac{1}{\sqrt{\lambda}}\right) \tag{5.2.3}$$

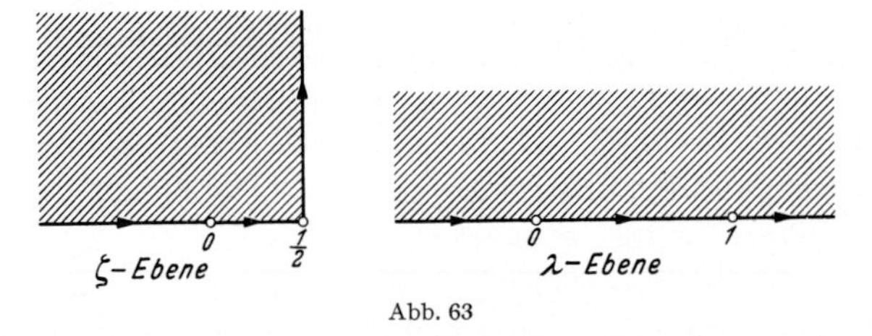

Abb. 63

der Achse reeller λ zugeordnet ist. Die Umkehrung dieser Funktion gibt die Lösung des Parameterproblems. Man erhält:

$$\lambda = \frac{1}{(1-2\zeta)^2} \tag{5.2.4}$$

und kann nach dieser Formel zu einem beliebig vorgegebenen Viereck der angegebenen Typen [d. h. nach Vorgabe der Ecke $z(\lambda;\lambda) = \zeta(\lambda)$] den zugehörigen Parameter der Abbildungsfunktion (5.2.2) bestimmen.

b) Auswertung des Abbildungsintegrals

Das Abbildungsintegral (5.2.2) wird durch die Substitution

$$t = \sqrt{\frac{w-1}{w-\lambda}} \tag{5.2.5}$$

in ein rationales Integral verwandelt und ergibt ausgewertet:

$$z(w;\lambda) = \frac{1}{2\pi i}\left[\log\frac{\sqrt{w-\lambda}+\sqrt{w-1}}{\sqrt{w-\lambda}-\sqrt{w-1}} - \frac{1}{\sqrt{\lambda}}\log\frac{\sqrt{w-\lambda}+\sqrt{\lambda(w-1)}}{\sqrt{w-\lambda}-\sqrt{\lambda(w-1)}}\right]. \tag{5.2.6}$$

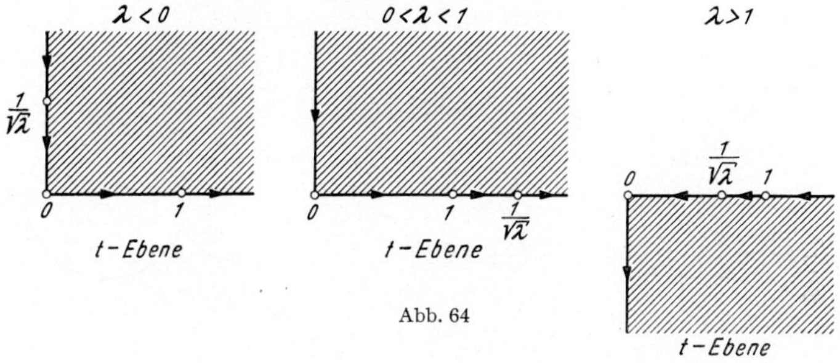

Abb. 64

Zur eindeutigen Erklärung dieses Ausdrucks bedenke man, daß die Halbebene $\mathfrak{I}(w) > 0$ durch die Substitution (5.2.5) auf die rechte obere oder die rechte untere Viertelebene abgebildet wird, je nachdem $\lambda < 1$ oder $\lambda > 1$ ist (Abb. 64).

Dem Intervall

$$0 < \arg w < \pi$$

entsprechen also die Intervalle

$$\begin{aligned} 0 < \arg t < \frac{\pi}{2}, \quad & \lambda < 1, \\ -\frac{\pi}{2} < \arg t < 0, \quad & \lambda > 1. \end{aligned} \tag{5.2.7}$$

Der Übergang zur $\left(\frac{1+t}{1-t}\right)$-Ebene zeigt die entsprechenden Schranken für $\frac{1+t}{1-t}$:

$$\begin{aligned} 0 < \arg\frac{1+t}{1-t} < \pi, \quad & \lambda < 1, \\ -\pi < \arg\frac{1+t}{1-t} < 0, \quad & \lambda > 1. \end{aligned} \tag{5.2.8}$$

Ebenso folgt

$$\begin{aligned} 0 < \arg\frac{1+\sqrt{\lambda}\,t}{1-\sqrt{\lambda}\,t} < \pi, \quad & \lambda < 1, \\ -\pi < \arg\frac{1+\sqrt{\lambda}\,t}{1-\sqrt{\lambda}\,t} < 0, \quad & \lambda > 1. \end{aligned} \tag{5.2.9}$$

Dies ist für $\lambda > 0$ unmittelbar klar (Maßstabsänderung in der t-Ebene); für $\lambda < 0$ liegt $\sqrt{\lambda}\,t$ in der linken oberen Viertelebene und daher $\frac{1+\sqrt{\lambda}\,t}{1-\sqrt{\lambda}\,t}$ wieder in der oberen Halbebene.

Auf Grund dieser Festsetzungen ist die Abbildungsfunktion (5.2.5) eindeutig erklärt und es ergibt sich insbesondere:

$$z(\lambda;\lambda)\begin{cases} = \frac{1}{2}\left(1-\frac{1}{\sqrt{\lambda}}\right), & \lambda < 1 \\ = -\frac{1}{2}\left(1-\frac{1}{\sqrt{\lambda}}\right), & \lambda > 1 \end{cases} \tag{5.2.10}$$

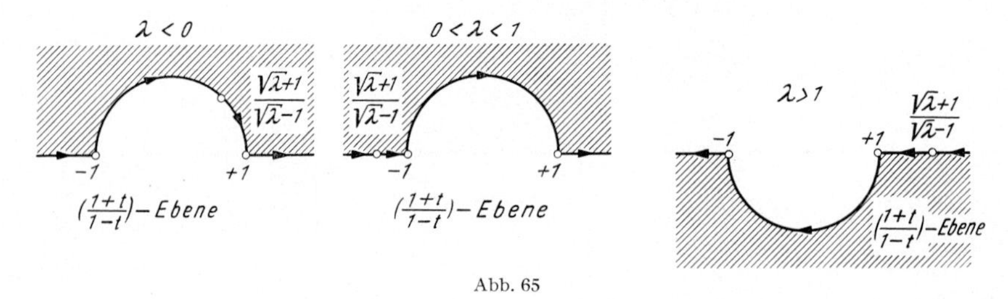

Abb. 65

(vgl. Abb. 62). Die Verschiebung des Nullpunktes der z-Ebene im Fall $\lambda > 1$ (vgl. die Ausführungen auf S. 263 und die 3. Figur in Abb. 62) hat den Vorzeichenwechsel beim Übergang von $\lambda < 1$ zu $\lambda > 1$ zur Folge, da die analytische Fortsetzung bezüglich λ bewußt außer acht gelassen und die Halbebene $\mathfrak{J}(w) > 0$ auf das einfache Polygon (ohne schlitzartigen Fortsatz) abgebildet wurde.

Nachdem in der zweiten und dritten Figur der Abb. 62 die schlitzartigen Fortsätze gelöscht sind, ist ersichtlich, daß die Funktion (5.2.5) nur zwei *wesentlich verschiedene Abbildungen* liefert, den Intervallen $\lambda < 0$ und $0 < \lambda < 1$ entsprechend. (Das Polygon, das sich für $\lambda > 1$ ergibt, kann durch eine Spiegelung und eine Drehstreckung aus dem Polygon des zweiten Typus ($0 < \lambda < 1$) erhalten werden.) Die Abbildungsfunktionen werden im folgenden für die beiden Fälle $\lambda < 0$ und $0 < \lambda < 1$ gesondert hingeschrieben und diskutiert.

Durch Multiplikation mit $2a\,(a > 0)$ wird erreicht, daß die Breite des normierten Halbstreifens den Betrag a erhält (vorher: $^1/_2$); die Breite des anderen Halbstreifens $\left(^1/_2\,\frac{1}{\sqrt{|\lambda|}}\right)$ wird mit b bezeichnet. In die Parameterformel (5.2.4) ist also

$$\begin{aligned} &\text{Fall I:} \quad 2a\zeta = a + ib \\ &\text{Fall II:} \quad 2a\zeta = a - b \quad (a < b) \end{aligned} \tag{5.2.11}$$

einzusetzen. Man erhält:

$$\begin{aligned}\text{Fall I:}\quad &\lambda_{\text{I}} = -\frac{a^2}{b^2}\\ \text{Fall II:}\quad &\lambda_{\text{II}} = \frac{a^2}{b^2}\ (a < b)\,.\end{aligned}\tag{5.2.12}$$

$\left(\frac{1}{2}, 0, \frac{3}{2}, 0\right)^*$

Die Funktion, die die Halbebene $\mathfrak{J}(w) > 0$ auf das in Abb. 66 gezeichnete Polygon abbildet, hat nach (5.2.5) und (5.2.12) die Gestalt:

$$\boldsymbol{z}\left(\boldsymbol{w}; -\frac{\boldsymbol{a}^2}{\boldsymbol{b}^2}\right) = \frac{\boldsymbol{a}}{\pi \boldsymbol{i}}\left[\log\frac{1+\boldsymbol{b}\sqrt{\dfrac{\boldsymbol{w}-1}{\boldsymbol{b}^2\boldsymbol{w}+\boldsymbol{a}^2}}}{1-\boldsymbol{b}\sqrt{\dfrac{\boldsymbol{w}-1}{\boldsymbol{b}^2\boldsymbol{w}+\boldsymbol{a}^2}}} - \boldsymbol{i}\frac{\boldsymbol{b}}{\boldsymbol{a}}\log\frac{1-\boldsymbol{a}\sqrt{\dfrac{1-\boldsymbol{w}}{\boldsymbol{b}^2\boldsymbol{w}+\boldsymbol{a}^2}}}{1+\boldsymbol{a}\sqrt{\dfrac{1-\boldsymbol{w}}{\boldsymbol{b}^2\boldsymbol{w}+\boldsymbol{a}^2}}}\right], \tag{5.2.13}$$

wobei die Argumente der Quadratwurzel nach (5.2.7) im Intervall $\langle 0, \frac{\pi}{2}\rangle$ und die Imaginärteile der Logarithmen nach (5.2.8) im Intervall

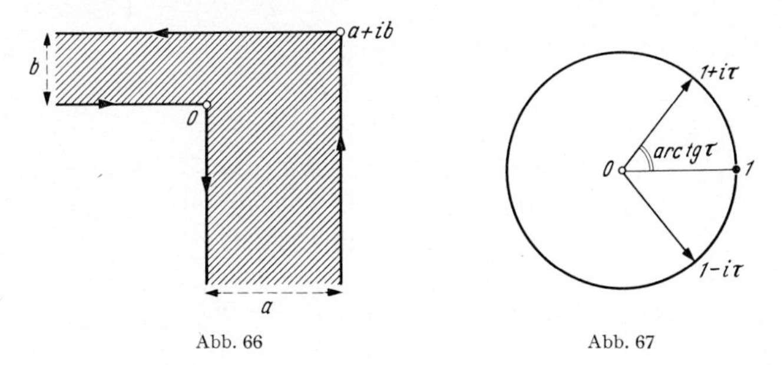

Abb. 66 Abb. 67

$\langle 0, \pi\rangle$ liegen. Bei der Auswertung der komplexen Logarithmen ist zu beachten, daß für rein imaginäres $t = i\tau$ (τ reell)

$$\log\frac{1+t}{1-t} = \log\frac{1+i\tau}{1-i\tau} = 2i\,\operatorname{arctg}\tau \tag{5.2.14}$$

zu setzen ist.

Abbildung des Randes:

$u < -\frac{a^2}{b^2}$:

$$z\left(u; -\frac{a^2}{b^2}\right) = a + \frac{1}{\pi i}\times$$

$$\times\left[a\log\frac{b\sqrt{\dfrac{1-u}{-a^2-b^2u}}+1}{b\sqrt{\dfrac{1-u}{-a^2-b^2u}}-1} - 2b\,\operatorname{arctg}\left(b\sqrt{\frac{1-u}{-a^2-b^2u}}\right)\right],$$

$$z\left(-\frac{a^2}{b^2}; -\frac{a^2}{b^2}\right) = a + ib\,.$$

$$-\frac{a^2}{b^2} < u < 0: \quad z\left(u; -\frac{a^2}{b^2}\right) = 2\frac{a}{\pi}\operatorname{arctg}\left(b\sqrt{\frac{1-u}{a^2+b^2u}}\right) + \frac{b}{\pi}\log\frac{a\sqrt{\dfrac{1-u}{a^2+b^2u}}-1}{a\sqrt{\dfrac{1-u}{a^2+b^2u}}+1} - ib.$$

$$0 < u < 1: \quad z\left(u; -\frac{a^2}{b^2}\right) = 2\frac{a}{\pi}\operatorname{arctg}\left(b\sqrt{\frac{1-u}{a^2+b^2u}}\right) + \frac{b}{\pi}\log\frac{1-a\sqrt{\dfrac{1-u}{a^2+b^2u}}}{1+a\sqrt{\dfrac{1-u}{a^2+b^2u}}},$$

$$z\left(1; -\frac{a^2}{b^2}\right) = 0.$$

$$1 < u: \quad z\left(u; -\frac{a^2}{b^2}\right) = \frac{1}{\pi i} \times \left[a\log\frac{1+b\sqrt{\dfrac{u-1}{a^2+b^2u}}}{1-b\sqrt{\dfrac{u-1}{a^2+b^2u}}} + 2b\operatorname{arctg}\left(a\sqrt{\frac{u-1}{a^2+b^2u}}\right)\right].$$

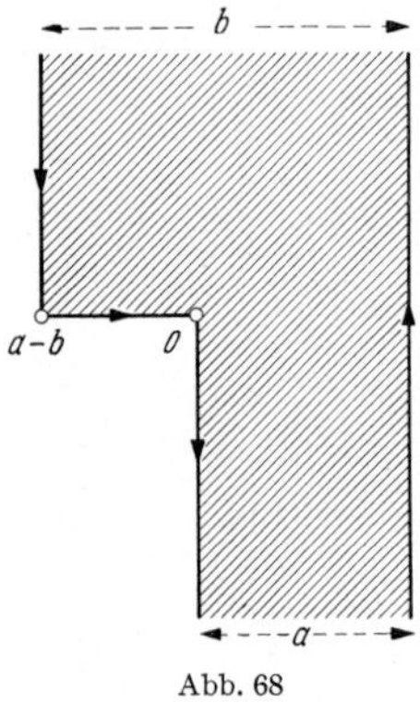

b

a-b

0

a

Abb. 68

$\left(\mathbf{0}, \frac{1}{2}, \frac{3}{2}, \mathbf{0}\right)^*$.

Die Funktion, die die Halbebene $\mathfrak{I}(w) > 0$ auf das in Abb. 68 gezeichnete Polygon abbildet, hat nach (5.2.5) und (5.2.12) die Gestalt:

$$\boldsymbol{z}\left(\boldsymbol{w}; \frac{\boldsymbol{a}^2}{\boldsymbol{b}^2}\right) = \frac{1}{\pi i}\left[\boldsymbol{a}\log\frac{1+\boldsymbol{b}\sqrt{\dfrac{\boldsymbol{w}-1}{\boldsymbol{b}^2\boldsymbol{w}-\boldsymbol{a}^2}}}{1-\boldsymbol{b}\sqrt{\dfrac{\boldsymbol{w}-1}{\boldsymbol{b}^2\boldsymbol{w}-\boldsymbol{a}^2}}} - \boldsymbol{b}\log\frac{1+\boldsymbol{a}\sqrt{\dfrac{\boldsymbol{w}-1}{\boldsymbol{b}^2\boldsymbol{w}-\boldsymbol{a}^2}}}{1-\boldsymbol{a}\sqrt{\dfrac{\boldsymbol{w}-1}{\boldsymbol{b}^2\boldsymbol{w}-\boldsymbol{a}^2}}}\right], \tag{5.2.15}$$

wobei die Argumente der Quadratwurzel nach (5.2.7) im Intervall $\langle 0, \frac{\pi}{2}\rangle$ und die Imaginärteile der Logarithmen nach (5.2.8) im Intervall $\langle 0, \pi\rangle$ liegen.

Abbildung des Randes:

$$u < 0: \quad z\left(u; \frac{a^2}{b^2}\right) = a + \frac{1}{\pi i} \times \left[a\log\frac{b\sqrt{\dfrac{1-u}{a^2-b^2u}}+1}{b\sqrt{\dfrac{1-u}{a^2-b^2u}}-1} - b\log\frac{1+a\sqrt{\dfrac{1-u}{a^2-b^2u}}}{1-a\sqrt{\dfrac{1-u}{a^2-b^2u}}}\right].$$

$$0 < u < \frac{a^2}{b^2}: \quad z\left(u; \frac{a^2}{b^2}\right) = a - b - \frac{1}{\pi i} \times$$

$$\times \left[a \log \frac{b\sqrt{\frac{1-u}{a^2-b^2u}}+1}{b\sqrt{\frac{1-u}{a^2-b^2u}}-1} - b \log \frac{a\sqrt{\frac{1-u}{a^2-b^2u}}+1}{a\sqrt{\frac{1-u}{a^2-b^2u}}-1} \right],$$

$$z\left(\frac{a^2}{b^2}; \frac{a^2}{b^2}\right) = a - b.$$

$$\frac{a^2}{b^2} < u < 1: \quad z\left(u; \frac{a^2}{b^2}\right) = 2\frac{a}{\pi} \operatorname{arctg}\left(b\sqrt{\frac{1-u}{b^2u-a^2}}\right) -$$

$$-2\frac{b}{\pi} \operatorname{arctg}\left(a\sqrt{\frac{1-u}{b^2u-a^2}}\right),$$

$$z\left(1; \frac{a^2}{b^2}\right) = 0.$$

$$1 < u: \quad z\left(u; \frac{a^2}{b^2}\right) = \frac{1}{\pi i} \times$$

$$\times \left[a \log \frac{1+b\sqrt{\frac{u-1}{b^2u-a^2}}}{1-b\sqrt{\frac{u-1}{b^2u-a^2}}} - b \log \frac{1+a\sqrt{\frac{u-1}{b^2u-a^2}}}{1-a\sqrt{\frac{u-1}{b^2u-a^2}}} \right].$$

2. Beispiel

a) Gestalt und Lage des Bereiches in Abhängigkeit von dem Parameter λ.

Die Abbildung der Halbebene $\mathfrak{J}(w) > 0$ auf ein Polygon mit den Innenwinkeln

$$\delta_\lambda \pi = \frac{3}{2}\pi, \quad \delta_0 \pi = -\pi, \quad \delta_1 \pi = \frac{3}{2}\pi, \quad \delta_\infty \pi = 0$$

wird durch das Integral (5.1.4) geleistet mit

$$\theta_\lambda = \frac{1}{2}, \quad \theta_0 = 1, \quad \theta_1 = \frac{1}{2}, \quad \theta_\infty = 0.$$

Das Abbildungsintegral erhält die Form:

$$J_1^w = \int_1^w \sqrt{(w-1)(w-\lambda)}\, \frac{dw}{w^2}. \tag{5.2.16}$$

Zum Zweck der *Normierung* ist das Integral wieder längs der *Schleife* $\mathfrak{S}$ zu berechnen (vgl. Abb. 49, 53, 57), die einen negativen Umlauf um den Punkt $w = \infty$ darstellt. Da dieses Schleifenintegral den Wert $2\pi i$ hat (das Residuum für $w = \infty$ ist -1), so bewirkt die Normierung der Abbildungsfunktion

$$z(w; \lambda) = \frac{J_1^w}{\underset{(\mathfrak{S})}{J}} = \frac{1}{2\pi i} \int_1^w \sqrt{(w-1)(w-\lambda)}\, \frac{dw}{w^2}, \tag{5.2.17}$$

daß die Breite des Streifens, der bei der Abbildung der Halbebene $\Im(w) > 0$ der Umgebung von $w = \infty$ entspricht, gleich $^1/_2$ ist. Dadurch ist wie im 1. Beispiel die Lage des Bildpolygons festgelegt.

Durch den Bildpunkt $z(0;\lambda) = \infty$ läuft der Rand des Polygons „glatt" hindurch, d. h. die einlaufende und die auslaufende Seite sind gleich gerichtet. Ihr Abstand bestimmt sich durch das Residuum des Integranden an der Stelle $w = 0$ zu $-\frac{1+\lambda}{2\sqrt{\lambda}}$ (Koeffizient von w in der Taylorentwicklung der Quadratwurzel $\sqrt{(w-1)(w-\lambda)}$ bei $w = 0$).

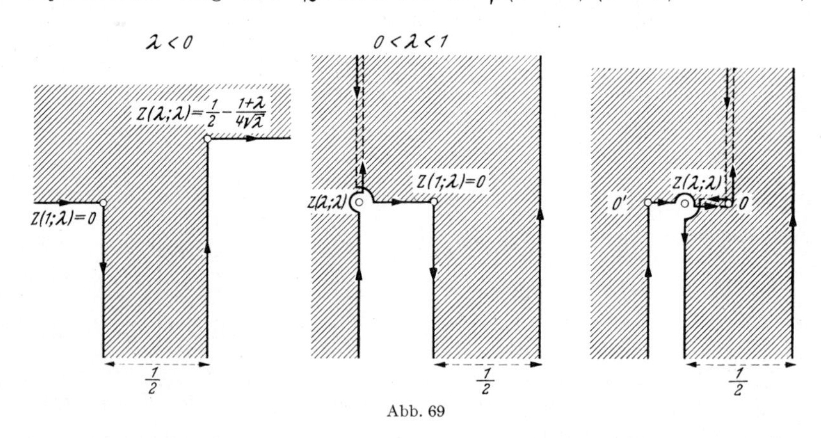

Abb. 69

Im folgenden wird ohne Rücksicht auf die analytische Fortsetzung des Integrals als Funktion von λ beim Übergang von $\lambda < 0$ zu Werten $0 < \lambda < 1$ und $\lambda > 1$ stets die von der *glatt durchlaufenen Achse* reeller w berandete Halbebene $\Im(w) > 0$ abgebildet. Daher sind von den in Abb. 53 und Abb. 54 gezeichneten Rändern die von $w = \lambda$ und $w = 0$ und wieder zurück nach $w = \lambda$ erstreckten Teile der Randkurven fortzulassen und entsprechend in den Bildpolygonen die (gestrichelt eingezeichneten) schlitzartigen Fortsätze. Im Fall $\lambda > 1$ bedeutet dies, daß als untere Grenze $w = 1$ des Abbildungsintegrals der in Abb. 55 *nicht bezeichnete* Punkt zu nehmen ist, in dem die Randkurve zum ersten Mal den Punkt 1 passiert. Das hat zur Folge, daß in der Bildebene der neue Nullpunkt $z(1;\lambda) = 0'$ um die Strecke

$$2\left(\frac{1}{2} - \frac{1+\lambda}{4\sqrt{\lambda}}\right) = -\frac{(1-\sqrt{\lambda})^2}{2\sqrt{\lambda}} \tag{5.2.18}$$

(doppelte Differenz der Abstände der parallelen Seiten) links von dem ursprünglichen Nullpunkt liegt und in eine Ecke des Polygons fällt.

Wenn man den außerhalb des Polygons liegenden ursprünglichen Nullpunkt (vgl. S. 262ff.) nimmt, schließen sich die geometrischen Orte für $z(\lambda;\lambda)$ zu einem Dreieck zusammen, dessen Rand vermöge der Funktion

$$\zeta(\lambda) = z(\lambda;\lambda) = \frac{1}{2}\left(1 - \frac{1+\lambda}{2\sqrt{\lambda}}\right) = -\frac{(1-\sqrt{\lambda})^2}{4\sqrt{\lambda}} \tag{5.2.19}$$

der Achse reeller λ zugeordnet ist (Abb. 70). Die Umkehrung dieser Funktion gibt die Lösung des Parameterproblems. Man erhält:

$$\lambda = (\sqrt{\zeta - 1} - \sqrt{\zeta})^4 \tag{5.2.20}$$

und erklärt diesen Ausdruck in der von $-\infty$ bis 0 und von 1 bis $+\infty$ längs der Achse reeller λ geschlitzten ζ-Ebene durch die Festsetzung

$$-\pi < \arg\zeta < \pi\,, \qquad 0 < \arg(\zeta - 1) < 2\pi\,. \tag{5.2.21}$$

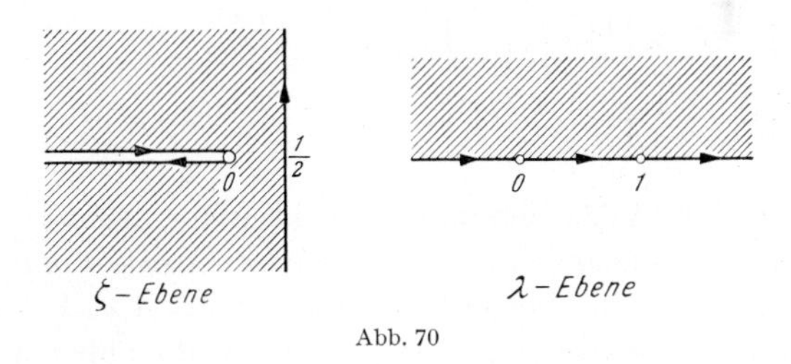

Abb. 70

Auf dem *oberen Ufer* des in Abb. 70 gezeichneten Schlitzes wird dann

$$\sqrt{\lambda} = -\left(e^{i\frac{\pi}{2}}\sqrt{|\zeta - 1|} - e^{i\frac{\pi}{2}}\sqrt{|\zeta|}\right)^2 = (\sqrt{|\zeta - 1|} - \sqrt{|\zeta|})^2 < 1 \tag{5.2.22}$$

und auf dem *unteren Ufer:*

$$\sqrt{\lambda} = -\left(e^{i\frac{\pi}{2}}\sqrt{|\zeta - 1|} - e^{-i\frac{\pi}{2}}\sqrt{|\zeta|}\right)^2 = (\sqrt{|\zeta - 1|} + \sqrt{|\zeta|})^2 > 1\,, \tag{5.2.23}$$

wie es der Randzuordnung in Abb. 70 entspricht. Mittels der Formel (5.2.20) ist es möglich, zu einem beliebig vorgegebenen Viereck eines der drei Typen (Abb. 69), d. h. nach Vorgabe der Ecke $z(\lambda;\lambda) = \zeta$, den zugehörigen Parameter der Abbildungsfunktion zu bestimmen.

b) Auswertung des Abbildungsintegrals.

Das Abbildungsintegral (5.2.17) wird durch die Substitution

$$t = \sqrt{\frac{w-1}{w-\lambda}} \tag{5.2.24}$$

in ein rationales Integral verwandelt und ergibt ausgewertet:

$$z(w;\lambda) = \frac{1}{2\pi i} \times$$
$$\times\left[-\frac{\sqrt{(w-1)(w-\lambda)}}{w} + \log\frac{\sqrt{w-\lambda} + \sqrt{w-1}}{\sqrt{w-\lambda} - \sqrt{w-1}} - \right. \tag{5.2.25}$$
$$\left. - \frac{1+\lambda}{2\sqrt{\lambda}}\log\frac{\sqrt{w-\lambda} + \sqrt{\lambda(w-1)}}{\sqrt{w-\lambda} - \sqrt{\lambda(w-1)}}\right].$$

Zur eindeutigen Erklärung dieses Ausdrucks für die Punkte der oberen w-Halbebene $(0 < \arg w < \pi)$ bedenke man, daß

$$0 < \arg \sqrt{(w-1)(w-\lambda)} < \pi \tag{5.2.26}$$

und auf Grund der oben (S. 269) angestellten Überlegung

$$\left\{\begin{array}{lll} 0 < \arg \dfrac{1+t}{1-t} < \pi\,, & 0 < \arg \dfrac{1+\sqrt{\lambda}\,t}{1-\sqrt{\lambda}\,t} < \pi & (\lambda < 1) \\ -\pi < \arg \dfrac{1+t}{1-t} < 0\,, & -\pi < \arg \dfrac{1+\sqrt{\lambda}\,t}{1-\sqrt{\lambda}\,t} < 0 & (\lambda > 1) \end{array}\right. \tag{5.2.27}$$

zu setzen ist. Hiernach ergibt sich insbesondere für $w = \lambda$

$$z(\lambda;\lambda)\left\{\begin{array}{ll} = \dfrac{1}{2}\left(1-\dfrac{1+\lambda}{2\sqrt{\lambda}}\right) = -\dfrac{(1-\sqrt{\lambda})^2}{4\sqrt{\lambda}} < 0 & (\lambda < 1) \\ = -\dfrac{1}{2}\left(1-\dfrac{1+\lambda}{2\sqrt{\lambda}}\right) = -\dfrac{(1-\sqrt{\lambda})^2}{4\sqrt{\lambda}} > 0 & (\lambda > 1) \end{array}\right. \tag{5.2.28}$$

(vgl. Abb. 69). Die Verschiebung des Nullpunktes der z-Ebene im Fall $\lambda > 1$ (vgl. die Ausführungen auf S. 274 und die dritte Figur in Abb. 69) hat den Vorzeichenwechsel beim Übergang von $\lambda < 1$ zu $\lambda > 1$ zur Folge, da die analytische Fortsetzung bezüglich λ bewußt außer acht gelassen und die Halbebene $\mathfrak{I}(w) > 0$ auf das einfache Polygon (ohne schlitzartigen Fortsatz) abgebildet wurde.

Nachdem in der Abb. 69 die schlitzartigen Fortsätze gelöscht sind, ist ersichtlich, daß die Funktion (5.2.25) nur zwei *wesentlich verschiedene Abbildungen* liefert, den Intervallen $\lambda < 0$ und $0 < \lambda < 1$ entsprechend. (Das Polygon, das sich für $\lambda > 1$ ergibt, kann durch eine Spiegelung und eine Drehstreckung aus dem Polygon des zweiten Typus $(0 < \lambda < 1)$ erhalten werden.) Die Abbildungsfunktionen werden im folgenden für die beiden Fälle $\lambda < 0$ und $0 < \lambda < 1$ gesondert hingeschrieben und diskutiert.

Durch Multiplikation der Abbildungsfunktion mit $2a$ $(a > 0)$ wird erreicht, daß die Breite des normierten Halbstreifens den Betrag a erhält (vorher: $^1/_2$); der Abstand der beiden anderen parallelen Seiten wird mit b bezeichnet. In der Parameterformel (5.2.20) ist also

$$\begin{array}{ll} \text{Fall I:} & 2a\zeta = a + ib \\ \text{Fall II:} & 2a\zeta = a - b \quad (a < b) \end{array} \tag{5.2.29}$$

einzusetzen und man erhält:

$$\begin{array}{ll} \text{Fall I:} & \lambda_{\mathrm{I}} = \dfrac{1}{4}\left(\sqrt{i\dfrac{b}{a}-1} - \sqrt{i\dfrac{b}{a}+1}\right)^4 = -\left(\dfrac{b}{a} - \sqrt{\dfrac{b^2}{a^2}+1}\right)^2 \\ \text{Fall II:} & \lambda_{\mathrm{II}} = \dfrac{1}{4}\left(\sqrt{\dfrac{b}{a}+1} - \sqrt{\dfrac{b}{a}-1}\right)^4 = \left(\dfrac{b}{a} - \sqrt{\dfrac{b^2}{a^2}-1}\right)^2 \quad (a < b)\,. \end{array} \tag{5.2.30}$$

$\left(\frac{3}{2}, -1, \frac{3}{2}, 0\right)^*$.

Die Funktion, die die Halbebene $\Im(w) > 0$ auf das in Abb. 71 gezeichnete Polygon abbildet, hat nach (5.2.25) und (5.2.30) die Gestalt:

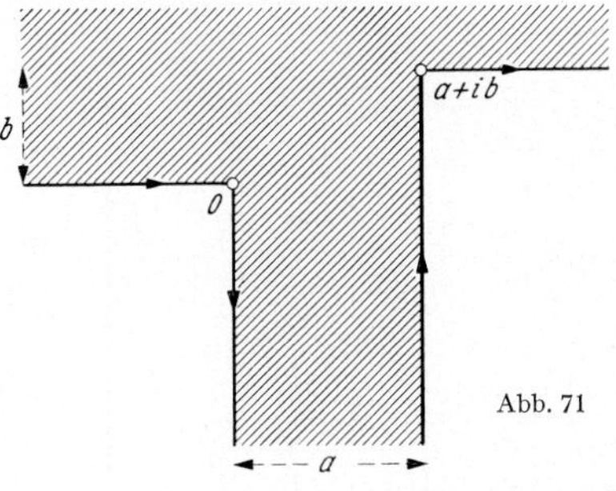

Abb. 71

$$z(w;\lambda_I) = \frac{a}{\pi i} \times$$

$$\times\left[-\frac{\sqrt{(w-1)(w-\lambda_I)}}{w} + \log\frac{1+\sqrt{\frac{w-1}{w-\lambda_I}}}{1-\sqrt{\frac{w-1}{w-\lambda_I}}} + i\frac{b}{a}\log\frac{1+\sqrt{\frac{\lambda_I(w-1)}{w-\lambda_I}}}{1-\sqrt{\frac{\lambda_I(w-1)}{w-\lambda_I}}}\right],$$

$$\lambda_I = -\left(\frac{b}{a} - \sqrt{\frac{b^2}{a^2}+1}\right)^2, \quad \arg\lambda_I = \pi, \tag{5.2.31}$$

wobei das Argument der Quadratwurzel sowie die Imaginärteile der Logarithmen im Intervall $\langle 0, \pi\rangle$ liegen.

Abbildung des Randes:

$u < \lambda_I$: $\quad z(u;\lambda_I) = a + \frac{1}{\pi i} \times$

$$\times\left[-\frac{\sqrt{(1-u)(\lambda_I-u)}}{-u} + a\log\frac{\sqrt{\frac{1-u}{\lambda_I-u}}+1}{\sqrt{\frac{1-u}{\lambda_I-u}}-1} - 2b\operatorname{arc\,tg}\left(\sqrt{\frac{-\lambda_I(1-u)}{\lambda_I-u}}\right)\right],$$

$$z(\lambda_I;\lambda_I) = a + ib.$$

$\lambda_I < u < 0$:
$$z(u;\lambda_I) = \frac{a}{\pi}\frac{\sqrt{(1-u)(u-\lambda_I)}}{-u} + \frac{2a}{\pi}\operatorname{arc\,tg}\sqrt{\frac{1-u}{u-\lambda_I}} + \\ + \frac{b}{\pi}\log\frac{\sqrt{\frac{-\lambda_I(1-u)}{u-\lambda_I}}-1}{\sqrt{\frac{-\lambda_I(1-u)}{u-\lambda_I}}+1} + ib.$$

$0 < u < 1$:
$$z(u;\lambda_I) = -\frac{a}{\pi}\frac{\sqrt{(1-u)(u-\lambda_I)}}{u} + \frac{2a}{\pi}\operatorname{arc\,tg}\sqrt{\frac{1-u}{u-\lambda_I}} + \\ + \frac{b}{\pi}\log\frac{1-\sqrt{\frac{-\lambda_I(1-u)}{u-\lambda_I}}}{1+\sqrt{\frac{-\lambda_I(1-u)}{u-\lambda_I}}},$$

$$z(1;\lambda_I) = 0.$$

$1 < u$:
$$z(u;\lambda_I) = i\frac{a}{\pi}\frac{\sqrt{(u-1)(u-\lambda_I)}}{u} - i\frac{a}{\pi}\log\frac{1+\sqrt{\frac{u-1}{u-\lambda_I}}}{1-\sqrt{\frac{u-1}{u-\lambda_I}}} + \\ + 2i\frac{b}{\pi}\operatorname{arc\,tg}\sqrt{\frac{-\lambda_I(u-1)}{u-\lambda_I}}.$$

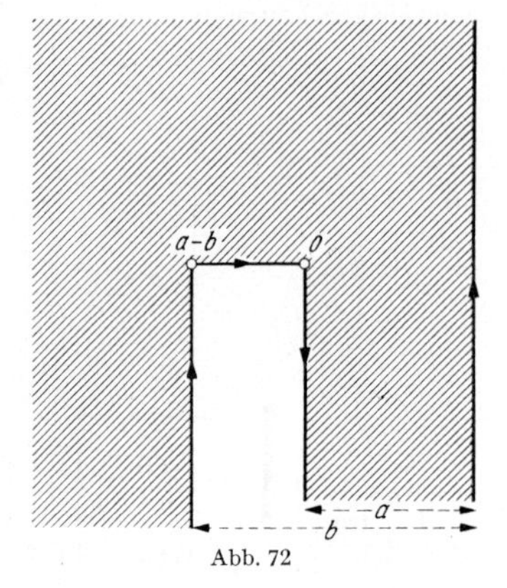

Abb. 72

$$\left(-1, \frac{3}{2}, \frac{3}{2}, 0\right)^*.$$

Die Funktion, die die Halbebene $\Im(w) > 0$ auf das in Abb. 72 gezeichnete Polygon abbildet, hat nach (5.2.25) und (5.2.30) die Gestalt:

$$z(w; \lambda_{II}) = \frac{a}{\pi i} \times \left[-\frac{\sqrt{(w-1)(w-\lambda_{II})}}{w} + \log \frac{1+\sqrt{\frac{w-1}{w-\lambda_{II}}}}{1-\sqrt{\frac{w-1}{w-\lambda_{II}}}} - \frac{b}{a} \log \frac{1+\sqrt{\frac{\lambda_{II}(w-1)}{w-\lambda_{II}}}}{1-\sqrt{\frac{\lambda_{II}(w-1)}{w-\lambda_{II}}}} \right],$$

$$\lambda_{II} = \left(\frac{b}{a}\sqrt{\frac{b^2}{a^2}-1}\right)^2 < 1, \quad (a < b), \tag{5.2.32}$$

wobei die Argumente der Quadratwurzeln sowie die Imaginärteile der Logarithmen im Intervall $\langle 0, \pi \rangle$ liegen.

Abbildung des Randes:

$u < 0$: $$z(u; \lambda_{II}) = a + \frac{1}{\pi i} \times \left[-\frac{\sqrt{(1-u)(\lambda_{II}-u)}}{-u} + a \log \frac{\sqrt{\frac{1-u}{\lambda_{II}-u}}+1}{\sqrt{\frac{1-u}{\lambda_{II}-u}}-1} - b \log \frac{1+\sqrt{\frac{\lambda_{II}(1-u)}{\lambda_{II}-u}}}{1-\sqrt{\frac{\lambda_{II}(1-u)}{\lambda_{II}-u}}} \right].$$

$0 < u < \lambda_{II}$: $$z(u; \lambda_{II}) = a - b + \frac{1}{\pi i} \times \left[\frac{\sqrt{(1-u)(\lambda_{II}-u)}}{u} + a \log \frac{\sqrt{\frac{1-u}{\lambda_{II}-u}}+1}{\sqrt{\frac{1-u}{\lambda_{II}-u}}-1} - b \log \frac{\sqrt{\frac{\lambda_{II}(1-u)}{\lambda_{II}-u}}+1}{\sqrt{\frac{\lambda_{II}(1-u)}{\lambda_{II}-u}}-1} \right],$$

$$z(\lambda_{II}; \lambda_{II}) = a - b.$$

$\lambda_{II} < u < 1$: $$z(u; \lambda_{II}) = -\frac{a}{\pi} \frac{\sqrt{(1-u)(u-\lambda_{II})}}{u} + \frac{2a}{\pi} \operatorname{arc\,tg} \sqrt{\frac{1-u}{u-\lambda_{II}}} - \frac{2b}{\pi} \operatorname{arc\,tg} \sqrt{\frac{\lambda_{II}(1-u)}{u-\lambda_{II}}},$$

$$z(1; \lambda_{II}) = 0.$$

$1 < u$: $\quad z(u;\lambda_{II}) = \frac{1}{\pi i} \times$

$$\times \left[-a \frac{\sqrt{(u-1)(u-\lambda_{II})}}{u} + a \log \frac{1+\sqrt{\frac{u-1}{u-\lambda_{II}}}}{1-\sqrt{\frac{u-1}{u-\lambda_{II}}}} - b \log \frac{1+\sqrt{\frac{\lambda_{II}(u-1)}{u-\lambda_{II}}}}{1-\sqrt{\frac{\lambda_{II}(u-1)}{u-\lambda_{II}}}} \right].$$

5.3. Auswertung der Abbildungsfunktion in Einzelfällen: Elliptische Integrale.

3. Beispiel

a) Gestalt und Lage des Bereiches in Abhängigkeit von dem Parameter λ.

Die Abbildung der Halbebene $\mathfrak{J}(w) > 0$ auf ein Polygon mit den Innenwinkeln

$$\delta_\lambda \pi = \frac{3}{2}\pi, \quad \delta_0 \pi = -\frac{1}{2}\pi, \quad \delta_1 \pi = \frac{3}{2}\pi, \quad \delta_\infty \pi = -\frac{1}{2}\pi$$

wird durch das Integral (5.1.4) geleistet mit

$$\theta_\lambda = \frac{1}{2}, \quad \theta_0 = \frac{1}{2}, \quad \theta_1 = \frac{1}{2}, \quad \theta_\infty = \frac{1}{2}.$$

Das Abbildungsintegral hat die Gestalt:

$$J_1^w = \int_1^w \sqrt{\frac{(w-1)(w-\lambda)}{w}} \frac{dw}{w} \tag{5.3.1}$$

und kann durch Produktintegration auf die Form:

$$J_1^w = -2\sqrt{\frac{(w-1)(w-\lambda)}{w}} - (1+\lambda)\int_1^w \frac{dw}{\sqrt{w(w-1)(w-\lambda)}} + 2\int_1^w \frac{w\,dw}{\sqrt{w(w-1)(w-\lambda)}} \tag{5.3.2}$$

gebracht werden.

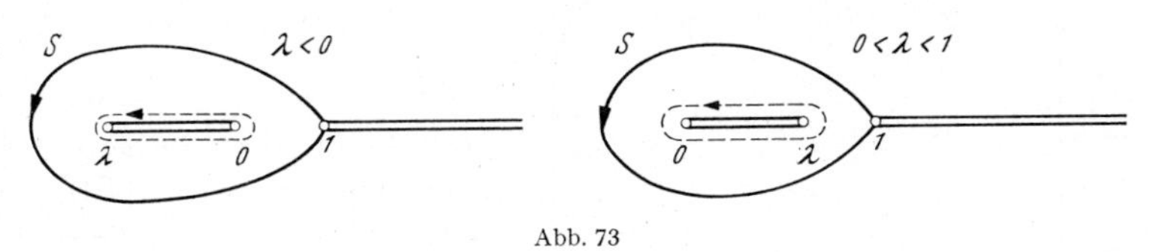

Abb. 73

Zum Zweck der *Normierung* ist der Wert des Abbildungsintegrals für den *Schleifenweg* $\mathfrak{S}$ (vgl. Abb. 49) zu berechnen. Dieser Schleifenweg stellt auf der zweiblättrigen Riemannschen Fläche der Quadratwurzel[1]

[1] Man kann sich diese Riemannsche Fläche durch Spiegelung der oberen Halbebene an der Halbgeraden $w > 1$ und der Strecke $\lambda < w < 0$ entstanden denken.

einen *geschlossenen Weg* dar. Also verschwindet der ausintegrierte Teil (der bei $w = 0$ unendlich wird) und die Integrationswege für die beiden elliptischen Integrale (I. und II. Gattung) können um den Schlitz, der die Verzweigungspunkte $w = \lambda$ und $w = 0$ verbindet, zusammengezogen werden, wobei der Schlitz im positiven Sinn zu umlaufen ist. Das Schleifenintegral setzt sich also aus zwei vollständigen elliptischen Integralen I. und II. Gattung zusammen.

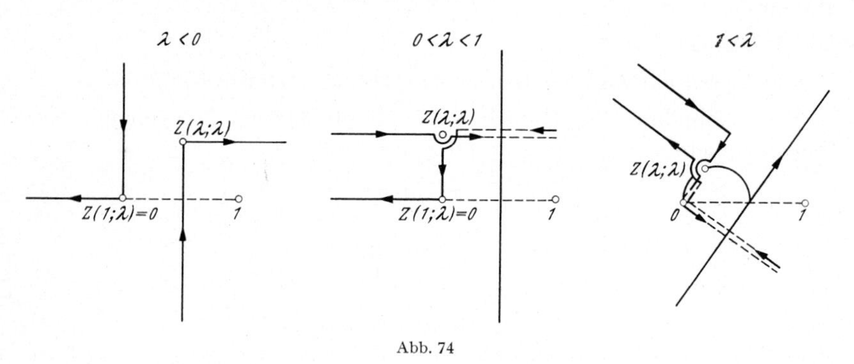

Abb. 74

In Abb. 74 sind die Bereiche angegeben, auf die die Abbildungsfunktion

$$z(w;\lambda) = \frac{J_1^w}{\underset{(\mathfrak{S})}{J}} \tag{5.3.3}$$

die Halbebene $\mathfrak{J}(w) > 0$ abbildet, wenn von negativen Werten des Parameters λ aus durch analytische Fortsetzung der Übergang zu den Polygontypen, die den Werten $0 < \lambda < 1$ und $\lambda > 1$ entsprechen, vollzogen wird.

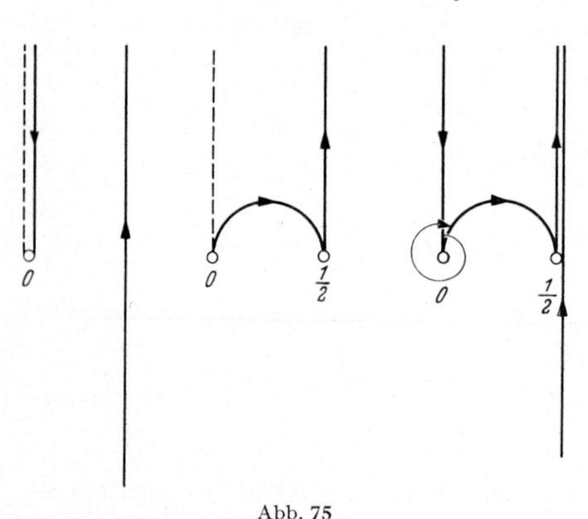

Abb. 75

Die geometrischen Orte für die Ecke

$$z(\lambda;\lambda) = \zeta(\lambda)$$

schließen sich zu einer Kontur zusammen, die wie im allgemeinen Fall (S. 265f) eine *nicht-schlichte Dreiecksfläche* berandet, da die Gerade $\Re(\zeta) = {}^1/_2$ anderthalbfach durchlaufen wird. Um eine anschauliche Vorstellung von diesem Dreiecksbereich zu gewinnen, denke man sich die Halbebene $\Re(\zeta) < {}^1/_2$ längs der Halbachse des positiv Imaginären eingeschlitzt und das linke Schnittufer mit der linken Begrenzungsgeraden des gewöhnlichen nullwinkligen Moduldreiecks verschmolzen (Abb. 75).

b) Lineare und zentrische Symmetrie.

Man erkennt, daß sich *zwei wesentlich verschiedene Abbildungen* ergeben, je nachdem der Parameter λ positiv oder negativ ist. Die beiden Bildbereiche unterscheiden sich hinsichtlich der Symmetrieverhältnisse, der eine ($\lambda > 0$) weist *lineare Symmetrie*, der andere ($\lambda < 0$) *zentrische Symmetrie* auf (vgl. A 11.1a, c). Dies ist unmittelbar am Abbildungsintegral ersichtlich, denn dieses Integral geht bei der Substitution

$$w^* = \frac{\lambda}{w} \tag{5.3.4}$$

bis auf einen Vorzeichenwechsel in sich über, wenn als untere Grenze $\sqrt{\lambda}$ gewählt wird. Ist nun $\lambda > 0$, so liegt $\sqrt{\lambda}$ auf der Achse reeller w; durch die Substitution (5.3.4) werden die Punkte der oberen denen der

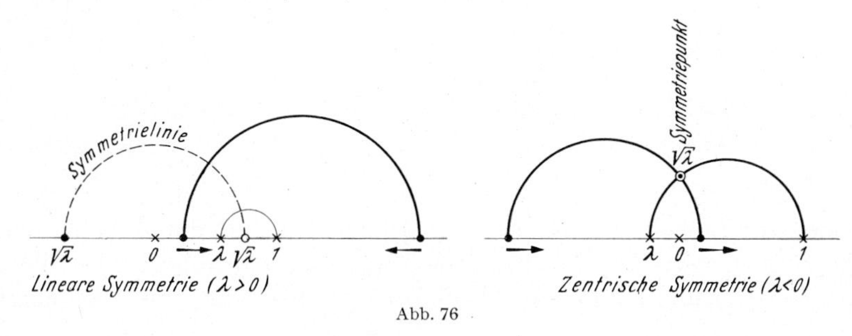

Abb. 76

unteren Halbebene zugeordnet[1]. Insbesondere wird auf der Achse reeller w eine *gegenlaufende Involution* erzeugt[2]; die Zuordnung symmetrischer Punkte geschieht durch *Halbkreise, die den Symmetriekreis* $w = \sqrt{\lambda}\, e^{i\varphi}$ $(0 < \varphi < \pi)$ *senkrecht schneiden.* Ist dagegen $\lambda < 0$, so liegt $\sqrt{\lambda}$ in der oberen Halbebene, deren Punkte paarweise einander zugeordnet sind. Insbesondere wird auf der Achse reeller w eine *gleichlaufende Involution* erzeugt; die Zuordnung symmetrischer Punkte geschieht durch *Halbkreise, die sich im Symmetriepunkt* $\sqrt{\lambda}$ *schneiden* und auf der Achse reeller w senkrecht aufsitzen (Abb. 76).

In beiden Fällen läßt sich das Abbildungsintegral unter Ausnutzung der Symmetrie durch eine einfache Substitution auf das elliptische Normalintegral II. Gattung (mit reellen bzw. komplexen Verzweigungspunkten) zurückführen. Da hierbei besonders klar in Erscheinung tritt,

[1] Es wäre also noch eine Spiegelung an der Strecke $\langle \lambda\, 1 \rangle$ erforderlich, um die Punkte der Halbebene $\Im(w) > 0$ paarweise einander zuzuordnen vermöge der Substitution (5.3.4). Entsprechend ist bei dieser Substitution dem Bildbereich der an der Strecke $\overline{z(1;\lambda)\, z(\lambda;\lambda)}$ gespiegelte Bereich zuzuordnen.

[2] Als Involution bezeichnet man eine Abbildung, die gleich ihrer Umkehrung ist, wie z. B. hier $w^* = \dfrac{\lambda}{w}$, $w = \dfrac{\lambda}{w^*}$.

wie die lineare und die zentrische Symmetrie sich auswirken, wird im folgenden gezeigt, wie man diese Substitution für beide Fälle gleichzeitig schrittweise gewinnt.

1. Durch die Substitution

$$w' = \frac{w - \sqrt{\lambda}}{w + \sqrt{\lambda}} \tag{5.3.5}$$

wird im Fall $\lambda > 0$ die obere w-Halbebene auf die obere w'-Halbebene abgebildet (die Zuordnungslinien sind jetzt die konzentrischen Halbkreise um $w' = 0$). Im Fall $\lambda < 0$ wird die obere w-Halbebene auf das

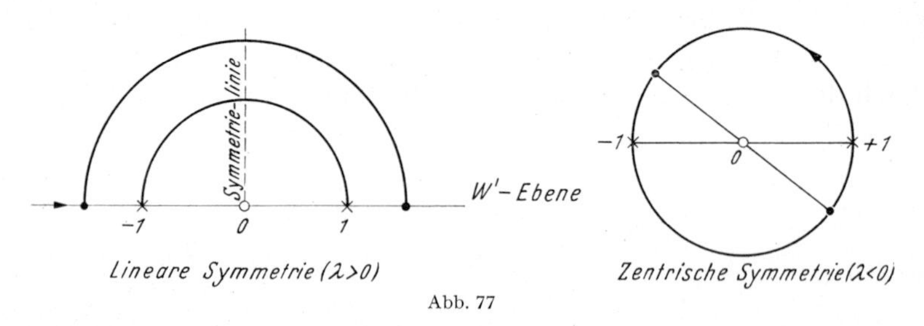

Abb. 77

Innere des Einheitskreises $|w'| = 1$ abgebildet (die Zuordnungslinien sind die Durchmesser des Einheitskreises). In beiden Fällen liegen die Bilder der Verzweigungspunkte $w = 1$ und $w = \lambda$ diametral zum Nullpunkt bei $w' = \pm \frac{1 - \sqrt{\lambda}}{1 + \sqrt{\lambda}}$. (Abb. 77).

2. Es folgt die Substitution

$$t' = w'^2, \tag{5.3.6}$$

bei der im Fall $\lambda > 0$ die obere w'-Halbebene in die längs der Halbachse positiv reeller t' geschlitzte t'-Ebene übergeht. Die Punkte des oberen

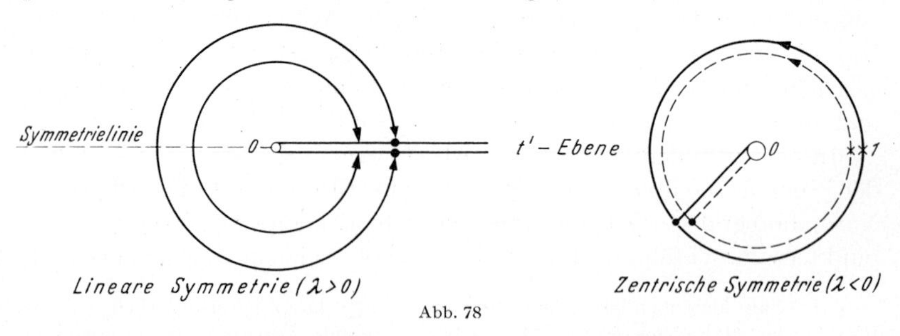

Abb. 78

und unteren Schlitzrandes sind einander zugeordnet; die Zuordnungslinien sind die konzentrischen Kreise um den Nullpunkt, Symmetrielinie ist die Halbachse negativ reeller t'. Im Fall $\lambda < 0$ ergibt sich als Bildbereich die doppelt überdeckte Fläche des Einheitskreises der

t'-Ebene, die übereinander liegenden Punkte der Peripherie sind vermöge der zentrischen Symmetrie einander zugeordnet; die Zuordnungslinien sind je zwei übereinander liegende Radien. (Der Nullpunkt ist Windungspunkt zweiter Ordnung, die Winkelverdoppelung bewirkt in diesem Punkt, daß die radiale Zuordnungslinie in sich zurückläuft.) Die Bilder der Verzweigungspunkte $w = 1$ und $w = \lambda$ sind in beiden Fällen „übereinander" liegende Randpunkte $\left(t' = \left(\frac{1-\sqrt{\lambda}}{1+\sqrt{\lambda}}\right)^2\right)$.

3. Durch eine lineare Transformation

$$t' = \frac{t-\mu_1}{t-\mu_2} \tag{5.3.7}$$

wird schließlich dafür gesorgt, daß die übereinander liegenden Bildpunkte der Verzweigungspunkte $w = 1$ und $w = \lambda$ in den Nullpunkt einer t-Ebene zu liegen kommen. Also muß

$$\frac{\mu_1}{\mu_2} = \left(\frac{1-\sqrt{\lambda}}{1+\sqrt{\lambda}}\right)^2 \qquad \begin{cases} \mu_1 = \varrho\,(1-\sqrt{\lambda})^2 \\ \mu_2 = \varrho\,(1+\sqrt{\lambda})^2 \end{cases} \tag{5.3.8}$$

gesetzt werden. Im Fall $\lambda < 0$ ist $\mu_2 = \bar{\mu}_1$ und es werde $\varrho < 0$ angenommen, damit $\mathfrak{I}(\mu_1) > 0$ ausfällt.

Der Bildbereich ist im *linear symmetrischen Fall* ($\lambda > 0$) die von $-\infty$ bis μ_2 und von μ_1 bis $+\infty$ längs der Achse reeller t geschlitzte t-Ebene. Die Zuordnungslinien sind die Kreise des Büschels mit den Grundpunkten $t = \mu_1$ und $t = \mu_2$.

Im *zentrisch symmetrischen Fall* ($\lambda < 0$) ist der Bildbereich die in zwei Exemplaren übereinander liegende obere t-Halbebene mit $t = \mu_1$ als Windungspunkt zweiter Ordnung. Die Zuordnungslinien sind die vom Windungspunkt auslaufenden Kreisbogen, die auf der Achse reeller t senkrecht aufsitzen und in beiden Blättern übereinander liegende Punkte verbinden. Je zwei in beiden Blättern übereinander liegende Kreisbogen bilden zusammen eine Zuordnungslinie, sie stoßen im Windungspunkt (Winkelverdoppelung) unter dem Winkel 2π zusammen. Die Zusammensetzung der Transformationen (5.3.5) bis (5.3.7) ergibt

$$\frac{t-\varrho\,(1-\sqrt{\lambda})^2}{t-\varrho\,(1+\sqrt{\lambda})^2} = \left(\frac{w-\sqrt{\lambda}}{w+\sqrt{\lambda}}\right)^2 \tag{5.3.9}$$

und man erhält daraus

$$t = \varrho\,\frac{(w-1)\,(w-\lambda)}{w}, \tag{5.3.10}$$

worin $\varrho < 0$ ein noch verfügbarer Zahlfaktor ist. Die obere w-Halbebene wird durch diese Transformation, je nachdem ob $\lambda > 0$ oder $\lambda < 0$ ist, auf den linear oder zentrisch symmetrischen Bildbereich der Abb. 79 abgebildet.

Liegt nun in der z-Ebene ein *linear symmetrischer Bereich* vor mit den paarweise einander zugeordneten Verzweigungspunkten $w = 0, \infty$ und $w = 1, \lambda$, so ist es zweckmäßig, als Grundbereich statt der oberen w-Halbebene die in der angegebenen Weise geschlitzte t-Ebene zu nehmen, da die auf die Veränderliche t [(5.3.10) mit $\lambda > 0$] transformierte Abbildungsfunktion die obere t-Halbebene auf den „halben" Bereich abbildet. Die Symmetrielinie ist das Bild der Strecke $\langle \mu_2, \mu_1 \rangle$.

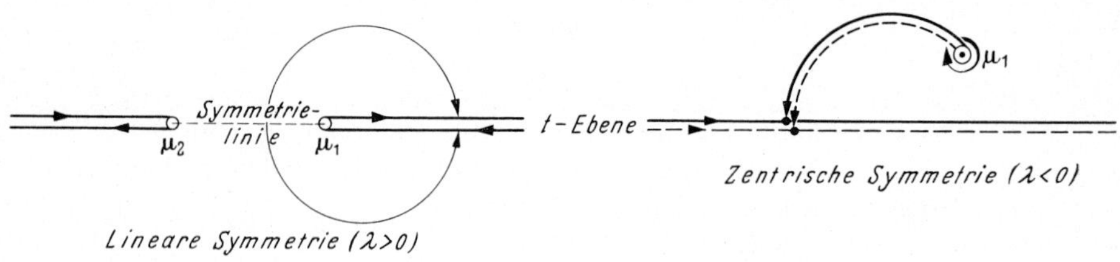

Abb. 79

Liegt dagegen in der z-Ebene ein *zentrisch symmetrischer Bereich* vor, so wird man als Grundbereich die zweiblättrige obere t-Halbebene wählen (Abb. 79, rechts). Der doppelt durchlaufenen Achse reeller t entsprechend besteht der Rand des Bildbereiches in der z-Ebene aus zwei Stücken, deren Punkte im Sinne der zentrischen Symmetrie einander zugeordnet sind. Der Symmetriepunkt ist der Bildpunkt des Windungspunktes $t = \varrho(1 - \sqrt{\lambda})^2$.

Das Abbildungsintegral für die hier behandelte Polygonabbildung (S. 279) verwandelt sich durch die Substitution (5.3.10) mit Rücksicht auf

$$\sqrt{(t-\mu_1)(t-\mu_2)} = \pm \varrho \frac{w^2-\lambda}{w}, \qquad dt = -\varrho \frac{w^2-\lambda}{w^2} dw \quad (5.3.11)$$

in das elliptische Normalintegral II. Gattung:

$$\int\limits_{\sqrt{\lambda}}^{w} \sqrt{\frac{(w-1)(w-\lambda)}{w}} \frac{dw}{w} = \frac{i}{\sqrt{\varrho}} \int\limits_{\mu_1}^{t} \frac{t\,dt}{\sqrt{t(t-\mu_1)(t-\mu_2)}}. \quad (5.3.12)$$

Die Verzweigungspunkte sind im linear symmetrischen Fall reell, im zentrisch symmetrischen Fall konjugiert komplex.

$\left(-\frac{1}{2}, \frac{3}{2}, \frac{3}{2}, -\frac{1}{2}\right)^*$ (lineare Symmetrie)

Um Anschluß an die auf S. 245ff behandelte Abbildung durch das elliptische Integral II. Gattung mit reellen Verzweigungspunkten zu gewinnen, setze man in (5.3.10), (5.3.12)

$$\varrho = \frac{1}{(1+\sqrt{\lambda})^2} \quad (5.3.13)$$

Dann ergibt sich das Abbildungsintegral

$$\int_{\sqrt{\lambda}}^{w} \sqrt{\frac{(w-1)(w-\lambda)}{w}}\,\frac{dw}{w} = i\left(1+\sqrt{\lambda}\right)\int_{\mu}^{t} \frac{t\,dt}{\sqrt{t(t-1)(t-\mu)}} \qquad (5.3.14)$$

$$0 < \mu = \left(\frac{1-\sqrt{\lambda}}{1+\sqrt{\lambda}}\right)^2 < 1\,.$$

Bei der Umrechnung der normierten Abbildungsfunktion (5.3.3) auf die Veränderliche t bedenke man, daß das Schleifenintegral $\underset{(\mathfrak{S})}{J}$ im vorliegenden Fall ($\lambda > 0$) durch Zusammenziehen der Schleife (Abb. 73) als be-

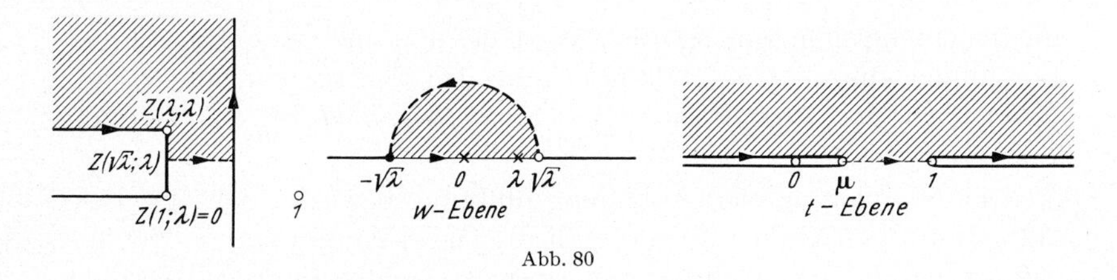

Abb. 80

stimmtes Integral in der Form $\underset{(\mathfrak{S})}{J} = 2J_\lambda^0$ oder für die Umrechnung noch zweckmäßiger in der Form:

$$\underset{(\mathfrak{S})}{J} = 2J_\lambda^0 = 2J_{\sqrt{\lambda}}^{-\sqrt{\lambda}} \qquad (5.3.15)$$

geschrieben werden kann. Dann erhält man aus (5.3.3)

$$z(w;\lambda) - z\left(\sqrt{\lambda};\lambda\right) = \frac{J_{\sqrt{\lambda}}^{w}}{\underset{(\mathfrak{S})}{J}} = \frac{J_{\sqrt{\lambda}}^{w}}{2J_{\sqrt{\lambda}}^{-\sqrt{\lambda}}} = \frac{\displaystyle\int_{\mu}^{t} \frac{t\,dt}{\sqrt{t(t-1)(t-\mu)}}}{\displaystyle 2\int_{\mu}^{1} \frac{t\,dt}{\sqrt{t(t-1)(t-\mu)}}} = \frac{1}{2}\,z^*(t;\mu). \qquad (5.3.16)$$

Die obere t-Halbebene, die das Bild der halben Kreisscheibe der w-Ebene vom Radius $\sqrt{\lambda}$ ist, wird durch die Funktion $z^*(t;\mu)$ auf den „halben Bereich" abgebildet und dieser wurde unter dem Winkelschema: $({}^3/_2, {}^1/_2, {}^1/_2, -{}^1/_2)^*$ auf S. 245ff gesondert behandelt.

$\left(\frac{3}{2}, -\frac{1}{2}, \frac{3}{2}, -\frac{1}{2}\right)^*$ (Zentrische Symmetrie).

In diesem Fall kann das Abbildungsintegral, wie oben gezeigt wurde, in ein elliptisches Integral II. Gattung mit konjugiert komplexen Verzweigungspunkten verwandelt werden. Für die Ausführung der Abbildung bietet dieser Übergang keinen Vorteil, weil das Abbildungsintegral sich gemäß der Zerlegung (5.3.2) auch mit der Veränderlichen w

in einfachster Weise auf die Normalintegrale I. und II. Gattung zurückführen läßt. Aus diesem Grunde werde hier die ursprüngliche Form (5.3.3) der Abbildungsfunktion beibehalten, die ausführlich geschrieben so aussieht

$$z(w;\lambda) = \frac{J_1^w}{\underset{(\mathfrak{S})}{J}} \tag{5.3.17}$$

$$= \frac{-2\sqrt{\dfrac{(w-1)(w-\lambda)}{w}} - (1+\lambda)\displaystyle\int_1^w \frac{dw}{\sqrt{w(w-1)(w-\lambda)}} + 2\int_1^w \frac{w\,dw}{\sqrt{w(w-1)(w-\lambda)}}}{2\left[-(1+\lambda)\displaystyle\int_0^\lambda \frac{dw}{\sqrt{w(w-1)(w-\lambda)}} + 2\int_0^\lambda \frac{w\,dw}{\sqrt{w(w-1)(w-\lambda)}}\right]}$$

mit einem bestimmten *negativen* Wert des Parameters λ. Diese Funktion bildet die obere w-Halbebene auf den zentrisch symmetrischen Bildbereich der Abb. 81 ab. Der *Symmetriepunkt* ist das Bild des Punktes $w = \sqrt{\lambda}$.

Die Normierung der Abbildungsfunktion bewirkt, daß die Ecke $z(\lambda;\lambda)$ auf der Geraden $\mathfrak{R}(z) = {}^1/_2$ liegt. Dabei ist, wie auf S. 260 ausgeführt wurde, zu beachten, daß es einen wohlbestimmten Wert des

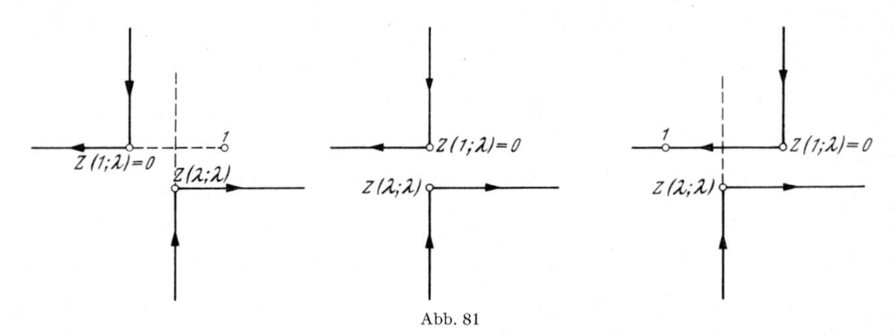

Abb. 81

Parameters $\lambda = \lambda_0$ gibt, für den das Integral längs der Schleife $\mathfrak{S}$ erstreckt, verschwindet. Dies tritt dann ein, wenn die Ecke $z(1;\lambda)$ auf der Verlängerung der spiegelnden Seite liegt.

Infolge der *zentrischen Symmetrie* des Bereiches genügt es, die *Abbildung des Randes* für zwei benachbarte Intervalle — also etwa für $u < \lambda$ und $\lambda < u < 0$ — zu untersuchen und dann vermöge der Substitution $u^* = \dfrac{\lambda}{u}$ den Übergang zu den Intervallen $0 < u < 1$ und $1 < u$ zu vollziehen. Um Anschluß an die übliche Bezeichnung der elliptischen Integrale zu gewinnen, hat man

$$\lambda = -\frac{\varkappa'^2}{\varkappa^2}, \qquad \varkappa^2 = \frac{1}{1-\lambda} \tag{5.3.18}$$

zu setzen. Dann ist $(0 < \varkappa < 1)$ der *Modul* der elliptischen Integrale.

1. Im Intervall $\boldsymbol{u} < \boldsymbol{\lambda}$ zerlegt man zunächst:

$$J_1^u = J_1^\lambda + J_\lambda^u \tag{5.3.19}$$

und hat dann in dem Integral J_λ^u:

$$\sqrt{w} = i\sqrt{-u}\,, \qquad \sqrt{w-1} = i\sqrt{1-u}\,, \qquad \sqrt{w-\lambda} = i\sqrt{\lambda-u} \tag{5.3.20}$$

zu setzen, so daß sich

$$J_\lambda^u = -2i\sqrt{\frac{(1-u)(\lambda-u)}{-u}} - (1+\lambda)\, i\int\limits_\lambda^u \frac{du}{\sqrt{(-u)(1-u)(\lambda-u)}} + 2i\int\limits_\lambda^u \frac{u\,du}{\sqrt{(-u)(1-u)(\lambda-u)}} \tag{5.3.21}$$

ergibt. Vermöge der Substitution

$$u = -\frac{\varkappa'^2}{\varkappa^2}\,\frac{1}{\cos^2\varphi} \tag{5.3.22}$$

folgt unter Beachtung der Formel

$$\varkappa'^2 \int \frac{d\varphi}{\cos^2\varphi\sqrt{1-\varkappa^2\sin^2\varphi}} = \operatorname{tg}\varphi\sqrt{1-\varkappa^2\sin^2\varphi} + \varkappa'^2 F(\varkappa;\varphi) - E(\varkappa;\varphi) \tag{5.3.23}$$

die Darstellung

$$J_\lambda^u = \frac{2i}{\varkappa}\left[\operatorname{tg}\varphi\sqrt{1-\varkappa^2\sin^2\varphi} + F(\varkappa;\varphi) - 2E(\varkappa;\varphi)\right], \tag{5.3.24}$$

wobei $F(\varkappa;\varphi)$ und $E(\varkappa;\varphi)$ die elliptischen Normalintegrale I. und II. Gattung bezeichnen.

2. Im Intervall $\boldsymbol{\lambda} < \boldsymbol{u} < \boldsymbol{0}$ zerlegt man ebenfalls $J_1^u = J_1^\lambda + J_\lambda^u$ und hat in J_λ^u

$$\sqrt{w} = i\sqrt{-u}\,, \qquad \sqrt{w-1} = i\sqrt{1-u}\,, \qquad \sqrt{w-\lambda} = \sqrt{u-\lambda} \tag{5.3.25}$$

zu setzen, so daß sich

$$J_\lambda^u = -2\sqrt{\frac{(1-u)(u-\lambda)}{-u}} + (1+\lambda)\int\limits_\lambda^u \frac{du}{\sqrt{(-u)(1-u)(u-\lambda)}} - 2\int\limits_\lambda^u \frac{u\,du}{\sqrt{(-u)(1-u)(u-\lambda)}} \tag{5.3.26}$$

ergibt. Vermöge der Substitution

$$u = -\frac{\varkappa'^2}{\varkappa^2}\cos^2\varphi \tag{5.3.27}$$

folgt hieraus die Darstellung:

$$J_\lambda^u = \frac{2}{\varkappa}\left[-\operatorname{tg}\varphi\sqrt{1-\varkappa'^2\sin^2\varphi} - F(\varkappa',\varphi) + 2E(\varkappa',\varphi)\right]. \tag{5.3.28}$$

Insbesondere ergibt sich für das Schleifenintegral $\underset{(\mathfrak{S})}{J}$ bei dem der ausintegrierte Teil verschwindet (vgl. S. 280):

$$\underset{(\mathfrak{S})}{J} = \frac{4}{\varkappa}\left[-F\left(\varkappa', \frac{\pi}{2}\right) + 2E\left(\varkappa', \frac{\pi}{2}\right)\right]. \tag{5.3.29}$$

Das Vorzeichen dieses Ausdrucks entscheidet darüber, ob der erste oder dritte Bereich der Abb. 81 vorliegt. Für den mittleren Bereich bestimmt sich der Modul $\varkappa$ aus der Gleichung

$$2E\left(\varkappa', \frac{\pi}{2}\right) - F\left(\varkappa', \frac{\pi}{2}\right) = 0. \tag{5.3.30}$$

Für die *normierte Abbildungsfunktion* gelten nach dem Vorstehenden in den vier Intervallen die Darstellungen:

1. $u < \lambda$: $$z(u;\lambda) = z(\lambda;\lambda) - \frac{1}{2}\,\frac{\operatorname{tg}\varphi\sqrt{1-\varkappa^2\sin^2\varphi} + F(\varkappa,\varphi) - 2E(\varkappa,\varphi)}{F\left(\varkappa', \frac{\pi}{2}\right) - 2E\left(\varkappa', \frac{\pi}{2}\right)},$$ $$u = -\frac{\varkappa'^2}{\varkappa^2}\,\frac{1}{\cos^2\varphi}.$$

2. $\lambda < u < 0$: $$z(u;\lambda) = z(\lambda;\lambda) + \frac{1}{2}\,\frac{\operatorname{tg}\varphi\sqrt{1-\varkappa'^2\sin^2\varphi} + F(\varkappa',\varphi) - 2E(\varkappa',\varphi)}{F\left(\varkappa', \frac{\pi}{2}\right) - 2E\left(\varkappa', \frac{\pi}{2}\right)},$$ $$u = -\frac{\varkappa'^2}{\varkappa^2}\cos^2\varphi.$$

Durch die Transformation (5.3.4)

$$u^* = \frac{\lambda}{u}$$

geht man vom 1. Intervall ($u < \lambda$) zum 3. Intervall ($0 < u^* < 1$) und vom 2. Intervall ($\lambda < u < 0$) zum 4. Intervall ($1 < u^*$) über (zentrische Symmetrie) und hat beidemal:

$$-z(u^*;\lambda) = z(u;\lambda) - z(\lambda;\lambda) \qquad \left(u^* = \frac{\lambda}{u}\right). \tag{5.3.31}$$

5.4. Auswertung der Abbildungsfunktion in Einzelfällen: Polygone mit Schlitzen.

4. Beispiel: $\left(2, -\frac{1}{2}, \frac{1}{2}, 0\right)^*$, $\left(-\frac{1}{2}, 2, \frac{1}{2}, 0\right)^*$, $\left(-\frac{1}{2}, \frac{1}{2}, 2, 0\right)^*$

Die Abbildung der Halbebene $\mathfrak{J}(w) > 0$ auf ein Polygon mit den Innenwinkeln

$$\delta_\lambda\pi = 2\pi,\quad \delta_0\pi = -\frac{1}{2}\pi,\quad \delta_1\pi = \frac{1}{2}\pi,\quad \delta_\infty\pi = 0$$

wird durch das Integral (5.1.4) geleistet mit

$$\theta_\lambda = 0,\quad \theta_0 = \frac{1}{2},\quad \theta_1 = \frac{3}{2},\quad \theta_\infty = 0.$$

Das Abbildungsintegral erhält die Form

$$J_1^w = \int_1^w \frac{w-\lambda}{\sqrt{w^3}\sqrt{w-1}}\,dw. \tag{5.4.1}$$

Zum Zweck der *Normierung* ist der Wert des Integrals für die *Schleife* $\mathfrak{S}$ als Integrationsweg zu berechnen (vgl. Abb. 49, 53, 57), die einen negativen Umlauf um den Punkt $w = \infty$ darstellt. Da dieses Schleifenintegral den Wert $2\pi i$ hat (das Residuum für $w = \infty$ ist -1), so bewirkt die Normierung der Abbildungsfunktion

$$z(w;\lambda) = \frac{J_1^w}{\underset{(\mathfrak{S})}{J}} = \frac{1}{2\pi i} \int\limits_1^w \frac{w-\lambda}{\sqrt{w(w-1)}} \frac{dw}{w}, \tag{5.4.2}$$

daß die Breite des Streifens, der bei der Abbildung der Halbebene $\mathfrak{I}(w) > 0$ der Umgebung von $w = \infty$ entspricht, gleich $^1/_2$ ist.

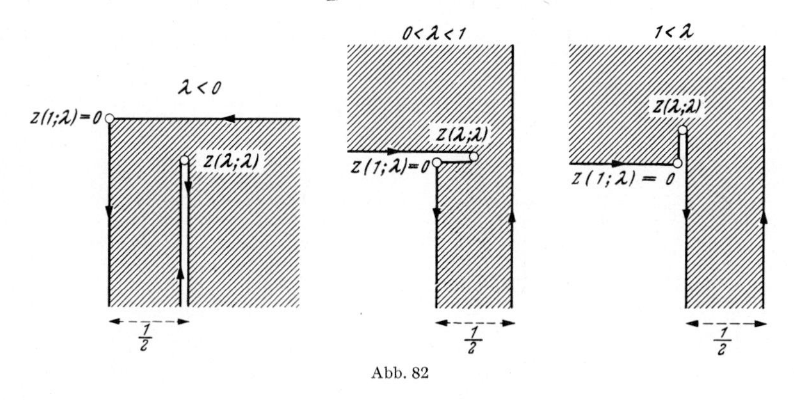

Abb. 82

Die *Auswertung* des Abbildungsintegrals ergibt:

$$\boldsymbol{z(w;\lambda) = \frac{1}{\pi i}\left[\log\left(\sqrt{w} + \sqrt{w-1}\right) - \lambda\sqrt{\frac{w-1}{w}}\right]}, \tag{5.4.3}$$

wobei die Argumente der Quadratwurzeln und der Imaginärteil des Logarithmus im Intervall $\langle 0, \pi\rangle$ liegen. Den drei Intervallen für den reellen Parameter λ entsprechen die in Abb. 82 gezeichneten drei Polygonbereiche.

Man überprüft leicht die durch die Abbildungsfunktion (5.4.3) gegebene *Ränderzuordnung* zur Achse reeller w. In allen drei Fällen gilt zunächst:

$$w < 0, \quad \sqrt{w} = e^{i\frac{\pi}{2}}\sqrt{-u}, \quad \sqrt{w-1} = e^{i\frac{\pi}{2}}\sqrt{1-u},$$
$$\log\left(\sqrt{w} + \sqrt{w-1}\right) = \frac{i\pi}{2} + \log\left(\sqrt{-u} + \sqrt{1-u}\right),$$

so daß die Abbildungsfunktion den konstanten Realteil $^1/_2$ erhält. Für $0 < w < 1$ wird der Logarithmus rein imaginär und daher die Abbildungsfunktion reell; für $1 < w$ schließlich sind die Wurzeln und der Logarithmus reell, die Abbildungsfunktion daher rein imaginär.

Die geometrischen Orte für die Ecke $z(\lambda;\lambda)$ schließen sich zu einem *Dreieck* zusammen (Abb. 82, 83)[1], dessen Rand vermöge der Funktion

$$\zeta(\lambda) = z(\lambda;\lambda) = \frac{1}{\pi i}\left[\log\left(\sqrt{\lambda}+\sqrt{\lambda-1}\right)-\sqrt{\lambda(\lambda-1)}\right] \tag{5.4.4}$$

der Achse reeller λ zugeordnet ist. Man bestätigt dies leicht, indem man die Dreiecksfunktion als Schwarz-Christoffelsches Integral in der Form

$$\zeta(\lambda) = -\frac{1}{\pi i}\int_1^{\lambda}\sqrt{\frac{\lambda-1}{\lambda}}\,d\lambda$$

schreibt, aus der sich auch am einfachsten Reihenentwicklungen für $\zeta(\lambda)$ gewinnen lassen. Die Umkehrung dieser Funktion gibt die Lösung des Parameterproblems.

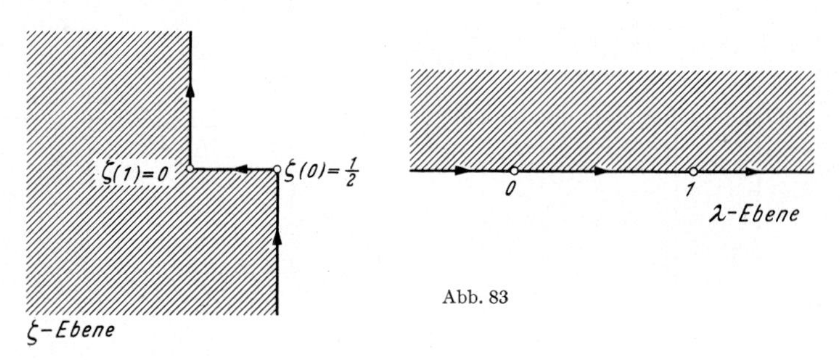

Abb. 83

5. Beispiel: $\left(2, -\frac{3}{2}, \frac{3}{2}, 0\right)^*$,

Die Abbildung der Halbebene $\mathfrak{J}(w) = 0$ auf die Polygone mit den Innenwinkeln

$$\delta_\lambda\pi = 2\,\pi\,, \quad \delta_0\pi = -\frac{3}{2}\pi\,, \quad \delta_1\pi = \frac{3}{2}\pi\,, \quad \delta_\infty\pi = 0$$

wird durch das Integral (5.1.4) geleistet mit

$$\theta_\lambda = 0,\ \theta_0 = \frac{3}{2},\ \theta_1 = \frac{1}{2},\ \theta_\infty = 0\,.$$

Das Abbildungsintegral erhält die Form

$$J_1^w = \int_1^w \frac{\sqrt{w-1}\,(w-\lambda)}{\sqrt{w^5}}\,dw\,. \tag{5.4.5}$$

Zum Zweck der *Normierung* ist der Wert des Integrals für die *Schleife* $\mathfrak{S}$ als Integrationsweg zu berechnen (vgl. Abb. 49), die einen

[1] Man überzeugt sich anhand der allgemeinen Abb. 56 davon, daß die schlitzartigen Fortsätze in diesem Fall nicht berücksichtigt zu werden brauchen und im Fall $\lambda > 1$ keine Verschiebung des Nullpunkts stattfindet. Der Grund dafür ist, daß die Ecke $z(\lambda;\,\lambda)$ ein Schlitzende ist.

negativen Umlauf um den Punkt $w = \infty$ darstellt. Da dieses Schleifenintegral den Wert $2\pi i$ hat (das Residuum für $w = \infty$ ist -1), so bewirkt die Normierung der Abbildungsfunktion

$$z(w;\lambda) = \frac{J_1^w}{\underset{(\mathfrak{S})}{J}} = \frac{1}{2\pi i}\int\limits_1^w \sqrt{\frac{w-1}{w}}\,\frac{w-\lambda}{w^2}\,dw\,, \tag{5.4.6}$$

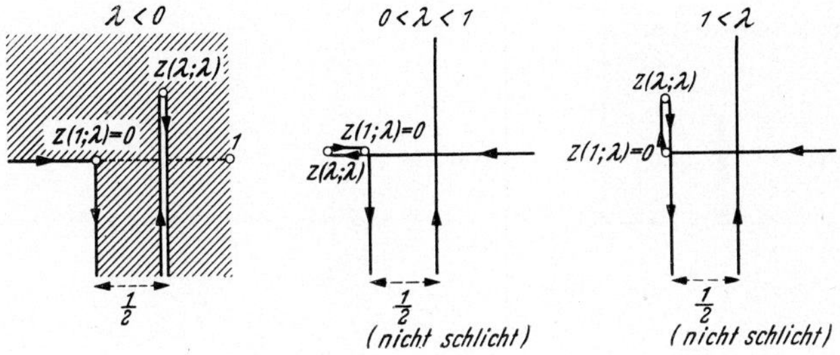

Abb. 84

daß die Breite des Streifens, der bei der Abbildung der Halbebene $\mathfrak{J}(w) > 0$ der Umgebung von $w = \infty$ entspricht, gleich $^1/_2$ ist.

Die *Auswertung* des Abbildungsintegrals ergibt:

$$\boldsymbol{z(w;\lambda)} = \frac{1}{\pi i}\left[\frac{1}{3}\left(\frac{\lambda}{w} - \lambda - 3\right)\sqrt{\frac{w-1}{w}} + \log\left(\sqrt{w} + \sqrt{w-1}\right)\right], \tag{5.4.7}$$

wobei die Argumente der Quadratwurzeln und der Imaginärteil des Logarithmus im Intervall $\langle 0, \pi\rangle$ liegen[1]. Den drei Intervallen für den reellen Parameter λ entsprechen die in Abb. 84 gezeichneten drei Polygonbereiche. Die den Intervallen $0 < \lambda < 1$ und $1 < \lambda$ entsprechenden Bereiche sind nicht mehr schlicht und besitzen deshalb für die Anwendungen keine solche Bedeutung wie der erste, dem Intervall $\lambda < 0$ entsprechende Bereich. Für das volle Verständnis des Parameterproblems ist es aber wünschenswert, einen Überblick über alle Polygontypen zu haben, die sich bei Vertauschung der Reihenfolge der Ecken ergeben.

Die geometrischen Orte für die Ecke $z(\lambda;\lambda)$ in den drei Figuren schließen sich zu einem *Dreieck* zusammen (Abb. 84, 85)[2], dessen Rand vermöge der Funktion

$$\zeta(\lambda) = z(\lambda;\lambda) = \frac{1}{\pi i}\left[\log\left(\sqrt{\lambda} + \sqrt{\lambda - 1}\right) - \frac{\lambda+2}{3}\sqrt{\frac{\lambda-1}{\lambda}}\right] \tag{5.4.8}$$

[1] Die Überprüfung der Randzuordnung erfolgt ebenso wie im vorigen Beispiel. Die dortigen Ausführungen können wörtlich übernommen werden.

[2] Vgl. die Fußnote [1] auf S. 290.

der Achse reeller λ zugeordnet ist. (Auch dieses Dreieck ist nicht mehr schlicht.) Man bestätigt die Zuordnung leicht, indem man die Dreiecksfunktion als Schwarz-Christoffelsches Integral in der Form

$$\zeta(\lambda) = -\frac{1}{\pi i}\int_1^\lambda \left[\sqrt{\frac{\lambda - 1}{\lambda}}\right]^3 d\lambda \tag{5.4.9}$$

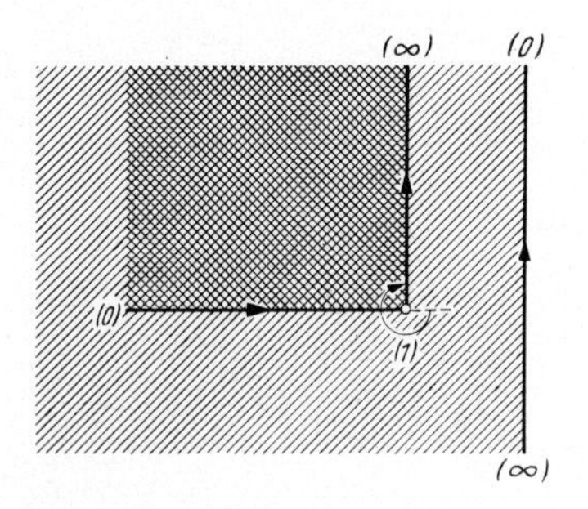

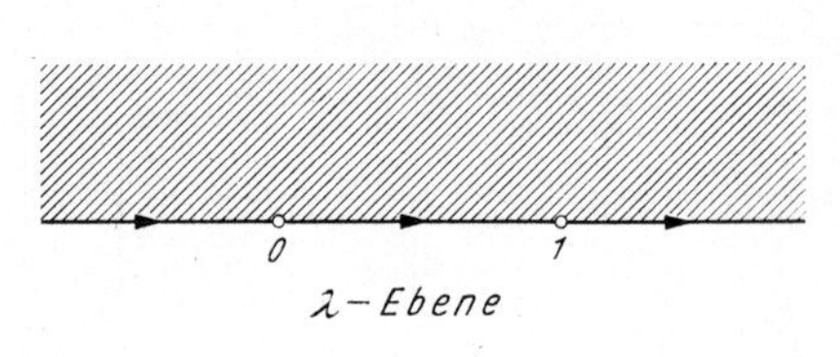

Abb. 85

schreibt, aus der sich auch am einfachsten Reihenentwicklungen für $\zeta(\lambda)$ gewinnen lassen. Die Umkehrung dieser Funktion gibt die Lösung des Parameterproblems.

6. Beispiel: $\left(2, -1, \frac{3}{2}, -\frac{1}{2}\right)$

Die Abbildung der Halbebene $\mathfrak{J}(w) > 0$ auf ein Polygon mit den Außenwinkeln

$$\delta_\lambda \pi = 2\pi, \quad \delta_0 \pi = -\pi, \quad \delta_1 \pi = 3\frac{\pi}{2}, \quad \delta_\infty \pi = -\frac{1}{2}\pi$$

wird durch das Integral (5.1.4) geleistet mit

$$\theta_\lambda = 0, \quad \theta_0 = 1, \quad \theta_1 = \frac{1}{2}, \quad \theta_\infty = \frac{1}{2}.$$

Das Abbildungsintegral erhält die Form:

$$J_1^w = \int_1^w \sqrt{w-1}\,\frac{w-\lambda}{w^2}\,dw. \tag{5.4.10}$$

Zum Zweck der *Normierung* ist der Wert des Integrals für die *Schleife* $\mathfrak{S}$ als Integrationsweg zu berechnen (vgl. Abb. 49), und diese Schleife läßt sich in einen einfachen Umlauf um den Punkt $w = 0$ zusammenziehen. Daher ist der Wert des Schleifenintegrals $\underset{(\mathfrak{S})}{J}$ gleich dem mit $2\pi i$ multiplizierten Residuum an der Stelle $w = 0$ und dieses berechnet sich[1] zu $i\frac{\lambda+2}{2}$. Es ergibt sich also

$$z(w;\lambda) = \frac{J_1^w}{\underset{(\mathfrak{S})}{J}} = -\frac{1}{(\lambda+2)\pi}\int_1^w \sqrt{w-1}\,\frac{w-\lambda}{w^2}\,dw \tag{5.4.11}$$

und diese Normierung der Abbildungsfunktion bewirkt, daß der Abstand der Polygonseite, die dem Intervall $0 < w < 1$ entspricht, von dem

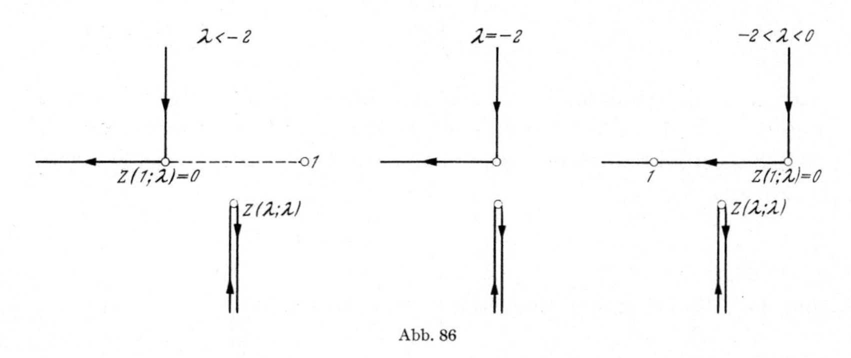

Abb. 86

Schlitz, der das Bild der Halbachse $w < 0$ ist, den Betrag $^1/_2$ besitzt. Man bemerkt, daß die Normierung für den Parameterwert $\lambda = -2$ versagt, da dann der Abstand der parallelen Seiten, der durch das Integral $\underset{(\mathfrak{S})}{J}$ gemessen wird, verschwindet (vgl. Abb. 86). Die den Intervallen $0 < \lambda < 1$ und $\lambda > 1$ entsprechenden Polygonbereiche sind nicht mehr schlicht und werden nur des vollständigen Überblickes halber in Abb. 87 angegeben.

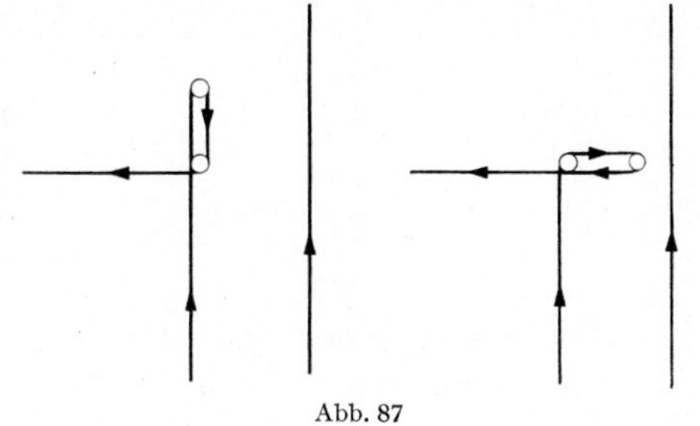

Abb. 87

Die *Auswertung* des Abbildungsintegrals ergibt:

$$\boldsymbol{z}(\boldsymbol{w};\boldsymbol{\lambda}) = -\frac{1}{\pi}\left[\frac{\boldsymbol{\lambda}+2\boldsymbol{w}}{(\boldsymbol{\lambda}+2)\boldsymbol{w}}\sqrt{\boldsymbol{w}-1} - \frac{1}{2\boldsymbol{i}}\log\frac{1+\boldsymbol{i}\sqrt{\boldsymbol{w}-1}}{1-\boldsymbol{i}\sqrt{\boldsymbol{w}-1}}\right], \tag{5.4.12}$$

wobei die Argumente der Quadratwurzeln und der Imaginärteil des Logarithmus im Intervall $\langle 0,\pi\rangle$ liegen.

[1] Die Entwicklung des Integranden ergibt

$$\sqrt{w-1}\,\frac{w-\lambda}{w^2} = i\left[-\frac{\lambda}{w^2} + \frac{1+\frac{\lambda}{2}}{w} + \cdots\right].$$

Man überprüft leicht die durch die Abbildungsfunktion (5.4.12) vermittelte *Ränderzuordnung*. Für $w < 0$ ist mit Rücksicht auf $\sqrt{w-1} = e^{i\frac{\pi}{2}}\sqrt{1-u} = i\sqrt{1-u}$ das Argument des Logarithmus negativ reell, so daß

$$\frac{1}{2\pi i}\log\frac{1+i\sqrt{w-1}}{1-i\sqrt{w-1}} = \frac{1}{2\pi i}\log\frac{1+\sqrt{1-u}}{1+\sqrt{1-u}}$$

$$= \frac{1}{2\pi i}\left(\pi i - \log\frac{\sqrt{1-u}-1}{\sqrt{1-u}+1}\right) \qquad (u < 0)$$

wird und die Abbildungsfunktion den konstanten Realteil $^1/_2$ erhält. Für $0 < w < 1$ ist das Argument des Logarithmus positiv reell, die Abbildungsfunktion daher rein imaginär. Für $w > 1$ schließlich wird

$$\frac{1}{2\pi i}\log\frac{1+i\sqrt{w-1}}{1-i\sqrt{w-1}} = \frac{1}{\pi}\operatorname{arc\,tg}\sqrt{w-1}$$

und die Abbildungsfunktion erhält reelle Werte.

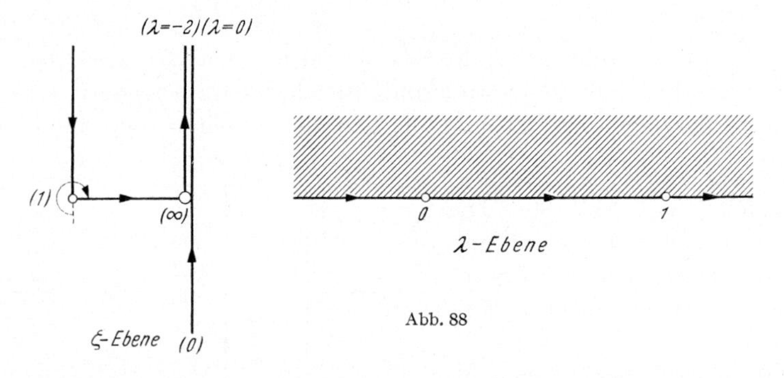

Abb. 88

Die geometrischen Orte für die Ecke $z(\lambda;\lambda)$, die man den verschiedenen Figuren der Abb. 86, 87 entnimmt, schließen sich zu einem *Dreieck* zusammen (Abb. 88), dessen Rand vermöge der Funktion

$$\zeta(\lambda) = z(\lambda;\lambda) = \frac{1}{\pi}\left[\frac{1}{2i}\log\frac{1+i\sqrt{\lambda-1}}{1-i\sqrt{\lambda-1}} + 3\,\frac{\sqrt{\lambda-1}}{\lambda+2}\right] \qquad (5.4.13)$$

der Achse reeller λ zugeordnet ist. (Auch dieses Dreieck ist nicht mehr schlicht.) Man bestätigt die Zuordnung leicht, indem man die Dreiecksfunktion als Schwarz-Christoffelsches Integral in der Form

$$\zeta(\lambda) = z(\lambda;\lambda) = \frac{2}{\pi}\int_1^{\lambda}\frac{(\sqrt{\lambda-1})^3}{\lambda(\lambda+2)^2}\,d\lambda \qquad (5.4.14)$$

schreibt, aus der sich auch am einfachsten Reihenentwicklungen für $\zeta(\lambda)$ gewinnen lassen[1]. Die Umkehrung dieser Funktion gibt im konkreten Einzelfall, wenn $z(\lambda;\lambda)$ zahlenmäßig vorgegeben ist, die Lösung des Parameterproblems.

7. Beispiel: $(2, -1-\Theta, 2, -1+\Theta)^*$. (Gebrochener Schlitz)

Als Grenzfall der zweiteiligen schlichten Vierecke ergibt sich ein für die Anwendungen besonders wichtiger Bereich: die Vollebene, die längs zweier Halbstrahlen eingeschlitzt ist. Dieses Polygon besitzt die Außenwinkel

$$\delta_\lambda \pi = 2\pi, \quad \delta_0 \pi = -(1+\theta)\pi, \quad \delta_1 \pi = 2\pi, \quad \delta_\infty \pi = -(1-\theta)\pi,$$

wobei $\theta\pi$ der Schnittwinkel des einen Schlitzes mit der Verlängerung des anderen bedeutet (Abb. 89). Transformiert man den unendlich-fernen Schnittpunkt beider Schlitze in einen im Endlichen gelegenen Punkt, so ergibt sich der in Abb. 93 gezeichnete „gebrochene Schlitz" (z^*-Ebene). Für die Auswertung der Abbildungsfunktion ist jedoch die zuerst gegebene Anordnung (Abb. 89) günstiger. Die Abbildung der Halbebene $\mathfrak{J}(w) > 0$ auf diesen Bereich wird durch das Integral (5.1.4) geleistet mit

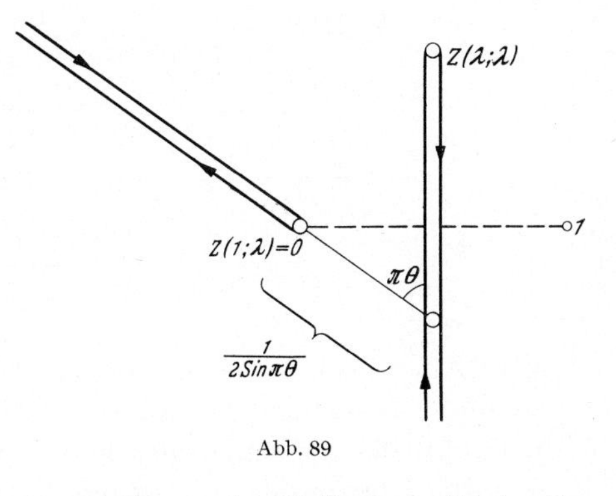

Abb. 89

$$\theta_\lambda = \theta_1 = 0, \quad \theta_0 = 1+\theta, \quad \theta_\infty = 1-\theta .$$

Man erhält

$$\begin{aligned} J_1^w &= \int_1^w w^{-(\theta+2)}(w-1)(w-\lambda)\,dw \\ &= w^{-(1+\theta)} \frac{w^2\theta(1+\theta) + w(1+\lambda)(1-\theta^2) - \lambda\theta(1-\theta)}{\theta(1-\theta^2)} - \\ &\quad - \frac{1+\theta+\lambda(1-\theta)}{\theta(1-\theta^2)} . \end{aligned} \tag{5.4.15}$$

Zum Zweck der *Normierung* ist das Integral längs der Schleife $\mathfrak{S}$ zu erstrecken, die bei $w = 1$ beginnt und einen einfachen Umlauf um das Punktepaar $w = \lambda$ und $w = 0$ darstellt. Da die Funktion $w^{-(1+\theta)}$

[1] Man beachte den Pol des Integranden bei $\lambda = -2$, für den das Residuum verschwindet. Dies bedeutet, daß die Randkurve des Bildpolygons in der λ-Ebene sich für $\lambda = -2$ glatt durch den unendlich fernen Punkt hindurchzieht, wie es die Teilabbildungen der Abb. 86 erkennen lassen, wenn man die geometrischen Örter für $z(\lambda;\lambda)$ aneinanderfügt.

sich bei einem positiven Umlauf um den Punkt $w = 0$ mit dem Faktor $e^{-2i\pi\theta}$ multipliziert, so besitzt das Schleifenintegral den Wert:

$$J_{(\mathfrak{S})} = \int_{w=1}^{w=e^{2\pi i}} w^{-(\theta+2)}(w-1)(w-\lambda)\,dw = (e^{-2\pi i\theta}-1)\frac{1+\theta+\theta\lambda(1-\theta)}{\theta(1-\theta^2)} \tag{5.4.16}$$

und die normierte Abbildungsfunktion erhält die Form

$$\begin{aligned} z(w;\lambda) &= \frac{J_1^w}{J_{(\mathfrak{S})}} = \frac{e^{\pi i(\theta+\frac{1}{2})}}{2\sin\pi\theta}\times \\ &\times\left[w^{-(1+\theta)}\frac{w^2\theta(1+\theta)+w(1+\lambda)(1-\theta^2)-\lambda\theta(1-\theta)}{1+\theta+\lambda(1-\theta)}-1\right], \end{aligned} \tag{5.4.17}$$

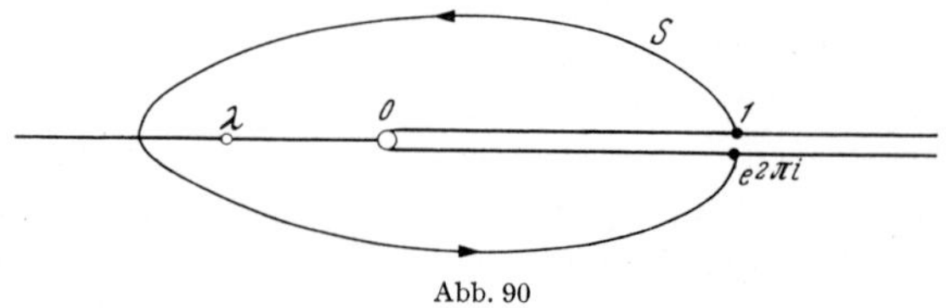

Abb. 90

wobei λ den noch zu bestimmenden Parameter bezeichnet. Die *Ränderzuordnung* ist evident: je nachdem $w < 0$ oder $w > 0$ ist, ergeben sich die Punkte des vertikalen oder des schrägen, unter dem Winkel $(\theta + {}^1/_2)\pi$ gegen die Horizontale geneigten Schlitzes der Abb. 89.

Die Schlitzenden liegen bei $z(1;\lambda) = 0$ und bei

$$z(\lambda;\lambda) = \frac{e^{\pi i(\theta+\frac{1}{2})}}{2\sin\pi\theta}\left[\lambda^{-\theta}\frac{1-\theta+\lambda(1+\theta)}{1+\theta+\lambda(1-\theta)}-1\right]. \tag{5.4.18}$$

Ist der Bereich vorgegeben, so ist der Zahlwert von $z(\lambda;\lambda) = {}^1/_2 + ia$ bekannt und der Parameter $\lambda < 0$ muß durch Auflösung von (5.4.18) als Funktion von a bestimmt werden.

Nach den allgemeinen Überlegungen des Abschnitts 5.1 ist $z(\lambda;\lambda)$ eine *Dreiecksfunktion*, d. h. sie bildet die obere λ-Halbebene auf das Innere eines Kreisbogendreiecks ab, das in Abb. 59 (S. 265) allgemein angegeben wurde. Im vorliegenden Fall ist, wie man durch Einsetzen der Werte für $\theta_\lambda, \theta_0, \theta_1, \theta_\infty$ erkennt, das Dreieck geradlinig begrenzt (Abb. 91)[1]. Es besteht aus der Halbebene $\Re(\lambda) < {}^1/_2$ und einem darüberliegenden Sektor mit der Spitze bei

$$z(\infty,\infty) = -\frac{i}{2}\operatorname{ctg}\pi\theta\,.$$

[1] Den Intervallen $0 < \lambda < 1$ und $\lambda > 1$ entsprechen nicht-schlichte Schlitzbereiche in der z-Ebene, auf die nicht näher eingegangen wird.

Dieser Bereich geht in einfacher Weise aus dem in 3.1 behandelten Kreisbogendreieck mit den Innenwinkeln $^1/_2$, Θ, $^3/_2$ hervor (Abb. 20), zu dem die Abbildungsfunktion (3.1.6)

$$\zeta(t) = \left(\frac{1-\sqrt{t}}{1+\sqrt{t}}\right)^{\theta} \frac{1+\theta\sqrt{t}}{1-\theta\sqrt{t}}$$

gehört. Durch Spiegelung dieses Dreiecks an dem Kreisbogen, der der Achse des negativ-reellen entspricht, entsteht der zweite in Abb. 92

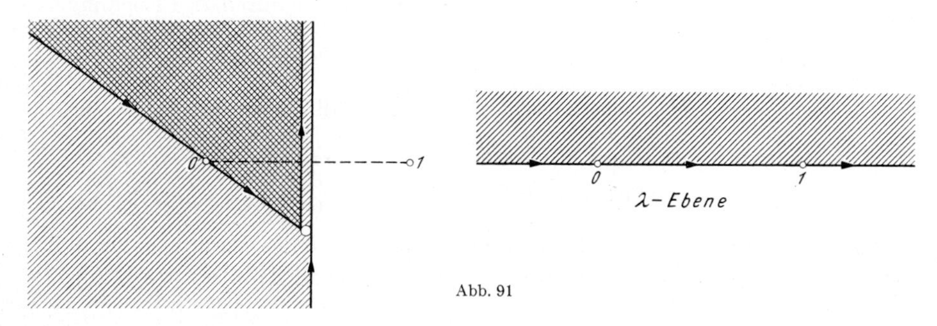

Abb. 91

gezeichnete Bereich, der durch die Funktion $\zeta(t)$ auf die obere τ-Halbebene, $\tau = \sqrt{t}$, mit den Verzweigungspunkten $\tau = -1, 0, 1$ abgebildet wird. Bringt man diese Verzweigungspunkte durch die lineare Transformation

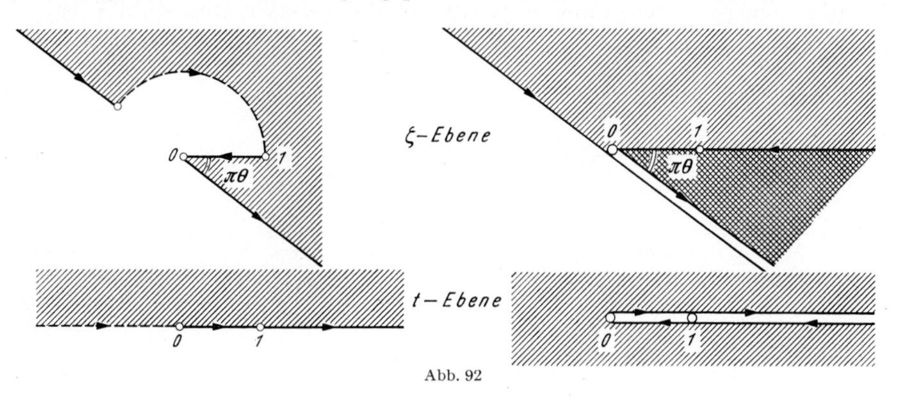

Abb. 92

$\tau = \dfrac{\lambda-1}{\lambda+1}$ nach 0, 1, ∞, so bedarf es nur noch einer einfachen Verschiebung und Drehstreckung des Bildbereiches, um ihn mit dem Bereich der Abb. 91 zur Deckung zu bringen.

Damit ist die analytisch sofort zu bestätigende Darstellung der Funktion $z(\lambda;\lambda)$ durch die bereits bekannte Dreiecksfunktion $\zeta(t)$

$$z(\lambda;\lambda) = \frac{e^{\pi i\left(\theta+\frac{1}{2}\right)}}{2\sin\pi\theta}\left[\zeta\left(\frac{(\lambda-1)^2}{(\lambda+1)^2}\right)-1\right] \tag{5.4.19}$$

auch geometrisch nachgewiesen.

Die Darstellung (5.4.19) legt es nahe, durch die Transformation

$$2\sin\pi\theta\, e^{-i\pi\left(\theta+\frac{1}{2}\right)} z(w;\lambda) + 1 = \frac{1}{z^*(w;\lambda)} \tag{5.4.20}$$

zu einer z^*-Ebene überzugehen, in der das Bildgebiet *das Äußere eines gebrochenen Schlitzes* ist, dessen Schenkel ganz im Endlichen liegen (Abb. 93). Das Längenverhältnis l der Schenkel ist die *natürliche geometrische Konstante* des Bereiches, sie ist mit der oben angeführten Konstanten a durch die Beziehung

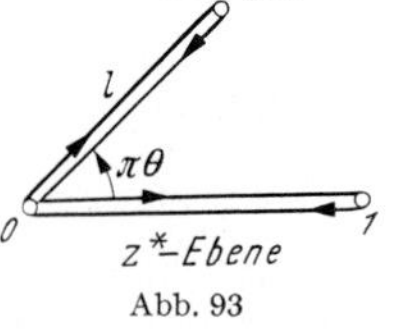

Abb. 93

$$\frac{1}{l} = 2a\sin\pi\theta + \cos\pi\theta$$

verknüpft[1]. Das eine Schlitzende liegt jetzt bei $z^* = 1$, das andere bei

$$z^*(\lambda;\lambda) = l e^{\pi i\theta} = \zeta^{-1}\left(\frac{(\lambda-1)^2}{(\lambda+1)^2}\right). \tag{5.4.21}$$

Durch Umkehrung der Dreiecksfunktion ζ wird der Parameter λ als Funktion des Längenverhältnisses l gewonnen und damit ist das Parameterproblem gelöst.

Dreiteiliges Geraden-Viereck.

(0, 0, 1, 0)*.

Das einzige dreiteilige Geraden-Viereck ist ein Parallelstreifen, der längs einer zu den Rändern parallelen Halbgeraden eingeschlitzt ist

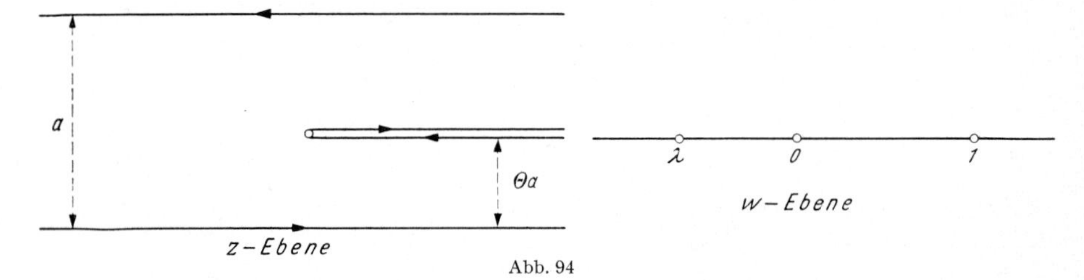

Abb. 94

(Abb. 94). Das Abbildungsintegral wird in der Form

$$z = C\int_1^w \frac{w-1}{w(w-\lambda)}\,dw \tag{5.4.22}$$

angesetzt und die multiplikative Konstante durch die Forderung festgesetzt, daß der Parallelstreifen, der der Umgebung des Verzweigungspunktes $w=\lambda$ entspricht, die Breite a besitzt. Nach A (13.2.14) ist diese Breite gleich dem Betrag des halben Residuum bei $w=\lambda$, also

$$a = \pi\,|C|\left|\frac{\lambda-1}{\lambda}\right|, \quad |C| = \frac{a}{\pi}\left|\frac{\lambda}{\lambda-1}\right|. \tag{5.4.23}$$

[1] In der z-Ebene gedeutet ist l das Verhältnis der Abstände der Schlitzenden von dem Schnittpunkt $^1/_2(1 - i\,cotg\,\pi\Theta)$ (Abb. 89).

Der Parameter λ bestimmt sich entsprechend aus der Forderung, daß in der Umgebung von $\omega = 0$ die gerichtete Streifenbreite (d. h. das halbe Residuum bei $\omega = 0$) den Wert

$$-a\Theta i = i\pi C\frac{1}{\lambda} = ia\frac{1}{\lambda - 1} \tag{5.4.24}$$

besitzt. Es ist also

$$\lambda = \frac{\Theta - 1}{\Theta}. \tag{5.4.25}$$

Danach ist die Abbildungsfunktion

$$\begin{aligned} z(w;\lambda) &= \frac{a}{\pi}\frac{\lambda}{\lambda-1}\int\limits_1^w \frac{w-1}{w(w-\lambda)}\,dv \\ &= \frac{a}{\pi}\left[\frac{1}{\lambda-1}\log w + \log\frac{w-\lambda}{1-\lambda}\right], \end{aligned} \tag{5.4.26}$$

$$\boldsymbol{z(w;\lambda) = \frac{a}{\pi}\log\left[w^{-\Theta}(\Theta w + 1 - \Theta)\right]}.$$

Durch Übergang zur Exponentialfunktion

$$z^* = e^{\frac{\pi z}{a}} = w^{-\Theta}(\Theta w + 1 - \Theta) \tag{5.4.27}$$

ergibt sich als Bildbereich eine Halbebene, die längs eines Halbstrahls eingeschlitzt ist. Diese Abbildung ist in 2.2 behandelt worden; durch Verschiebung und Drehstreckung geht die dort hergeleitete Abbildungsfunktion (2.2.8) bzw. der in Abb. 17 dargestellte Bereich in (5.4.27) bzw. in den Bereich der Abb. 95 über. [Vgl. auch die in A 14.1 besprochene Herleitung der allgemeinen Formel A (14.1.9).]

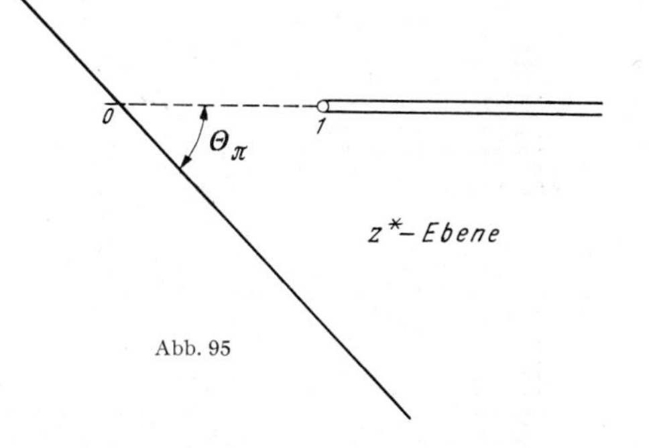

Abb. 95

§ 6. Andere Polygone, deren Abbildungsfunktion vollständig angegeben werden kann

6.1. Kreisbogenvierecke in Kreisnetzen. Für allgemeine Kreisbogenvierecke ist das Parameterproblem nicht mehr in der Weise explizit lösbar, wie es bei Geradenvierecken der Fall ist. Zu dem Doppelverhältnis der Verzweigungspunkte $w = e_\nu$ tritt hier noch ein akzessorischer Parameter β_0 der Schwarzschen Differentialgleichung A (12.1.21), dessen Bestimmung bei beliebigen Kreisbogenvierecken bisher nur numerisch möglich ist. Vollständig beherrschen lassen sich jedoch solche Kreisbogenvierecke, die sich in ein Polarnetz einbetten lassen. Nach A 14.1 kann ein derartiges Polygon durch die Abbildung $W = \log z$ in ein Geradenpolygon übergeführt werden.

Alle Innenwinkel von Vierecken in Polarnetzen müssen Vielfache von $\frac{\pi}{2}$ sein. Umgekehrt ist die Einbettung in ein Polarnetz stets möglich, wenn die Innenwinkel alle *ungerade* Vielfache von $\frac{\pi}{2}$ sind[1]. Wir untersuchen genauer das[2]

Kreisbogenviereck $\left(\frac{1}{2}, \frac{1}{2}, \frac{1}{2}, \frac{3}{2}\right)^0$.

Die in Abb. 96 dargestellten Kreisbogenvierecke mit den Innenwinkeln

$$\delta_1\pi = \frac{\pi}{2}, \quad \delta_2\pi = \frac{\pi}{2}, \quad \delta_3\pi = \frac{\pi}{2}, \quad \delta_\infty\pi = \frac{3}{2}\pi$$

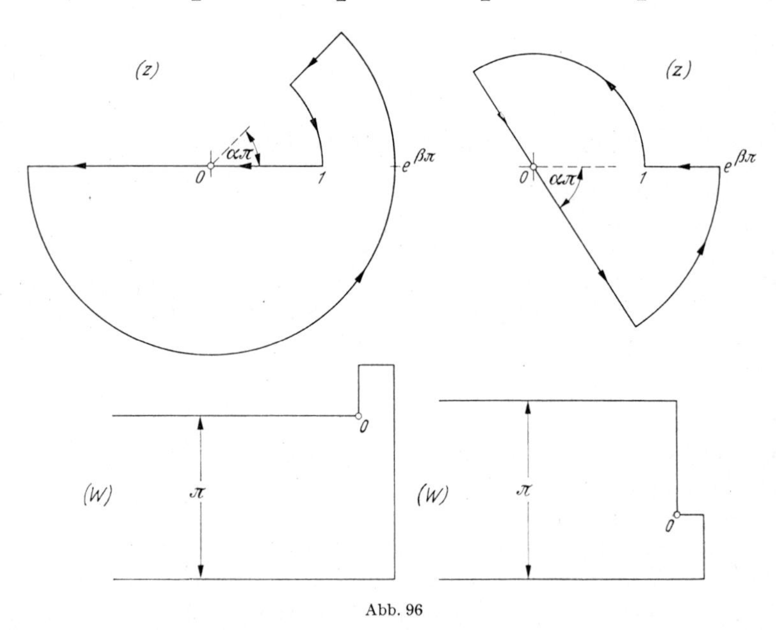

Abb. 96

werden durch die Funktion

$$W = \log z \tag{6.1.1}$$

auf die darunter gezeichneten *Geradenfünfecke*

$$\left(0, \frac{3}{2}, \frac{1}{2}, \frac{1}{2}, \frac{1}{2}\right)^* \quad \text{und} \quad \left(0, \frac{1}{2}, \frac{3}{2}, \frac{1}{2}, \frac{1}{2}\right)^*$$

abgebildet. Dabei entspricht dem auf der einen Seite liegenden Randpunkt $z = 0$ in der W-Ebene eine zusätzliche Ecke mit dem Innenwinkel

[1] Vierecke, bei denen gerade Vielfache von $\frac{\pi}{2}$ als Innenwinkel auftreten, sind untersucht von W. v. Koppenfels, Konforme Abbildung ausgezeichneter Kreisbogenvierecke. S.-B. bayer. Akad. Wiss., math.-naturwiss. Kl. **1943**, 327—343.

[2] Koppenfels, W. v.: Konforme Abbildung besonderer Kreisbogenvierecke. J. reine angew. Math. **181**, 83—124 (1939).

$\pi \delta_0^* = 0$. Diese Ecke hat also die Form eines Halbstreifens, der die gerichtete Breite $i\pi$ haben muß, damit in der z-Ebene die zugehörige Seite durch $z = 0$ glatt hindurchläuft. Dies liefert die Residuenbedingung [vgl. A(14.1.4)] für die zugehörige Stelle[1] $w = e_0 = \varepsilon$, so daß $W(w)$ die Form haben muß

$$W(w) = \int_{\infty}^{w} \frac{\sqrt{(\varepsilon - e_1)(\varepsilon - e_2)(\varepsilon - e_3)}}{\sqrt{(w - e_1)(w - e_2)(w - e_3)}} \frac{dw}{w - \varepsilon}. \tag{6.1.2}$$

Wir untersuchen zunächst die Abhängigkeit der Abbildungsfunktion von dem Parameter ε, wobei wir die übrigen singulären Stellen $e_1 < e_2 < e_3$ des Integranden festhalten wollen. Um diese Abhängigkeit stärker zum Ausdruck zu bringen, bezeichnen wir das Integral (6.1.2) mit $W(w; \varepsilon)$ und die Lage der Ecken mit $W_i(\varepsilon) = W(e_i; \varepsilon)$.

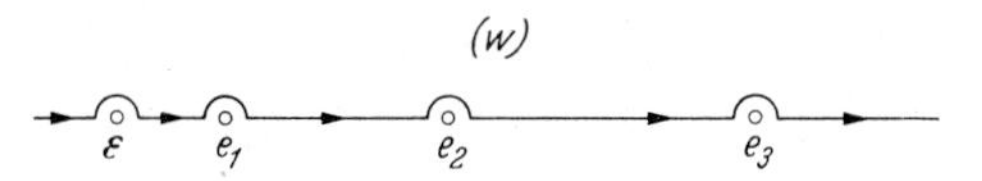

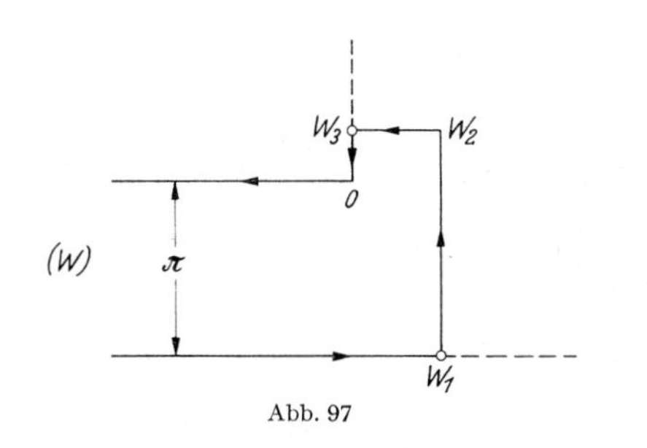

Abb. 97

1. Den Werten $\varepsilon < e_1$ entsprechen Fünfecke von der in Abb. 97 angegebenen Gestalt. Der geometrische Ort für die Eckpunkte $W_1(\varepsilon)$ ist die Halbgerade

$$\Re(W_1) > 0, \quad \Im(W_1) = -\pi \tag{6.1.3}$$

und für $W_3(\varepsilon)$ die positiv imaginäre Achse

$$\Re(W_3) = 0, \quad \Im(W_3) > 0. \tag{6.1.4}$$

2. Beim Übergang zu den Werten $e_1 < \varepsilon < e_2$ ist wieder darauf zu achten, daß die Eindeutigkeit des Integranden gewahrt bleibt (vgl. die entsprechenden Untersuchungen in 4.1 und 5.1). Der Punkt $w = \varepsilon$ muß daher unter Umgehung von $w = e_1$ durch die obere w-Halbebene hindurch in das Intervall $\langle e_1, e_2 \rangle$ gebracht werden. Die Randkurve in der w-Ebene hat dann die in Abb. 98 angegebene Gestalt und die zugehörige Bildkurve in der W-Ebene berandet ein Geradenfünfeck mit einem schlitzartigen Fortsatz. Als geometrischer Ort der Ecken ergibt sich für $W_1(\varepsilon)$ (dem Endpunkt des schlitzartigen Fortsatzes, die „wahre" Polygonecke heiße W_1^*) die Strecke

$$\Re(W_1) = 0, \quad -2\pi < \Im(W_1) < -\pi \tag{6.1.5}$$

[1] Wir bezeichnen, abweichend von unsern sonstigen Festsetzungen, diesen Parameter mit ε, um ihn gegenüber den anderen singularen Stellen e_ν herauszuheben.

und für $W_3(\varepsilon)$ die doppelt durchlaufene Strecke

$$0 < \Re(W_3) < \Omega_3, \quad \Im(W_3) = 0. \tag{6.1.6}$$

3. In entsprechender Weise vollzieht sich der Übergang des Parameters in das Intervall $e_2 < \varepsilon < e_3$. Der schlitzartige Fortsatz des Polygons von Abb. 98 erhält eine Ecke (Abb. 99). Als geometrischen Ort

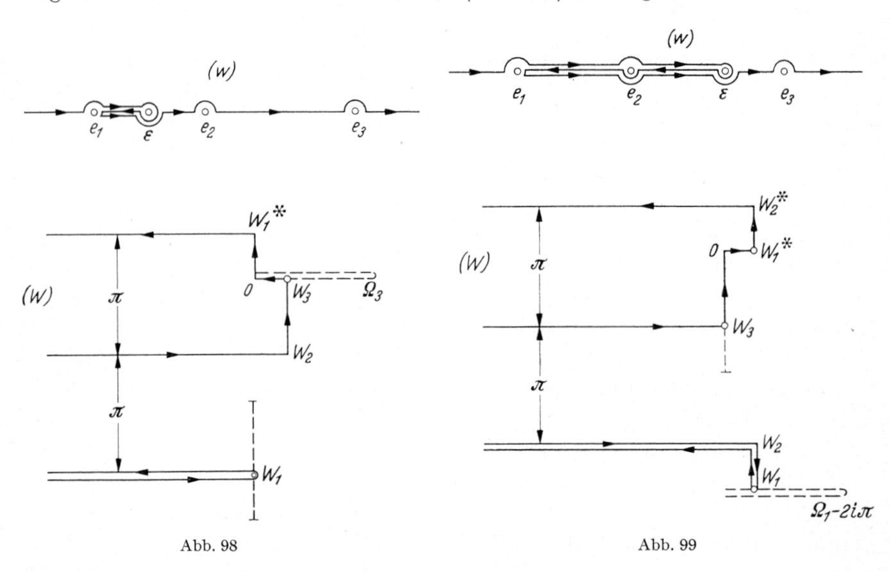

Abb. 98 Abb. 99

der Ecken erhält man für $W_1(\varepsilon)$ die doppelt durchlaufene Strecke

$$0 < \Re(W_1) < \Omega_1, \quad \Im(W_1) = -2\pi \tag{6.1.7}$$

und für $W_3(\varepsilon)$ die Strecke

$$\Re(W_3) = 0, \quad -\pi < \Im(W_3) < 0. \tag{6.1.8}$$

4. Schließlich sind noch auf Grund der gleichen Überlegung die Werte $\varepsilon > e_3$ zu betrachten (Abb. 100). Der geometrische Ort von $W_1(\varepsilon)$ liegt auf der Halbgeraden

$$\Re(W_1) = 0, \quad \Im(W_1) < -2\pi \tag{6.1.9}$$

und von $W_3(\varepsilon)$ auf

$$0 < \Re(W_3), \quad \Im(W_3) = -\pi. \tag{6.1.10}$$

Durchläuft also ε die reelle Achse, so beschreibt $W_1(\varepsilon)$ die in Abb. 101 dargestellte Randkurve. Die obere ε-Halbebene wird also durch $W_1(\varepsilon)$ auf ein Geradenfünfeck $(^1/_2, {}^1/_2, 2, {}^1/_2, -{}^1/_2)^*$ abgebildet, das aus einer Viertelebene mit einem Schlitz besteht. Auf Grund dieser Tatsache läßt sich $W_1(\varepsilon)$ durch ein Schwarz-Christoffelsches Integral der Form[1]

$$W_1(\varepsilon) = C_1 \int\limits_{e_1}^{\varepsilon} \frac{\varepsilon - \varepsilon_0}{\sqrt{(\varepsilon - e_1)(\varepsilon - e_2)(\varepsilon - e_3)}}\, d\varepsilon + C_2 \qquad (6.1.11)$$

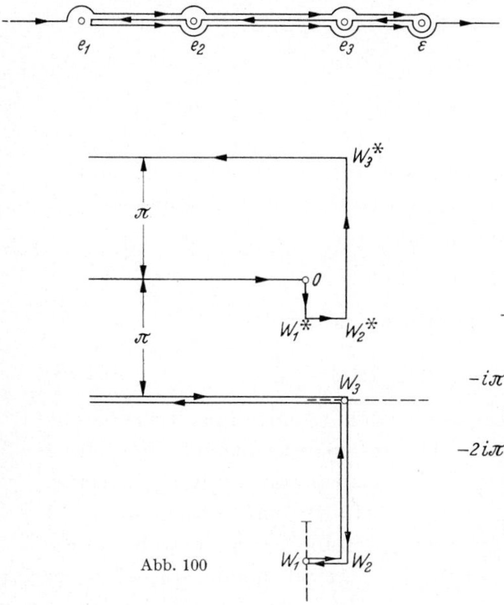

darstellen, wo ε_0 der Bildpunkt des Schlitzendes in der W_1-Ebene ist. Die drei Konstanten C_1, C_2 und ε_0 sind durch die Bedingungen festgelegt, daß die Ecken des Fünfecks von Abb. 101 an den Stellen

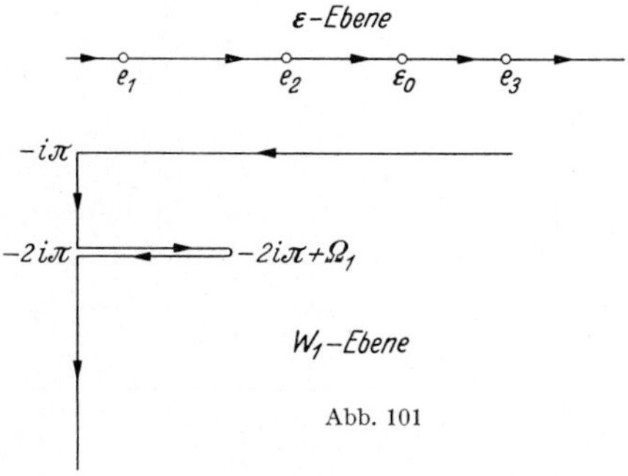

Abb. 100

Abb. 101

$$W_1(e_2) = -i\pi, \quad W_1(e_2) = -2i\pi, \quad W_1(e_3) = -2i\pi \qquad (6.1.12)$$

liegen. Daraus folgt, daß

$$C_2 = -i\pi$$

$$C_1 = -i\pi : \int\limits_{e_1}^{e_2} \frac{\varepsilon - \varepsilon_0}{\sqrt{(\varepsilon - e_1)(\varepsilon - e_2)(\varepsilon - e_3)}}\, d\varepsilon \quad \text{und} \qquad (6.1.13)$$

$$\varepsilon_0 = \int\limits_{e_2}^{e_3} \frac{\varepsilon\, d\varepsilon}{\sqrt{(\varepsilon - e_1)(\varepsilon - e_2)(\varepsilon - e_3)}} : \int\limits_{e_2}^{e_3} \frac{d\varepsilon}{\sqrt{(\varepsilon - e_1)(\varepsilon - e_2)(\varepsilon - e_3)}}$$

sein muß. Mit den auf diese Weise bestimmten Konstanten liefert die Umkehrung von (6.1.11) eine Gleichung zur Bestimmung von ε bei vorgegebenen e_ν und W_1. Eine genau entsprechende Formel läßt sich für W_3 herleiten. Das Integral (6.1.11) läßt sich ohne prinzipielle Schwierigkeiten durch elliptische Normalintegrale I. und II. Gattung

[1] Dies entspricht dem in der Theorie der elliptischen Integrale wohlbekannten Satz, daß vollständige eliptische Integrale III. Gattung durch unvollständige Integrale erster und zweiter Gattung dargestellt werden können.

ausdrücken. Ich verzichte hier jedoch auf eine explizite Darstellung und leite weiter unten eine für numerische Rechnungen besser geeignete Form her.

Auswertung des Integrals: Das Integral (6.1.2) ist ein *elliptisches Integral III. Gattung.* Zur Auswertung geht man zweckmäßig zu elliptischen Funktionen über. Man substituiert

$$v(w) = \int_{\infty}^{w} \frac{dw}{\sqrt{(w-e_1)(w-e_2)(w-e_3)}} : 2\int_{\infty}^{e_1} \frac{dw}{\sqrt{(w-e_1)(w-e_2)(w-e_3)}} . \tag{6.1.14}$$

Durch $v(w)$ wird die obere w-Halbebene auf ein Rechteck abgebildet (vgl. 4.2, 1. Beispiel), das hier so normiert ist, daß die dem Punkt $w = \infty$ zugeordnete Ecke in den Nullpunkt fällt, die zu $w = e_1$ gehörige Ecke $v(e_1) = 1/2$ wird. Die beiden anderen Ecken mögen bei $v(e_2) = \frac{1+\tau}{2}$ und bei $v(e_3) = \frac{\tau}{2}$ liegen, so daß das Rechteck den Bereich

$$0 \leqq \Re(v) \leqq \frac{1}{2}, \quad 0 \leqq \Im(v) \leqq \left|\frac{\tau}{2}\right| \tag{6.1.15}$$

überdeckt. Es ist dann die Umkehrfunktion $w(v)$ eine doppeltperiodische Funktion mit den Perioden 1 und τ. Die aufeinanderfolgende Spiegelung an parallelen Rechteckseiten führt nämlich v in $v \pm 1$ bzw. $v \pm \tau$ über, während die entsprechende Spiegelung in der w-Ebene zum Ausgangspunkt zurückführt (vgl. die Überlegungen am Anfang von A 12.1). Durch solche Spiegelungen wird die ganze v-Ebene in lauter kongruente Rechtecke eingeteilt, die in schachbrettartiger Aufteilung jeweils der oberen oder der unteren w-Halbebene zugeordnet sind (Abb. 102), so daß jedem Punkt der v-Ebene ein und nur ein Punkt der w-Ebene entspricht. Darüber hinaus ist $w(v)$ eine gerade Funktion

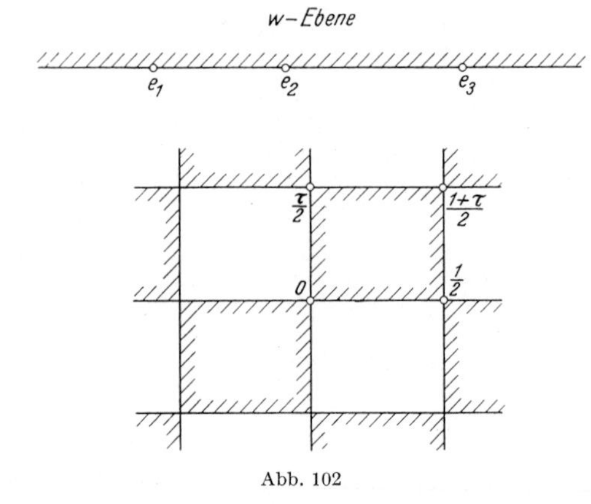

Abb. 102

$$w(-v) = w(v), \tag{6.1.16}$$

was sich durch Spiegelung an den Seiten $\overline{0, 1/2}$ und $\overline{0, \frac{\tau}{2}}$ zeigen läßt.

Durch die Substitution (6.1.14) erhält das Integral (6.1.2) die Form

$$W(w) = \int_{0}^{v(w)} \frac{w'(a)}{w(v) - w(a)}\, dv . \tag{6.1.17}$$

Hier ist $a = v(\varepsilon)$ der Bildpunkt von $w = \varepsilon$ in der v-Ebene. Der Integrand $\frac{dW}{dv}$ läßt sich ohne spezielle Kenntnis der Funktion $w(v)$ angeben. $\frac{dW}{dv}$ hat nämlich bei $v = a$ einen einfachen Pol mit dem Residuum 1 und wegen (6.1.16) bei $v = -a$ einen Pol mit dem Residuum -1. Weitere Pole sind im Periodenrechteck

$$-\frac{1}{2} < \Re(v) \leqq +\frac{1}{2}, \qquad -\left|\frac{\tau}{2}\right| < \Im(v) \leqq +\left|\frac{\tau}{2}\right|$$

nicht vorhanden. Hierdurch ist $\frac{dW}{dv}$ bis auf eine additive Konstante festgelegt, und diese ergibt sich daraus, daß $w(v)$ für $v = 0$ unendlich wird, $\frac{dW}{dv}$ muß also dort verschwinden. Es ergibt sich also für $\frac{dW}{dv}$ die folgende Darstellung in *Thetafunktionen*

$$\frac{dW}{dv} = \frac{\vartheta_1'}{\vartheta_1}(v - a \mid \tau) - \frac{\vartheta_1'}{\vartheta_1}(v + a \mid \tau) + 2\frac{\vartheta_1'}{\vartheta_1}(a \mid \tau) \tag{6.1.18}$$

und daraus

$$W = \log\frac{\vartheta_1(a - v)}{\vartheta_1(a + v)} + 2v\frac{\vartheta_1'}{\vartheta_1}(a)\,. \tag{6.1.19}$$

Durch Übergang zu $z = e^W$ erhalten wir schließlich als Abbildungsfunktion

$$\boldsymbol{z} = \frac{\boldsymbol{\vartheta_1(a - v)}}{\boldsymbol{\vartheta_1(a + v)}}\, \boldsymbol{e}^{2\boldsymbol{v}\frac{\vartheta_1'}{\vartheta_1}(\boldsymbol{a})}, \tag{6.1.20}$$

wo $v(w)$ durch (6.1.14) erklärt ist.

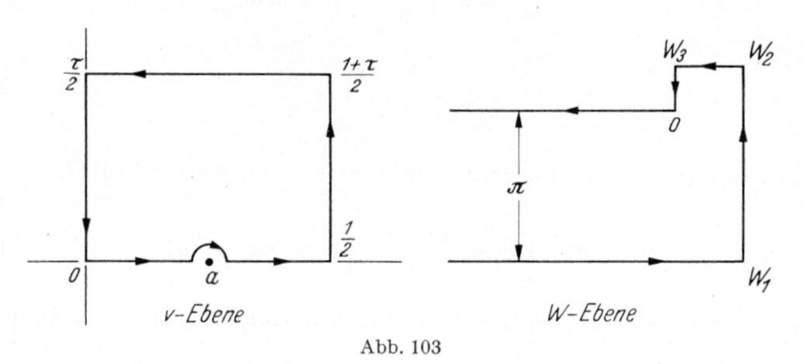

Abb. 103

Ränderzuordnung: Den Intervallen $\langle -\infty\, e_1\rangle$, $\langle e_1\, e_2\rangle$, $\langle e_2\, e_3\rangle$ und $\langle e_3, +\infty\rangle$ der w-Ebene entsprechen in der v-Ebene die Rechtecksseiten $\overline{0, {}^1/_2}$, $\overline{{}^1/_2, \frac{1+\tau}{2}}$, $\overline{\frac{1+\tau}{2}, \frac{\tau}{2}}$ und $\overline{\frac{\tau}{2}, 0}$. Den oben besprochenen vier verschiedenen Lagen des Punktes $w = \varepsilon$ entsprechen dann vier verschiedene Lagen des Punktes $v = a$ auf den Rechtecksseiten. Wir untersuchen zunächst den Fall, daß a auf der Rechtecksseite $\overline{0, {}^1/_2}$ liegt, entsprechend dem Fall $\varepsilon < e_1$ (Abb. 103).

1. Auf der Strecke $\overline{0, a}$ ist W reell < 0, die Strecke wird auf die negativ reelle W-Achse abgebildet. Die Nullstelle $v = a$ wird durch einen kleinen, in mathematisch negativem Sinne durchlaufenen Halbkreis umgangen, wodurch das logarithmische Glied in (6.1.19) einen Zuwachs von $-i\pi$ erhält. Die Strecke $\overline{a, {}^1/_2}$ wird dann auf die Halbgerade

$$\Re(W) < \Re(W_1), \quad \Im(W) = -\pi$$

abgebildet und W_1 ergibt sich zu

$$W_1 = -i\pi + \frac{\vartheta_1'}{\vartheta_1}(a) . \tag{6.1.21}$$

Dies entspricht genau der Integraldarstellung (6.1.11) für W_1, was man durch Anwendung der Substitution (6.1.14) auf das Integral auch direkt nachweisen kann.

2. Auf der Seite $\overline{{}^1/_2, \frac{1+\tau}{2}}$ setzen wir $v = {}^1/_2 + iu$, wodurch (6.1.19) übergeht in

$$W = W_1 + \log \frac{\vartheta_2(a - iu)}{\vartheta_2(a + iu)} + 2iu \frac{\vartheta_1'}{\vartheta_1}(a) . \tag{6.1.22}$$

Hier sind die beiden letzten Glieder auf der rechten Seite von (6.1.22) rein imaginär. Für W_2 erhält man

$$W_2 = W_1 + 2i\pi a + \tau \frac{\vartheta_1'}{\vartheta_1}(a) . \tag{6.1.23}$$

3. Auf der Seite $\overline{\frac{1+\tau}{2}, \frac{\tau}{2}}$ setzen wir $v = \frac{1+\tau}{2} + u$ und erhalten

$$W = W_2 + \log \frac{\vartheta_3(a - u)}{\vartheta_3(a + u)} + 2u \frac{\vartheta_1'}{\vartheta_1}(a) \tag{6.1.24}$$

und es wird

$$W_3 = i\pi(2a - 1) + \tau \frac{\vartheta_1'}{\vartheta_1}(a) . \tag{6.1.25}$$

4. Auf der Seite $\overline{\frac{\tau}{2}, 0}$ setzen wir $v = \frac{\tau}{2} + iu$ und erhalten

$$W = W_3 + \log \frac{\vartheta_4(a - iu)}{\vartheta_4(a + iu)} + iu \frac{\vartheta_1'}{\vartheta_1}(a) . \tag{6.1.26}$$

Ganz entsprechend können die drei anderen Lagen von $w = \varepsilon$ bzw. $v = a$ diskutiert werden.

Parameterbestimmung: In der Form (6.1.20) hängt die Abbildungsfunktion explizit von den beiden Parametern a und τ ab, die jetzt noch aus den geometrischen Konstanten des Vierecks zu bestimmen sind. Beginnen wir mit dem Fall $\varepsilon < e_1$, a auf $\overline{0, {}^1/_2}$ und setzen

$$\frac{W_3}{i} = \alpha\pi , \qquad W_1 + i\pi = \log R = \beta\pi , \tag{6.1.27}$$

so stellen $\alpha\pi$ und $i\beta\pi$ die im Winkelmaß A (7.5.5) gemessenen Winkel zwischen Paaren gegenüberliegender Vierecksseiten dar (vgl. Abb. 96).

Durch Elimination von $\frac{\vartheta_1'}{\vartheta_1}(a)$ aus (6.1.22) und (6.1.26) erhält man

$$a = \frac{1}{2}(1 + \alpha + i\tau\,\beta) \tag{6.1.28}$$

und weiter

$$\beta\pi = \frac{\vartheta_1'}{\vartheta_1}\left(\frac{1 + \alpha + i\tau\beta}{2}\right) = \frac{\vartheta_2'}{\vartheta_2}\left(\frac{\alpha + i\tau\beta}{2}\right). \tag{6.1.29}$$

Aus diesen beiden Gleichungen hat man die Parameter a und τ zu bestimmen. Dabei besteht die Hauptschwierigkeit in der Bestimmung von τ, da über die Abhängigkeit dieses Parameters von den geometrischen Konstanten des Vierecks „im Großen" nichts bekannt ist. Eine Auflösung der Gleichung (6.1.29) „im Kleinen" mit numerischen Methoden ist jedoch immer möglich und wegen der guten Konvergenz der Thetareihen auch verhältnismäßig bequem durchführbar. Eine gute Näherung erhält man bereits, indem man die Reihenentwicklung des Thetaquotienten nach dem ersten Glied abbricht

$$\frac{\vartheta_1'}{\vartheta_1}(v) = \pi \operatorname{cotg} \pi v + \cdots \tag{6.1.30}$$

Setzt man in diese Näherung die Werte von (6.1.29) ein und löst nach τ auf, so ergibt sich als Näherungswert

$$\tau \cong i\left(\frac{\alpha}{\beta} + \frac{2}{\beta\pi}\operatorname{arc\,tg}\beta\right). \tag{6.1.31}$$

Die Näherung (6.1.30) — und damit auch (6.1.31) — gilt um so genauer, je größer $|\tau|$ ist, es muß also hier $\beta \ll \alpha$ sein. Trifft das nicht zu, so muß man zu dem Fall $\varepsilon > e_3$ übergehen. Genauere Reihenentwicklungen sind in der zitierten Arbeit von v. KOPPENFELS[1] hergeleitet.

Für die Parameterbestimmung bei anderer Lage von ε bzw. a legen wir die in (6.1.3) bis (6.1.10) festgelegten Werte von W_1 und W_3 zugrunde. Für diese Werte bleiben die Formeln (6.1.21) und (6.1.25) gültig. Wir haben dann wie in (6.1.27) diese Größen in Beziehung zu setzen zu den in Abb. 96 näher bezeichneten geometrischen Konstanten des Vierecks[2] (den Winkeln zwischen den Paaren gegenüberliegender Seiten) und die Formeln (6.1.28) und (6.1.29) auf die neuen Konstanten umzuschreiben.

2. Fall: $e_1 < \varepsilon < e_2$.

$$\alpha\pi = i(W_1 + i\pi)\,, \qquad \beta\pi = W_3,$$

$$a = \frac{1}{2}(1 - i\beta + \alpha\tau),$$

$$-i\alpha\pi = \frac{\vartheta_1'}{\vartheta_1}\left(\frac{1 - i\beta + \alpha\tau}{2}\right) = \frac{\vartheta_2'}{\vartheta_2}\left(\frac{\alpha\tau - i\beta}{2}\right).$$

---

[1] Siehe Fußnote [2], S. 300.

[2] Hierbei ist zu beachten, daß zu den Fällen $e_2 < \varepsilon < e_3$ und $\varepsilon > e_3$ Vierecke gehören, die spiegelbildlich zu den in Abb. 96 dargestellten liegen. Auf die Bezeichnung der geometrischen Konstanten hat diese Spiegelung jedoch keinen Einfluß.

Als Näherungswert für τ erhält man hier

$$\tau \cong i\left(\frac{\beta}{\alpha} + \frac{2}{\alpha\pi}\log\frac{1+\alpha}{1-\alpha}\right) \tag{6.1.32}$$

gültig für $\alpha \ll \beta$.

3. Fall: $e_2 < \varepsilon < e_3$.

$$\alpha\pi = \frac{W_3}{i} + \pi\,, \qquad \beta\pi = W_1 + 2\pi i\,,$$

$$a = \frac{1}{2}(\alpha + (1 + i\beta)\tau)\,,$$

$$\beta\pi = \frac{\vartheta_1'}{\vartheta_1}\left(\frac{\alpha + (1+i\beta)\tau}{2}\right) + i\pi = \frac{\vartheta_4}{\vartheta_4}\left(\frac{\alpha + i\beta\tau}{2}\right).$$

Eine einfache Näherungsformel wie in (6.1.31) ist hier nicht zu erhalten. Abbrechen nach dem ersten Glied der Thetareihe liefert die transzendente Gleichung

$$\beta \cong 4e^{i\pi\tau}\sin\pi(\alpha + i\,\beta\tau)\,, \tag{6.1.33}$$

die für $\beta \ll \alpha$ als Näherungsgleichung benutzt werden kann.

4. Fall: $\varepsilon > e_3$.

$$\alpha\pi = -\left(\frac{W_1}{i} + 2\pi\right), \qquad \beta\pi = W_3 + i\pi$$

$$a = \frac{1}{2}((1+\alpha)\tau - i\,\beta)$$

$$-i\alpha\pi = \frac{\vartheta_1'}{\vartheta_1}\left(\frac{(1+\alpha)\tau - i\beta}{2}\right) + i\pi = \frac{\vartheta_4'}{\vartheta_4}\left(\frac{\alpha\tau - i\beta}{2}\right).$$

Die Näherungsgleichung hat hier die Form

$$\tau \cong i\left(\frac{\beta}{\alpha+1} + \frac{1}{\pi(\alpha+1)}\log\frac{2+\alpha}{\alpha}\right) \tag{6.1.34}$$

gültig für $\beta \gg \alpha$.

Der 1. und 4. Fall sowie der 2. und 3. Fall führen jeweils — abgesehen von einer Spiegelung — auf die gleichen Typen von Vierecken, wobei sich aus gleichen geometrischen Konstanten zueinander reziproke Werte von $|\tau|$ ergeben. Für theoretische Untersuchungen könnten wir uns also auf zwei Fälle beschränken, für die praktische Rechnung wird man jedoch von den beiden möglichen Fällen immer den wählen, der zu den größten Werten von $|\tau|$ führt.

Zusammenhang mit der Schwarzschen Differentialgleichung: Die Funktion $z(w)$, welche die obere w-Halbebene auf ein Kreisbogenviereck $(^1/_2, {}^1/_2, {}^1/_2, \delta)^0$ abbildet, genügt der Schwarzschen Differentialgleichung

$$[z]_w = \frac{3}{8}\sum_{\nu=1}^{3}\frac{1}{(w-e_\nu)^2} - \frac{\left(\frac{5}{4} + \delta^2\right)w + \beta_0}{4(w-e_1)(w-e_2)(w-e_3)} = R(w)\,. \tag{6.1.35}$$

Nach A (12.2.8) kann $z(w)$ auch als Quotient zweier linear unabhängiger Lösungen $\varphi_1(w)$, $\varphi_2(w)$ der Differentialgleichung

$$\varphi'' + \frac{1}{2} R(w)\, \varphi = 0 \tag{6.1.36}$$

dargestellt werden. Wir transformieren diese Differentialgleichung, indem wir als neue unabhängige Variable die Größe

$$u = \int\limits_{\infty}^{w} \frac{dw}{2\sqrt{(w - e_1)(w - e_2)(w - e_3)}} \tag{6.1.37}$$

einführen. Diese Größe ist bis auf einen Faktor gleich der in (6.1.14) definierten Größe $v(w)$. Wählen wir die singulären Stellen e_ν so, daß $e_1 + e_2 + e_3 = 0$ ist (was stets möglich ist), so wird die Umkehrung von $w(u)$ von (6.1.37) gleich der Weierstraßschen $\wp$-Funktion

$$w(u) = \wp(u; \omega_1, \omega_2), \qquad \frac{\omega_2}{\omega_1} = \tau . \tag{6.1.38}$$

Als neue abhängige Variable wird in (6.1.36) die Funktion

$$\psi(u) = \sqrt[4]{(w - e_1)(w - e_2)(w - e_3)}\; \varphi(w) \tag{6.1.39}$$

eingeführt. Die Differentialgleichung geht dann über in die Weierstraßsche Form der Laméschen Differentialgleichung[1]

$$\psi'' - [n(n+1)\wp(u) + A]\, \psi = 0 \qquad \left(n = \delta - \frac{1}{2}\right). \tag{6.1.40}$$

Für $\delta = {}^1/_2$ hat diese Gleichung die Form

$$\psi'' - A\, \psi = 0 \tag{6.1.41}$$

mit dem Lösungspaar

$$\psi_1 = e^{+\sqrt{A}\,u}, \qquad \psi_2 = e^{-\sqrt{A}\,u}.$$

Die Abbildungsfunktion $z(w)$ erhält also hier die Form

$$z = e^{2\sqrt{A}\,u}. \tag{6.1.42}$$

Da durch $u(w)$ die obere w-Halbebene auf das Rechteck

$$0 < \Re(u) < \frac{\omega_1}{2}, \qquad 0 < \Im(u) < \left|\frac{\omega_2}{2}\right| \tag{6.1.43}$$

abgebildet wird, so erhalten wir hier als allgemeinstes Kreisbogenviereck $({}^1/_2, {}^1/_2, {}^1/_2, {}^1/_2)^0$ einen *Kreisringsektor* (oder den durch eine gebrochen lineare Abbildung hieraus entstehenden Bereich). Die beiden Paare gegenüberliegender Seiten schneiden sich unter den Winkeln

$$\alpha_1 = \frac{\sqrt{A}\,\omega_1}{i}, \qquad \alpha_2 = \frac{\sqrt{A}\,\omega_2}{i}. \tag{6.1.44}$$

[1] Siehe etwa HALPHEN: Traité des fonctions elliptiques. II Paris 1888.

Durch diese beiden Größen sind die Parameter der Differentialgleichung (6.1.41) (das Periodenverhältnis τ und der akzessorische Parameter A) eindeutig bestimmt. In diesem Fall ist also die Abhängigkeit der Parameter von den geometrischen Konstanten des Polygons völlig geklärt. Im Falle $A = 0$ hat (6.1.41) die Lösungen

$$\psi_1 = u, \quad \psi_2 = 1, \quad z = u \tag{6.1.45}$$

und das zugehörige Kreisbogenviereck ist das Rechteck (6.1.43).

In dem eben genauer untersuchten Fall $\delta = {}^3/_2$, $n = 1$ können wir die Differentialgleichung (6.1.40) in der Form schreiben

$$\psi'' - (2\wp(u) + \wp(a^*))\,\psi = 0\,, \quad A = \wp(a^*)\,. \tag{6.1.46}$$

Die Lösungen dieser Gleichung sind

$$\psi_1 = \frac{\sigma(a^* - u)}{\sigma(a^*)\,\sigma(u)}\,e^{u\,\zeta(a^*)}, \quad \psi_2 = \frac{\sigma(a^* + u)}{\sigma(a^*)\,\sigma(u)}\,e^{-u\,\zeta(a^*)}, \tag{6.1.47}$$

so daß die Abbildungsfunktion die Form erhält

$$z = \frac{\sigma(a^* - u)}{\sigma(a^* + u)}\,e^{-2u\,\zeta(a^*)}, \tag{6.1.48}$$

was nach Umschreiben auf Thetafunktionen genau der Form (6.1.21) entspricht. Damit ist auch in diesem Fall der Zusammenhang zwischen den Parametern der Differentialgleichung und den geometrischen Konstanten des Polygons geklärt. Speziell ergibt sich beim Übergang von der u- auf die v-Ebene die Beziehung

$$a = \frac{a^*}{\omega_1}, \tag{6.1.49}$$

so daß der akzessorische Parameter A in engem Zusammenhang steht zu der Stelle $v = a$, welche dem kritischen Punkt $z = 0$ des Kreisbogenvierecks entspricht.

Rückt a^* gegen einen der Punkte $u = \frac{\omega_1}{2}, \frac{\omega_1 + \omega_2}{2}, \frac{\omega_2}{2}$ $\left(\text{d.h. rückt } a \text{ gegen } v = {}^1/_2, \frac{1+\tau}{2}, \frac{\tau}{2}\right)$, so fallen die Lösungen (6.1.47) zusammen in die folgende

$$\psi = \sqrt{\wp(u) - e_i}\,, \quad i = 1, 2, 3\,. \tag{6.1.50}$$

Nach A(12.2.6) erhält dann die Abbildungsfunktion $z(w)$ die Form

$$z = C \int\limits_{u_0}^{u} \frac{du}{\wp(u) - e_i} = C^* \int\limits_{w_0}^{w} \frac{dw}{(w - e_i)\sqrt{(w - e_1)(w - e_2)(w - e_3)}}\,. \tag{6.1.51}$$

Als zugehörige Polygone erhalten wir hier also Geradenvierecke, und zwar die Typen $(-{}^1/_2, {}^1/_2, {}^1/_2, {}^3/_2)^*$, $({}^1/_2, -{}^1/_2, {}^1/_2, {}^3/_2)^*$, $({}^1/_2, {}^1/_2, -{}^1/_2, {}^3/_2)^*$, die schon in 4.2., 2. Beispiel, genauer untersucht wurden. Damit sind auch diese Grenzfälle erledigt.

Es sei noch erwähnt, daß man von diesem Fall ausgehend zu Kreisbogenvierecken mit den Innenwinkeln $\frac{\pi}{2}, \frac{\pi}{2}, \frac{3\pi}{2}, \frac{3\pi}{2}$ (mit beliebiger Reihenfolge der Ecken) gelangen kann[1]. Die Untersuchungen verlaufen ganz analog, wegen Einzelheiten sei auf die Arbeit von v. KOPPENFELS verwiesen.

6.2. Sternpolygone. Geradenpolygone mit mehr als vier Ecken lassen sich vollständig beherrschen, wenn gewisse Symmetrieen vorliegen. Eine Klasse derartiger Polygone — wir wollen sie *Sternpolygone* nennen— hat F. RINGLEB[2] betrachtet, allerdings ohne das Parameterproblem zu

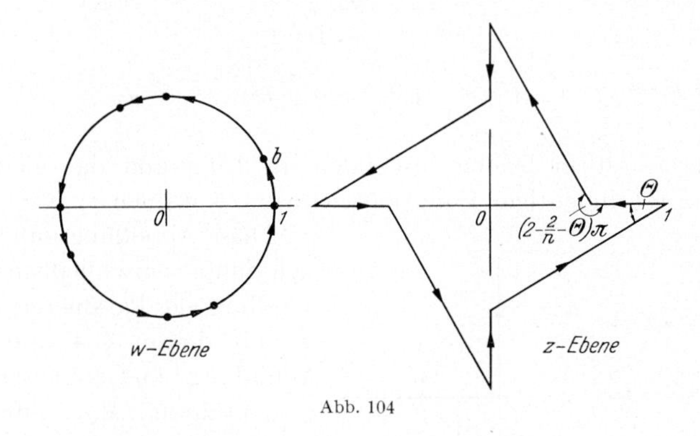

Abb. 104

lösen. Es handelt sich hierbei um *zentralsymmetrische* Polygone mit $2n$ Ecken, die durch Drehung um $\frac{2\pi}{n}$ in sich übergehen (Abb. 104). Das Polygon besitzt also zwei Gruppen von je n untereinander äquivalenten Ecken. Ist $\Theta\pi$ der Innenwinkel der einen Gruppe, so muß wegen A(13.1.13) die andere Gruppe den Innenwinkel

$$\left(2 - \frac{2}{n} - \Theta\right)\pi \tag{6.2.1}$$

haben.

Dieses Polygon soll, wie in A11.1a besprochen, durch eine Funktion $w(z)$ so auf den Einheitskreis abgebildet werden, daß der Symmetriepunkt des Polygons — es möge der Punkt $z = 0$ sein — in den Punkt $w = 0$ übergeht. Es läßt sich dann einrichten, daß die Gruppe von Ecken mit den Innenwinkeln $\Theta\pi$ auf die Punkte

$$w = e_{2\nu+1} = e^{\frac{2\pi i}{n}\nu}, \qquad \nu = 0, 1, \ldots, n-1, \tag{6.2.2}$$

[1] Ebenso kommt man durch zweimalige Spiegelung zu Kreisbogenvierecken mit den vier gleichen Innenwinkeln $^3/_2\,\pi$ (Außengebiet eines Kreisringsektors).

[2] RINGLEB, F.: Über die konforme Abbildung von Polygonen, Diss. Jena 1926.

abgebildet werden. Die andere Gruppe von Ecken geht dann in die Punkte

$$w = b e_{2\nu+1}, \quad b = e^{i\beta}, \quad 0 < \beta < \frac{2\pi}{n} \tag{6.2.3}$$

über und das zugehörige Schwarz-Christoffelsche Integral erhält die Form

$$z = C \int_0^w (w^n - 1)^{\Theta-1} (w^n - b^n)^{1-\frac{2}{n}-\Theta} \, dw. \tag{6.2.4}$$

Schreiben wir noch vor, daß die singuläre Stelle $w = 1$ in $z = 1$ übergeht, so muß

$$C^{-1} = \int_0^1 (w^n - 1)^{\Theta-1} (w^n - b^n)^{1-\frac{2}{n}-\Theta} \, dw \tag{6.2.5}$$

sein. Hierbei ist in beiden Integralen als Integrand das gleiche (im Einheitskreis eindeutige) Funktionselement zu wählen.

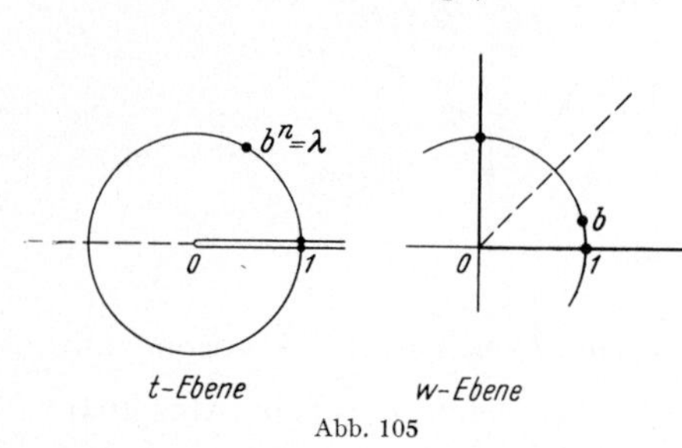

Abb. 105

Diese Abbildungsaufgabe läßt sich nun — einschließlich der Behandlung des Parameterproblems — auf die in § 4 untersuchte Abbildung von Geradenvierecken zurückführen. Man substituiert hierzu

$$w^n = t, \quad w = t^{\frac{1}{n}}, \quad dw = \frac{1}{n} t^{\frac{1}{n}-1}. \tag{6.2.6}$$

Durch diese Substitution geht der Kreissektor

$$0 < \arg w < \frac{2\pi}{n}, \quad |w| < 1 \tag{6.2.7}$$

in den Sektor über (Abb. 105)

$$0 < \arg t < 2\pi \quad |t| < 1. \tag{6.2.8}$$

Das Integral (6.2.4) erhält dann die Form

$$z(t;\lambda) = C \int_0^t t^{\frac{1}{n}-1} (t-1)^{\Theta-1} (t-\lambda)^{1-\frac{2}{n}-\Theta} \, dt \tag{6.2.9}$$

$$= C J_0^t, \quad \lambda = b^n.$$

Für reelle Werte von λ bildet dieses Integral die obere t-Halbebene auf ein Geradenviereck mit den Innenwinkeln

$$\delta_0 \pi = \frac{\pi}{n}, \quad \delta_1 \pi = \Theta \pi, \quad \delta_\infty \pi = \frac{\pi}{n}, \quad \delta_\lambda \pi = \left(2 - \frac{2}{n} - \Theta\right) \pi$$

ab [vgl. (4.1.1)]. Hier werden jedoch nicht reelle Werte gebraucht, sondern es ist $|\lambda| = 1$, wobei wir uns auf die Werte $0 < \arg\lambda \leqq \pi$ beschränken dürfen; die Werte $\pi \leqq \arg\lambda < 2\pi$ liefern Sternpolygone, die zu den ersteren spiegelbildlich sind. Wir müssen also einen Übergang von den reellen Werten zu den Werten mit $|\lambda| = 1$ herstellen.

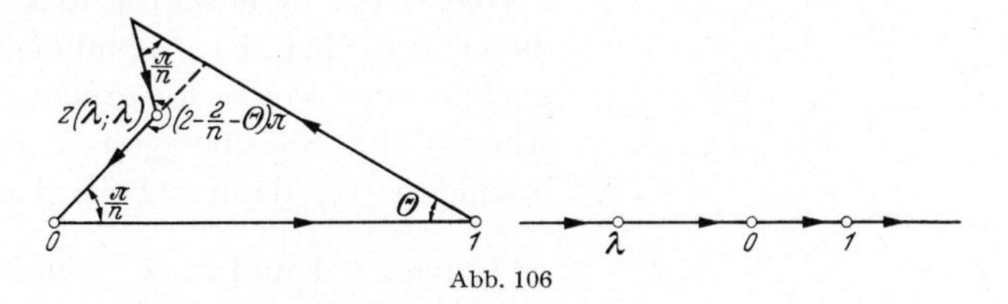

Abb. 106

Wie in § 4 beginnen wir mit reellen Werten $\lambda < 0$. Hierzu gehört das in Abb. 106 dargestellte Bildviereck $\left(2 - \frac{2}{n} - \Theta, \frac{1}{n}, \Theta, \frac{1}{n}\right)^*$. Mit der Normierung (6.2.5) wird wie in (4.1.4)

$$z(t;\lambda) = \frac{J_0^t}{J_0^1} \tag{6.2.10}$$

und die zu $t = 0$ und $t = 1$ gehörigen Ecken liegen bei

$$z(0;\lambda) = 0\,, \qquad z(1;\lambda) = 1\,.$$

Der geometrische Ort der Ecken $z(\lambda;\lambda)$ liegt auf dem Strahl

$$\arg z(\lambda;\lambda) = \frac{\pi}{n}\,.$$

Ist $\lambda = -1$, so besitzt das Bildviereck eine *Symmetrieachse*, deren Bild in der oberen t-Halbebene der Einheitskreis $|t| = 1$ ist. Der obere Halb-

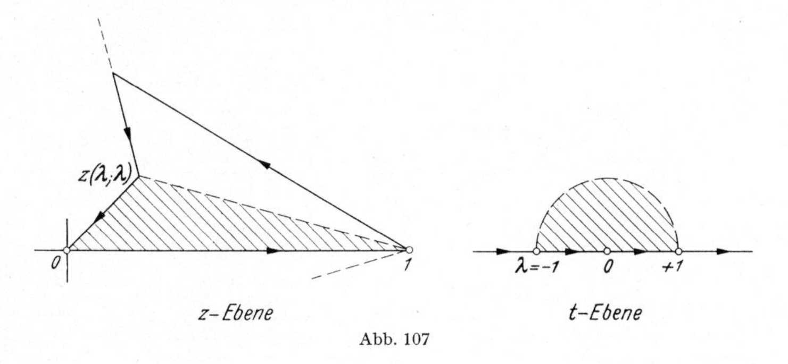

Abb. 107

kreis in der t-Ebene wird also auf das in Abb. 107 dargestellte Dreieck abgebildet. Spiegelt man dieses Dreieck fortlaufend an den beiden Seiten, die den Intervallen $-1 < t < 0$ und $0 < t < +1$ entsprechen, so erhält man das zugehörige Sternpolygon, das in diesem Fall nicht nur zentralsymmetrisch, sondern auch *spiegelsymmetrisch* ist.

Wir setzen jetzt $z(\lambda;\lambda)$ analytisch fort, indem wir λ von -1 aus auf der Peripherie des Einheitskreises laufen lassen. Dabei muß die Randkurve in der t-Ebene nach Art der Abb. 108 deformiert werden. Durch weitere Abänderung dieser Kurve erhalten wir den zwischen $t=0$ und $t=1$ aufgeschlitzten Einheitskreis (6.2.8). Dem entspricht in der w-Ebene der Kreissektor (6.2.7) und dieser geht bei der Abbildung durch $z(w)$ in eines von n kongruenten Teilstücken des Sternpolygons über. Insbesondere ist dann $z(\lambda;\lambda)$ gleich der zwischen $z=1$ und $z=e^{\frac{2\pi i}{n}}$ eingeschalteten Ecke des Sternpolygons. Wegen des festen Innenwinkels beschreibt diese Ecke einen Kreisbogen, wenn λ auf dem Einheitskreis läuft.

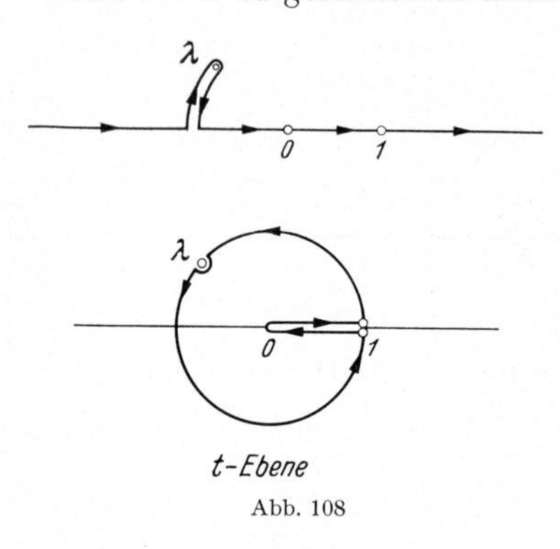

Abb. 108

Nun wissen wir aus den Entwicklungen von 4.1, daß durch $z(\lambda;\lambda)$ die obere λ-Halbebene auf ein Kreisbogendreieck abgebildet wird (Abb. 109). Nach (4.1.9) hat dieses die Innenwinkel

$$\pi\delta_0 = \pi\delta_\infty = \left(1 - \frac{1}{n} - \Theta\right)\pi, \qquad \pi\delta_1 = \left(1 - \frac{2}{n}\right)\pi. \tag{6.2.11}$$

Da die Winkel $\pi\delta_0$ und $\pi\delta_\infty$ gleich sind[1], besitzt dieses Dreieck einen Symmetriekreis, der das Bild des Einheitskreises der λ-Ebene ist. Dieser Symmetriekreis ist aber gerade der geometrische Ort der Eckpunkte $z(\lambda;\lambda)$

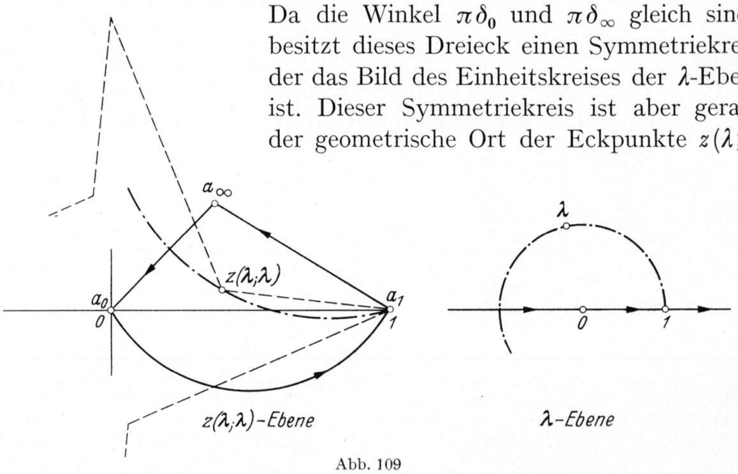

Abb. 109

des Sternpolygons. Ist umgekehrt die Lage der Ecke des Sternpolygons auf diesem Kreis gegeben, so läßt sich der zugehörige Wert von $\lambda = b^n$ durch Umkehrung der Dreiecksfunktion (4.1.17) berechnen. Damit ist das Parameterproblem für diese Sternpolygone vollständig gelöst.

[1] Abgesehen von den hier unwesentlichen Vorzeichen der δ_ν.

§ 7. Polygone, die von Kegelschnittbögen berandet sind

Auf Grund der in A(14.2) entwickelten Theorie läßt sich die Abbildung von Polygonen, welche durch konfokale Kegelschnitte berandet werden, durch eine Hilfsabbildung $W(z)$, die das Kegelschnittnetz in ein kartesisches überführt, auf die Abbildung von Geradenpolygonen zurückführen. Hierbei treten die Bilder der „kritischen Punkte" als zusätzliche Singularitäten der Abbildung auf, wodurch sich die Zahl der Parameter erhöht. Die vollständige Lösung der Abbildungsaufgabe wird damit wesentlich erschwert; wir behandeln im folgenden einige Beispiele, in denen die Abbildungsfunktion explizit angegeben werden kann.

7.1. Äußeres und Inneres von Ellipse, Hyperbel und Parabel

1. Beispiel: Äußeres einer Ellipse. Die Abbildung eines Kreises auf das Ellipsenäußere wird durch die in A(8.2) diskutierte Funktion

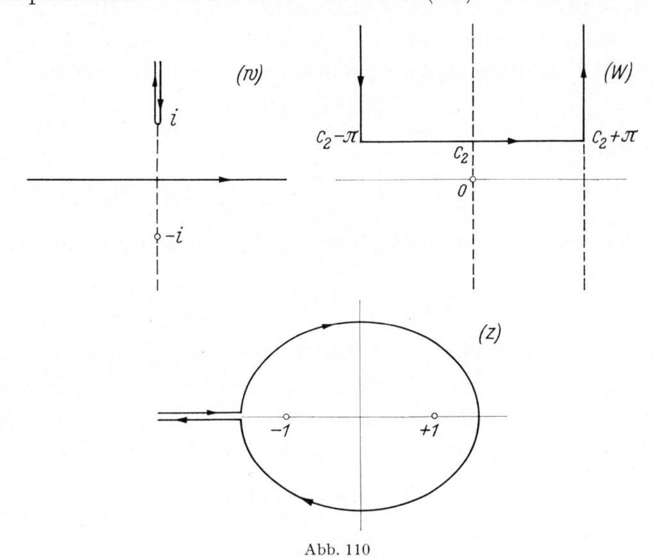

Abb. 110

$^1/_2\left(t + \frac{1}{t}\right)$ geleistet. Hier soll die Abbildung der *oberen Halbebene* auf das Ellipsenäußere anhand von A(14.2) hergeleitet werden.

Das Ellipsenäußere möge in der z-Ebene liegen und der kritische Punkt $z = \infty$ bei der Abbildung auf die obere w-Halbebene in den Punkt $w = i$ übergehen. Da der abzubildende Bereich keine weiteren kritischen Punkte und auch keine Ecken besitzt, können wir für die Zwischenabbildung $W(w)$ nach A(14.2.7) den Ansatz machen

$$W(w) = C_1 \int_0^w \frac{dw}{w^2 + 1} + C_2 \,. \tag{7.1.1}$$

Damit die Residuenbedingung A (14.2.6) erfüllt ist, muß $C_1 = \pm 2$ sein. Wir wählen $C_1 = +2$ und erhalten nach Auswerten von (7.1.1)

$$W(w) = 2 \operatorname{arc\,tg} w + C_2 . \tag{7.1.2}$$

Durch $W(w)$ wird die rechte w-Halbebene $\Re(w) > 0$ auf einen Parallelstreifen der Breite π abgebildet[1]. Die positiv reelle w-Achse geht dabei in die Strecke zwischen $W = C_2$ und $W = C_2 + \pi$ über. Die zwischen $w = i$ und $w = \infty$ aufgeschlitzte obere Halbebene wird daher auf den Halbstreifen

$$\Re(C_2) - \pi < \Re(W) < \Re(C_2) + \pi , \qquad \Im(W) > \Im(C_2)$$

abgebildet. Ist $\Im(C_2) > 0$, so geht dieser Halbstreifen durch $z = \cos W$ in das Äußere einer Ellipse über, das längs eines Hyperbelastes von $z = \infty$ bis zum Ellipsenrand hin aufgeschlitzt ist, wobei dieser Schlitz dem in der oberen w-Halbebene entspricht (vgl. Abb. 110).

Bestimmung der Konstanten C_2: Da der Realteil von C_2 die Form der Ellipse nicht beeinflußt, kann C_2 rein imaginär gewählt werden

$$C_2 = i V_0 , \qquad V_0 > 0 . \tag{7.1.3}$$

Wir erhalten dann

$$z = \cos W = \frac{1}{1 + w^2} \left((1 - w^2) \operatorname{Cos} V_0 - 2i\, w \operatorname{Sin} V_0\right) . \tag{7.1.4}$$

Hier stellen die Größen $\operatorname{Cos} V_0$ und $\operatorname{Sin} V_0$ die Längen der Ellipsenhalbachsen dar

$$\operatorname{Cos} V_0 = a , \qquad \operatorname{Sin} V_0 = b . \tag{7.1.5}$$

Soll die obere w-Halbebene auf das Äußere einer Ellipse mit beliebig vorgegebenen Halbachsen a, b abgebildet werden, so muß die Funktion (7.1.4) noch mit der Konstante $\sqrt{a^2 - b^2}$ multipliziert werden. Die Abbildungsfunktion schreibt sich dann in der Form

$$\boldsymbol{z = \frac{a(1 - w^2) - 2i\,b\,w}{1 + w^2}} . \tag{7.1.6}$$

2. Beispiel: Inneres einer Ellipse. Im Ellipseninnern sind kritische Punkte die beiden Brennpunkte $z = \pm 1$. Bei der Abbildung auf die obere Halbebene möge $z = +1$ in $w = i$ und $z = -1$ in $w = \frac{i}{\varkappa'}$, $\varkappa'$ reell < 1 übergehen[2]. Weitere kritische Punkte und Ecken treten im abzubildenden Bereich nicht auf, so daß wir für $W(w)$ den Ansatz machen können

$$W(w) = C_1 \int_i^w \frac{dw}{\sqrt{(1 + w^2)(1 + \varkappa'^2 w^2)}} . \tag{7.1.7}$$

[1] Vgl. A8.3, Abb. 57.

[2] Durch eine lineare Abbildung der oberen w-Halbebene in sich läßt sich stets erreichen, daß irgend zwei im Innern gelegene Punkte diese spezielle Lage erhalten.

Durch dieses Integral wird die rechte Halbebene $\Re(w) > 0$ auf ein Rechteck abgebildet. Durch Transformation auf die Legendresche Normalform lassen sich Lage und Abmessungen dieses Rechtecks leicht bestimmen. So wird für

$$w = i\,u\,, \quad u \text{ reell}\,, \quad 0 < u < 1$$

durch die Substitution $w = i \sin\varphi$

$$W(w) = i\,C_1(F(\varkappa', \varphi) - K'(\varkappa))\,, \quad W(0) = -i\,C_1 K'(\varkappa) \tag{7.1.8}$$

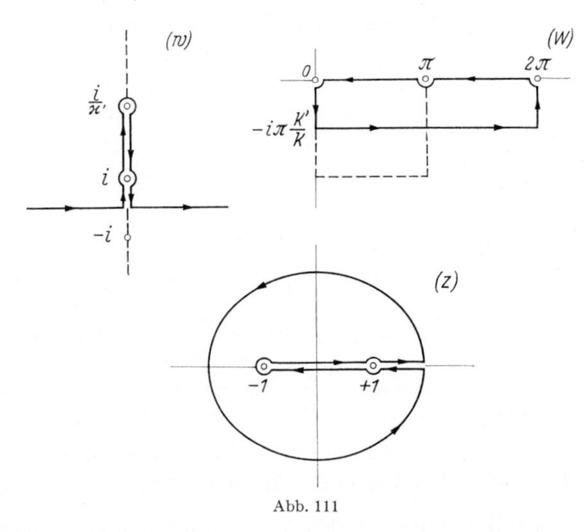

Abb. 111

und entsprechend für $1 < u < \frac{1}{\varkappa'}$, durch die Substitution[1]

$$w = \frac{i}{\sqrt{1 - \varkappa^2 \sin^2\varphi}}$$

$$W(w) = C_1 F(\varkappa, \varphi)\,, \quad W\left(\frac{i}{\varkappa'}\right) = C_1 K(\varkappa)\,. \tag{7.1.9}$$

Nun ist $w = \frac{i}{\varkappa'}$, das Bild des kritischen Punktes $z = -1$ und es muß daher $W\left(\frac{i}{\varkappa'}\right) = \pi$ sein. Also ist

$$C_1 = \frac{\pi}{K(\varkappa)} \tag{7.1.10}$$

zu wählen, so daß die rechte Halbebene $\Re(w) > 0$ durch $W(w)$ auf das Rechteck

$$-2\pi\frac{K'}{K} < \Im(W) < 0\,, \quad 0 < \Re(W) < \pi$$

[1] Wie üblich ist hier $\varkappa^2 = 1 - \varkappa'^2$ gesetzt.

abgebildet wird. Es geht dann die zwischen $w = \frac{i}{\varkappa'}$ und $w = 0$ aufgeschlitzte obere Halbebene in das Rechteck (vgl. Abb. 111)

$$-\pi \frac{K'}{K} < \mathfrak{I}(W) < 0\,, \qquad 0 < \mathfrak{R}(W) < 2\pi$$

über. Durch $z = \cos W$ wird dieses Rechteck auf eine längs der reellen Achse von $z = -1$ über $z = +1$ zum Rand hin aufgeschlitzte Ellipse abgebildet, wobei die Schlitze in der z- und in der w-Ebene wieder einander entsprechen.

Um die *Abbildung des Randes* nachzuprüfen, substituiert man

$$w = \pm \operatorname{tg} \varphi\,, \qquad 0 < \varphi < \frac{\pi}{2}\,,$$

und erhält für $w > 0$

$$W(w) = -i\pi \frac{K'}{K} + \frac{\pi}{K} F(\varkappa, \varphi) \tag{7.1.11}$$

und für $w < 0$

$$W(w) = -i\pi \frac{K'}{K} + 2\pi - \frac{\pi}{K} F(\varkappa, \varphi)\,. \tag{7.1.11a}$$

Es wird also

$$z(w) = \operatorname{Cos} \pi \frac{K'}{K} \cos \frac{\pi}{K} F(\varkappa, \varphi) \pm i \operatorname{Sin} \pi \frac{K'}{K} \sin \frac{\pi}{K} F(\varkappa, \varphi)\,. \tag{7.1.12}$$

Dem unteren Ellipsenrand entsprechen hierbei die positiven, dem oberen die negativen w-Werte.

Als freien Parameter enthält die Abbildungsfunktion noch den *Modul* $\varkappa$ des Legendreschen Integrals. Mit den geometrischen Konstanten der Ellipse hängt diese Größe in der Weise zusammen, daß $\operatorname{Cos} \pi \frac{K'}{K}$ und $\operatorname{Sin} \pi \frac{K'}{K}$ die Längen a, b der Halbachsen sind. Es ist also

$$\frac{b}{a} = \operatorname{Tg} \pi \frac{K'}{K} \tag{7.1.13}$$

und die zur Berechnung der Thetanullwerte benötigte Größe q wird dann

$$q = e^{-\pi \frac{K'}{K}} = \sqrt{\frac{a-b}{a+b}}\,. \tag{7.1.14}$$

Hieraus berechnet sich $\varkappa$ nach der Formel [vgl. (4.2.27), S. 244]

$$\varkappa = \frac{\vartheta_2^2(0 \mid \tau)}{\vartheta_3^2(0 \mid \tau)}\,, \qquad \tau = i \frac{K'}{K}\,.$$

Durch Multiplikation der Abbildungsfunktion mit $\sqrt{a^2 - b^2}$ erhält man die Abbildung der oberen w-Halbebene auf eine Ellipse mit beliebig vorgegebenen Halbachsen a, b; die Abbildungsfunktion kann dann in der Form

$$z(w) = a \cos \frac{\pi}{K} F(\varkappa, \varphi) \pm i\, b \sin \frac{\pi}{K} F(\varkappa, \varphi) \tag{7.1.15}$$

geschrieben werden. Die Formel (7.1.14) zur Berechnung von $\varkappa$ gilt auch für beliebige Halbachsen a, b.

Abbildung der Ellipse auf den Einheitskreis: Diese kann man erhalten durch eine lineare Abbildung $\omega(w)$ der oberen Halbebene auf den Einheitskreis. Dabei wird man die Abbildungsfunktion zweckmäßig so normieren, daß der Mittelpunkt $z = 0$ der Ellipse in $\omega = 0$ übergeht und die Richtungen im Nullpunkt erhalten bleiben. Nun entspricht der imaginären z-Achse bei der Abbildung (7.1.12) der Kreis $|w| = \frac{1}{\sqrt{\varkappa'}}$, dem Punkt $z = 0$ also der Punkt $w = \frac{i}{\sqrt{\varkappa'}}$. Das Bild von $w = 0$ liegt auf der positiv reellen z-Achse, bei der Abbildung auf den Einheitskreis muß dieser Punkt also in $\omega = 1$ übergehen. Die Funktion $\omega(w)$ kann also in der folgenden Form geschrieben werden [vgl. A (7.3.5)]

$$\omega = \frac{i - \sqrt{\varkappa'}\, w}{i + \sqrt{\varkappa'}\, w}. \tag{7.1.16}$$

Zwischen den Randpunkten des Einheitskreises $|\omega| = 1$ und den zugehörigen φ-Werten aus (7.1.12) besteht die folgende Beziehung: Ist

$$\omega = e^{\pm i\alpha}, \quad 0 < \alpha < \pi,$$

so gilt

$$\operatorname{tg}\frac{\alpha}{2} = \sqrt{\varkappa'}\operatorname{tg}\varphi. \tag{7.1.17}$$

Von Interesse ist noch die Umkehrung $w(z)$ von (7.1.12). Aus $w = \operatorname{tg}\varphi$ folgt durch Umkehrung des Legendreschen Integrals und Verwendung der entsprechenden Jacobischen elliptischen Funktionen zum Modul $\varkappa$

$$w = \frac{\mathrm{sn}}{\mathrm{cn}}\left(\frac{K}{\pi}\arccos z + iK'\right) = \frac{i}{\mathrm{dn}\left(\frac{K}{\pi}\arccos z\right)}. \tag{7.1.18}$$

Für die Abbildung der Ellipse auf den Einheitskreis ergibt sich daraus

$$\begin{aligned}\boldsymbol{\omega}(z) &= \frac{\mathrm{dn}\left(\frac{K}{\pi}\arccos z\right) - \sqrt{\varkappa'}}{\mathrm{dn}\left(\frac{K}{\pi}\arccos z\right) + \sqrt{\varkappa'}} \\ &= \frac{\vartheta_3\left(\frac{1}{2\pi}\arccos z \,\middle|\, \tau\right) - \vartheta_4\left(\frac{1}{2\pi}\arccos z \,\middle|\, \tau\right)}{\vartheta_3\left(\frac{1}{2\pi}\arccos z \,\middle|\, \tau\right) + \vartheta_4\left(\frac{1}{2\pi}\arccos z \,\middle|\, \tau\right)}.\end{aligned} \tag{7.1.19}$$

Aus der letzteren Formel ergibt sich die folgende Entwicklung, die für mäßige Exzentrizität der Ellipse sehr rasch konvergiert:

$$\omega(z) = \frac{2qz + 2q^9(4z^3 - 3z) + \cdots}{1 + 2q^4(2z^2 - 1) + \cdots}, \quad q = \sqrt{\frac{a-b}{a+b}}. \tag{7.1.20}$$

3. Beispiel: Inneres und Äußeres einer Hyperbel. Das von einem Hyperbelast umschlossene Gebiet, welches den kritischen Punkt $z = 1$ im Innern enthält, soll so auf die obere w-Halbebene abgebildet werden, daß der Punkt $z = 1$ in $w = i$, der Punkt $z = \infty$ in $w = \infty$ übergeht. Weitere kritische Punkte und Ecken besitzt das abzubildende Gebiet nicht, so daß wir den Ansatz machen können

$$W(w) = C_1 \int_i^w \frac{dw}{\sqrt{1+w^2}}. \qquad (7.1.21)$$

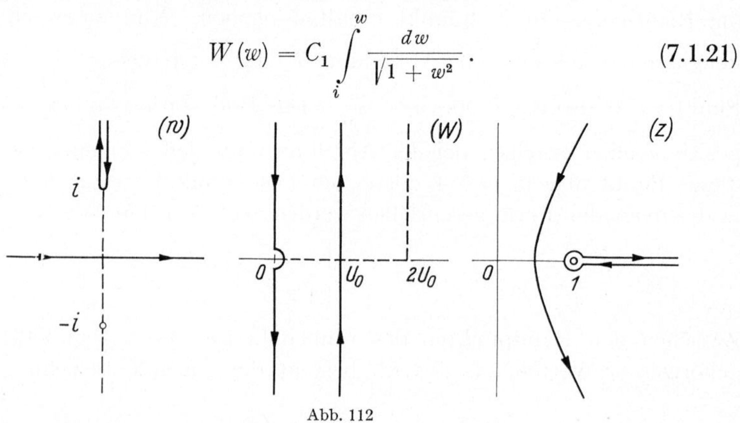

Abb. 112

Da der Integrand in (7.1.21) für reelle w reell ist, dem Hyperbelast aber in der W-Ebene eine Gerade parallel zur imaginären Achse entspricht, muß C_1 rein imaginär sein. Wir setzen

$$C_1 = i\,\frac{2\,U_0}{\pi}.$$

Auswertung des Integrals ergibt dann

$$W(w) = \frac{2\,U_0}{\pi} \operatorname{arc\,cos}(-i\,w). \qquad (7.1.22)$$

Durch diese Funktion wird die rechte Halbebene $\Re(w) > 0$ auf den Halbstreifen

$$0 < \Re(w) < 2\,U_0, \qquad \Im(w) > 0$$

abgebildet, die zwischen $w = i$ und $w = \infty$ aufgeschlitzte obere Halbebene also auf den Streifen (vgl. Abb. 112)

$$0 < \Re(w) < U_0.$$

Durch $z = \cos W$ wird dieser Streifen auf das rechts von einem Hyperbelast gelegene Gebiet abgebildet, das auf der positiv reellen Achse zwischen $z = 1$ und $z = \infty$ aufgeschlitzt ist.

Die Abbildungsfunktion $z(w)$ kann in der Form geschrieben werden:

$$\boldsymbol{z = \mathrm{Cos}\left(\frac{2\,U_0}{\pi}\,\mathrm{Ar\,Sin}\,w\right)\cos U_0 - i\,\mathrm{Sin}\left(\frac{2\,U_0}{\pi}\,\mathrm{Ar\,Sin}\,w\right)\sin U_0}. \qquad (7.1.23)$$

Abbildung des Randes und Bestimmung der Konstanten U_0: Für reelle w bedeutet die Formel (7.1.23) eine Parameterdarstellung der Hyperbel, die das abzubildende Gebiet berandet. Hierin stellt U_0 den Winkel dar, den die Asymptoten der Hyperbel mit der reellen Achse einschließen. Wir erhalten für $0 < U_0 < \frac{\pi}{2}$ das Innere und für $\frac{\pi}{2} < U_0 < \pi$ das Äußere des Hyperbelastes. Auf diese Weise ist die Konstante U_0 eindeutig festgelegt.

Die Funktion $z(w)$ wird *algebraisch*, wenn U_0 ein *rationales Vielfaches* von π ist. Ist insbesondere $U_0 = \frac{\pi}{2n}$, $n = 1, 2, \ldots$, so ist die Umkehrfunktion $w(z)$ ein Tschebyscheffsches Polynom n-ter Ordnung

$$w = i \cos n \operatorname{arc} \cos z = i\, 2^{n-1}\, T_n(z)\ ; \tag{7.1.24}$$

explizit ausgedrückt z. B.

für $n = 1$: $w = i z$ (Abbildung der oberen auf die rechte Halbebene);

für $n = 2$: $w = i(2z^2 - 1)$ (gleichseitige Hyperbel, vgl. die Abbildung von A, Abb. 30);

für $n = 3$: $w = i(4z^3 - 3z)$ usw.

4. Beispiel: Inneres einer Parabel[1]. Es soll das Innere einer Parabel so auf die obere w-Halbebene abgebildet werden, daß der kritische Punkt $z = 1$ in $w = i$ und der Punkt $z = \infty$ in $w = \infty$ übergeht. Nach A(14.2.11) können wir dann für die Funktion $W(w)$ den Ansatz machen

$$W(w) = C_1 \int_i^w \frac{dw}{\sqrt{1 + w^2}}, \tag{7.1.25}$$

d. h. die Hilfsabbildung $W(w)$ ist die gleiche wie in (7.2.21). Indem wir die Normierung von (7.1.22) beibehalten, schreiben wir die Abbildungsfunktion $z(w)$ in der Form

$$\boldsymbol{z(w) = \left(\frac{2U_0}{\pi} \operatorname{arc} \cos(-iw)\right)^2.} \tag{7.1.26}$$

Abbildung des Randes und Bestimmung der Konstanten U_0: Durch die Funktion $z = W^2$ wird der Streifen $0 < \Re(W) < U_0$ auf eine Parabel abgebildet, die zwischen dem Brennpunkt $z = 0$ und $z = \infty$ aufgeschlitzt ist (vgl. Abb. 113). Für reelle w läßt sich die Abbildungsfunktion in der Form schreiben

$$z(w) = U_0^2 \left(1 - \left(\frac{2}{\pi} \operatorname{Ar} \operatorname{Sin} w\right)^2 + i \frac{4}{\pi} \operatorname{Ar} \operatorname{Sin} w\right). \tag{7.1.27}$$

[1] Die Abbildung des Parabeläußeren auf eine Halbebene ist schon in A, Abb. 31 dargestellt.

Die multiplikative Konstante U_0^2 stellt hier den Abstand zwischen Brennpunkt und Scheitel der Parabel dar und ist damit durch die Form der Parabel eindeutig festgelegt.

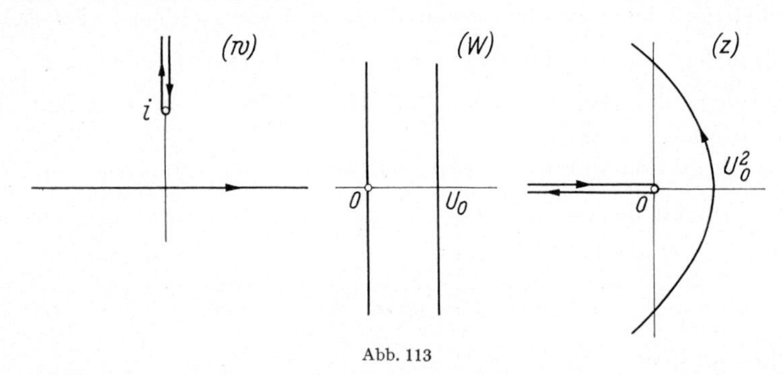

Abb. 113

Andere Herleitung; Kegelschnittzweiecke. Alle bisher betrachteten Kegelschnittbereiche liegen *symmetrisch* zur reellen z-Achse und auf dieser Symmetrieachse liegen auch die kritischen Punkte. Zerlegt man also die betrachteten Bereiche durch Aufschneiden längs der reellen Achse in zwei symmetrische Teilbereiche, so ist die Abbildung durch $z = \cos W$ bzw. $z = W^2$ im Innern der Teilbereiche überall konform und diese gehen daher in der W-Ebene in gewöhnliche Geradenpolygone über. Durch ein Schwarz-Christoffelsches Integral $W(t)$ kann die obere Halbebene $\mathfrak{J}(t) > 0$ auf ein solches Geradenpolygon abgebildet werden,

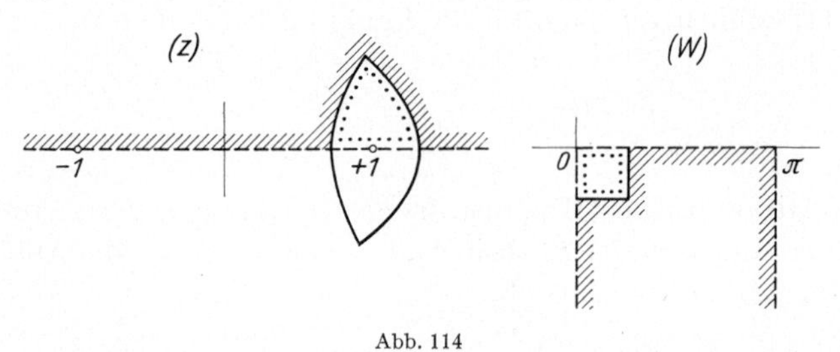

Abb. 114

wobei speziell in unserem Fall die betreffenden Geradenpolygone Halbstreifen oder Rechtecke sind, deren Abbildungsfunktionen in 2.1, S. 209 und 4.2, S. 241 genauer angegeben wurden. Bei dieser Abbildung entspricht dem auf der reellen z-Achse liegenden Randstück ein Intervall $e_i < t < e_k$. Es kann dann durch die Funktion

$$w = \sqrt{\frac{t - e_i}{t - e_k}} \tag{7.1.28}$$

die obere Halbebene $\mathfrak{J}(t) > 0$ so auf den Quadranten $\mathfrak{R}(w) > 0$, $\mathfrak{J}(w) > 0$ abgebildet werden, daß dieses Intervall in die positiv imaginäre w-Achse übergeht. Man erhält auf diese Weise eine Abbildung $z(w)$ eines Quadranten auf Hälfte eines Kegelschnittbereichs, wobei die Teilungslinie, die gleichzeitig Symmetrieachse des Bereichs ist, der imaginären w-Achse entspricht. Setzt man diese Abbildung durch Spiegelung fort, so erhält man die gewünschte Abbildung der oberen w-Halbebene auf den vollen Kegelschnittbereich.

Mit dieser Methode können auch andere symmetrische Kegelschnittpolygone abgebildet werden. Als Beispiel betrachten wir das in Abb. 114 dargestellte Zweieck aus einem Ellipsen- und einem Hyperbelbogen. Durch die reelle z-Achse wird sowohl der Innen- wie der Außenbereich dieses Zweiecks in zwei symmetrische Teilbereiche zerlegt. Durch $z = \cos W$ geht der halbe Innenbereich in ein Rechteck, der halbe Außenbereich in eines der in 6.1, S. 300 näher untersuchten Polygone über. Damit sind diese Abbildungsaufgaben auf die in 4.2, S. 241 und 6.1, S. 300 untersuchten Abbildungen zurückgeführt. Als interessante Spezialfälle und Modifikationen erwähnen wir die Abbildung des *Außengebiets einer Halbellipse* (Abb. 115) und die *Halbebene mit elliptischer Kerbe* (Abb. 116).

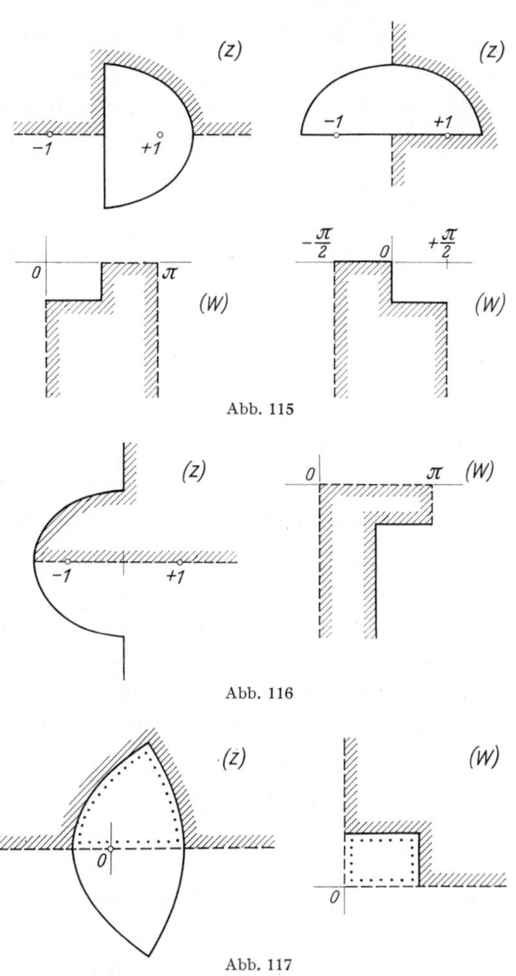

Abb. 115

Abb. 116

Abb. 117

Ebenfalls in dieser Weise behandelt werden kann das in Abb. 117 dargestellte Zweieck aus zwei konfocalen Parabelbögen. Durch $z = W^2$ geht das halbe Innengebiet wieder in ein Rechteck, das halbe Außengebiet in das in 4.2, S. 246 näher untersuchte Polygon über.

7.2. Kegelschnittschlitze[1]

1. Beispiel: Ellipsen- und Hyperbelschlitze. Die längs eines Ellipsen- oder Hyperbelbogens aufgeschlitzte z-Ebene möge so auf die obere w-Halbebene abgebildet werden, daß dabei der eine Brennpunkt $z = 1$ in $w = i$, der andere $z = -1$ in $w = \frac{i}{\varkappa'}$ übergeht. Dem Punkt $z = \infty$ entspricht dann ein Punkt $w = e_\infty$ und den beiden Schlitzenden die (reellen) Punkte $w = e_1$ und $w = e_2$. Nach A (14.2.7) kann man daher für die Hilfsabbildung $W(w)$ den Ansatz machen

$$W(w) = C_1 \int_i^w \frac{(w - e_1)(w - e_2)}{(w - e_\infty)(w - \bar{e}_\infty)} \frac{dw}{\sqrt{(1 + w^2)(1 + \varkappa'^2 w^2)}}. \quad (7.2.1)$$

Damit durch $z = \cos W$ die gewünschte Abbildung geleistet wird, muß einmal die Residuenbedingung A (14.2.6) erfüllt sein, zum andern muß wegen der Zuordnung von $w = \frac{i}{\varkappa'}$ zu $z = -1$ bei geeigneter Festsetzung des Integrationsweges $W\left(\frac{i}{\varkappa'}\right) = \pi$ sein. Gleichbedeutend damit ist die Bedingung, daß $W(w)$ eindeutig sein muß in der zwischen $w = i$ und $w = \frac{i}{\varkappa'}$ aufgeschlitzten oberen Halbebene, daß also insbesondere $W(w)$ zum Ausgangswert zurückkehren muß, wenn diese Funktion längs der reellen Achse von $w = -\infty$ nach $w = +\infty$ analytisch fortgesetzt wird. Diese Forderung kann als eine Schließungsbedingung (vgl. A § 15, S. 174 u. 177) aufgefaßt werden.

Damit diese Bedingungen erfüllt werden können, dürfen die Punkte e_1 und e_2 nicht mehr willkürlich gewählt werden; sie ergeben sich vielmehr aus dem Ansatz

$$W(w) = i \int_i^w \left(\frac{\sqrt{P(e_\infty)}}{w - e_\infty} + \frac{\sqrt{P(\bar{e}_\infty)}}{w - \bar{e}_\infty} + c \right) \frac{dw}{\sqrt{P(w)}}, \quad (7.2.2)$$

$$P(w) = (1 + w^2)(1 + \varkappa'^2 w^2).$$

Die Residuenbedingung ist hier erfüllt, wobei noch die Vorzeichen von $\sqrt{P(e_\infty)}$, $\sqrt{P(\bar{e}_\infty)}$ beliebig gewählt werden können; je nach Wahl der Vorzeichen erhält man Ellipsen oder Hyperbelschlitze. Aus der Schließungs-

[1] Einen Lösungsansatz für diese Abbildungsaufgaben bringt E. GRAESER, Dtsch. Math. 2, 293—300 (1937). Die Herleitung weicht etwas von der unsrigen ab. Der Ansatz wird nicht vollständig durchgeführt und enthält ein Versehen, das v. KOPPENFELS, Dtsch. Math. 6, 558—564 (1942) korrigiert nebst weiteren Ausführungen zu diesen Abbildungsaufgaben.

bedingung ergibt sich c eindeutig zu

$$c = -\frac{\int\limits_{-\infty}^{+\infty} \frac{\sqrt{P(e_\infty)}}{w - e_\infty} \frac{dw}{\sqrt{P(w)}} + \int\limits_{-\infty}^{+\infty} \frac{\sqrt{P(\bar{e}_\infty)}}{w - \bar{e}_\infty} \frac{dw}{\sqrt{P(w)}}}{\int\limits_{-\infty}^{+\infty} \frac{dw}{\sqrt{P(w)}}}. \tag{7.2.3}$$

Zur Auswertung des elliptischen Integrals 3. Gattung $W(w)$ geht man zweckmäßig zu elliptischen Funktionen über. Wir setzen [vgl. (6.1.14)]

$$v(w) = \frac{1}{2K} \int\limits_0^w \frac{dw}{\sqrt{(1 + w^2)(1 + \varkappa'^2 w^2)}}; \tag{7.2.4}$$

durch diese Funktion wird der Quadrant $\Re(w) > 0$, $\Im(w) > 0$ auf das Rechteck

$$0 < \Re(v) < \frac{1}{2}, \quad 0 < \Im(v) < \frac{|\tau|}{4}, \quad \tau = 2i\frac{K'}{K}\text{[1]}$$

abgebildet, wenn im Integranden von (7.2.4) für reelle w die positive Wurzel gewählt wird. Die Bilder der anschließenden Quadranten ergeben sich durch Spiegelung, wie es in Abb. 118 angedeutet ist. Insbesondere entspricht der oberen w-Halbebene, die auf der imaginären Achse von $w = i$ über $w = \frac{i}{\varkappa'}$ bis $w = i_\infty$ aufgeschlitzt ist, das Rechteck

$$-\frac{1}{2} < \Re(v) < +\frac{1}{2}, \quad 0 < \Im(v) < \frac{|\tau|}{4}. \tag{7.2.5}$$

Die Funktion $w(v)$ ist doppeltperiodisch mit den Perioden 1 und τ. Ist $v = \varepsilon_\infty$ die zu $w = e_\infty$ gehörige Stelle im Rechteck (7.2.5), so ist durch $\sqrt{P(e_\infty)} = \frac{w'(\varepsilon_\infty)}{2K}$ das Vorzeichen der Wurzel eindeutig festgelegt[2] und auf Grund der Substitution (7.2.4) wird

$$\int\limits_i^w \frac{\sqrt{P(e_\infty)}}{w - e_\infty} \frac{dw}{\sqrt{P(w)}} = \int\limits_{\frac{\tau}{4}}^v \frac{w'(\varepsilon_\infty)}{w(v) - w(\varepsilon_\infty)} dv. \tag{7.2.6}$$

Der Integrand auf der rechten Seite von (7.2.6) ist doppeltperiodisch und hat im Periodenrechteck

$$-\frac{1}{2} < \Re(v) < +\frac{1}{2}, \quad -\frac{|\tau|}{2} < \Im(v) < +\frac{|\tau|}{2}$$

[1] Dies steht im Gegensatz zu der sonst üblichen Festsetzung $\tau = i\frac{K'}{K}$, was insbesondere bei der Berechnung von $\varkappa$ aus τ zu berücksichtigen ist.

[2] Mit der oben getroffenen Festsetzung $\sqrt{P(w)} > 0$ für reelle w wird $\Im(\sqrt{P(e_\infty)}) > 0$ für $\Re(e_\infty) > 0$ und $\Im(\sqrt{P(e_\infty)}) < 0$ für $\Re(e_\infty) < 0$, wenn e_∞ in der aufgeschlitzten oberen Halbebene liegt. Weiter ist beim Übergang zur konjugiert komplexen Stelle $\sqrt{P(\bar{e}_\infty)} = \overline{\sqrt{P(e_\infty)}}$ zu setzen.

Polstellen bei $v = \varepsilon_\infty$ mit dem Residuum $+1$ und bei $v = \varepsilon_\infty^* = \frac{\tau}{2} - \varepsilon_\infty$ (vgl. Abb. 118) mit dem Residuum -1. In $v = 1/2$ und in den äquivalenten Punkten wird $w(v) = \infty$ und der Integrand verschwindet dort. Hieraus folgt die Darstellung[1]

$$\begin{aligned}\frac{w'(e_\infty)}{w(v) - w(e_\infty)} &= \frac{\vartheta_1'}{\vartheta_1}(v - \varepsilon_\infty) - \frac{\vartheta_1'}{\vartheta_1}(v - \varepsilon_\infty^*) - \frac{\vartheta_1'}{\vartheta_1}\left(\frac{1}{2} - \varepsilon_\infty\right) + \frac{\vartheta_1'}{\vartheta_1}\left(\frac{1}{2} - \varepsilon_\infty^*\right)\\ &= \frac{\vartheta_1'}{\vartheta_1}(v - \varepsilon_\infty) - \frac{\vartheta_4'}{\vartheta_4}(v + \varepsilon_\infty) + \frac{\vartheta_2'}{\vartheta_2}(\varepsilon_\infty) + \frac{\vartheta_3'}{\vartheta_3}(\varepsilon_\infty)\,. \qquad (7.2.7)\end{aligned}$$

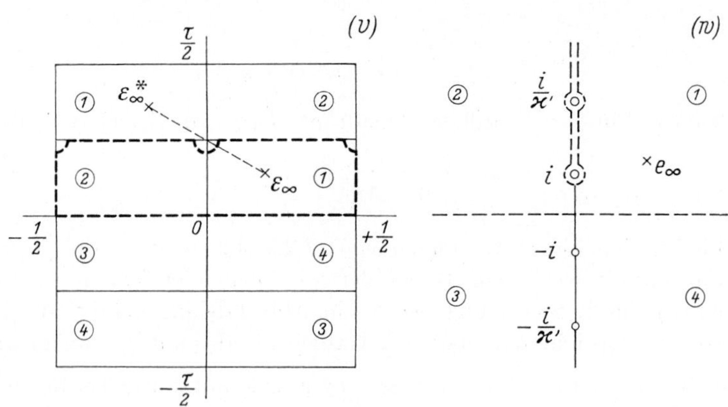

Abb. 118

Es wird also

$$\begin{aligned}W(v) = i\log\frac{\vartheta_1(v - \varepsilon_\infty)\,\vartheta_4\left(\frac{\tau}{4} + \varepsilon_\infty\right)}{\vartheta_4(v + \varepsilon_\infty)\,\vartheta_1\left(\frac{\tau}{4} - \varepsilon_\infty\right)} \pm i\log\frac{\vartheta_1(v - \bar{\varepsilon}_\infty)\,\vartheta_4\left(\frac{\tau}{4} + \bar{\varepsilon}_\infty\right)}{\vartheta_4(v + \bar{\varepsilon}_\infty)\,\vartheta_1\left(\frac{\tau}{4} - \bar{\varepsilon}_\infty\right)} + \\ + i\left(\frac{\vartheta_2'}{\vartheta_2}(\varepsilon_\infty) + \frac{\vartheta_3'}{\vartheta_3}(\varepsilon_\infty) \pm \frac{\vartheta_2'}{\vartheta_2}(\bar{\varepsilon}_\infty) \pm \frac{\vartheta_3'}{\vartheta_3}(\bar{\varepsilon}_\infty) + 2K\,c\right)\left(v - \frac{\tau}{4}\right).\end{aligned} \qquad (7.2.8)$$

Hier haben die Vorzeichen der konjugiert komplexen Ausdrücke folgende Bedeutung für die Abbildung: Lassen wir auf irgendeinem geradlinigen Weg $v \to \varepsilon_\infty$ streben, so geht $i\log\vartheta_1(v - \varepsilon_\infty)$ und damit $W(v)$ gegen $-i\infty$ und entsprechend geht mit $v \to \bar{\varepsilon}_\infty$ die Funktion $W(v) \to \pm i\infty$, je nachdem welches Vorzeichen das Glied $\pm i\log\vartheta_1(v - \bar{\varepsilon}_\infty)$ trägt. Nun entspricht die Fortsetzung von $W(\varepsilon_\infty)$ nach $W(\bar{\varepsilon}_\infty)$ einer Spiegelung an dem Bild der reellen v-Achse in der W-Ebene. Liegt dieses Bild parallel zur imaginären W-Achse, was in der z-Ebene einen Hyperbelschlitz ergibt, so geht bei der Spiegelung $W = -i\infty$ wieder in $W = -i\infty$

[1] Alle verwendeten Thetafunktionen sind hier und im folgenden mit $\tau = 2i\frac{K'}{K}$ zu bilden. Die Abhängigkeit von diesem Periodenverhältnis ist daher nicht besonders gekennzeichnet.

über; liegt es parallel zur reellen Achse, was einen Ellipsenschlitz ergibt, so geht $W = -i\infty$ in $W = +i\infty$ über. Das obere Vorzeichen in (7.2.8) gilt also für die Abbildung von Hyperbelschlitzen, das untere für Ellipsenschlitze.

Zur Bestimmung der Konstanten c ist das Integral (7.2.6) in den Grenzen $v = -{}^1/_2$ und $v = +{}^1/_2$ mit ε_∞ und $\bar{\varepsilon}_\infty$ zu berechnen. Durch Verschiebung des Integrationswegs nach oben und nach unten, wobei $v = \varepsilon_\infty$ in mathematisch positivem und $v = \bar{\varepsilon}_\infty$ in mathematisch negativem Sinne umlaufen wird (vgl. Abb. 119), erkennt man, daß $\log\vartheta_1(v - \varepsilon_\infty)$ den Zuwachs $+i\pi$ und $\log\vartheta_1(v - \bar{\varepsilon}_\infty)$ den Zuwachs $-i\pi$ bei Fortsetzung auf dem Integrationsweg erhält, während sich der Wert von $\log\vartheta_4(v - \overset{(-)}{\varepsilon}_\infty)$ nicht ändert. Es wird also

$$c = -\frac{1}{2K}\left[\left(\frac{\vartheta_2'}{\vartheta_2}(\varepsilon_\infty) + \frac{\vartheta_3'}{\vartheta_3}(\varepsilon_\infty) + i\pi\right) \pm \left(\frac{\vartheta_2'}{\vartheta_2}(\bar{\varepsilon}_\infty) + \frac{\vartheta_3'}{\vartheta_3}(\bar{\varepsilon}_\infty) - i\pi\right)\right]. \tag{7.2.9}$$

Die Nullstellen $e_{1,2}$ des Integranden in (7.2.1) berechnen sich hieraus als Wurzeln der quadratischen Gleichung

$$c(e_{1,2} - e_\infty)(e_{1,2} - \bar{e}_\infty) + \sqrt{P(e_\infty)}\,(e_{1,2} - \bar{e}_\infty) \pm \sqrt{P(\bar{e}_\infty)}\,(e_{1,2} - e_\infty) = 0\,. \tag{7.2.10}$$

Unter Berücksichtigung von

$$\frac{\vartheta_4\left(\frac{\tau}{4} + \overset{(-)}{\varepsilon}_\infty\right)}{\vartheta_1\left(\frac{\tau}{4} - \overset{(-)}{\varepsilon}_\infty\right)} = e^{-i\pi\left(\overset{(-)}{\varepsilon}_\infty - \frac{1}{2}\right)}$$

erhält die Abbildungsfunktion $z(v) = \cos W(v)$ dann die folgende endgültige Gestalt:

1. Für den Hyperbelschlitz

$$\begin{aligned} \boldsymbol{z}(\boldsymbol{v}) = \frac{1}{2}\Big[&-\frac{\vartheta_1(v - \varepsilon_\infty)\,\vartheta_1(v - \bar{\varepsilon}_\infty)}{\vartheta_4(v + \varepsilon_\infty)\,\vartheta_4(v + \bar{\varepsilon}_\infty)}\, e^{-i\pi(\varepsilon_\infty + \bar{\varepsilon}_\infty)} - \\ &- \frac{\vartheta_4(v + \varepsilon_\infty)\,\vartheta_4(v + \bar{\varepsilon}_\infty)}{\vartheta_1(v - \varepsilon_\infty)\,\vartheta_1(v - \bar{\varepsilon}_\infty)}\, e^{i\pi(\varepsilon_\infty + \bar{\varepsilon}_\infty)}\Big]. \end{aligned} \tag{7.2.11}$$

2. Für den Ellipsenschlitz

$$\begin{aligned} \boldsymbol{z}(\boldsymbol{v}) = \frac{1}{2}\Big[&\frac{\vartheta_1(v - \varepsilon_\infty)\,\vartheta_4(v + \bar{\varepsilon}_\infty)}{\vartheta_1(v - \bar{\varepsilon}_\infty)\,\vartheta_4(v + \varepsilon_\infty)}\, e^{-i\pi\left(2v + \varepsilon_\infty - \bar{\varepsilon}_\infty - \frac{\tau}{2}\right)} + \\ &+ \frac{\vartheta_1(v - \bar{\varepsilon}_\infty)\,\vartheta_4(v + \varepsilon_\infty)}{\vartheta_1(v - \varepsilon_\infty)\,\vartheta_4(v + \bar{\varepsilon}_\infty)}\, e^{i\pi\left(2v + \varepsilon_\infty - \bar{\varepsilon}_\infty - \frac{\tau}{2}\right)}\Big]. \end{aligned} \tag{7.2.12}$$

Diskussion der Abbildungsfunktion und Parameterbestimmung:

1. *Hyperbelschlitz.* Für reelle v kann $W(v)$ in der Form geschrieben werden

$$W(v) = 2i\log\left|\frac{\vartheta_1(v - \varepsilon_\infty)}{\vartheta_4(v + \varepsilon_\infty)}\right| - 2\pi\left(\frac{1}{2} - \Re(\varepsilon_\infty)\right).$$

Die reelle v-Achse wird also durch $W(v)$ auf eine Gerade parallel zur imaginären W-Achse abgebildet mit

$$\mathfrak{R}(W) = U_0 = -2\pi\left(\frac{1}{2} - \mathfrak{R}(\varepsilon_\infty)\right). \tag{7.2.13}$$

Hierdurch ist die Lage der Hyperbel, auf welcher der Schlitz in der z-Ebene liegt, eindeutig bestimmt; U_0 ist der Winkel zwischen den Hyperbelasymptoten und der reellen z-Achse. Umgekehrt ist durch U_0 der $\mathfrak{R}(\varepsilon_\infty)$ festgelegt.

Die beiden anderen Parameter $\mathfrak{I}(\varepsilon_\infty)$ und τ bestimmen dann die Lage der Schlitzenden auf dieser Hyperbel. Hier lassen sich keine so einfachen Beziehungen zwischen den zusammengehörigen Größen angeben. Für die numerische Parameterbestimmung hat man zunächst aus (7.2.10) die Größen e_1 und e_2 zu berechnen[1]. Die zugehörigen Größen $\varepsilon_{1,2}$ auf der reellen v-Achse ergeben sich dann aus

$$\varepsilon_{1,2} = \frac{1}{2K} F(\varkappa, \varphi_{1,2}), \qquad e_{1,2} = \operatorname{tg} \varphi_{1,2}. \tag{7.2.14}$$

Setzt man diese Größen in (7.2.11) ein, so erhält man die gewünschten Schlitzenden. Führt man diese Rechnung für eine hinreichende Anzahl von Parameterwerten aus, so können umgekehrt durch Interpolation die Parameter aus einer vorgegebenen Lage der Schlitzenden bestimmt werden.

Der Hyperbelschlitz liegt *symmetrisch* zur reellen z-Achse, wenn $\mathfrak{I}(\varepsilon_\infty) = \frac{|\tau|}{4}$ ist. Die Abweichung von $\mathfrak{I}(\varepsilon_\infty)$ von diesem Wert ist also ein Maß für die *Asymmetrie* des Schlitzes bezüglich der reellen Achse. Demgegenüber bestimmt das Periodenverhältnis τ (bzw. der Modul $\varkappa$) im wesentlichen die *Länge* des Schlitzes, und zwar verkleinert sich der Schlitz mit wachsendem $|\tau|$. Bildet man nämlich das Äußere des Hyperbelschlitzes in der z-Ebene nicht durch $z = \cos W$, sondern durch $z = \frac{1}{2}\left(t + \frac{1}{t}\right)$ auf eine t-Ebene ab, so erhält man einen aus zwei Geradenschlitzen bestehenden zweifach zusammenhängenden Bereich[2], der bis auf eine Drehung die in Abb. 146 (S. 360) dargestellte Form hat. Die dort untersuchte Abbildung des zweifach zusammenhängenden

---

[1] Wenn man — was zweckmäßig ist — von vorgegebenen Werten ε_∞ ausgeht, so kann man die zugehörigen Werte von $e_\infty = w(\varepsilon_\infty)$ mit Hilfe von

$$w(v) = \frac{\mathrm{sn}}{\mathrm{cn}}(2Kv) = \frac{1}{\sqrt{\varkappa'}} \frac{\vartheta_1\left(v \,\middle|\, \frac{\tau}{2}\right)}{\vartheta_2\left(v \,\middle|\, \frac{\tau}{2}\right)}$$

$\left(\text{Periodenverhältnis } \frac{\tau}{2}!\right)$ berechnen.

[2] Vgl. E. Graeser a. a. O.

Bereichs auf ein Periodenrechteck entspricht der Abbildung des Äußeren des Hyperbelschlitzes auf das Rechteck (7.2.5), und daher läßt sich die in Fußnote 1, S. 339, angemerkte Beziehung zwischen Schlitzlänge und Modul τ auch auf den Hyperbelschlitz übertragen.

Um die Abbildung außerhalb der reellen w-Achse zu studieren, hat man die aufgeschlitzte obere w-Halbebene noch weiter bis zum Punkt e_∞ hin aufzuschneiden, um die Funktion $W(w)$ dort eindeutig zu machen.

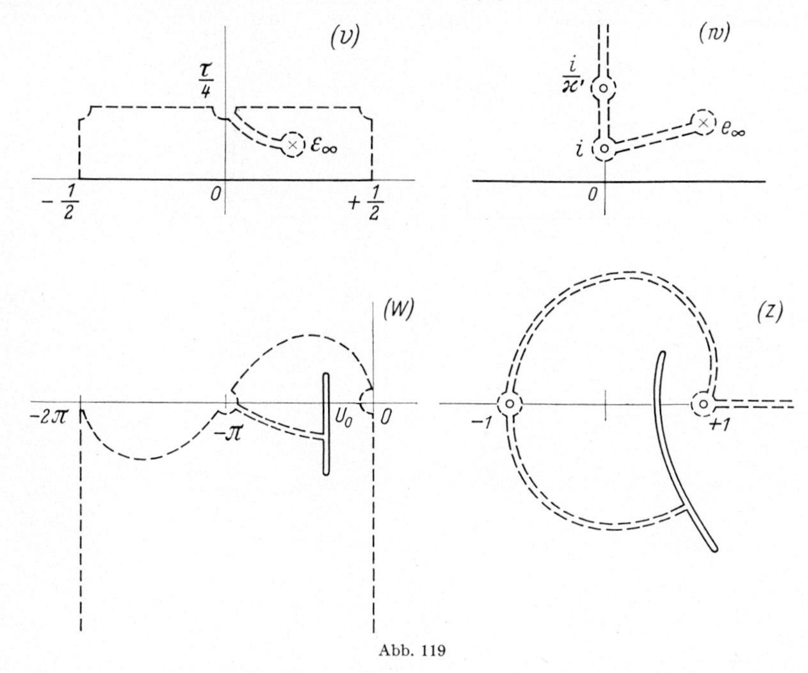

Abb. 119

Durch die Abbildung $z = \cos W(w)$ geht dann dieser Schlitz in einen Schlitz in der z-Ebene über, so daß $z(w)$ für alle $\Im(w) > 0$ eindeutig ist und somit die gewünschte Abbildung leistet. Die Zusammenhänge sind schematisch in Abb. 119 angedeutet.

2. *Ellipsenschlitz.* Für reelle v erhält $W(v)$ die Form

$$W(v) = -2 \arg \frac{\vartheta_1(v - \varepsilon_\infty)}{\vartheta_4(v + \varepsilon_\infty)} + 2\pi v - 2\pi i \left(\frac{|\tau|}{4} - \Im(\varepsilon_\infty)\right).$$

Die reelle v-Achse wird also auf einen Geradenschlitz parallel zur reellen W-Achse mit

$$\Im(W) = V_0 = -2\pi \left(\frac{|\tau|}{4} - \Im(\varepsilon_\infty)\right) \tag{7.2.15}$$

abgebildet. Es wird also durch $\Im(\varepsilon_\infty)$ die *Exentrizität* der Ellipse festgelegt, auf welcher der Schlitz liegen soll. Nach (7.1.14) ist

$$V_0 = \frac{1}{2} \log \frac{a-b}{a+b}. \tag{7.2.16}$$

Die beiden noch freien Parameter $\Re(\varepsilon_\infty)$ und τ bestimmen die Lage der Schlitzenden auf der durch $\Im(\varepsilon_\infty)$ festgelegten Ellipse. Wie beim Hyperbelschlitz läßt sich diese nur numerisch ermitteln. Auch hier gilt, daß mit zunehmenden $|\tau|$ die Schlitzlänge kleiner wird[1].

Der Ellipsenschlitz liegt *symmetrisch* zur reellen Achse, wenn $\Re(\varepsilon_\infty) = 0$, und symmetrisch zur imaginären Achse, wenn $\Re(\varepsilon_\infty) = \pm\,^1/_4$ ist. Läßt man also $\Re(\varepsilon_\infty)$ von $-\,^1/_2$ nach $+\,^1/_2$ wandern, so wandert der Ellipsenschlitz entsprechend durch die vier Quadranten der z-Ebene.

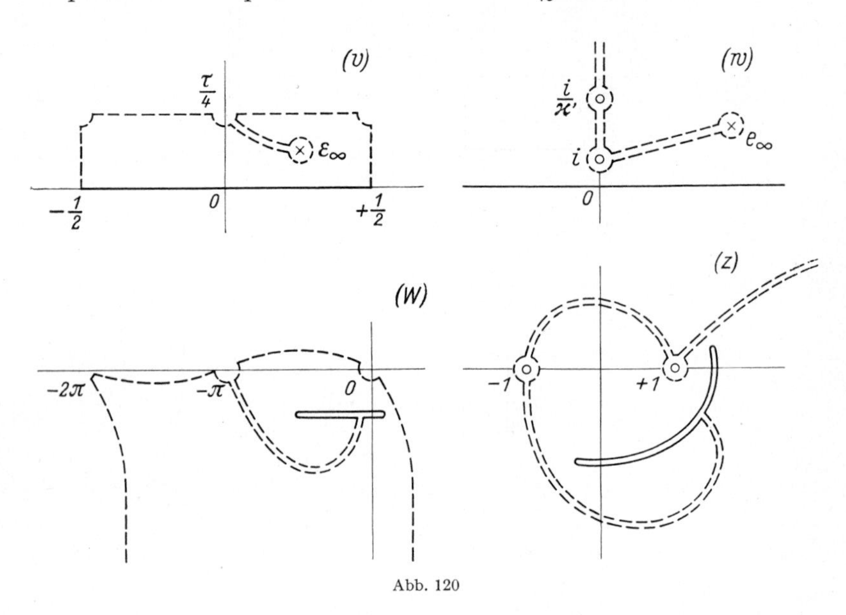

Abb. 120

Für die Abbildung außerhalb der reellen Achse gilt das über den Hyperbelschlitz Gesagte sinngemäß. Die Verhältnisse sind in Abb. 120 angedeutet.

Sonderfall. Eine interessante Modifikation der obigen Überlegungen tritt ein, wenn sich der Schlitz durch den unendlich fernen Punkt hindurchzieht. Der Schlitz besteht dann aus zwei Teilen, die beide bis ins Unendliche reichen und die auf (im allgemeinen verschiedenen) Hyperbeln des Kegelschnittnetzes liegen (Abb. 121). Dem Punkt $z = \infty$ entsprechen hier in der W-Ebene zwei gewöhnliche Ecken, nämlich Streifen der Breite $a\,\pi$ und $(2 - a)\,\pi$, a reell, $0 < a < 2$. In der w-Ebene mögen diesen Ecken die — reellen — Punkte $w = e_{1\infty}$ und $w = e_{2\infty}$ entsprechen.

[1] Bei der Abbildung des Äußeren des Ellipsenschlitzes durch $z = \frac{1}{2}\left(t + \frac{1}{2}\right)$ erhält man in der t-Ebene einen zweifach zusammenhängenden Bereich, wie er in Abb. 153 dargestellt ist (mit $a = 1$).

Das führt auf den Ansatz

$$W(w) = i \int_{i}^{w} \left(\frac{a \sqrt{P(e_{1\infty})}}{w - e_{1\infty}} + \frac{(2-a)\sqrt{P(e_{2\infty})}}{w - e_{2\infty}} + c \right) \frac{dw}{\sqrt{P(w)}}, \quad (7.2.17)$$

wo $P(w)$ dieselbe Bedeutung hat wie in (7.2.2). Die Konstante c bestimmt sich hier aus der Forderung, daß $W(w)$ um 2π wächst bei analytischer Fortsetzung von $w = -\infty$ nach $w = +\infty$.

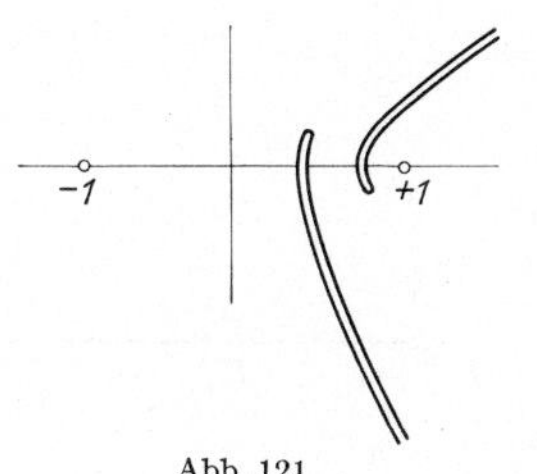

Abb. 121

Durch Übergang zu den Thetafunktionen mit Hilfe der Substitution (7.2.4) erhalten wir hieraus für $W(v)$ die Darstellung

$$\begin{aligned} W(v) = i\,a \log \frac{\vartheta_1(v + \varepsilon_{1\infty})}{\vartheta_4(v + \varepsilon_{1\infty})} + i(2-a) \log \frac{\vartheta_1(v - \varepsilon_{2\infty})}{\vartheta_4(v + \varepsilon_{2\infty})} + \\ + a\,\pi\,\varepsilon_{1\infty} + (2-a)\,\pi\,\varepsilon_{2\infty} + \pi\,. \end{aligned} \quad (7.2.18)$$

Hier sind $\varepsilon_{1\infty}$ und $\varepsilon_{2\infty}$ die zu $e_{1\infty}$ und $e_{2\infty}$ gehörigen Stellen mit $-{}^1/_2 < \varepsilon_{1\infty} < \varepsilon_{2\infty} < +{}^1/_2$. Die Größe c ergibt sich zu

$$c = -\frac{a}{2K}\left(\frac{\vartheta_2'}{\vartheta_2}(\varepsilon_{1\infty}) + \frac{\vartheta_3'}{\vartheta_3}(\varepsilon_{1\infty})\right) - \frac{2-a}{2K}\left(\frac{\vartheta_2'}{\vartheta_2}(\varepsilon_{2\infty}) + \frac{\vartheta_3'}{\vartheta_3}(\varepsilon_{2\infty})\right). \quad (7.2.19)$$

Hieraus erhält man die Werte von $e_{1,2}$, welche den Schlitzenden entsprechen, als Lösungen der quadratischen Gleichung

$$\begin{aligned} c(e_{1,2} - e_{1\infty})(e_{1,2} - e_{2\infty}) + a\sqrt{P(e_{1\infty})}\,(e_{1,2} - e_{2\infty}) + \\ + (2-a)\sqrt{P(e_{2\infty})}\,(e_{1,2} - e_{1\infty}) = 0\,. \end{aligned} \quad (7.2.20)$$

Ränderzuordnung und Parameterbestimmung: Für reelle v, $-{}^1/_2 < v < +{}^1/_2$, liegen die Werte von $W(v)$ auf den folgenden Geraden parallel zur imaginären Achse

$$\begin{aligned} v < \varepsilon_{1\infty}\colon\ R(W) &= U_1 = -\pi\,(1 - a\,\varepsilon_{1\infty} - (2-a)\,\varepsilon_{2\infty})\,, \\ \varepsilon_{1\infty} < v < \varepsilon_{2\infty}\colon\ R(W) &= U_2 = -\pi\,(1 - a - a\,\varepsilon_{1\infty} - (2-a)\,\varepsilon_{2\infty})\,, \\ v > \varepsilon_{2\infty}\colon\ R(W) &= U_1 + 2\pi\,. \end{aligned} \quad (7.2.21)$$

Durch U_1 und U_2 sind die Hyperbeläste festgelegt, auf denen die Schlitze liegen. Insbesondere ist

$$a = \frac{U_2 - U_1}{\pi}\,. \quad (7.2.22)$$

Werden die Größen $\varepsilon_{1\infty}$ und $\varepsilon_{2\infty}$ so gewählt, daß sie den Bedingungen (7.2.21) bei fest vorgegebenen U_1 und U_2 genügen, so ist noch einer dieser Parameter frei verfügbar, außerdem das Periodenverhältnis τ. Diese beiden bestimmen die Lage der Schlitzenden. Die Abbildung außerhalb der reellen Achse ist in Abb. 122 angedeutet.

Liegen die Schlitze *symmetrisch* zur imaginären z-Achse (Abb. 123a), so ist $\varepsilon_{1\infty} = -1/4$ und $\varepsilon_{2\infty} = +1/4$. Liegen sie symmetrisch zur reellen

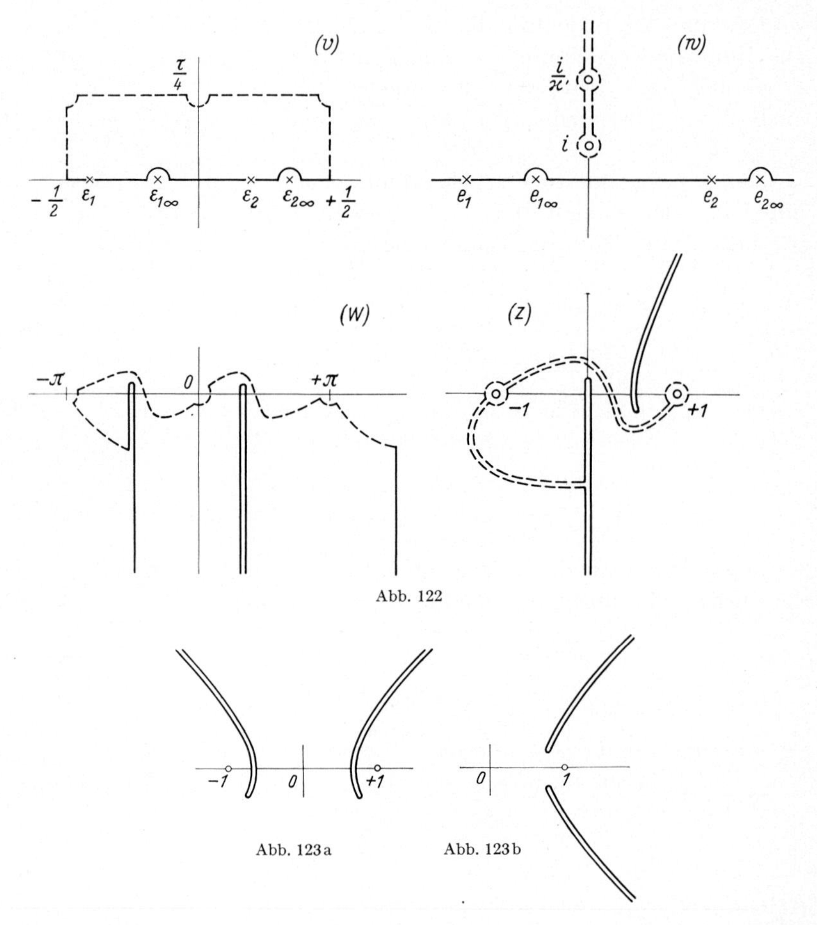

Abb. 122

Abb. 123a

Abb. 123b

Achse (Abb. 123b), so wird $\varepsilon_{1\infty} = 0$, $\varepsilon_{2\infty} = 1/2$. In letzterem Fall muß der Ansatz (7.2.17) modifiziert werden zu

$$W(w) = i \int_{i}^{w} \left(\frac{a}{w} - \varkappa'(2-a)\, w \right) \frac{dw}{\sqrt{P(w)}} \tag{7.2.23}$$

und die Größen $e_{1,2}$ berechnen sich unmittelbar zu

$$e_{1,2} = \pm \sqrt{\frac{a}{\varkappa'(2-a)}}\,. \tag{7.2.24}$$

Dagegen bleibt die Formel (7.2.18) auch für diesen Fall unverändert gültig, wenn dort für $\varepsilon_{1\infty}$, $\varepsilon_{2\infty}$ die entsprechenden Werte eingesetzt werden.

2. Beispiel: Parabelschlitz. Das Äußere eines Parabelschlitzes in der z-Ebene möge so auf die obere w-Halbebene abgebildet werden, daß dabei der Brennpunkt $z = 0$ in $w = \frac{i}{\varkappa'}$ und der Punkt $z = \infty$ in $w = i$ übergeht. Entsprechen dann den Schlitzenden die Punkte $w = e_{1,2}$, so ergibt sich nach A (14.2.11) für die Hilfsabbildung $W(w)$ der Ansatz

$$W(w) = C_1 \int_{\frac{i}{\varkappa'}}^{w} \frac{(w - e_1)(w - e_2)}{1 + w^2} \frac{dw}{\sqrt{(1 + w^2)(1 + \varkappa'^2 w^2)}}. \tag{7.2.25}$$

Wie beim Ellipsen- und Hyperbelschlitz muß hier eine Schließungsbedingung erfüllt sein, d. h. $W(w)$ muß zum Ausgangswert zurückkehren bei analytischer Fortsetzung längs der reellen Achse von $w = -\infty$ nach $w = +\infty$.

Zur Diskussion der *Abbildung des Randes* setzen wir

$$J_{w_0}^{w} = \int_{w_0}^{w} \left(1 + \frac{a - 2bw}{1 + w^2}\right) \frac{dw}{\sqrt{(1 + w^2)(1 + \varkappa'^2 w^2)}}. \tag{7.2.26}$$

Für reelle w sei $\sqrt{(1 + w^2)(1 + \varkappa'^2 w^2)} > 0$ angenommen. Wir überführen das Integral in die Legendresche Normalform, indem wir für reelle $w > 0$

$$w = \operatorname{tg} \varphi$$

setzen, und erhalten

$$J_0^w = \frac{1}{\varkappa^2} \left(a(E(\varkappa, \varphi) - \varkappa'^2 F(\varkappa, \varphi)) - 2b \left(1 - \sqrt{\frac{1 + \varkappa'^2 w^2}{1 + w^2}}\right) + \varkappa^2 F(\varkappa, \varphi)\right). \tag{7.2.27}$$

Für $w < 0$ setzen wir

$$w = -u = -\operatorname{tg} \varphi$$

und erhalten

$$J_0^u = \frac{1}{\varkappa^2} \left(-a(E(\varkappa, \varphi) - \varkappa'^2 F(\varkappa, \varphi)) - 2b \left(1 - \sqrt{\frac{1 + \varkappa'^2 w^2}{1 + w^2}}\right) - \varkappa^2 F(\varkappa, \varphi)\right). \tag{7.2.28}$$

Es ist also

$$J_{-\infty}^{+\infty} = \frac{2}{\varkappa^2} (a(E(\varkappa) - \varkappa'^2 K(\varkappa)) + \varkappa^2 K(\varkappa)) \tag{7.2.29}$$

und die Schließungsbedingung $I_{-\infty}^{+\infty} = 0$ ist erfüllt, wenn

$$a = \frac{\varkappa^2 K(\varkappa)}{E(\varkappa) - \varkappa'^2 K(\varkappa)} \tag{7.2.30}$$

ist. Die Werte von $e_{1,2}$ berechnen sich dann aus der zugehörigen quadratischen Gleichung zu

$$e_{1,2} = b \pm \sqrt{b^2 + \frac{K - E}{E - \varkappa'^2 K}}. \tag{7.2.31}$$

Weiter benötigen wir die Werte des Integrals für imaginäre w,

$$w = i\,u\,, \qquad u > \frac{1}{\varkappa'}.$$

Hier haben wir zu setzen

$$\sqrt{(1 + w^2)\,(1 + \varkappa'^2 w^2)} < 0\,, \qquad u^2 = \frac{1 - \varkappa'^2 \sin^2\varphi}{\varkappa'^2 \cos^2\varphi}$$

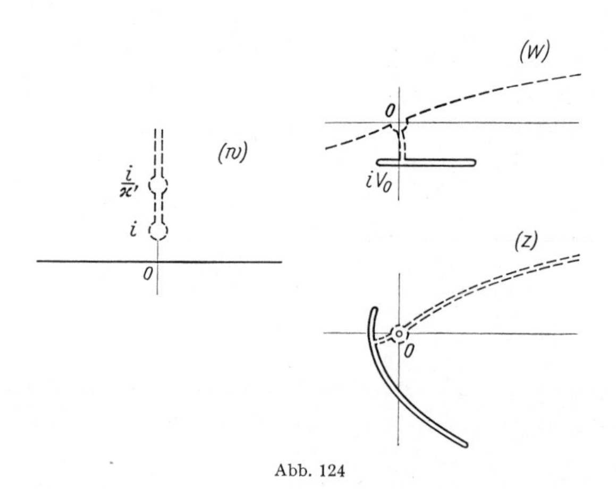

Abb. 124

und wir erhalten

$$\begin{aligned} J_{\frac{i}{\varkappa'}}^{u} &= \frac{i}{\varkappa^2}\left(a\left(E(\varkappa', \varphi) - \varkappa^2 F(\varkappa', \varphi)\right) + 2i\,b\,\varkappa' \sin\varphi - \varkappa^2 F(\varkappa', \varphi)\right), \\ J_{\frac{i}{\varkappa'}}^{\infty} &= \frac{i}{\varkappa^2}\left(a\,(E' - \varkappa^2 K') + 2\,i\,b\,\varkappa' - \varkappa^2 K'\right). \end{aligned} \tag{7.2.32}$$

Die Funktion $W(w)$ kann in der Form geschrieben werden

$$W(w) = C_1 \left(J_{\frac{i}{\varkappa'}}^{\infty} + J_{\infty}^{0} + J_{0}^{w}\right)$$

und insbesondere wird für reelle $w = \pm \operatorname{tg}\varphi$ unter Berücksichtigung von (7.2.30) und der Legendreschen Relation

$$E K' + E' K - K K' = \frac{\pi}{2}$$

$$W(w) = C_1 \left[\frac{\frac{i\pi}{2} + K E(\varkappa, \varphi) - E F(\varkappa, \varphi)}{\varkappa' K - E} + \frac{2b}{\varkappa^2} \sqrt{\frac{1 + \varkappa'^2 w^2}{1 + w^2}}\right]. \tag{7.2.33}$$

Nehmen wir C_1 reell an, so wird durch $W(w)$ die reelle w-Achse auf eine Gerade parallel zur reellen W-Achse abgebildet mit

$$\Im(W) = V_0 = \frac{\pi}{2} \frac{C_1}{\varkappa'^2 K - E}. \tag{7.2.34}$$

Durch $z = W^2$ geht diese Gerade in eine Parabel über, deren Brennpunktsabstand vom Scheitel gleich V_0^2 ist.

Die beiden Parameter b und $\varkappa$ bestimmen die Lage der Schlitzenden auf dieser Parabel. Ihre Berechnung kann wieder nur numerisch erfolgen durch Einsetzen der Werte (7.2.31) in (7.2.33). Es sei noch bemerkt, daß

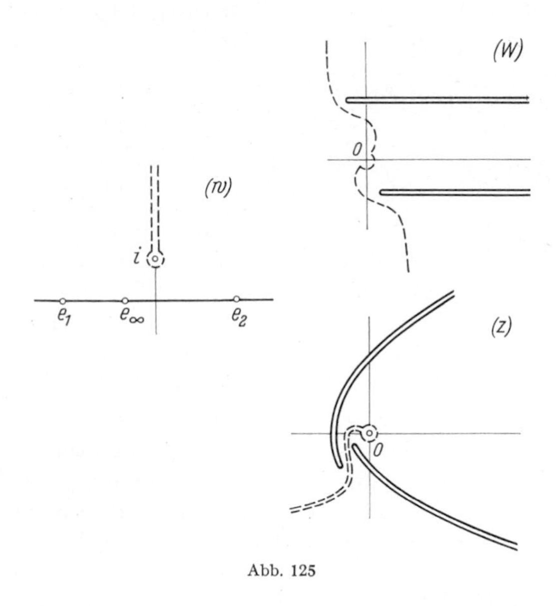

Abb. 125

$b = 0$ Symmetrie des Schlitzes bezüglich der Parabelachse bedeutet; die Größe b ist also ein Maß für die *Asymmetrie* des Parabelschlitzes. Der Modul $\varkappa$ bestimmt demgegenüber wieder im wesentlichen die *Länge* des Schlitzes, und zwar wächst diese mit wachsendem $\varkappa$.

Die Abbildung außerhalb der reellen w-Achse ist schematisch in Abb. 124 dargestellt.

Sonderfall: Wir untersuchen noch den in Abb. 125 dargestellten Fall, in dem sich der Parabelschlitz durch das Unendliche hindurchzieht. In der W-Ebene entsprechen hier der Stelle $z = \infty$ zwei gewöhnliche Ecken mit den Innenwinkeln 0 und $-\pi$. In der w-Ebene mögen diesen Ecken die Punkte $w = \infty$ und $w = e_\infty$ entsprechen und dem Brennpunkt $z = 0$

der Punkt $w = i$. Diese Zuordnung führt auf den Ansatz

$$
\begin{aligned}
W(w) &= C_1 \int\limits_i^w \frac{(w - e_1)(w - e_2)}{w - e_\infty} \frac{dw}{\sqrt{1 + w^2}} \\
&= C_1 \Big[\sqrt{1 + w^2} - (e_1 + e_2 - e_\infty)\Big(\log\big(w + \sqrt{1 + w^2}\big) - \frac{i\pi}{2}\Big) + \\
&\quad + \frac{(e_1 - e_\infty)(e_2 - e_\infty)}{\sqrt{1 + e_\infty^2}}\Big(\log(w - e_\infty) - \\
&\quad - \log\big(1 + e_\infty w + \sqrt{1 + e_\infty^2}\sqrt{1 + w^2}\big) - \frac{i\pi}{2}\Big)\Big].
\end{aligned}
\tag{7.2.35}
$$

Ränderzuordnung und Parameterbestimmung: Nehmen wir C_1 als reell an, so wird die reelle w-Achse auf Geraden parallel zur reellen W-Achse abgebildet, und zwar für

$$
\begin{aligned}
w < e_\infty: \mathfrak{J}(W) = V_1 = \frac{\pi}{2} C_1 \Big(e_1 + e_2 - e_\infty + \frac{(e_1 - e_\infty)(e_2 - e_\infty)}{\sqrt{1 + e_\infty^2}}\Big), \\
w > e_\infty: \mathfrak{J}(W) = V_2 = \frac{\pi}{2} C_1 \Big(e_1 + e_2 - e_\infty - \frac{(e_1 - e_\infty)(e_2 - e_\infty)}{\sqrt{1 + e_\infty^2}}\Big).
\end{aligned}
\tag{7.2.36}
$$

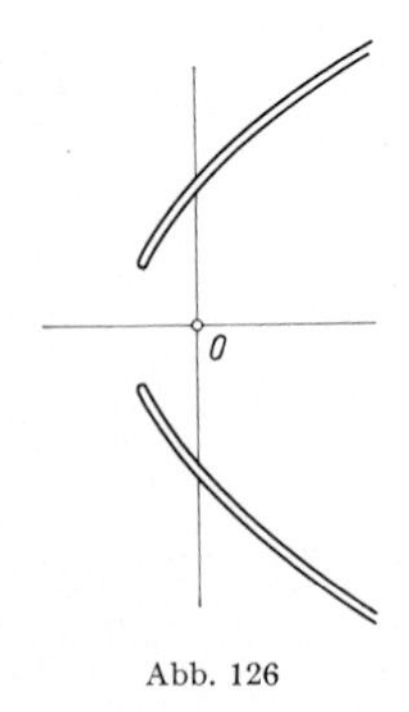

Abb. 126

Hierdurch sind die Parabeln festgelegt, auf denen die beiden Schlitze liegen. Die Lage der Schlitzenden erhält man, wenn man in die Formel (7.2.35) die Werte $w = e_1$ und $w = e_2$ einsetzt. Zusammen mit (7.2.36) sind dies vier Gleichungen, aus denen bei vorgegebener Lage der Schlitze die vier Parameter e_1, e_2, e_∞ und C_1 berechnet werden können.

Liegt der Schlitz symmetrisch zur reellen z-Achse (Abb. 126), so wird $e_\infty = 0$ und $e_1 = -e_2$. In diesem Fall sind also nur noch zwei Parameter zu bestimmen; die Formel (7.2.35) erhält die einfache Form

$$W(w) = C_1\Big(\sqrt{1 + w^2} - e_1^2\Big(\log w - \log\big(1 + \sqrt{1 + w^2}\big)\Big)\Big) \tag{7.2.35a}$$

und es wird

$$V_1 = -V_2 = -\frac{\pi}{2} C_1 e_1^2. \tag{7.2.36a}$$

§ 8. Zweifach zusammenhängende Polygone

Die konforme Abbildung zweifach zusammenhängender Polygone nach den Methoden von A § 15 wird infolge der großen Zahl der auftretenden Parameter im allgemeinen so kompliziert, daß sich nur die einfachsten Fälle einigermaßen beherrschen lassen. Wir beschränken uns im folgenden auf solche Bereiche, deren Randkurven Kreisbogen- oder Geradenschlitze sind; diese Bereiche fallen unter die in A 15.3 besprochenen Spezialfälle, deren Abbildungsfunktion explizit angegeben werden kann. Drei Möglichkeiten sind hier zu unterscheiden: 1. Alle Randkurven liegen auf parallelen Geraden. 2. Alle Randkurven liegen auf Geraden durch den Nullpunkt. 3. Alle Randkurven liegen auf konzentrischen Kreisen.

Diese Abbildungen werden unter anderem gebraucht für die Berechnung von Strömungen um Doppelflügel, und zwar in zweifacher Hinsicht. Einmal kann man Schlitze als einfachste Profilformen ansehen, so daß durch die im folgenden abzuleitenden Abbildungsfunktionen das Äußere dieser Profile auf das Normalgebiet des Periodenrechtecks abgebildet wird. Es können dann Randwertaufgaben im Profiläußeren mit Hilfe der in A 10.3 abgeleiteten Formeln gelöst werden. Durch Erweiterung der Abbildungen nach Art der Joukowsky-Profile (vgl. 1.1, S. 206) lassen sich dann auch allgemeinere Profilformen beherrschen[1].

Auf der anderen Seite kann man mit diesen Abbildungen auch die Aufgabe lösen, die Umströmung allgemeinerer Profile auf die einfache Umströmung von Schlitzprofilen zurückzuführen (vgl. A 3.2, S. 29 u. 30, Abb. 16). Hierzu muß das Außengebiet der Profile zunächst auf das Periodenrechteck abgebildet werden und dieses dann weiter auf das gewünschte Schlitzgebiet[2].

Wesentlich für die praktische Durchführbarkeit der Abbildungsaufgaben ist die gute Konvergenz der Thetareihen. Das setzt voraus, daß das Periodenverhältnis τ hinreichend groß ist. Bei kleinen Werten von τ, die z. B. bei Spaltflügeln mit engem Spalt auftreten, empfiehlt es sich, die folgenden Formeln nicht direkt zu benutzen, sondern mit Hilfe der Transformationsformeln der Thetafunktionen zum reziproken Verhältnis $-\frac{1}{\tau}$ überzugehen.

8.1. Polygone, deren Randkurven auf parallelen Geraden liegen

1. Beispiel: Halbebene mit Parallelschlitz. Der aus einer Halbebene mit Parallelschlitz bestehende Bereich habe die in Abb. 127 angegebene Lage. Er soll in der in A § 15 erläuterten Art und Weise auf das Periodenrechteck

$$0 \leqq \Re(w) < 1\,, \qquad 0 \leqq \Im(w) \leqq \frac{|\tau|}{2}$$

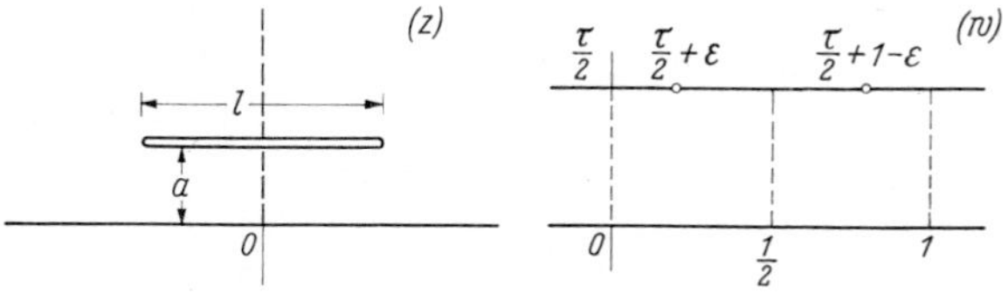

Abb. 127

[1] Flügge-Lotz, J., u. J. Ginzel: Ing.-Arch. 9, 268 (1940).

[2] Lagally, M.: Z. angew. Math. Mech. 9, 299—305 (1929). — Lammel, E.: Z. angew. Math. Mech. 23, 289—291 (1943); Mh. Math. 51, 24—34 (1943).

abgebildet werden. Hierbei möge die reelle z-Achse in die reelle w-Achse und insbesondere der Punkt $z = \infty$ in $w = 0$ übergehen. Der Schlitz wird dann auf die Gerade $\mathfrak{J}(w) = \frac{|\tau|}{2}$ abgebildet, wobei wegen der Symmetrie des Bereichs den Schlitzenden die Punkte $w = \frac{\tau}{2} + \varepsilon$ und $w = \frac{\tau}{2} + 1 - \varepsilon$ zugeordnet sind. Der Schwarz-Christoffelsche Integralansatz hat dann nach A (15.2.5) die Form

$$z(w) = C_1 \int\limits_{w_0}^{w} \frac{\vartheta_4(w-\varepsilon|\tau)\,\vartheta_4(w+\varepsilon|\tau)}{\vartheta_1^2(w|\tau)}\,dw + C_2. \tag{8.1.1}$$

Nach den Überlegungen von A 15.3 muß der Integrand eine doppeltperiodische Funktion sein, und zwar schließt man aus dem Verhalten an der Stelle $w = 0$, daß er bis auf eine multiplikative und eine additive Konstante gleich der Weierstraßschen $\wp$-Funktion sein muß. Es ist also

$$\begin{aligned} z(w) &= C_1 \int\limits_{0}^{w} \left(\wp(w; 1, \tau) - \wp\left(\frac{\tau}{2} + \varepsilon; 1, \tau\right)\right) dw + C_2 \\ &= -C_1\left(\zeta(w; 1, \tau) + \wp\left(\frac{\tau}{2} + \varepsilon; 1, \tau\right) w\right) + C_2 . \end{aligned} \tag{8.1.2}$$

Konstantenbestimmung: Es ist

$$z(w+1) = z(w) - C_1\left(2\eta + \wp\left(\frac{\tau}{2} + \varepsilon; 1, \tau\right)\right).$$

Da auf Grund der Schließungsbedingung $z(w)$ periodisch mit der Periode 1 sein muß, gilt

$$\wp\left(\frac{\tau}{2} + \varepsilon; 1, \tau\right) = -2\eta . \tag{8.1.3}$$

Berücksichtigt man diese Beziehung und die Legendresche Relation

$$\eta\,\omega' - \eta'\,\omega = \frac{i\,\pi}{2}, \qquad \omega = \frac{1}{2}, \qquad \omega' = \frac{\tau}{2},$$

so wird

$$z(w+\tau) = z(w) + C_1\, 2\eta\, i .$$

Einer Vermehrung von w um τ entspricht in der z-Ebene eine Spiegelung an der reellen Achse und am Schlitz, wobei z in $z + 2\,i\,a$ übergeht, wenn a der Abstand des Schlitzes von der reellen Achse ist. Es ist daher

$$C_1 = \frac{a}{\pi}. \tag{8.1.4}$$

Weiter muß $C_2 = 0$ sein bei der in Abb. 127 angegebenen Lage des Bereichs. Da nämlich die imaginäre Achse Symmetrieachse des Bereichs ist, entspricht dem Punkt $z = 0$ der Punkt $w = 1/2$ und durch Einsetzen in (8.1.2) verifiziert man sofort die Behauptung. Damit erhält die

Abbildungsfunktion die endgültige Gestalt

$$z(w) = -\frac{a}{\pi}\left(\zeta(w; 1, \tau) - 2\eta w\right) = -\frac{a}{\pi}\frac{\vartheta_1'}{\vartheta_1}(w\,|\,\tau). \tag{8.1.5}$$

Die Länge des Schlitzes hängt noch von dem Parameter τ ab. Um diese zu bestimmen, braucht man zunächst die Nullstellen $w = \frac{\tau}{2} \pm \varepsilon + n$ (n ganz) des Integranden von (8.1.2). Hierzu geht man von der Formel (8.1.3) aus, die man auch in der Form schreiben kann

$$\frac{(e_3 - e_1)(e_3 - e_2)}{\wp(\varepsilon; 1, \tau) - e_3} = -e_3 - 2\eta. \tag{8.1.6}$$

Mit Hilfe der Formeln

$$\frac{e_1 - e_3}{\wp w - e_3} = \mathrm{sn}^2\, 2Kw,$$

$$e_1 = \frac{4}{3}(1 + \varkappa'^2)K^2, \quad e_2 = \frac{4}{3}(\varkappa^2 - \varkappa'^2)K^2, \quad e_3 = -\frac{4}{3}(1 + \varkappa^2)K^2,$$

$$\eta = 2K\left(E - \frac{2 - \varkappa^2}{3}K\right) \tag{8.1.7}$$

geht man dann zu den für numerische Rechnungen besser geeigneten Jacobischen Funktionen über, deren Modul wie bisher aus

$$\varkappa = \frac{\vartheta_2^2(0\,|\,\tau)}{\vartheta_3^2(0\,|\,\tau)}$$

berechnet werden kann. Die Gl. (8.1.6) geht dann über in

$$4\varkappa^2 K^2\, \mathrm{sn}^2\, 2K\varepsilon = 4K(K - E). \tag{8.1.8}$$

Durch Umkehrung von $\mathrm{sn}\, 2K\varepsilon$ berechnet man hieraus den Wert von ε zu

$$\varepsilon = \frac{F(\varkappa, \varphi)}{2K}, \qquad \sin\varphi = \sqrt{\frac{K - E}{\varkappa^2 K}}. \tag{8.1.9}$$

Setzt man diesen Wert in (8.1.5) ein, so erhält man für die Länge l des Schlitzes den Wert

$$l = \frac{2a}{\pi}\frac{\vartheta_4'}{\vartheta_4}(\varepsilon\,|\,\tau). \tag{8.1.10}$$

Aus dieser Gleichung in Verbindung mit (8.1.9) kann dann τ numerisch bestimmt werden[1].

[1] Es empfiehlt sich, zu diesem Zweck nicht von dem Periodenverhältnis τ, sondern vom Modul $\varkappa$ auszugehen, um daraus nach (8.1.9) ε und $\tau = i\frac{K'}{K}$ auszurechnen und diese Werte in (8.1.10) einzusetzen. Man sieht übrigens leicht ein, daß bei festem Abstand a und wachsender Länge l die Größe $|\tau|$ kleiner werden muß. Die Bilder der Linien $\Re(w) = \mathrm{const}$ und $\Im(w) = \mathrm{const}$ erzeugen nämlich in der z-Ebene ein Isothermennetz, das als Netz von Potential- und Stromlinien einer elektrischen Strömung gedeutet werden kann, die von der reellen z-Achse zum Schlitz hin fließt. Hierbei stellt $|\tau|$ die Potentialdifferenz zwischen reeller z-Achse und Schlitz bei konstantem Gesamtstrom dar (vgl. die Überlegungen in A 3.1). Mit wachsendem l muß aber der elektrische Widerstand dieser Anordnung und damit die Potentialdifferenz $|\tau|$ kleiner werden. Entsprechende Überlegungen gelten auch für die folgenden Abbildungsaufgaben dieses Paragraphen.

Wir kontrollieren noch die *Ränderzuordnung*, indem wir $w = u$ und $w = \frac{\tau}{2} + u$, $0 < u < 1$ setzen:

1. $w = u\,, \quad z(u) = -\frac{a}{\pi}\frac{\vartheta_1'}{\vartheta_1}(u|\tau)\,, \quad \mathfrak{I}(z) = 0\,.$

2. $w = \frac{\tau}{2} + u\,, \quad z(u) = i\,a - \frac{a}{\pi}\frac{\vartheta_4'}{\vartheta_4}(u|\tau)\,, \quad \mathfrak{I}(z) = a\,.$

2. Beispiel: Zwei Parallelschlitze. Der zweifach zusammenhängende Bereich bestehe jetzt aus zwei parallelen Schlitzen im Abstand a und in der in Abb. 128 dargestellten Anordnung. Sind $w = \varepsilon_{1,2}$ und $w = \frac{\tau}{2} + \varepsilon_{3,4}$

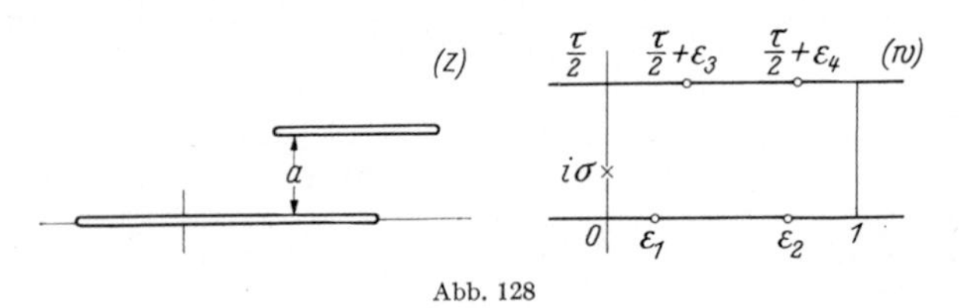

Abb. 128

die Bildpunkte der Schlitzenden und $w = i\,\sigma$[1]) der Bildpunkt von $z = \infty$, so erhält das Schwarz-Christoffelsche Integral die Form

$$z(w) = C_1 \int_{w_0}^{w} \frac{\vartheta_1(w-\varepsilon_1)\,\vartheta_1(w-\varepsilon_2)\,\vartheta_4(w-\varepsilon_3)\,\vartheta_4(w-\varepsilon_4)}{\vartheta_1^2(w-i\sigma)\,\vartheta_1^2(w+i\sigma)}\,. \qquad (8.1.11)$$

Wie im ersten Beispiel muß der Integrand doppeltperiodisch sein. Da das Residuum an den Stellen $w = \pm i\,\sigma$ verschwinden muß, kann er wieder durch die Weierstraßsche $\wp$-Funktion dargestellt werden. Bei Berücksichtigung der Schließungsbedingung [vgl. (8.1.3)] wird dann

$$\begin{aligned} \boldsymbol{z(w)} &= \boldsymbol{C}\int_0^{w} \boldsymbol{e^{i\gamma}\,(\wp(w-i\sigma;1,\tau)+2\eta) + e^{-i\gamma}\,(\wp(w+i\sigma;1,\tau)+2\eta)\,dw + C_2} \\ &= -\boldsymbol{C\,[e^{i\gamma}\,(\zeta(w-i\sigma;1,\tau)-2\eta) + e^{-i\gamma}\,(\zeta(w+i\sigma;1,\tau)-2\eta)] + C_2} \\ &= -\boldsymbol{C\left[e^{i\gamma}\frac{\vartheta_1'}{\vartheta_1}(w-i\sigma|\tau) + e^{-i\gamma}\frac{\vartheta_1'}{\vartheta_1}(w+i\sigma|\tau)\right] + C_2}\,. \end{aligned} \qquad (8.1.12)$$

Konstantenbestimmung: Es ist

$$z(w+\tau) = z(w) + 4\pi i C\cos\gamma\,.$$

Dieser Zuwachs ist wie im 1. Beispiel gleich $2ia$ und daher

$$C = \frac{a}{2\pi\cos\gamma}\,. \qquad (8.1.13)$$

[1] Durch eine Verschiebung, die den Parallelstreifen $0 < \mathfrak{I}(w) < \frac{|\tau|}{2}$ in sich überführt, läßt sich stets erreichen, daß der Bildpunkt von $z = \infty$ auf die imaginäre Achse kommt.

Um die *Lage der Schlitzenden* zu bestimmen, braucht man wieder die Nullstellen $w = \varepsilon_1, \varepsilon_2, \frac{\tau}{2} + \varepsilon_3, \frac{\tau}{2} + \varepsilon_4$ des Integranden von (8.1.12). Mit Hilfe des Additionstheorems der $\wp$-Funktion lassen sich diese auf algebraischem Wege ermitteln. Man erhält hier zunächst die Gleichung

$$\begin{gathered}[4(2\eta - \wp\,\varepsilon - \wp\,i\,\sigma)(\wp\,\varepsilon - \wp\,i\,\sigma)^2 + \wp'^2\varepsilon + \wp'^2\,i\,\sigma]\cos\gamma \\ = -2i\,\wp'\varepsilon\,\wp'i\,\sigma\sin\gamma\,,\end{gathered} \tag{8.1.14}$$

wenn ε eine der oben angegebenen Nullstellen ist. Wegen

$$\wp'^2 = 4\,\wp^3 - g_2\,\wp - g_3 = 4(\wp - e_1)(\wp - e_2)(\wp - e_3)$$

steht auf der rechten Seite von (8.1.14) ein quadratischer Ausdruck in $\wp\,\varepsilon$. Durch Quadrieren erhält man dann aus (8.1.14) eine Gleichung 4. Grades in $\wp\,\varepsilon$, deren vier reelle Wurzeln die Größen

$$\wp\,\varepsilon_1\,,\qquad \wp\,\varepsilon_2\,,\qquad \wp\left(\frac{\tau}{2} + \varepsilon_3\right),\qquad \wp\left(\frac{\tau}{2} + \varepsilon_4\right)$$

sind. Durch Übergang zu den Jacobischen Funktionen mit Hilfe von (8.1.7) lassen sich die Nullstellen selbst dann wie in (8.1.9) als Legendresche Integrale darstellen. Bei der Umrechnung ist zu beachten, daß

$$e_1 \leqq \wp\,\varepsilon_{1,2} < \infty \qquad \text{und} \qquad e_3 \leqq \wp\left(\frac{\tau}{2} + \varepsilon_{3,4}\right) \leqq e_2$$

ist. Weiter bemerken wir, daß es zu jeder Wurzel $\wp\,\varepsilon$ im Intervall $0 < \varepsilon_i < 1$, $i = 1, 2, 3, 4$, zwei Werte ε_i gibt, für die die $\wp$-Funktion den Wert $\wp\,\varepsilon$ annimmt, nämlich ε_i und $1 - \varepsilon_i$. Für welchen dieser beiden Werte der Integrand verschwindet, läßt sich durch Einsetzen in die Formel (8.1.14) entscheiden. Es ist nämlich

$$2i\,\wp'i\sigma > 0 \quad \text{für} \quad 0 < \sigma < \frac{|\tau|}{2}$$

und weiter

$$\wp'\varepsilon_{1,2} \quad \begin{matrix} < 0 & \text{für} & 0 < \varepsilon_{1,2} < \frac{1}{2} \\ > 0 & \text{für} & \frac{1}{2} < \varepsilon_{1,2} < 1 \end{matrix}$$

und

$$\wp'\left(\frac{\tau}{2} + \varepsilon_{3,4}\right) \quad \begin{matrix} > 0 & \text{für} & 0 < \varepsilon_{3,4} < \frac{1}{2} \\ < 0 & \text{für} & \frac{1}{2} < \varepsilon_{3,4} < 1\,. \end{matrix}$$

Durch das Vorzeichen der rechten Seite von (8.1.14) nach Einsetzen der Wurzel $\wp\,\varepsilon$ ist also das Intervall festgelegt, in dem die Größe ε_i liegen muß.

Durch Einsetzen der so ermittelten Nullstellen in die Abbildungsfunktion (8.1.12) erhält man die Lage der Schlitzenden in der z-Ebene. Hierbei kann die Größe C_2 noch so gewählt werden, daß ein Schlitzende in einen vorgegebenen Punkt der z-Ebene rückt. Die drei übrigen Schlitzenden werden dann durch die Parameter γ, σ und τ festgelegt. Durch geeignete Wahl dieser Parameter kann man Schlitze beliebiger Länge und Anordnung erhalten, wobei die Parameterbestimmung wieder nur numerisch durchgeführt werden kann. Einen Anhalt für die Wahl der Parameterwerte geben die im folgenden betrachteten Sonderfälle[1].

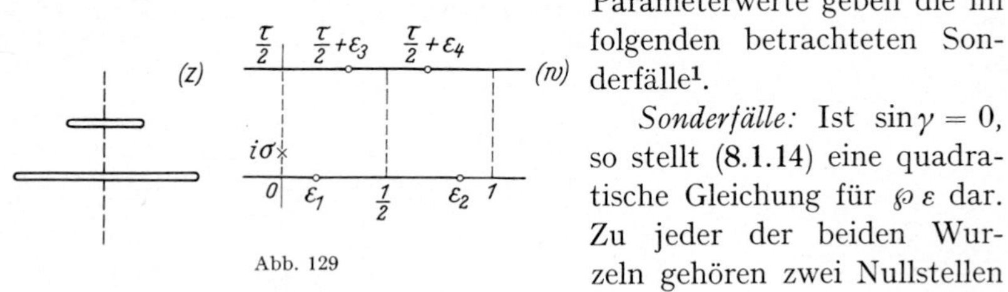

Abb. 129

Sonderfälle: Ist $\sin\gamma = 0$, so stellt (8.1.14) eine quadratische Gleichung für $\wp\,\varepsilon$ dar. Zu jeder der beiden Wurzeln gehören zwei Nullstellen $w = \varepsilon_{1,2}$ und $w = \frac{\tau}{2} + \varepsilon_{3,4}$ mit $e_2 = 1 - \varepsilon_1$ und $\varepsilon_4 = 1 - \varepsilon_3$. Geometrisch stellt dieser Fall einen symmetrischen Schlitzbereich dar, wobei die Symmetrieachse senkrecht zu den Schlitzen verläuft (Abb. 129)[2].

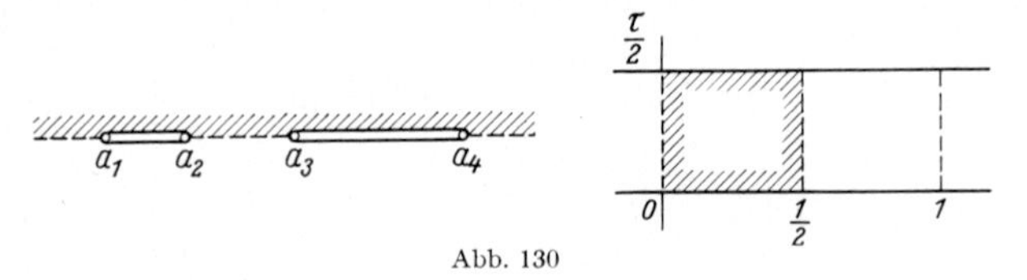

Abb. 130

Ist $\cos\gamma = 0$, so müssen die Schlitze wegen (8.1.13) auf einer Geraden liegen (Abb. 130). Die Nullstellen liegen hier so, daß $\varepsilon_1 = \varepsilon_3 = 0$ und $\varepsilon_2 = \varepsilon_4 = {}^1/_2$ wird.

Einfacher erhält man die Abbildungsfunktion in diesem Fall aus der Überlegung, daß — sofern die Schlitze auf der reellen z-Achse liegen — die Funktion $w(z)$ die obere Halbebene $\mathfrak{I}(z) > 0$ auf das Rechteck

$$0 < \mathfrak{R}(w) < \frac{1}{2}, \qquad 0 < \mathfrak{I}(w) < \frac{|\tau|}{2}$$

[1] Es sei noch erwähnt, daß die hier betrachtete Abbildung die in A 3.2, S. 29 gestellte Aufgabe löst, das Strömungsfeld zweier Profile in einer Parallelströmung zu bestimmen, sofern die Abbildung des (zweifach zusammenhängenden) Profiläußeren auf das Periodenrechteck angegeben werden kann. Durch Zusammensetzen der letzteren Abbildung mit der eben untersuchten erhält man die Abbildung des Profiläußeren auf zwei Parallelschlitze und hierbei entsprechen die Potential- und Stromlinien der Profilströmung den Linien $\mathfrak{R}(z) = \text{const}$ und $\mathfrak{I}(z) = \text{const}$ im Schlitzbereich. Durch die Abbildung des Profiläußeren auf das Periodenrechteck sind die Parameter τ und σ bereits festgelegt ($w = i\,\sigma$ als Bildpunkt des unendlich fernen Punktes im Profiläußeren); die Konstante γ bestimmt die Anströmrichtung. Wir haben also in diesem Fall kein Parameterproblem zu lösen, lediglich die Staupunkte der Strömung sind aus den Nullstellen von $z'(w)$ wie bisher zu berechnen.

[2] Ist insbesondere $C_2 = 0$, so liegt die Symmetrieachse auf der imaginären z-Achse.

(Hälfte des Periodenrechtecks) abbildet. Liegen die Schlitzenden bei $z = a_1, a_2, a_3, a_4$ mit $-\infty < a_1 < a_2 < a_3 < a_4 < +\infty$, so läßt sich demnach $w(z)$ als Schwarz-Christoffelsches Integral in der Form schreiben

$$\boldsymbol{w}(\boldsymbol{z}) = \frac{\displaystyle\int_{a_1}^{z} \frac{1}{\sqrt{(z-a_1)(z-a_2)(z-a_3)(z-a_4)}}\, dz}{\displaystyle 2\int_{a_1}^{a_2} \frac{1}{\sqrt{(z-a_1)(z-a_2)(z-a_3)(z-a_4)}}\, dz}. \quad (8.1.15)$$

Für die numerische Behandlung der Abbildung wird man dieses Integral in der üblichen Weise auf die Legendresche Normalform transformieren (vgl. 4.2, 1. Beispiel, S. 241ff).

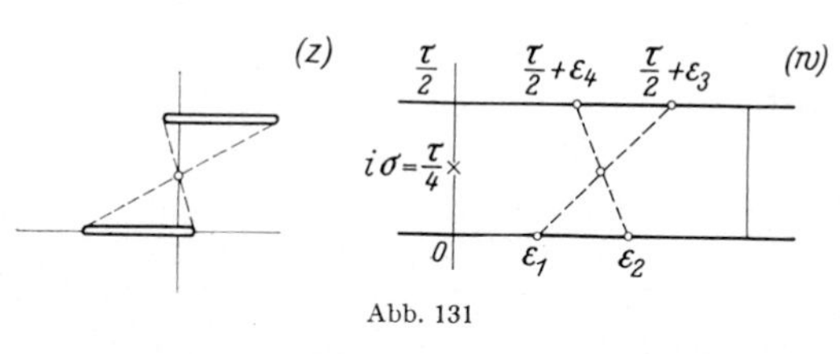

Abb. 131

Haben die Schlitze gleiche Länge, so muß wegen der *Zentralsymmetrie* des Bereichs $i\sigma = \frac{\tau}{4}$ sein (Abb. 131). In diesem Fall lassen sich die Nullstellen des Integranden folgendermaßen berechnen: Es ist

$$\wp\left(\varepsilon + \frac{\tau}{4}\right) - e_3 = \frac{(e_3 - e_1)(e_3 - e_2)}{\wp\left(\varepsilon - \frac{\tau}{4}\right) - e_3},$$

so daß wir die Gleichung zur Bestimmung von ε auch in der Form schreiben können

$$\frac{e^{i\gamma}}{\varkappa\,\mathrm{sn}^2\left(2K\varepsilon - \frac{iK'}{2}\right)} + e^{-i\gamma}\varkappa\,\mathrm{sn}^2\left(2K\varepsilon - \frac{iK'}{2}\right) = 2\cos\gamma\,\frac{K-E}{\varkappa K}. \quad (8.1.16)$$

Wir formen diesen Ausdruck um mit Hilfe einer Periodentransformation 2. Ordnung

$$\sqrt{\varkappa}\,\mathrm{sn}\left(u - \frac{iK'}{2}; \varkappa\right) = \mathrm{sn}\left((1+\varkappa)\,u; \frac{2\sqrt{\varkappa}}{1+\varkappa}\right) - i\,\mathrm{cn}\left((1+\varkappa)\,u; \frac{2\sqrt{\varkappa}}{1+\varkappa}\right)$$

und erhalten unter Berücksichtigung von $\mathrm{sn}^2 + \mathrm{cn}^2 = 1$ mit $v = 2K(1+\varkappa)\varepsilon$ und $\varkappa^* = \frac{2\sqrt{\varkappa}}{1+\varkappa}$

$$\begin{aligned}(\mathrm{sn}^2(v;\varkappa^*) - \mathrm{cn}^2(v;\varkappa^*))\cos\gamma &- \\ - 2\,\mathrm{cn}(v;\varkappa^*)\,\mathrm{sn}(v;\varkappa^*)\sin\gamma &= \frac{K-E}{\varkappa K}\cos\gamma.\end{aligned} \quad (8.1.17)$$

Auf Grund dieser Gleichung können die Werte von $\varepsilon_{1,2}$ folgendermaßen berechnet werden: Man bestimme die Lösungen φ der Gleichung

$$\cos(2\varphi - \gamma) = -\frac{K-E}{K}\cos\gamma,$$

d. h.
$$\varphi = \frac{1}{2}\left(\gamma \pm \pi \pm \arccos \frac{K - E}{\varkappa K}\right),$$
die im Intervall $0 < \varphi < \pi$ liegen. Es gibt zwei verschiedene Werte $\varphi_{1,2}$ die dieser Bedingung genügen, und diese beiden Werte führen zu den beiden Werten $\varepsilon_{1,2}$ vermittels
$$\varepsilon_i = \frac{F\left(\frac{2\sqrt{\varkappa}}{1+\varkappa}, \varphi_i\right)}{2(1+\varkappa)K}, \qquad \text{falls} \quad 0 < \varphi_i < \frac{\pi}{2} \tag{8.1.18}$$
oder
$$\varepsilon_i = 1 - \frac{F\left(\frac{2\sqrt{\varkappa}}{1+\varkappa}, \pi - \varphi_i\right)}{2(1+\varkappa)K}, \quad \text{falls} \quad \frac{\pi}{2} < \varphi_i < \pi$$
ist.

Die Werte von ε_3 und ε_4 müssen dann wegen der Symmetrie des Bereichs
$$\varepsilon_3 = 1 - \varepsilon_1 \qquad \text{und} \qquad \varepsilon_4 = 1 - \varepsilon_2 \tag{8.1.19}$$
sein.

Ist hier $\sin\gamma = 0$, so ist der Bereich in der z-Ebene auch noch spiegelsymmetrisch. Dieser Fall läßt sich auf den im 1. Beispiel untersuchten zurückführen, indem man sowohl den in Abb. 127 dargestellten Bereich in der z-Ebene als auch das zugehörige Rechteck in der w-Ebene an der reellen Achse spiegelt. In der z-Ebene entsteht dann der in Abb. 132 dargestellte Bereich, während in der w-Ebene die Breite des Rechtecks und damit der Wert von τ verdoppelt wird.

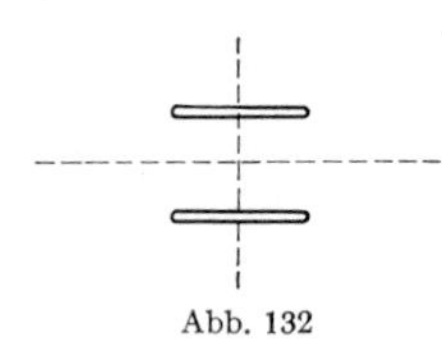
Abb. 132

3. Beispiel: Unendliche Schlitze. Wir betrachten den Fall, daß sich der eine der beiden Schlitze durchs Unendliche hindurchzieht, wie es in Abb. 133 dargestellt ist. Dem Punkt $z = \infty$ entsprechen dann in der w-Ebene zwei Punkte auf dem Intervall $0 \leqq w \leqq 1$, die wir etwa nach

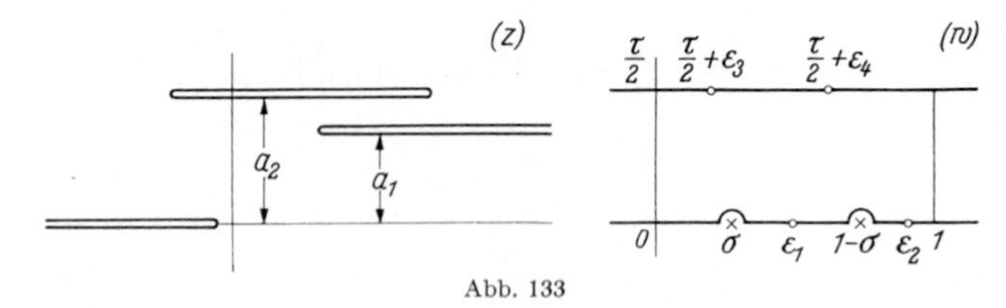

Abb. 133

$w = \sigma$ und $w = 1 - \sigma$, $0 < \sigma < {}^1/_2$ legen können. An diesen Stellen braucht jetzt das Residuum des Schwarz-Christoffelschen Integrals nicht zu verschwinden, so daß wir für die Abbildungsfunktion den folgenden Ansatz machen können
$$\begin{aligned} \boldsymbol{z}(\boldsymbol{w}) &= \int_{w_0}^{w} \boldsymbol{A}(\wp(\boldsymbol{w}-\boldsymbol{\sigma}; 1, \boldsymbol{\tau}) + 2\boldsymbol{\eta}) + \boldsymbol{B}(\wp(\boldsymbol{w}+\boldsymbol{\sigma}; 1, \boldsymbol{\tau}) + 2\boldsymbol{\eta}) + \\ &\quad + \boldsymbol{C}\left(\frac{\vartheta_1'}{\vartheta_1}(\boldsymbol{w}-\boldsymbol{\sigma}|\boldsymbol{\tau}) - \frac{\vartheta_1'}{\vartheta_1}(\boldsymbol{w}+\boldsymbol{\sigma}|\boldsymbol{\tau})\right) d\boldsymbol{w} \qquad (8.1.20) \\ &= -\boldsymbol{A}\frac{\vartheta_1'}{\vartheta_1}(\boldsymbol{w}-\boldsymbol{\sigma}|\boldsymbol{\tau}) - \boldsymbol{B}\frac{\vartheta_1'}{\vartheta_1}(\boldsymbol{w}+\boldsymbol{\sigma}|\boldsymbol{\tau}) + \boldsymbol{C}\log\frac{\vartheta_1(\boldsymbol{w}-\boldsymbol{\sigma}|\boldsymbol{\tau})}{\vartheta_1(\boldsymbol{w}+\boldsymbol{\sigma}|\boldsymbol{\tau})} + \boldsymbol{C}_2. \end{aligned}$$

Ränderzuordnung: Seien A, B, C, und C_2 reell. Wir untersuchen das Verhalten der Abbildungsfunktion auf den Geraden $w = u$ und $w = \frac{\tau}{2} + u$, u reell, $0 < u < 1$.

1. $w = u$, $\sigma < u < 1 - \sigma$.

Alle Thetafunktionen, aus denen sich $z(w)$ zusammensetzt, sind auf diesem Intervall reell, ebenso das logarithmische Glied, also auch $z(w)$.

2. $w = u$, $0 < u < \sigma$ und $1 - \sigma < u < 1$.

Wir setzen die Funktion $z(w)$ aus dem Intervall $\sigma < u < 1 - \sigma$ heraus in die beiden anschließenden Intervalle fort, indem wir die singulären Stellen $w = \sigma$ und $w = 1 - \sigma$ durch kleine Halbkreise umgehen (s. Abb. 133). Beim Durchlaufen dieser Halbkreise in den angegebenen Richtungen vermehrt sich die Funktion

$$\log \frac{\vartheta_1(w - \sigma)}{\vartheta_1(w + \sigma)}$$

um $i\pi$. Es ist also, da die übrigen Glieder reell bleiben,

$$\mathfrak{I}(z) = \pi C \qquad \text{für} \qquad 0 < u < \sigma \qquad \text{und} \qquad 1 - \sigma < u < 1 .$$

Damit wird der Abstand a_1 der beiden unendlichen Schlitze voneinander

$$a_1 = |C\pi| . \tag{8.1.21}$$

Damit das Intervall $0 < w < 1$ in der geforderten Weise auf die beiden unendlichen Schlitze abgebildet wird, dürfen A und B nicht beide > 0 oder < 0 sein. Läßt man nämlich aus dem Intervall $\sigma < w < 1 - \sigma$ heraus $w \to \sigma$ streben, so geht $\frac{\vartheta_1'}{\vartheta_1}(w - \sigma) \to +\infty$; dagegen geht $\frac{\vartheta_1'}{\vartheta_1}(w + \sigma) \to -\infty$, wenn w aus demselben Intervall heraus gegen $1 - \sigma$ strebt. Soll nun z. B. das Intervall $\sigma < w < 1 - \sigma$ auf einen Schlitz abgebildet werden, der sich nach $-\infty$ hin erstreckt, so muß $z(w) \to -\infty$ streben sowohl für $w \to \sigma$ wie für $w \to 1 - \sigma$. Da die eben betrachteten Thetaquotienten das Verhalten von $z(w)$ in der Umgebung der singulären Stellen bestimmen, muß daher $A > 0$ und $B < 0$ sein. Genauso schließt man, daß $A < 0$ und $B > 0$ sein muß, wenn sich dieser Schlitz nach $+\infty$ hinzieht. Die Fälle $A > 0$, $B > 0$ und $A < 0$, $B < 0$ führen auf nichtschlichte Schlitzbereiche.

3. $w = \frac{\tau}{2} + u$, $0 < u < 1$.

Es ist

$$\frac{\vartheta_1'}{\vartheta_1}\left(\frac{\tau}{2} + u \mp \sigma\right) = \frac{\vartheta_4'}{\vartheta_4}(u \mp \sigma) - i\pi$$

und

$$\log \frac{\vartheta_1\left(\frac{\tau}{2} + u - \sigma\right)}{\vartheta_1\left(\frac{\tau}{2} + u + \sigma\right)} = \log \frac{\vartheta_4(u - \sigma)}{\vartheta_4(u + \sigma)} + 2\pi i \sigma .$$

Hieraus folgt, daß der endliche Schlitz auf der Geraden

$$\mathfrak{J}(z) = \pi(A + B + 2\sigma C)$$

liegt. Der in Abb. 133 eingetragene Abstand a_2 ist also

$$a_2 = |\pi(A + B + 2\sigma C)| . \tag{8.1.22}$$

Die Nullstellen von $z'(w)$ seien wieder $w = \varepsilon_{1,2}$ und $w = \frac{\tau}{2} + \varepsilon_{3,4}$. Um ihre Lage zu bestimmen, formt man den Integranden von (8.1.20) mit Hilfe des Additionstheorems um. Man erhält so die Gleichung

$$\begin{aligned}(4(2\eta - \wp\,\varepsilon - \wp\,\sigma)\,(\wp\,\varepsilon - \wp\,\sigma)^2 + \wp'^2\varepsilon + \wp'^2\sigma)\,(A + B) - \qquad (8.1.23)\\ - 4C\left(2\frac{\vartheta_1'}{\vartheta_1}(\sigma)\,(\wp\,\varepsilon - \wp\sigma)^2 - \wp'\sigma(\wp\,\varepsilon - \wp\sigma)\right) = 2(B - A)\,\wp'\sigma\,\wp'\varepsilon\,,\end{aligned}$$

die genau wie (8.1.14) weiterbehandelt werden kann.

Sonderfälle: Ist $A = 0$, $B \neq 0$ (oder $B = 0$, $A \neq 0$), so bildet (8.1.20) das Periodenrechteck auf einen Schlitzbereich ab, der aus einer Halbebene mit einem endlichen und einem unendlichen Parallelschlitz besteht

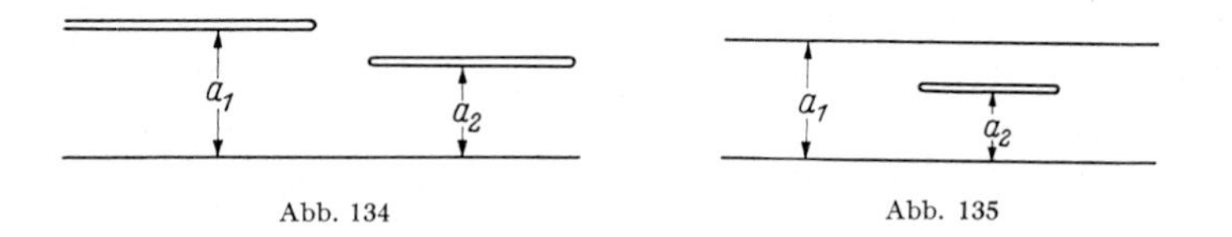

Abb. 134 Abb. 135

(Abb. 134). Für die Ränderzuordnung gelten die gleichen Formeln wie im allgemeinen Fall, ebenso auch für die Nullstellenbestimmung von $z'(w)$. Hier hat man noch zu beachten, daß die aus (8.1.23) entstehende Gleichung 4. Grades die Wurzel $\wp\,\varepsilon = \wp\,\sigma$ hat. Dividiert man sie durch $\wp\,\varepsilon - \wp\,\sigma$, so entsteht eine Gleichung 3. Grades für die drei Nullstellen von $z'(w)$.

Der Fall $A = B = 0$ führt auf einen *Parallelstreifen mit Schlitz,* wie er in Abb. 135 dargestellt ist. Hierbei wird die Gerade $w = u$ auf die beiden Seiten des Streifens, die Gerade $w = \frac{\tau}{2} + u$ auf den Schlitz abgebildet. Die Formeln über die Ränderzuordnung gelten hier ebenfalls, wobei $a_1 = |C\,\pi|$ die Breite des Streifens und $a_2 = |2\pi\sigma C|$ den Abstand des Schlitzes von dem einen Rand des Streifens darstellt. Die beiden Nullstellen $w = \frac{\tau}{2} + \varepsilon_{3,4}$ von $z'(w)$ ergeben sich aus der Gl. (8.1.23) zu

$$\wp\left(\frac{\tau}{2} + \varepsilon_{3,4}\right) = \wp\sigma + \frac{\wp'\sigma}{2\,\frac{\vartheta_1'}{\vartheta_1}(\sigma)} \tag{8.1.24}$$

und hieraus erhält man durch Übergang zu den Jacobischen Funktionen [vgl. (8.1.9)] die Werte von $\varepsilon_{3,4}$ zu

$$\varepsilon_3 = \frac{F(\varkappa,\varphi)}{2K}, \quad \sin\varphi = \frac{1}{2\varkappa K}\sqrt{\frac{4}{3}(1+\varkappa^2)K^2 + \wp\sigma + \frac{\wp'\sigma}{2\frac{\vartheta_1'}{\vartheta_1}(\sigma)}}, \tag{8.1.25}$$
$$\varepsilon_4 = 1 - \varepsilon_3 .$$

Ist speziell $\sigma = {}^1/_4$, so liegt der Schlitz in der Mitte des Streifens. Aus Symmetriegründen muß dann auch $\varepsilon_3 = {}^1/_4$ sein (vgl. Abb. 135a). Die

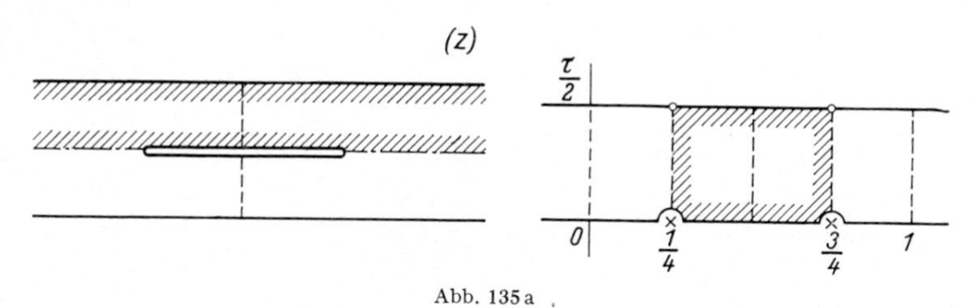

Abb. 135a

Länge l des Schlitzes errechnet man aus (8.1.20) für diesen Fall zu

$$l = -|C| \log \frac{\vartheta_3^2(0\,|\,\tau)}{\vartheta_4^2(0\,|\,\tau)} = -|C| \log \varkappa' . \tag{8.1.26}$$

Damit ist für diesen Spezialfall das Parameterproblem vollständig gelöst[1].

Zentrale Symmetrie: Liegt ein Zentralsymmetrischer Bereich vor, wie er in Abb. 136 dargestellt ist, so muß $\sigma = {}^1/_4$ sein. Man kann das so einsehen: Nach den Überlegungen von A 11.1 entspricht einer Drehung um 180° um den Symmetriepunkt der z-Ebene (bei der der abzubildende Bereich in sich übergeht) eine konforme Abbildung des Streifens $0 < \Im(w) < \frac{|\tau|}{2}$ in sich, und zwar ist es in diesem Fall eine Verschiebung, da die beiden Seiten des Streifens jede für sich erhalten bleiben. Eine zweimalige Drehung um den Symmetriepunkt bedeutet in der z-Ebene

[1] In diesem Spezialfall läßt sich die Abbildungsfunktion auch folgendermaßen herleiten: Durch

$$w(\zeta) = \frac{1}{4} + \frac{\int\limits_{\infty}^{\zeta} \frac{d\zeta}{\sqrt{\zeta(\zeta-1)(\zeta-\lambda)}}}{\int\limits_{\infty}^{0} \frac{d\zeta}{\sqrt{\zeta(\zeta-1)(\zeta-\lambda)}}}$$

wird die zwischen $-\infty < \zeta < 0$ und $1 < \zeta < \lambda$ aufgeschlitzte ζ-Ebene auf das Periodenrechteck in der w-Ebene abgebildet [vgl. (8.1.15)]. Durch $z = \frac{C}{2}\log\zeta + C_2$ geht dann der Schlitzbereich der ζ-Ebene in den in Abb. 135a dargestellten Bereich in der z-Ebene über.

die identische Abbildung und daher muß in der w-Ebene, wenn die entsprechende Verschiebung zweimal ausgeführt wird, das Periodenrechteck in ein äquivalentes übergehen, d. h. die einfache Verschiebung muß eine Verschiebung um $\frac{n}{2}$ sein, wo n eine ganze Zahl ist. Die Bilder zweier symmetrischer Punkte müssen daher im Periodenrechteck den Abstand $^1/_2$ voneinander haben, insbesondere also die beiden Bilder von

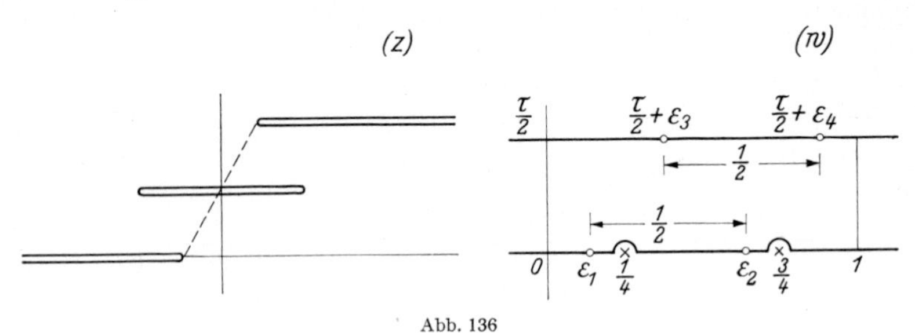

Abb. 136

$z = \infty$. Setzt man den Wert $\sigma = {}^1/_4$ in (8.1.22) ein, so ergibt sich für die vorausgesetzte Anordnung der Schlitze die Beziehung $A + B = 0$. Durch

$$\sigma = \frac{1}{4}, \qquad A + B = 0$$

sind also zentralsymmetrische Schlitzbereiche gekennzeichnet.

Die Gleichung zur Bestimmung der Nullstellen können wir jetzt folgendermaßen ansetzen:

$$\begin{aligned} A\left(\wp\left(\varepsilon - \frac{1}{4}\right) - \wp\left(\varepsilon + \frac{1}{4}\right)\right) &= A\left(\wp\left(\varepsilon - \frac{1}{4}\right) - e_1 - \frac{(e_1 - e_2)\,(e_1 - e_3)}{\wp\left(\varepsilon - \frac{1}{4}\right) - e_1}\right) \\ &= \frac{C}{2}\,\frac{\wp'\left(\varepsilon - \frac{1}{4}\right)}{\wp\left(\varepsilon - \frac{1}{4}\right) - e_1}\,. \end{aligned} \tag{8.1.27}$$

Aus dieser Gleichung läßt sich sofort entnehmen, in welchen Intervallen die zugehörigen ε_1, $i = 1, 2, 3, 4$, liegen müssen. Aus den eben durchgeführten Überlegungen folgt

$$\begin{aligned} \varepsilon_2 &= \frac{1}{2} + \varepsilon_1\,, \qquad 0 < \varepsilon_1 < \frac{1}{2}\,, \\ \varepsilon_4 &= \frac{1}{2} + \varepsilon_3\,, \qquad 0 < \varepsilon_3 < \frac{1}{2}\,. \end{aligned} \tag{8.1.28}$$

Unter dieser Voraussetzung ist

$$\wp\left(\varepsilon_1 - \frac{1}{4}\right) - \wp\left(\varepsilon_1 + \frac{1}{4}\right) > 0 \quad \text{und}$$
$$\wp\left(\frac{\tau}{2} + \varepsilon_3 - \frac{1}{4}\right) - \wp\left(\frac{\tau}{2} + \varepsilon_3 - \frac{1}{4}\right) < 0\,,$$

während gilt

$$\frac{\wp'\left(\varepsilon_1-\frac{1}{4}\right)}{\wp\left(\varepsilon_1-\frac{1}{4}\right)-e_1}\quad \begin{matrix} >0 & \text{für} & 0<\varepsilon_1<\frac{1}{4} \\ <0 & \text{für} & \frac{1}{4}<\varepsilon_1<\frac{1}{2} \end{matrix}$$

und ebenso

$$\frac{\wp'\left(\frac{\tau}{2}+\varepsilon_3-\frac{1}{4}\right)}{\wp\left(\frac{\tau}{2}+\varepsilon_3-\frac{1}{4}\right)-e_1}\quad \begin{matrix} >0 & \text{für} & 0<\varepsilon_3<\frac{1}{4} \\ <0 & \text{für} & \frac{1}{2}<\varepsilon_3<\frac{1}{2}\,. \end{matrix}$$

In welchem Intervall ε_1 bzw. ε_3 liegt, hängt also davon ab, ob $\frac{C}{A}>0$ oder <0 ist.

Für die weitere Behandlung der Gl. (8.1.27) ist es zweckmäßig, eine Periodentransformation 2. Ordnung durchzuführen. Wir bezeichnen mit x die Größe

$$x=\wp\left(2\varepsilon-\frac{1}{2};1,2\tau\right)=\frac{1}{4}\left(\wp\left(\varepsilon-\frac{1}{4};1,\tau\right)+\wp\left(\varepsilon-\frac{1}{4};1,\tau\right)-e_1\right).$$

Durch Quadrieren von (8.1.27) erhält man so für x die Gleichung

$$(x-\dot{e}_1)(x-\dot{e}_2)=\frac{C^2}{4A^2}(x-\dot{e}_3)\,, \tag{8.1.29}$$

wo die $\dot{e}_i$ zu den Perioden 1 und 2τ zu bilden sind. Die beiden Wurzeln $x_{1,2}$ dieser quadratischen Gleichung liegen in den Intervallen

$$\dot{e}_1<x_1<\infty \qquad \text{und} \qquad \dot{e}_3<x_2<\dot{e}_2\,.$$

Diesen beiden Wurzeln entsprechen die beiden Paare von Nullstellen $\varepsilon_{1,2}$ und $\frac{\tau}{2}+\varepsilon_{3,4}$. Durch Übergang zu den Jacobischen Funktionen erhält man

$$\begin{aligned} e_1&=\frac{1}{4}\mp\frac{F(\dot{\varkappa},\varphi_1)}{4\dot{K}}\,, & \sin\varphi_1&=\sqrt{\frac{\dot{e}_1-\dot{e}_2}{x_1-\dot{e}_2}} \\ e_3&=\frac{1}{4}\mp\frac{F(\dot{\varkappa},\varphi_2)}{4\dot{K}}\,, & \sin\varphi_2&=\sqrt{\frac{x_2-\dot{e}_3}{\dot{e}_2-\dot{e}_3}} \end{aligned} \tag{8.1.30}$$

mit

$$\dot{\varkappa}=\frac{\vartheta_2^2(0\,|\,2\tau)}{\vartheta_3^2(0\,|\,2\tau)}=\frac{1-\varkappa'}{1+\varkappa'}\,,\qquad \dot{\varkappa}'=\frac{2\sqrt{\varkappa'}}{1+\varkappa'}\,,$$

$$\dot{K}=K(\dot{\varkappa})=\frac{1+\varkappa'}{2}K(\varkappa)\,.$$

In diesen Formeln gilt jeweils das obere Vorzeichen bei $F(\dot{\varkappa},\varphi_i)$, wenn $\frac{C}{A}>0$ und das untere, wenn $\frac{C}{A}<0$ ist.

Spiegelsymmetrie: Auch wenn ein spiegelsymmetrischer Bereich vorliegt, wie er in Abb. 137 dargestellt ist, muß $\sigma={}^1/_4$ sein. Einer Spiegelung an der Symmetrieachse in der z-Ebene entspricht nämlich in der w-Ebene eine Spiegelung an der Geraden $\Re(\sigma)=0$, wobei der Punkt $w=1-\sigma$ in die äquivalente Stelle $w = -\sigma$ übergehen muß, was nur möglich ist, wenn $\sigma = 1/4$ ist. Weiter muß bei der vorausgesetzten Anordnung der Schlitze $C = 0$ sein, so daß der spiegelsymmetrische Fall durch

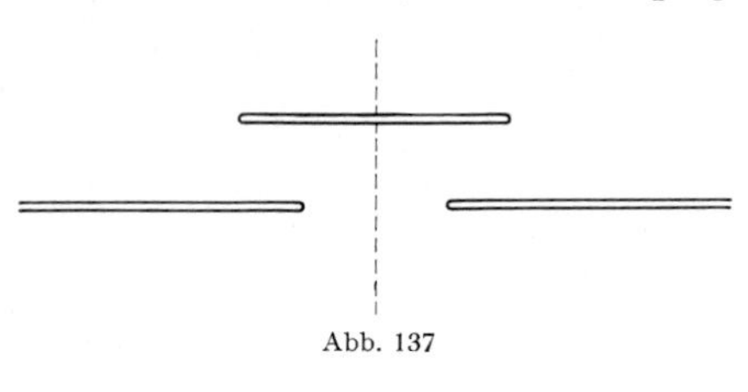

Abb. 137

$$\sigma = \frac{1}{4}, \qquad C = 0$$

gekennzeichnet ist.

Die Nullstellen von $z'(w)$ können hier ähnlich wie im zentralsymmetrischen Fall bestimmt werden. Man berechnet zunächst den Wert von

$$x = \wp\left(\varepsilon - \frac{1}{4}; 1, \tau\right)$$

aus der quadratischen Gleichung

$$A\,x + B\left(e_1 + \frac{(e_1 - e_2)(e_1 - e_3)}{x - e_1}\right) + 2\eta(A + B) = 0\,. \tag{8.1.31}$$

Ist $A\,B < 0$, was auch hier vorausgesetzt werden muß, so liegen die beiden Wurzeln $x_{1,2}$ der Gleichung in den Intervallen

$$e_1 < x_1 < \infty \qquad \text{und} \qquad e_3 < x_2 < e_2$$

und es wird

$$\begin{aligned} \varepsilon_{1,2} &= \frac{1}{4} \pm \frac{F(\varkappa, \varphi_1)}{2K} + n_{1,2}\,, \qquad \sin\varphi_1 = \sqrt{\frac{e_1 - e_3}{x_1 - e_3}}\,,\\ \varepsilon_{3,4} &= \frac{1}{4} \pm \frac{F(\varkappa, \varphi_2)}{2K} + n_{3,4}\,, \qquad \sin\varphi_2 = \sqrt{\frac{x_2 - e_3}{e_2 - e_3}}\,; \end{aligned} \tag{8.1.32}$$

die ganze Zahl n_i, $i = 1, 2, 3, 4$, ist hier jeweils so zu wählen, daß $0 < \varepsilon_i < 1$ wird.

4. Beispiel: Andere Anordnung der unendlichen Schlitze. Liegen die unendlichen Schlitze so, wie es in Abb. 138 dargestellt ist, so hat der Bereich im Unendlichen zwei Ecken mit den Innenwinkeln 0 und -2π.

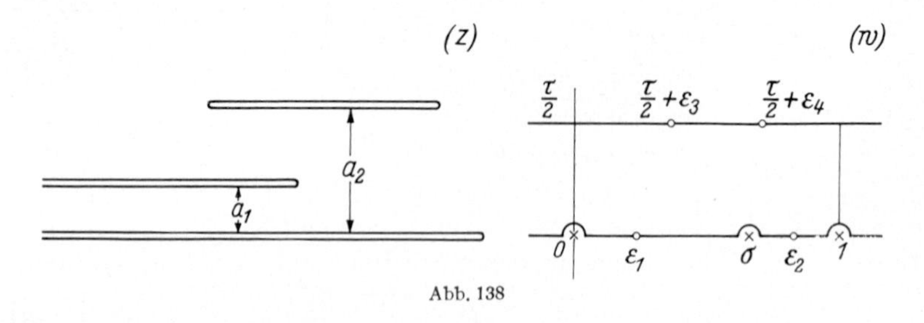

Abb. 138

Der Integrand im Schwarz-Christoffelschen Integral muß daher an den zugehörigen Stellen Pole dritter und erster Ordnung haben. Wir wollen diesmal die Pole so legen, daß der Ecke mit dem Innenwinkel -2π die Stelle $w = 0$ und der Ecke mit dem Nullwinkel die Stelle $w = \sigma$ entspricht.

Die Abbildungsfunktion erhält dann die Form

$$z(w) = \int_{w_0}^{w} A\wp' w + B(\wp w + 2\eta) + C\left(\frac{\vartheta_1'}{\vartheta_1}(w-\sigma) - \frac{\vartheta_1'}{\vartheta_1}(w)\right) dw$$
$$= A\wp w - B\frac{\vartheta_1'}{\vartheta_1} w + C\log\frac{\vartheta_1(w-\sigma)}{\vartheta_1(w)} + C_2 . \qquad (8.1.33)$$

Ränderzuordnung: A, B, C und C_2 seien wieder reell.

1. $w = u$, u reell, $\sigma < u < 1$. Alle Funktionen, aus denen $z(w)$ sich zusammensetzt sind reell, also auch $z(w)$.

2. $w = u$, u reell, $0 < u < \sigma$. Wie im 3. Beispiel schließt man, daß das logarithmische Glied beim Übergang in dieses Intervall einen Zuwachs von $i\pi C$ erhält, es ist also $\Im(z) = \pi C$ für $0 < u < \sigma$ und der Abstand a_1 der beiden unendlichen Schlitze voneinander wird

$$a_1 = \pi|C| . \qquad (8.1.34)$$

3. $w = \frac{\tau}{2} + u$, u reell, $0 < u < 1$. Ähnlich wie im 3. Beispiel ist

$$\frac{\vartheta_1'}{\vartheta_1}\left(\frac{\tau}{2} + u\right) = \frac{\vartheta_4'}{\vartheta_4}(u) - i\pi$$

$$\log\frac{\vartheta_1\left(\frac{\tau}{2} + u - \sigma\right)}{\vartheta_1\left(\frac{\tau}{2} + u\right)} = \log\frac{\vartheta_4(u-\sigma)}{\vartheta_4(u)} + i\pi\sigma .$$

Der endliche Schlitz liegt daher auf der Geraden $\Im(z) = \pi(B + \sigma C)$ und der Abstand a_2 vom ersten unendlichen Schlitz ist

$$a_2 = \pi|B + \sigma C| . \qquad (8.1.35)$$

Wir überlegen uns noch, daß A und C nicht beide >0 oder <0 sein können, wenn das Intervall $0 < w < 1$ in der geforderten Weise auf die beiden unendlichen Schlitze abgebildet werden soll. Für $w \to 0$ geht nämlich $\wp w \to +\infty$ und hierdurch ist das Verhalten von $z(w)$ in der Umgebung von $w = 0$ bestimmt. Für $w \to \sigma$ bestimmt dagegen das logarithmische Glied das Verhalten von $z(w)$, und zwar geht $\log\vartheta_1(w-\sigma) \to -\infty$. Ähnlich wie im 3. Beispiel schließt man, daß $A < 0$ und $C > 0$ sein müssen, wenn sich die unendlichen Schlitze nach $-\infty$ hin erstrecken sollen und umgekehrt im anderen Falle. Haben A und C gleiches Vorzeichen, so erhält man nichtschlichte Schlitzbereiche.

Um die Nullstellen von $z'(w)$ zu bestimmen, formt man den Integranden von (8.1.33) mit Hilfe des Additionstheorems um und erhält die Gleichung

$$A\wp'\varepsilon + B(\wp\varepsilon + 2\eta) - C\left(\frac{1}{2}\frac{\wp'\sigma + \wp'\varepsilon}{\wp\sigma - \wp\varepsilon} + \frac{\vartheta_1'}{\vartheta_1}(\sigma)\right) = 0 . \qquad (8.1.36)$$

Durch Multiplikation mit

$$-A\wp'\varepsilon + B(\wp\varepsilon + 2\eta) - C\left(\frac{1}{2}\frac{\wp'\sigma - \wp'\varepsilon}{\wp\sigma - \wp\varepsilon} + \frac{\vartheta_1}{\vartheta_1}(\sigma)\right)$$

erhält man hieraus eine Gleichung, in der $\wp'\varepsilon$ nur im Quadrat auftritt und die daher rational in $\wp\varepsilon$ ist. Im Nenner tritt hierbei der quadratische Ausdruck $(\wp\sigma - \wp\varepsilon)^2$ nur in einem Glied der Form

$$\frac{\wp'^2\sigma - \wp'^2\varepsilon}{(\wp\sigma - \wp\varepsilon)^2}$$

auf und in diesem Ausdruck ist der Zähler durch $\wp\sigma - \wp\varepsilon$ teilbar, so daß man diesen Faktor in Zähler und Nenner wegkürzen kann. Der Ausdruck

$$(\wp\sigma - \wp\varepsilon)\left(A\,\wp'\varepsilon + B(\wp\varepsilon + 2\eta) - C\left(\frac{1}{2}\,\frac{\wp'\sigma + \wp'\varepsilon}{\wp\sigma - \wp\varepsilon} + \frac{\vartheta_1'}{\vartheta_1}(\sigma)\right)\right)\times$$
$$\times\left(-A\,\wp'\varepsilon + B(\wp\varepsilon + 2\eta) - C\left(\frac{1}{2}\,\frac{\wp'\sigma - \wp'\varepsilon}{\wp\sigma - \wp\varepsilon} + \frac{\vartheta_1'}{\vartheta_1}(\sigma)\right)\right)$$

stellt also ein Polynom 4. Grades in $\wp\varepsilon$ dar, dessen Nullstellen die gesuchten Werte $\wp\varepsilon_{1,2}$ und $\wp\left(\frac{\tau}{2} + \varepsilon_{3,4}\right)$ sind. Hieraus gewinnt man unter Berücksichtigung der ursprünglichen Gl. (8.1.36) die Werte von $\varepsilon_{1,2}$ und $\varepsilon_{3,4}$.

Sonderfall: Ist $C = 0$, so besteht der zugehörige Schlitzbereich aus einem unendlichen und einem endlichen Schlitz (Abb. 139). Zur Bestimmung der drei Nullstellen $w = \varepsilon_1$ und $w = \frac{\tau}{2} + \varepsilon_{3,4}$ von $z'(w)$ dient die Gleichung 3. Grades in $\wp\varepsilon$, die aus

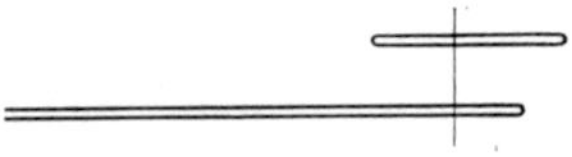

Abb. 139

$$B(\wp\varepsilon + 2\eta) = -A\,\wp'\varepsilon \qquad (8.1.37)$$

durch Quadrieren entsteht. Diese kann genau wie die Gl. (8.1.14) im 1. Beispiel behandelt werden.

Symmetrischer Bereich: Haben die Schlitze die in Abb. 140 dargestellte symmetrische Anordnung, so schließt man wie beim spiegelsymmetrischen Bereich des 3. Beispiels, daß die Bildpunkte von $z = \infty$ den Abstand $^1/_2$ voneinander haben müssen. Außerdem folgt aus (8.1.35), daß bei der vorausgesetzten Anordnung der Schlitze $B = 0$ ist. Also ist

$$\sigma = \frac{1}{2}, \qquad B = 0$$

kennzeichnend für symmetrische Schlitzbereiche.

Die Abbildungsfunktion erhält hier auf Grund des Additionstheorems die Form

$$z(w) = A\,\wp w + \frac{C}{2}\log(\wp w - e_1) + C_2 \qquad (8.1.33\,\text{a})$$

und die Gl. (8.1.36) reduziert sich auf

$$\wp'\varepsilon\left(A + \frac{C}{2}\,\frac{1}{\wp\varepsilon - e_1}\right) = 0\,. \qquad (8.1.36\,\text{a})$$

Nullsetzen des einen Faktors $\wp'\varepsilon$ führt auf die beiden Nullstellen $w = \frac{\tau}{2}$ und $w = \frac{\tau}{2} + {}^1/_2$, die den Enden des endlichen Schlitzes zugeordnet sind. Nach Einsetzen in (8.1.33a) ergibt sich hieraus die Länge l dieses Schlitzes zu

$$l = |A|\, 4\varkappa^2 K^2 - |C| \log \varkappa' . \tag{8.1.38}$$

Die beiden anderen Nullstellen $w = \varepsilon_{1,2}$ erhält man aus dem zweiten Faktor von (8.1.36a). Aufgelöst nach $\wp\varepsilon$ ergibt das

$$\wp\varepsilon = e_1 - \frac{C}{2A} . \tag{8.1.39}$$

Setzt man diesen Wert von $\wp\varepsilon$ in (8.1.33a) ein, so erhält man die Lage der Endpunkte der unendlichen Schlitze.

Andere Herleitung der Abbildungsfunktion im symmetrischen Fall: Durch die Symmetrielinie wird der Bereich von Abb. 140 in zwei einfach zusammenhängende Bereiche geteilt, und zwar in zwei Geradendreiecke

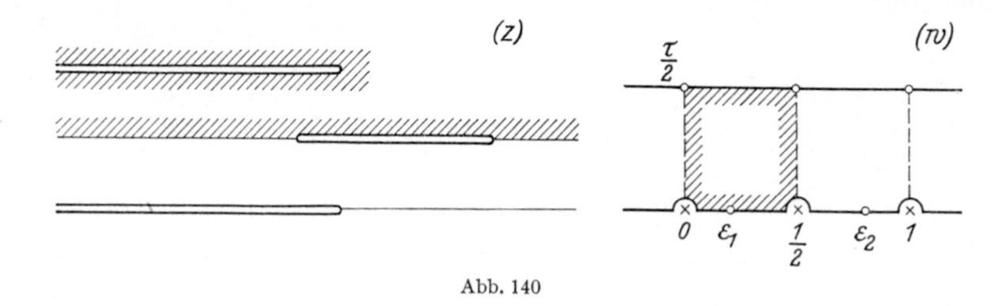

Abb. 140

vom Typus $(-1, 2, 0)^*$. In der w-Ebene entsprechen diesen beiden Dreiecken die beiden Hälften des durch die Gerade $\Re(w) = {}^1/_2$ geteilten Periodenrechtecks, so daß damit die Abbildung des zweifach zusammenhängenden Bereichs auf das Periodenrechteck zurückgeführt ist auf die Abbildung eines einfach zusammenhängenden Dreiecks auf das Rechteck

$$0 < \Re(w) < \frac{1}{2}, \qquad 0 < \Im(w) < \frac{|\tau|}{2} . \tag{8.1.40}$$

Um diese Abbildung zu gewinnen, hat man zunächst durch die in (2.2.5) abgeleitete Funktion, die man unter Berücksichtigung des Schlitzabstands a_1 in der Form

$$z(\zeta) = \frac{a_1}{2\pi}\left[\frac{\zeta - 1}{\zeta} - \log \zeta\right] \tag{8.1.41}$$

schreiben kann, das Dreieck $(-1, 2, 0)^*$ auf die Halbebene $\Im(\zeta) > 0$ abzubilden. Hierdurch gehen die beiden Ecken bei $z = \infty$ in $\zeta = 0, \infty$ und die beiden Enden des endlichen Schlitzes in $\zeta = \alpha_1$ und $\zeta = \alpha_2$, $\alpha_i < 0$

über. Durch

$$w(\zeta) = \frac{\int\limits_0^\zeta \frac{d\zeta}{\sqrt{\zeta(\zeta-\alpha_1)(\zeta-\alpha_2)}}}{2\int\limits_0^\infty \frac{d\zeta}{\sqrt{\zeta(\zeta-\alpha_1)(\zeta-\alpha_2)}}} \tag{8.1.42}$$

wird die Halbebene $\Im(\zeta) > 0$ auf das Rechteck (8.1.40) abgebildet, wobei durch die Normierung des Integrals die gewünschte Zuordnung der Ecken des Schlitzbereichs zu den Ecken des Rechtecks gewährleistet ist. Durch Umkehren des Integrals (8.1.42) mit Hilfe der Weierstraßschen $\wp$-Funktion und Einsetzen in (8.1.41) erhält man dann die Form (8.1.33a) der Abbildungsfunktion.

8.2. Polygone, deren Randkurven auf Geraden durch den Nullpunkt liegen

1. Beispiel: Halbebene mit schrägem Schlitz. Der in Abb. 141 dargestellte zweifach zusammenhängende Bereich in der z-Ebene geht durch die Hilfsabbildung $W = \log z$ in einen Parallelstreifen mit Schlitz in der

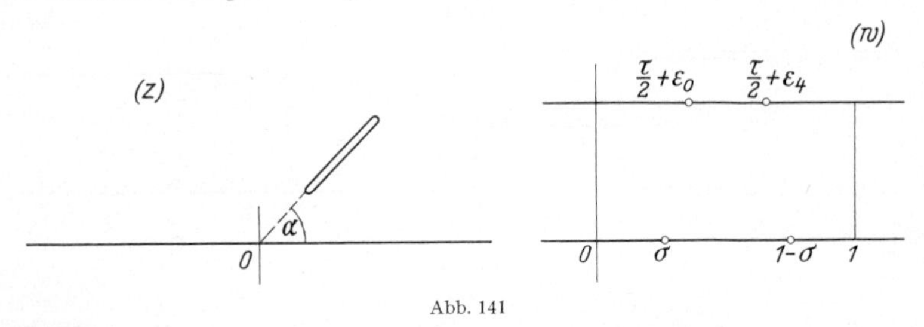

Abb. 141

W-Ebene über. Die Abbildung dieses Bereichs auf das Periodenrechteck geschieht, wie auf S. 346 (Abb. 135) näher ausgeführt ist, durch die Funktion (8.1.20) für den Spezialfall $A = B = 0$. Da die Breite des Parallelstreifens gleich π ist, muß hier $C = 1$ sein. Es ist also

$$W(w) = \log \frac{\vartheta_1(w-\sigma|\tau)}{\vartheta_1(w+\sigma|\tau)} + C_2 \tag{8.2.1}$$

und daher die Funktion $z(w)$, welche das Periodenrechteck auf eine Halbebene mit schrägem Schlitz abbildet

$$\boldsymbol{z(w) = \gamma \frac{\vartheta_1(w-\sigma|\tau)}{\vartheta_1(w+\sigma|\tau)}}, \tag{8.2.2}$$

wo γ eine beliebige Konstante $\neq 0$ ist.

Ränderzuordnung: Sei γ reell > 0.

1. $w = u$, u reell, $0 < u < 1$. $z(u)$ ist reell und durchläuft genau einmal die reelle Achse, wenn u das Intervall $0 < u < 1$ durchläuft.

2. $w = \frac{\tau}{2} + u$, u reell, $0 < u < 1$. Es ist

$$\frac{\vartheta_1\left(\frac{\tau}{2} + u - \sigma\right)}{\vartheta_1\left(\frac{\tau}{2} + u + \sigma\right)} = \frac{\vartheta_4(u - \sigma)}{\vartheta_4(u + \sigma)} e^{2\pi i \sigma}$$

und daher $\arg z = 2\pi\sigma$. Der Winkel α zwischen dem Schlitz und dem Rand der Halbebene ist also

$$\alpha = 2\pi\sigma\,. \tag{8.2.3}$$

Hierdurch ist der Parameter σ festgelegt.

Die Lage der Schlitzenden berechnet man wie bei den Abbildungsaufgaben von 8.1 durch Einsetzen der Nullstellen von $z'(w)$ in die Abbildungsfunktion (8.2.2). Die Nullstellen von $z'(w)$ stimmen mit denen von $W'(w) = \frac{z'}{z}$ überein und diese können mit Hilfe von Formel (8.1.25) berechnet werden.

In genau derselben Weise kann die Abbildung des in Abb. 142 dargestellten Winkelraums mit Schlitz hergeleitet werden. Ist $\Theta\,\pi$ der

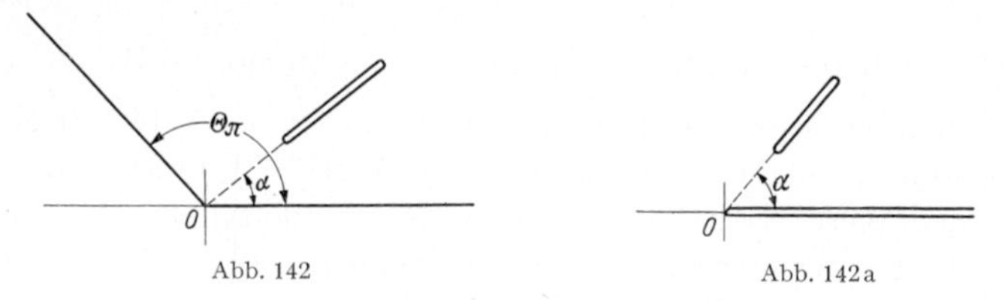

Abb. 142 Abb. 142a

Öffnungswinkel des Winkelraums, so geht dieser durch $W = \log z$ in einen Parallelstreifen der Breite $\Theta\,\pi$ über. Wegen (8.1.20) ist also jetzt $C = \Theta$ zu setzen, wodurch die Abbildungsfunktion $z(w)$ die Form

$$z(w) = \gamma \left[\frac{\vartheta_1(w - \sigma|\tau)}{\vartheta_1(w + \sigma|\tau)}\right]^{\Theta} \tag{8.2.4}$$

erhält. Der Winkel α zwischen dem Schlitz und dem einen Rand des Winkelraums wird dementsprechend

$$\alpha = 2\pi\sigma\Theta\,. \tag{8.2.5}$$

Insbesondere erhält man für $\Theta = 2$ den in Abb. 142a dargestellten Bereich, der aus einem endlichen und einem unendlichen Schlitz besteht.

2. Beispiel: Zwei nichtparallele Geradenschlitze. Der zweifach zusammenhängende Schlitzbereich habe die in Abb. 143 angegebene Lage, bei der die beiden Geraden, auf denen die Schlitze liegen, sich im Punkt $z = 0$ schneiden. Die Ränder des Bereichs liegen dann auf den Geraden eines Polarnetzes und diese gehen durch die Hilfsabbildung $W = \log z$ in Geraden parallel zur reellen W-Achse über. Wir wollen zunächst den

Fall betrachten, daß die kritischen Punkte $z = 0$ und $z = \infty$ nicht auf den Schlitzen, sondern im Innern des Bereichs liegen. Bei der Abbildung des Bereichs auf das Periodenrechteck mögen ihnen die Punkte $w = e_0$ und $w = e_\infty$ entsprechen. Die Bildpunkte der Schlitzenden sollen wie bisher $w = \varepsilon_{1,2}$ und $w = \frac{\tau}{2} + \varepsilon_{3,4}$ heißen. Wie in A 14.1 überlegt man sich, daß die Funktion $W(w)$ durch ein Schwarz-Christoffelsches Integral dargestellt werden kann, das die Form A (14.1.6) hat, wenn man dort noch die Faktoren $(w - e_\nu)$ durch die entsprechenden Thetafunktionen $\vartheta_i(w - e_\nu)$ ersetzt. In unserm Spezialfall hat das Schwarz-Christoffelsche Integral also die Form

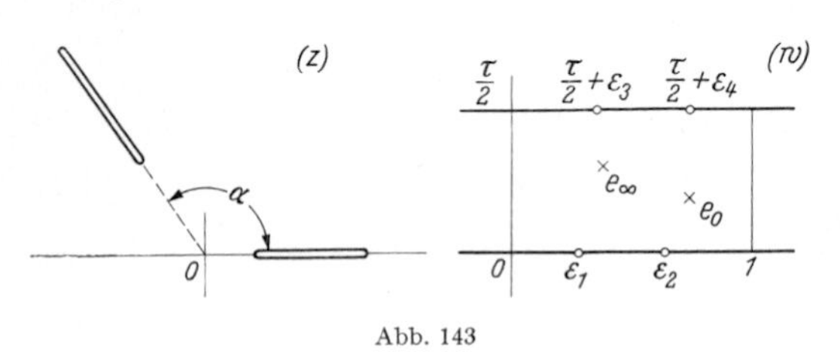

Abb. 143

$$W(w) = C_1 \int\limits_{w_0}^{w} \frac{\vartheta_1(w - \varepsilon_1)\, \vartheta_1(w - \varepsilon_2)\, \vartheta_4(w - \varepsilon_3)\, \vartheta_4(w - \varepsilon_4)}{\vartheta_1(w - e_0)\, \vartheta_1(w - \bar{e}_0)\, \vartheta_1(w - e_\infty)\, \vartheta_1(w - \bar{e}_\infty)}\, dw\,. \tag{8.2.6}$$

Wir hatten uns in A 15.3 überlegt, daß der Integrand $W'(w) = \frac{z'}{z}(w)$ eine doppeltperiodische Funktion sein muß. Wie in A (14.1.3) gilt, daß das Residuum an der Stelle $w = e_0$ den Wert $+1$ und an der Stelle $w = e_\infty$ den Wert -1 haben muß und das gleiche gilt für die Stellen $\bar{e}_0$ und $\bar{e}_\infty$, da bei der Spiegelung an einem Schlitz in der z-Ebene der Nullpunkt wieder in den Nullpunkt, der uneigentliche Punkt wieder in den uneigentlichen Punkt übergeht. Außerdem muß $W'(w)$ reell sein für reelle w, da die Bilder der reellen w-Achse parallel zur reellen W-Achse liegen. $W'(w)$ muß also die Form haben

$$\begin{aligned} W'(w) = \frac{z'}{z}(w) = \frac{\vartheta_1'}{\vartheta_1}(w - e_0) + \frac{\vartheta_1'}{\vartheta_1}(w - \bar{e}_0) - \\ - \frac{\vartheta_1'}{\vartheta_1}(w - e_\infty) - \frac{\vartheta_1'}{\vartheta_1}(w - \bar{e}_\infty) + \gamma\,, \end{aligned} \tag{8.2.7}$$

wo γ eine reelle Konstante ist. Die Integration dieser Differentialgleichung für $z(w)$ ergibt

$$\boldsymbol{z(w) = C_1\, e^{\gamma w} \frac{\vartheta_1(w - e_0)\, \vartheta_1(w - \bar{e}_0)}{\vartheta_1(w - e_\infty)\, \vartheta_1(w - \bar{e}_\infty)}}\,. \tag{8.2.8}$$

Die Schließungsbedingung fordert, daß $z(w)$ periodisch mit der Periode 1 ist. Diese Bedingung kann — da γ reell ist — nur erfüllt werden, wenn $\gamma = 0$ ist. Wir erhalten so schließlich

$$z(w) = C_1 \frac{\vartheta_1(w - e_0)\, \vartheta_1(w - \bar{e}_0)}{\vartheta_1(w - e_\infty)\, \vartheta_1(w - \bar{e}_\infty)}\,. \tag{8.2.9}$$

Ränderzuordnung: C_1 sei reell > 0.

1. $w = u$, u reell, $0 < u < 1$.

$$z(u) = C_1 \left| \frac{\vartheta_1(u - e_0)}{\vartheta_1(u - e_\infty)} \right|^2,$$

d. h. $z(u)$ ist reell.

2. $w = \frac{\tau}{2} + u$, u reell, $0 < u < 1$.

$$z(u) = C_1 \left| \frac{\vartheta_4(u - e_0)}{\vartheta_4(u - e_\infty)} \right|^2 e^{i\pi(e_0 + \bar{e}_0 - e_\infty - \bar{e}_\infty)}.$$

Es ist also $\arg z = \pi(e_0 + \bar{e}_0 - e_\infty - \bar{e}_\infty)$ und daher wird der Winkel α zwischen den beiden Schlitzen

$$\alpha = \pi(e_0 + \bar{e}_0 - e_\infty - \bar{e}_\infty) = 2\pi(\Re(e_0) - \Re(e_\infty)). \tag{8.2.10}$$

Um die Nullstellen $w = \varepsilon_{1,2}$ und $w = \frac{\tau}{2} + \varepsilon_{3,4}$ von $W'(w)$ zu bestimmen, geht man aus von der Gleichung

$$F(\wp\varepsilon, \wp'\varepsilon) = \frac{1}{2}\left[\frac{\wp'\varepsilon + \wp' e_0}{\wp\varepsilon - \wp e_0} + \frac{\wp'\varepsilon + \wp'\bar{e}_0}{\wp\varepsilon - \wp\bar{e}_0} - \frac{\wp'\varepsilon + \wp' e_\infty}{\wp\varepsilon - \wp e_\infty} - \frac{\wp'\varepsilon + \wp'\bar{e}_\infty}{\wp\varepsilon - \wp\bar{e}_\infty}\right] -$$
$$- \frac{\vartheta_1'}{\vartheta_1}(e_0) - \frac{\vartheta_1'}{\vartheta_1}(\bar{e}_0) + \frac{\vartheta_1'}{\vartheta_1}(e_\infty) + \frac{\vartheta_1'}{\vartheta_1}(\bar{e}_\infty) = 0. \tag{8.2.11}$$

Diese Gleichung kann ähnlich wie (8.1.36) behandelt werden. Man überlegt sich wieder, daß in dem Produkt $F(\wp\varepsilon, \wp'\varepsilon)\, F(\wp\varepsilon, -\wp'\varepsilon)$ die Größe $\wp'\varepsilon$ nur im Quadrat vorkommt und die in den Nennern auftretenden Quadrate der Linearfaktoren gekürzt werden können. Der Ausdruck

$$(\wp\varepsilon - \wp e_0)(\wp\varepsilon - \wp\bar{e}_0)(\wp\varepsilon - \wp e_\infty)(\wp\varepsilon - \wp\bar{e}_\infty) F(\wp\varepsilon, \wp'\varepsilon) F(\wp\varepsilon, -\wp'\varepsilon) = 0$$

stellt also ein Polynom in $\wp\varepsilon$ dar, und zwar ein Polynom 4. Grades, da sich die höchste Potenz heraushebt. Die Nullstellen dieses Polynoms sind die Größen $\wp\varepsilon_{1,2}$ und $\wp\left(\frac{\tau}{2} + \varepsilon_{3,4}\right)$, aus denen die ε_i selbst durch Übergang zu Legendreschen Integralen unter Berücksichtigung der ursprünglichen Gl. (8.2.11) berechnet werden können [vgl. etwa die Betrachtungen zu (8.1.14)].

Die eben durchgeführten Überlegungen übertragen sich nahezu unverändert auf die Fälle, in denen der kritische Punkt $z = 0$ oder (und) der kritische Punkt $z = \infty$ auf den Schlitzen selbst liegt. Den kritischen Punkten entsprechen dann jeweils zwei auf dem unteren oder oberen Rand des Periodenrechtecks liegende Punkte $w = e_{01}, e_{02}$ bzw. $w = e_{\infty 1}, e_{\infty 2}$, die zusammenfallen, wenn der zugehörige kritische Punkt auf einem Schlitzende liegt. Die verschiedenen möglichen Fälle sind in Abb. 144 zusammengestellt.

Alle bisher abgeleiteten Formeln bleiben für diese Fälle gültig, wenn man darin jeweils e_0, $\bar{e}_0$ durch e_{01}, e_{02} und $e_\infty, \bar{e}_\infty$ durch $e_{\infty 1}, e_{\infty 2}$ ersetzt.

So hat z. B. die Formel (8.2.10) zur Bestimmung von α für den in Abb. 144 oben dargestellten Bereich die Form

$$\alpha = \pi(e_{01} + e_{02} - e_\infty - \bar{e}_\infty)\,. \tag{8.2.10a}$$

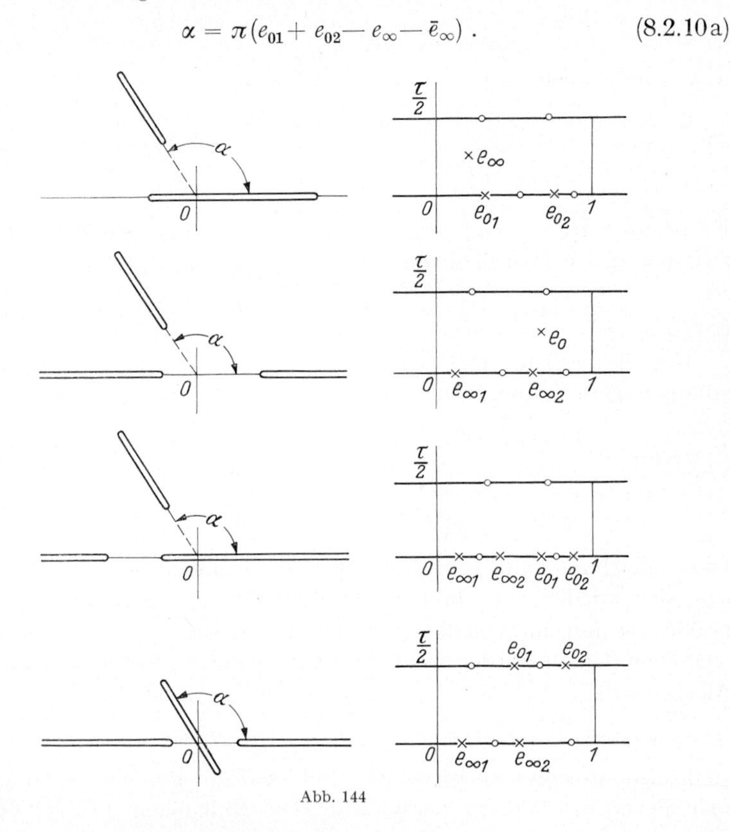

Abb. 144

Spiegelsymmetrie: Erhebliche Vereinfachungen treten ein, wenn die Schlitze symmetrisch bezüglich eines Kreises liegen, wie es in Abb. 145 dargestellt ist. Dem Symmetriekreis entspricht in der w-Ebene eine Symmetriegerade, die wir etwa auf $\Re(w) = {}^1/_2$ legen können; einem Punktepaar, das in der z-Ebene symmetrisch bezüglich des Symmetriekreises liegt, entspricht dann im Periodenrechteck ein Punktepaar, das symmetrisch bezüglich $\Re(w) = {}^1/_2$ liegt. Insbesondere sind $z = 0$ und $z = \infty$ ein solches Paar und daher muß

$$e_\infty = 1 - \bar{e}_0 \quad \text{bzw.} \quad e_{\infty i} = 1 - e_{0i}\,, \quad i = 1, 2\,, \tag{8.2.12}$$

sein, je nachdem, ob die kritischen Punkte im Innern oder auf dem Rand des Bereichs liegen. Im ersten Fall (Abb. 145 oben) hat die Abbildungsfunktion $z(w)$ die Form

$$z(w) = C_1 \frac{\vartheta_1(w - e_0)\,\vartheta_1(w - \bar{e}_0)}{\vartheta_1(w + e_0)\,\vartheta_1(w + \bar{e}_0)}\,. \tag{8.2.13}$$

Die Gl. (8.2.11) reduziert sich auf

$$\frac{\wp' e_0}{\wp\varepsilon - \wp e_0} + \frac{\wp' \bar{e}_0}{\wp\varepsilon - \wp \bar{e}_0} - 2\frac{\vartheta_1'}{\vartheta_1}(e_0) - 2\frac{\vartheta_1'}{\vartheta_1}(\bar{e}_0) = 0\,, \tag{8.2.14}$$

d. h. auf eine quadratische Gleichung in $\wp\varepsilon$, die weiterbehandelt werden kann wie z. B. die Gl. (8.1.31).

Liegt der Punkt $z = 0$ — und damit auch der Punkt $z = \infty$ — auf einem der Schlitze, so hat man wieder in allen Formeln e_0, $\bar{e}_0$ durch

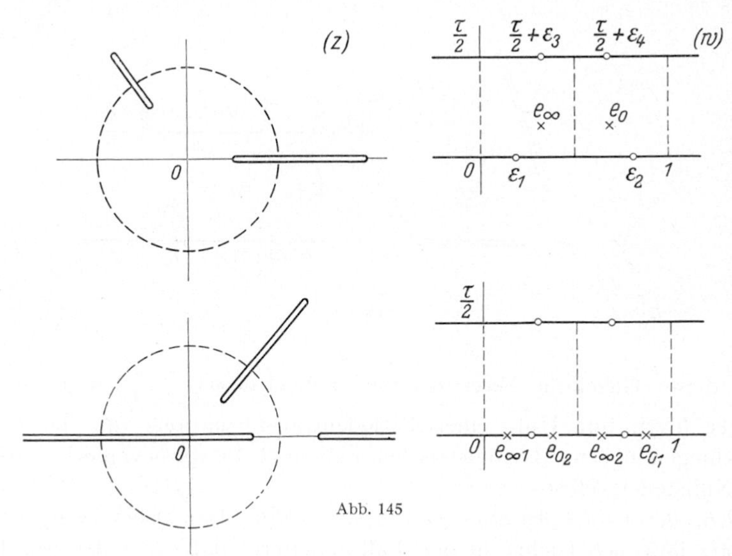

Abb. 145

e_{01}, e_{02} und e_∞, $\bar{e}_\infty$ durch $e_{\infty 1}$, $e_{\infty 2}$ zu ersetzen. Es kann dann dieser Fall genau wie der erste behandelt werden.

Zentralsymmetrie: Eine andere Form der Symmetrie liegt vor, wenn der Bereich durch die lineare Abbildung (Automorphismus, vgl. A11.1, S. 109)

$$A_z = \frac{a^2}{z} \tag{8.2.15}$$

in sich übergeht (Abb. 146). Die Bilder der Fixpunkte $z = a$ und $z = -a$ im Periodenrechteck der w-Ebene mögen $w = 1/2 + \frac{\tau}{4}$ und $w = \frac{\tau}{4}$ sein, so daß dem Automorphismus A_z ein Automorphismus

$$A_w = 1 + \frac{\tau}{2} - w \tag{8.2.16}$$

des Periodenrechtecks entspricht. Da $z = 0$ und $z = \infty$ symmetrisch bezüglich A_z liegen, so müssen e_0 und e_∞ symmetrisch bezüglich A_w liegen, d. h.

$$e_\infty = 1 + \frac{\tau}{2} - e_0 \tag{8.2.16a}$$

und ebenso die Bildpunkte der Schlitzenden

$$\varepsilon_1 = 1 - \varepsilon_3\,, \qquad \varepsilon_2 = 1 - \varepsilon_4\,. \tag{8.2.16b}$$

Die Gleichung zur Nullstellenbestimmung von $W'(w)$ kann hier folgendermaßen angesetzt werden:

$$\frac{\wp'\left(e_0-\frac{\tau}{4}\right)}{\wp\left(\varepsilon-\frac{\tau}{4}\right)-\wp\left(e_0-\frac{\tau}{4}\right)}+\frac{\wp'\left(\bar{e}_0+\frac{\tau}{4}\right)}{\wp\left(\varepsilon+\frac{\tau}{4}\right)-\wp\left(\bar{e}_0+\frac{\tau}{4}\right)} -2\frac{\vartheta_1'}{\vartheta_1}\left(e_0-\frac{\tau}{4}\right)-2\frac{\vartheta_1'}{\vartheta_1}\left(\bar{e}_0+\frac{\tau}{4}\right)=0. \tag{8.2.17}$$

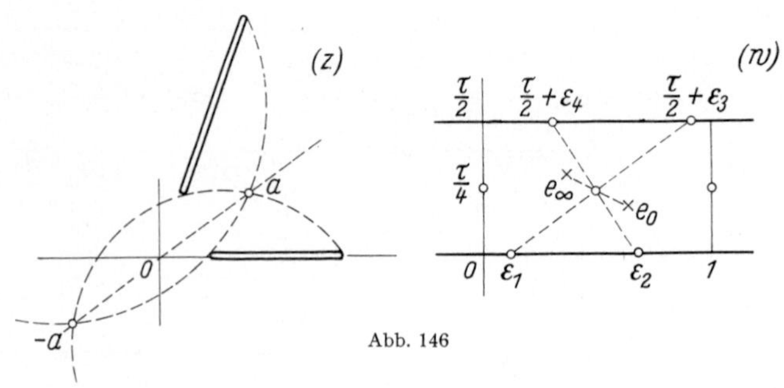

Abb. 146

Aus dieser Gleichung berechnet man zunächst $\wp\left(\varepsilon-\frac{\tau}{4}\right)$ und daraus weiter (evtl. mit Hilfe einer Periodentransformation, vgl. die Entwicklungen im zentralsymmetrischen Fall des 2. Beispiels von 8.1, S. 343) die Nullstellen selbst.

Erweiterung des Ansatzes: Geknickter Schlitz. Der bisher betrachtete Ansatz läßt sich leicht auf den Fall erweitern, daß einer der Schlitze

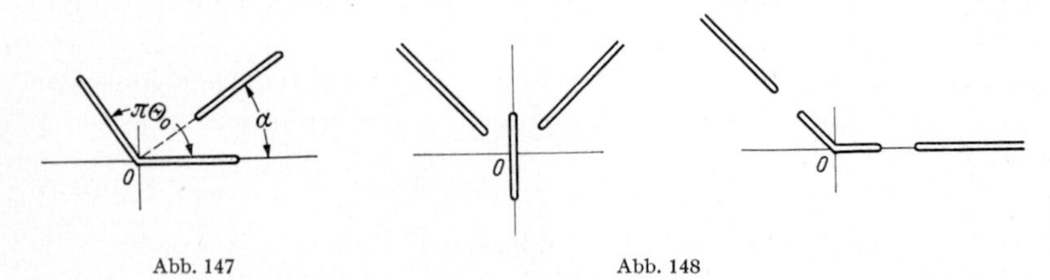

Abb. 147 Abb. 148

im Nullpunkt einen Knick hat (Abb. 147). Ist $\pi\,\Theta_0$ der Knickwinkel, so hat das Residuum von $W'(w)$ bei e_{01} den Wert Θ_0 und bei e_{02} den Wert $2-\Theta_0$, so daß der Ansatz (8.2.7) bzw. (8.2.9) folgendermaßen modifiziert wird:

$$\begin{aligned} z(w) &= \exp\int\limits_{w_0}^{w} \Theta_0\frac{\vartheta_1'}{\vartheta_1}(w-e_{01})+(2-\Theta_0)\frac{\vartheta_1'}{\vartheta_1}(w-e_{02})- \\ &\quad -\frac{\vartheta_1'}{\vartheta_1}(w-e_\infty)-\frac{\vartheta_1'}{\vartheta_1}(w-\bar{e}_\infty)\,dw \\ &= C_1\frac{[\vartheta_1(w-e_{01})]^{\Theta_0}\,[\vartheta_1(w-e_{02})]^{2-\Theta_0}}{\vartheta_1(w-e_\infty)\,\vartheta_1(w-e_\infty)}\,. \end{aligned} \tag{8.2.18}$$

Alle bisher durchgeführten Überlegungen lassen sich ohne weiteres auf diesen Ansatz übertragen. Versieht man entsprechend die Faktoren $\vartheta_1(w - e_{\infty 1})$ und $\vartheta_1(w - e_{\infty 2})$ im Nenner von $z(w)$ mit den Exponenten Θ_∞ bzw. $2 - \Theta_\infty$, so erhält man Schlitze, die im Unendlichen geknickt sind. Beispiele derartiger Schlitzbereiche zeigt Abb. 148.

8.3. Polygone, deren Randkurven auf konzentrischen Kreisen liegen

1. Beispiel: Kreisring. Ein zweifach zusammenhängender Bereich, der durch zwei volle Kreisperipherien berandet wird, wie der in Abb. 149 dargestellte Kreisring, kann als Polygon ohne Ecken aufgefaßt werden

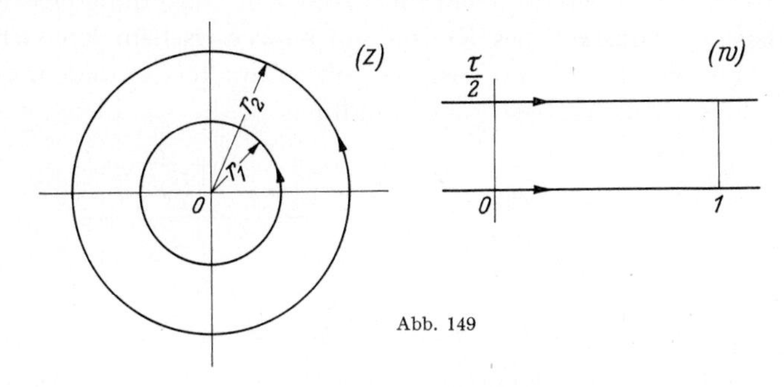

Abb. 149

und stellt somit den einfachsten Fall zweifach zusammenhängender Polygone dar. Die Schwarzsche Differentialgleichung A (15.1.5) hat hier die Form

$$[z]_w = b_0 \; ; \tag{8.3.1}$$

ihre allgemeine Lösung ist

$$z = \frac{\alpha e^{\sqrt{-\frac{b_0}{2}}\,w} + \beta e^{-\sqrt{-\frac{b_0}{2}}\,w}}{\gamma e^{\sqrt{-\frac{b_0}{2}}\,w} + \delta e^{-\sqrt{-\frac{b_0}{2}}\,w}} . \tag{8.3.2}$$

Damit die Schließungsbedingung erfüllt ist, muß $\sqrt{-\frac{b_0}{2}}$ ein ganzes Vielfaches von $i\pi$ sein, d. h.

$$b_0 = 2\,n^2\,\pi^2 , \qquad n \text{ ganz} . \tag{8.3.3}$$

Für $n = 1$ und $\alpha = \gamma = 1$, $\beta = \delta = 0$ erhält man aus (8.3.2)

$$z = e^{2\pi i w} . \tag{8.3.4}$$

Diese Funktion bildet das Periodenrechteck auf den Kreisring

$$q \leqq |z| \leqq 1 , \qquad q = e^{i\pi\tau} ,$$

ab. Die Abbildung des Periodenrechtecks auf den allgemeinen Kreisring

$$r_1 \leqq |z| \leqq r_2$$

leistet also die Funktion

$$z = r_2\, e^{2\pi i w} \tag{8.3.5}$$

und der Parameter τ bestimmt sich aus

$$\tau = \frac{1}{i\pi} \log \frac{r_1}{r_2} . \tag{8.3.6}$$

Die allgemeinere Funktion (8.3.2) bildet daher das Periodenrechteck für $n = 1$ auf einen zweifach zusammenhängenden Bereich ab[1], der von zwei sich nicht schneidenden Kreisen berandet wird. Dabei ist $\pi\tau$ gleich dem durch A (7.5.5) definierten Winkel zwischen den Randkreisen $\mathfrak{K}_1$, $\mathfrak{K}_2$ [vgl. hierzu A (7.5.6)],

$$\Theta(\mathfrak{K}_1 \mathfrak{K}_2) = \pi\tau .$$

Damit ist das Parameterproblem für diesen Fall vollständig gelöst.

2. Beispiel: Äußeres eines Kreises mit konzentrischem Kreisschlitz[2]. Der in Abb. 150 dargestellte Bereich soll so auf das Periodenrechteck abgebildet werden, daß der volle Randkreis in die Gerade $w = u$ und

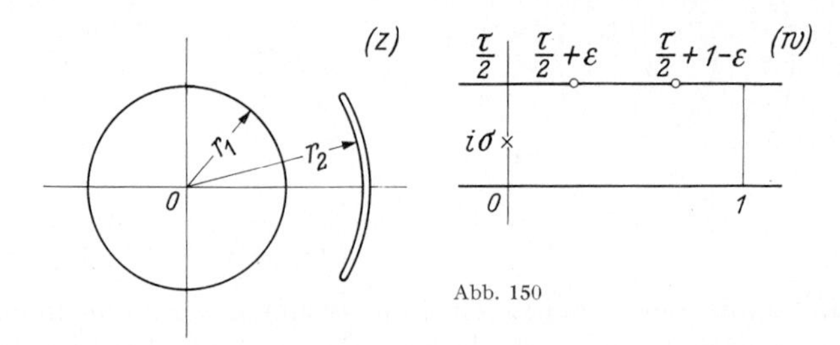

Abb. 150

der Schlitzrand in $w = \frac{\tau}{2} + u$, u reell, $0 < u < 1$, übergeht. Das Bild von $z = \infty$ möge $w = i\sigma$, σ reell, $0 < \sigma < \frac{|\tau|}{2}$, sein und den Schlitzenden die Punkte $w = \frac{\tau}{2} + \varepsilon$ und $w = \frac{\tau}{2} + 1 - \varepsilon$ entsprechen. Man überlegt sich wie im 2. Beispiel von 8.2, daß die Hilfsabbildung $W(w)$ durch ein Schwarz-Christoffelsches Integral dargestellt werden kann von der Form

$$W(w) = C_1 \int\limits_{w_0}^{w} \frac{\vartheta_4(w-\varepsilon)\,\vartheta_4(w+\varepsilon)}{\vartheta_1(w-i\sigma)\,\vartheta_1(w+i\sigma)}\, dw . \tag{8.3.7}$$

Der Integrand ist doppeltperiodisch und das Residuum an der Stelle $w = i\sigma$ hat den Wert -1. Da bei einer Spiegelung an einem Kreis mit dem Nullpunkt als Mittelpunkt der Punkt $z = \infty$ in $z = 0$ übergeht, muß das Residuum bei $w = -i\sigma$ den Wert $+1$ haben. Dies führt auf den Ansatz

$$W'(w) = -\frac{\vartheta_1'}{\vartheta_1}(w - i\sigma) + \frac{\vartheta_1'}{\vartheta_1}(w + i\sigma) + \gamma . \tag{8.3.8}$$

[1] Für $n > 1$ erhält man nicht mehr schlichte, sondern n-fach überdeckte Bereiche. Vgl. hierzu die Bemerkung am Ende von A 12.2, S. 125.

[2] Mit dieser Abbildung kann die Zirkulationsströmung um Doppelflügel behandelt werden (vgl. A 3.2, Abb. 16). Es gelten hier die gleichen Überlegungen, wie beim 2. Beispiel 8.1, Fußnote [1], S. 342.

Der Wert der Konstanten γ ergibt sich aus der Überlegung, daß durch die Abbildung $W = \log z$ der Kreisschlitz in der z-Ebene in der W-Ebene wieder in einen endlichen Schlitz übergeht. Setzt man also $W(w)$ auf der Geraden $w = \frac{\tau}{2} + u$, u reell, von $u = 0$ nach $u = 1$ analytisch fort, so muß die Funktion zum Ausgangswert zurückkehren. Nun ist

$$\int_0^1 \frac{\vartheta_1'}{\vartheta_1}\left(\frac{\tau}{2} + u \pm i\sigma\right) du = \int_0^1 \left(\frac{\vartheta_4'}{\vartheta_4}(u \pm i\sigma) - i\pi\right) du$$

und daher gilt für die in (8.3.8) definierte Funktion $W(w)$

$$W\left(\frac{\tau}{2} + 1\right) = W\left(\frac{\tau}{2}\right) + \gamma\,;$$

die Größe γ muß also verschwinden.

Unter Berücksichtigung von $\gamma = 0$ erhält man durch Integration von (8.3.8) die Abbildungsfunktion $z(w)$ zu

$$\boldsymbol{z(w) = C\,\frac{\vartheta_1(w + i\sigma)}{\vartheta_1(w - i\sigma)}}\,. \tag{8.3.9}$$

Ränderzuordnung:

1. $w = u$, u reell, $0 < u < 1$. Die Thetafunktionen im Zähler und Nenner von $z(w)$ haben als konjugiert komplexe Größen den gleichen Betrag. Es ist also $|z| = |C|$ und daher erhält der Radius r_1 des inneren Randkreises den Wert

$$r_1 = |C|\,. \tag{8.3.10}$$

2. $w = \frac{\tau}{2} + u$, u reell, $0 < u < 1$. Wegen

$$\frac{\vartheta_1\left(\frac{\tau}{2} + u + i\sigma\right)}{\vartheta_1\left(\frac{\tau}{2} + u - i\sigma\right)} = \frac{\vartheta_4(u + i\sigma)}{\vartheta_4(u - i\sigma)}\,e^{2\pi\sigma}$$

wird $|z| = |C|\,e^{2\pi\sigma}$ und damit der Radius r_2 des Kreises, auf welchem der Schlitz liegt

$$r_2 = |C|\,e^{2\pi\sigma}\,. \tag{8.3.11}$$

Durch die beiden Radien r_1 und r_2 sind also die Größen $|C|$ und σ festgelegt. Um die Lage der Schlitzenden zu bestimmen, hat man wieder die Nullstellen $\frac{\tau}{2} + \varepsilon$ und $\frac{\tau}{2} + 1 - \varepsilon$ aus der Gleichung [vgl. (8.1.24)]

$$\wp\left(\frac{\tau}{2} \pm \varepsilon\right) = \wp\, i\sigma + \frac{\wp' i\sigma}{2\,\frac{\vartheta_1'}{\vartheta_1}(i\,\sigma)} \tag{8.3.12}$$

zu berechnen.

3. Beispiel: Zwei konzentrische Kreisschlitze. Der zweifach zusammenhängende Polygonbereich bestehe jetzt aus zwei Kreisschlitzen, die auf konzentrischen Kreisen um $z = 0$ liegen. Bei der Abbildung auf das Periodenrechteck möge $z = 0$ in $w = e_0$ und $z = \infty$ in $w = e_\infty$ übergehen. Genau wie beim 2. Beispiel überlegt man sich, daß die Hilfsfunktion durch das folgende Schwarz-Christoffelsche Integral dargestellt werden kann

$$W(w) = \int_{w_0}^{w} \left[\frac{\vartheta_1'}{\vartheta_1}(w - e_0) - \frac{\vartheta_1'}{\vartheta_1}(w - e_\infty) - \right. \tag{8.3.13}$$
$$\left. - \frac{\vartheta_1'}{\vartheta_1}(w - \bar{e}_0) + \frac{\vartheta_1'}{\vartheta_1}(w - \bar{e}_\infty)\right] dw\,.$$

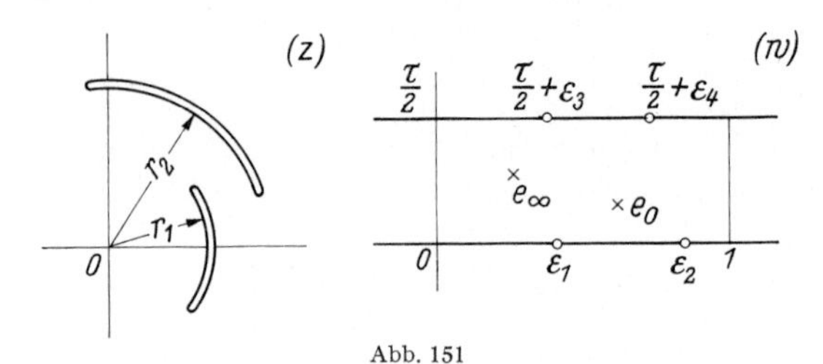

Abb. 151

Durch Integration erhält man die Abbildungsfunktion $z(w)$ von der Form

$$\boldsymbol{z(w) = C\,\frac{\vartheta_1(w - e_0)\,\vartheta_1(w - \bar{e}_\infty)}{\vartheta_1(w - e_\infty)\,\vartheta_1(w - \bar{e}_0)}}\,. \tag{8.3.14}$$

Ränderzuordnung:

1. $w = u$, u reell, $0 < u < 1$. Es ist $|z| = |C|$ und daher der Radius r_1 des Kreisschlitzes, der diesem Rand des Periodenrechtecks zugeordnet ist

$$r_1 = |C|\,. \tag{8.3.15}$$

2. $w = \frac{\tau}{2} + u$, u reell, $0 < u < 1$. $|z| = |C|\, e^{i\pi(e_0 - \bar{e}_0 - e_\infty + \bar{e}_\infty)}$.

Der Radius r_2 des anderen Kreisschlitzes wird also

$$r_2 = |C|\, e^{2\pi(\Im(e_\infty) - \Im(e_0))}\,. \tag{8.3.16}$$

Die Nullstellen $w = \varepsilon_{1,2}$ und $w = \frac{\tau}{2} + \varepsilon_{3,4}$ von $W'(w)$ ergeben sich aus der Gleichung

$$\frac{1}{2}\left[\frac{\wp'\varepsilon + \wp' e_0}{\wp\varepsilon - \wp e_0} - \frac{\wp'\varepsilon + \wp'\bar{e}_0}{\wp\varepsilon - \wp\bar{e}_0} - \frac{\wp'\varepsilon + \wp e_\infty}{\wp\varepsilon - \wp e_\infty} + \frac{\wp'\varepsilon + \wp'\bar{e}_\infty}{\wp\varepsilon - \wp\bar{e}_\infty}\right] -$$
$$- \frac{\vartheta_1'}{\vartheta_1}(e_0) + \frac{\vartheta_1'}{\vartheta_1}(\bar{e}_0) + \frac{\vartheta_1'}{\vartheta_1}(e_\infty) - \frac{\vartheta_1'}{\vartheta_1}(\bar{e}_\infty) = 0\,, \tag{8.3.17}$$

die genau wie (8.2.11) behandelt werden kann.

Symmetrische Bereiche: Ebenso wie im 2. Beispiel von 8.2 vereinfacht sich die Parameterbestimmung wesentlich, wenn der Bereich gewisse

Symmetrien aufweist. Liegt *Spiegelsymmetrie* vor (Abb. 152), so kann die Abbildung auf das Periodenrechteck so normiert werden, daß die im Innern des Bereichs liegenden Teile der Symmetrieachse auf die Geradenstücke mit $\Re(w) = 0$ und $\Re(w) = 1/2$ übergehen. Es liegen dann auch

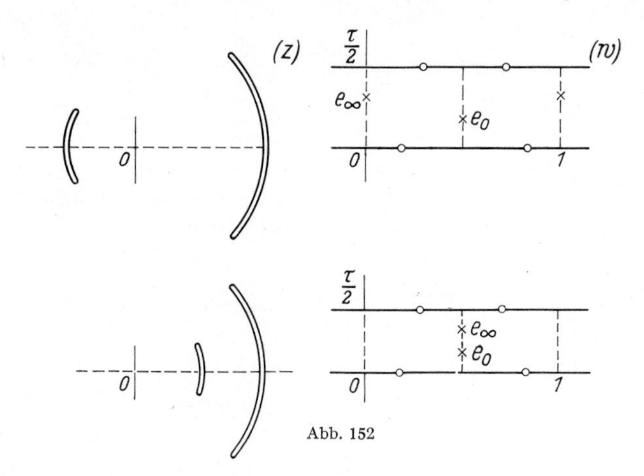

Abb. 152

die Punkte $w = e_0$ und $w = e_\infty$ auf diesen Geradenstücken, und zwar auf zwei verschiedenen oder auf demselben Geradenstück, je nachdem ob die Punkte $z = 0$ und $z = \infty$ auf der Symmetrieachse durch die Schlitze getrennt werden (Abb. 152 oben) oder nicht (Abb. 152 unten).

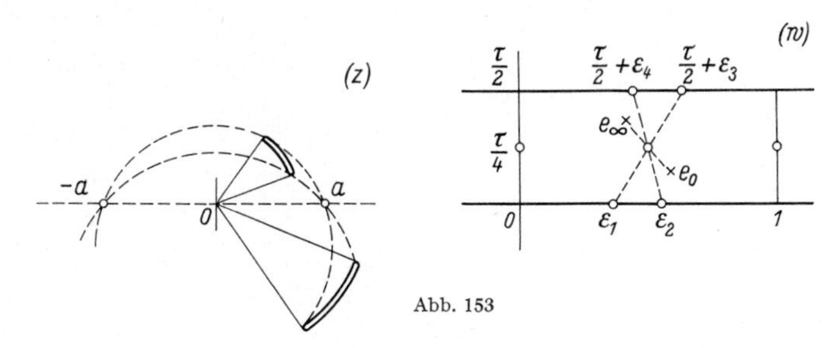

Abb. 153

Weiter kann der Fall eintreten, daß der Bereich durch die Abbildung

$$A_z = \frac{a^2}{z} \tag{8.2.15}$$

in sich übergeht, und zwar geschieht das, wenn beide Kreisbogenschlitze gleich große Zentriwinkel haben (Abb. 153). Für diesen Fall gelten die gleichen Überlegungen wie für den *zentralsymmetrischen* Fall des 2. Beispiels von 8.2 (S. 359f).

Bild	Seite	Bemerkungen
		Zweiecke
	203	
	205	Sonderfälle (Anwendung: Joukowski-Profil)
	206	Zweiecke mit zusammenfallenden Ecken (Parallelstreifen)
		Geradendreiecke
	207	
	209	Sonderfall: Halbstreifen
	209	Lineare Abbildung des Bereichs
	209	
	211	Lineare Abbildung des Bereichs
	212	
	213	Lineare Abbildung des Bereichs
	213	
	214	Sonderfall (Anwendung: Plattenkondensator)
	215	

Bild	Seite	Bemerkungen
		Kreisbogendreiecke
	217	Abbildungsfunktion läßt sich geschlossen angeben
	219	Abbildungsfunktion läßt sich geschlossen angeben
	220	Abbildungsfunktion läßt sich geschlossen angeben
	228	Allgemeiner Fall: Abbildungsfunktionen sind Quotienten hypergeometrischer Reihen
	232	Anwendung: Tragflügelprofil
		Geradenvierecke: Einteilige
	241	
	245	
	253	Analytische Fortsetzung der Abbildungsfunktion durch Spiegelung ergibt die Abbildung des Äußeren eines Rechtecks
	255	
		Zweiteilige
	266	
	273	
	279	
	288	

Bild	Seite	Bemerkungen
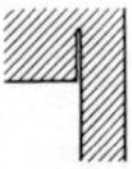	288	
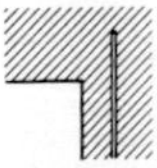	290	
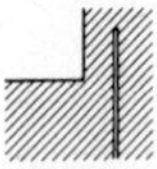	292	
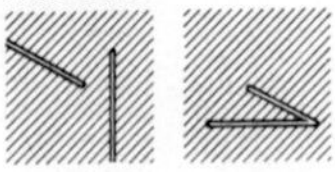	295	Gebrochener Schlitz
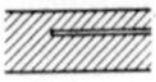	298	
		Kreisbogenvierecke
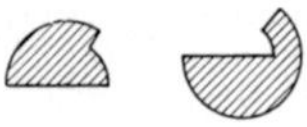	299	
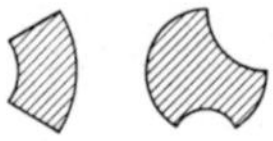	309	Kreisringsektor (nach linearer Abbildung Kreisscheibe mit zwei orthogonalen Kerben)
		Kegelschnittpolygone (siehe auch die Abb. 114—117 auf S. 322—23)
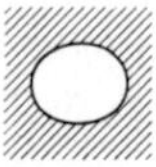	315	Ellipsenäußeres
	316	Ellipseninneres
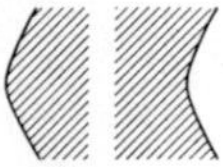	320	Rand des Bereichs besteht aus einem vollständigen Hyperbelast
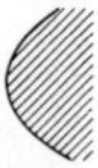	321	Parabelinneres
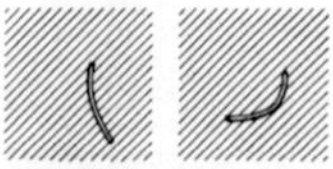	324	Ellipsen- und Hyperbelschlitze
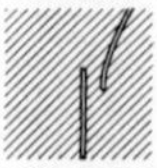	330	Zwei unendliche Hyperbelschlitze
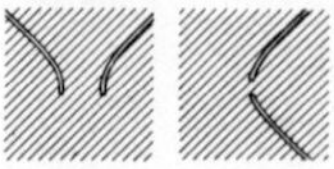	332	Symmetrische Sonderfälle

Bild	Seite	Bemerkungen
	333	Parabelschlitz
 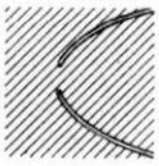	335	Zwei unendliche Parabelschlitze
		Zweifach zusammenhängende Polygone: Parallelschlitze
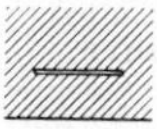	337	
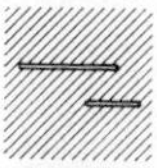	340	
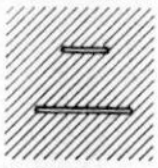 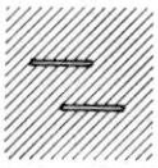	342	Symmetrische Sonderfälle
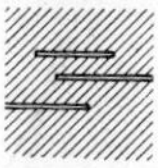	344	Parallele endliche und unendliche Schlitze
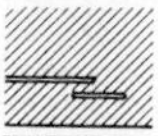	346	Halbebene mit einem endlichen und einem unendlichen Schlitz
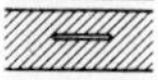	346	Streifen mit Parallelschlitz
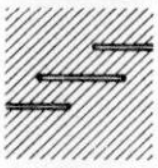 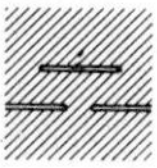	347	Symmetrische Sonderfälle
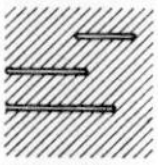	350	Andere Anordnung der unendlichen Schlitze
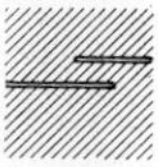	352	Sonderfall
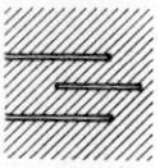	352	Sonderfall (Symmetrie)
		Sich schneidende Geradenschlitze
	354	
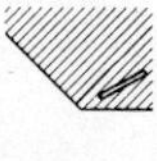 	355	
 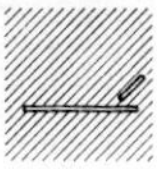	355	

Bild	Seite	Bemerkungen
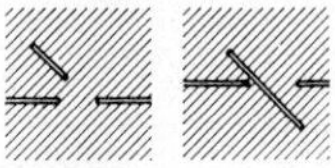	355	Symmetrische Sonderfälle siehe Abb. 145 und 146 auf S. 358
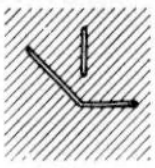	360	Andere Anordnungen der Schlitze siehe Abb. 148 auf S. 360
		Konzentrische Kreisbogenschlitze
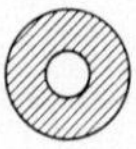	361	
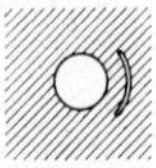	362	
	364	Symmetrische Sonderfälle siehe Abb. 152 und 153 auf S. 365

Literatur

Einige Lehrbücher über die Theorie der konformen Abbildung:

BIEBERBACH, L.: Einführung in die konforme Abbildung. (Sammlung Göschen 768) 5. Aufl., Berlin 1956.

CARATHÉODORY, C.: Conformal Representation. Cambridge 1932.

JULIA, G.: Leçons sur la représentation conforme des aires simplement connexes. Paris 1931.

— Leçons sur la représentation conforme des aires multiplement connexes. Paris 1934.

NEHARI, Z.: Conformal Mapping. New York-Toronto-London 1953.

Außerdem finden sich Abschnitte über die Theorie der konformen Abbildung in den meisten Lehrbüchern der Funktionentheorie, z. B. in:

BEHNKE, H., u. F. SOMMER: Theorie der analytischen Funktionen einer komplexen Veränderlichen. Berlin-Göttingen-Heidelberg 1955.

BIEBERBACH, L.: Funktionentheorie Bd. I. 3. Aufl., Leipzig u. Berlin 1930.

— Funktionentheorie Bd. II. 2. Aufl., Leipzig 1951.

— Einführung in die Funktionentheorie. Stuttgart 1952.

CARATHÉODORY, C.: Funktionentheorie I, II. Basel 1950.

HURWITZ, A., u. R. COURANT: Vorlesungen über allgemeine Funktionentheorie und elliptische Funktionen. 3. Aufl. Berlin 1929.

Die Anwendungen der konformen Abbildung behandelt:

BETZ, A.: Konforme Abbildung. Berlin-Göttingen-Heidelberg 1948.

KANTOROWITSCH, L. W., u. W. I. KRYLOW: Näherungsmethoden der höheren Analysis. (Dtsch. Übers.) Berlin 1956.

KOBER, H.: Dictionary of conformal representations. Dover Publications 1952.

ROTHE, R., F. OLLENDORF u. K. POHLHAUSEN: Funktionentheorie und ihre Anwendungen in der Technik. Berlin 1931.

Ferner finden sich kurze Abschnitte über konforme Abbildung in vielen Lehrbüchern der Anwendungsgebiete.

Ausführliche Literaturverzeichnisse über die Praxis der konformen Abbildung:

SEIDEL, W.: Bibliography of Numerical Methods in Conformal Mapping. Nat. Bureau Standards appl. Math. Ser. **18**, 269—280 (1952).

ULLRICH, E.: Praxis der konformen Abbildung. FIAT-Bericht angew. Math. Teil I, S. 93—118.

Namen- und Sachverzeichnis

Abbildung 19ff.
—, ähnliche 61
—, ganz lineare 59ff.
—, gebrochen lineare 61ff.
— gekrümmter Flächen 35ff.
—, kongruente 60
Abbildungssätze 99ff.
Ableitung, Schwarzsche 117
abgeschlossene Punktmenge 8
Achse, reelle, imaginäre 1
Ähnlichkeit 4
— im Kleinen 20
Äquipotentiallinien 16
akzessorischer Parameter 121
ALBRECHT, R. 184
alternierendes Verfahren 196
analytische Fortsetzung 59ff.
— — der hypergeometrischen Reihe 223
— — reeller Funktionen ins Komplexe 97
— Funktion 14
analytisches Gebilde 96
antikonform 21, 53
Arbeitsintegral 12
Argument 5
asymptotische Integration 129
Auftrieb 29
Außengebiete 149, 228
Automorphismus 109

Bahnlinien 60, 63
BARNES, E. W. 223
BEHNKE, H. 100
Bereich 9
Betrag 1
BETZ, A. 206
BIEBERBACH, L. 187, 223

CARATHÉODORY, C. 55, 99, 216
Cassinische Kurven 52
CAUCHY, Integralformel 86
—, Integralsatz 13
— RIEMANN Differentialgleichung 15, 38
COLLATZ, L. 139, 140, 188
Cos z, cos z 77
COURANT, R. 87

Differentialgleichung, CAUCHY-RIEMANN 15, 38
—, hypergeometrische 216
—, Schwarzsche 114, 173
Differentiation komplexer Funktionen 14
DINI, U. 108
Dipol 57, 81, 82
Divergenz 11
Doppelverhältnis 64
Drehstreckung 4, 60
Dreiecke 20ff.
Dreiecksungleichung 67
Durchschnitt 7

Einheitskreis, Abbildung 68, 69
Ellipse 77, 315ff.
Ellipsenschlitze 324ff.
elliptische Abbildung 63
elliptisches Kreisbüschel 71
Entfernungsmaß 67, 71
EPHESER, H. 166, 202
Eulersche Formel 18
— Integraldarstellung der hypergeometrischen Funktion 224
Extremalverfahren 184

Fixpunkt 56, 61, 63
FLÜGGE-LOTZ, J. 337
FOCK, V. 141
FRANK, P. 154
Fundamentalbereich 102
Funktion, automorphe 109
—, doppeltperiodische 44, 105, 173
—, harmonische 15, 84f.
—, komplexe 7
—, mehrdeutige 19, 46, 97
—, trigonometrische 77ff.
Funktionsgleichungen, Permanenz der 97
Funktionselement 96

GARRICK, I. E. 188, 191
GAUSS, C. F. 221
Gebiet 9
—, einfach zusammenhängendes 10, 99
—, kreisnahes 189
—, mehrfach zusammenhängendes 10, 100
—, periodisches 110f., 174, 177
—, schlichtes 115
—, sterniges 189
—, zweifach zusammenhängendes 102ff., 171ff., 336ff.
Gegenecke 126, 147
Gerade 2, 47
Geradenpolygon 141ff., 175ff.
GERSCHGORIN, S. A. 191, 195
GINZEL, J. 337
GRAESER, E. 324, 328
graphische Verfahren 187
GRASSMANN, H. 3
Greensche Funktion 87
— — für den Kreis 89
— —, zweifach zusammenhängende Gebiete 107
Grenzwert 10

Halbebene 3
—, Abbildung auf den Einheitskreis 68
— mit Paralellschlitzen 337f., 340f.
Hamiltonsche Quaternionen 6
Hauptwert des Logarithmus 17
HEINHOLD, J. 184
HELMHOLTZ, H. 32
Hodograph 29
Hülle, abgeschlossene — einer Punktmenge 8
HURWITZ, A. 87
Hyperbel 50, 79, 320
— -schlitz 324
hyperbolische Abbildung 63
— Geometrie 67
hyperbolisches Kreisbüschel 71

Identitätssatz analytischer Funktionen 95
Imaginärteil 1
Integral, Komplexes 12
—, Schleifen- 147, 259
—, Schwarz-Christoffelsches 144ff., 175ff.
Integralformel von CAUCHY 86
— von POISSON 89
Integralformel von SCHWARZ 90, 92
Integralgleichungsverfahren 188ff.
Integralsätze 13
Isothermennetz 17, 36, 162, 187f.

JOUKOWSKY-Profil 206, 337

KAMKE, E. 122
KANTOROWITSCH, L. W. 196
Kardioide 53
Kegelschnitte 77, 166ff., 315ff.
Kern, offener — einer Punktmenge 8
KIRCHHOFF, G. 215
KNOPP, K. 82, 83
KOMATU, Y. 184
kommutatives Gesetz der Multiplikation 6
konform 20
konjugiert komplexe Zahl 1
— harmonische Funktion 15
Koordinatensystem, elliptisches 78
—, kartesisches 1
—, Polar- 17, 45, 102
KOPPENFELS, W. v. 212, 219, 223, 225, 300, 324
KLEIN, F. 67
KRAFFT, M. 107
Kreis 2
—, Abbildung eines — auf einen andern 65ff.
—, Abbildung zweier — auf zwei andere 71ff.
— -bogendreieck 183, 216ff.
— -bogenfünfeck 135ff.
— -bogenpolygon 114ff., 171ff.
— -bogenviereck 299ff.
— -bogenzweieck 203ff.
— -büschel 55, 71, 73
— -kette 96
— -netz 56, 57, 62, 162, 299
— -ring 104, 172, 184, 361f.
— -schlitz 205, 362ff.
— -sichel, -stachel 183
— -verwandtschaft 40, 55, 62
Kreiselverdichter 46
KRYLOW, W. I. 196
KUFAREW, P. P. 161
Kugel 38ff.
— -drehung 70f.
Kurve 8f.
—, analytische 113
KUTTA, W. 139

LAGALLY, M. 337
LAMMEL, E. 337
Landkarte 36
Laurent-Reihe 108
Lemniskate 53, 59
LICHTENSTEIN, L. 191
LIEBMANN, H. 188
LIOUVILLE, Satz von 94
LÖWNER, K. 162
logarithmische Spirale 46, 60
Logarithmus 18f., 44ff.
Loxodrome, loxodromische Abbildung 63

Matrix 4, 21
MATTHIEU, P. 158
Maximum und Minimum harmonischer Funktionen 85
mehrfach zusammenhängend s. Gebiet
Merkatorprojektion 39
MISES, R. v. 154
Mittelwertsatz 85

Näherungsverfahren 180ff.
NEHARI, Z. 187
Netz, Dipol- 57, 62, 73, 162
—, Hyperbel- 50
— s. a. Isothermennetz
—, kartesisches 19
—, Kegelschnitt- 77f., 166ff., 315ff.
—, Kreis- 56, 57, 62, 162, 299
—, orthogonales 16
—, Parabel- 51, 168ff.
—, Polar- 18
—, Quell-Senken- 58, 162
NEUMANN, C. 198
Neumannsche Funktion 91
— Reihe 193
Newtonsches Verfahren 156
— Potential, Zentralkraft 17
Niveaulinien 60
numerische Integration 138ff., 154ff.
— Verfahren s. Näherungsverfahren

offene Punktmenge 8
Orthokreis 54, 67, 71f.
Ortsverkehr 2
OSTROWSKI, A. M. 190

Parabel 51, 168ff., 321ff.
— -schlitze 333ff.
parabolische Abbildung 64
parabolisches Kreisbüschel 73
Parameter, akzessorische 121, 129
— -problem 126ff., 141, 145ff., 156ff., 173f., 176f., 202, 234ff., 258ff.
periodische Gebiete 110f., 174, 177
Permanenz der Funktionsgleichungen 97
Poissonsche Integralformel 89
Polarkoordinaten s. Koordinaten, Netz
— -fläche 45, 102
Polygon 114
—, Geraden- 141ff., 175ff.
—, Kegelschnitt- 166ff., 315ff.
—, Kreisbogen- 114ff., 162ff., 171ff.
— aus logarithmischen Spiralen 165
—, Schlitz- 161, 165, 295ff., 324ff., 336ff.
—, Treppen- 131, 162
— mit Windungspunkten 151
—, zweifach zusammenhängendes 171ff., 334ff.
Potential, Newtonsches 17
— -funktion 14
— -gleichung 15
— -linien 16
Potenz, allgemeine 48
— -reihe 94
Profil 26ff., 206, 232ff., 337
Pseudoseiten 147
Punktmengen 7ff.

Quadrupol 59
quellen- und wirbelfreie Strömung 13
Quellströmung 18, 51ff., 83

Rand, Abbildung des —es 100
— -punkt 7
— -wert 10
— -wertaufgaben 88ff., 104ff., 197
Realteil 1
Rechenoperationen im Komplexen 1
Rechteck 241
regulär analytisch 14
Reihenentwicklungen 92ff., 108ff., 123f., 138f.
—, Lösung der Schwarzschen Differentialgleichung 123f., 138f.
—, Schwarz-Christoffelsches Integral 155
Residuum 149
Riemannsche Fläche 44ff., 49, 97, 101
RINGLEB, F. 188, 311
Ritzsches Verfahren 185
Rotation 11
ROTHE, H. 141
ROYDEN, H. 193, 196
RUNGE, C. 139, 188

SCHILLING, F. 127
schlichtes Gebiet 115
Schließungsbedingung 174, 177, 324, 333
SCHMEIDLER, W. 193
Schmiegungsverfahren 181 ff.
SCHWARZ, H. A. 113, 196, 218
— -Christoffelsches Integral 138 ff., 175 ff.
Schwarzsche Ableitung 117
— Differentialgleichung 114, 173
— Formel, Halbebene 160
— —, Kreis 90
— —, Parallelstreifen 105
— Lemma 98
— Spiegelungsprinzip 112 ff.
Sin z, sin z 77
Skalarprodukt 3, 185
SOMMER, F. 100
SOMMERFELD, A. 32, 33
SPERNER, E. 3
Spiegelung 54, 62, 112 ff.
STALLMANN, F. 127, 130, 132, 134, 141, 200, 202
Staupunkt 27, 50
Stelle, kritische 162
—, singuläre 96
stereographische Projektion 40
sterniges Gebiet 189
Sternpolygon 311 ff.
Stieltjesintegral 87
Streckenverhältnis 61
Streckung 60
Stromfunktion 14
— -integral 12
— -linie 16
— -röhre 23
Strömungsfeld 11
—, elektrisches 22 ff.
—, hydrodynamisches 26 ff.
Strudel 46
Symmetrie 109 ff., 281, 311, 343, 347, 352, 358, 364
SZEGÖ, G. 187

Taylorentwicklung 93 f.
Theodorsen-Verfahren 158 ff., 188 ff.
Torsionsproblem 33 ff., 151 ff.
Torus 42 ff.
Totwasser 32
Treppenpolygon 131, 162
TRICOMI, F. 107
Tschebyscheffsche Polynome 321

Überdeckungsverhältnisse bei Polygonen 129
Übergangssubstitution 127
Überlagerungsfläche 101 f.
Umgebung 7
— des uneigentlichen Punktes 42
Umlaufssinn 21, 65
Umlaufssubstitution 128
UNKELBACH, H. 115

Vektor 3
— -feld 11
—, Orts- 2
Vereinigung von Punktmengen 7
VILLAT, H. 108

WARSCHAWSKI, S. E. 190, 193
WATSON, G. N. 210
WEYL, H. 97, 100, 101
WHITTAKER, E. T. 210
Windungspunkt 41, 151
Winkelmaß 73 f., 128
Wirbelquelle 46
WOLFF, E. 232

Zahlenkugel 42, 99 f.
Zentralkraft, Newtonsche 17
Zentralsymmetrie s. Symmetrie
Zielwert 10
Zirkulation 27
zusammenhängende Punktmenge 9
Zweiecke 203 ff.
zweifach zusammenhängend s. Gebiet
Zylinderfunktionen 131